Engineering Fundamentals
of the Internal Combustion Engine

내연기관공학 2E

Engineering Fundamentals
of the Internal Combustion Engine

내연기관공학 2E

Willard W. Pulkrabek 지음

김덕줄 · 김병철 · 김세웅 · 장영준 · 전충환 옮김

교보문고

머리말

제2판인 이 책은 한층 진보된 내연 기관에 관한 기술을 반영하여 이용되는 새로운 물질을 추가하였고 기본적인 목적은 제1판과 같다. 이 책은 대학생의 공학 과정에 맞추어 한 학기 분량으로 구성하였으며, 내연 기관에 관한 응용 열역학 교재로 사용할 수 있도록 만들었다. 그리고 내연 기관 작동에 필요한 물질에 대한 기본적인 정보를 제공한다. 이 책을 공부할 학생들이 열역학, 열전달, 유체역학과 같은 기본적인 지식을 가지고 있다는 가정하에 정보를 얻을 수 있도록 구성되어 있다. 또한, 엔진 분야의 참고서 또는 자습서로 이용될 수도 있다.

책의 목차에서는 왕복 엔진에서의 중요성에 따라서 거의 대부분의 기관에 대한 기본적인 내용을 담고 있다. 불꽃 점화 기관과 압축 착화 기관은 2기통 사이클과 4기통 사이클, 그리고 작은 형태의 비행기 엔진으로부터 크기가 가장 큰 정적 엔진까지이며 로켓 엔진과 제트 엔진은 포함되지 않았다. 이는 대부분의 엔진이 자동차와 같은 차량에 사용되기 때문이다.

이 책은 총 11장으로 구성되어 있다.

1장과 2장은 소개, 용어, 정의 그리고 기본적인 작동 특성에 대해 설명한다. 3장에서는 기본적인 엔진 사이클에 대한 상세한 설명으로 되어 있다. 4장은 엔진 작동과 엔진 연료에 적용되는 열화학에 대한 본질적인 내용으로 되어 있다. 5장부터 9장은 공기-연료에 따라 엔진에서 순차적으로 이루어지는 흡입, 실린더 운동, 연소, 배기, 그리고 배출물에 관해서 쓰여졌다. 엔진의 열전달, 마찰, 그리고 윤활은 10장과 11장에서 다룬다. 각각의 장에서는 예제와 역사상의 주목할 사건 및 풀리지 않은 문제의 재검토로 이루어져 있다. 또한 전체의 교과 과정을 통해 강조되는 현대 공학 교육의 추세에서 제안된 공학적 설계가 필요한 open-ended 문제를 각 장의 끝에 수록했다. 이 공학적 설계 문제는 간단한 연습문제 또는 중요한 그룹 프로젝트에 사용될 수 있다.

연료에 대한 치열한 판매 경쟁과 점점 더 엄격해지는 정부의 배출물과 안전에 대한 규제에 따라 엔진 기술은 지속적으로 변화하고 있다. 따라서 지속적으로 발전하는 엔진 설계, 물질, 제어, 그리고 연료 개발에서의 모든 내용을 우리의 지식으로 만들기는 어렵다. 책의 내용은 같은 해 동안에도 계속 발전했고 새로운 개발로 인해 계속적인 변화가 요구된다. 본 판에서는 밀러 사이클, 린번 엔진, 하이브리드 차량, 42V 전기 시스템, 가변 밸브 타이밍, 연료전지 기술, 직접 분사식 가솔린, 가변 압축비, 실린더 컷아웃, 열 저장, 등의 기술의 발전 내용을 포함하고 있다. 앞으로 발전과 기술적인 변화는 계속해서 발생할 것이고 이 책의 업데이트 또한 정기적으로 요구될 것이다.

이 책에서 기술하고 있는 내용은 내가 Wisconsin-Platteville 대학의 기계공학과에서 내연 기관 분야에 대해 연구와 개발 업무 및 강의를 하던 기간 동안 수집된 일반적인 물질에 대한 것들이다. 이 기간 동안에 회의, 신문, 개인적인 교류, 책, 기술적인 정기 간행물, 연구, 생산 관련 문헌, 텔레비전 등의 많은 출처로부터 정보를 수집하였다. 이 정보들은 내연 기관 강의에서 사용된 개요와 필기를 위한 기본 내용이 되었고, 이것이 교재로 발전하였다. 부록의 참고 도서 목록에는 구체적인 정보를 가진 기술적 문헌들을 모아 놓았다.

몇몇의 참고 문헌은 본문에서의 현상 및 진행 과정에서 특별히 중요하게 다루어졌고, 거기에 대해 부가적인 탐구와 심도 깊은 연구를 제안한다. 최근의 자동차와 내연 기관 기술에서의 연구와 발전에 관한 정보 분야에서 매우 좋은 참고 문헌으로 [11] SAE International (Society of Automotive Engineers) 의 발행물을 추천한다. 대부분의 엔진을 주제로 가지는 일반적인 정보는 참고 문헌[40, 58, 93, 100, 116]을 추천한다. 어떤 주제에 대한 몇몇의 참고 문헌은 한 학기 과정 동안 다루기에는 어렵다. 주제를 가지는 참고 문헌은 날짜를 통해 알 수 있으며. 이것은 매우 유익한 참고 문헌이다. 일반적인 자동차와 엔진에 관한 역사적인 정보는 참고 문헌[29, 45, 97, 102]에 잘 설명되어 있다. 일반적인 자료, 공식, 열역학과 열전달의 법칙은 이 책의 여러 곳에서 사용된다. 그리고 이런 주제를 가지는 대부분의 대학 교재에 필요한 정보를 제공할 것이다. 참고 문헌[63, 90]은 저자에 의해 사용되었다.

저자는 제 2판을 준비하는 데 있어서 여러 전문가들의 조언을 따랐으며. 실제 엔진에 대한 많은 자료는 여러 전문가들이 인정하는 기술 문헌의 그림을 사용하였다.

이 책에서는 세계의 추세에 따라 국제 단위(SI)가 사용되었으나 몇몇의 경우에 따라서 영국 단위로 보정하였다. 대부분의 엔진 연구와 개발은 SI 단위를 사용하지만, 소비자 시장은 특히 자동차 시장에서는 여전히 마력, 마일/갤런 입방인치 와 같은 영국 단위를 사용한다. 엔진 연구에서 사용되는 일반적인 파라미터들의 SI와 영국 단위 환산표는 책의 뒤쪽 부록에 포함되어 있다.

이 책을 읽는 독자들은 이 책과 다른 기술 문헌에 사용된 많은 수학적 공식은 실제 일어난 모델에 이용된다는 것을 기억해야 한다. 이것은 매우 복잡한 현상(예를 들면, 화학 반응, 엔진 사이클, 실린더에서 유동 등)을 단순화한 모델로서 중요한 변화와 많은 기술적 문제의 해결을 위해 연관지어 사용할 수 있다. 그러나 이 단순화된 모델들이 적용되는 범위 외에는 사용하면 안 된다.

우리는 컴퓨터 제어의 사용이 가져온 내연 기관 기술의 흥미로운 혁명의 시기에 들어왔다. 100년 이상, 대부분의 연소 엔진은 기본적인 4기통 오토, 또는 디젤 사이클에 사용되었다. 이 엔진은 고정된 배기량, 고정된 압축비, 캠축에 의한 고정된 밸브 동작 제어를 가지고 있었다. 이번의 중요한 개선점은 더 좋은 연료와 높은 압축비가 가져온 높은 열효율이다. 21세기의 초기는 가변 배기량, 가변 압축비, 가변 밸브 제어와 다른 기술적 발전에 따르는 엔진을 가져왔다. 그리고 우리는 이 변화하는 것을 조절하는 컴퓨터의 힘을 가지고 있다. 오늘날의 자동차와 엔진 엔지니어로서의 도전은 이 새로운 기술을 이용하고 최적화된 새로운 엔진 개념을 개발하는 것이다. 우리는 이것을 알아야 하며 이 개념의 발달과 개선에 우리들의 한계를 정하지 말아야 한다.

본 저자에게 조언을 하고 이 책의 집필을 도운 많은 사람에게 감사를 표한다. 먼저, 함께한 Dorothy와 John, Tim, Becky, 그리고 Chad에 감사의 말을 전한다. 제 1판의 원본을 재검토한 사람들과 제 2판을 준비하는 데 도와준 사람들에게 감사의 말을 전한다. 이 사람들의 충고와 개선을 위한 조언은 책을 더 좋게 만드는 데 크게 도움이 되었다. 만약 내가 그 사람들을 만나지 않았을지라도 이 책을 출판하게 된 것은 저자 J.B Heywood, C.R. Ferguson, E.F. Obert, 그리고 R. Stone 들의 덕택이다. 이 사람들이 쓴 내연 기관 책들은 이 교재의 내용에 큰 영향을 끼쳤다. 또한 오래전 자동차 분야를 소개하고 평생의 호기심을 만들어 준 아버지와 Capital City Auto Electric의 Earl에게 감사의 뜻을 전한다.

WILLARD W. PULKRABEK
University of Wisconsin-Platteville

역자 머리말

　내연 기관은 기계공학의 기초인 열역학, 유체역학, 공업역학뿐만 아니라, 연소공학, 열전달, 윤활공학, 재료학, 신뢰성 공학 등 다양한 학문이 종합적으로 적용되는 과목으로서, 내연 기관을 공부함으로써 공학에 관한 폭넓은 지식을 얻을 수 있을 것이다.

　오늘날 자동차는 저공해, 연비 향상, 경량화, 그리고 고속화에 비례하는 안정성 확보에 중점을 두고 있다. 에너지 절약과 더불어 자동차 배출 가스 규제가 강화되면서 저공해 내지는 무공해 기관 및 대체 에너지 개발에 대한 기술 혁신이 메카트로닉스의 발달과 함께 급속도로 진해되고 있다. 특히, 최근에는 연비 향상과 저공해를 동시에 달성하기 위한 방법으로 혼합기 형성 장치가 종래의 흡기 포트 다중 분사 방식에서 연소실 내로 가솔린을 직접 분사하는 방식으로 전환되어 엔진 제어 기술 및 자동차 시장에 급격한 변화가 예상되고 있음은 이미 독자들이 잘 알고 있는 바이다.

　이와 같은 점을 고려해 볼 때, 지금까지 내연 기관에 관한 많은 책이 출간되었지만, 그 분량이나 구성에서 한 학기용으로 사용하기에는 부적절하거나, 내용면에서 열역학 사이클 해석에 치우쳐서 전자 제어 및 최신 기술 발달 과정이 수록되지 않는 단점이 있었다. 역자들이 오랜 기간 산업 현장과 대학에서 내연 기관을 강의한 경험으로 비추어볼 때, 본 교재는 기초 이론에 바탕을 두면서 실용적인 기술의 발달까지 고려하여 내연 기관에 접근하고 있다고 생각된다. 따라서 본 교재는 학부용으로 적합할 뿐만 아니라, 대학원생의 내연 기관 연구의 입문서로서도 적합하며, 특히 내연 기관에 관련된 기술적인 발달사와 그 변화에 대한 내용이 포함되어 있어서 엔진 제작 회사의 기술자들에게도 참고서로서 충분하리라 기대된다.

이 책이 내연 기관의 기본 이론을 이해하는 데 도움이 되고, 나아가 자동차 공업 발전에 다소나마 기여할 수 있다면, 역자들은 이것을 보람으로 느낄 것이며, 이 책의 번역상 뜻하지 않은 오류가 있다면 독자 여러분의 기탄없는 지적과 조언을 받아 수정해 나갈 것이다. 끝으로 이 책을 출판하는 데 여러모로 도와주신 교보문고 여러분께 감사드린다.

2005년 2월 역자 일동

차 례

Chapter 3   기관 사이클   99

Chapter 4   열화학과 연료   167

Chapter 5   공기와 연료 흡입   229

Chapter 5   연소실 내의 유체 운동   301

Chapter 10   기관 내의 열 전달   441

Chapter 11   마찰과 윤활   487

기호 설명

일반적인 단어는 괄호 내에 SI 단위와 영국 단위로 모두 표시하였다.

A	유동의 단면적 [cm²] [in.²]
A_c	연료 모세관의 유동 면적 [mm²] [in.²]
A_{cc}	연소실의 표면적 [cm²] [in.²]
A_{ch}	실린더 헤드 표면적 [cm²] [in.²]
A_{ex}	배기 밸브의 면적 [cm²] [in.²]
A_i	흡기 밸브의 면적 [cm²] [in.²]
A_p	평판 피스톤의 표면적 EH는 실린더의 단면적 [cm²] [in.²]
A_t	기화기의 스로틀 면적 [cm²] [in.²]
AF	공연비 [kg$_a$] [kg$_f$] [lbm$_a$] [lbm$_f$]
AKI	반노크 지수
AON	항공용 옥탄가
B	실린더 보어 [cm] [in.]
C	상수
C_D	유량 계수
C_{Dc}	모세관의 유량 계수
C_{Dt}	기화기 스로틀의 유량 계수
CI	세탄지수
CN	세탄가
EGR	배기 가스 재순환[%]
F	힘 [N] [lbf]
F_f	마찰력 [N] [lbf]
F_r	커넥팅로드 힘 [N] [lbf]
F_x	X 방향 힘 [N] [lbf]
F_y	Y 방향 힘 [N] [lbf]
F_{1-2}	시각 요소
FA	연공비 [kg$_f$/kg$_a$] [lbm$_f$]
FS	연료 감도

I 관성 모멘트 $[kg_f\text{-lbm-ft}^2]$

ID   점화 지연 [sec]

K_e 화학 평형 상수

M 분자량 [kg/kgmole] [lbm/lbmmole]

MON   모터 옥탄가

N 기관 속도 [RPM]

N 몰수

N_c 실린더 수

N_v 증기 몰수

Nu   너셀 수

ON   옥탄가

P 압력 [kPa] [atm] [psi]

P_a 공기 압력 [kPa] [atm] [psi]

P_{ex} 배기 가스 압력 [kPa] [atm] [psi]

P_{EVO} 배기 밸브 개방시 압력 [kPa] [atm] [psi]

P_f 연료 압력 [kPa] [atm] [psi]

P_i 흡기 압력 [kPa] [atm] [psi]

P_{inj} 분사 압력 [kPa] [atm] [psi]

P_o 표준 압력 [kPa] [atm] [psi]

P_t 기화기 스로틀 압력 [kPa] [atm] [psi]

P_v 증기 압력 [kPa] [atm] [psi]

Q 열전달 [kJ] [BTU]

$\dot{Q}$ 열전달률 [kW] [hp] [BYU/sec]

Q_{HHV} 고발열량 [kJ] [BTU]

Q_{HV} 연료의 발열량 [kJ] [kg] [BYU/lbm]

Q_{LHV} 저발열량 [kJ] [kg] [BYU/lbm]

R 크랭크 반경에 대한 커넥팅로드 길이의 비

R 기체상수 [kJ/kg-K] [kg] [BYU/lbm]

Re   레이놀즈 수

RON   리서치 옥탄가

S 행정길이 [cm] [in.]

S_g 비중

SOF   용해성 유기물 분율

SR   스월비

T 온도 [°C] [K] [°F] [°R]

T_a 공기 온도 [°C] [K] [°F] [°R]

T_c 냉각수 온도 [°C] [K] [°F] [°R]

T_{EVO} 배기 밸브 개방시 온도 [°C] [K] [°F] [°R]

T_{ex} 배기 온도 [°C] [K] [°F] [°R]

T_g 가스 온도 [°C] [K] [°F] [°R]

T_i 흡기 온도 [°C] [K] [°F] [°R]

T_m 혼합기 온도 [°C] [K] [°F] [°R]

T_{mp}	중간 비등점 온도 [$^\circ$F]	
T_o	표준 온도 [$^\circ$C] [$^\circ$F]	
T_w	벽면 온도 [$^\circ$C] [K] [$^\circ$F] [$^\circ$R]	
U_p	피스톤 속도 [m/sec] [ft/sec]	
$\overline{U}_p$	평균 피스톤 속도 [m/sec] [ft/sec]	
V	실린더 체적 [L] [cm^3] [in.^{3}]	
V_{BDC}	하사점에서의 실린더 체적 [L] [cm^3] [in.^{3}]	
V_c	간극 체적 [L] [cm^3] [in.^{3}]	
V_d	행정 체적 [L] [cm^3] [in.^{3}]	
V_{TDC}	상사점에서의 실린더 체적 [L] [cm^3] [in.^{3}]	
W	일 [kJ] [ft-Ibf] [BTU]	
W_b	제동일 [kJ] [ft-lbf] [BTU]	
W_f	마찰일 [kJ] [ft-lbf] [BTU]	
W_i	도시일 [kJ] [ft-lbf] [BTU]	
$\dot{W}$	동력 [kW] [hp]	
$\dot{W}_b$	제동 동력 [kW] [hp]	
$\dot{W}_c$	압축기 구동 동력 [kW] [hp]	
$\dot{W}_f$	마찰 동력 [kW] [hp]	
$\dot{W}_i$	도시 동력 [kW] [hp]	
$\dot{W}_m$	기관 모토링 동력 [kW] [hp]	
$\dot{W}_{sc}$	과급기 구동 동력 [kW] [hp]	
$\dot{W}_t$	터빈 동력 [kW] [hp]	
a	크랭크 반경 [cm] [in.]	
c	음속 [m/sec] [ft/sec]	
c_{ex}	배기 조건에서의 음속 [m/sec] [ft/sec]	
c_i	흡기 조건에서의 음속 [m/sec] [ft/sec]	
c_o	주위 조건에서의 음속 [m/sec] [ft/sec]	
c_p	정압 비열 [kJ/kg-K] [BTU/lbm-$^\circ$R]	
c_v	정적 비열 [kJ/kg-K] [BTU/lbm-$^\circ$R]	
d_v	밸브 직경 [cm] [in.]	
g	중력 가속도 [m/sec^2] [ft/sec^2]	
h	연료 모세관의 높이차 [cm] [in.]	
h	대류 열전달 계수 [kW/m^2-K] [BTU/hr-ft^2-$^\circ$R]	
h	비엔탈피 [kJ/kg] [BTU/lbm]	
h_a	공기의 비 엔탈피 [kJ/kg-] [BTU/lbm]	
h_c	냉각수측 대류 열전달 계수 [kW/m^2-K] [BTU/hr-ft^2-$^\circ$R]	
h_{ex}	배기의 비엔탈비 [kJ/k-] [BTU/lbm]	
h_g	가스측 대류 열전달 계수 [kJ/kg-] [BTU/lbm]	
h_m	혼합기의 비엔탈피 [kJ/kg] [BTU/lbmmole]	
h_f°	생성 엔탈피 [kJ/kgmole] [BTU/lbm]	
Δh	표준 상태에서의 엔탈피 변화 [kJ/kgmole]	
k	비연비	

k　　　열전도율 [kW/m²-K]　[BTU/hr-ft²-°R]

k_g　　가스의 열전도율 [kW/m²-K]　[BTU/hr-ft²-°R]

l　　　밸브양정 [cm]　[in,]

m　　　질량 [kg] [lbm]

m_a　　공기 질량 [kg] [lbm]

m_{ex}　배기 질량 [kg] [lbm]

m_f　　연료 질량 [kg] [lbm]

m_m　　가스 혼합기 질량 [kg] [lbm]

m_{mi}　흡입된 혼합기 질량 [kg] [lbm]

m_{mt}　포집된 혼합기 질량 [kg] [lbm]

m_{tc}　포집된 총 충진 질량 [kg] [lbm]

$\dot{m}$　　　질량 유동률 [kg/sec] [lbm/sec]

$\dot{m}_a$　　공기 질량 유동률 [kg/sec] [lbm/sec]

$\dot{m}_{EGR}$ 배기 가스 재순환 질량 유동률 [kg/sec] [lbm/sec]

$\dot{m}_f$　　연료 질량 유동률 [kg/sec] [lbm/sec]

$\dot{m}_i$　　실린더 내 질량 유동률 [kg/sec] [lbm/sec]

mep　유효 평균 압력 [kPa] [atm] [psi]

n　　　사이클당 회전 수

q　　　단위 질량당 열전달량 [kJ/kg] [BTU/lbm]

q　　　단위 면적당 열전달량 [kJ/m²] [BTU/ft²]

$\dot{q}$　　　단위 질량당 열전달류 [kJ/m²] [BTU/hr-lbm]

$\dot{q}$　　　단위 면적당 열전달률 [kW/m²] [BTU/hr-ft²]

r　　　커넥팅로드 길이 [cm] [in.]

r_c　　압축비

r_e　　팽창비

rh　　상대 습도 [%]

s　　　피스톤 핀과 크랭크축 간의 거리 [cm] [in.]

t　　　시간 [sec.]

u　　　비내부 에너지 [kJ/kg] [BTU/lbm]

u_t　　접선 방향 스월 속또 [m/sec] [ft/sec]

v　　　비체적 [m³/kg] [ft³/Ibm]

v_{BDC} 하사점에서의 비체적 [m³/kg] [ft³/lbm]

v_{ex}　배기의 비체적 [m³/kg] [ft³/Ibm]

v_{TDC} 상사점에서의 비체적 [m³/kg] [ft³/lbm]

w　　　비일 [kJ/kg] [ft-Ibf/lbm] [BTU/lbm]

w_b　　비제동일 [kJ/kg] [ft-lbf/Ibm] [BTU/lbm]

w_f　　비마찰일 [kJ/kg] [ft-lbf/lbm] [BTU/lbm]

w_i　　비도시일 [kJ/kg] [ft-Ibf/lbm] [BTU/lbm]

x　　　거리 [cm] [mm] [in.] [ft]

x_{ex}　배기 분율

x_r　　잔류 배기 가스

x_v　　수증기 몰분율

α　　압력비

α　　밸브 면적비

β　　연료 차단비

Γ　　각운동량 [kg-m^2/sec] [lbm-ft^2/sec]

ε_g　　가스의 방사율

ε_w　　벽면의 방사율

η_c　　연소 효율 [%]

η_f　　연료 변환 효율 [%]

η_m　　기계 효율 [%]

η_s　　등엔트로피 효율 [%]

η_t　　열효율 [%]

η_v　　기관의 체적 효율 [%]

θ　　TDC에서 측정한 크랭크각 [$^\circ$]

λ_{ce}　　충전 효율

λ_{dr}　　급기비

λ_{rc}　　충전비

λ_{se}　　소기 효율

λ_{te}　　급기 효율

ν　　동점성 계수 [kg/m-sec] [lbm/ft-sec]

μ　　가스의 동점성 계수 [kg/m-sec] [lbm/ft-sec]

μ_g　　이론 양론 계수

ρ　　밀도 [kg/m^3] [lbm/ft^3]

ρ_a　　공기 밀도 [kg/m^3] [lbm/ft^3]

ρ_o　　표준 상태의 공기 밀도 [kg/m^3] [lbm/ft^3]

ρ_f　　연료 밀도 [kg/m^3] [lbm/ft^3]

σ　　슈테판–볼츠만 상수 [kg/m^2-K^4] [BTU/hr-ft^2-$^\circ$R^4]

τ　　토크 [N-m] [lbf-ft]g

τ_s　　단위 면적당 전단력 [N/m^2] [lbf-ft^2]

ϕ　　당량비

ϕ　　실린더 중심축과 커넥팅로드 사이의 각

ω　　스월 각속도 [rev/sec]

ω_v　　비습도 [kg$_v$/kg$_a$] [grains$_v$/lbm$_a$]

CHAPTER 1

서 론

이 장에서는 내연 기관을 소개한다. 기관의 분류 방식과 기관 공학에서 사용하는 용어를 소개한다. 많은 일반적인 기관 구성품과 전기 점화 기관 및 압축 착화 기관에 대한 기본적인 4행정과 2행정 사이클에 관하여 설명한다.

1.1 서론

내연 기관(internal combustion engine)은 연료의 화학적 에너지를 일반적으로 회전하는 축을 통하여 기계적 에너지로 변환시키는 열기관이다. 연료의 화학적 에너지는 먼저 기관 내의 공기와 함께 연소하거나 산화하는 방식으로 열에너지로 바뀐다. 이 열에너지는 기관 내의 가스의 온도와 압력을 상승시키고, 고압 가스는 기관의 기계적 메커니즘에 대하여 팽창한다. 이러한 팽창은 기관의 기계적 연결 기구에 의하여 기관의 출력이 되는 크랭크축의 회전력으로 변환된다. 이어서 크랭크축은 원하는 최종 사용처에 회전하는 기계적 에너지를 전달하기 위한 트랜스미션 또는 파워 트레인에 연결되어 있다. 여기서 기관은 운송 수단(즉, 자동차, 트럭, 기관차,

선박, 비행기)의 동력원으로서의 기관을 말한다. 발전기나 펌프를 구동하는 정치 기관과 체인 톱과 잔디 깎는 기계와 같은 휴대용 기관 등도 포함한다.

　대부분의 내연 기관은 실린더 내부에서 전후진하는 피스톤을 가진 **왕복기관**(reciprocating engine)이다. 본 교재는 이러한 왕복 기관의 열역학적 고찰에 주목하고자 한다. 내연 기관의 다른 형태는 그리 많지는 않지만, 중요하게 사용되는 것으로 로터리 기관이 있다[104]. 이러한 기관들에 대해 간단히 언급할 것이다. 증기 기관과 가스 터빈 기관은 언급되지 않지만, 기관의 형태는 **외연 기관**(extemal com-bustion engine; 연소가 기계적 기관 시스템의 외부에서 발생하는)으로 분류된다. 또한 언급은 되지 않지만 내연 기관으로 분류되는 것으로 로켓 엔진, 제트 엔진, 소형 화기 등이 있다.

　왕복 기관은 하나 또는 수 개의 실린더(많게는 20개 이상까지)를 가진다. 실린더들은 여러 가지 기하학적 형태로 배열할 수 있다. 크기는 수백 와트 단위의 출력을 가지는 소형 모형 비행기 기관에서부터 실린더당 수천 킬로와트 정도의 대형 다기통 정치 기관까지 있다.

　현대적인 내연 기관의 초기 발전은 1800년대 후반부터 일어났는데, 이는 자동차의 발달과 시기가 일치한다. 초기의 조잡한 내연 기관이나 자체 추진형 자동차에 대한 기록은 1600년대 까지 거슬러 올라간다[29]. 이러한 초기 차량의 대부분은 실질적으로 운용되지 않은 증기 구동 형의 시제 차량이다. 기술, 도로, 재료 및 연료도 충분히 개발되지 않았다. 내연 기관과 외연

그림 1–1

1893년 Fairbanks, Morse & Company의 Beloit에서 제작된 차터기관은 미국에서 시판된 최초의 성공적인 가솔린 기관이었다. Fairbanks Morse Engine Division, Coltec Industries 제공.

역사적 이야기-대기 기관

17, 18세기에 등장한 초기의 내연 기관은 대부분 **대기 기관**으로 분류된다. 이것들은 하나의 피스톤과 한쪽이 개방되어 있는 실린더를 가진 대형 기관이었다. 연소는 다양한 종류의 연료를 사용하여 개방된 실린더 내에서 시작된다. 종종 화약이 연료로 사용되었다. 연소 후 즉시 실린더 안은 대기압과 같은 압력의 뜨거운 배기 가스로 채워진다. 이 때, 실린더의 끝이 폐쇄되고 포집된 가스는 냉각된다. 가스가 냉각됨에 따라 실린더 내에는 진공 상태가 형성된다. 이것이 피스톤 양단에 대기압과 진공이라는 차압을 형성시킨다. 이 차압에 의해 피스톤이 움직이게 되고, 이것이 외부적으로 연결되어 물체를 들어올리는 것과 같은 일을 하게 된다[29].

초기의 몇몇 증기 기관 역시 대기 기관이었다. 개방된 실린더는 연소 대신에 뜨거운 증기로 채워지며, 이 때 실린더의 끝이 폐쇄되고, 포집된 증기는 냉각되고 응축된다. 이것이 필요한 진공 상태를 발생시키게 된다.

기관을 포함한 초기의 열기관의 예는 화약, 또는 그 밖의 고체, 액체, 기체상의 연료를 사용하였다. 현대적인 증기 기관과 선로용 기관차의 발전은 1700년대 후반과 1800년대 초기에 이루어졌다. 1820년대와 1830년대까지 철도는 전세계에서 몇 개 나라밖에 없었다.

1800년대 중반과 후반에 유럽과 미국에서 수많은 실험과 발전이 이루어진 뒤에 두 가지 기술적 발명이 이루어짐으로써 내연 기관의 출현을 촉진시켰다. 1859년, 미국 펜실베니아에서 원유가 발견됨으로써 새로운 기관에 사용 가능한 신뢰할 만한 연료의 개발이 가능해졌다. 그 때까지 질 낮은 연료는 기관 발전의 주요 저해 요인이었다. 그 때까지 사용되었던 고래 기름, 석탄 가스, 광유, 석탄, 화약과 같은 연료는 기관 사용과 발전에 이상적이지 못했다. 원유에서 **가솔린**(gasoline)을 추출하여 20세기의 자동차 연료로 사용하기까지는 많은 시간이 소요되었다. 그렇지만 개량된 탄화수소 연료가 1860년대에 나타나기 시작하였고, 가솔린, 윤활유, 내연 기관이 함께 발전하였다.

내연 기관의 발전을 촉진한 두 번째 기술적 발명품은 1888년에 **던롭**(John. B.Dunlop)에 의해 처음으로 상품화한 공기 고무 타이어였다[141]. 이 발명은 자동차를 보다 실용적이고 쓸모 있게 만들었고, 내연 기관을 포함하여 추진 시스템에 대한 커다란 시장을 만들었다.

초창기에 자동차의 내연 기관은 동력원으로서 전기나 증기 기관과 경쟁하였다. 20세기 초에 이르러 전기와 증기는 전기의 공급 한계와 증기의 오랜 시동 소요 시간 때문에 자동차 산업에서 빛을 잃게 되었다. 따라서, 20세기는 내연 기관과 내연 기관을 동력으로 하는 자동차 시대이다. 지금 20세기 말에 이르러 내연 기관 전기 및 추진 시스템과 그 밖의 새로운 형태에 의해 또 다시 도전받고 있다. 세상은 돌고 돌게 마련인가?

1.2   초기의 역사

19세기 후반에 다양한 형태로 제작된 내연 기관에 대한 시험이 이루어졌다. 참고 문헌[29]는 이 시기의 역사를 잘 보여 준다. 이러한 기관들은 다양한 기계적 시스템과 기관 사이클을 사용하여 다양한 결과와 신뢰성으로 작동되었다.

최초의 실용적인 기관은 **르누아르**(J.J.E. Lenoir ;1822~1900)에 의해 발명되었고, 1860년 경에 등장하였다(그림 3-20). 다음 10년간, 출력이 4.5 kW(6hp). 기계효율이 5%에 이르는 수백 대의 기관이 만들어졌다. 르누아르 기관 사이클은 3-13절에서 소개한다. 1867년에 이르러 효율이 11%까지 향상된 Otto-Langen 기관이 처음으로 소개되었고, 다음 10년 동안 수천 대의 기관이 만들어졌다. 이들은 진공에 대해 작용하는 대기압에 의해 추진되는 동력 행정

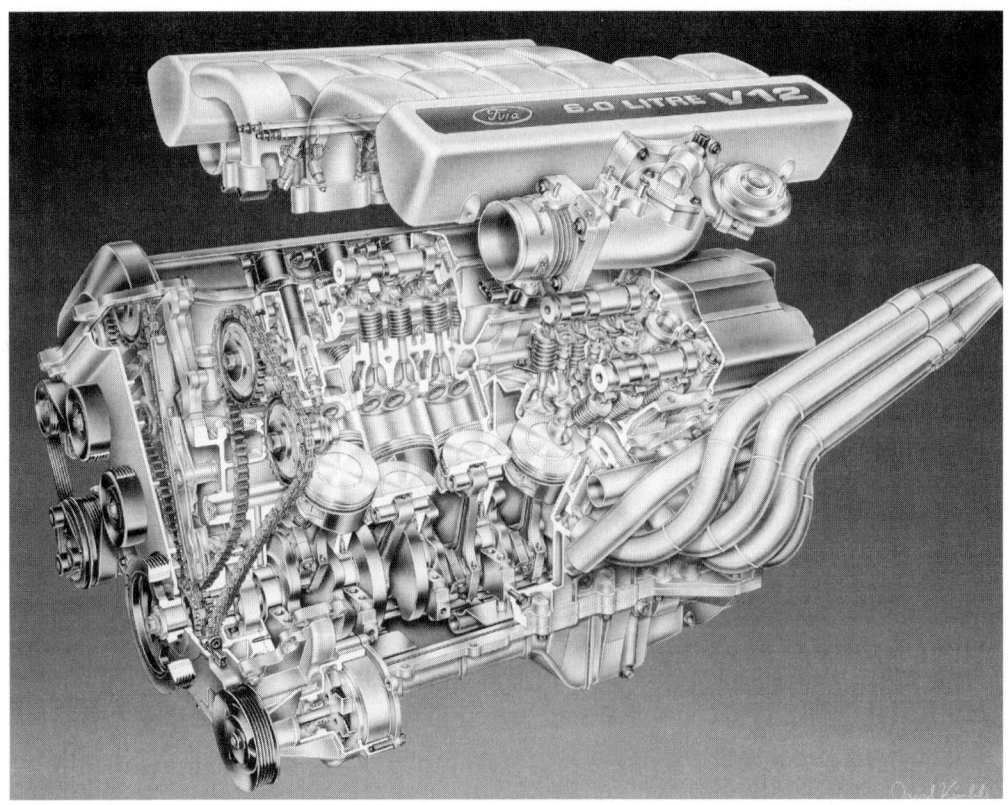

그림 1-2

1990년대 중반에 고급 스포츠 카에 사용되었던 Ford 4행정 사이클 전기점화, 367in.3(6리터) V12기관의 횡단면도. 60도 V12엔진은 알루미늄 합금으로 만들어졌고 전자 연료 분사 방식이다. 최대 제동 출력은 5,350RPM에서 313hp (233kw)이고, 최대토크는 3,750RPM에서 353 lbf-ft (478N-m)이다. Ford Motor Company 제공.

을 가진 **대기 기관**이었다. **오토**(Nicolaus A. Otto; 1832~1891)와 **랑겐**(Eugen Langen; 1833~1895)은 이 시기의 많은 기관 기발자 중 두 사람이다.

이 시기에 현대의 자동차 기관처럼 4행정 사이클에 기초하여 구동되는 기관들이 최적의 설계로 발전하기 시작했다. 많은 사람들이 4행정 사이클 설계를 시도하였지만, 1876년에 오토가 만든 기관이 최초의 원조 4행정 사이클 기관으로 인정받았다.

1880년대에 내연 기관은 처음으로 자동차에 선보였다 [45]. 또한 이 10년 동안 2행정 사이클이 실용화되었고, 많은 수가 제작되었다.

1892년에 **디젤**(Rudolf Diesel ; 1858~1913)이 현재 알려진 디젤 기관과 기본적으로 동일한 압축 착화 기관을 완성시켰다. 이것은 초기 실험 기관에서 고체 연료를 사용한 개발 작업이 있은 지 몇 년 후의 일이었다. 초기의 압축 착화 기관은 시끄럽고 크고 느린 단기통 기관이었다. 그러나 전기 점화 기관보다는 일반적으로 효율적이었다. 1920년대가 되기 전에 다기통 압축 착화 기관이 자동차와 트럭에 사용될수 있을 정도로 소형화되었다.

1.3 기관의 분류

내연 기관은 다양한 방법으로 분류된다.

1. 점화 방식

(a) 스파크 점화(SI) SI 기관은 점화 플러그를 사용하여 각각의 사이클마다 연소 과정을 시작한다. 점화 플러그는 플러그 주위의 공기-연료 혼합기를 착화시키기 위해 두 개의 전극간에 고전압의 전기 방전을 제공한다. 전기 점화 플러그가 발명되기 전, 초기의 기관 발전 과정에서는 외부 화염으로부터 연소를 시작시키기 위해 여러 형태의 토치 구멍이 사용되었다.

(b) 압축 착화(CI) 기관에서의 연소 과정은 고압축으로 발생하는 연소실 내의 높은 온도에 의해 공기-연료 혼합기가 자발화할 때 시작된다.

2. 기관 사이클

(a) 4행정 사이클 기관이 2회전할 때, 피스톤은 4번의 상하 운동을 한다.

(b) 2행정 사이클 기관이 1회전할 때, 피스톤은 2번의 상하 운동을 한다. 초기의 기관 개발시 3행정 사이클과 6행정 사이클이 연구되기도 했다[29].

그림 1-3

1928년부터 1932년까지 조립된 포드 모델 A 자동차 기관. 4기통 L헤드 기관은 195in.³(3.20L)의 배기량, 3.875인
치 보어 (9.84cm), 4.125인치 스트로크 (10.48cm), 그리고4.22:1의 압축비를 가졌다. 이 수냉기관은 2,200RPM
(29.8kW)에서 40마력의 제동력과 1,000RPM (173N-m)에서 128 lbf-ft의 토크를 가진 3개의 주요 베어링을 가졌
다. 하강기류 기화기로부터 야기된 연료 중력을 가진 연료 펌프가 없었다. Ford Motor Company 제공.

3. 밸브의 위치(그림 1-4참조)

(a) 헤드에 밸브가 있는 경우(오버헤드 밸브) 또는 **I헤드 기관**이라 한다.

(b) 블록에 밸브가 있는 경우(플랫 헤드) 또는 **L헤드 기관**이라 부른다. 블록에 밸브를 가진
기관들은 실린더의 한쪽에 흡기 밸브를 가지고, 다른 쪽에 배기 밸브를 가진 **T헤드 기관**
이라 한다.

(c) 밸브 하나는 헤드에(일반적으로 흡기 밸브), 다른 하나는 블록에 있는 경우, **F헤드 기
관**이라 한다. 이것은 극히 드물다.

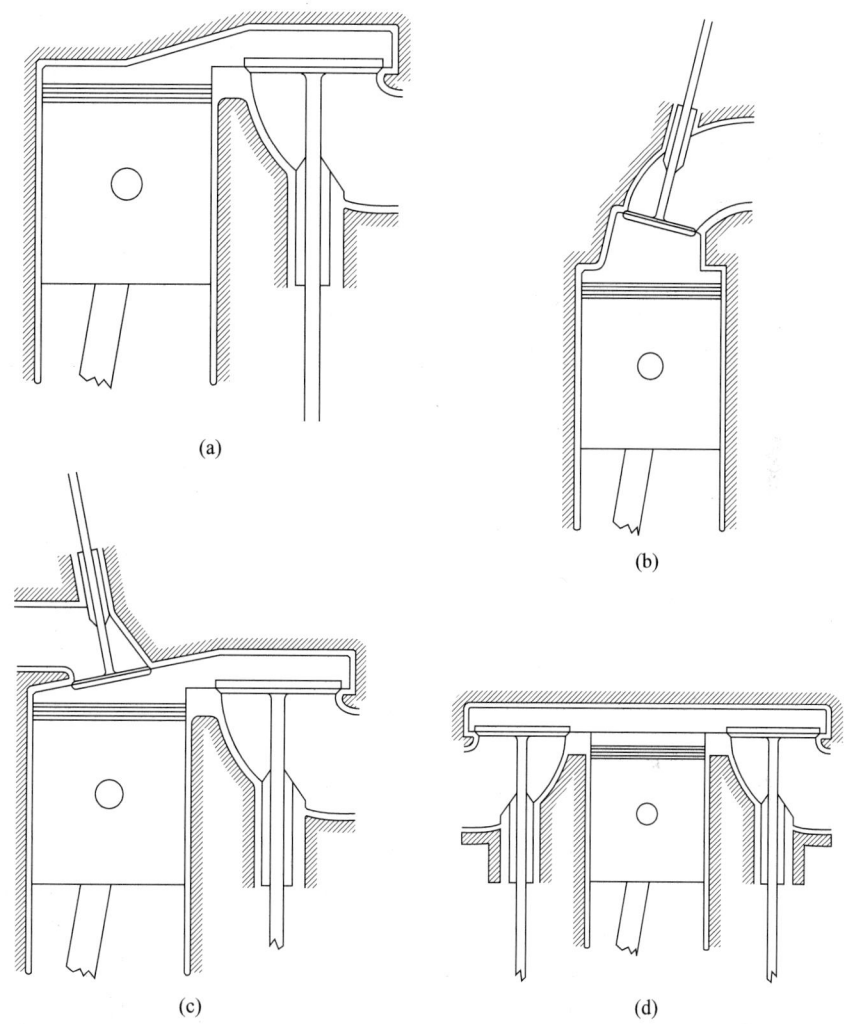

그림 1-4

밸브 위치에 따른 기관의 분류. (a)블록형 밸브, L헤드. 구형 자동차와 소형 기관에 적용 (b)헤드형 밸브, I 헤드. 현대적인 표준형 (c)한 개의 밸브는 헤드에, 한 개는 블록에 위치한 F헤드. 구형, 유행이 지난 자동차 (d)실린더 블록의 서로 맞은 편에 위치한 밸브들, T 헤드. 몇몇 역사적인 자동차 기관.

4. 기본 설계

(a) 왕복 기관은 내부에서 피스톤의 전후진 왕복 운동을 하는 한 개 이상의 실린더를 가진다. 연소실은 각 실린더의 폐쇄된 선단에 위치한다. 출력은 피스톤과 기계적인 연결 구조로 된 회전하는 크랭크축으로 제공된다.

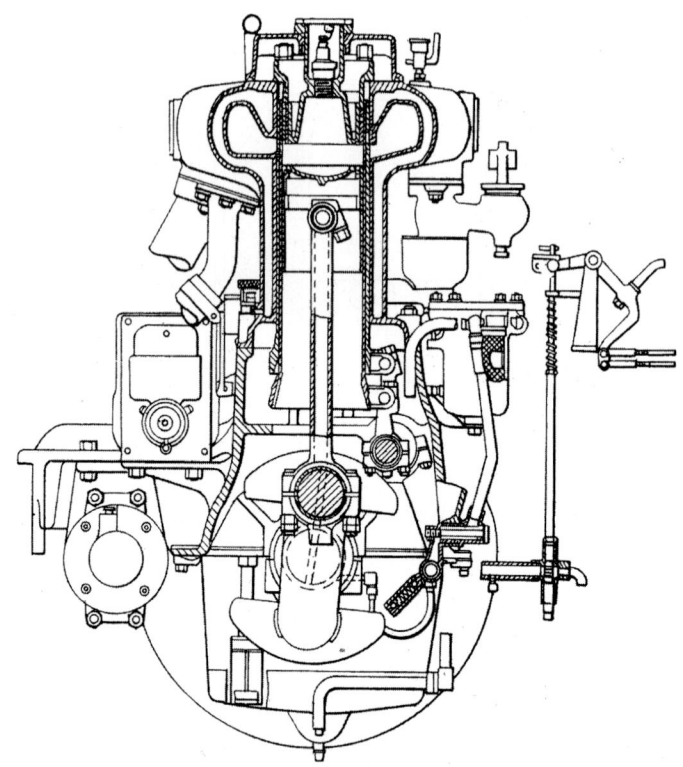

PRINCIPAL FEATURES OF THE KNIGHT ENGINE

The Valve Functions Are Performed by Two Concentric, Ported
Sleeves, Generally of Cast Iron, Which Are Inserted between the
Cylinder-Wall and the Piston.   The Sleeves Are Given a Reciprocat-
ing Motion by Connection to an Eccentric Shaft Driven from the
Crankshaft through the Usual 2 to 1 Gear, Their Stroke, in the
Older Designs at Least, Being Either 1 or 1⅛ In.   The Sleeves
Project from the Cylinder at the Bottom and, at the Top, They
Extend into an Annular Space between the Cylinder-Wall and the
Special Form of Cylinder-Head So That, during the Compression
and the Power Strokes, the Gases Do Not Come into Contact with
the Cylinder-Wall But Are Separated Therefrom by Two Layers
of Cast Iron and Two Films of Lubricating Oil.   The Cylinder, As
Well As Each Sleeve, Is Provided with an Exhaust-Port on One
Side and with an Inlet-Port on the Opposite Side.   The Passage
for Either the Inlet or the Exhaust Is Open When All Three of the
Ports on the Particular Side Are in Register with Each Other

그림 1-5
1926년형 Willy-Knight 슬리브 밸브
엔진의 단면도. SAE International 사
의 허가에 의해 1995년 Automotive
Engineering magazine에서 인용.

(b) **로터리 기관**은 대형 편심 로터와 크랭크축을 둘러싼 블록(스테이터)으로 이루어져 있다.
연소실은 회전하지 않는 블록 내에 위치한다.

5. 왕복 기관의 피스톤과 실린더 수(그림 1-7참조)

(a) **단기통**   기관은 하나의 실린더와 크랭크축에 연결된 피스톤을 가진다.

(b) **직렬형**   실린더는 직선상에 배치되어 있고, 크랭크축의 길이 방향을 따라 순차적으로
배열되어 있다. 자동차와 다른 응용 분야에 대해서 직렬형 4기통 기관이 가장 일반적이

(a)

(a)

그림 1-6

1930년대의 8기통 불꽃 점화 자동차 기관인 Duesenberg Model J의 나열; 저자의 견해에 따르면, 그 당시에 가장 위대한 자동차 기관. 그 기관은 Duesenberg 사에 의해 설계되었으나 Lycoming Aircraft Engine 사에 의해 생산되었다. 그것은 최대 배기량 420in.^{3}(6.88L), $3^3/_4$in.의 보어, $4^3/_4$in.의 스트로크(12.07cm), 5.2:1의 압축비를 가진 반구상의 연소실이 있었으며, 4,200RPM에서 265제동마력(198kW)의 출력을 내었다. Model SJ로 슈퍼 과급되었을 때 그것은 4,000RPM에서 320제동마력(239kW)의 출력을 만들었다. 쌍으로 되어 체인으로 구동되는 오버헤드 캠축은 한 실린더당 4개의 벨브를 구동했다. 흡입 밸브들은 $1^1/_2$in.(3.81cm)의 지름과 0.35in.(0.89cm)의 길이를 가졌고, 배기 밸브들은 $1^7/_8$in.(4.76cm)의 지름과 0.36in.(0.91cm)의 길이를 가졌다. 알루미늄으로 된 피스톤들은 각각 3개의 압축링과 하나의 오일링을 가졌다. 5개의 주요 베어링을 가진 합금강 성분의 크랭크축은 동적, 정적으로 균형이 있었으며, 수은으로 채워진 진동 댐퍼를 가지고 있었다. 주유 시스템은 오일팬의 기어 펌프, 세 개의 필터, 크랭크케이스 환기장치, 그리고 냉각을 위해 핀이 있는 알루미늄 오일팬으로 구성되었다. 7개의 갤런 냉각 시스템은 물펌프, 자동 온도조절 라이에이터 차단기, 그리고 벨트로 구동되면서 4개의 칼날이 있는 팬으로 이루어졌다. 점화는 Delco Remy 코일과 분배기가 만들어내는 6볼트였다. Model SJ가 Stromberg 하강기류 기화기와 12in.의 원심 슈퍼 과급기를 가지고 있는 반면, Model J는 Schebler 상승기류 기화기를 갖추었다. 고급 자동차에 있어서도 Duesenbergs는 Grand Prix와 트랙 경주에 매우 성공적이었다. Duesenberg Automobile 회사는 경제 공황의 희생자로서 1937년에 파산했다. 속어로 "Its a Dusey"는 그것이 매우 좋다는 것을 의미하는데, Duesenberg 자동차의 언급인 것이다. Indiana주의 Auburn에 위치한 Auburn-Cord-Duesenberg Museum 제공.

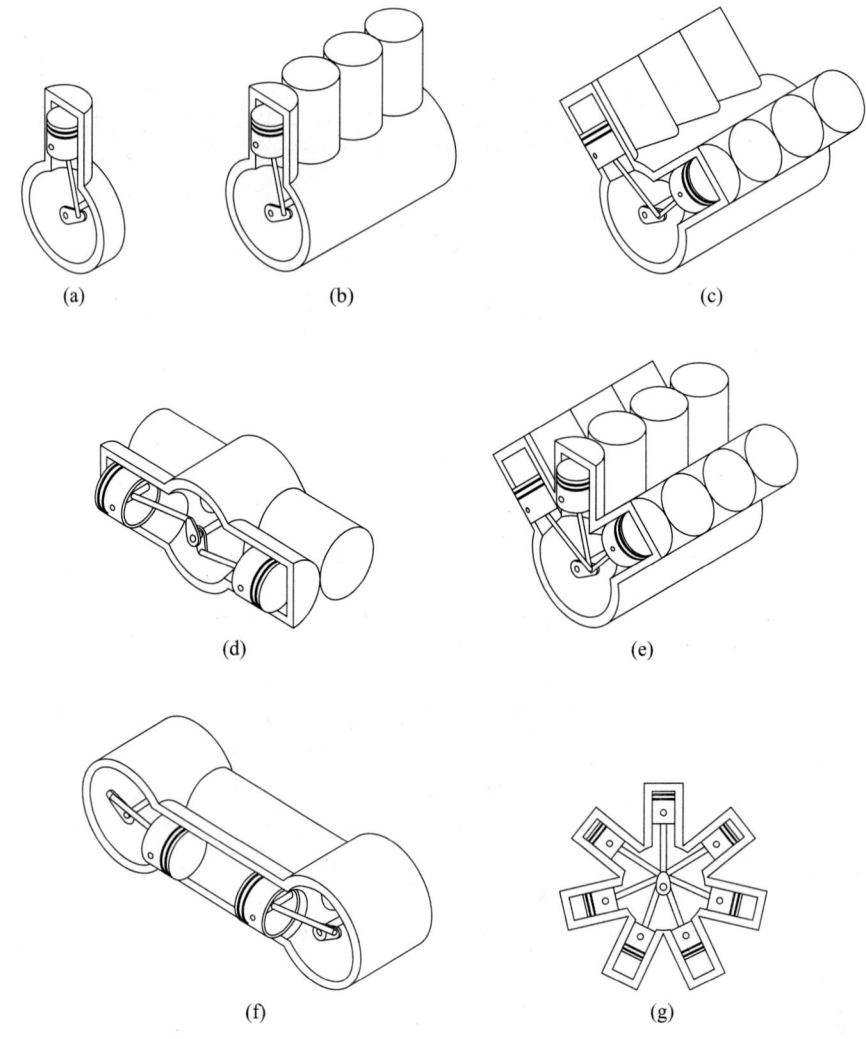

그림 1-7

실린더 배열에 따른 기관의 분류 (a)단기통 (b)직렬형 (c)V형 기관 (d)대향 실린더 기관 (e)W형 기관 (f)대향 피스톤 기관 (g)방사형 기관.

다. 직렬형 6기통과 8기통은 역사적으로 가장 일반적인 기관이다. 직렬형 기관은 가끔 **직선형**이라고도 불린다(예; 직선형 6또는 직선형 8).

(c) V형 기관   실린더의 두 조가 서로 일정한 각도를 가지고 하나의 크랭크축을 따라 배열되어 있다. 실린더의 두 조 사이의 각은 $15° \sim 120°$ 까지 가능하며, $60° \sim 90°$ 가 가장 일반적이다. V형 기관은 2에서 20 또는 그 이상의 실린더를 가지며, 그 수는 짝수이다.

자동차 기관에는 V6과 V8이 가장 일반적이고, 값비싼 고성능 차량에서는 V12와 V16도 있다.

(d) 대향 실린더 기관   실린더 2조가 하나의 크랭크축상에 서로 반대 방향으로 배열되어 있다(180° V형 기관). 이것들은 소형 항공기와 2개에서 8개 또는 그 이상의 짝수의 실린더를 가진 자동차에 일반적으로 사용된다. 이 기관은 종종 **플랫 기관**이라고 블린다(예; 플랫4).

(e) W형 기관   V형 기관과 동일하고 단지 같은 크랭크축상에 3조의 실린더 구조로 배열되어 있다. 일반적이지는 않지만, 예나 지금이나 경주용 자동차용으로 발전되어 왔다. 일반적으로 각 조마다 60°의 각도로 12기통이 있다.

(f) 대향 피스톤 기관   피스톤 간의 중심에 연소실이 있는 각각의 실린더 내에 2개의 피스톤이 마주보고 있는 형태이다. 하나의 연소 과정이 동시에 2개의 동력 행정을 행하며, 피스톤이 중심에서부터 밀려나고, 실린더의 각 끝에 있는 분리된 크랭크축에 동력을 전달한다. 기관 출력은 2개의 회전 크랭크축 또는 일체화된 복잡한 기계적 연결 구조로 된 하나의 크랭크축에 전해진다.

(g) 방사형 기관   중심상의 크랭크축 주위의 원형면상에 피스톤이 위치한 기관이다. 피스톤의 커넥팅로드는 마스터로드에 연결된 후 크랭크축에 차례로 연결된다. 방사상 기관의 실린더 조는 3에서 13 이상의 범위에서 홀수 개를 가진다. 4행정 사이클로 구동되고, 서로 다른 실린더에서 폭발이 일어나 크랭크 축이 회전하면서 동력 행정이 이루어지며, 부드러운 운전을 제공한다. 많은 중형 및 대형 프로펠러 구동 비행기는 방사상 기관을 사용한다. 대형 비행기에서는, 2개 또는 그 이상의 실린더 조가 서로 결합되어 있고, 하나의 크랭크 축상에 순차적으로 배열되어 있어서, 강하고 부드러운 기관을 구성한다. 대형 선박 기관은 9개 실린더의 6조인 54기통까지 존재한다.

6. 공기 흡입 과정

(a) 자연적 흡인   흡입 공기 압력을 증가시키는 장치가 없다.

(b) 슈퍼 과급   흡입 공기 압력이 기관 크랭크축에 의해 구동되는 압축기에 의해 증대된다(그림1-8).

(c) 터보 과급   흡입 공기 압력이 기관 배기 가스에 의해 구동되는 터빈 압축기에 의해 증대된다(그림 1-9)

(d) 크랭크실 압축   흡입 공기 압축기로 크랭크실이 사용되는 2행정 사이클 기관이다. 크랭

역사적 이야기-방사형 기관

무거운 방사형 실린더의 큰 조가 고정된 차량의 크랭크축 주위를 회전하는 방사상 기관의 역사적 예가 최소한 두 가지 있다. 제1차 세계대전 때 큰 성공을 거둔 전투기 Sopwith Camel 은 회전하는 실린더 조에 부착된 프로펠러에 결합된 기관을 가지고 있었다. 대형 회전 기관의 무게에 의한 회전력으로 인해 다른 비행기에는 불가능한 작전 행동을 수행할 수 있었다. 스누 피는 수 년 동안 레드 남작과의 전투에서 Sopwith Camel을 몰았다.

잘 알려지지 않은 초기의 Adams-Farwell 자동차는 수직으로 부착된 고정된 크랭크축을 가진 평면상에서 회전하는 3기통과 5기통 방사형 기관을 가지고 있었다. 회전의 영향은 이러한 자동차들에게 대단히 독특한 조종 특성을 제공했을 것이다[45].

크실 압축을 가지는 4행정 사이클 기관의 설계와 구성에 대하여 한정된 개발 작업이 행해졌다.

7. SI 기관의 연료 공급 방식

(a) 기화기식

(b) 다점 연료 분사 방식(MPI) 각각의 실린더 흡기구에 하나 또는 그 이상의 인젝터가 설치되어 있다.

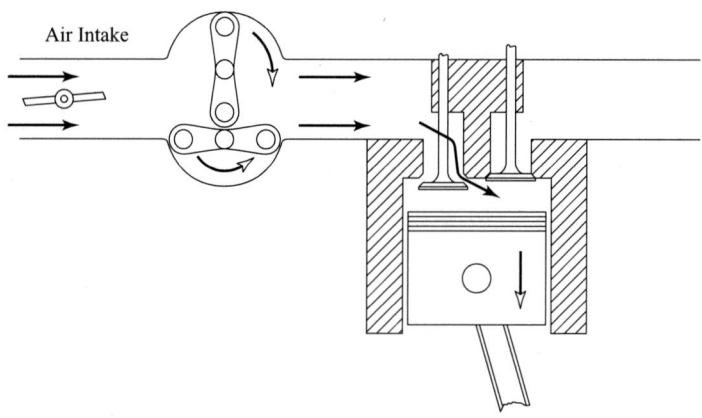

그림 1-8

기관에 공급되는 흡입 공기 압력을 증가시키기 위해 사용되는 슈퍼 과급기. 크랭크축에 의해 구동되는 압축기는 속도 변화에 빠른 응답성을 가져다 주지만 기관에 부하를 더한다.

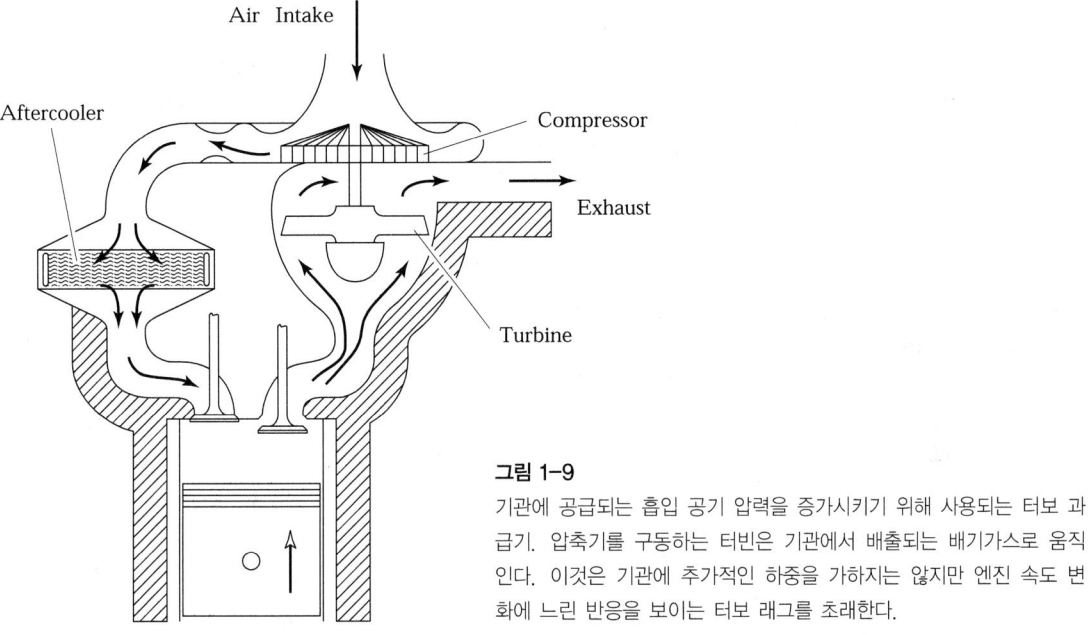

그림 1-9
기관에 공급되는 흡입 공기 압력을 증가시키기 위해 사용되는 터보 과급기. 압축기를 구동하는 터빈은 기관에서 배출되는 배기가스로 움직인다. 이것은 기관에 추가적인 하중을 가하지는 않지만 엔진 속도 변화에 느린 반응을 보이는 터보 래그를 초래한다.

(c) 스로틀 바디 연료 분사 방식(TBI) 흡기 다기관 상류에 인젝터가 위치한다.
(d) 가솔린 직접 분사 방식 실린더로 직접 분사되는 인젝터가 연소실에 설치되어 있다.

8. 압축착화기관의 연료 주입 방법

(a) 직접 주입 주연소실에 연료가 주입된다.
(b) 간접 주입 부연소실에 연료가 주입된다.
(c) 균질충전 압축착화 흡기행정 동안 약간의 연료가 첨가된다.

9. 사용 연료

(a) 휘발유(가솔린)

(b) 디젤유

(c) 가스, 천연가스, 메탄

(d) LPG

(e) 에틸알코올, 메틸알코올

(f) 복합 연료   2개 또는 그 이상의 연료를 조합하여 사용하는 여러 종류의 기관이 있다. 일반적으로, 대형인 CI 기관은 메탄과 디젤유를 섞어서 사용한다. 디젤유가 비싸기 때문에 복합 연료는 제 3세계에서 인기를 얻고 있다. 가솔린-알코올 혼합 연료는 가솔린 자동차 기관 연료의 대체 연료로서 점차 일반화되고 있다.

(g) 가소홀   가솔린 90%와 알코올 10%로 구성된 연료이다.

10. 응용 분야

(a) 자동차, 트럭, 버스

(b) 기관차

(c) 정치 기관

(d) 선박

(e) 비행기

(f) 소형 휴대용, 전기톱, 모형, 비행기

11. 냉각 방식

(a) 공랭식

(b) 유냉식, 수냉식

그림 1-10
General Motors의 2002년형 트럭에 사용된 6.6리터, V8, 압축착화, LB7 사양의 'Duramax 6600 Turbo Diesel Engine'. 이 기관은 각 실린더마다. 4개의 오버헤드 밸브, 17.5:1의 압축비, 10.3cm(4.06in.)의 보어, 9.90(3.90in.)의 스트로크, 그리고 6599cm^3(403in.^{3})의 총배기량을 지녔다. 레일로 인한 높은 압력 주입방식이 사용된다. General Motors Corporation 제공.

이러한 분류의 일부 또는 전체는 주어진 기관을 확인하는 데 동시에 사용될 수 있다. 따라서, 현대의 기관은 터보 과급, 왕복형, 전기 점화, 4행정 사이클, 오버헤드 밸브, 수냉식, 가솔린, 다점 연료 분사, V8형 자동차 기관이라고 할 수 있다.

역사적 이야기-크고 독특하게 생긴 기관

크고 매우 동력이 센 몇몇 기관들이 20세기 초반에 조립되었는데, 대부분이 실험 목적의 탱크(중전차)과 다른 군용 차량용이었다. 그 중 하나가 이탈리아 회사 Bugatti에서 만들어졌는데, 각각 8개의 실린더를 가진 두 개의 병렬 뱅크로 구성되었고 U16 기관으로 만들어졌다. 두 개의 캠축은 한 개의 중앙축이 밖으로 나오도록 기어로 연결되었다. 적어도 이런 종류 중 하나가 나중에 Duesenberg 경주용 차에 이용되었다. Bugatti는 4개의 직렬형으로 된 8개 기관을 연결한 H32 기관도 만들었다. 각각의 기관은 위아래로 움직이는 H라는 팔과 중앙출력 크랭크축을 가지고 있었다. 독일에서 제작된 한 기관은 두 개의 역전된 V12 기관으로 구성되었는데, 기관들은 모두 하나의 크랭크축으로 연결되어 있었다(그렇다면 M24엔진이었을까?). 이들 중 어떤 엔진들도 상업적으로 생산되지는 못했다.

1.4   용어와 약어

다음의 용어와 약어들은 기관 기술 용어로서 일반적으로 사용되고 있고, 이 책에서도 사용될 것이다. 이어지는 장들의 내용을 잘 이해하기 위해서는 여기에서 완전히 숙지할 필요가 있다.

내부 연소, 내연(Internal Combustion, IC)

전기 점화(Cpark Ignition, SI)   각 사이클에서 연소 과정이 점화 플러그를 사용함으로써 시작되는 기관이다.

압축 착화(Compression Ignition, CI)   높은 압축에 의한 고온으로 인해 공기-연료 혼합기가 자발화함으로써 연소과정이 시작되는 기관이다. 압축 착화 기관을 특히 **디젤 기관**이라고 종종 부른다.

상사점(Top-dead-Center, TDC)   피스톤이 크랭크축으로부터 가장 멀리 떨어져서 멈추는 위치를 말한다. **Top**이란 용어는 피스톤이 대부분 기관의 위에 위치하기 때문이고, **Derd**는 피스톤이 이 점에서 멈추기 때문이다. 일부 기관(수평 대향 기관, 방사상 기관 등)에서는 상사점이 기관의 Top이 아니기 때문에 이 위치를 **Head-End-Dead-Center(HEDC)**라고 부르는 사

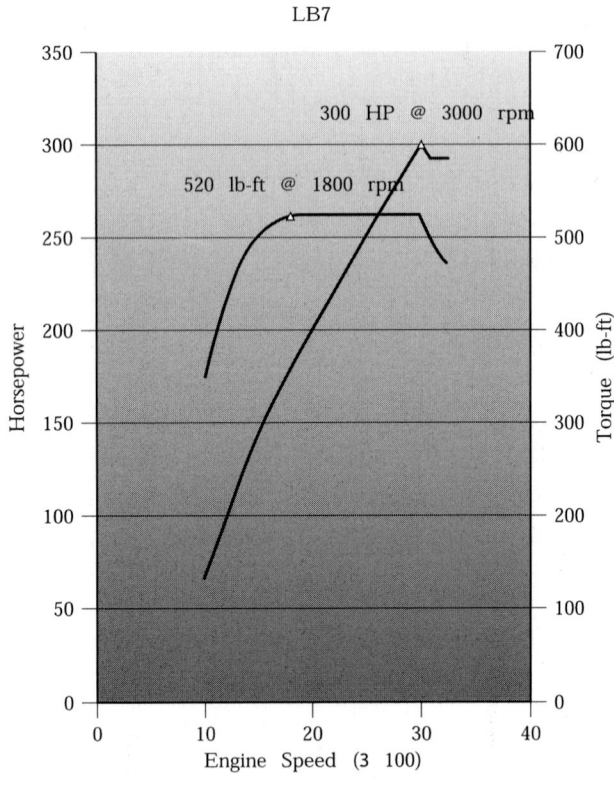

그림 1-11

그림 1-10에서 보였던 General Motors 'Duramax 6600 Turbo Diesel' 트럭기관의 출력 및 토크선도. 기관은 3,000RPM에서 300마력(224kW)의 최대 제동비율과, 1,800RPM에서 520lbf-ft(705N-m)의 최대 토크를 가진다. 최대 속도는 3,250RPM에서 측정된다. General Motors Corporation 제공.

람들도 있다. **Top-Center(TC)**라고도 한다. 한 사이클의 TDC 이전에 발생하는 것을 bTDC 또는 bTC 라고 부르고, TDC 이후(after)에 발생하는 것을 aTC라고 한다. 피스톤이 TDC에 있을 때, 실린더 내의 체적은 최소가 되는데, 이를 '**간극 체적**(clearance volume)' 이라 한다.

하사점(Bottom-Dead-Center, BDC) 피스톤이 크랭크축에서 가장 가까이에 멈추는 위치를 말한다. 이것이 항상 기관의 바닥이 아니기 때문에 이를 **Crank-End-Dead-Center(CEDC)** 라고 부르기도 한다. 또는 **Bottom-Center(BC)**라고도 한다. 기관 사이클이 하사점 이전에 발생하는 것을 bBDC 또는 bBC라고 하고, 이후에 발생하는 것을 aBDC 또는 aBC라고 한다.

직접분사(Direct Injection, DI) 기관의 주연소실에 직접 연료가 분사되는 것을 말한다. 기관은 하나의 주연소실(개방 연소실) 을 가지거나 하나의 주연소실과 연결된 부실로 구성된 분할된 연소실을 가진다.

간접분사(Indirect Injection, IDI) 분할된 연소실을 가지는 기관의 부실에 연료가 분사되는 것을 말한다.

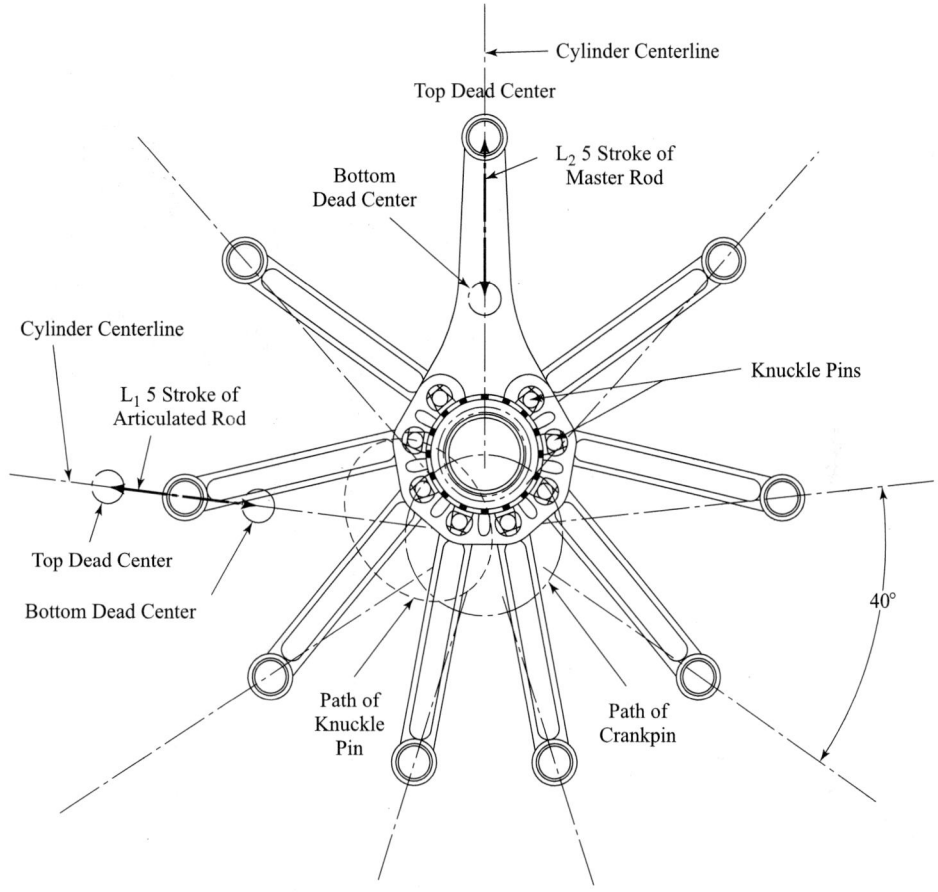

그림 1-12

9기통 방사형 기관의 커넥팅 로드 설계도. 1번 실린더의 피스톤은 마스터 커넥팅 로드에 의해 크랭크축에 연결되어 있다. 다른 모든 실린더들은 마스터 로드에 연결된 커넥팅 로드에 연결되어 있다. Curtiss Wright Corporation 제공.

보어(Bore)   실린더의 직경이나 피스톤면의 직경으로, 매우 작은 차이로 동일하다.

행정(Stroke)   피스톤이 상사점에서 하사점까지 또는 하사점에서 상사점까지 움직이는 거리를 말한다.

간극 체적(Clearanece Volume)   피스톤이 상사점에 있을 때 연소실의 최소 체적을 말한다.

배기량(displacement) 또는 **행정 체적(Displacement Volume)**   행정시에 피스톤에 의한 체적을 말한다. 배기량은 하나의 실린더나 또는 전체 기관에 대하여 주어진다. 일부 책에서는 **소기 체적**(swept volume)이라고 한다.

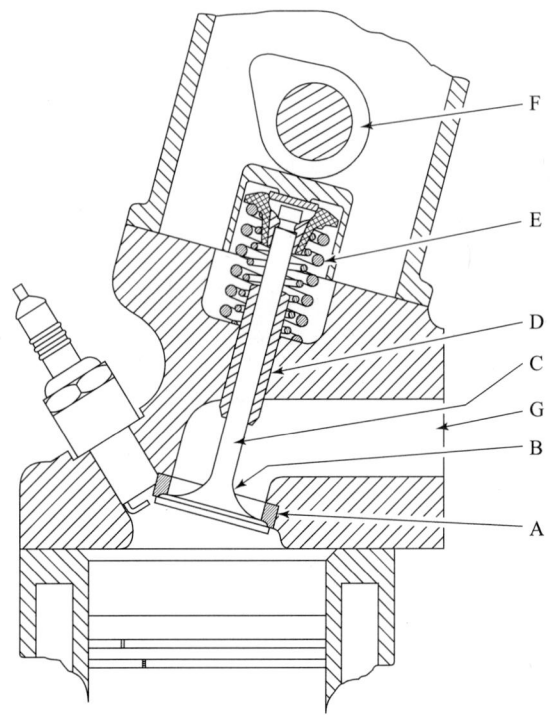

그림 1-13
Poppet 밸브는 사이클 동안 스프링 하중에 의해 닫히고 캠 운동에 의해 밀려서 열린다. 대부분의 자동차 기관과 다른 왕복운동 기관이 포펫 밸브를 사용한다. 덜 알려진 것들로 슬리브 밸브와 로타리 밸브가 있다. (A)밸브 시트. (B)헤드. (C)스템. (D)가이드. (E)스프링. (F)캠축. (G)다기관.

가솔린 직접 분사 방식(GDI) 연료 인젝터가 연소실에 설치되어 있는 불꽃 점화 기관이다. 압축 행정 동안 가솔린 연료가 실린더에 직접 주입된다.

균질 충전 압축 착화(HCCI) 보통의 CI 기관에서 사용되는 확산연소혼합물 대신에 균질 공기-연료로 작동하는 압축착화 기관이다.

스마트 기관(Smart Engine) 공연비, 점화 시기, 밸브 개폐 시기, 배기 제어, 흡기 튜닝 등의 구동 특성을 제어하는 컴퓨터가 내장된 기관을 말한다. 제어 입력은 기관 전반에 위치한 전기적, 기계적, 열적 그리고 화학적 센서에 의해 입력된다. 일부 차량의 컴퓨터는 기관 사용 연수에 따른 밸브 마모와 연소실 침전물에 따라 기관 구동을 조정하도록 프로그램되어 있다. 조향, 제동, 배기계, 서스펜션, 좌석, 도난 방지계, 음향 오락, 전환, 문, 고장 해석, 내비게이션, 소음 억제, 환경, 안락함 등을 제어하여 스마트 자동차를 만드는 데 사용된다. 일부 시스템에서 기관 속도는 트랜스미션의 기어가 바뀔 때 순간적으로 조정되어 결과적으로 매끄러운 전환 과정이 이루어 진다. 최소한 하나의 자동차 모델은 냉간 시동에서 부드러운 기어 전환을 위해 트랜스미션 작동유 온도에 대하여 이러한 과정을 맞추어 놓았다.

기관 관리 시스템(Engine Management System, EMS) 컴퓨터와 전자 시스템이 스마트

그림 1-14
1936년에 처음 소개되었고 2개의 실린더 공랭식 방식이며, 'Knucklehead' 오버헤드 벨브를 장착한 Harley-Davidson 오토바이 기관. 45°각의 V형 기관은 60in.^{3}의 배기량과 3.3125인치 보어, 그리고 3.500인치의 스트로크 길이를 가졌다. 압축비 7:1, 4행정 사이클로 작동하는 이 기관은 4,800RPM에서 40제동마력을 내었다. 점화는 Harley-Davidson 발전전지 시스템으로 일어났다. Harley-Davidson Juneau Avenue Archives 제공. 모든 권리는 보존됨. 저작권은 Harley-Davidson에 있다.

그림 1-15
그림 1-14에 보인 'Knucklehead'를 장착한 1936년형 Harley-Davidson 오토바이. 이 오토바이는 35-50MPG의 연료 소비로 90-90MPH의 최고속도를 냈다. Harley-Davidson Juneau Avenue Archives 제공. 모든 권리는 보존됨. 저작권은 Harley-Davidson에 있다.

기관을 제어하기 위해 사용된다.

스로틀 전개(Wide-open Throttle, WOT)   최고 출력 또는 속도를 얻고자 할 때, 기관은 스로틀 밸브가 완전히 열려 있는 상태로 운전된다.

점화 지연(Ignition Dely, ID)   점화 시작과 실제 연소 시작 사이의 시간 간격을 말한다.

공연비(Air-Fuel Ratio, AF)   기관에 공급된 연료에 대한 공기의 질량비이다.

연공비(Fuel-Air Fatio, FA)   기관에 공급된 공기에 대한 연료의 질량비이다.

최대 제동 토크(Brake Maximum Torque, BMT)   최고 토크가 발생하는 속도이다.

오버헤드 밸브(Overhead Valve, OHV)   기관 헤드부에 설치된 밸브이다.

오버헤드 캠(Overhead Cam, OHC)   기관 헤드부에 캠축이 설치되어 있어, 기관 헤드에 부착된 밸브를 직접적으로 구동하는 캠이다.

연료 분사(Fuel Injected, FI)

1.5   기관의 부품

다음은 대부분의 왕복 내연 기관에서 볼 수 있는 주요 부품들의 목록이다(그림1-16 참조).

블록(block) 주철 혹은 알루미늄 합금을 재료로 한 실린더를 포함한 기관의 몸체이다. 많은 구형 기관에서 밸브와 밸브 포트가 블록에 포함되었다. 수냉식 기관의 블록은 실린더 주위를 둘러싸는 워터재킷 주물(water jacket cast)을 포함한다. 공랭식 기관에서는 블록의 외부 표면에 냉각핀을 가지고 있다.

캠축(camshaft) 직접적으로나 기계적 혹은 유압 연동 장치(푸시로드, 로커암, 태핏)를 통해 기관 사이클의 적절한 시기에 밸브를 열기 위해서 사용되는 회전축. 대부분의 신형 자동차 기관들은 기관 헤드에 장착된 한개 혹은 그 이상의 캠축을 가진다. 대부분의 구형 기관들은 크랭크케이스에 캠축을 가졌다. 캠축은 일반적으로 단조강 혹은 주철로 만들어진다. 그리고 캠축은 벨트나 타이밍 체인에 의해 크랭크축과 떨어져서 작동된다. 중량을 줄이기 위해서 몇몇 캠들은 중공축으로 만들어진다. 4행정 사이클 기관에서 캠축은 기관 속도의 절반으로 회전한다.

기화기(carburetor) 압력차를 이용해서 공기 흐름에 적절한 양의 연료를 공급하는 벤추리 유동 장치. 수십 년 동안 기화기는 모든 자동차 기관과 그 밖의 기관들에서 기본적인 연료 유량 조정 시스템(fuel metering system)으로 사용되어 왔고, 잔디 깎는 기계 같은 저가의 소형 기관에서 여전히 사용된다. 그러나 오늘날의 새로운 자동차 기관에서는 거의 사용되지 않는다.

촉매 변환기(catalytic converter) 화학 반응에 의해 배기 가스의 감소를 촉진시키는 촉매 물질이 배기 가스 유동에 장착된 용기.

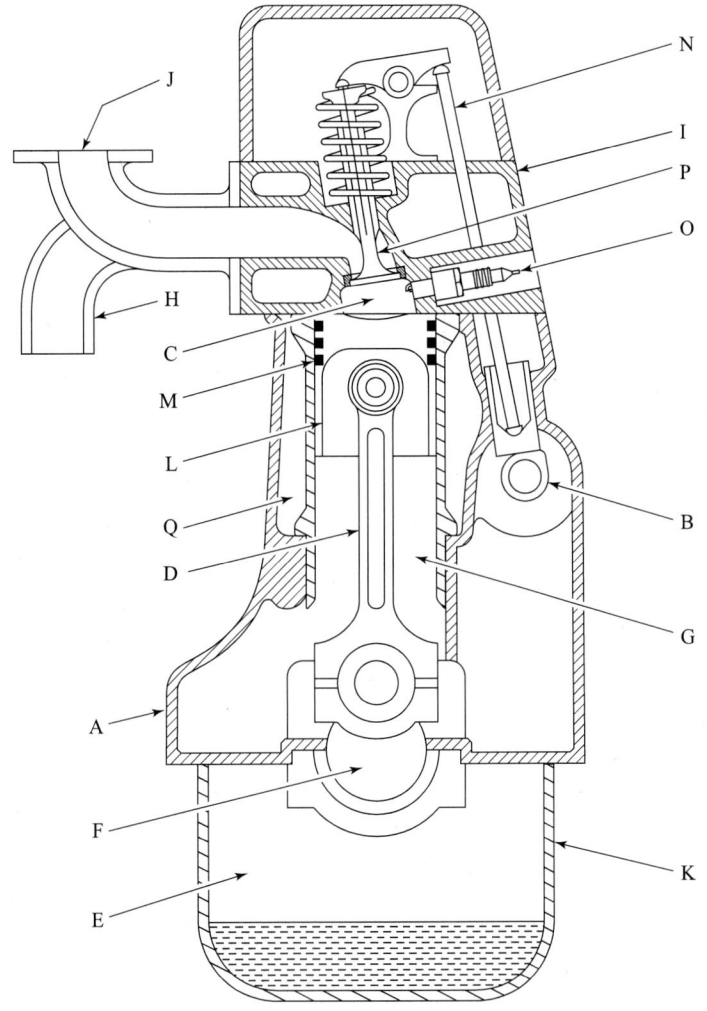

그림 1-16
기관의 부품을 보여 주는 4행정 SI 기관의 단면도: (A)블록 (B)캠축 (C)연소실
(D)케넥팅로드 (E)크랭크케이스 (F)크랭크축 (G)실린더 (H)배기 다기관 (I)헤
드 (J)흡기 다기관 (K)오일팬 (L)피스톤 (M)피스톤링 (N)푸시로드 (O)점화 플
러그 (P)밸브 (Q)워터 재킷.

초크(Choke) 기화기 흡기구에 위치한 나비 밸브이며, 추운 날씨에 시동을 걸 때 흡기 시스템에
서 진한 연료-공기 혼합물을 만드는 데 사용한다.

연소실(combustion chamber) 피스톤 면과 헤드 사이의 연소가 발생하는 실린더의 끝 부분.
연소실의 크기는 피스톤이 상사점에 있을 때의 최소 체적으로부터 피스톤이 하사점에 있을 때의 최대 체적까지 계속 변한다. 실린더는 때때로 연소실과 동일시된다. 각 실린더에 대해서 한 개의 실을 가지는 **개방 연소실** 기관과 오리피스 통로에 의해 연결된 두 개의 실(chamber)로 구성된 **분할 연소실**(부실)을 가진 기관이 있다.

커넥팅로드(connection rod) 피스톤과 회전하는 크랭크축을 연결하는 막대로서, 탄소강 혹은 단조 합금으로 만들어진다. 그러나 일부 소형 기관에서는 알루미늄 합금이 사용된다.

커넥팅로드 베어링(connecting rod bearing) 커넥팅로드가 크랭크축에 고정되게 하는 베어링.

냉각핀(cooling fins) 공랭식 기관의 헤드와 실린더의 외부 표면에 있는 금속 핀(fin). 이러한 연장된 표면들은 전도와 대류에 의해서 실린더를 냉각시킨다.

크랭크 케이스(crankcase) 회전하는 크랭크축을 둘러싸는 기관 블록의 부분. 대부분의 기관에서 오일팬은 크랭크케이스 하우징의 부분을 구성한다.

크랭크축(crankshaft) 기관 출력이 외부계로 공급되는 회전축으로부터 편심된 크랭크축은 **메인 베어링**으로 기관 블록에 연결된다. 그것은 회전축으로부터 편심된 크랭크축에 연결된 커넥팅 로드를 통해서 왕복 운동하는 피스톤에 의해 회전된다. 이러한 편심을 **크랭크 행정** 혹은 **크랭크 반경**이라고 말한다. 대부분의 크랭크축은 단조강으로 만들지만, 일부 크랭크 축은 주철로 만들어진다.

실린더(cylinder) 피스톤이 앞뒤로 왕복 운동하는 기관 블록 내에 있는 원통형 실린더. 실린더 벽은 잘 연마된 경화 표면을 가진다. 실린더들은 기관 블록 내에서 직접 틀에 맞게 가공할 수 있다. 혹은, 강한 금속 슬라이브를 연화된 금속 블록으로 프레스할 수 있다. 슬리브는 워터재킷과의 접촉 여부에 따라 건슬리브와 습슬리브로 나뉜다. 어떤 기관은 실린더 벽 위에 윤활유막을 유지하도록 돕는 울퉁불퉁한 표면을 지니고 있다. 매우 드물지만, 실린더의 단면이 둥글지 않은 경우도 있다.

배기 다기관(exhaust manifold) 기관 실린더로부터 배기 가스를 운반하는 파이프 시스템. 대개 주철로 만들어진다.

배기 시스템(exhaust system) 실린더로부터 배기 가스를 제거하고 처리하여 외부로 배출시키기 위한 유동 시스템. 배기 시스템은 배기 가스를 기관으로부터 빼내는 배기 다기관, 배출물을 줄이기 위한 열변환기 혹은 촉매 변환기, 기관 소음을 줄이기 위한 머플러, 그리고 승객으로부터 배기 가스를 멀리 내보내는 배기관(tailpipe)으로 구성된다.

팬(fan) 대부분의 기관들은 기관 부분과 라디에이터를 통해서 들어오는 공기 유량을 증가시키기 위해서 기관으로 구동되는 팬을 가지고 있다. 이것은 기관으로부터 증가하는 폐열을 제거한다. 팬은 기계적으로 또는 전기적으로 작동되는데, 연속적으로 작동시키거나 혹은 필요할 때에 만 시동시킬수 있다.

플라이휠(flywheel)   기관의 크랭크축에 연결된 커다란 관성 모멘트를 가진 회전체. 플라이휠 의 목적은 에너지를 저장하고 동력 행정 동안 기관의 회전을 유지하며, 기관 운전을 원활하게 하는 큰 각운동량을 공급하는 데 있다. 많은 잔디 깎는 기계에서 회전깃이 플라이휠 역할을 하 는 것처럼, 몇몇 항공 기관에서 프로펠러는 플라이휠의 역할을 한다.

연료 인젝터(fuel injector)   SI 기관에서 흡입 공기로, 혹은 CI 기관에서 실린더로 연료를 분 사하는 압력 노즐. 연료 인젝터는 MPI 시스템에서는 흡기 밸브 포트에 위치한다. 그리고 TBI 시스템에서는 흡기 다기관 입구의 상류에 위치한다. 일부 SI 기관에서 인젝터는 직접 연료를 연소실로 분사한다.

연료 펌프(fuel pump)   연료 탱크로부터 기관으로 연료를 공급하는, 전기적으로 혹은 기계적 으로 구동되는 펌프. 현대의 많은 자동차들은 연료 탱크에 잠겨서 장착되어 있는 전기 구동 연 료 펌프를 가지고 있다. 몇몇 소형 기관들과 초기 자동차들은 연료 펌프가 없고, 중력에 의해서 연료를 공급한다.

역사적 이야기-연료펌프

연료 펌프가 없었을 때, 기관에 대한 연료 탱크의 상대적인 위치 때문에 T형 포드 자동차 (1909~1927)는 높은 경사의 언덕을 후진해서 올라가야 했다.

예열 플러그(glow plug)   많은 CI 기관의 연소실 내에 장착된 작은 전기 저항 히터. 냉간시 기 관을 시동할 때, 연소가 발생할 수 있도록 연소실을 충분히 예열하는 데 사용된다. 예열 플러그 는 기관이 시동된 후에 꺼진다.

헤드(head)   실린더의 끝 부분으로, 주로 연소실의 간극 체적을 둘러싸고 있는 부분. 대개 알 루미늄 합금이나 주철로 만들어진다. 그리고 기관 블록에 볼트로 체결된다. 일부 사용되지 않 는 기관에서는 헤드와 블록이 일체인 것도 있다. 헤드는 SI 기관에서 점화 플러그를 포함하고, CI 기관과 일부 SI 기관에서는 연료 인젝터를 포함한다. 대부분의 현대적인 기관들은 헤드에 밸브를 가진다. 그리고 대부분은 또한 헤드에 위치한 캠축을 가진다(오버헤드 밸브, 캠).

헤드 개스킷(head gasket)   볼트로 체결되는 기관 블록과 헤드 사이의 밀폐제 역할을 하는 개 스킷. 헤드 개스킷은 복합 재료와 금속의 샌드위치 구조로 만들어진다. 일부 기관에서는 액체

해드 개스킷을 가진 것도 있다.

흡입 다기관(intake manifold)   실린더로 들어오는 공기를 수송하는 파이프 시스템. 대개 주조 금속, 플라스틱 혹은 복합 재료로 만들어진다. 대부분의 SI 기관에서 연료는 연료 인젝터 혹은 기화기에 의해서 흡기 다기관의 공기에 분사된다. 일부 흡기 다기관은 연료의 증발을 강화시키기 위해서 가열된다. 하나의 실린더에 붙은 개개의 파이프를 **러너(runner)**라 한다.

메인 베어링(main bearing)   크랭크축이 회전하는 기관 블록에 연결된 베어링. 최대 베어링 수는 피스톤 수에 1개를 더한 것과 같다. 혹은 피스톤 세트 사이의 수에다가 두 개의 끝단을 더한 것과 같다. 일부 저출력 기관에서 메인 베어링의 수는 이 최대 수보다 작다.

오일 팬(oil pan)   기관 블록의 밑에 볼트로 체결된 크랭크케이스 부분을 구성하는 오일 저장고. 대부분의 기관에서 기름통 역할을 한다.

오일 펌프(oil pump)   오일통으로부터 윤활을 필요로 하는 부분까지 오일을 보내기 위해 사용되는 펌프. 오일 펌프는 전기적으로 작동될 수 있다. 그러나 대부분은 기관에 의해서 기계적으로 작동된다. 일부 소형 기관들은 오일 펌프가 없고 비산 분배(splash distribution)에 의해서 윤활된다.

오일 섬프(oil sump)   흔히 크랭크케이스의 일부를 이루며, 기관의 오일 시스템을 위한 저장고. 일부 항공 기관은 **드라이 섬프(dry sump)**라고 부르는 분리된 밀폐 저장고를 가진다.

피스톤(piston)   실린더에서 앞뒤로 왕복 운동하면서 연소실의 압력을 회전하는 크랭크축으로 전달하는 원통형 모양의 물체. 피스톤의 윗면을 **크라운(crown)**이라 하고, 측면을 **스커트(skirt)**라 한다. 크라운 면은 연소실의 한 벽을 이루며, 표면은 평평하거나 울퉁불퉁할 수도 있다. 일부 피스톤은 크라운에 움푹 들어간 모양을 가지고 있어 그것이 간극 체적의 상당 부분을 이룬다. 피스톤은 주철, 강철 혹은 알루미늄 합금으로 만들어진다. 주철과 강철로 만든 피스톤은 높은 강도 때문에 더 예리한 모서리를 가질 수 있으며, 열팽창률도 더 낮다. 따라서 내구성이 강하며, 작은 틈새 체적(crevice volume)을 가지는 것이 가능하다. 알루미늄 합금 피스톤은 보다 가볍고, 작은 질량 관성을 가진다. 때때로 크라운부만 금속으로 만들고, 피스톤의 몸체는 복합 재질 또는 인조 재질로 만든다. 일부 피스톤은 표면에 세라믹 코팅을 하기도 한다.

피스톤 링(piston ring)   피스톤 주위 둘레의 홈에 끼워져서 실린더 벽에 대해 미끄럼 표면을 형성하는 금속링. 피스톤의 윗면 근처에는 고도로 연마된 단단한 크롬강으로 만들어진 압축링이 대개 2개 또는 그보다 많이 있다. 피스톤 링은 피스톤과 실린더 사이를 봉인하고 크랭크케이스로 새어나가는 연소실의 고압 가스(blowby gas)를 새지 못하게 한다. 압축링의 아래에는 적어도 한 개의 오일링이 있다. 이것은 실린더 벽의 윤활을 돕고 오일 소비를 줄이기 위해서 벽면에 붙은 과도한 오일을 긁어낸다.

푸시로드(push rod)   크랭크케이스에 캠축이 있는 오버헤드 밸브 기관의 캠축과 밸브 사이를 연결하는 기계적 연동 장치. 대다수 푸시로드들은 가압 윤활 시스템의 일부로서, 그 길이에 해당하는 오일 통로를 가진다.

라디에이터(radiator)   기관이 일단 냉각되면 기관 냉각수로부터 열을 제거하기 위해서 사용되는 벌집 구조의 액체-공기 열교환기. 라디에이터는 대개 자동차가 앞으로 전진할 때 공기 유동을 사용하므로 기관의 앞면에 장착된다. 라디에이터로의 공기 유량을 증가시키기 위해 기관 구동 팬이 종종 사용된다.

점화 플러그(spark plug)   SI 기관에서 전극 간극에 고전압 방전을 일으킴으로써 연소가 시작되도록 하는 전기 장치. 점화 플러그는 보통 세라믹 절연체로 덮힌 금속으로 만든다.

속도 제어-순항 제어(speed control-cruise control)   기관 속도를 제어함으로써 자동차를 일정한 속도로 운행하도록 유지하는 자동 전기 기계 제어 시스템이다.

시동 장치(starter)   IC 기관을 시동하기 위해서 여러 방법이 사용된다. 대개 기관의 플라이휠에 기어로 연결된 전기 모터를 구동함으로써 시동된다. 전기 배터리로 대형 트랙터나 건설 장비와 같이 매우 큰 기관에서는 전기 시동 장치만으로는 적절한 출력을 낼 수 없기 때문에 소형 IC 기관이 대형 기관을 위한 시동 장치로 사용된다. 먼저 소형 기관이 일반적인 전기 모터에 의해 시동된 후, 대형 기관의 플라이휠에 기어로 연결된다. 대형 기관이 시동될 때까지 플라이휠을 돌린다. 초기 항공 기관은 종종 손으로 기관의 플라이휠로 작용하는 프로펠러를 회전시켜 시동하였다. 제초기나 이와 유사한 장치에 사용되는 많은 소형 기관은 크랭크축에 연결된 풀리 주위에 감겨진 로프를 손으로 잡아당김으로써 시동한다. 일부 큰 기관을 시동시키는 데에는 압축 공기가 사용된다. 실린더 개방 밸브가 열리면 압축 행정에서 실린더 내 압력이 증가하지 못하게 한다. 그리고 나서 압축된 공기가 실린더로 들어온다. 회전 관성이 충분해지면, 개방 밸브를 닫고 기관을 점화시킨다.

역사적 이야기-시동장치

초기 자동차 기관은 기관의 크랭크축에 연결된 핸드 크랭크를 돌려서 시동하였다. 이것은 어렵고 위험한 과정이어서, 기관이 점화될 때나 핸드 크랭크를 빨리 돌릴 때 손가락과 팔이 부러지는 일이 종종 있었다. 케터링(C. Kettering)이 발명한 최초의 전기 시동 장치는 1912년 캐딜락 자동차에 사용되었다. 케터링이 시동 장치를 발명한 동기는 그의 친구가 손으로 기관의 시동을 걸다가 죽었기 때문이다[45].

과급기(supercharger) 기관의 유입 공기를 압축하기 위해서 사용되는 크랭크축과 연결된 압축기이다.

스로틀(throttle) SI 기관에 들어가는 공기 유량의 양을 조절하기 위해 사용되는 흡기계의 상류 끝 부분에 장착된 나비 모양의 밸브. 일부 소형 기관과 정치 정속 기관에는 스로틀이 없다.

터보 과급기(turbocharger) 기관으로의 유입 공기를 압축하기 위해 사용되는 터빈 압축기. 터빈은 기관의 배기 가스에 의해 작동되므로 기관으로부터 아주 작은 동력만을 소비한다.

밸브(valve) 사이클에서 적절한 시기에 실린더로 들어가고 나오는 유동을 조정하는 데 사용된다. 대부분의 기관은 **포핏 밸브**를 사용한다. 포핏 밸브는 스프링에 의해 닫히고 캠축의 작용에 의해 열린다(그림 1-12). 밸브는 주로 단조강으로 만들어진다. 밸브가 닫히는 표면을 **밸브 시트**(valve seat)라 하는데, 이는 경화된 탄소강이나 세라믹으로 만들어진다. **로터리 밸브**와 **슬리브 밸브**가 때때로 사용되고 있으나 흔하지는 않다. 많은 2행정 사이클 기관은 기계적 밸브 대신에 실린더 벽의 측면에 **포트**를 갖고 있다.

워터 재킷(water jacket) 실린더 주위를 둘러싸고 있는 액체 유동 시스템. 대개 기관 블록과 헤드의 일부를 이룬다. 기관 냉각수는 워터 재킷을 통해서 흐르고, 실린더 벽이 과열되는 것을 막는다. 냉각수는 대개 물과 에틸렌글리콜의 혼합물이다.

워터 펌프(water pump) 기관 냉각수를 기관과 라디에이터로 순환시키기 위해서 사용되는 펌프. 대개 기관의 일부로 기계적으로 작동한다.

리스트 핀(wrist pin) 커넥팅로드를 피스톤에 연결시키는 핀으로, **피스톤 핀**(piston pin)이라고도 한다.

1.6 기본적 기관 사이클

대부분의 내연 기관은 4행정 혹은 2 행정 사이클로 작동된다. 이러한 기본적인 사이클은 모든 기관의 표준이 되고 있으며, 개개의 기관에서 약간의 변형만이 나타날 뿐이다.

4행정 SI 기관 사이클(그림 1-17)

1. **첫 번째 행정 : 흡입 행정** 흡기 밸브가 열려 있고 배기 밸브가 닫힌 상태에서 피스톤은 TDC로부터 BDC로 움직인다. 이것은 연소실의 체적을 증가시켜 진공 상태를 만든다. 외부의 대기압과 내부의 진공 상태의 압력차로 인해 흡기계를 통해 공기가 실린더 안으로 들어온다. 공기가 흡기계를 통과할 때, 연료 인젝터 혹은 기화기를 이용해 필요한 만

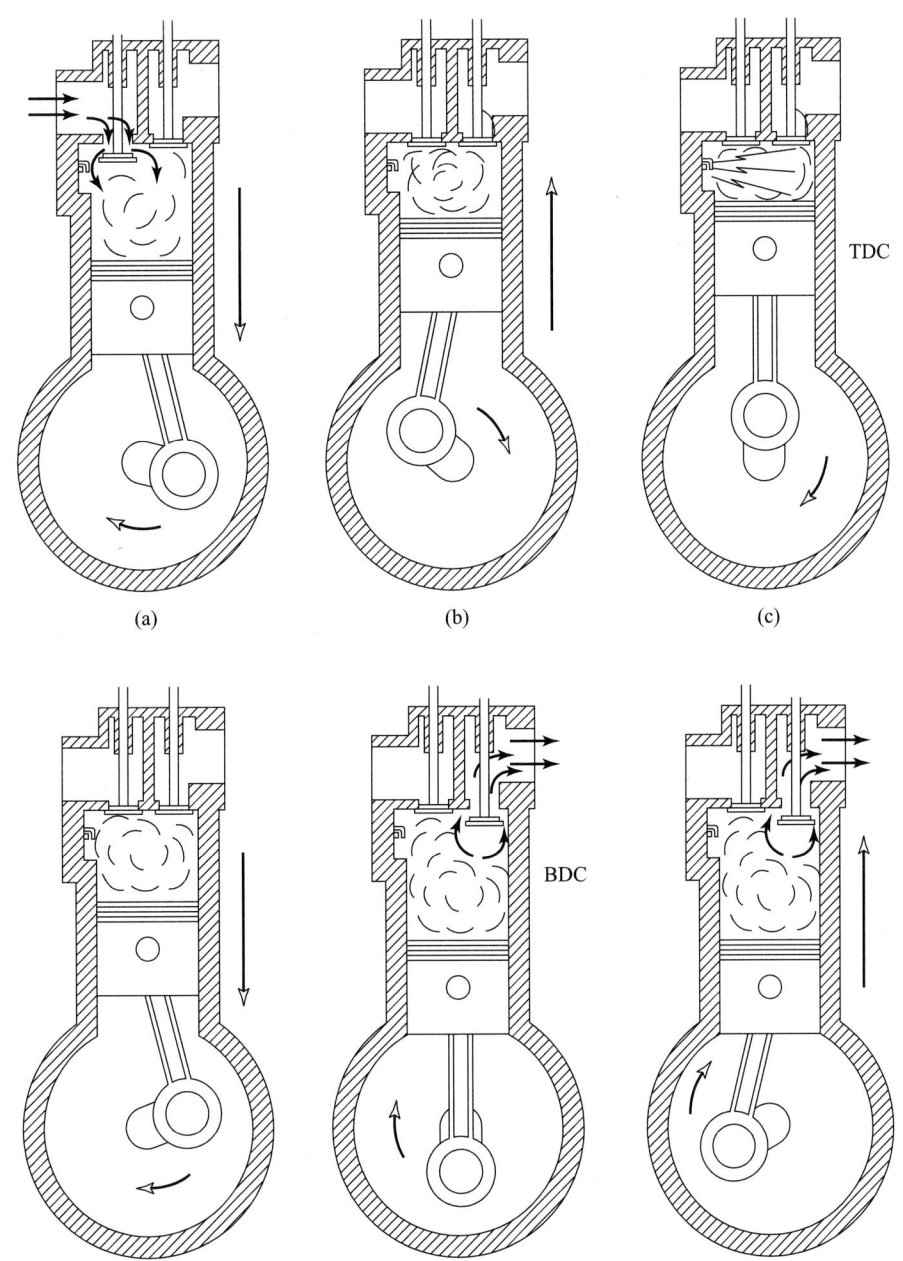

그림 1-17

4행정 기관 작동 사이클. (a)흡입 행정. 피스톤이 **TDC**로부터 **BDC**로 움직일 때 공기-연료가 들어감. (b)압축 행정. 피스톤이 **BDC**로부터 **TDC**로 움직인다. 전기 점화가 압축 행정 말기에 발생한다. (c)**TDC** 근처에서 거의 일정한 체적에로 연소. (d)동력 혹은 팽창 행정. 높은 실린더 압력이 피스톤을 **TDC**에서 **BDC**로 밀어낸다. (e)배기 밸브가 팽창 행정 말기에서 열릴 때의 배기 블로우다운. (f)배기 행정. 피스톤이 **BDC**로부터 **TDC**로 움직이면서 남아 있는 배기 가스가 실린더로부터 밀려난다.

큼 연료가 공기에 분사된다.

2. **두 번째 행정 : 압축 행정** 피스톤이 BDC에 도착할 때, 흡입기 밸브는 닫히고 모든 밸 브가 닫혀 있는 상태에서 피스톤이 다시 TDC로 움직인다. 이것은 연료-공기 혼합기를 압축하여 실린더에서 연료- 공기 혼합기의 압력과 온도가 상승한다. 흡기 밸브가 닫히 는 데 유한의 시간이 요구되므로 실제 압축은 BDC 이후에 비로소 시작한다. 압축 행정 의 말기에 점화 플러그 불꽃이 튀고 연소가 시작된다.

3. **연소** 공기-연료 혼합기의 연소는 피스톤이 TDC 근처에 있는 상태에서 매우 짧고 유한 한 시간 동안에 발생한다(즉, 정적 연소). 그것은 압축 행정의 말기에 bTDC 부근에서 시작된다. 그리고 거의 TDC 이후(aTDC)의 동력 행정까지 지속된다. 연소는 가스 혼 합기의 성분을 배출물의 성분으로 바꾸고, 실린더 내의 온도를 매우 높은 극대값으로 증가시킨다. 이것은 결과적으로 실린더 내의 압력을 매우 높은 극대값으로 상승시킨다.

4. **세 번째 행정 : 폭발 행정** 혹은 **동력 행정** 모든 밸브가 닫혀 있는 상태에서 연소 과정에 의해 만들어진 높은 압력은 피스톤을 TDC로부터 아래로 밀어낸다. 이것은 기관 사이클 의 출력을 만들어 내는 행정이다. 피스톤이 TDC로부터 BDC로 움직일 때 실린더 체적 은 증가하고, 압력과 온도의 강하를 일으킨다.

5. **배기 블로다운(exhaust blowdown)** 동력 행정의 말기에 배기 밸브가 열리고, 배기 블로다운이 발생한다. 실린더 내의 압력과 온도는 이 지점에서 외부와 비교하면 여전히 높다. 대기앞 상태인 배기계와의 앞력차로 인해 피스톤이 BDC 근처에 있을 때, 온도 가 높은 배기 가스를 신속하게 배기계를 통해서 실린더 밖으로 밀어낸다. 이 배기 가스 의 높은 엔탈피는 열손실로 작용하여 사이클의 열효율을 떨어뜨린다. BDC 전에 배기 밸브를 여는 것은 동력 행정 동안 획득한 출력은 줄이지만, 충분한 배기 블로다운에 필 요한 유한한 시간 때문에 요구된다.

6. **네 번째 행정 : 배기 행정** 피스톤이 BDC에 도달할 때까지 배기 블로다운은 완료된다. 그러나 실린더는 거의 대기압하에서 여전히 배기 가스로 가득 차 있다. 배기 밸브가 열 린 상태에서 피스톤은 배기 행정에서 지금 BDC로부터 TDC까지 움직인다. 이것은 거 의 대기압하에서 남아 있는 대부분의 배기 가스를 배기계를 통해서 실린더 밖으로 밀어 낸다. 그리고 피스톤이 TDC에 도달할 때 간극 체적에 가두어진 것만이 남는다. TDC 전 배기 행정의 끝 근처에서 흡기 밸브가 열리기 시작해 새로운 흡입 행정이 다음 사이 클을 시작하게 할 때인 TDC까지 흡기 밸브가 완전히 열린다. TDC 근처에서 배기 밸 브가 닫히기 시작하여 TDC 이후에 완전히 닫힌다. 흡기 밸브와 배기 밸브가 동시에 열 려 있는 이 기간을 **밸브 오버랩**(valve overlap)이라 부른다.

4행정 CI 기관 사이클

1. **첫 번째 행정 : 흡입 행정** SI 기관에서의 흡입 행정과 같다. 한 가지 중요한 차이점은 연료가 흡입 공기에 첨가되지 않는 점이다.

2. **두 번째 행정 : 압축 행정** 공기만이 압축되고, SI 기관보다 더 높은 압력과 온도로 압축된다는 점을 제외하면 SI 기관과 같다. 압축 행정 말기에 연료는 연소실에 직접 분사되고, 연소실에서 매우 뜨거운 공기와 혼합된다. 이로 인해 연료가 증발되고 자발화하여 연소가 시작된다.

3. **연소** 연소는 TDC까지 완전히 진행되고, 연료 분사가 완료될 때까지 거의 일정 압력하에서 계속 진행된다. 이 때, 피스톤이 BDC를 향하여 계속 움직인다.

4. **세 번째 행정 : 동력 행정** 동력 행정은 연소가 끝나고 피스톤이 BDC로 향해 움직일 때 계속된다.

5. **배기 블로다운** SI 기관에서와 같다.

6. **행정 : 배기 행정** SI 기관에서와 같다.

2행정 SI 기관 사이클(그림 1-18)

1. **연소** 피스톤이 TDC에 있는 상태에서 연소는 매우 빨리 발생하고, 거의 정적 상태에서 온도와 압력은 최고치에 이른다.

2. **첫번째 행정 : 팽창 행정 혹은 동력 행정** 연소 과정에 의해서 만들어진 매우 높은 압력은 동력 행정에서 피스톤을 아래로 밀어낸다. 피스톤이 BDC를 향해서 움직일 때, 연소실의 팽창하는 체적은 압력과 온도를 감소시킨다.

3. **배기 블로다운** 거의 75% bBDC에서 배기 밸브는 열리고, 블로다운이 발생한다. 배기 밸브는 실린더 헤드에 있는 포핏 밸브일 수도 있고, 피스톤이 BDC에 접근할 때 열리는 실린더 측면에 있는 슬롯일 수도 있다. 블로다운 후에 실린더는 보다 낮은 압력하에서 배기 가스가 채워져 있는 상태가 된다.

4. **흡입과 소기** 블로다운이 거의 완료되었을 때, BDC 전 약 50%에서 실린더 측면의 흡입 슬롯이 열리고 공기-연료가 흡입되어 들어온다. 연료는 기화기 혹은 연료 분사에 의해서 유입된다. 유입 혼합 공기는 남아 있는 많은 배기 가스를 열린 배기 밸브 밖으로 밀어내고, 가연성 공기-연료 혼합기로 실린더를 채운다. 이 과정을 **소기**(scavening) 과정이라 한다. 피스톤 BDC를 지나서 매우 빠른 속도로 흡기 포트를 덮고 나서 배기 포

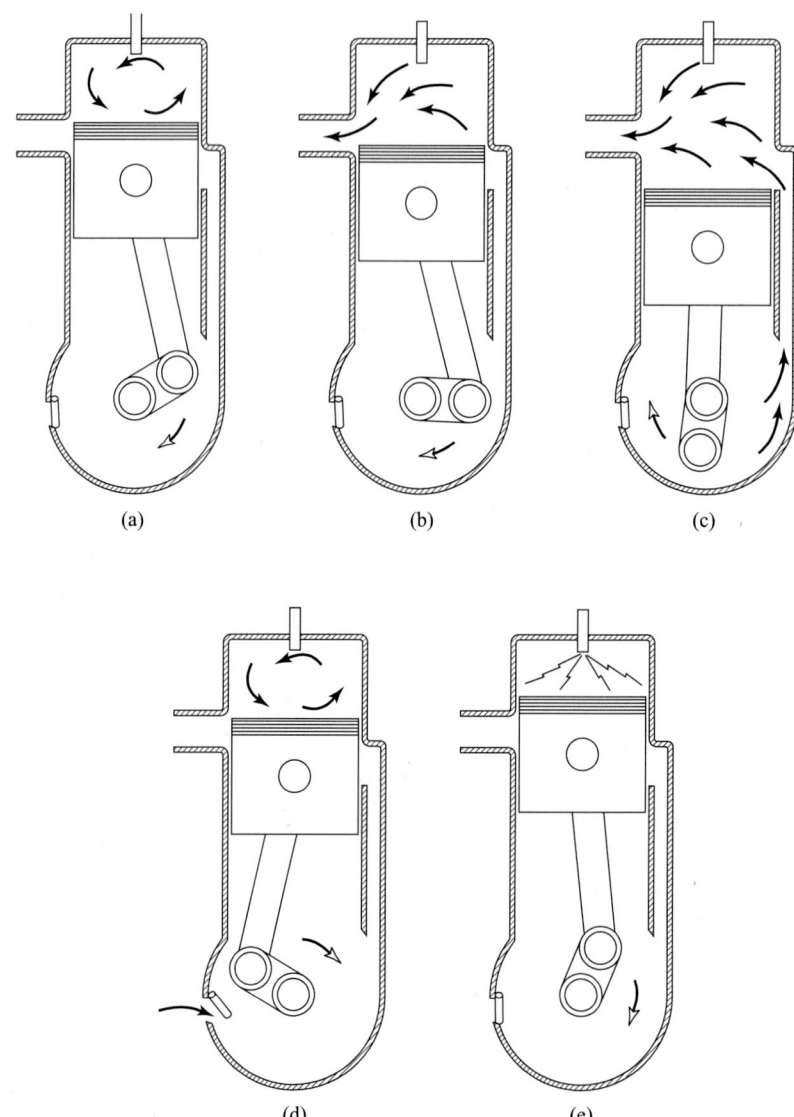

그림 1-18

2행정 SI 기관의 작동 사이클 **(a)**동력 혹은 팽창 행정. 모든 포트가 닫힌 상태에서 높은 실린더 압력이 피스톤을 TDC로부터 BDC로 밀어낸다. 크랭크케이스 안의 공기는 피스톤의 하향 운동에 의해서 압축된다. **(b)**배기 포트가 동력 행정의 말기에서 열릴 때의 배기 블로다운. **(c)**흡기 포트가 열리고 공기- 연료가 압력을 받아 실린더로 들어올 때의 실린더 소기. 흡입 혼합기는 배기 포트로 잔류 배기 가스의 일부를 밀어낸다. 소기는 피스톤이 BDC를 지나가고, 흡기 배기 포트를 닫게 할 때까지 지속된다. **(d)**압축 행정. 모든 포트가 닫힌 상태에서 피스톤이 BDC에서 TDC로 움직인다. 흡입 공기는 크랭크케이스를 채운다. 전기 점화가 압축 행정 말기에 발생한다. **(e)**TDC 근처에서 거의 일정한 체적에서의 연소.

트도 덮는다(혹은, 배기 밸브를 닫는다). 공기가 실린더로 들어오게 하는 더 높은 압력은 두 가지 방법 중 한 가지로 시작된다. 대형 2행정 사이클 기관은 일반적으로 과급기를 가지지만, 소형 기관은 크랭크케이스를 통해서 공기를 흡입할 것이다. 이러한 기관의 크랭크 케이스는 일반적인 기능 외에 압축기의 역할을 하도록 설계된다.

5. **두번째 행정 : 압축 행정** 모든 밸브 (혹은 포트)가 닫혀 있는 상태에서 피스톤은 TDC로 움직이고, 더 높은 압력 또는 온도로 공기-연료 혼합기는 압축된다. 압축 행정의 말기 부근에서 점화 플러그가 점화되고, 피스톤이 TDC에 도달할때 까지 연소는 발생한다. 그리고 다음 사이클이 시작한다.

2행정 CI 기관 사이클

CI 기관에 대한 2행정 사이클은 두 가지 점을 제외하면 SI 기관의 사이클과 비슷하다. 연료가 흡입 공기에 첨가되지 않으므로 압축이 단지 공기만으로 행해진다. 점화 플러그 대신에 연료 인젝터가 실린더에 위치한다. 압축 행정의 말기 부근에서 연료는 뜨거운 압축 공기 속에 분사되고, 연소는 자발화에 의해서 시작된다.

그림 1-19
Ford Motor Company의 1999년형 전기 점화, 4행정 V8 기관. 이 기관은 9.02cm(3.55in.)의 보어, 9.00cm(3.54in.)의 스트로크 길이, 4.60L(281in.^{3})의 배기량, 그리고 9.85:1의 압축비를 가지고 있다. 최대 제동 동력은 5,750RPM(275마력)에서 205kW이고, 4,750RPM(275lbf-ft)에서 373N-m의 최대 토크를 낸다. Ford Motor Company 제공.

그림 1-20

Ford 사의 3.0 리터, 전기 점화, 4행정 사이클의 Vulcan V6 기관. 이것은 1996년 Ford Taurus와 Mercury Sable 자동차의 표준 엔진이었다. 5,250RPM에서 108kW의 동력과 3,250RPM에서 230N-m의 토크를 낸다. Ford Motor Company 제공.

1.7   하이브리드 자동차

21세기초에 들어와 내연 기관을 사용하는 새로운 타입의 자동차에 대해서 상당한 연구 개발이 이루어지고 있는데, 이것이 자동차에 구동 동력을 제공하기 위하여 전기 모터와 내연 기관을 사용하는 하이브리드 자동차(또는 트럭)이다. 이 자동차의 목적은 더 낮은 배기가스 배출물과 향상된 연비를 이루는 것이다.

하이브리드 자동차는 몇 가지 방법의 모터-엔진 조합들이 사용된다. 가장 일반적인 형태는 주된 구동원으로서 정상 상태에서 구동하는 IC 기관과 배터리를 이용하는 전기 모터를 사용하는 것이다. 배터리는 하나 혹은 그 이상의 모터에 전기적 에너지를 공급한다. 보통의 연소 엔진은 전기 구동 모터에 의해 공급될 수 있는 것보다 큰 동력이 필요한 경우 직접적으로 자동차를 구동하는 데 사용될 수 있다.

IC 기관에 연결되어 있지 않고 단독으로 전기 구동 장치가 사용된다면 어떤 조건(예를 들어, 더 빠른 속도 또는 언덕을 오를 때)에서 충분한 동력을 공급하지는 못할 것이다. 이것은 연료 전지 기술이 향상되면 보완될지도 모른다. 반면에 IC 기관과 전기 구동 장치가 함께 사용된다면 더 적은 연료를 사용하고 더 적은 배기 가스를 배출하면서 충분한 크기의 동력을 생산할 수 있을 것이다. 연소 엔진 그 자체만으로도 필요한 최대 동력을 생산하기에 충분하지만 그것은 대부분의 조건에서 사용되고 있는 평균동력보다 몇 배나 더 크다. 발전기-배터리-모터 시스템과 연관하여 사용할 때, 정상 상태 조건 근처에서 훨씬 더 작은 엔진이 사용될 수 있고, 작동될 수 있다. 이것은 엔진이 더 작은 크기로 만들어질 수 있게 하고, 하나의 작동 조건에 대해서 최적화할 수 있게 하므로 결과적으로 아주 효율적인 장치임을 알 수 있다. 배터리들이 완전히 충전되고 전기 구동모터가 운전에 필요한 충분한 동력을 생성할 수 있을 때, IC엔진은 정지할 수 있고, 이것은 추가적인 연비 절약을 가능케 한다.

전기 모터와 IC 기관을 조합하는 많은 다른 방법들이 시도되고 있다. 어떤 자동차는 앞 바퀴에 전기 구동력을 가지고 있고, 뒷바퀴와 발전기에 연소 엔진이 연결되어 있다. 어떤 자동차들은 모터와 엔진을 필요에 따라 하나 혹은 여러 개를 직렬로 연결시킨다. 이것의 극단적인 예는 엔진의 크랭크샤프트를 확장시켜 전기 구동 모터의 출력 샤프트를 같이 회전시키게 하는 것이다. 또 다른 자동차들은 여러 가지 운전조건(그림 1-21)에서 한 가지 혹은 두 가지의 다양한 방법으로 전기 구동 모터와 엔진의 평행 연결을 사용한다. 대부분의 경우에서는 자동차가 전기 구동 모터 혹은 엔진에 의해서만 전적으로 운전되거나 혹은, 둘의 조합으로 운전되기도 한다. 자동차에 많이 부착된 센서로부터 입력 신호를 받으면, 내장된 컴퓨터가 가장 효율적인 운전 방법을 결정한다.

초기의 하이브리드 자동차의 대부분에서 내연 기관은 2~4실린더를 가진 가솔린 연료의 SI 엔진이고, 1리터의 배기량을 가지고 있다. 앞으로는 더 높은 열효율을 가지는 압축 착화 엔진으로 대체 될 것이다. 이것은 CI(디젤) 기관이 보다 청정 연소를 이루고, 보다 완벽한 연료 분사 시스템이 개발되어야 가능할 것이다. 향후 **개선된 하이브리드**에는 연료 전지, 가스 터빈, 스티어링 사이클 엔진 등이 포함될 것이다.

1990년의 '자동차의 새 시대를 위한 협력(PNGV)'에서, 기업과 정부 사이의 공동 연구 노력은 **슈퍼카**에 대한 표준을 세웠는데, 그 목표가 Table 1-1에 나타나 있다. 하이브리드 자동차는 이제껏 이러한 표준을 충족시킨 유일하고 실용적인 자동차이다.

하이브리드 자동차의 장점

1. 더 나은 연비. 정상 상태이고 희박 연소 상태에서 작동하는 더 작은 엔진으로 인해, 이 엔진은 연료 사용에서 최소화를 이룰 수 있다. CI 기관이 도입됨에 따라, 연료 절감은 더 높은 열효율 때문에 더 커질 것이다. 현재 하이브리드 자동차는 Fig 1-22의 가솔린을 사용하여 갤런당(mpg) 50~80마일의 주행이 가능할 것이다.

2. 더 작은 배기 가스 방출. 정상 상태에서 같은 속도로 구동하는 엔진은 훨씬 더 깨끗하게 구동할 수 있도록 최적화될 수 있다. 현재 상용 하이브리드 자동차는 현재의 오염물 표준과 미래 대부분의 오염물 표준을 충족시키고 있다.

3. 연소 엔진은 필요 없게 되거나 자동차가 일시적으로 멈춰있을 때 멈추는 것이 가능하다. 자동차는 그 후 다시 시동되고, 전기 모터의 도움으로 시동을 아주 부드럽게 걸 수 있

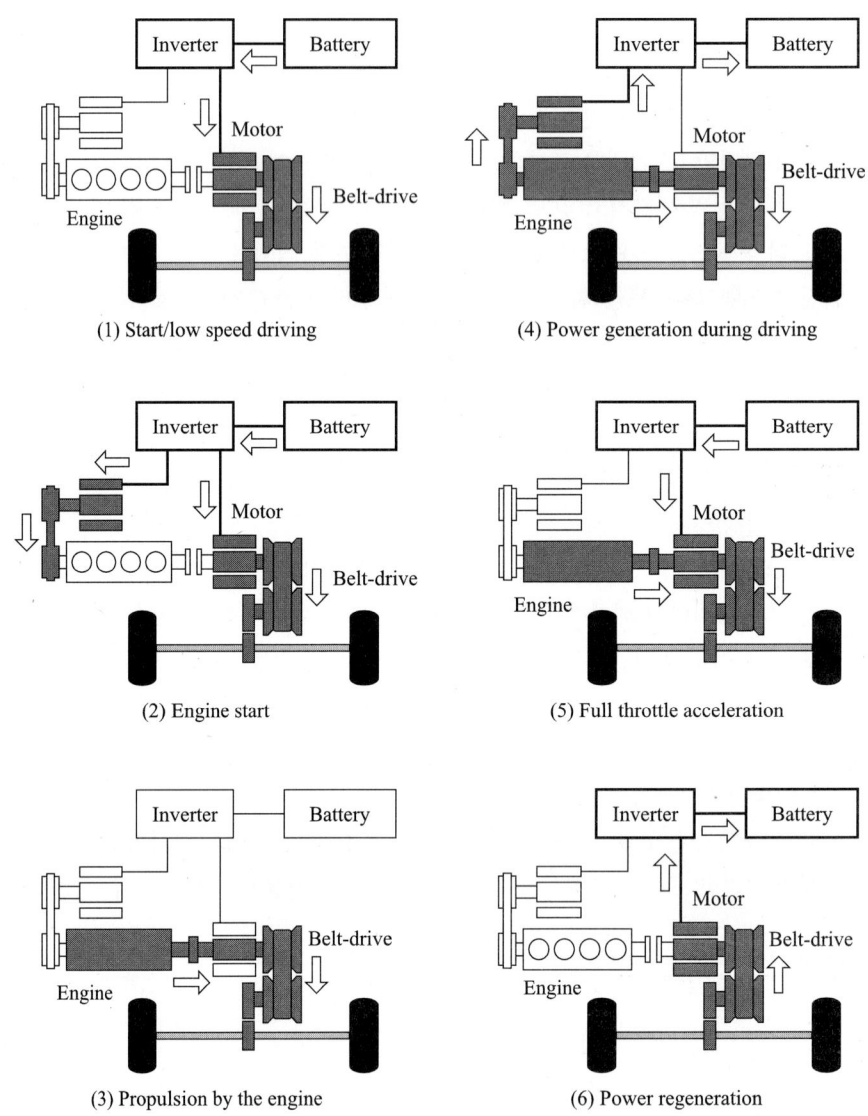

그림 1-21

하이브리드 자동차의 다양한 작동 방식. SAE International사의 SAE Paper No.2000-01-0992에서 발췌[2004].

다. IC 기관에 의해 전적으로 동력을 공급받는 시험 자동차는 이러한 On-Off 작동 모드에서 운전되기 위해서 개발되어 왔다. 그러나 시동을 도울 큰 출력을 가진 전기 모터의 도움이 없다면 이러한 자동차는 출발 시간의 저하와 장기적인 시동기의 악화를 가져올 것이다.

4. 전기 구동 모터는 모터-발전기의 이중 구조로 장착될 수 있다. 이것은 자동차가 감속하거나 멈출 때 운전 중인 자동차의 정적 에너지의 일부를 회수하게 한다. 이렇게 해서 다시 얻어진 에너지는 발전기에 의해서 배터리에 재충전된다.

하이브리드 자동차의 단점

1. 현재로서는 하이브리드 자동차는 더 많은 구성 부품과 더 적은 판매량으로 인해 생산비용이 훨씬 더 높다. 도요다 자동차는 2005년에 대략 300,000 대의 하이브리드 자동차를 팔 수 있을 것으로 기대하고 있다.

2. 엔진과 모터라는 동력 장치 두 개 분의 무게를 가지게 된다. 보통은 이 두 장치 중에 하나만을 사용되며, 나머지 하나는 쓸모없는 무게가 될 것이다.

3. 배터리가 다 사용되고 버려질 때 어떠한 배터리 시스템도 환경에 부정적인 영향을 미칠 것이다. 따라서 더 나은 배터리 기술이 요구된다.

4. 에어컨과 다른 보조동력을 필요로 하는 장치들이 전기 시스템과 어울리기가 보다 어렵다. IC 기관은 보조 동력이 요구될 때 꺼질 수 없다. 엔진이 꺼질 때 엔진 냉각 시스템은 전기 에너지에 의해 작동되어야 할 것이다.

표 1-1 슈퍼 자동차를 위한 PNGV 기준

1. 가솔린의 등가 갤런당 80마일까지
2. 12초 기준으로 가속도 0-60mph
3. 5-6인승 가족형 세단
4. 100,000마일에서 배기가스 중 HC는 0.125gm/mile, CO는 1.7gm/mile, NOx는 0.2gm/mile
5. 수화물량은 475리터
6. 운전거리(range)는 380마일 이상(적어도 380마일)
7. 승차, 운전, 소음, 진동, 안정감은 1994년형 가족형 세단과 일치
8. (보급형) 소유권에 대한 비용은 1994년 가족형 세단과 일치
9. 최소 수명(자동차의 생존 기간)은 100,000마일
10. 현재와 미래의 안전기준에 부합
11. 80% 이상(적어도 80%) 재활용 가능
12. 2001년까지 자동차의 컨셉 데모
13. 2004년까지 견본 완성

하이브리드 자동차의 역사

1916년에서 1917년에, 목재 이중 동력 자동차가 2,650달러에 팔렸다. 이 자동차는 내연 기관과 복열식 브레이크로 된 전자 모터로 되어 있었다.

1.8   연료 전지 자동차

어떤 하이브리드 자동차는 배터리에 전기를 공급하는 **연료 전지 더미**(fuel cell stack)로 내연 기관 발생 장치를 대체할 것이다. 또는 베터리나 연소 기관 없이도 연료 전지가 자동차의 모터에 직접 전기를 공급할 수도 있을 것이다. 추진 자동차에 동력을 공급하는 연료전지는 더 유용하다. 왜냐하면 이는 연료의 화학 에너지를 유용한 동력으로 바꾸는 데 효율적인 방법이기 때문이다. 또한 연료 전지는 수증기를 최대한으로 배출시키므로 연소기관보다 거의 유해성이 없는 배기물을 배출한다. 연료 전지는 물의 전기 분해 과정을 역으로 하여 전기를 생성한다. 이는 PEM이라는 **양자 교환 막 전지**(proton exchange membrane cell)라는 것으로 이뤄진다.

이런 연료 전지로, 유닛에 수소 H_2와 산소 O_2를 공급할 수 있다. 이러한 연료가 전지의 특별한 막을 통과함에 따라, 연료는 화학적으로 수증기와 낮은 전압의 전기로 결합된 형태가 된다. 이런 전지는 연쇄적으로 자동차를 운전하는 데 필요한 60~90kW의 전력을 공급하는 전압을 생성한다. 21세기 초반에 몇 가지 주요 문제가 생겼고, 이 문제는 연료 전지 기술이 자동차 추진을 위해 내부 산화 엔진의 우수성을 테스트하기 전에 해결되어야 한다. 중량, 방열, 결빙, 비용, 안전, 작동 시간, 연료 공급, 연료 저장 등이 문제에 해당한다.

가장 큰 기술적인 문제는 수소 연료의 내장 보관과 자동차의 연료 공급이다. 수소는 극저온에서 액체로, 압축가스로, 혹은 금속의 수소화합물로 저장될 수 있다. 이런 방법들은 이상적이지 않지만, 실용화되기 위해선 최대의 개발작업이 선행되어야 한다(4-6절 참조). 연료 저장 문제를 해결하기 위해서, 수소를 내장시키는 방법이 실용적인 방법처럼 보인다. 이는 필요한 수소를 공급하기 위해 메탄올, 가솔린, 혹은 다른 탄화수소 연료를 사용하면 된다.

이러한 연료들은 쉽게 저장되고, 액체 상태로 공급되는데, 연료를 H_2, CO, 그리고 CO_2로 바꾸는 촉매 **리포머**를 통과한다. H_2는 연료 전지에 공급되며, CO가 CO_2로 바뀌고 나서 CO와 CO_2는 대기로 배출된다. 메탄올은 이런 연료들 중에서 가장 우수하며, 그리고 가장 많은 수소를 공급한다. 하지만, 메탄올을 사용하는 데 따른 문제점이 있다(4-6절 참조).

연료 전지의 막이나 리포머와 같은 다양한 요소는 독특한 냉각 요건을 생성하면서 다른 온도에서 작동한다. 많은 PEM 시스템은 약 80°C에서 작동하지만 상당한 양의 과잉 열을 발생한

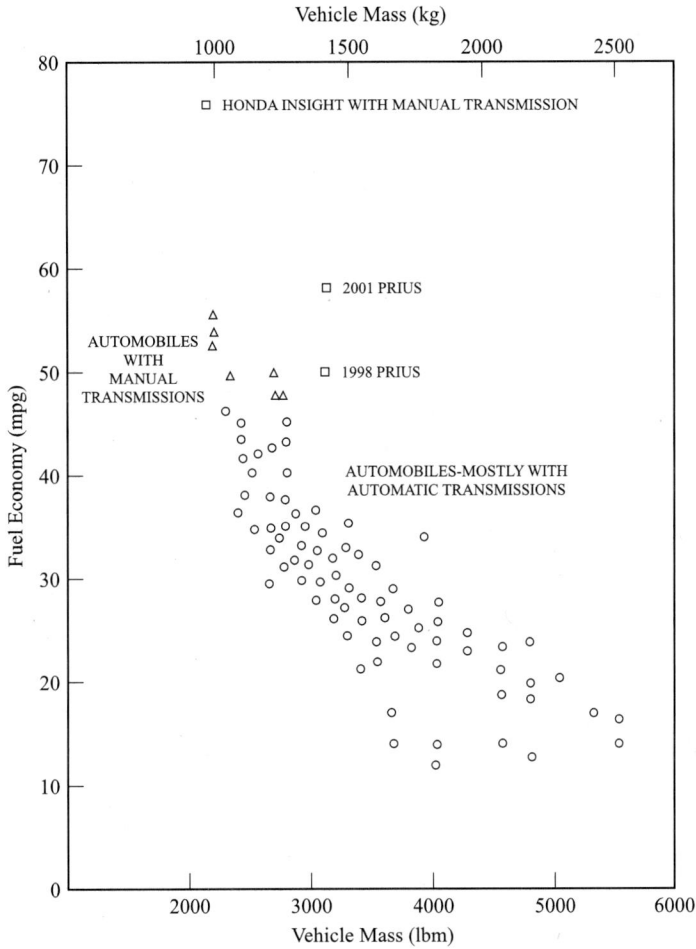

그림 1-22

내연기관으로 동력을 얻은 자동차의 차량무게와 연료 소비율과의 관계. 또한 하이브리드 자동차인 Honda Insight와 Toyota Prius사의 두 모델들에 대한 자료를 보여준다. [228]에서 발췌.

다. 이 시스템은 이 과잉 열을 주변으로 전달하기 위해 아주 큰 라디에이터를 필요로 한다.

그러나 이 라디에이터를 위해 다량의 공기 공급을 개시하는 것은 자동차 항력계수를 낮게 유지하기 어렵게 한다. 물은 연료 전지에서 작동하는데, 낮은 온도에서 얼린 상태로 있을 수 없다. 추울 때, 작동 시간은 연료 전지가 작동 온도에 다다를 때까지 연기되는데, 보통 수초가 걸린다. 어떤 실험용 자동차는 작동을 위해 배터리를 장착하기도 한다. 중량, 비용, 그리고 안전 문제는 혁신, 추가 개발과 대량 생산에 의해 개선될 것이다.

리포머-연료 전지 시스템에는 기계적인 요소가 없고 따라서 기계적인 결함도 없다. 하지만, 화학 순환과 열 순환에서의 마모가 있다. 연료와 공기에 있는 황과 다른 불순물이 전지막과 리포머, 그리고 다른 요소를 오염시킨다. 이러한 증거와 예측은 좀 더 깨끗한 연료와 적합한 여과를 통해 연료전지는 자동차의 수명 기간 동안 지속될 수 있음을 알려 준다.

1.9   기관 배출물과 대기 오염

자동차의 배기 가스는 대기 오염 문제에 큰 영향을 끼치는 주요한 원인 중 하나이다. 최근의 연구와 발전으로 기관 배출물이 상당히 줄어들긴 했지만, 증가하는 인구와 엄청난 자동차 대수는 앞으로 큰 문제를 예고하고 있다.

1900년대 전반에는 적은 자동차 수로 인해 자동차 배출물은 큰 문제로 인식되지 않았다. 발전소, 가정용 난방 시설, 인구와 더불어 자동차 수가 증가하면서 대기 오염은 날로 심각한 문제가 되었다. 1940년대에 이러한 대기 오염 문제는 독특한 날씨 조건과 높은 인구 밀도, 많은 자동차를 가진 로스앤젤레스 지역에서 최초로 나타났다. 1970년대에 이르러 대기 오염은 세계 도처의 많은 대도시뿐만 아니라 미국의 다수 도시에서 중요한 문제로 인식되었다.

미국을 포함한 산업 국가들에서는 다양한 형태의 배기 배출물을 규제하는 법안이 통과되었다. 이것은 1980년대와 1990년대에 자동차 기관 개발에 큰 제약을 가했다. 기관에서 발생하는 해로운 배출물은 1940년대 이래 90 이상까지 감소해 왔지만, 여전히 주요한 환경 문제가 되고 있다. 내연 기관에서 발생하는 네 가지 주요한 배출물은 탄화수소(HC), 일산화탄소(CO), 질소 산화물(N0x) 고형 입자이다. HC는 연소되지 않은 연료 입자들과 부분적으로 연소된 연료

그림 1-23
GM Northstar V8 기관은 1995 캐딜락에 사용되었다. 이 4행정 사이클, 전기 점화, 32밸브, 더블 오버헤드 캠 기관은 4.6L의 배기량과 MPI 시스템을 가진다.

그림 1-24

1996 Chevrolet Lumina, Pontiac Grand Prix 와
Oldsmobile Cutless에 사용된 **GM LQ1** 3.4리터 **V6** 기
관, 이기관은 압축비 9.7, 보어 9.203cm, 행정 8.4cm, 최
대 속도 6750 **RPM**에서 정격 출력 215 hp(160kW)이
고, 4,000 **RPM**에서 정격 토크 220 Ibf-ft(298 N-m)dlek.

그림 1-25

GM LD9 2.4리터, 직렬, 4기통, 전기 점화, 4행정 사이클
기관. 이 기관은 더블 오버헤드 캠축, 실린더당 4밸브를
가진다.

의 비평형 입자들이다.

CO는 탄소가 CO_2로 완전히 반응하기에 산소가 충분하지 않을 때, 그리고 매우 짧은 기관 사이클 시간으로 인한 불완전한 공기-연료 혼합이 발생할 때 배출된다.

NOx는 높은 연소 온도가 안정된 N_2를 단원자 질소 N으로 해리시키고 나서 반응성이 높은 산소와 결합할 때 기관에서 발생한다. 고형 입자들은 압축 착화 기관에서 주로 발생하며, 기관 배기 가스에서 검은 연기로 나타난다. 그 밖의 다른 배출물로는 알데히드, 황, 납 인도 포함된다.

유해한 배출물을 줄이기 위해서 두 가지 방법이 사용되고 있다. 한 가지는 연소 자체를 개선시켜 배출물이 거의 발생하지 않도록 연료와 기관의 기술을 향상시키는 것이다. 두번째 방법은 배기 가스의 후처리 기술이다. 후자는 배기 가스 유동에서 화학 반응을 촉진시키는 열변환기 혹은 촉매 변환기를 사용함으로써 가능하다. 이러한 촉매 반응들은 유해한 배출물을 CO_2, H_2O, N_2로 변환시킨다.

2장에서는 배출물을 구분하는 방법을 소개하고, 9장에서 배출물과 후처리 방법들에 대해 자세히 다루어진다.

연습문제

1.1 SI 기관과 CI기관의 차이점을 다섯 가지 기술하라.

1.2 4행정 사이클 기관은 흡기계에서 슈퍼 과급, 터보 과급에 의한 압력 상승을 가져도 좋고, 가지지 않아도 좋다. 2행정 사이클 기관에서 항상 흡기 압력 상승을 가져야만 하는 이유는 무엇인가?

1.3 4행정 사이클 기관보다 2행정 사이클 기관이 더 나은 장점 두 가지를 기술하라. 그리고 2행정 사이클 기관보다 4행정 사이클 기관이 더 나은 장점 두 가지를 기술하라.

1.4 **(a)** 왜 대부분의 소형 기관은 2행정 사이클로 작동하는가?
   (b) 왜 대부분의 대형 기관은 2행정 사이클로 작동하는가?
   (c) 왜 대부분의 자동차 기관은 4행정으로 작동하는가?
   (d) 왜 자동차 기관을 2행정 사이클로 작동해야 바람직한가?

1.5 보어 1.2m와 피스톤 질량 2,700kg인 단기통 수직 대기압 기관이 하중을 들어올리는 데 사용된다. 연소와 냉각 후 실린더 내의 압력은 22kPa이다. 대기압은 98kPa이다. 피스톤 운동은 마찰이 없다고 가정한다.

   (a) 피스톤이 위로 움직이고 실린더의 윗부분이 진공 상태라면, 들어올릴 수 있는 질량은?
   (b) 피스톤이 위로 움직이고 실린더의 아랫부분이 진공 상태라면, 들어올릴 수 있는 질량은?

1.6 초기 대기압 기관이 보어 3.2ft, 행정 9.0ft, 그리고 간극 체적이 없는 수평 단기통 기관이다. 화약이 개방 실린더로 충전된 후의 실린더 내 조건은 대기압, $540°F$의 온도이다. 피스톤은 지금 고정되어 있고, 실린더의 밑부분은 닫혀 있다. 대기압 조건으로 냉각 후, 피스톤의 잠금 장치를 풀어 움직이게 한다. 동력 행정은 일정 온도에서 발생하고, 압력 평형에 이를 때까지 지속된다. 실린더 내의 가스가 공기이고, 피스톤 운동은 마찰이 없다고 가정하라. 주위 조건은 $70°F$이고 14.7psia이다.
   다음을 계산하라.

   (a) 동력 행정을 시작할 때 가능한 밀어올리는 힘 [1bf]
   (b) 유효 동력 행정의 길이 [ft]
   (c) 동력 행정 끝에서의 실린더 체적 [ft3]

1.7 다음 2개의 자동차 기관은 전체 배기량과 전체 출력이 같다. 장점을 기술하라.

(a) 직선형 6기통에 대한 V형 6기통

(b) V형 6기통에 대한 V형 8기통

(c) V형 8기통에 대한 V형 6기통

(d) 직선형 4기통에 대한 대향 4기통

(e) 직선형 4기통에 대한 대향 6기통

1.8   9기통, 4행정 사이클, 방사형 SI 기관은 900 RPM으로 작동한다. 다음을 계산하라.

(a) 기관 회전

(b) 1회전당 동력 행정은 몇 번 발생하는가?

(c) 1초당 동력 행정은 몇번 발행하는가?

설계 문제

1.1D   1,000kg의 질량을 3m 위로 들어올릴 수 있는 단기통 대기압 기관을 설계하라. 연소 후의 실린더 내 온도, 압력을 합리적인 값으로 가정하라. 실린더가 어느 쪽으로 움직이는가를 결정하라. 그리고 보어, 피스톤 행정 거리, 피스톤 질량, 피스톤 재질, 그리고 간극 체적을 선정하라. 질량을 들어올리는 기계적 연결체의 밑그림을 선정하라.

1.2D   1-3절에서 나타난 모든 기관 분류를 이용하여 대형 트럭에 사용되는 대체 연료 기관을 설계하라.

1.3D   크랭크케이스 압축을 이용한 4행정 사이클 SI 기관을 설계하라. 6개의 기본 과정(흡입, 압축, 연소, 팽창, 블로다운, 배기)의 구성도를 그려라. 그리고 공기, 연료, 오일의 흡입을 충분히 표시하라.

CHAPTER 2

작동 특성

전기, 탄화수소 그리고 증기력은 이미 성공적으로 사용되고 있다. 그러나 그것의 전문화는 아직 초기 단계이다. 그 각각은 잘 알려져 있는 부분과 잘 알려지지 않는 부분들이 있으며, 시험으로 밝혀내야 할 이론과 공개되어야 할 법칙들이 있다. 이런 중요한 일은 전문 설계가나 건축가에게만 해당되는 것이 아니라 제안을 하거나 함께 노력하는 모든 이에게도 해당된다.

Robert Bruce (1900)저
<The Place of the Automobile> 중에서

이 장은 왕복형 내연 기관의 작동(operatingcharacteristics)에 대하여 설명한다. 이것은 일, 토크, 동력의 기계적 출력 변수, 공기, 연료, 연소의 입력 요구 조건, 효율, 기관 배기시의 배출 특성을 포함한다.

2.1 기관 변수

보어 B (그림 2-1 참조), 크랭크 반경 a, 행정 S인 기관이 기관 속도 N으로 움직인다고 하자.

$$S = 2a \tag{2-1}$$

평균 피스톤 속도는
$$\overline{U}_p = 2SN \tag{2-2}$$

여기서 N은 RPM, $\overline{U}_p$는 m/sec, 그리고 B, a, S는 m 또는 cm로 주어진다.

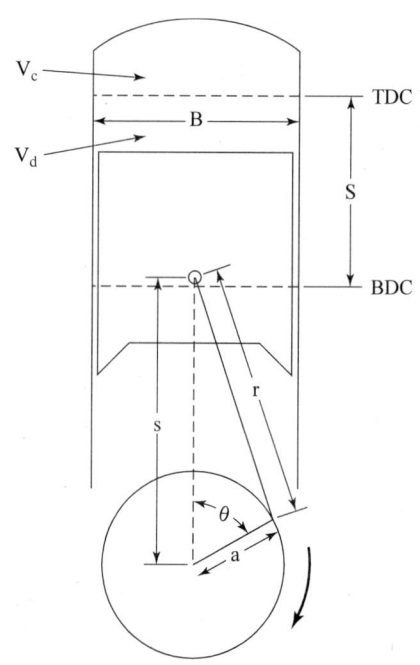

그림 2-1
왕복 기관의 피스톤과 실린더의 구성도.
B = 보어
S = 행정
r = 커넥팅로드 길이
a = 크랭크 반경
s = 피스톤 위치
θ = 크랭크 각도
V_c = 간극 체적
V_d = 배기

　　모든 기관에 대한 평균 피스톤 속도는 보통 5~15m/sec(15~50ft/sec)의 범위에 존재하는데, 대형 디젤 기관은 낮은 속도에, 높은 성능의 자동차 기관은 높은 속도에 속한다. 모든 기관들이 이 범위 내에서 작동하는 데에는 두 가지 이유가 있다. 먼저, 기관 부품의 기계적 강도가 견딜 수 있는 안전 한계에 대한 것이다. 기관의 회전마다 피스톤은 정지 상태에서 최고 속도로, 그리고 반대로 최고 속도에서 정지할 때까지 두 번 가속된다. 대표적인 3,000RPM의 기관 속도에서 각 회전은 0.02초(12,000RPM에서는 0.005초) 동안 지속된다. 만약 기관이 더욱 고속에서 작동한다면, 각 행정마다 피스톤이 가속과 감속을 하는 동안 피스톤과 커넥팅로드에서 재료가 파괴되는 위험이 따를 것이다. 식(2-2)로부터 가능한 범위의 피스톤 속도는 기관 크기에 따라 유효한 기관 속도로 바뀔 수 있다. 이것은 기관 크기와 작동 속도 사이에 강한 반비례 관계가 있음을 보여 준다. 보어의 크기가 0.5m 정도인 매우 큰 기관은 보통 200~400RPM의 범위에서 작동되며, 보어 1cm 정도의 매우 작은 기관(모형 비행기)은 통상적으로 12,000RPM 이상에서 작동된다.

　　경주용 자동차는 안전한 속도에서 달리는 기관(예를 들면, Indianapolis 500 경주)이다. 이런 기관은 일반적으로 피스톤 속도가 35m/s에 이르고 14,000RPM까지 올라간다. 이 기관은 보통 차보다 더 주의가 필요하고, 수백 마일을 달릴 경우 1% 정도의 문제를 일으킨다. 표 2-1은 다양한 크기의 기관에 대해 대표적인 기관 속도 작동 변수의 값을 보여 준다. 자동차 기관은 보통

표 2-1 대표적인 기관 작동 파라미터

	모형 비행기 2행정 사이클	자동차 4행정 사이클	대형 정치 기관 2행정 사이클
보어(cm)	2.00	9.42	50.0
행정(cm)	2.04	9.89	161
배기량/실린더(L)	0.0066	0.69	316
속도(RPM)	13,000	5200	125
동력/실린더(kW)	0.72	35	311
평균 피스톤 속도(m/sec)	8.84	17.1	6.71
동력/배기량(kW/L)	109	50.7	0.98
bmep(kPa)	503	1170	472

500~5,000RPM의 속도 범위에서 작동되며, 약 2,500RPM에서 순항 운전된다.

최대 평균 피스톤 속도가 제한되는 두 번째 이유는 실린더에 들어가고 나오는 가스의 유동 때문이다. 피스톤 흡입 과정 동안 실린더 내로 들어가는 혼합기(air-fuel)의 유동률과 배기 행정에서 실린더 밖으로 나가는 배출 유량을 결정한다. 피스톤 속도가 높을수록 더 많은 유량을 얻기 위해 더욱 큰 밸브가 요구되지만, 대부분의 기관에서 밸브는 최대 크기로서 확대할 만한 공간이 없다.

기관의 보어 크기는 0.50m~0.5cm까지이다. 소형 기관에서 행정에 대한 보어의 비 B/S는 보통 0.8~1.2이다. $B = S$인 기관을 스퀘어 기관이라고 한다. 따라서, 행정 길이가 보어 지름보다 큰 기관을 언더스퀘어, 행정길이가 보어 지름보다 작은 기관을 오버스퀘어 기관이라고 한다. 대형 기관은 항상 언더스퀘어이고, 행정길이가 보어 지름보다 4배 이상이나 된다.
크랭크축과 리스트핀축 사이의 길이는 다음과 같이 주어진다.

$$s = a \cos \theta + \sqrt{r^2 - a^2 \sin^2 \theta} \tag{2-3}$$

여기서, a = 크랭크 반경
          r = 커넥팅로드 길이
          θ = 실린더 중심선으로부터 측정되고, TDC에서 0인 크랭크 각이다.

s를 시간에 대해 미분하면, 순간 피스톤 속도 U_p를 얻을 수 있다.

$$U_p = ds/dt \tag{2-4}$$

순간 피스톤 속도를 평균 피스톤 속도로 나누면 다음과 같이 쓸 수 있다.

$$U_p/\overline{U}_p = (\pi/2)\sin\theta[1 + (\cos\theta/\sqrt{R^2 - \sin^2\theta})] \qquad (2\text{-}5)$$

여기서,
$$R = r/a \qquad (2\text{-}6)$$

R은 크랭크 반경에 대한 커넥팅로드 길이의 비로서, 보통 소형 기관에서는 3~4이고, 대형 기관에서는 5~10으로 증가한다. 그림 2-2는 피스톤 속도에 미치는 R의 효과를 보여 준다.

배기량 V_d는 BDC에서 TDC로 움직이는 동안, 피스톤에 의해 이동되는 체계적으로, 아래와 같다.

$$V_d = V_{BDC} - V_{TDC} \qquad (2\text{-}7)$$

배기량은 하나의 실린더로 주어질 수도 있고, 전체 기관에 대해서도 주어질 수 있다. 하나의 실린더에 대해,

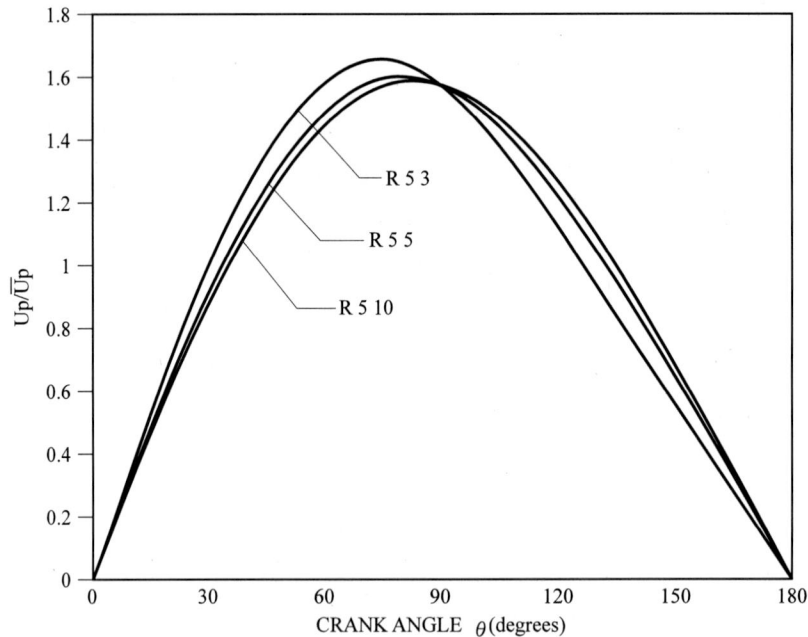

그림 2-2

다양한 R 값에 대한 크랭크각의 함수로서 나타낸 평균 피스톤 속도에 대한 순간 피스톤 속도.
여기에서 $R = r/a$, r은 커넥팅로드의 길이, a는 크랭크축 반경이다.

$$V_d = (\pi/4)B^2S \tag{2-8}$$

N_C개의 실린더를 가진 기관에 대해,

$$V_d = N_c(\pi/4)B^2S \tag{2-9}$$

여기서, B = 실린더 보어
S = 행정
N_c = 기관 실린더의 수

기관의 배기량은 m^3, cm^3, $in.^3$, 등으로 주어질 수 있지만 대부분은 리터(L)로 표시한다.

$$1 \, L = 10^{-3} \, m^3 = 10^3 \, cm^3 = 61.2 \, in.^3$$

대표적인 기관 배기량의 범위는 소형 모형 비행기의 $0.1cm^3(0.0061 \, in.^3$에서부터 대형 자동차의 8L(490 $in.^3$) 정도까지이고, 대형 선박에 사용되는 기관은 훨씬 큰 용량을 가진다. 현대의 대부분의 자동차 기관의 경우에는 1.5~3.5리터이다.

역사적 이야기 – 크리스티 경주차

1908년형 크리스티 경주차는 배기량 2799 in.³(46L)인 V4 기관을 사용하였다 〔45〕.

어떤 주어진 배기량이 언더스퀘어와 같은 긴 행정과 작은 보어를 가진 경우라면, 그 결과로 연소실 내에서 보다 작은 표면적을 가지게 되므로 열 손실이 적어진다. 이것은 연소실 내에서 열효율을 증가시킨다. 그러나 긴 행정으로 인해 피스톤 속도가 높아지고, 그 결과 마찰 손실이 증가하므로, 크랭크 축에서 얻을 수있는 출력을 감소시킨다. 만약 행정이 짧아진다면 보어는 커져야 하고, 기관은 오버스퀘어가 된다. 따라서 마찰 손실은 줄지만 열전달 손실은 증가한다. 대부분의 현대 자동차 기관들은 약간의 오버스퀘어나 언더스퀘어가 있지만, 거의 스퀘어 기관이다. 이것은 설계시의 타협이나 제작사의 기술적 사고 방식에 의해 결정된다. 초대형 기관의 경우, 행정 대 보어의 비가 4:1 이상이 되는 매우 긴 행정을 가진다.

최소 실린더 체적은 피스톤이 TDC에 있을 때 발생하며, 이것을 간극 체적 V_c 라고 한다.

$$V_c = V_{TDC} \tag{2-10}$$

$$V_{BDC} = V_c + V_d \tag{2-11}$$

역사적 이야기 – 소형 고속 기관

모형 비행기나 보트용 기관의 총 배기량은 0.075cm(0.0046in.3)보다 작게 만들어진다. 이런 기관들 중 일부는 상업용으로 사용 가능하며, 38,000RPM까지 속도를 높일 수 있고, 동력은 0.15~1.5KW(0.2~2.0hp) 정도를 출력할 수 있다. 고속에서 이런 종류의 기관의 평균 피스톤 속도가 일반적인 5~15m/sec 범위로 떨어진다는 것은 흥미롭다. 28,000RPM 의 속도까지 달릴 수 있는 소형 실험용 자동차 기관이 최소한 하나 이상 개발되었다.

기관의 압축비는 다음과 같이 정의한다.

$$r_c = V_{BDC}/V_{TDC} = (V_c + V_d)/V_c = v_{BDC}/v_{TDC} \tag{2-12}$$

현대의 전기 점화 기관은 8~11정도의 압축비를 가지고 있는 반면, 압축 착화 기관은 12~24 정도의 압축비를 가진다. 과급기나 터보 과급기를 가진 기관들은 보통 자연흡입 기관보다 낮은 압축비를 가진다. 기관 재질, 기술, 연료의 질 등의 한계 때문에 초기의 기관들은 2~3 정도의 낮은 압축비를 가졌다. 그림 2-5는 어떻게 현대의 전기 점화 자동차 기관이 시대에 따라 8~11 의 압축비로 높아졌는지를 보여 준다. 8~11이라는 한계는 가솔린 연료 물성 (4-4절 참조)과 소형 고속 기관에 허용될 수 있는 힘의 한계 때문이다.

기관을 발전시키는 데 다양한 압축비가 시도되었다. 기관 속도와 부하에 의해 발생된 정수 압의 변화로 팽창한 분리형 피스톤을 사용하여 초기에는 성공하지 못하였다. 기관처럼 압축비 를 변화시켜 작동시킬 수 있는 세 개의 기관이 최근에 소개되었다. 첫 번째 방법은 압축비와 간 극체적을 변화시키기 위하여 기관 블록의 윗부분을 약간 회전시킬 수 있게 한 것이고, 두 번째 방법은 커넥팅로드와 크랭크축 사이에 연결된 부분을 약간 회전시킨 것이다. 세 번째 방법은 분할 연소실의 두 번째 피스톤을 사용하여 알바사이클(Alvar cycle)로 작동시킨 것이다. 이러 한 방법들은 7장에 설명되어 있다.

그림 2-3
Fairbanks Morse 10기통 PC4.2 디젤 선박용 기관. 8,000 제동 마력(5970kW) 이상을 낼 수 있다.

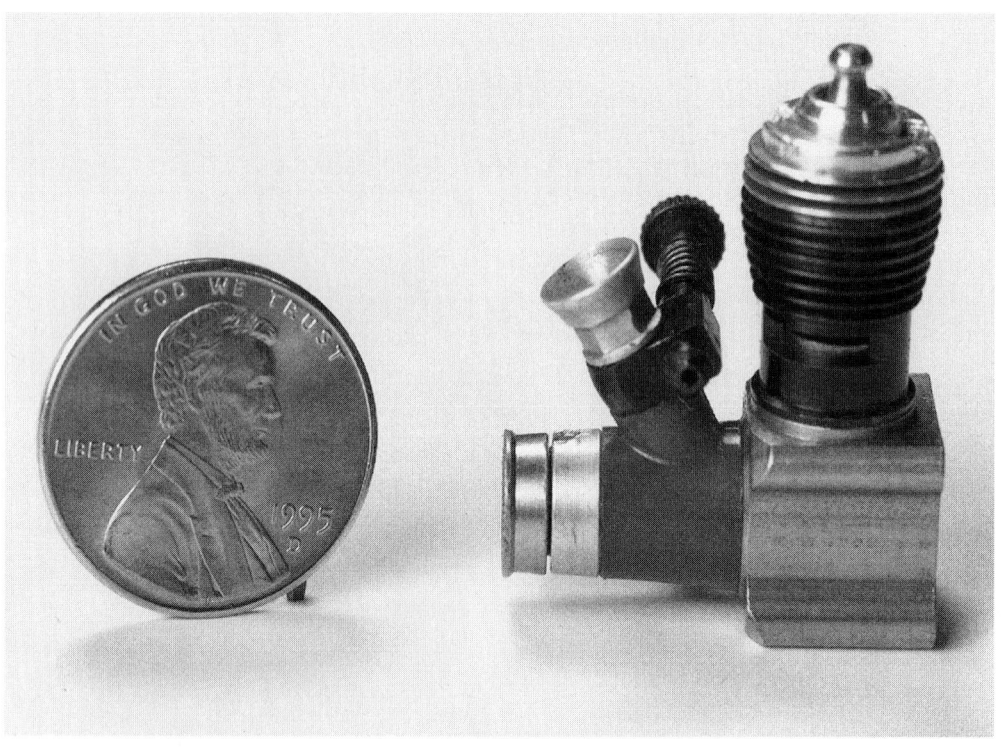

그림 2-4

Cox 공랭식 단기통, 2행정 사이클 모형 항공기 기관. 이 기관은 0.01in(0.164cm)의 배기량을 가진다.

어떤 크랭크각에서 실린더 체적 V는 다음과 같다.

$$V = V_c + (\pi B^2/4)(r + a - s) \tag{2-13}$$

역사적 이야기 – 크랭크축

영국의 Austin 사에서 개발된 흥미로운 4기통 기관은 크랭크축의 양 끝에 하나씩 2개의 주 베어링만을 가지고 있다. 작동하는 동안 크랭크축이 굽어지는 것을 방지하기 위해 중앙의 2개의 실린더는 양 끝의 2개의 실린더보다 약간 높은 정적 압축비를 가진다 〔11〕

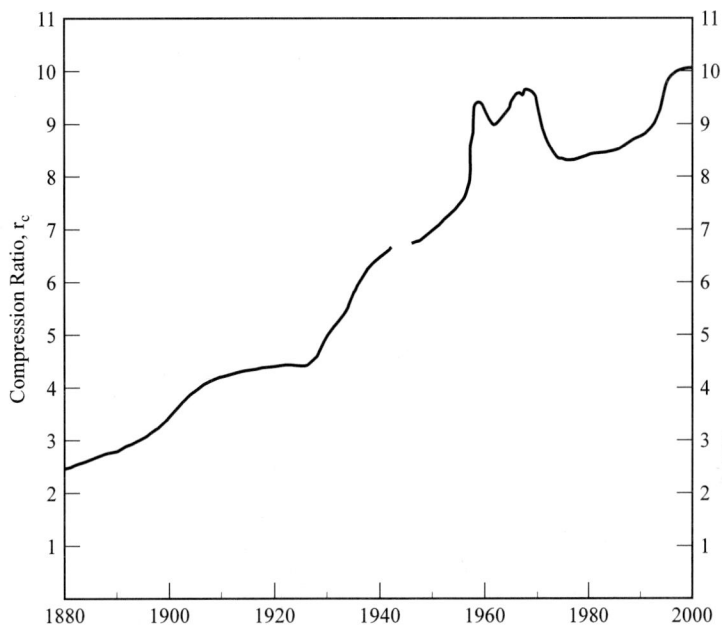

그림 2-5

처음 40년 동안 압축비는 2.5부터 4.5까지 서서히 증가되었는데, 주로 이런 것은 옥탄가가 낮은 연료를 사용하므로 제한되었다. 1923년 연료 첨가제로 4에틸렌 납이 소개되었고, 이것으로 인하여 압축비를 빠르게 증진시킬 수 있었다. 제2차 세계대전 동안에는 생산품이 전쟁 수송 수단으로 변환되어, 1942~1945년까지는 그 어떤 자동차도 생산되지 않았다. 스포츠카가 대중화된 1950년대는 압축비의 빠른 상승이 있었다. 1970년대는 공해법이 발효되어 4에틸렌 납은 연료첨가제에서 제외되었고, 가솔린은 몇몇 석유 생산국의 수출금지에 의하여 가격이 올라가게 되었다. 이러한 요인은 이 기간 동안 압축비를 더 낮추게 하였다. 1980년대는 연료가 좋아지고 연소실 기술이 향상되어 압축비는 더욱 향상되었다. 참고 문헌[5]에서 인용.

여기서, V_c = 간극 체적

B = 보어

r = 커넥팅로드 길이

a = 크랭크 반경

s = 그림2-1에 나타낸 피스톤 위치

V_c로 나누면 무차원 형태로 쓸 수 있고, r, a, s의 값을 대입하고 R의 정의를 도입하면 다음과 같이 정리된다.

$$V/V_c = 1 + \tfrac{1}{2}(r_c - 1)[R + 1 - \cos\theta - \sqrt{R^2 - \sin^2\theta}] \qquad (2\text{-}14)$$

여기서, r_c =   압축비

$R = r/a$

실린더의 단면적과 윗면이 편평한 피스톤의 표면적은 동일하게 다음으로 주어진다.

$$A_p = (\pi/4)B^2 \tag{2-15}$$

임의의 크랭크각에서 연소실 표면적 A는 다음 식과 같이 된다.

$$A = A_{ch} + A_p + \pi B(r + a - s) \tag{2-16}$$

여기서, A_{ch}는 A_p보다 약간 큰 실린더 헤드의 표면적이다.
그러면 r, a, s와 R의 정의를 사용하면, 식(2-16)은 다음과 같이 다시 쓸 수 있다.

$$A = A_{ch} + A_p + (\pi BS/2)[R + 1 - \cos\theta - \sqrt{R^2 - \sin^2\theta}] \tag{2-17}$$

예제 2-1

철수의 자동차는 배기량 3리터의 4행정, SI, V6기관으로 3,600RPM에서 작동된다. 압축비가 9.5, 커넥팅로드의 길이가 16.6cm, 스퀘어 기관($B = S$)이다. 이 속도에서 연소가 aTDC 20°에서 끝날 때, 다음을 계산하라.

1. 실린더 보어와 행정 길이
2. 평균 피스톤 속력
3. 한 실린더의 간극 체적
4. 연소 말기의 피스톤 속도
5. 연소 말기에 TDC로부터 이동하는 피스톤의 이동 거리
6. 압축 말기의 연소실의 체적

풀 이

(1) 하나의 실린더에 대해 $S = B$일 때의 식(2-8)을 사용하면,

$$V_d = V_{\text{total}}/6 = 3\text{L}/6 = 0.5\,\text{L} = 0.0005\,\text{m}^3 = (\pi/4)B^2 S = (\pi/4)B^3$$
$$\underline{B = 0.0860\,\text{m} = 8.60\,\text{cm} = S}$$

(2) 식(2-2)를 사용하여 평균 피스톤 속도를 구하면,

$$\overline{U}_p = 2SN = (2\,\text{strokes/rev})(0.0860\,\text{m/stroke})(3600/60\,\text{rev/sec})$$
$$= \underline{10.32\,\text{m/sec}}$$

(3) 식(2-12)를 사용하여 하나의 실린더의 간극 체적을 구하면,

$$r_c = 9.5 = (V_d + V_c)/V_c = (0.0005 + V_c)/V_c$$
$$\underline{V_c = 0.000059\,\text{m}^3 = 59\,\text{cm}^3}$$

(4) 크랭크 반경　$a = S/2 = 0.0430\,\text{m} = 4.30\,\text{cm}$

$$R = r/a = 16.6\,\text{cm}/4.30\,\text{cm} = 3.86$$

식(2-5)를 사용하여, 순간 피스톤 속도를 구하면,

$$U_p/\overline{U}_p = (\pi/2)\sin\theta[1 + (\cos\theta/\sqrt{R^2 - \sin^2\theta})]$$
$$= (\pi/2)\sin(20°)\{1 + [\cos(20°)/\sqrt{(3.86)^2 - \sin^2(20°)}]\}$$
$$= 0.668$$
$$U_p = 0.668\,\overline{U}_p = (0.668)(10.32\,\text{m/sec}) = \underline{6.89\,\text{m/sec}}$$

(5) 식(2-3)을 사용하여 피스톤 위치를 구하면,

$$s = a\cos\theta + \sqrt{r^2 - a^2\sin^2\theta}$$
$$= (0.0430\,\text{m})\cos(20°) + \sqrt{(0.166\,\text{m})^2 - (0.0430\,\text{m})^2\sin^2(20°)}$$
$$= 0.206\,\text{m}$$

TDC로부터 거리를 계산하면,

$$x = r + a - s = (0.166\,\text{m}) + (0.043\,\text{m}) - (0.206\,\text{m})$$
$$\underline{= 0.003\,\text{m} = 0.3\,\text{cm}}$$

(6) 식(2-14)를 사용하여 순간 체적을 구하면,

$$
\begin{aligned}
V/V_c &= 1 + \tfrac{1}{2}(r_c - 1)[R + 1 - \cos\theta - \sqrt{R^2 - \sin^2\theta}] \\
&= 1 + \tfrac{1}{2}(9.5 - 1)[3.86 + 1 - \cos(20°) - \sqrt{(3.86)^2 - \sin^2(20°)}] \\
&= 1.32 \\
V &= 1.32\,V_c = (1.32)(59\ \text{cm}^3) = \underline{77.9\ \text{cm}^3 = 0.0000779\ \text{m}^3}
\end{aligned}
$$

이 된다.

이것은 연소 기간 동안 연소실 내의 체적은 아주 작은 양만 증가할 뿐이고, SI 기관에서 연소는 TDC에서 거의 정적 상태에서 일어남을 보여 준다.

2.2   일

열기관의 출력은 일이고, 왕복 내연 기관에서 이 일은 실린더의 연소실에서 가스에 의해 발생한다. 일은 어떤 거리에 작용하는 힘의 결과이다. 내연 기관 사이클에서 일은 가스 압력에 기인한 힘에 의해 피스톤이 움직임으로써 생성된다.

$$
W = \int F\,dx = \int P A_p\,dx
$$

여기서, P = 연소실 내의 압력
         A_p = 압력이 작용하는 면적(즉, 피스톤 면)
         x = 피스톤이 움직이는 거리

그리고 $A_p\,dx = dV$ (2-19)

dV는 피스톤에 의해 이동된 미소 체적이므로, 일은 다음과 같이 쓸 수 있다.

$$
W = \int P\,dV \tag{2-20}
$$

그림 2-6은 기관 사이클을 P-V 좌표계에 그린 것으로, 이를 지압 선도(indicator dia-gram)

라고 한다. 초기의 지압 선도는 기관에 바로 연결된 기계적 플로터(plotter)에 의해 그려졌다. 현대의 *P-V* 지압 선도는 연소실 내에 설치한 압력 변환기와 피스톤 또한 크랭크축에 설치한 전기적 위치 센서를 이용하여 오실로스코프상에 그려진다.

　기관은 보통 여러 개의 실린더로 구성되어 있기 때문에 실린더 내의 가스의 단위 질량 *m*당 기관 사이클을 해석하는 것이 편리하다. 그렇게 하기 위해서 체적 *V*는 비체적 *v* 로, 일은 단위 질량당 일(specific work)로 변환된다.

$$w = W/m \qquad v = V/m \tag{2-21}$$

$$w = \int P\,dv \tag{2-22}$$

단위 질량당 일 w (KJ/kg)는 그림 2-9의 $P\text{-}v$ 좌표계의 각 과정을 나타내는 곡선 아래의 면적과 동일하다.

　만약 P가 실린더 연소실 내의 압력을 나타낸다면, 식(2-22)와 그림 2-9에 나타낸 면적은 연소실 내의 일을 나타낸다. 이것을 **도시일**(indicated work)이라 한다. 크랭크축에 전달되는 일은 도시일보다 작은데, 그것은 기계적 마찰과 기관의 여러 가지 부속 장치 부하가 있기 때문이

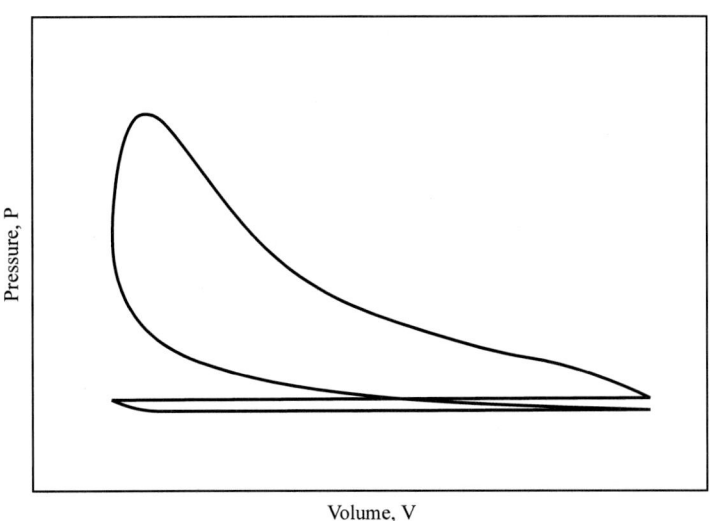

그림 2-6
대표적인 4행정 사이클 SI 기관에 대한 지압 선도. 이 지압 선도는 720° 사이클에 대한 연소실 체적의 함수로서 실린더 압력을 나타낸 것이다. 이 선도는 연소실에 장착된 압력 변환기와 피스톤 혹은 크랭크축에 장착된 피스톤 센서를 사용함으로써 오실로스코프에 나타난다.

그림 2-7
2002년 GM L47 Oldsmobile 전기 점화기관. 90° 배기량 4.0L, 250 제동 마력.

다. 부속 장치 부하에는 오일 펌프, 과급기, 에어컨 컴프레서, 발전기 등이 포함한다. 크랭크 축에서 실제로 얻을 수 있는 일은 **제동일**(brake work) w_b 라고 한다.

$$w_b = w_i - w_f \tag{2-23}$$

여기서,　　　　w_i = 연소실 내에서 발생하는 비도시일(indicated specific work)
　　　　　　　w_f = 부속 장치나 마찰로 잃어버리는 일

　　그림 2-9에 있는 기관 사이클의 위쪽 루프는 출력 일을 발생시키는 압축 및 동력 행정으로 이루어지며, **총 도시일**(gross indicated work)이라고 한다(그림 2-9의 면적 A와 C). 흡입과 배기 행정을 포함하는 아래쪽 루프는 **펌프일**(pump work)이라 하고, 기관으로부터 일을 흡수한다(면적 B와 C). **정미 도시일**(Net indicated work)은,

$$w_{net} = w_{gross} + w_{pump} \tag{2-24}$$

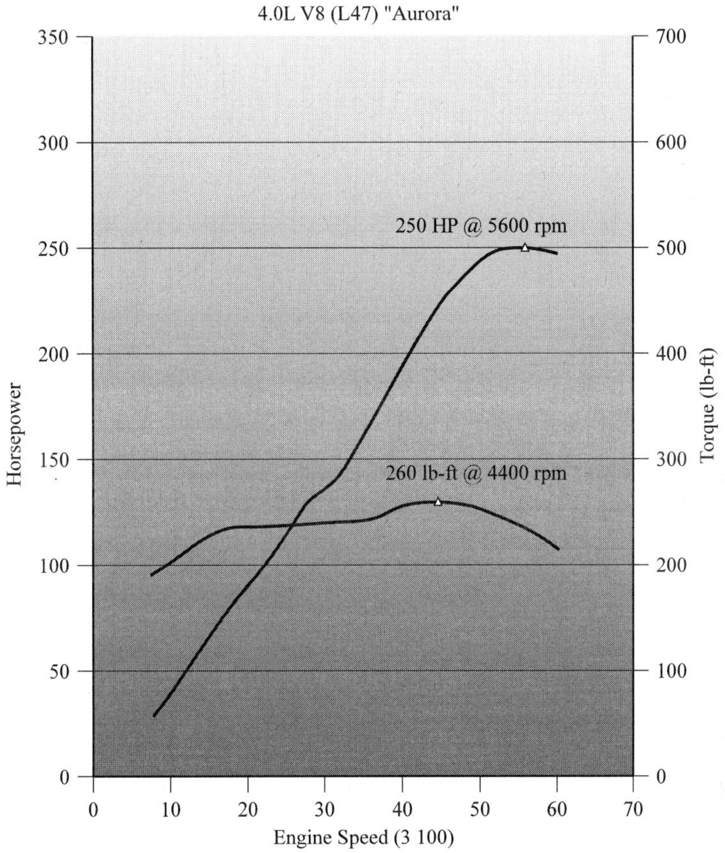
4.0L V8 (L47) "Aurora"
250 HP @ 5600 rpm
260 lb-ft @ 4400 rpm
Horsepower
Torque (lb-ft)
Engine Speed (3 100)
0
50
100
150
200
250
300
350
100
200
300
400
500
600
700
10
20
30
40
50
60
70

w_b

그림 2-8

그림 2-7은 제너럴모터스 L47의 동력과 토크의 곡선을 나타낸다. 표준형태에서 이 기관은 5,600RPM(186kW)에서 250bp의 최대 제동 마력은 내고, 4,400RPM에서 260lbf-ft의 최대 토크를 낸다. (352N-m) 업그레이드된 경주용 자동차에서 사용한 이 기관은 675hp(503kW)를 냈고, 1977~2001년 동안 Indy Racing League(IRL)에서는 경이적인 기록을 세웠다. 이 기관을 사용한 경주용 자동차는 51개 중 전부가 유리하였고, Indianapolis500의 경주에서는 5개 모두를 포함한 경주 가운데 49개에서 우승을 하였다. 31개의 IRL 경주에서는 가장 빨리 돌았다. 참고 문헌[159]에서 인용.

이고, 펌프일 Wpump는 과급기 없는 기관에 대해서 부(negative)의 일이다.

$$w_{\text{net}} = (\text{Area A}) - (\text{Area B}) \tag{2-25}$$

과급기나 터보 과급기가 있는 기관은 흡입 압력이 배기 압력보다 크기 때문에 양(positive)의 펌프일을 준다(그림 2-10).

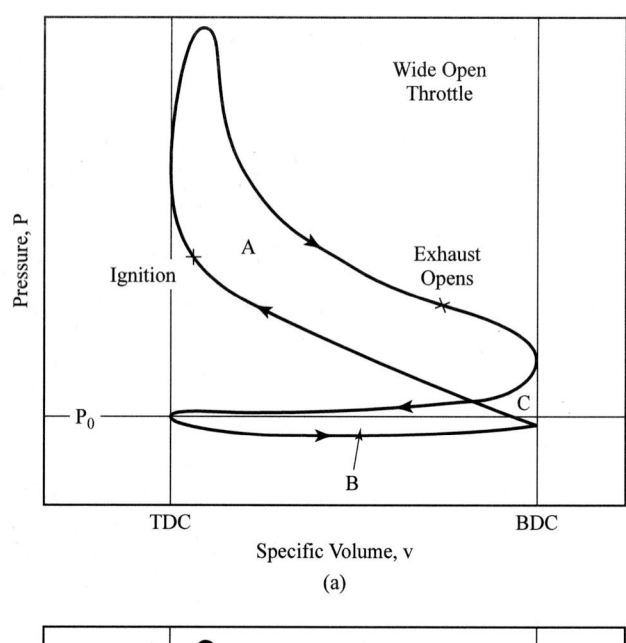

(a)

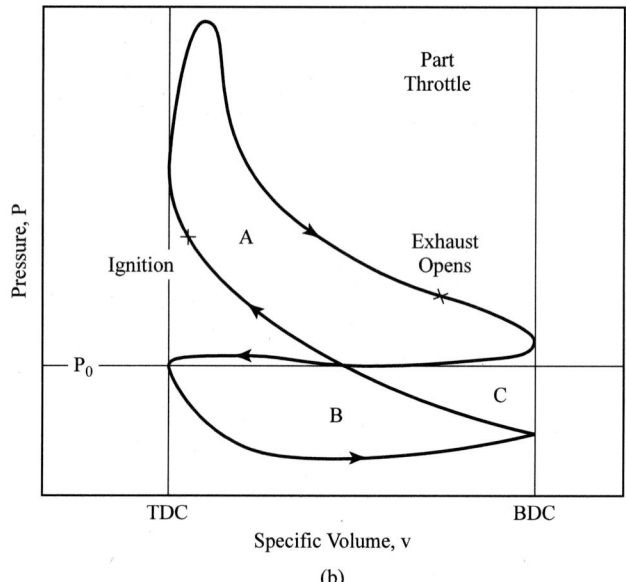

그림 2-9
4행정 SI 기관의 P-v. (a)스로틀 전재 (b)스로틀 부
분 개방. 상단 루프는 압축 행정과 팽창 행정이 포
함되며, 그 면적은 전체 일을 나타낸다. 하단 루프
는 흡입 행정과 배기 행정에 의한 손실일을 나타내
며, 이 일을 도시 펌프일이라 한다.

$$w_{net} = (\text{Area A}) + (\text{Area B}) \tag{2-26}$$

과급기는 정미 도시일을 증가시키지만, 크랭크축에 의해 구동되기 때문에 기관의 마찰일을 증
가시킨다.

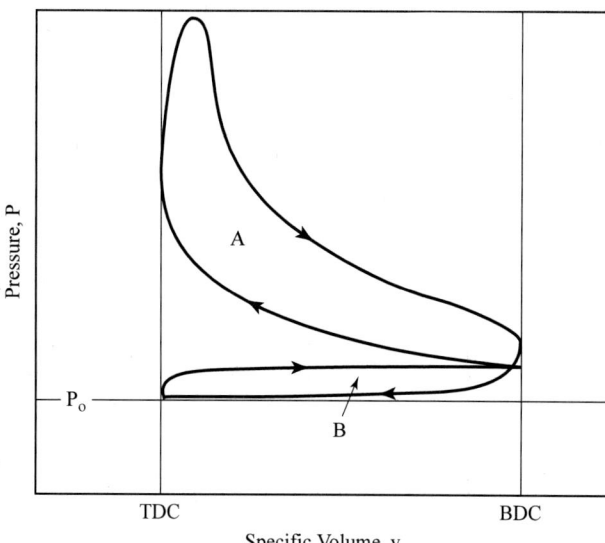

그림 2-10
과급기 또는 터보 과급기가 장착된 4행정, SI 기관의 P-v 선도.이 사이클의 흡기압은 배기압보다 크며, 펌프일의 루프는 양의 일을 나타낸다.

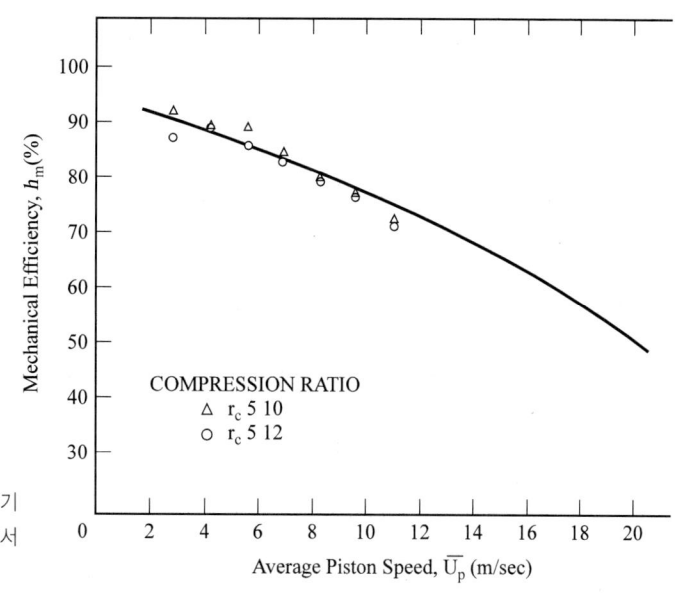

그림2-11
평균 피스톤 속도의 함수로서 왕복 내연 기관의 기계효율 각 자료와 점들은 참고 문헌[93과 197]에서 인용.

기관의 **기계 효율**(mechanical efficiendy)은 연소실의 도시일에 대한 크랭크축의 제동일의 비로서 정의한다.

$$\eta_m = w_b/w_i = W_b/W_i \tag{2-27}$$

와류부하(parasitic loads)를 제외한 기관의 기계 효율은 높은 기관 작동 속도에서 55~60% 정도 된다. 그림 2-11에서 보듯이 기관 속도가 85~95% 정도 감소하면 기관 효율은 서서히 증가한다. 기관이 무부하가 되면 주행 도중에 약간의 제동력이 흡수되므로(전륜구동이나 전동장치), 기계 효율은 0이거나 0에 가깝게 된다. 만약 다른 매개변수가 일정하다면 기관의 압축비나 직경은 어느 정도까지는 기계효율에 영향을 미치지 않는다. 저속에서는 열손실이 가장 큰 반면, 기계적이며 유체적인 마찰은 고속에서 에너지 손실이 가장 크다.

총 도시일과 정미 도시일이라는 단어를 사용할 때에는 주의해야 한다. 오래 된 어떤 문헌이나 교재에서는 정미일(또는 정미 동력)은 기관의 모든 구성 요소의 출력을 의미하는 반면에 총일(또는 총동력)은 팬과 배기 시스템을 제거한 기관의 출력을 의미하기 때문이다.

2.3 평균 유효 압력

그림 2-9로부터 사이클 동안 기관 실린더 내의 압력이 계속해서 변화하는 것을 볼 수 있다. **평균 유효 압력**(comean effective pressure)은 다음과 같이 정의한다.

$$w = (\text{mep})\Delta v \qquad (2\text{-}28)$$

또는
$$\text{mep} = w/\Delta v = W/V_d \qquad (2\text{-}29)$$
$$\Delta v = v_{\text{BDC}} - v_{\text{TDC}} \qquad (2\text{-}30)$$

여기서, W = 한 사이클당 일
            w = 한 사이클당 비일
            V_d = 행정 체적

평균 유효 압력은 기관의 설계나 출력을 비교할 때 좋은 변수이다. 왜냐하면, 평균 유효 압력은 기관의 크기나 속도와는 무관하기 때문이다. 만약 토크가 기관 비교에 사용된다면 큰 기관이 항상 나아 보일 것이고, 동력이 비교에 사용 된다면 속도가 아주 중요할 것이다.

식(2-29)에 있는 여러 가지 일의 형태를 사용함으로써 여러 가지 평균 유효 압력을 정의할 수 있다. 만약 제동일을 사용하면 **제동 평균 유효 압력**을 얻을 수 있다.

$$\text{bmep} = w_b/\Delta v \qquad (2\text{-}31)$$

도시일을 사용하면 도시 평균 유효 압력을 얻을 수 있다.

$$imep = w_i/\Delta v \tag{2-32}$$

도시 평균 유효 압력은 총 도시 유효 압력과 정미 도시 유효 압력으로 나눈다.

$$(imep)_{gross} = (w_i)_{gross}/\Delta v \tag{2-33}$$
$$(imep)_{net} = (w_i)_{net}/\Delta v \tag{2-34}$$

또, 펌프 평균 유효 압력은 음의 값을 가질 수 있다.

$$pmep = w_{pump}/\Delta v \tag{2-35}$$

마찰 평균 유효 압력은 다음과 같다

$$fmep = w_f/\Delta v \tag{2-36}$$

다음은 앞에서 정의한 것들의 상관 관계를 나타내는 식들이다.

$$
\begin{aligned}
nmep &= gmep + pmep & \text{(a)} \\
bmep &= nmep - fmep & \text{(b)} \\
bmep &= \eta_m\, imep & \text{(c)} \\
bmep &= imep - fmep & \text{(d)}
\end{aligned}
\tag{2-37}
$$

여기서,　　　$nmep$ = 정미 평균 유효 압력
　　　　　　η_m = 기관의 기계 효율

자연 흡입 SI 기관에 대한 bmep의 전형적인 최대값은 850~1,050kpa(120~150psi)의 범위이고, CI 기관에 대해서는 700~900kPa(100~130psi), 터보 과급기가 있는 경우에는 1,000~1,200kpa(145 ~175psi) 정도이다 [58].

2.4　토크 및 동력

토크는 기관의 일의 능력을 나타내는 좋은 지표이다. 그것은 어떤 거리에 의해 작용하는 힘으로 정의되고, 단위은 N-m를 사용한다. 토크 τ는 다음 식에 의해 일과 관련된다.

$$2\pi\tau = W_b = (\text{bmep}) \, V_d/n \qquad\qquad (2\text{-}38)$$

여기서, W_b = 1회전당 제동일
          V_d = 행정 체적
          n = 사이클당 회전 수

한 사이클당 1회전하는 2행정 사이클 기관에 대해서는 다음과 같다.

$$2\pi\tau = W_b = (\text{bmep})V_d \qquad\qquad (2\text{-}39)$$
$$\tau = (\text{bmep})V_d/2\pi \qquad \text{2행정 사이클} \qquad (2\text{-}40)$$

한 사이클당 2회전하는 4행정 사이클 기관에 대해서는 다음과 같다.

$$\tau = (\text{bmep})V_d/4\pi \qquad \text{4행정 사이클} \qquad (2\text{-}41)$$

이 식들에서 토크는 크랭크축의 출력에 의해 측정되기 때문에 bmep와 제동일 W_b가 사용되었다.

현대의 많은 자동차 기관들은 80에서 110N-m/L(어떤 것은140N-m/L)의 범위에서 배기량당 최대 토크를 가지는데, 보통 4,000~6,000RPM 정도의 기관 속력에서 200~300N-m 범위의 최대 토크가 된다. 최대 토크점을 최대 제도 토크 속도(maxi-mum brake torque speed : MBT)라고 한다. 현대의 자동차 기관 설계에서 중요한 목표는 그림 2-11에 나타난 토크 대 속도 곡선을 평평하게 만들고, 저속과 고속에서 큰 토크를 발생하게 하는 것이다. 일반적으로 CI 기관은 SI 기관보다 큰 토크를 가진다. 대형 기관들은 종종 비교적 저속 MBT에서 매우 큰 토크를 가진다.

동력은 기관의 일률로 정의된다.

$$\dot{W} = WN/n \qquad\qquad (2\text{-}42)$$
$$\dot{W} = 2\pi N\tau \qquad\qquad (2\text{-}43)$$
$$\dot{W} = (1/2n)(\text{mep})A_p\overline{U}_p \qquad\qquad (2\text{-}44)$$
$$\dot{W} = (\text{mep})A_p\overline{U}_p/4 \qquad \text{4행정 사이클} \qquad (2\text{-}45)$$
$$\dot{W} = (\text{mep})A_p\overline{U}_p/2 \qquad \text{2행정 사이클} \qquad (2\text{-}46)$$

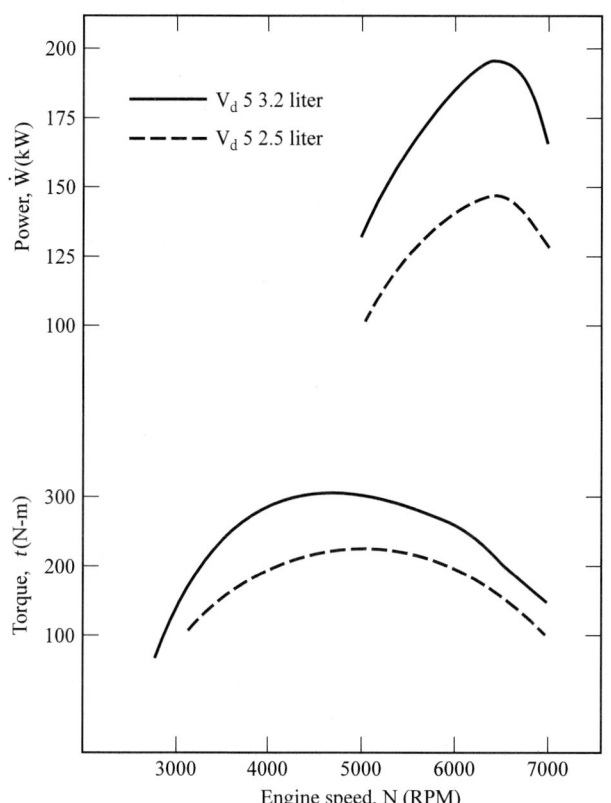

그림 2-12

기관 속도의 함수로 나타낸 대표적인 자동차 왕복 기관의 토크와 제동 동력(power)최대 토크가 발생하는 속도에서의 토크를 최대 제동 토크(MBT)라 한다. 도시 동력은 속도에 따라 증가한다. 그런데 제동 동력은 최대까지 증가했다가 다시 감소한다. 이것은 기관 속도가 더 높은 동력을 가짐에 따라 마찰 동력이 증가하며, 높은 속도에서는 마찰 동력이 지배적이기 때문이다. 그림 2-8, 2-14, 2-16, 2-20, 그리고 2-24는 설명한 기관의 동력과 토크 곡선을 나타낸다.

여기서,

W = 사이클당 일

A_p = 모든 피스톤의 피스톤 단면적

$\overline{U}_p$ = 평균 피스톤 속도

식(2-42)~식(2-46)에 사용된 일과 mep의 정의에 따르면, 동력은 제동 동력, 정미 도시 동력, 총 도시 동력, 펌프 동력 그리고 마찰 동력으로 정의할 수 있다.

$$\dot{W}_b = \eta_m \dot{W}_i \qquad (2\text{-}47)$$

$$(\dot{W}_i)_{\text{net}} = (\dot{W}_i)_{\text{gross}} - (\dot{W}_i)_{\text{pump}} \qquad (2\text{-}48)$$

$$\dot{W}_b = \dot{W}_i - \dot{W}_f \qquad (2\text{-}49)$$

여기서, η_m 은 기관의 기계 효율이다.

동력은 보통 kW로 나타내지만, 마력(hp)도 여전히 통용된다.

기관 동력은 소형 모형 비행기의 수 W에서부터 대형 다기통 정치 기관이나 선박용 기관의 실린더당 수천 kW까지 다양하다. 제초기, 전기톱, 제설기 등에 사용되는 1.5~5kW(2~7hp) 범위의 소형 기관에 대해서는 거대한 판매 시장이 형성되어 있다. 더 큰 것을 장착할 수도 있지만, 소형 보트의 모터 기관의 동력은 2~40kW(3~50hp) 범위이다. 현대의 자동차 기관은 보통 40~220kW(50~300hp)의 범위를 가진다. 흥미로운 것은, 현대의 중형 공기 역학적 자동차는 도로 위에서 55mph로 정속 주행하는 데 5~6kW(7~8hp)밖에 필요하지 않다.

연소실이 4~20개 있는 기관을 사용한 선박들은 500~1,000RPM[참고 문헌 228]의 속도에서 실린더당 500~3,000kW 범위의 제동출력을 낸다. 20개의 연소실이 있는, 최고 큰 기관은 70~140RPM에서 작동되는데 60,000kW까지 제동출력을 낸다. 2002년에 가장 크고 강력한 2사이클 기관은 MAN B&W12기통 K98MC-C라고 명명되었는데, 68~640Kw(92,046hp)를 냈다[참고 문헌 212].

토크와 동력은 둘 다 기관 속도의 함수이다. 저속에서 기관 속도가 증가하면 토크도 증가한다. 기관 속도가 더욱 증가하면, 토크는 최대치에 도달하고, 그 후 그림 2-8과 그림 2-11에서 보는 것과 같이 감소한다. 고속에서 기관은 공기를 충분히 흡입할 수 없기 때문에 토크는 감소한다. 도시 동력은 속도와 함께 증가하는 반면에, 제동 동력은 고속으로 갈수록 최대치가 된 다음 감소한다. 이것은 속도에 따라 마찰 손실이 증가하기 때문이고, 매우 빠른 속도에서는 지배적인 요인이 됨을 나타낸다. 많은 자동차 기관에서 최대 제동 동력은 6,000~7,000RPM에서 발생하는데, 이것은 최대 토크 속도의 약 1.5배이다.

보다 큰 동력은 배기량, mep, 속도를 증가시킴으로써 발생시킬 수 있다. 배기량을 증가시키면 기관 무게와 공간이 증가하는데, 이것은 기관 설계 경향에 역행하는 것이다. 이런 이유로 현대의 기관들은 작지만 고속에서 운전되도록 하거나, mep를 증가시키기 위해 종종 터보 과급

역사적 이야기-자동차의 항력계수

현대의 중형 자동차에서 길에서 55MPH로 운전하기 위해 공기 저항을 줄이는 데 필요한 동력의 크기는 단지 5~6kW 정도이다. 이것은 0.25~0.30 범위의 많은 자동차의 항력계수를 줄이는 현대의 공기역학적인 설계에 기인한다. 완전한 크기의 자동차의 항력을 시험하기 위하여 충분한 크기의 풍동이 1930년대에 사용되었다. 후면이 있는 한 대의 자동차로 시험했는데 뒤쪽에는 항력이 적음을 발견하였다. 좀더 많은 자동차로 시험을 한 결과, 그 기간 동안 많은 자동차 모델이 앞쪽보다는 뒤쪽에 항력이 더 낮음을 발견하였다.

기나 과급기를 사용한다.

때때로 기관을 분류하는 데에 식(2-51)~식(2-54)와 같은 다른 방법들이 사용되기도 한다.

비출력	$SP = \dot{W}_b / A_p$	(2-51)
단위 체적당 출력	$OPD = \dot{W}_b / V_d$	(2-52)
비체적	$SV = V_d / \dot{W}_b$	(2-53)
비중	$SW = (\text{engine weight}) / \dot{W}_b$	(2-54)

여기서,
$\dot{W}_b =$ 제동 동력
$A_p =$ 전 피스톤 단면적
$V_d =$ 배기량

이러한 변수들은 특히 비행기, 자동차, 보트와 같이 무게를 최소로 유지해야 하는 수송 수단에 사용되는 기관에 중요하다. 대형 정치 기관은 무게가 그다지 중요하지는 않다.

현대의 자동차 기관은 배기량당 제동 동력의 출력이 보통 40~80kW/L의 범위이다. Honda 사가 개발한 약 130kW/L을 발생시키는 실린더당 8개의 밸브를 가진 V4 모터사이클 기관은 약 130kW/L의 출력을 가지는데, 이것은 극단적인 고성능 경주용 기관의 예이다[참고 문헌 22]. 2행정 사이클 자동차 기관으로 되돌아가려는 개발 노력이 계속 이루어지는 하나의 큰 원인은 단위 중량당 발생하는 동력이 40% 이상 되기 때문이다.

역사적 이야기 – 실린더당 8개의 밸브를 가진 모터사이클 기관

1990년대 초에 하나의 실린더에 4개의 흡기 밸브와 4개의 배기 밸브를 가진 V4 기관을 장착한 경주용 모터사이클이 Honda 사에서 생산되었다. 처음 V8 기관으로 개발된 이 기관은 모터사이클 경주가 4기통 기관에 국한되어 있으므로 V4 기관으로 수정 개발되었다. 실린더당 4개의 밸브를 가진 V8 기관 블록은 2개의 실린더를 한 조로 하고, 그 사이의 연결되는 금속부를 제거함으로써 개조되었다. 둥글지 않은 직사각형의 실린더에 맞게 특별한 피스톤이 만들어졌다. 그 결과가 각 실린더당 8개의 밸브와 보통의 피스톤 핀을 사용한 2개의 커넥팅로드를 가진 피스톤이다.

최종적으로 대단히 빠르고 매우 비싼 748cm의 배기량을 가진 알루미늄 블록의 90° V4 기관을 가진 모터사이클을 생산하였다. 이 기관은 14,000RPM에서 96kW, 11,600RPM에서 최대 71N-m의 토크를 발생시켰다[22,143].

2.5   동력계

동력계(dyamometer)는 기관이 작동되는 속도와 부하의 전 범위에서 토크와 동력을 측정하기 위해 사용된다. 기관의 출력 에너지를 동력계에서 흡수하기 위해 다양한 방법들이 사용되며, 이와 같은 에너지는 최종적으로 열로 바뀐다.

어떤 동력계는 기계적인 마찰 브레이크 형태로 에너지를 흡수한다. 이것은 가장 단순한 동력계인 데 반해 더 높은 에너지를 측정할 수 있는 동력계에 비해 융통성과 정확성이 떨어진다.

수동력계(hydraulic dynamometer)는 오리피스를 통해 펌핑된 물이나 열 또는 로터와 스테이터(stator)의 조합으로 점성 손실에 의해 소산된 기관 에너지를 흡수한다. 많은 양의 에너지가 이러한 방식으로 흡수 가능하며, 가장 큰 기관을 위한 유력한 형태 동력계이다.

와전류 동력계(eddy current dynamometer)는 측정할 기관에 의해 구동되는 디스크를 사용한다. 이 디스크는 세기를 제어할 수 있는 자기장 속에서 회전한다. 회전 디스크는 전기적인 도체로서 작용하여 디스크 내에서 와전류를 발생시킨다. 따라서, 외부적인 회로의 오염 없이 유도 전류로부터의 에너지는 디스크에 흡수된다.

전기 동력계(electric dynamometer)는 동력계의 최고 형태 중 하나인데, 이것은 기관과 연결된 발전기로부터 전기적 출력으로 에너지를 흡수한다. 이 방법은 흡수된 에너지 측정에 정확한 수단일 뿐 아니라, 발전기의 출력과 연결된 회로의 저항을 변화시킴으로써 쉽게 기관 부하를 바꿀 수 있는 장점이 있다. 전기 동력계는 또한 역으로 작동될 수 있는데, 발전기는 점화하지 않는 기관의 구동을 위해 모터로 사용한다. 이것은 기계적 마찰 손실과 공기 펌핑 손실, 그리고 구동 중인 점화된 기관에서 측정하기 어려운 양들을 측정 가능하게 한다.

(11-2절 참조)

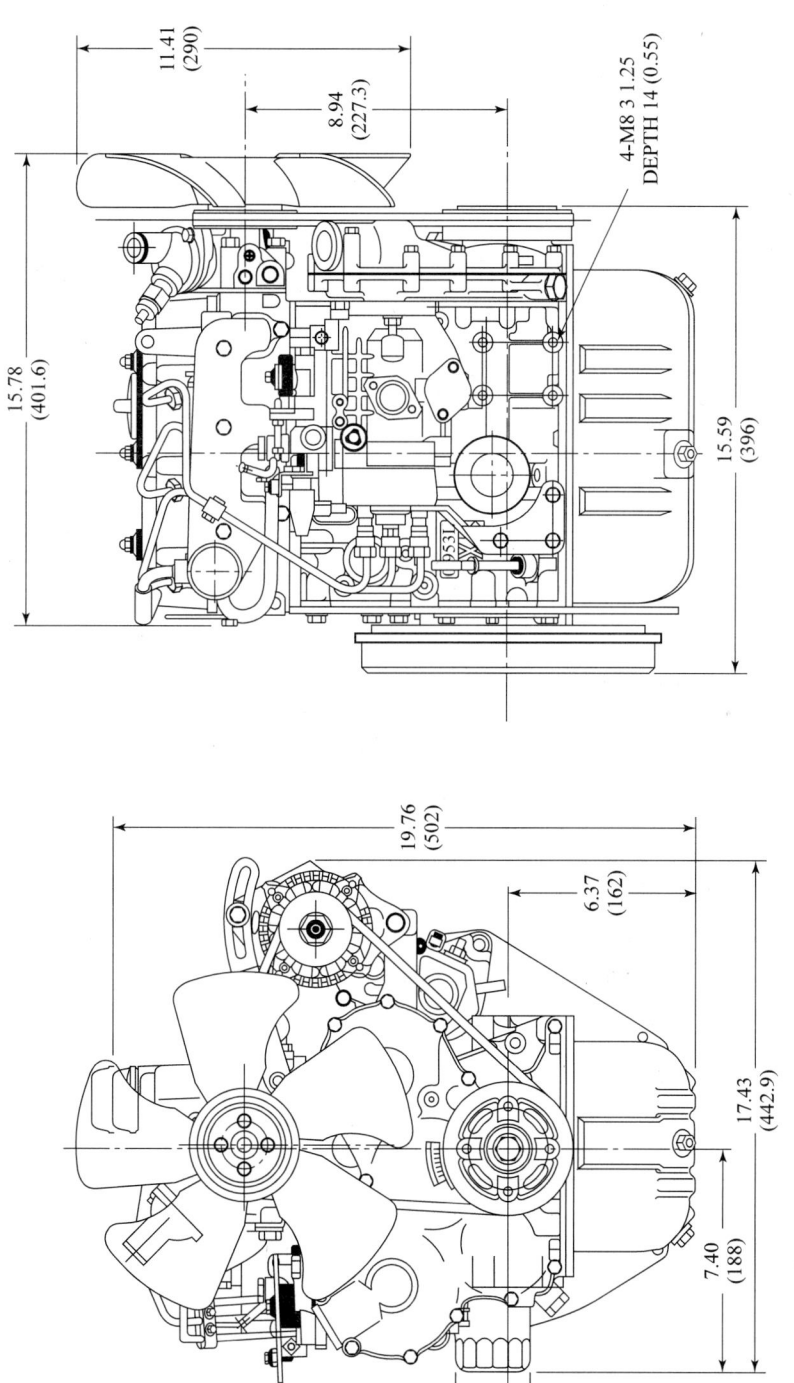

그림 2-12
Vanguard 700D 3기통 4행정 압축점화기관. Briggs &Strtton 사에 의하여 제작되었다. 이 기관은 직경 6.8cm(2.68in), 행정 6.4cm(2.52in), 총 배기량 697cm³(42.5in³)이다.

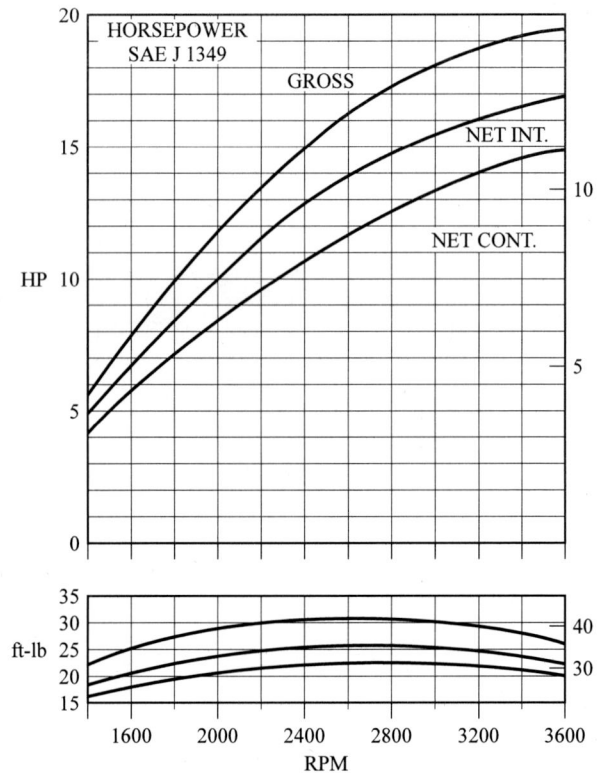

그림 2-14

그림 2-13의 Briggs & Stratton Co. Vanguard 700D 기관에서 제작한 동력과 토크곡선.

예제 2-2

예제 2-1에 사용된 기관이 동력계에 연결되어 있다. 동력계를 통해 제동 토크가 3,600RPM에서 205N-m 로 측정되었다. 이 때, 공기가 85kPa, 60°C에서 실린더로 유입되고, 기관의 기계 효율은 85%이다. 다음을 계산하라.

1. 제동 동력
2. 도시 동력
3. 제동 평균 유효 압력
4. 도시 평균 유효 압력
5. 마찰 평균 유효 압력
6. 마찰에 의한 동력 손실
7. 실린더 내 가스의 단위 질량당 제동일
8. 비제동 동력
9. 배기량당 제동 출력

10. 기관 비체적

풀이

(1) 제동 동력을 식(2-43)을 사용하여 구하면,

$$\dot{W}_b = 2\pi N\tau = (2\pi \text{ radians/rev})(3600/60 \text{ rev/sec})(205 \text{ N-m})$$
$$= 77,300 \text{ N-m/sec} = \underline{77.3 \text{ kW} = 104 \text{ hp}}$$

(2) 도시 동력을 식(2-47)을 사용하여 구하면,

$$\dot{W}_i = \dot{W}_b/\eta_m = (77.3 \text{ kW})/(0.85) = \underline{90.9 \text{ kW} = 122 \text{ hp}}$$

(3) 제동 평균 유효 압력을 식(2-41)을 사용하여 구하면,

$$\text{bmep} = 4\pi\tau/V_d = (4\pi \text{ radians/cycle})(205 \text{ N-m})/(0.003 \text{ m}^3/\text{cycle})$$
$$= \underline{859,000 \text{ N/m}^2 = 859 \text{ kPa} = 125 \text{ psia}}$$

(4) 도시 평균 유효 압력을 식(2-37c)를 사용하여 구하면,

$$\text{imep} = \text{bmep}/\eta_m = (859 \text{ kPa})/(0.85) = \underline{1010 \text{ kPa} = 146 \text{ psia}}$$

(5) 마찰 평균 유효 압력을 식(2-37d)를 사용하여 구하면,

$$\text{fmep} = \text{imep} - \text{bmep} = 1010 - 859 = \underline{151 \text{ kPa} = 22 \text{ psia}}$$

(6) 마찰 동력 손실을 식(2-51)과 식(2-44)를 사용하여 구하면,

$$A_p = (\pi/4)B^2 = (\pi/4)(0.086 \text{ m})^2 = 0.00581 \text{ m}^2 \text{ for one cylinder}$$
$$\dot{W}_f = (1/2\text{n})(\text{fmep})A_p\overline{U}_p$$
$$= (1/4)(151 \text{ kPa})(0.00581 \text{ m}^2/\text{cyl})(10.32 \text{ m/sec})(6 \text{ cyl})$$
$$= \underline{13.6 \text{ kW} = 18 \text{ hp}}$$

또는, 식(2-49)로부터 계산하면,

(7) 한 사이클 동안 한 개 실린더의 제동일을 식(2-29)를 사용하여 구하면,

$$W_b = (\text{bmep})V_d = (859 \text{ kPa})(0.0005 \text{ m}^3) = 0.43 \text{ kJ}$$

BDC에서 실린더로 들어가는 기체를 공기로 가정하면,

$$
\begin{aligned}
m_a = PV_{\text{BDC}}/RT &= P(V_d + V_c)/RT \\
&= (85 \text{ kPa})(0.0005 + 0.000059)\text{m}^3/(0.287 \text{ kJ/kg-K})(333 \text{ K}) \\
&= 0.00050 \text{ kg}
\end{aligned}
$$

단위 질량당 제동일은,

$$w_b = W_b/m_a = (0.43 \text{ kJ})/(0.00050 \text{ kg}) = \underline{860 \text{ kJ/kg} = 370 \text{ BTU/lbm}}$$

(8) 비제동일(BSP)을 식(2-51)에서 구하면,

$$
\begin{aligned}
\text{BSP} = \dot{W}_b/A_p &= (77.3 \text{ kW})/[(\pi/4)(0.086 \text{ m})^2(6 \text{ cylinders})] \\
&= \underline{2220 \text{ kW/m}^2 = 0.2220 \text{ kW/cm}^2 = 1.92 \text{ hp/in.}^2}
\end{aligned}
$$

(9) 배기량당 제동 출력(BOPD)을 식(2-52)에서 구하면,

$$
\begin{aligned}
\text{BOPD} = \dot{W}_b/V_d &= (77.3 \text{ kW})/(3 \text{ L}) \\
&= \underline{25.8 \text{ kW/L} = 35 \text{ hp/L} = 0.567 \text{ hp/in.}^3}
\end{aligned}
$$

(10) 기관 비체적(BSV)을 식(2-53)에서 구하면,

$$
\begin{aligned}
\text{BSV} = V_d/\dot{W}_b &= 1/\text{BOPD} = 1/25.8 \\
&= \underline{0.0388 \text{ L/kW} = 0.0286 \text{ L/hp} = 1.76 \text{ in.}^3/\text{hp}}
\end{aligned}
$$

예제 2-3

4행정 3개의 실린더를 가진 전기점화기관이 4,000RPM으로 운전되고, 와전류 동력계에 연결되어 있으며, 70.4kW의 동력이 소비된다. 이 기관은 총배기량이 2.4리터이고, 기계효율은 400RPM에서 82%이

다. 열과 기계 손실 때문에 동력계는 93%이다(동력계에 기록된 동력)/(기관의 실제 동력).
다음을 계산하라.

1. 기관의 마찰 동력 손실
2. 제동 평균 유효 압력
3. 4000RPM에서 기관 토크
4. 기관비 체적

풀이

(1) 제동력은,

$$\dot{W}_b = (70.4 \text{ kW})/(0.93) = 75.7 \text{ kW} = 101.5 \text{ hp}$$

식(2-47)에서 구하여진 지시 동력은,

$$\dot{W}_i = \dot{W}_b/\eta_n = (75.7 \text{ kW})/(0.82) = 92.3 \text{ kW} = 123.8 \text{ hp}$$

식(2-49)는 기관마찰의 동력 손실이며,

$$\dot{W}_f = \dot{W}_i - \dot{W}_b = (92.3 \text{ kW}) - (75.7 \text{ kW}) \underline{= 16.6 \text{ kW} = 22.3 \text{ hp}}$$

(2) 제동 평균 유효 압력은 식2-29와 2-42를 조합하여 구한다.

$$\begin{aligned}
\text{bmep} &= W_b/V_d = [\dot{W}_b/(N/n)]/V_d \\
&= \{(75.7 \text{ kW})/[(4000/60 \text{ rev/sec})/(2 \text{ rev/cycle})]\}/(0.0024 \text{ m}^3/\text{cycle}) \\
&\underline{= 946 \text{ kPa} = 137 \text{ psia}}
\end{aligned}$$

식(2-88)을 사용하면,

$$\text{bmep} = [(1000)(75.7)(2)]/[(2.4)(4000/60)] \underline{= 946 \text{ kPa}}$$

(3) 식(2-43)으로부터,

$$\begin{aligned}
\tau &= \dot{W}_b/2\pi N = (75.7 \text{ kJ/sec})/[(2\pi \text{ radians/rev})(4000/60 \text{ rev/sec})] \\
&\underline{= 181 \text{ N-m} = 134 \text{ lbf-ft}}
\end{aligned}$$

식(2-76)을 사용하면,

$$\tau = [(159.2)(75.7)]/(4000/60) = 181 \text{ N-m}$$

(4) 식(2-53)으로부터 기관의 비체적은,

$$SV = V_d/\dot{W}_b = (2.4 \text{ L})/(75.7 \text{ kW}) = 0.0317 \text{ L/kW}$$

2.6   공연비와 연공비

기관에 입력되는 에너지 Q_{in}은 탄화수소 연료의 연소로부터 나온다. 공기는 이러한 화학적 반응에 필요로 하는 산소를 공급하기 위해 사용된다. 연소 반응이 일어나기 위해서 공기(산소)와 연료의 적절한 상대적 양이 공급되어야 한다.

공연비(AF)와 연공비(FA)는 이와 같은 적절한 공기와 연료의 혼합비를 나타내는 데 사용되는 파라미터이다.

그림 2-16
Cummins QSK60-2700 16기통, 4행정, 배기량 60.2리터, 디젤 V16기관(3,672in.^{3}. 기관은 직경 15.9cm(6.26in), 해정 길이 19.0cm(7.48in), 281리터(74.2갈론)의 오일 시스템, 170리터(45갈론)의 냉각 능력, 9,305kg(20,514Ibm)의 점수 질량(wat mass). No.2의 디젤 연료를 사용하여 1,900RPM에서 243gm/kW-hr의 연료를 절약하고 전환점이 되었다. 사용한 기관 오일을 연료로 전환하여 배출한 오일을 4,000시간 작동하도록 한다.

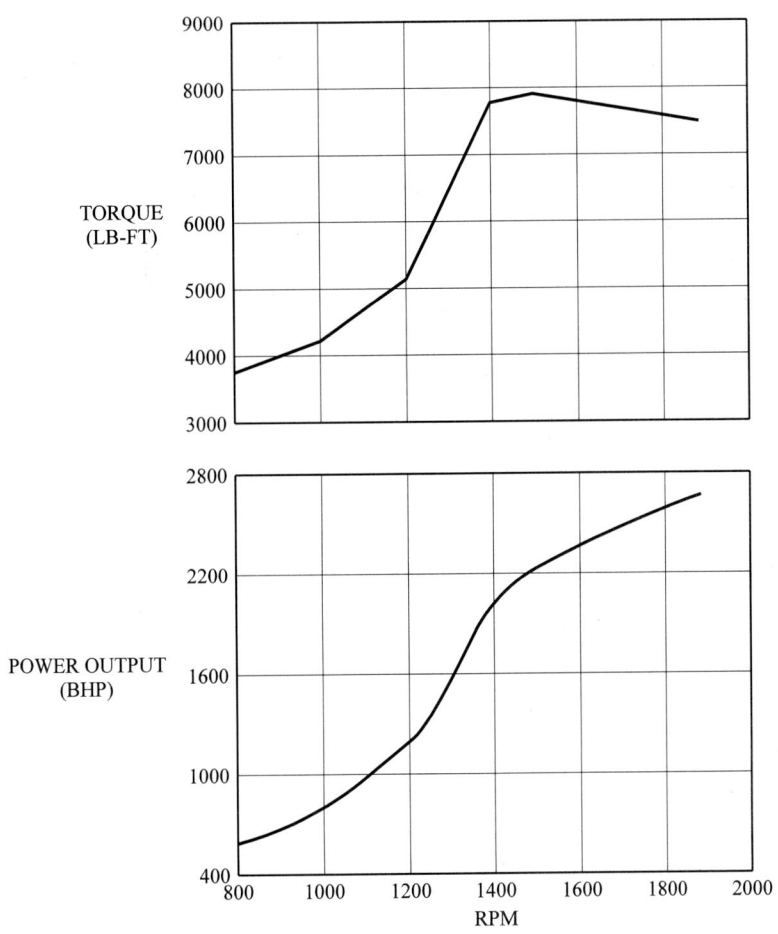

그림 2-16
그림 2-15의 Cummins QSK-2700기관의 동력과 토크곡선. 1,900RPM에서 2,013kW의 최대동력과 1,500RPM에서 10,623N-m의 최대 토크.

$$\text{AF} = m_a/m_f = \dot{m}_a/\dot{m}_f \qquad (2\text{-}55)$$
$$\text{FA} = m_f/m_a = \dot{m}_f/\dot{m}_a = 1/\text{AF} \qquad (2\text{-}56)$$

여기서,　　　m_a = 공기의 질량
　　　　　　$\dot{m}_a$ = 공기의 질량 유동률
　　　　　　m_f = 연료의 질량
　　　　　　$\dot{m}_f$ = 연료의 질량 유동률

가솔린 형태의 많은 탄화수소 연료가 갖는 이상적인 또는 이론적인 공연비는 15:1에 대단히 가깝고, 연소 가능한 범위는 6~19이다. 공연비 6 이하는 연소가 지속되기에는 너무 농후하며, 19 이상은 너무 희박하다. 기관의 연료 공급 시스템, 즉 연료 분사기 또는 기화기는 주어진 어떤 공기 흐름에도 연료의 양을 적당히 조절할 수 있어야 한다. 가솔린을 연료로 하는 기관은 운전 조건에 따라 다르나, 일반적으로 12에서 18 정도의 AF 범위를 가진다.

CI 기관은 전형적으로 18~70의 AF 범위를 가지며, 이것은 연소가 가능한 한계를 벗어난 것으로 보인다. SI 기관과는 달리 CI 기관의 실린더가 매우 비균질한 공기-연료 혼합을 가지기 때문에 연소가 일어나며, 반응은 오직 연소 가능한 혼합물이 존재하는 그들 지역에서만 일어나며, 다른 지역은 너무 농후하거나 너무 희박하다. 당량비 ϕ 는 실제 연공비에 대한 이상 혹은 이론 연공비로 정의된다.

$$\phi = (FA)_{act}/(FA)_{stoich} = (AF)_{stoich}/(AF)_{act} \tag{2-57}$$

어떤 경우에 AF와 FA는 분자비로 주어진다. 이것은 다소 보편적이며, AF와 FA는 항상 특별한 언급이 없는 한 질량비를 의미한다. 어떤 문헌은 상당비 대신 λ 를 사용한다. λ 는 상당비의 역수이다.

$$\lambda = 1/\phi = (FA)_{stoich}/(FA)_{act} = (AF)_{act}/(AF)_{stoich} \tag{2-58}$$

2.7   연료 소비율

연료 소비율(specifc fuel consumption)은 다음과 같이 정의된다.

$$sfc = \dot{m}_f/\dot{W} \tag{2-59}$$

여기서, $\dot{m}_f$ = 기관에 공급되는 연료 유동률
        $\dot{W}$ = 기관 동력이다.

제동 연료 소비율(brake specific fuel consumption)은 제동 동력을 사용하여 구한다.

$$bsfc = \dot{m}_f/\dot{W}_b \tag{2-60}$$

도시 연료 소비율(indicated specific fuel consumption)은 도시 동력을 사용하여 구한다.

$$\text{isfc} = \dot{m}_f/\dot{W}_i \qquad (2\text{-}61)$$

연료 소비율의 파라미터의 다른 예는 다음과 같이 정의된다.

fsfc = 마찰 연료 소비율
igsfc = 총 도시 연료 소비율
insfc = 정미 도시 연료 소비율
psfc = 펌핑 연료 소비율

이것은 또한 다음과 같이 나타낼 수 있다.

$$\eta_m = \dot{W}_b/\dot{W}_i = (\dot{m}_f/\dot{W}_i)/(\dot{m}_f/\dot{W}_b) = (\text{isfc})/(\text{bsfc}) \qquad (2\text{-}62)$$

여기서, η_m 은 기관의 기계 효율이다.

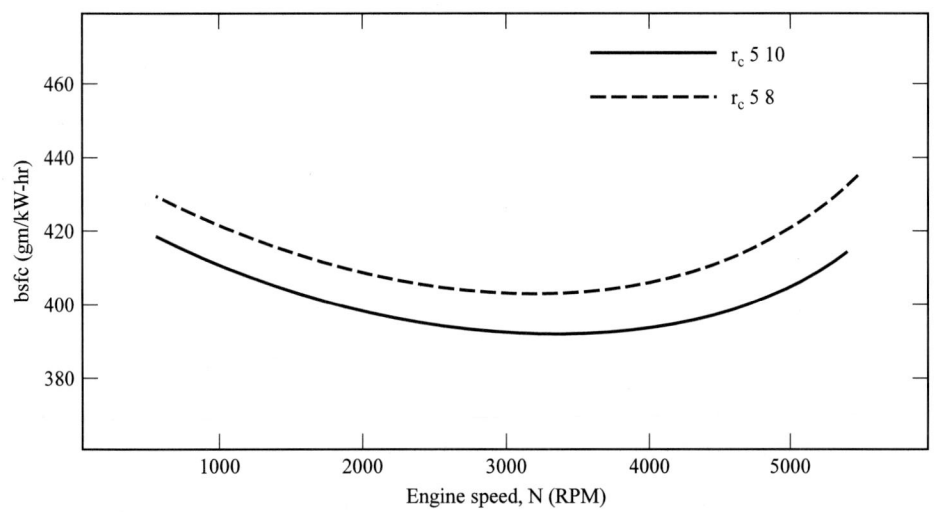

그림 2-17

기관 속도의 함수로서 나타낸 제동 연료 소비율. 기관 속도가 증가하면 각 사이클에 걸리는 시간이 짧아지므로 열손실이 감소한다. 그러므로 연료 소비는 감소한다. 보다 높은 기관 속도에서는 높은 마찰 손실 때문에 연료 소비는 다시 증가한다.

　　제동 연료 소비율은 기관 속도가 증가함에 따라 감소하여 최소에 도달한 후, 최고 속도에서
는 다시 증가한다(그림 2-17). 고속에서 큰 마찰 손실 때문에 연료 소비는 증가한다. 기관이 저
속일 때 사이클당 시간이 길어지므로 더 많은 열손실을 유발하여 연료 소비는 상승한다. 그림
2-18은 bsfc가 어떻게 압축비와 연료 당량비에 영향을 받는가를 보여 준다. 압축비가 커질수록

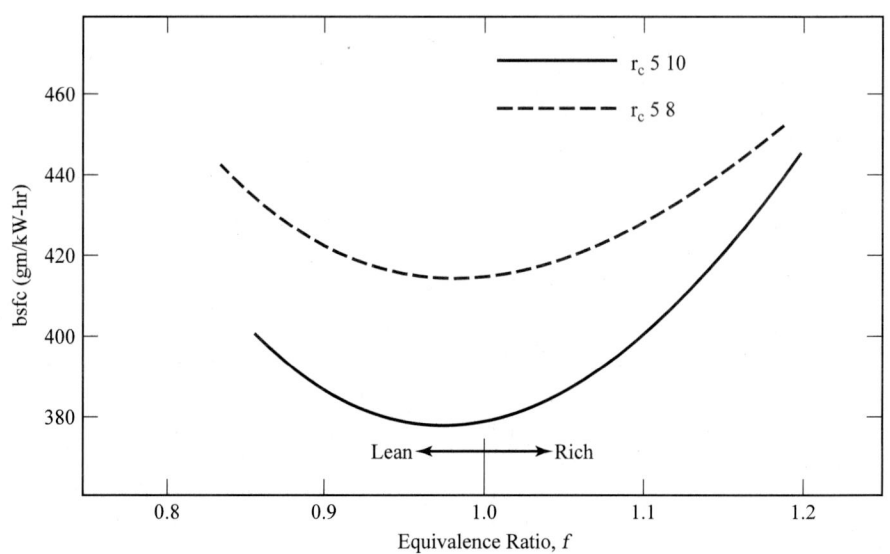

그림 2-18
당량비의 함수로서 나타낸 제동 연료 소비율. 연료 소비율은 약간의 희박 조건에서 최소이다. 보다 더 과
농이거나 보다 더 희박한 혼합기에서는 연료 소비율이 증가한다.

높은 열효율 때문에 연료 소비율은 감소한다. 당량비 1 ($\phi = 1$) 근처의 혼합기에서 연소가 일
어날 때 연료 소비율은 가장 낮다. 이론 양혼비의 조건에서 멀어질수록 농후하든 혹은 희박하
든 연료 소비는 높아진다. 제동 연료 소비율은 일반적으로 기관 크기에 따라 감소하는데, 기관
의 배기량이 커질수록 연료 소비율은 좋아진다(그림 2-19 참조).

　　연료 소비율은 일반적으로 gm/kW-hr 혹은 Ibm/hp-hr 단위로 주어진다. 운송 차량에 대해
서는 갤런당 마일(mpg)과 같은 단위 연료당 운송 거리로 표시되는 **연료 경제성**(fuel economy)
을 사용하는 것이 일반적이다. SI 단위에서는 이것의 역을 사용하는 것이 일반적인데, 100km
당 소비된 연료량(L/100km)이 일반적으로 사용되는 단위이다. 대기 오염과 화석 연료의 고갈
로 인해 더 나은 연료 경제 차량을 요구하는 법률이 제정되었다. 대부분의 가솔린 자동차가
15mpg(15.7L/100km) 이하였던 1970년대 초 이후로 연료 경제성의 개선에 큰 발전이 이루어
졌다. 오늘날 많은 자동차들은 30~40mpg(7.8~5.9L/100km) 정도이며, 어떤 소형차는
60mpg(3.9L/100km)인 경우도 있다.

최근에 연료의 경제적인 측면(3L/km)에서 하이브리드 자동차와 배출가스가 적은 차를 개발하는 것이 국제적인 목표가 되었다.

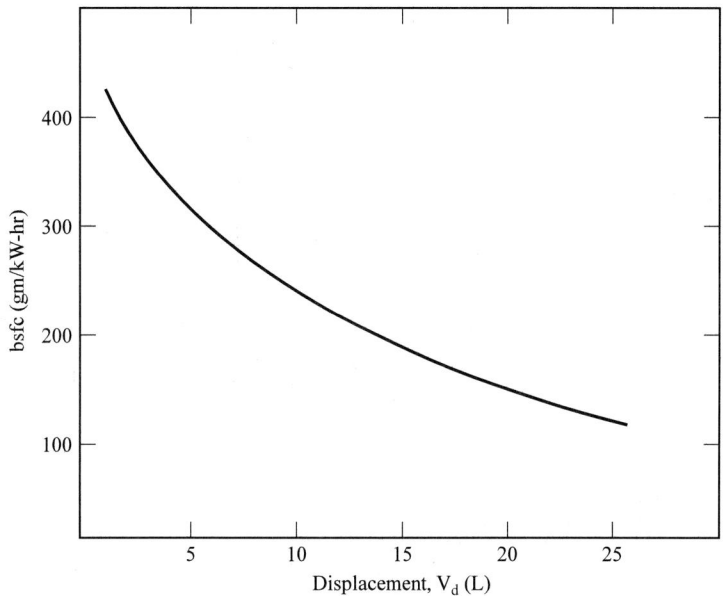

그림 2-19
배기량의 함수로서 나타낸 연료 소비율. 일반적으로, 평균 연료 소비율은 더 큰 기관에서 감소한다. 이것은 대형 기관에서는 연소실의 체적-표면적 비의 증대로 인한 열손실의 감소 때문이다. 또한 대형 기관은 마찰 손실을 줄이기 위해 저속에서 작동한다.

역사적인 이야기-1322MPG 자동차

　2000SAE College Supermileage Challenge는 미네소타 Mandota Heights of Saint Thomas Academy 고등학교를 대표하는 물리학과의 학생들 가운데 한 팀이 승리하였는데, 이 자동차는 가솔린 1gallon당 평균 1,131마일을 달렸다. 체중이 적은 학생들이 탄, 이 공기 역학적인 자동차는 단기통 3.5마력으로, Briggs &Stratton 제품의 L형 헤드를 사용한, 배기량 $90cm^3$의 기화기를 가진 기관이었다. 높은 주행 속도는 on-off 모드로 기관을 운전하여 얻을 수 있었다 기관을 25mph까지 가속하고 나서 가끔씩 껐다. 자동차가 10mph까지 떨어졌을 때 다시 시동을 걸었다. 이것은 지붕을 씌운 코스 위를 평균 10mph로 주행하라는 요구에 합당한 것이었다. Minnesota Technology Education Association Supermileage Challenge에서 사용된 것과 동일한 자동차를 사용하였는데, 1,322mpg의 주행 속도로 주행하였으며, 연료는 90%의 가솔린과 10%의 에탄올을 사용하였다. 1999년에는 전세계적으로 평균 자동차 연료 소모율은 27.5mpg(8.6L/100km)이었다.

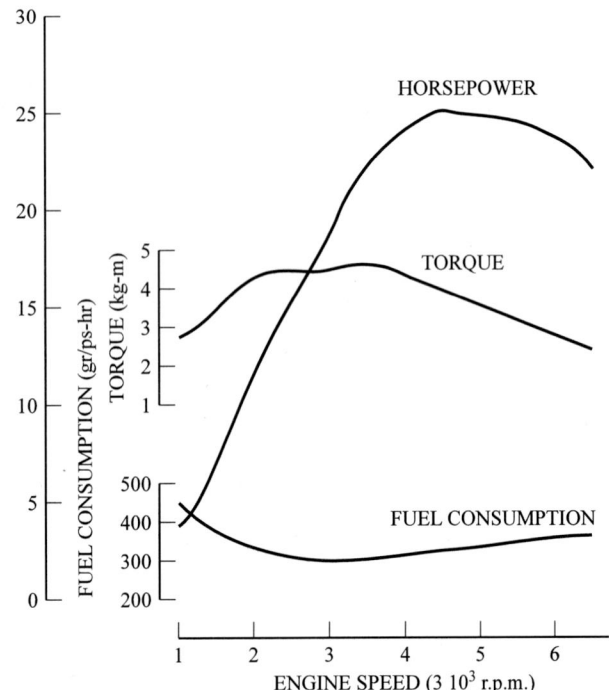

그림 2-20

동력, 제동 대비 연료 소모, 그리고 토크를 나타내며, Suzuki 3기통 2행정 배기량 0.45L의 미니 자동차 기관의 경우. 최소 제동력은 4,500RPM에서 25hp이고, 최대 토크는 3,500RPM에서 46N-m.이고 SAE Paper 770766의 허가를 인쇄함.

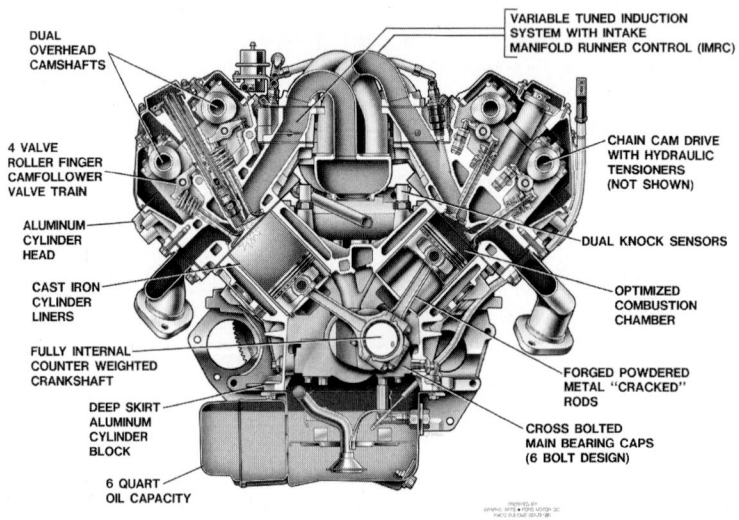

그림 2-21

포드 전기 점화기관 자동차 단면도로, 4행정 사이클 V8기관을 주요 부품을 나타냄. 기관은 배기량 4.6L 실린더의 각 열에 대하여 실린더 당 4개의 밸브와 두 개의 크랭크축을 가짐.

2.8 기관 효율

기관 사이클에서 연소 과정으로 사용 가능한 시간이 매우 짧기 때문에 모든 연료 분자가 결합할 산소 분자를 만날 수 없거나 국소 지역의 온도가 반응에 적당하지 않을 수도 있다. 그 결과로 연료의 일부가 반응하지 않고 배출 가스에 남아 있게 된다. **연소 효율**(combustion efficiency) η_t 는 연소하는 연료의 질량 분율로서 정의된다. η_c 는 기관이 정상적으로 구동될 때 전형적으로 0.95~0.98 범위 내의 값을 가진다. 하나의 실린더에 한 사이클 동안 가해진 열은,

$$Q_{\text{in}} = m_f Q_{\text{HV}} \eta_c \qquad\qquad (2\text{-}63)$$

정상 상태로 가정하면,

$$\dot{Q}_{\text{in}} = \dot{m}_f Q_{\text{HV}} \eta_c \qquad\qquad (2\text{-}64)$$

그리고 열효율(thermal efficieney)은,

$$\eta_t = W/Q_{\text{in}} = \dot{W}/\dot{Q}_{\text{in}} = \dot{W}/\dot{m}_f Q_{\text{HV}} \eta_c = \eta_f/\eta_c \qquad\qquad (2\text{-}65)$$

여기서,

$$W = \text{한 사이클 동안의 일}$$
$$\dot{W} = \text{동력}$$
$$m_f = \text{한사이클 동안 공급되는 연료의 질량}$$
$$\dot{m}_f = \text{연료의 질량 유동률}$$
$$Q_{\text{HV}} = \text{연료의 발열량}$$
$$\eta_f = \text{연료 변환 효율(식2-66참조)}$$

열효율은 도시 혹은 제동으로 표현될 수 있으며, 이는 식(2-64)에서 어떤 동력이 사용되었는 가에 따라 다르다. 기관 기계 효율은 다음과 같다.

$$\eta_m = (\eta_t)_b/(\eta_t)_i \qquad\qquad (2\text{-}66)$$

일반적으로, 기관의 도시 열효율은 50~60%의 범위이며, 제동 열효율은 약 30%이다. 어떤 저속 대형 CI 기관은 50%보다 훨씬 큰 제동 열효율을 가진다. 연료 변환 효율은 다음과 같이 정의된다.

$$\eta_f = W/m_f Q_{\text{HV}} = \dot{W}/\dot{m}_f Q_{\text{HV}} \qquad (2\text{-}67)$$
$$\eta_f = 1/(\text{sfc})Q_{\text{HV}} \qquad (2\text{-}68)$$

하나의 실린더의 단일 사이클을 위한 열효율은 다음과 같이 쓸 수 있다.

$$\eta_t = W/m_f Q_{\text{HV}} \eta_c \qquad (2\text{-}69)$$

이것은 기초 열역학 교재에서 가끔 엔탈피 효율로 소개된 열효율이다.

2.9 체적 효율

기관으로부터 큰 출력과 성능을 얻을 수 있는 가장 중요한 과정 중의 하나는 매 사이클마다 실린더로 들어가는 공기의 양을 최대로 하는 것이다. 더 많은 공기는 더 많은 연료를 연소시킬 수 있으며, 더 많은 에너지가 출력으로 전환될 수 있다. 액체 연료와의 반응에 필요한 공기의 체적을 더 크게 취하는 것보다 실린더에 들어가는 액체 연료의 체적을 작게 하는 것이 더 용이하다. 이상적으로는 대기와 같은 밀도에다 실린더의 배기량을 곱한 것과 같은 양의 공기의 질량이 각 사이클마다 흡입되어야 한다. 그러나 흡입에 주어진 짧은 사이클 시간과 공기 청정기, 기화기, 흡기 다기관, 그리고 흡기 밸브에 의한 유동 저항 때문에 이상적인 공기의 양보다 적게 실린더에 들어간다. 체적 효율(volumetric efficiency)은 다음과 같이 정의된다.

$$\eta_v = m_a/\rho_a V_d \qquad (2\text{-}70)$$
$$\eta_v = n\dot{m}_a/\rho_a V_d N \qquad (2\text{-}71)$$

여기서,
m_a = 한 사이클 동안 기관에 들어가는 공기의 질량
$\dot{m}_a$ = 기관에 들어가는 공기의 정상 상태 유동률
ρ_a = 기관 외부의 대기 상태의 공기의 밀도
V_d = 배기량
N = 기관 속도
n = 사이클당 회전 수

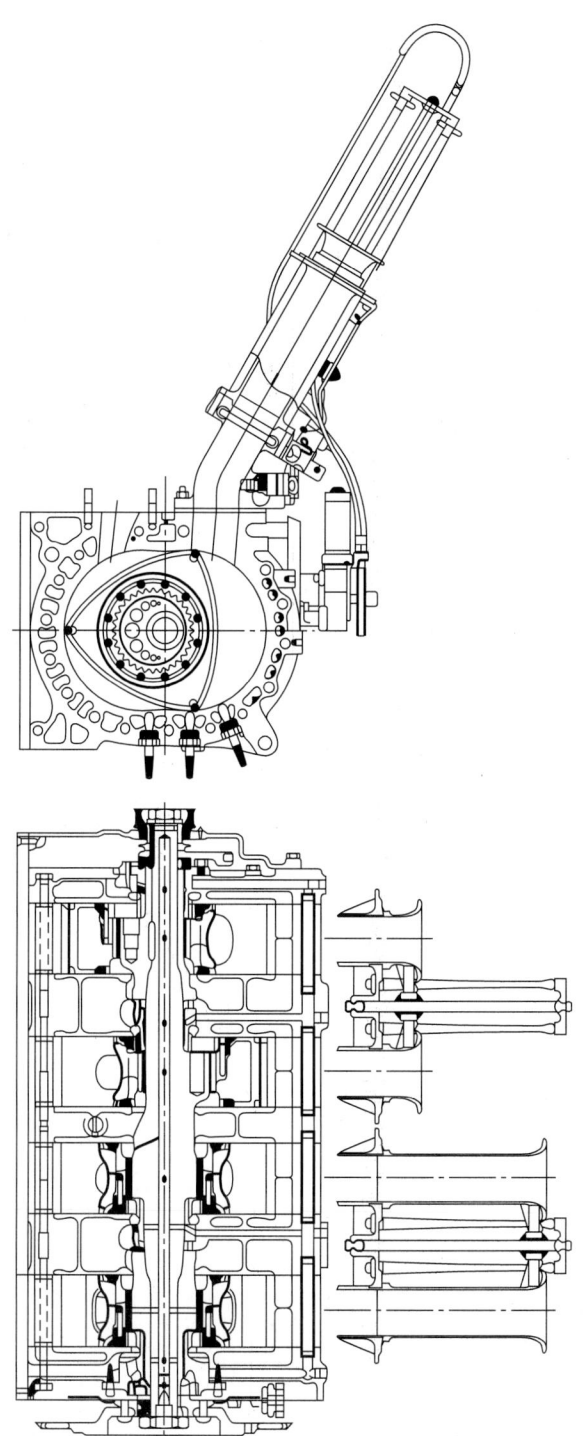

그림 2-22

Mazda 4개의 로터가 달린 R26B 로터리 기관의 단면도로 경주용 자동차이며, 1991년 France의 Le Mans에서 24시간 오래달리기 대회에서 우승한 자동차. 2.6리터 수냉 기관으로 압축비는 10;1 3개의 점화플러그와 여러 개의 긴 흡기 신축성 다기관을 가짐. 기관 관리 시스템(EMS)에 의하여 제어되는 운전 매개변수는 분사 시기, 분사 체적, 점화 시기, 다기관 홈의 흡기 길이를 포함.

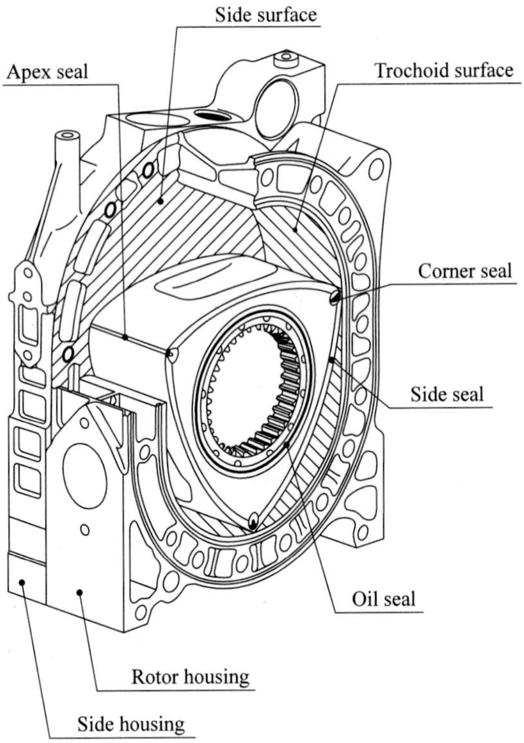

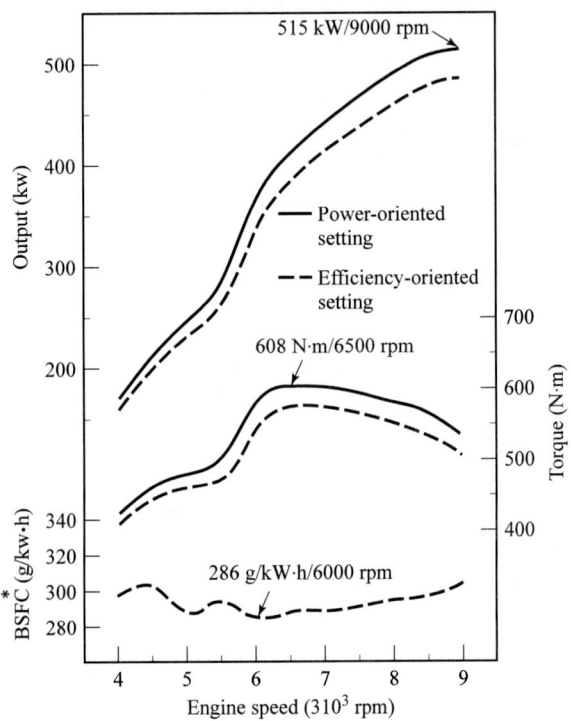

그림 2-23

그림 2-22에서 보여 주는 Mazda R26B 로터리 기관의 로터와 연소실의 단면도.

그림2-24

그림 2-22에서 보여 주는 Mazda R26B 로터리 기관의 동력과 토크 제동 연료 소비율 곡선. 기관은 9,000RPM에서 515kW(691hp)의 최대 제동 출력을 6,500RPM에서 608N-m의 최대 토크, 그리고 6,000RPM에서 286gm/kW-hr를 나타낸다.

더 나은 값이 알려져 있지 않은 이상, 주위 공기의 압력과 온도의 표준값을 공기 밀도를 구하는 데 사용한다.

$$P_o \text{ (standard)} = 101 \text{ kPa} = 14.7 \text{ psia}$$
$$T_o \text{ (standard)} = 298 \text{ K} = 25°C = 537°R = 77°F$$
$$\rho_a = P_o/RT_o \tag{2-72}$$

여기서, P_o = 주위 공기의 압력
              T_o = 주위 공기의 온도
              R = 공기의 일반 기계 상수 = 0.287kJ/kg-K = 53.33 ft -Ibt/Ibm-°R

표준 상태에서 공기의 밀도 ρ_a = a1.181kg/m³ = 0.0739lbm/ft³이다.

체적 효율은 실험적으로 측정할 때, 표준 조건과 다르다면 온도와 습도에 대한 보정을 해야 한다.

일반적이지는 않지만, 식(2-69)와 식(2-70)의 공기 밀도는 실린더로 들어가기 직전의 흡기 다기관의 조건에서 계산한다. 이 지점에서의 조건은 주위의 대기 조건에 비해 대개 더 뜨겁고 압력은 더 낮다.

스로틀 전개(WOT)에서 체적 효율의 전형적인 값은 75~90%의 범위이며, 스로틀이 닫힐수록 더 낮은 값으로 떨어진다. 기관으로 들어가는 공기 유동을 제한하는 것(스로틀을 닫는 것)은 SI 기관에서 출력을 제어하는 중요한 수단이다.

예제 2-4

예제 2-2의 기관이 공연비 AF = 15에서 운전되고 있다. 연료의 발열량 값이 44,000kJ/kg이고 연소 효율이 97%일 때, 다음을 계산하라.

1. 기관에 들어가는 연료 유동률
2. 제동 열효율
3. 도시 열효율
4. 체적 효율
5. 제동 연료 소비율

풀 이

(1) 예제 2-2로부터, 한 사이클 동안 한 실린더에서 공기의 질량은 $m_a = 0.0005$kg이다.

$$m_f = m_a/AF = 0.00050/15 = 0.000033 \text{ kg of fuel per cylinder per cycle}$$

그러므로, 기관 내부의 연료 유동률은,

$$\dot{m}_f = (0.000033 \text{ kg/cyl-cycle})(6 \text{ cyl})(3600/60 \text{ rev/sec})(1 \text{ cycle/2 rev})$$
$$= 0.0060 \text{ kg/sec} = 0.0132 \text{ lbm/sec}$$

(2) 제동 열효율을 식(2-64)를 사용하여 나타내면,

$$(\eta_t)_b = \dot{W}_b/\dot{m}_f Q_{HV}\eta_c = (77.3 \text{ kW})/(0.0060 \text{ kg/sec})(44{,}000 \text{ kJ/kg})(0.97)$$
$$= 0.302 = 30.2\%$$

또는, 한 실린더의 한 사이클에 대해 식(2-68)을 사용하면,

$$(\eta_t)_b = W_b/m_f Q_{HV}\eta_c = (0.43 \text{ kJ})/(0.000033 \text{ kg})(44{,}000 \text{ kJ/kg})(0.97)$$
$$= 0.302$$

(3) 도시 열효율을 식(2-65)를 사용하여 구하면,

$$(\eta_t)_i = (\eta_t)_b/\eta_m = 0.302/0.85 = 0.355 = 35.5\%$$

(4) 체적 효율을 표준 공기 밀도를 사용한 식(2-69)에서 구하면,

$$\eta_v = m_a/\rho_a V_d = (0.00050 \text{ kg})/(1.181 \text{ kg/m}^3)(0.0005 \text{ m}^3)$$
$$= 0.847 = 84.7\%$$

(5) 제동 연료 소비율을 식(2-59)를 사용하여 구하면,

$$\text{bsfc} = \dot{m}_f/\dot{W}_b = (0.0060 \text{ kg/sec})/(77.3 \text{ kW})$$
$$= 7.76 \times 10^{-5} \text{ kg/kW-sec} = 279 \text{ gm/kW-hr} = 0.459 \text{ lbm/hp-hr}$$

2.10 기관 유해 배기 물질

기관의 유해 배기 물질 중 제어되어야 하는 주요한 네 가지는 질소 산화물(NOx), 일산화탄소 (CO), 탄화수소(HC), 그리고 입자상(고형) 물질이다. 이들 오염물의 양을 측정하는 일반적인 두 가지 방법은 **배출률**(specific emissions, SE) 및 **배출 지수**(emissions index, EI)이다. 배출률은 단위 동력에 대한 오염물의 질량 유동률로서 gm/kW-hr의 단위를 가지며, 반면 배출 지수는 연료 유동에 대한 오염물의 질량 유동률의 단위를 가진다.

배출률(SE)

$$(SE)_{NOx} = \dot{m}_{NOx}/\dot{W}_b$$
$$(SE)_{CO} = \dot{m}_{CO}/\dot{W}_b$$
$$(SE)_{HC} = \dot{m}_{HC}/\dot{W}_b \tag{2-73}$$
$$(SE)_{part} = \dot{m}_{part}/\dot{W}_b$$

여기서, $\dot{m}$ = 오염물의 유동률(gm/hr)
$\dot{W}_b$ = 제동 동력이다.

배출 지수(EI)

$$(EI)_{NOx} = \dot{m}_{NOx}[gm/sec]/\dot{m}_f[kg/sec]$$
$$(EI)_{CO} = \dot{m}_{CO}[gm/sec]/\dot{m}_f[kg/sec]$$
$$(EI)_{HC} = \dot{m}_{HC}[gm/sec]/\dot{m}_f[kg/sec] \tag{2-74}$$
$$(EI)_{part} = \dot{m}_{part}[gm/sec]/\dot{m}_f[kg/sec]$$

예제 2-5

12기통 2행정 사이클 압축 점화 기관이 화학식으로 가벼운 디젤 연료를 사용하여 550RPM에서 2,440kW의 제동 마력을 생산한다. 이 기관의 직경은 24cm이고 행정은 32cm이다. 체적 효율은 97%이고, 기계 효율은 88% 그리고 연소 효율은 98%이다. 다음을 계산하라

1. 기관으로 들어오는 질량 유동률
2. 제동 연료 소비율
3. 지시 연료 소비율
4. 미연소 연료에 의한 탄화수소의 배기율
5. 미연소에 의한 탄화수소의 배기 지수

풀이

(1) 식(2-8)은 이 기관의 총배기량을 나타낸다.

$$V_d = N_c(\pi/4)B^2S = (12 \text{ cylinders})(\pi/4)(0.24 \text{ m})^2(0.32 \text{ m}) = 0.1737 \text{ m}^3 = 173.7 \text{ L}$$

식(2-71)은 이 기관의 공기 유동률을 나타낸다.

$$
\begin{aligned}
\dot{m}_a &= \eta_v\rho_aV_dN/n \\
&= (0.97)(1.181 \text{ kg/m}^3)(0.1737 \text{ m}^3/\text{cycle})(550/60 \text{ rev/sec})/(2 \text{ rev/cycle}) \\
&= 0.9120 \text{ kg/sec.}
\end{aligned}
$$

식(2-55)는 이 기관으로 들어오는 연료의 질량 유동률을 나타낸다.

$$\dot{m}_f = \dot{m}_a/\text{AF} = (0.9120 \text{ kg/sec})/(14.5) = \underline{0.0629 \text{ kg/sec} = 0.1387 \text{ lbm/sec}}$$

(2) 식(2-60)은 제동연료 소비율을 나타낸다.

$$
\begin{aligned}
\text{bsfc} &= m_f/W_b \\
&= [(0.0629 \text{ kg/sec})(3600 \text{ sec/hr})(1000 \text{ gm/kg})]/(2440 \text{ kW}) = \underline{92.8 \text{ gm/kW-hr}}
\end{aligned}
$$

(3) 식(2-62)는 지시 연료 소비율을 나타낸다.

$$\text{isfc} = \eta_m(\text{bsfc}) = (0.88)(92.8 \text{ gm/kW-hr}) = \underline{81.7 \text{ gm/kW-hr}}$$

(4) 미연소 연료의 질량 유동률은,

$$
\begin{aligned}
\dot{m}_{\text{unburned}} &= (1 - \eta_c)\dot{m}_f \\
&= (1 - 0.98)(0.0629 \text{ kg/sec}) = 0.001258 \text{ kg/sec} = 1.258 \text{ gm/sec}
\end{aligned}
$$

식(2-73)은 미연소 연료로부터의 탄화수소의 배출률을 나타낸다.

$$
\begin{aligned}
(\text{SE})_{\text{HC}} = \dot{m}_{\text{unburned}}/W_b &= [(1.258 \text{ gm/sec})(3600 \text{ sec/hr})]/(2440 \text{ kW}) \\
&= \underline{1.86 \text{ gm/kW-hr}}
\end{aligned}
$$

(5) 식(2-74)는 미연소 연료로부터 탄화수소의 배출률을 나타낸다.

$$(EI)_{HC} = \dot{m}_{unburned}/\dot{m}_f = (1.258 \text{ gm/sec})/(0.0629 \text{ kg/sec}) = \underline{20.0 \text{ gm}_{HC}/\text{km}_f}$$

2.11 소음 경감

최근에 기관과 배기 소음을 줄이기 위하여 많은 개발과 연구가 수행되어 왔다. 비록 과다한 소음은 공해가 되지만, 모든 소음을 줄이는 것이 자동차 제작자들의 목표는 아니다. 어떤 사람들은 기관에서 나는 스포티한 소리를 고려하고 있다, 유럽의 한 소형자동차 모델의 소리 경감 장치는 자동차 소리가 아주 비싼 자동차의 소리처럼 설계되었다. 1950년대의 향수를 느끼도록 몸체 설계를 한 현대의 어떤 자동차는 1950년대의 부품처럼 소리(예를 들면, Hollywood 소음기의 덜커덕거리는 소리)가 나도록 개조한 배기 시스템을 갖추고 있다. 오토바이 열광자들은 어떤 때는 새로운 모델이 오토바이처럼 소리를 내지 않는다고 싫어한다. "당신들은 Harley-Davidson처럼 소리를 내지 않는다면 새로운 Harley-Davidsont 사이클을 팔 수 없을 것이다." 구식 공냉식 Prsche 기관 같은 새로운 수냉식 Porsche 기관을 만드는 데 많은 비용이 들었다.

반면 많은 자동차에서 소음 경감은 성공적이어서 어떤 자동차들은 시동 장치에 안전 스위치가 장착되어 있다. 안전 스위치는 무부하 상태에서 기관은 아주 조용하여 기관이 작동 중인데도 시동을 걸려고 하는 것을 막아 준다.

2.12 42볼트 전기 시스템

21세기 초 자동차의 전기 장치가 12V에서 42V로 전환되는 혁신적인 변화가 있었다. 이런 변화는 현대 자동차들이 점진적으로 늘어나는 전기력의 증가, 조명의 증가, 제어용 컴퓨터 용량의 증가, 더 큰 압축 기관에 필요한 시동력, 그리고 전기 부속품들에 부응하는 것이다. 점점 늘어나는 필요 동력 때문에 자동차와 부품 제조업자들은 1990년대와 2000년대에도 연구와 개발에 수십 억 달러를 소비하였다. 이 결과로 2002년 초에서부터 12V 표준에서 42V로 대체하게 되었다. 첫해는 표준형 자동차와 대중에게 필요한 한정된 대수만이 높은 전압을 가지게 될 것이다. 10년 정도 지나면 더 많은 표준 자동차 모델이 새로운 시스템을 가지고 산업의 표준이 될 것이다.

새로운 표준으로 42V를 사용할 경우, 그 안전성에 대한 국제적인 합의 이전에 검토해야 할 많은 요인들이 있다. 전기 산업에서 문제되는 전선의 절연과 연결부에 대한 요구 사항과 더불어 60V 이상에서의 잠재적인 위험이 고려되었다. 전기 산업의 개발은 해가 갈수록 지식이 늘어가고 42V 생산 라인의 전선, 릴레이, 커넥터 등의 표준화가 이루어졌다. 그전의 낮은 전압 시스템에서 배터리는 12V가 표준이었으나 교류 전원 발전기는 14V에서 작동되었다. 새로운 시스템에서는 36V와 42V 발전기를 부착하게 될 것이다. 전선 크기도 감소되어 모든 기계적인 릴레이는 반도체를 이용한 접속 방식으로 대체되며 많은 부품들이 소형화될 것이다. 표준 자동차에서 전기 시스템의 총 질량은 약 25% 정도 줄어들 것으로 예상된다.

처음 높은 전압을 가진 자동차는 42V와 12V의 두 가지 전기 시스템을 가지게 될 것이다. 주로 조명과 같은 어떤 부품들은 저전 위에서 더 잘 작동되기 때문이다. 주 전기 방식은 12V로 내리는 변압기가 달린 42V일 것이다. 대부분의 자동차는 12V와 36V의 두 개의 배터리를 가지게 될 것이다. 장래에 12V와 14V를 사용하는 시스템이 없어질지는 불확실하다.

기관과 자동차의 전기적인 구성 요소에 고전압을 가진 더 많은 동력이 사용될 수 있는 가능성이 많다. 기관 작동에서 발생할 수 있는 두 가지 주된 변화는 캠축이 없어지고 플라이휠을 가진 발전기와 시동 장치가 조합되는 것이다. 또 다른 가능성은 벨트가 없는 기관, 더 좋은 연료 분사 장치, 전기적인 워터 펌프, 전기 연료 펌프, 전기 오일 펌프, 급속제상 유리, 창유리 히터, 더 큰 위락 시설, 네비게이션 시스템, 통화 설비, 첨단 안전 장치, 전기 브레이크, 실내 온도의 제어, 전기적으로 여는 문 등을 포함한다.

고전압과 동력의 더 큰 장점은 캠축 대신에 전기와 기계적인 액츄에이터를 사용하는 기관의 밸브 제어 장치일 것이다. 이것은 기관의 기계효율을 증진시킬 뿐만 아니라 밸브를 여는 시간과 양정을 제어할 수 있는 여러 가지 밸브 제어 장치를 제공하여 줄 것이다. 기관 관리 시스템(EMS)의 좀더 좋은 컴퓨터로 밸브 타이밍과 양정은 모든 속도와 부하조건에서 기관이 더 효율적으로 작동되도록 한다. 밸브의 여닫음은 더 빠르고 부드럽게 닫힐 수 있도록 하며 세라믹 밸브를 사용하게 될 것이다.

고전압을 사용하는 대부분의 자동차들에게 시동 모터와 발전기는 기관 플라이휠을 가진 간단한 유니트로 만들어 질 것이다. 이러한 다목적 플라이휠은 기관과 변속기 사이에 장착되며 표준 플라이휠이 될 것이다. 이러면 시동 모터와 벨트로 구동되는 발전기가 필요없을 것이다. 플라이휠이 장착된 시동 장치는 따뜻해진 기관을 출발하는 데 03초 정도 걸릴 정도로 빠르며, 연료와 배출가스를 줄이기 위하여 정지하면 바로 자동차 기관이 꺼지게 될 것이다. 가속 페달을 풀면 초소형 하이브리드로 작동되는 전기 시동 모터의 도움으로 빠르게 다시 시동이 걸리게 될 것이다.

이러한 형태의 유니트는 자동차가 정지하거나 느릴 때 제동 장치에서 열로 손실되는 에너지인 자동차의 운동에너지를 약간 회복시켜 에너지를 절약할 수 있도록 할 것이다. 플라이휠 달린 발전기는 전기적으로 이 에너지의 일부가 회복되어 자동차 배터리로 되돌린다. 일반적으로 저속에서 작동되는 시동장치와 단지 고속에서 효과가 있는 발전기를 포함시킨 유니트의 제작은 기술적인 발전의 주된 부분이었다.

　　기관 냉각 시스템에서 전기적인 펌프와 제어 장치들은 유동률을 필요한 만큼 조정하여 에너지를 절약하고 자동 온도 조절기가 필요하지 않도록 하였다. 기관은 더 빨리 가열되어 객실의 히팅은 기관이 정지된 후에도 작동될 수 있다. 전기적인 연료 펌프와 오일 펌프는 센서와 제어 장치가 달려 있는데 이러한 유니트들이 좀더 효과적으로 사용되게 할 것이다. 윤활 제어 장치 (예를 들면 냉간 시동)를 개선하면 기관의 마모를 줄일 수 있다.

　　전기적인 제동과 조정은 현재 사용되고 있는 방법을 대신할 것이다. 전기적인 제동은 유압 시스템을 없애 더 안전할 수 있다. 전기적으로 하는 조정은 조정 장치가 없어도 되고 기관 부품 의 설계에 다양성과 더 큰 공간을 마련하여 줄 것이다. 조정휠은 언젠가는 조이스틱으로 바뀌지게 될 것이다. 모든 기관 벨트를 없애고 필요하면 주행할 때 전기를 사용하면 소음과 기계적인 효율을 증진시킬 수 있을 것이다. 혼합 자동차(hybrid vehicles)와 모든 연료 전기 자동차는 42V를 사용하면 더 좋은 효율로 작동될 수 있을 것이다. 고전압에 따른 잠재적인 문제들은 전기화학적인 부식과 자동차를 밀어 시동을 거는 문제들을 포함한다.

2.13 가변 배기량과 실린더 차단 장치

큰 배기량을 가진 전기점화 기관은 저출력이 요구된다면 대단히 비효율적이다. 교축밸브는 부분적으로 닫혀지고 압력이 낮아져 펌프 손실이 크게 될 것이다. 저압으로 들어오면 다음 사이 클에서 압력이 낮아져 연소가 불량하고 지시 평균 유효 압력(imep)이 낮아진다. 기관 속도가 낮아지면 비효율적인 사이클이 된다. 이러한 것들을 보상하기 위하여 몇 개의 자동차 제조회사들이 저부하에서 실린더의 절반을 차단하고 단지 나머지 실린더로 점화하게 하는 기관을 개발하였다. 이러한 것들은 대개 V8 이상의 배기량이 큰 기관에 대하여 행해졌으며 같은 제동력을 내는 저부하에서 4기통 기관으로서 작동하게 된다. 저속에서 큰 기관이 저속에서 비효율적으로 주행하는 대신 이 유니트는 고속에서 더 작은 기관으로 충분히 주행한다.

　　실린더 차단 장치가 사용될 때 밸브는 차단되고 연료 흡입과 점화가 정지된다. 전형적으로 V8의 기관에서 1열에서 두 개의 바깥쪽 실린더와 다른 열에 있는 안쪽의 실린더는 차단된다. 기관 관리 시스템(EMS)은 차단이 행하여지면 새로운 운전 조건에 맞춰 교축과 점화와 타이밍 등을 조정한다. 1980년대와 1990년대에 실린더 차단 장치를 사용하려고 하였던 시도들은 시스템 제어가 불충분하여 다소 불만족스러운 결과를 초래하였다. 현대의 기관 제어 시스템은 정교하며 출력이 세고, 최고급 자동차(Mercedes)는 실린더 차단 장치를 사용한다.

　　큰 기관이 조그만 4기통 기관으로 운전될 때 교축 밸브가 열리어서 펌프 손실은 더 줄어들고 기관속도는 더 빨라진다. 조그만 기관에서 속도가 빨라지면 정상 상태에 가까워지고, 사이클 압력이 더 커지면, 공연비는 더 희박해지며 재순환하는 배기가스량이 더 많아진다. 이러한 모

든 것들은 효율을 더욱 향상시키며 5~15%의 연료 절감 효과를 가져 왔다.°

Mitsubishi사는 4기통 기관을 개발하였는데 1번 실린더와 4번 실린더를 차단하여 완전한 출력이 필요하지 않을 때 2기통으로 주행하게 되도록 개발되었다.

기관 배기량을 바꾸는 다른 유일한 방법은 그림 7-19에서 보여 주는 것과 같은 Alvar 사이클 기관을 가진 것이다. 이 실험적인 기관은 제2연소실에서 왕복하는 작은 피스톤이 있는 연소실로 나누어진다. 기관 배기량과 압축비는 기본적으로 실린더를 가진 면이나 그 위에 어찌하든 그 사이에 두 번째 실린더를 작동하여 변화시킬 수 있다.

그렇지만 적은 출력이 필요할 때 큰 기관을 구동하는 것은 4행정 사이클로부터 6행정 사이클로 전환하는 것이다. 현재는 어떠한 기관도 이러한 방식으로는 작동되지 않는다. 그러나 장래 개발이 가능한 방법으로 제시되고 있다. 42V 전기 시스템과 완전히 변환되는 밸브 제어 장치를 가진 기관은 고려해 볼 가치가 있다. 4행정 사이클 가운데 배기 행정을 마치고 다른 연료의 공급이 없이 다른 두 개의 행정이 가능하다. 이 기관은 고속에서 좀더 좋은 효율로 작동될 수 있으나 각 실린더에서 매 3번째 회전할 때마다 동력 행정에서 제동 출력이 떨어진다.

예제 2-6

3,300lbm의 질량을 가진 하이브리드 자동차가 60mph로 주행하다 천천히 정지한다. 이 자동차는 시동장치와 발전기와 플라이휘일이 조합되어 있는데, 자동차의 운동에너지를 58% 감소시켰을 때 배터리의 전기에너지로 회복하였다. 배터리가 자동차의 내연기관에 다시 충전되었을 때 연료의 화학에너지를 배터리에 저장된 전기에너지로 변환하는 효율은 28%이다. 이 기관은 화학적으로 알맞은 가솔린을 태운다.
다음을 계산하라

1. 자동차의 속도를 낮추어서 배터리에 충전된 전기에너지
2. 속도를 낮추어 운동 에너지가 회복되어 절약된 가솔린의 질량

풀이

(1) 60mph에서 자동차의 운동에너지는,

$$\text{KE} = mV^2/2g_c$$
$$= \frac{(3200\ \text{lbm})[(60\ \text{miles/hr})(5280\ \text{ft/mile})/(3600\ \text{sec/hr})]^2}{[(2)(32.2\ \text{lbm-ft/lbf-sec}^2)]}$$
$$= 384{,}800\ \text{ft-lbf} = 495\ \text{BTU}$$

58%의 양 가운데 저장된 전기에너지로서 회복된 양은,

$$E = (0.58)(495 \text{ BTU}) = 287 \text{ BTU} = 303 \text{ kJ}$$

(2) 전기에너지를 배터리에 공급하는 데 필요한 가솔린의 양은,

$$E = m_{\text{gasoline}}Q_{\text{LHV}}\eta_{\text{conversion}} = 287 \text{ BTU}$$
$$= m_{\text{gasoline}}(43{,}000 \text{ kJ/kg})[0.4299 \text{ (BTU/lbm)/(kJ/kg)}]$$
$$\times (0.28 \text{ conversion efficiency})$$
$$m_{\text{gasoline}} = 0.0554 \text{ lbm} = 0.025 \text{ kg}$$

2.14   결론 – 작용 방정식

이 장에서는 기관 운전에 작용하는 변수와 관련된 방정식을 유도하여 이와 같은 변수가 기관 설계와 특성 규명에 사용될 수 있는 수단으로 제공되었다. 이 장에서 소개된 방정식을 조합하여 다음의 작용 방정식을 추가로 얻을 수 있다. 이 방정식들은 SI 단위 또는 영국 단위 모두를 사용하기 위하여 일반 방정식과 각 단위로 환산된 방정식으로 주어진다. 환산된 방정식에서, 사용되는 단위는 괄호 안에 표시하였다.

토크
$$\tau = \eta_f \eta_v V_d Q_{\text{HV}\rho_a}(\text{FA})/2\pi n \qquad (2\text{-}75)$$

SI 단위
$$\tau[\text{N-m}] = 159.2\,\dot{W}[\text{kW}]/N[\text{rev/sec}] \qquad (2\text{-}76)$$

영국 단위
$$\tau[\text{lbf-ft}] = 5252\,\dot{W}[\text{hp}]/N[\text{RPM}] \qquad (2\text{-}77)$$

동력
$$\dot{W}_b = \dot{m}_f/(\text{bsfc}) = (\text{FA})\dot{m}_a/(\text{bsfc}) \qquad (2\text{-}78)$$
$$\dot{W}_b = \eta_f \eta_v N V_d Q_{\text{HV}\rho_a}(\text{FA})/n \qquad (2\text{-}79)$$

SI 단위
$$\dot{W}_b[\text{kW}] = N[\text{rev/sec}]\tau[\text{N-m}]/159.2 \qquad (2\text{-}80)$$
$$\dot{W}_b[\text{kW}] = \text{bmep}[\text{kPa}]V_d[\text{L}]N[\text{rev/sec}]/1000\,n[\text{rev/cycle}] \qquad (2\text{-}81)$$

영국 단위　　　$\dot{W}_b[\text{hp}] = N[\text{RPM}]\tau[\text{lbf-ft}]/5252$ 　　　　　　　　　　(2-82)

$\dot{W}_b[\text{hp}] = \text{bmep}[\text{psia}]V_d[\text{in.}^3]N[\text{RPM}]/396{,}000\,n[\text{rev/cycle}]$ 　(2-83)

기계 효율　　　$\eta_m = \dot{W}_b/\dot{W}_i = \text{bmep}/\text{imep} = 1 - \dot{W}_f/\dot{W}_i$ 　　　　(2-84)

평균 유효 압력　　　　$\text{bmep} = 2\pi n\tau/V_d$ 　　　　　　　　(2-85)

$\text{mep} = n\dot{W}/V_d N$ 　　　　　　　　(2-86)

SI 단위　　　$\text{bmep}[\text{kPa}] = 6.28\,n[\text{rev/cycle}]\tau[\text{N-m}]/V_d[\text{L}]$ 　　　　(2-87)

$\text{mep}[\text{kPa}] = 1000\,\dot{W}[\text{kW}]n[\text{rev/cycle}]/V_d[\text{L}]N[\text{rev/sec}]$ 　(2-88)

영국 단위　　　$\text{bmep}[\text{psia}] = 75.4\,n[\text{rev/cycle}]\tau[\text{lb}_\text{f}\text{-ft}]/V_d[\text{in.}^3]$ 　　　(2-89)

$\text{mep}[\text{psia}] = 396{,}000\,\dot{W}[\text{hp}]n[\text{rev/cycle}]/V_d[\text{in.}^3]N[\text{RPM}]$ 　(2-90)

비출력　　　　　　$\dot{W}/A_p = \eta_f\eta_v NSQ_{\text{HV}\rho_a}(\text{FA})/n$ 　　　　　(2-91)

$\dot{W}/A_p = \eta_f\eta_v \overline{U}_p Q_{\text{HV}\rho_a}(\text{FA})/2n$ 　　　　　(2-92)

연습 문제

2.1 영희가 운전하는 패밀리 왜건형의 'old Betsy'가 171,000마일을 달린 후에 마침내 수명이 다 되었다. 수명이 다할 때까지 기관 속도는 1,700RPM, 평균 주행 속도는 40mph라고 가정해 볼 수 있다. 기관은 배기량 5리터의 4행정 V8기관이다.
다음을 계산하라.

  (a) 지금까지의 기관 회전 수는 얼마인가?
  (b) 전 기관에서 점화 플러그의 점화 횟수는 얼마인가?
  (c) 하나의 실린더 안에서 일어난 흡입 행정의 횟수는 얼마인가?

2.2 보어 10.9cm, 행정 12.6cm인 4기통 2행정 사이클의 디젤 기관이 2,000RPM에서 88kW의 제동 동력을 발생한다. 압축비 r_c = 18:1이다.
다음을 계산하라.

  (a) 기관 배기량 [cm^3, L]
  (b) 제동 평균 유효 압력 [kpa]
  (c) 토크. [N-m]
  (d) 한 실린더의 간극 체적 [cm]

2.3 배기량 2.4리터의 4기통 기관이 3,200RPM에서 4행정 사이클로 운전된다. 압축비가 9.4:1이고, 커넥팅로드 길이 r = 18cm이며, 보어와 행정은 $S = 1.06B$의 관계가 있다. 다음을 계산하라.

  (a) 한 실린더의 간극 체적 [cm^3, L, in.^{3}]
  (b) 보어와 행정 [cm, in.]
  (c) 평균 피스톤 속도 [m/sec, ft/sec]

2.4 오버스퀘어 기관과 언더스퀘어 기관의 장 · 단점은 각각 무엇인가?

2.5 문제 2-3에서 평균 피스톤 속도는 얼마이며, 크랭크각 θ = 90°aTDC일 때 피스톤 속도는 얼마인가? [m/sec]

2.6 배기량 3.5리터, 5기통 SI 기관이 2,500RPM에서 4행정 사이클로 운전된다. 이러한 조건에서 기관의 기계 효율이 62%이고, 각 실린더에서 각 사이클 동안 1,000J의 도시일이 발생한다.
다음을 계산하라.

(a) 도시 평균 유효 압력 [kPa]

(b) 제동 평균 유효 압력 [kPa]

(c) 마찰 평균 유효 압력 [kPa]

(d) 제동 동력 [kW, hp]

(e) 토크 [N-m]

2.7   예제 2.-6의 조건에서 운전하는 기관은 $S = B$인 스퀘어 기관이다.
다음을 계산하라.

(a) 비출력 [kW/cm^2]

(b) 단위 배기량당 출력 [kW/cm^3]

(c) 비체적 [cm^3/kW]

(d) 마찰에 의한 동력 손실 kW, hp]

2.8   예제 2.3의 조건에서 운전하는 기관이 연소 효율 97%로 운전되고 있다.
다음을 계산하라.

(a) 배기계를 통해 배출되는 미연 HC연료의 비율 [kg/hr]

(b) HC의 배출률 [gm/kW-hr]

(c) HC의 배출 지수

2.9   보어 5.375in, 행정 8.0in인 8기통 건설 차량용 디젤 기관이 4행정 사이클로 운전되고 있다. 기계 효율 0.60으로서 1,000RPM에서 152hp의 축마력을 발생한다.
다음을 계산하라.

(a) 총 기관 배기량 [in^3.]

(b) 제동 평균 유효 압력 [psia]

(c) 1,000RPM에서 토크 [lbf-ft]

(d) 도시 마력

(e) 마찰 마력

2.10   배기량 1500-cm^3, 4기통, 4행정 사이클의 CI 기관이 3,000RPM에서 운전되면서 48kW의 제동 동력을 생산한다. 체적 효율이 0.92이고 공연비 AF = 21:1이다.
다음을 계산하라.

(a) 기관으로 유입되는 공기 유동률 [kg/sec]

(b) 제동 연료 소비율 [gm/kW-hr]

(c) 배기 가스의 질량 유동률 [kg/hr]

(d) 배기량당 제동 출력 [kW/L]

2.11 배기량 5리터, V6 SI 기관을 가진 픽업트럭이 2,400RPM에서 운전된다. 압축비 r_c = 10.2:1이고, 체적 효율 η_v = 0.91이며, 보어와 행정은 $S = 0.92B$ 의 관계가 있다.
다음을 계산하라.

(a) 행정거리 [cm]

(b) 평균 피스톤 속도 [m/sec]

(c) 한 실린더의 간극 체적 [cm³]

(d) 기관에 유입되는 공기 유동률 [kg/sec]

2.12 한 사람이 자동차로 500마일을 완주하려면 12.5시간이 걸리는데, 이 동안 18갤론의 가솔린이 소비된다. 그 동안 탄산가스의 평균배출지수는 28(gm/sec)/(kg/sec)이다. 액체 가솔린의 비중은 0.692kg/L이다.
다음을 계산하라

(a) 영국단위로 (mpg)연료 경제성

(b) L/100km의 표준 SI 단위를 사용한 연료 소비율

(c) 여행하는 동안 주위로 방출된 CO 양 [kg]

2.13 5.6리터 V10인 압축 점화 기관을 가진 트럭이 제동 마력 162kW, 3,600RPM, 4행정 사이클로 작동된다. 기관의 직경과 행정은 $S = 1.12B$의 관계를 가진다.
다음을 계산하라

(a) 평균 피스톤 속도 [m/sec]

(b) 토르크 [N-m]

(c) 제동평균유효압력 [kPa]

2.14 4.8리 전기 점화 4행정 사이클 8V 산업용 기관이 2,000RPM AF = 14.6으로 가솔린을 사용하며, 5일 동안 매일 24시간씩 작동된다. 이 기관은 92%의 체적 효율을 가지며 직경과 행정의 관계는 B = 1.06S이다
다음을 계산하라.

(a) 행정 길이 [cm]

(b) 평균 피스톤 속도 [m/sec]

(c) 각 스파크 플러그의 점화 시간

(d) 기관 안으로 들어오는 공기 질량 유동률 [kg/sec]

(d) 기관으로 들어오는 연료질량 유동률 [kg/sec]

2.15 소형 단기통, 2행정 사이클의 SI 기관이 체적 효율 $\eta_v = 0.85$로 8,000RPM에서 운전된다. 기관은 스퀘어(보어 = 행정)이고, 배기량이 6.28cm이다. 연공비 FA = 0.067이다.
다음을 계산하라.

(a) 평균 피스톤 속도 [m/sec]

(b) 기관에 유입되는 공기의 유동률 [kg/sec]

(c) 기관에 유입되는 연료의 유동률 [kg/sec]

(d) 한 사이클당 공급되는 연료량 [kg/sec]

2.16 단기통, 4행정 사이클의 CI 기관이 보어 12.9cm, 행정 18.0cm를 가지고 800RPM에서 운전될 때, 76N-m의 토크를 생성하기 위해 4분 동안 연료 0.113kg을 사용한다.
다음을 계산하라.

(a) 제동 연료 소비율 [gm/kW-hr]

(b) 제동 평균 유효 압력 [kpa]

(c) 제동 동력 [kW]

(d) 비출력 [kW/cm²]

(e) 배기량당 출력 [kW/L]

(f) 비체적 [L/kW]

2.17 배기량 320in.³, V8, 4행정 사이클의 SI기관이 수동력계 위에 설치되어 4,050RPM에서 72hp의 출력을 내고 있다. 물은 분당 30갤런으로 동력계를 통과하면서 기관으로부터 출력되는 에너지를 흡수한다. 동력계 효율은 93%이며, 물은 46°F의 온도로 유입된다.
다음을 계산하라.

(a) 물의 출구 온도 [°F]

(b) 이 조건에서의 기관의 토크 출력 [lbf-ft]

(c) 이 조건에서의 bmep(제동 평균 유효 압력)은 얼마인가? [psia]

2.18 배기량 3.1리터, 4기통, 2행정 사이클의 SI 기관이 전기 동력계에 장착되어 있다. 기관이 1,200RPM으로 운행될 때, 220볼트 DC 발전기로부터의 출력은 54.2A이다. 발전기 효율은 87%이다.
다음을 계산하라.

(a) 기관의 출력 동력 [kW, hp]

(b) 기관 토크 [N-m]

(c) 기관의 bmep는 얼마인가? [kpa]

2.19 배기량 6리터, SI, V8 경주용 기관이 이론 양혼비의 질화메탄을 사용하여 6,000RPM에서 4행정 사이클로 WOT에서 운전된다. 연료가 0.198kg/sec의 비율로 기관으로 들어가고, 연소 효율은 99%이다. 다음을 계산하라.

(a) 기관의 체적 효율 [%]

(b) 기관에 들어가는 공기의 유동률 [kg/sec]

(c) 실린더당 사이클당 공급되는 열 [kJ]

(d) 배기 가스 중 미연 연료에 포함된 화학적 에너지 [kw]

2.20 4.6리터의 배기량을 가진 V8 4행정 사이클 기관이 동력이 덜 필요할 때 V4 2.4리터의 기관으로 전환하려고 실린더를 차단하는 장치를 가지고 있다. 1,750RPM의 속도에서 V8로서 체적 효율 51%, 기계 효율 75% 공연비가 14.5이며, 가솔린을 사용하여 32.4kW의 제동 마력을 낸다. 실린더를 차단하고 고속에서 V4로 작동할 때 그 기관의 체적 효율은 86%이고, 기계 효율은 87%, 공연비는 18이다. 지시열 효율은 모든 속도에서 같다고 하면 연소 효율은 100이다.
다음을 계산하라

(a) 1,750RPM에서 V8로 작동될 때 질량 유동률 [kg/sec]

(b) 1,750RPM에서 V8로 작동될 때 연료 유동률 [kg/sec]

(c) 1,750RPM에서 V8로서 bsfc [gm. kW-hr]

(d) 제동 출력을 생산하는 데 V4로서 필요한 기관속도 [RPM]

(e) 고속에서 V4로서 bsfc [gm/kW-hr]

2.21 1,900kg 하이브리드 자동차가 에탄올 연료를 사용하여 작동하는데 다목적 전동기와 발전기와 플라이휠을 장착하고 있다. 자동차가 속도를 낮추거나 정지할 때 운동에너지의 51%가 배터리에 전기에너지로서 회복된다. 내연 기관이 배터리에 충전될 때 연료에서 화학에너지를 배터리에서 저장된 전기에너지로 변환하는 효율이 24%이다. 자동차를 70MPH에서 20MPH로 속도를 낮추었다.
다음을 계산하라

(a) 배터리에 회복된 전기에너지 [kJ]

(b) 배터리의 같은 량을 저장하기 위하여 필요한 연료 질량 [kg]

설계 문제

2.1D 4행정 사이클로 작동하는 배기량 6리터의 경주용 기관을 설계하라. 설계 속도가 어떻게 될 것인가를 결정한 후, 실린더 수, 보어, 행정, 피 스톤 로드 길이, 평균 피스톤 속도, imep, 제동 토크, 사용 연료, AF, 제동 동력을 선정하라. 모든 변수값은 전형적이고 합리적인 값이어야 하며, 다른 값들과 모순없이 일관성이 있어야 한다. 사용한 가정들을 서술하라(예를 들어 기계 효율, 체적 효율 등)

2.2D 제설기용 6마력 기관을 설계하라. 운전 속도, 사이클당 행정의 수, 기화기 혹은 연료 인젝터 그리고 총 배기량을 결정하라. 실린더 수, 보어, 행정, 커넥팅로드의 길이, 평균 피스톤 속도, 제동 토크, 그리고 제동 동력을 선정하라. 이 기관이 매우 추운 날씨에도 시동되기 위해 고려해야 하는 특별한 조건은 무엇인가? 모든 변수값은 전형적이고 합리적인 값이어야 하며, 다른 값들과 모순 없이 일관성이 있어야 한다. 사용한 모든 가정들을 서술하라.

2.3D 작은 픽업트럭에 장착할 설계 목적에서 50kW의 제동 동력을 발생하는 소형 4행정 사이클 디젤 기관을 설계하라. 평균 피스톤 속도는 설계 조건에서 8m/sec를 초과해서는 안 된다. 설계 속도, 배기량, 실린더 수, 보어, 행정, bmep, 그리고 토크를 제시하라. 모든 변수값은 전형적이고, 합리적인 값이어야 하며, 다른 값들과 모순 없이 일관성이 있 어야 한다. 사용한 모든 가정들을 서술하라.

CHAPTER **3**

기관 사이클

모든 면에서 우리에게 연소물을 제공하여 주는 자연은 항상 어느 곳에서나 그것의 결과로 생산할 힘과 열과 추진력을 준다. 이 힘을 개발하고 그것을 우리의 용도에 적절하게 하기 위한 것이 열기관의 목적이다. 이런 기관에 대한 연구는 아주 흥미롭고 중요하며, 이들의 용도는 지속적으로 증가하고 있고, 문명사회에 있어서 커다란 혁명이 될 것이다.

Sadi Carnot 의 <Heat Engine> 중에서

이 장에서는 2행정 및 4행정 왕복 내연 기관의 기본적인 사이클에 대해서 공부한다. 대부분의 4행정 SI와 CI 기관은 공기-표준 해석을 이용하여 상세히 분석된다. 몇몇 고전적인 것을 포함해 잘 사용되지 않는 사이클들은 상세하게 다루어지지 않는다.

3.1   공기-표준 사이클

내연 기관의 실린더에서 경험하는 사이클은 매우 복잡하다. 첫째로, CI 기관에서의 공기 또는 SI 기관에서의 연료와 혼합된 공기는 직전의 사이클로부터 남아 있는 배기물의 소량과 혼합된다. 이 혼합물은 바로 압축되고 연소되어 대부분의 CO_2, N_2, H_2O와 여러 종류의 소량의 성분들을 구성하는 배기 생성물로 바뀐다. 그리고 팽창 과정 후에 배기 밸스가 열리고, 이 가스 혼합물은 배기 밸브 주위로 빠져나간다. 따라서 이것은 성분이 변화하는 개방 사이클로, 분석하기 어려운 시스템이다. 기관 사이클 분석을 좀더 쉽게 이해할 수 있도록, 실제 사이클은 다음과 같은 조건에서 실제와는 다른 **이상 공기-표준사이클**(air-standard cycle)로 생각한다.

1. 실린더 내의 가스 혼합기는 전체 사이클에 대해 공기로 간주되고, 공기의 상태량이 해석에 사용된다. 이것은 대부분의 가스가 약 7%까지의 증기 연료만을 포함한 공기일 때, 처음 1/2 사이클 동안 아주 훌륭한 근사값이다. 후반 1/2 사이클일 때조차도 가스 성분이 주로 CO_2, H_2O와 N일 때, 공기 상태량을 사용하는 것은 해석상 큰 오차를 발생시키지 않는다. 공기는 일정한 비열을 가진 이상 기체로 취급될 것이다.

2. 실제 개방 사이클은 배출되는 가스들이 흡기 시스템으로 다시 되돌아갈 때를 가정하여 밀폐된 사이클로 바뀐다. 이것은 흡기 가스와 배기 가스가 모두 공기일 때, 이상 공기-표준 사이클로 작동한다. 밀폐 사이클은 해석을 단순화시킨다.

3. 연소 과정은 동일한 에너지값의 열 추가항인 Q_{in}으로 대체된다. 공기 자체는 연소될 수 없다.

4. 시스템 외부에서 많은 엔탈피를 수반하는 개방형 배기 과정은 동일한 에너지값의 열 방출 과정 Q_{out}에서의 밀폐계로 대체된다.

5. 실제 기관 과정은 이상적인 과정들과 거의 흡사하다.

   (a) 거의 일정 상태 압력의 흡기 및 배기 행정은 일정 압력으로 가정된다. WOT에서 흡기 행정의 압력은 대기압인 P_o로 간주된다. 부분적으로 밀폐된 스로틀 또는 과급될 때, 흡입 압력은 대기압이 아닌 어떤 일정한 값이 될 것이다. 배기 행정에서의 압력은 대기압으로 일정하다고 가정한다.

   (b) 압축 행정과 팽창 행정은 등엔트로피 과정에 거의 가까워진다. 실제로 등엔트로피가 되기 위해서는 이러한 행정들이 가역적이고 단열이어야만 한다. 피스톤과 실린더 벽 사이에서 약간의 마찰이 있다 할지라도, 표면이 매끄럽기 때문에 이러한 마찰은 최소로 유지되고, 이 과정들은 거의 가역적이고 마찰이 없게 된다. 자동차 기관은 150,000∼200,000 마일이 되기 훨씬 전에 닳게 된다. 이러한 행정이 진행되는 동안 실리더 내 가스 유동 때문에 유체의 마찰이 발생하게 된다. 이것 역시 최소이다. 어떤 행정에 대한 열전달은 그 하나의 과정 동안 매우 짧은 시간에 발생되므로 무시될 정도로 적다. 그래서 거의 가역적이고 단열 과정은 상당히 정확하게 등엔트로피 과정과 아주 유사해질 수 있다.

   (c) 연소 과정은 일정 체적 과정(SI 사이클), 일정 압력 과정(CI 사이클), 또는 두 과정의 복합(CI 이중 사이클)에 의해 이상화된다.

$$Pv = RT \tag{a}$$
$$PV = mRT \tag{b}$$
$$P = \rho RT \tag{c}$$
$$dh = c_p \, dT \tag{d}$$
$$du = c_v \, dT \tag{e}$$
$$Pv^k = \text{(등엔트로피 과정)} \tag{f}$$
$$Tv^{k-1} = \text{(등엔트로피 과정)} \tag{g}$$
$$TP^{(1-k)/k} = \text{(등엔트로피 과정)} \tag{h}$$
$$w_{1-2} = (P_2v_2 - P_1v_1)/(1 - k) \quad \text{(밀폐계에서 등엔트로피 일)}$$
$$= R(T_2 - T_1)/(1 - k) \tag{i}$$
$$c = \sqrt{kRT} \quad \text{음속} \tag{j}$$

(d) 블로다운 배출은 일정 체적 과정과 유사해진다.

(e) 모든 과정들은 가역적이라고 간주된다.

공기-표준 사이클에서 공기는 다음 이상 기체 관계식에서 사용될 수 있는 그러한 이상 기체로 간주된다.

여기서,

P = 실린더 내 가스 압력

V = 실린더 내 체적

v = 가스의 비체적

R = 공기의 기체 상수

T = 온도

m = 실린더 내 가스량

ρ = 밀도

h = 비엔탈피

u = 비내부 에너지

c_p, c_v = 비열

k = 정압 비열/정적 비열

w = 단위 질량당 일

c = 음속

이 밖에, 이 장에서 사이클의 해석을 위해 다음 변수들이 사용된다.

AF = 공연비

$\dot{m}$ = 질량 유량

q = 한 사이클 동안 단위 질량당 열전달

$$\dot{q} = \text{단위 질량당 열전달률}$$
$$Q = \text{한 사이클당 열전달}$$
$$\dot{Q} = \text{열전달률}$$
$$Q_{HV} = \text{연료의 발열량}$$
$$r_c = \text{압축비}$$
$$W = \text{한 사이클 동안의 일}$$
$$\dot{W} = \text{동력}$$
$$\eta_c = \text{연소 효율}$$

사용된 하첨자는 다음과 같다.

$$a = \text{공기}$$
$$f = \text{연료}$$
$$ex = \text{배기}$$
$$m = \text{모든 가스들의 혼합물}$$

열역학 해석에서 공기의 비열은 온도의 함수로 표현될 수 있고, 또는 상수로도 취급될 수 있다. 이렇게 함으로써 정확도는 약간 떨어지나 계산이 간단해진다. 이 책에서는 일정한 비열 해석이 사용될 것이다. 기관 사이클 동안 얻어진 고온과 큰 온도 범위 때문에 비열과 비열비 k는 부록의 표A-1에 평균값이 다양하게 나타나 있다. 압축 개시와 흡입 동안 사이클 말기부의 저온도에서, k의 값은 1.4이다. 그러나 연소의 말기 부분에서 온도가 상승하므로 $k = 1.3$이 훨씬 정확하다. 이러한 극단 사이에서 일정한 평균값은 기본적인 열역한 책에 주로 사용되는 표준 조건($25°C$)보다 더욱 좋은 결과를 나타낸다. 대수학 평균은 $k = (k_1 + k_2)/2 = (1.40 + 1.30)/2 = 1.35$, 기하학적 평균은 $k = \sqrt{k_1 k_2} = \sqrt{(1.40)(1.30)} = 1.35$ 으로 배기 유동과 작동 사이클 동안 기관 내에서 발생하는 것을 분석할 때, 이 책에서는 다음과 같이 공기의 상태량을 이용한다.

$$c_p = 1.108 \text{ kJ/kg-K} = 0.265 \text{ BTU/lbm-°R}$$
$$c_v = 0.821 \text{ kJ/kg-K} = 0.196 \text{ BTU/lbm-°R}$$
$$k = c_p/c_v = 1.108/0.821 = 1.35$$
$$R = c_p - c_v = 0.287 \text{ kJ/kg-K}$$
$$= 0.069 \text{ BTU/lbm-°R} = 53.33 \text{ ft-lbf/lbm-°R}$$

기관에 공기가 들어가기 전에 공기 유동은 대개 표준 온도에 훨씬 가깝고, 이러한 조건에서 $k = 1.4$이다. 이것은 엔진 라디에이터를 통한 공기 유동과 기화기, 과급기, 터보 과급기에서의 입구 흐름과 같은 과정을 포함한다. 이 조건에 대해서 다음의 상태량이 사용된다.

$$c_p = 1.005 \text{ kJ/kg-K} = 0.240 \text{ BTU/lbm-}°\text{R}$$
$$c_v = 0.718 \text{ kJ/kg-K} = 0.172 \text{ BTU/lbm-}°\text{R}$$
$$k = c_p/c_v = 1.005/0.718 = 1.40$$
$$R = c_p - c_v = 0.287 \text{ kJ/kg-K}$$

역사적 이야기 – 6행정 사이클

　19세기 후반, 현대의 왕복식 내연 기관의 발전이 초기 단계일 때, 여러 종류의 사이클에서 작동되는 기관의 많은 형태가 시도되었다. 2행정, 4행정, 그리고 심지어는 6행정 사이클까지 다양한 형태가 시도되었다. 6행정 사이클은 추가적인 배기 제거를 위해 두 개의 행정을 더한 4행정 사이클과 유사하였다(예를 들면, 두 번의 회전 대신 사이클당 세 번의 회전을 하는 등). 저질의 연료, 낮은 압축비 그리고 큰 간극 체적을 가진 초기의 기관들은 과도한 배기물질을 생성하는 문제를 초래하였다. 배기 행정 후에 공기만을 흡입하는 추가적인 흡입 행정을 더해 주었다. 배기 잔류물과 혼합된 공기는 두 번째 배기 과정에서 방출된다.

　현대의 모든 자동차 기관의 흡입 공기에 배기 가스를 더하는 EGR 개념과 비교해 보라 [29].

3.2 오토사이클

4행정 사이클 SI, WOT에서 자연 흡입식 기관이 그림 2-6에 나타나 있다. 이것은 대부분의 자동차 기관과 그 밖의 4행정 SI 기관 사이클이다. 해석상, 이 사이클은 그림 3-1의 공기-표준 사이클과 거의 가깝다. 이러한 이상적인 공기-표준 사이클은 초기 개발자의 이름을 따서 **오토 사이클**(Otto cycle)이라 한다.

　오토 사이클의 흡입 행정은 상사점에서 피스톤이 시작되고, 대기압인 흡입 압력에서 일정한 압력 과정이다(그림 3-1의 6-1 과정). 이것은 WOT에서 실제 기관의 흡입 과정과 매우 가깝고, 실제로 공기 흐름 입구에서의 압력 손실에 의해 대기압보다 약간 낮은 압력이 된다. 흡입 행정 동안 공기의 온도는 뜨거운 흡기 다기관을 통해 공기가 통과할 때 증가한다. 점 1에서 온도는 일반적으로 주위 공기의 온도보다 25°C~35°C 더 뜨겁다.

　사이클의 두 번째 행정은 압축 행정이고, 오토 사이클에서 하사점에서 상사점까지(과정1-2) 등엔트로피 압축이다. 이것은 행정의 바로 초기와 말기 부분을 제외하고는 실제 기관에서의 압축과 거의 똑같다. 실제 기관에서, 행정의 시작은 하사점을 약간 지난 후까지 완전히 닫히지 않는 흡기 밸브에 의해 영향을 받는다. 압축의 끝 부분은 상사점에 도달하기 전에 점화 플러그의

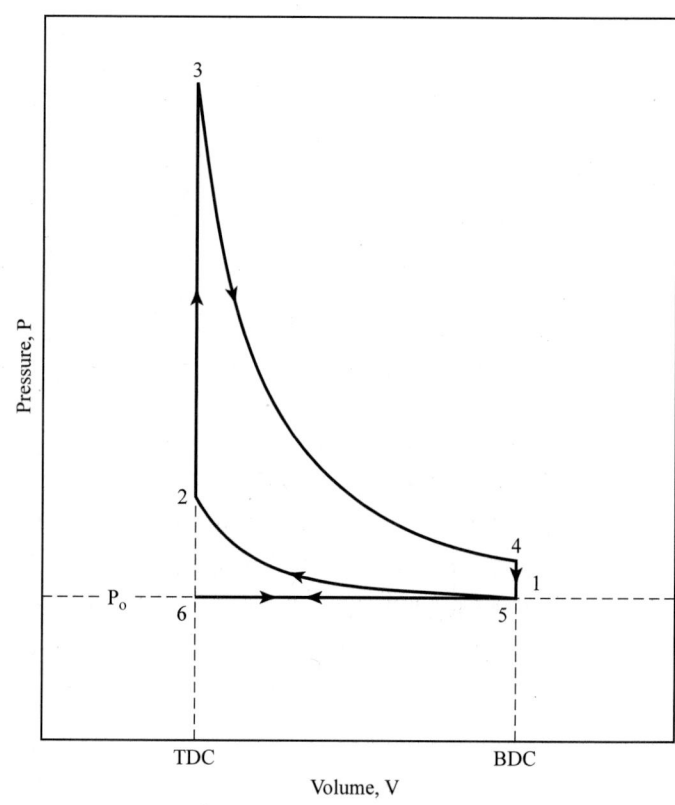

그림 3-1
이상적인 공기-표준 오토 사이클 6-1-2-3-4-5-6은
P-V선도에서 SI 기관의 4행정 사이클과 가깝다.

발화에 영향을 받는다. 압축 행정 동안에 압력의 증가뿐만 아니라, 압축열에 의해 잠재적으로 실린더 내에 있는 온도가 증가한다. 압축 행정은 상사점에서 2-3 과정 동안 일정한 체적하에 열을 흡입한다.

이것은 실제 기관에서의 연소 과정을 나타내며, 일정한 체적 조건에 가깝게 발생한다. 실제 기관에서의 연소는 상사점 약간 전에 시작되고, 상사점 근처에서 최대의 연소 속도에 다다르며, 그래서 상사점이 지난 조금 후에 종료된다. 연소 또는 열을 흡입하는 동안에 다량의 에너지는 실린더 내에 공기를 더해 준다. 이 에너지는 공기의 온도를 아주 높게 하며, 점 3에서 최대 사이클 온도를 나타낸다. 이것은 큰 압력이 발생하는 밀폐된 일정 체적 과정 동안 온도를 증가시킨다. 그래서 최대 사이클 압력은 역시 점 3에서 이르게 된다.

상사점에서 계 내의 매우 높은 압력과 엔탈피 값은 과정 3-4에서의 연소가 따르는 팽창 행정을 발생시킨다. 피스톤 면에서의 높은 압력은 피스톤을 하사점 방향으로 팽창하게 하며, 기관의 출력과 일을 발생시킨다. 실제 기관의 팽창 행정은 오토 사이클에서 등온 과정과 거의 가깝게 된다. 이것은 마찰이 없고, 단열적인 압축 행정과 같은 매개 변수들이 되며, 훌륭한 근사를 제공한다. 실제 기관에서 팽창 행정의 시작은 연소 과정의 말기에 영향을 미친다.

팽창 행정의 끝부분은 하사점 전에 열리는 배기 밸브에 영향을 받는다. 팽창 행정 동안 상사점부터 하사점까지 체적이 증가할 때, 실린더 내의 압력과 온도는 모두 감소한다.

실제 기관에서 팽창 행정의 끝 부분 근방에서 배기 밸브가 열리고, 실린더는 배기 가스를 배출한다. 다량의 배기 가스가 실린더로부터 방출되면서, 배기 다기관 압력까지 압력이 감소한다. 배기 밸브는 블로다운이 유한한 시간 동안 발생하도록 하사점 전에 열리게 된다. 다음의 배기 행정에 피스톤이 견디기 위한 실린더 내 높은 압력이 발생하지 않도록 하사점에서의 블로다운이 완전한 상태가 되는 것이 바람직하다. 따라서, 실제 기관에서의 블로다운은 거의 일정 체적이다. 엔탈피의 많은 양은 배기 가스들과 더불어 방출되어 기관의 열효율을 제한한다. 오토 사이클은 실제 기관의 배기 블로다운-개방계 과정을 일정 체적하에서 압력이 감소되는 밀폐계 과정 4-5로 대체한다. 이 과정 동안 엔탈피 손실은 기관 해석에서 열방출과 대체된다. 배기 블로다운 말기의 압력은 약 1기압으로 감소되고, 온도는 잠재적으로 팽창 냉각에 의해 감소된다.

4사이클의 마지막 행정은 이제 피스톤이 하사점으로부터 상사점까지 이동하면서 발생한다. 과정 5-6은 배기 밸브의 개방에 의해 1기압의 일정한 압력에서 발생하는 배기 행정이다. 이것은 실제 배기 행정에 아주 근사하며, 배기계에서 배기 밸브를 가로질러 작은 압력으로 떨어지

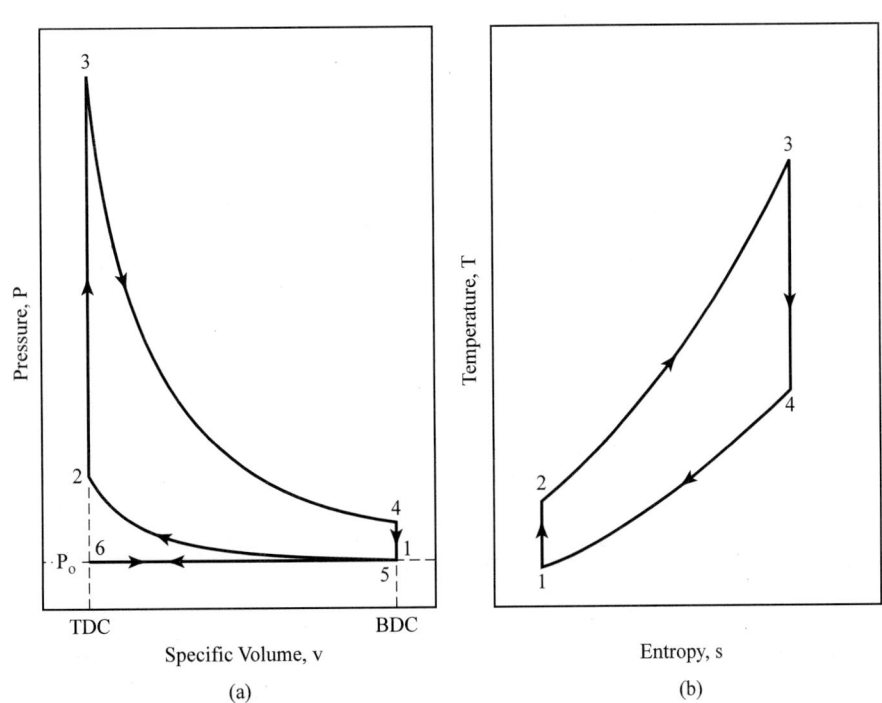

그림 3-2
오토 사이클, 6-1-2-3-4-5-6. (a)압력-비체적 좌표 (b)온도-엔트로피 좌표.

므로 주위의 압력보다도 약간 더 높은 압력을 가진다.

배기 행정의 끝에서 기관은 2회전을 하며, 피스톤은 다시 상사점에 있게 되고, 배기 밸브가 닫히고 흡기 밸브가 열려서 새로운 사이클이 시작된다. 오토 사이클을 해석할 때, 상태량은 실린더 내 질량으로 나눈 단위 질량당의 상태량으로 하는 것이 훨씬 편리하다. 그림 3-2는 오토 사이클 P-v와 T-s 선도를 나타낸다. 오토 사이클의 그림에서 과정 5-6과 6-1은 보통 나타내지 않는다. 그 이유는 두 과정은 서로 열역학적으로 상쇄되고, 사이클을 해석하는 데 필요하지 않기 때문이다.

공기-표준 오토 사이클의 열역학적 해석

과정 6-1 : P_o 에서 일정 체적 공기의 흡입.
            흡기 밸브의 개방과 배기 밸브의 닫힘.

$$P_1 = P_6 = P_o \tag{3-2}$$
$$w_{6-1} = P_o(v_1 - v_6) \tag{3-3}$$

과정 1-2 :   등엔트로피 압축 행정.
            모든 밸브 닫힘.

$$T_2 = T_1(v_1/v_2)^{k-1} = T_1(V_1/V_2)^{k-1} = T_1(r_c)^{k-1} \tag{3-4}$$
$$P_2 = P_1(v_1/v_2)^k = P_1(V_1/V_2)^k = P_1(r_c)^k \tag{3-5}$$
$$q_{1-2} = 0 \tag{3-6}$$
$$w_{1-2} = (P_2v_2 - P_1v_1)/(1-k) = R(T_2 - T_1)/(1-k) \tag{3-7}$$
$$= (u_1 - u_2) = c_v(T_1 - T_2)$$

과정 2-3 :   일정 체적에서의 흡열(연소).
            모든 밸브 닫힘.

$$v_3 = v_2 = v_{\text{TDC}} \tag{3-8}$$
$$w_{2-3} = 0 \tag{3-9}$$
$$Q_{2-3} = Q_{\text{in}} = m_f Q_{\text{HV}}\eta_c = m_m c_v(T_3 - T_2)$$
$$= (m_a + m_f)c_v(T_3 - T_2) \tag{3-10}$$
$$Q_{\text{HV}}\eta_c = (\text{AF} + 1)c_v(T_3 - T_2) \tag{3-11}$$
$$q_{2-3} = q_{\text{in}} = c_v(T_3 - T_2) = (u_3 - u_2) \tag{3-12}$$
$$T_3 = T_{\text{max}} \tag{3-13}$$
$$P_3 = P_{\text{max}} \tag{3-14}$$

과정 3-4 : 등엔트로피 동력 또는 팽창 행정.
  모든 밸브 닫힘.

$$q_{3-4} = 0 \tag{3-15}$$

$$T_4 = T_3(v_3/v_4)^{k-1} = T_3(V_3/V_4)^{k-1} = T_3(1/r_c)^{k-1} \tag{3-16}$$

$$P_4 = P_3(v_3/v_4)^k = P_3(V_3/V_4)^k = P_3(1/r_c)^k \tag{3-17}$$

$$w_{3-4} = (P_4 v_4 - P_3 v_3)/(1 - k) = R(T_4 - T_3)/(1 - k)$$

$$= (u_3 - u_4) = c_v(T_3 - T_4) \tag{3-18}$$

과정 4-5 : 일정 체적 열방출(배기 블로다운).
  배기 밸브가 열리고 흡기 밸브가 닫힘.

$$v_5 = v_4 = v_1 = v_{BDC} \tag{3-19}$$

$$w_{4-5} = 0 \tag{3-20}$$

$$Q_{4-5} = Q_{out} = m_m c_v(T_5 - T_4) = m_m c_v(T_1 - T_4) \tag{3-21}$$

$$q_{4-5} = q_{out} = c_v(T_5 - T_4) = (u_5 - u_4) = c_v(T_1 - T_4) \tag{3-22}$$

과정 5-6 : P_o에서 일정 체적 배기 행정.
  배기 밸브가 열리고 흡기 밸브가 닫힘.

$$P_5 = P_6 = P_o \tag{3-23}$$

$$w_{5-6} = P_o(v_6 - v_5) = P_o(v_6 - v_1) \tag{3-24}$$

오토 사이클의 열효율은,

$$(\eta_t)_{OTTO} = |w_{net}|/|q_{in}| = 1 - (|q_{out}|/|q_{in}|)$$

$$= 1 - [c_v(T_4 - T_1)/c_v(T_3 - T_2)]$$

$$= 1 - [(T_4 - T_1)/(T_3 - T_2)] \tag{3-25}$$

열효율을 결정하는 데에서는 사이클 온도만이 필요하다. 이것은 $v_1 = v_4$ 와 $v_2 = v_3$: 라는 사실을 알고 있으므로 팽창 행정과 등엔트로피 압축에 대해 이상 기체 관계식을 적용함으로써 더욱 간단하게 할 수 있다.

$$(T_2/T_1) = (v_1/v_2)^{k-1} = (v_4/v_3)^{k-1} = (T_3/T_4) \tag{3-26}$$

온도항을 정리하면 다음과 같다.

$$T_4/T_1 = T_3/T_2 \tag{3-27}$$

식(3-25)는 다음과 같이 정리할 수 있다.

$$(\eta_t)_{OTTO} = 1 - (T_1/T_2)\{[(T_4/T_1) - 1]/[(T_3/T_2) - 1]\} \tag{3-28}$$

식(3-27)을 이용하면 다음과 같이 되고,

$$(\eta_t)_{OTTO} = 1 - (T_1/T_2) \tag{3-29}$$

식(3-4)와 결합하면 다음과 같다.

$$(\eta_t)_{OTTO} = 1 - [1/(v_1/v_2)^{k-1}] \tag{3-30}$$

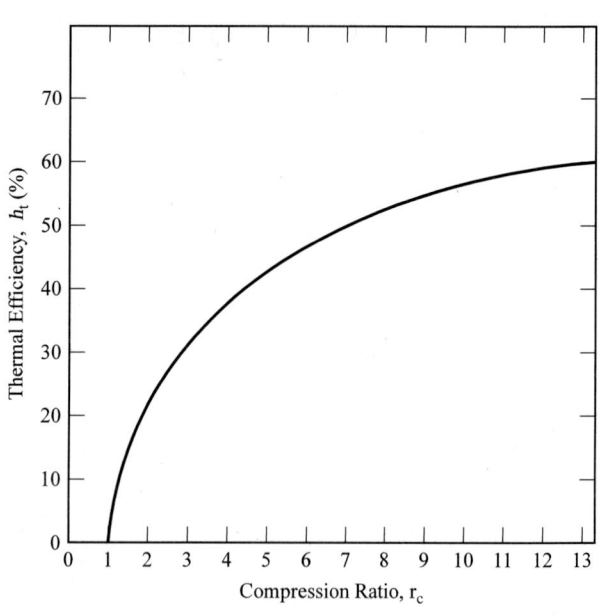

그림 3-3
공기-표준 오토 사이클(k = 1.35)에서 WOT에서
의 SI 기관 작동에 대한 압축비 함수로서의 도시
열효율.

$v_1/v_2 = r_c$ 를 압축비라 하면, 열효율은 아래와 같다.

$$(\eta_t)_{\text{OTTO}} = 1 - (1/r_c)^{k-1} \tag{3-31}$$

WOT에서 오토 사이클의 열효율을 결정하는 데에는 단지 압축비만 필요하다. 압축비가 클수록 열효율도 그림 3-3에서와 같이 증가한다. 열전달량이 연소실 내의 공기로 그리고 공기로부터의 값일 때, 이 효율을 **도시 열효율**이라 한다.

예제 3-1

4개의 실린더, 2.5리터, SI 자동차 기관이 3,000RPM으로 4행정 공기-표준 사이클에서 운전되고 있다. 엔진의 압축비는 8.6:1이고, 86%의 기계 효율, 행정 대 보어의 비 $S/B = 1.025$이다. 연료는 공연비(AF)가 15, 발열량이 44,300kj/kg인 이소옥탄이며, 연소 효율 $\eta_c = 100\%$ 이다. 압축 행정의 초기에, 연소실 실린더에서의 조건은 100kPa, 60°C이다. 직전의 사이클로부터 잔류한 배기 가스는 4%로 가정한다. 이 기관의 완전한 열역학적 해석을 하라.

풀이

단기통 실린더에 대해 : 행정 체적은,

$$V_d = 2.5 \text{ liter}/4 = \underline{0.625 \text{ L} = 0.000625 \text{ m}^3}$$

간극 체적을 구하기 위해 식(2-12)를 사용하면 다음과 같다.

$$r_c = V_1/V_2 = (V_c + V_d)/V_c = 8.6 = (V_c + 0.000625)/V_c$$
$$\underline{V_c = 0.0000822 \text{ m}^3 = 0.0822 \text{ L} = 82.2 \text{ cm}^3}$$

보어와 행정을 구하기 위해 식(2-8)을 사용하면 다음과 같다.

$$V_d = (\pi/4)B^2 S = (\pi/4)B^2(1.025B) = 0.000625 \text{ m}^3$$
$$\underline{B = 0.0919 \text{ m} = 9.19 \text{ cm}}$$
$$S = 1.025B = \underline{0.0942 \text{ m} = 9.42 \text{ cm}}$$

상태 1 : $T_1 = 60°C = 333 \text{ K}$ given in problem statement
$P_1 = 100 \text{ kPa}$ given
$V_1 = Vd + V_c = 0.000625 + 0.0000822 = \underline{0.000707 \text{ m}^3}$

실린더 내 혼합 가스의 질량은 상태 1에서 계산할 수 있다. 실린더 내의 질량은 전체 사이클 동안 동일하게 남아 있을 것이다.

$$m_m = P_1V_1/RT_1 = (100 \text{ kPa})(0.000707 \text{ m}^3)/(0.287 \text{ kJ/kg-K})(333 \text{ K})$$
$$= 0.000740 \text{ kg}$$

상태 2 : 압축 행정 1-2는 등엔트로피 과정이다. 식(3-4)와 식(3-5)를 이용하여 압력과 온도를 구한다.

$$P_2 = P_1(r_c)^k = (100 \text{ kPa})(8.6)^{1.35} = \underline{1826 \text{ kPa}}$$
$$T_2 = T_1(r_c)^{k-1} = (333 \text{ K})(8.6)^{0.35} = \underline{707 \text{ K} = 434°C}$$
$$V_2 = mRT_2/P_2 = (0.000740 \text{ kg})(0.287 \text{ kJ/kg-K})(707 \text{ K})/(1826 \text{ kPa})$$
$$= \underline{0.0000822 \text{ m}^3 = V_c}$$

이것은 실린더의 간극 체적이고, 위의 값과 일치한다. 이 값을 구하는 다른 방법으로 식(2-12)를 이용하면 다음과 같다.

$$V_2 = V_1/r_c = 0.000707 \text{ m}^3/8.6 = 0.0000822 \text{ m}^3$$

실린더 내 혼합 가스의 질량은 배기 생성물 m_{ex}와 연료 m_f, 공기 질량 m_a로 이루어져 있으므로,

$$m_a = (15/16)(0.96)(0.000740) \qquad = 0.000666 \text{ kg}$$
$$m_f = (1/16)(0.96)(0.000740) \qquad = 0.000044 \text{ kg}$$
배기물의 질량 : $\quad m_{ex} = (0.04)(0.000740) \qquad\qquad = 0.000030 \text{ kg}$
$$m_m = 0.000740 \text{ kg}$$

상태 3 : 한 사이클 동안 가해진 열을 식(3-10)을 이용하여 구하면 다음과 같다.

$$Q_{in} = m_f Q_{HV}\eta_c = m_m c_v(T_3 - T_2)$$
$$= (0.000044 \text{ kg})(44,300 \text{ kJ/kg})(1.00)$$
$$= (0.000740 \text{ kg})(0.821 \text{ kJ/kg-K})(T_3 - 707 \text{ K})$$

T_3에 대해서 풀면 다음과 같다.

$$T_3 = 3915\text{ K} = 3642°\text{C} = T_{max}$$
$$V_3 = V_2 = 0.0000822\text{ m}^3$$

일정 체적에 대해서,

$$P_3 = P_2(T_3/T_2) = (1826\text{ kPa})(3915/707) = 10{,}111\text{ kPa} = P_{max}$$

상태 4 : 팽창 행정 3-4는 등엔트로피 과정이다. 온도와 압력을 구하기 위해 식(3-16)과 식 (3-17)을 이용하면 다음과 같다.

$$T_4 = T_3(1/r_c)^{k-1} = (3915\text{ K})(1/8.6)^{0.35} = 1844\text{ K} = 1571°\text{C}$$
$$P_4 = P_3(1/r_c)^k = (10{,}111\text{ kPa})(1/8.6)^{1.35} = 554\text{ kPa}$$
$$V_4 = mRT_4/P_4 = (0.000740\text{ kg})(0.287\text{ kJ/kg-K})(1844\text{ K})/(554\text{ kPa})$$
$$= 0.000707\text{ m}^3 = V_1$$

이것은 앞서 구한 V_1 값과 일치한다.

한 사이클 동안 하나의 실런더에 대해 등엔트로피 일 행정에서 발생된 일은 다음과 같다.

$$W_{3-4} = mR(T_4 - T_3)/(1 - k)$$
$$= (0.000740\text{ kg})(0.287\text{ kJ/kg-K})(1844 - 3915)\text{K}/(1 - 1.35)$$
$$= 1.257\text{ kJ}$$

한 사이클 동안 하나의 실런더에 대해 등엔트로피 압축 행정 동안 흡수한 일은 다음과 같다.

$$W_{1-2} = mR(T_2 - T_1)/(1 - k)$$
$$= (0.000740\text{ kg})(0.287\text{ kJ/kg-K})(707 - 333)\text{K}/(1 - 1.35)$$
$$= -0.227\text{ kJ}$$

흡입 행정의 일은 배기 행정의 일과 상쇄된다.

한 사이클 동안 하나의 실런더에 대해 정미 도시일은 다음과 같다.

$$W_{net} = W_{1-2} + W_{3-4} = (-0.227) + (+1.257) = +1.030\text{ kJ}$$

한 사이클 동안 하나의 실린더에 가해진 열을 구하기 위해 식(3-10)을 이용하면,

$$Q_{\text{in}} = m_f Q_{\text{HV}} \eta_c = (0.000044 \text{ kg})(44,300 \text{ kJ/kg})(1.00) = 1.949 \text{ kJ}$$

도시 열효율은,

$$\eta_t = W_{\text{net}}/Q_{\text{in}} = 1.030/1.949 = 0.529 = 52.9\%$$

또는, 식(3-29)와 식(3-31)을 사용하여 구하면 다음과 같다.

$$\eta_t = 1 - (T_1/T_2) = 1 - (1/r_c)^{k-1}$$
$$= 1 - (333/707) = 1 - (1/8.6)^{0.35} = 0.529$$

식(2-29)는 도시 평균 압력을 구하기 위해 사용된다.

$$\text{imep} = W_{\text{net}}/(V_1 - V_2) = (1.030 \text{ kJ})/(0.000707 - 0.0000822)\text{m}^3 = 1649 \text{ kPa}$$

3,000RPM에서의 도시 동력은 식(2-42)를 이용하여 구할 수 있다.

$$\dot{W}_i = WN/n$$
$$= [(1.030 \text{ kJ/cyl-cycle})(3000/60 \text{ rev/sec})/(2 \text{ rev/cycle})](4 \text{ cyl})$$
$$= 103 \text{ kW} = 138 \text{ hp}$$

평균 피스톤 속도를 구하기 위해 식(2-2)을 이용하면,

$$\overline{U}_p = 2SN = (2 \text{ strokes/rev})(0.0942 \text{ m/stroke})(3000/60 \text{ rev/sec})$$
$$= 9.42 \text{ m/sec}$$

한 사이클 동안 하나의 실린더에서 정미 제동일은 식 (2-27)로부터 구한다.

$$W_b = \eta_m W_i = (0.86)(1.030 \text{ kJ}) = 0.886 \text{ kJ}$$

3,000RPM에서의 제동력은 다음과 같다.

$$\dot{W}_b = (3000/60 \text{ rev/sec})(0.5 \text{ cycle/rev})(0.886 \text{ kJ/cyl-cycle})(4 \text{ cyl})$$
$$= \underline{88.6 \text{ kW} = 119 \text{ hp}}$$

또는,
$$\dot{W}_b = \eta_m \dot{W}_i = (0.86)(103 \text{ kW}) = 88.6 \text{ kW}$$

식(2-43)을 이용하여 토크를 구하면,

$$\tau = \dot{W}_b/2\pi N = (88.6 \text{ kJ/sec})/(2\pi \text{radians/rev})(3000/60 \text{ rev/sec})$$
$$= \underline{0.282 \text{ kN-m} = 282 \text{ N-m}}$$

식(2-49)를 이용하여 마찰력 손실은 구하면 다음과 같다.

$$\dot{W}_f = \dot{W}_i - \dot{W}_b = 103 - 88.6 = \underline{14.4 \text{ kW} = 19.3 \text{ hp}}$$

식(2-37)은 제동 평균 압력을 구하는 데 사용되므로,

$$\text{bmep} = \eta_m(\text{imep}) = (0.86)(1649 \text{ kPa}) = \underline{1418 \text{ kPa}}$$

따라서, 식(2-41)을 사용해 토크를 다른 방법으로 구할 수 있고, 그 결과들은 일치한다.

$$\tau = (\text{bmep})V_d/4\pi = (1418 \text{ kPa})(0.0025 \text{ m}^3)/4\pi = 0.282 \text{ kN-m}$$

식(2-51)을 이용하여 비제동일을 구하면 다음과 같다.

$$\text{BSP} = \dot{W}_b/A_p = (88.6 \text{ kW})/\{[(\pi/4)(9.19 \text{ cm})^2](4 \text{ cyl})\} = \underline{0.334 \text{ kW/cm}^2}$$

식(2-52)를 이용하여 행정당 출력을 구하면,

$$\text{OPD} = \dot{W}_b/V_d = (88.6 \text{ kW})/(2.5 \text{ L}) = \underline{35.4 \text{ kW/L}}$$

식(2-60)은 비제동 연료 소비량을 구하는 데 사용된다.

$$\text{bsfc} = \dot{m}_f/\dot{W}_b$$
$$= (0.000044 \text{ kg/cyl-cycle})(50 \text{ rev/sec})(0.5 \text{ cycle/rev})(4 \text{ cyl})/(88.6 \text{ kW})$$
$$= 0.000050 \text{ kg/sec/kW} = 180 \text{ gm/kW-hr}$$

식(2-70)은 표준 공기 밀도와 하나의 실린더를 사용해 체적 효율을 구하는 데 사용된다.

$$\eta_v = m_a/\rho_a V_d = (0.000666\ kg)/(1.181\ kg/m^3)(0.000625\ m^3)$$
$$= 0.902 = 90.2\%$$

3.3 실제 공기–표준 기관 사이클

내연 기관에서 수행되는 실제 사이클은 진정한 의미에서 열역학적 사이클이 아니다. 이상적인 공기–표준 열역학적 사이클은 일정한 성분을 가진 밀폐계에서 일어난다. 이것은 내연 기관에서 발생하는 것이 아니며, 이러한 이유로 공기–표준 해석을 하면 최대로 실제 출력과 실제 조건들에 대한 단지 대략적인 값만을 얻을 수 있다. 주요한 차이는 다음과 같다.

1. 실제 기관은 성분이 변화하는 개방 사이클로 작동된다. 유입되는 가스의 구성 성분은 존재하고 있는 것과 다를 뿐만 아니라, 종종 질량 유동률도 같지 않다. 공기의 유입 후에 실린더에 연료가 주입되는 형태의 기관들은 사이클 동안에 가스 구성부 통로에서 질량의 양이 완전하게 변화한다. 배기에서 기관에서 빠져나오는 가스상 질량은 유입 과정에서 들어오는 것보다 훨씬 많다. 이것은 몇 퍼센트 정도일 수 있다. 다른 기관은 공기–표준 해석에서 가스상 질량의 일부로 이상화되는 유입 공기와 더불어 연료 액적을 운반한다. 연소 과정 동안 총질량은 분자의 변화된 질량을 제외하고는 거의 똑같게 남아 있다. 결국 피스톤을 지난 블로바이와 틈새 유동에 의해 사이클 진행 동안 질량의 손실이 있다. 대부분의 틈새 유동은 실린더로부터 질량의 순간적인 손실이지만, 팽창 행정의 초기에 매우 크기 때문에 약간의 출력일은 팽창 행정 동안 손실된다. 블로바이는 압축과 연소 동안 실린더에서 1%까지 질량을 감소시킬 수 있다. 이것에 대해서는 6장에서 상세히 다룰 것이다.

2. 공기–표준 분석은 전체 기관을 통해 흐르는 유체의 유동을 공기로 취급하며, 공기는 이상 기체로 근사화한다. 실제 기관에서의 유동은 모두 공기일 수도 있고, 기체 상태나 액적 또는 양자가 모두 섞인 연료가 최고 7%까지 혼합된 공기에 가까울 수 있다. 연소 동안 구성 성분은 주로 질소와 물, 이산화탄소, 그리고 소량의 일산화탄소 및 탄화수소 증기로 이루어진 가스 혼합물로 변한다. CI 기관에서 가스 혼합물의 연소 생성물에서는 또한 고체상 탄소가 발생할 것이다. 기관 배기 생성물을 공기로 취급하면 분석은 단순화되지만, 오차가 발생할 수 있다. 기관 사이클에서 모든 유체들이 공기일 때조차

도 공기-표준 분석에서 일정한 비열을 가진 이상 기체로 가정함으로써 발생한다. 흡기와 배기에서의 저압력에서는 공기를 이상 기체로 정확하게 취급할 수 있지만, 연소 진행 동안의 고압력이므로 이상 기체와 매우 다르게 행동할 것이다. 더욱 심각한 오차는 해석할 때 일정한 비열을 가진 것으로 가정하는 데서 발생한다. 기체의 비열은 온도에 강하게 의존하므로 기관의 온도 범위에서 30%나 변할 수 있다(공기에 대해, 약 300K에서 c_P = 1.004kj/kg-K, 3,000K에서 c_P = 1.292kj/kg-K[73]).

3. 공기-표준 해석에서 무시되는 실제 기관의 사이클 동안 열손실이 발생한다. 실제 연소 과정의 열손실은 최대치 온도와 압력을 예측치보다 낮게 한다. 따라서, 실제 팽창 행정은 저압력에서 시작되고, 팽창 행정 동안 출력일은 감소된다. 팽창 행정 동안 열전달이 계속되면, 이것은 팽창 행정의 끝으로 가면서 이상적인 등엔트로피 과정 아래로 압력과 온도가 낮아진다. 열전달로 인해 공기-표준 해석에 의해 예측된 것보다도 작은 도시 열효율을 가진다. 열전달은 역시 압축 행정 동안 나타나며, 이것은 등엔트로피 과정으로부터 벗어나게 한다. 그러나 이 시기에서 열전달은 상대적으로 낮은 온도하의 팽창 행정 동안보다도 적다.

4. 연소는 짧고 유한한 시간에 일어나야 하며, 가열은 오토 사이클에서 근사한 것처럼 상사점에서 순간적이지 않다. 급속하고 유한한 화염 속도가 기관에는 바람직하다. 이로 인해 실린더에 유한한 압력 상승이 발생하며, 피스톤 면에 정상적인 힘의 증가로 부드러운 기관 사이클이 된다. 초음속 폭음은 사이클에 순간적으로 열을 가하게 되지만, 이것은 기관의 빠른 파괴를 가져오며, 사이클을 거칠게 만든다. 유한한 시간이 필요하기 때문에 연소는 상사점 전에 시작하여 상사점 후에 끝나며, 공기-표준 해석에서처럼 일정 체적 조건이 아니다. 상사점 전에서 연소가 시작되므로, 실린더 압력이 압축 행정에서 늦게 증가하고, 그 행정에서 음의 일이 크게 필요하게 된다. 연소가 상사점 후까지 수행되지 못하므로 약간의 동력 손실이 그림 2-6에서와 같이 팽창 행정의 시작에서 생긴다. 연소 효율이 100% 이하이기 때문에 실제 기관의 연소 과정에서 다른 손실이 발생한다. 이것은 소염, 난류에 의한 연료-공기와 온도에서의 국부적인 변화, 완전치 못한 혼합 등으로 발생된다.

5. 블로다운 과정은 실제 유한한 실시간과 유한한 사이클 시간이 필요하다. 그래서 공기-표준 해석과 같이 일정 체적에서 발생하지 않는다. 이러한 이유로, 배기 밸브는 반드시 bBDC 40°C~60°C에서 열려야 하며, 팽창 행정의 후반부 끝에서 출력일이 손실된다.

6. 실제 기관에서는 흡입 행정의 끝에서 상사점 후까지 흡기 밸브가 닫히지 않는다. 밸브의 유동 저항 때문에 공기는 여전히 하사점에서 실린더로 유입되며, 만약 여기서 밸브가 닫히면 체적 효율은 떨어진다. 그러나 이러한 이유로 실제 압축 행정은 하사점에서 시작되는 것이 아니라 흡기 밸브가 닫힌 후에야 시작된다. 상사점 전에 바로 점화가 발생하여, 연소 전에 증가한 온도와 압력이 공기-표준 해석에 의해 예측한 값보다도 작다.

7. 기관 밸브를 가동시키기 위해서는 유한한 시간이 필요하다. 이상적으로, 밸브는 순간적으로 열리고 닫히지만, 캠축을 사용할 때에는 그렇지 못하다. 캠 형상은 캠 종동절과 부드럽게 상호작용을 해야 하며, 유한한 시간에 밸브 작동이 빠르게 일어난다. 유입 행정의 시작에서 흡기 밸브가 완전히 열리도록 하기 위해서는 상사점 전에 열리기 시작해야 한다. 마찬가지로, 배기 밸브는 배기 행정의 끝까지 완전히 열려 있어야만 한다. 그 결과, 밸브의 오버랩 기간은 이상적인 사이클로부터 벗어나게 한다. 전기적인 밸브 작동이 캠축 대신에 사용되었을 때 어떤 밸브를 닫거나 여는 데 걸리는 시간은 아주 줄어들 것이다.

8. 연료에 더 낮은 가열 밸브가 연소하는 동안 사이클로 에너지가 유입되는 데 사용된다면 공기 표준 해석을 하는 데 약간의 오차가 발생한다. 어떤 연료의 가열값은 25 내외에서 계산된다. 이것은 기관 사이클에서 일어나는 것이 아니다. 실제 기관에서 연소하는 동안 실제 에너지 유입은 Q_{LHV}에 의하여 예측된 것보다 적다(예제 4-4 참조).

실제 공기-연료 사이클이 이상적인 사이클과는 다른 이러한 차이 때문에 공기-표준 해석 결과는 몇 가지 오차를 가지게 되며, 실제 조건과는 다소 차이가 난다. 그렇지만 흥미롭게도 그 오차들은 그다지 크지 않으며, 실제 기관의 운전 조건과 구조에 따라 온도와 압력의 상태량 값은 실제 기관의 값들을 대표한다. 오토 사이클 해석에서 변화시킴으로써, 이러한 변수들이 변화하는 실제 기관에서 일어나는 출력 변화들에 대한 훌륭한 근사값을 얻을 수 있다. 평균 유효 압력, 열효율, 출력 동력의 매우 좋은 근사값을 기대할 수 있다.

실제 4행정 SI 기관에서의 도시 열효율은 공기-표준 오토 사이클 해석에서 예측한 값들보다 항상 다소 낮다. 이것은 실제 기관에서 이상 기체의 거동 편차와 블로다운, 연소의 유한한 시간, 밸브 타이밍, 점화 타이밍, 마찰, 열손실 등에 의해 발생한다. 참고 문헌[120]에서 큰 범위의 작동 변수들에 대해서 실제 4행정 SI 기관의 도시 열효율을 다음과 같이 근사할 수 있다.

$$(\eta_t)_{actual} \approx 0.85 (\eta_t)_{OTTO} \tag{3-32}$$

이것은 밸브 타이밍, 배기 압력, 흡입 압력, 압축비, 기관 속도, 점화 타이밍, 공기-연료 당량비의 넓은 범위에 대해 몇 % 오차 내에서 일치될 것이다.

3.4 부분 스로틀에서의 SI 기관 사이클

4행정 SI 기관이 스로틀 전개(WOT) 조건 미만에서 작동할 때, 혼합기 공급은 흡기 시스템에서 스로틀 밸브(나비 밸브)가 부분적으로 닫힘에 따라 감소한다. 이것은 유입 공기의 유동 방해와 압력 강하를 유발한다. 그 때의 연료 공급 또한 공기의 감소와 함께 감소한다. 흡입 행정 동안 흡기 다기관의 낮은 압력과 압축 행정의 시작점에서의 실린더에 나타나는 낮은 압력을 그림 3-4에 나타냈다. 비록 공기가 스로틀 밸브를 지나는 동안 압력 강하 때문에 팽창 냉각할지라도, 실린더에 들어가는 공기의 온도는 먼저 흡기 다기관을 통해 유동하기 때문에 스로틀 전개에서

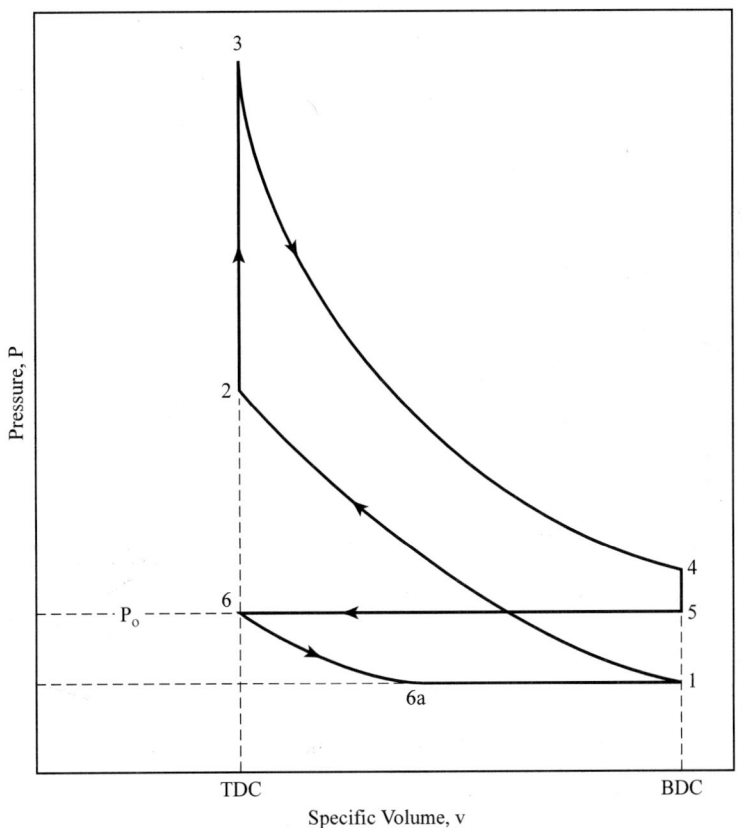

그림 3-4

부분 교축에서 작동하는 SI 기관에서의 4행정 공기-표준오토 사이클, 6-6a-1-2-3-4-5-6.

와 거의 동일한다.

그림 3-4는 오토 사이클 기관의 정미 도시일이 스로틀 전개에서보다 부분 교축에서 작음을 보여 준다. 사이클의 위 루프는 압축과 일을 하는 행정에서 양의 일의 출력을 나타내는 반면에, 아래 루프는 배기와 흡입 행정으로 구성되면, 회전하는 크랭크축에 의해 흡수되는 음의 일이다. 스로틀 위치가 좀더 닫힐수록 흡입 행정 동안 압력은 더 낮아질 것이고, 음의 펌프일은 더 커진다. 두 가지 주요 인자는 스로틀 부분 작동 중에 정미일을 감소하게 한다.

압축 시작점에서의 낮은 압력은 배기 행정을 제외한 전 나머지 전 사이클을 통해 낮은 압력을 초래한다. 이것은 평균 유효 압력과 정미일을 낮춘다. 게다가, 이 낮은 압력 때문에 흡기 동안 실린더로 유입되는 공기가 적을 때, 연료 분사 장치나 기화기에 의한 연료 공급 또한 이에 비례해 감소한다. 이것은 실린더에서 연소에 의한 열에너지가 적어지고, 적은 일이 발생하는 것으

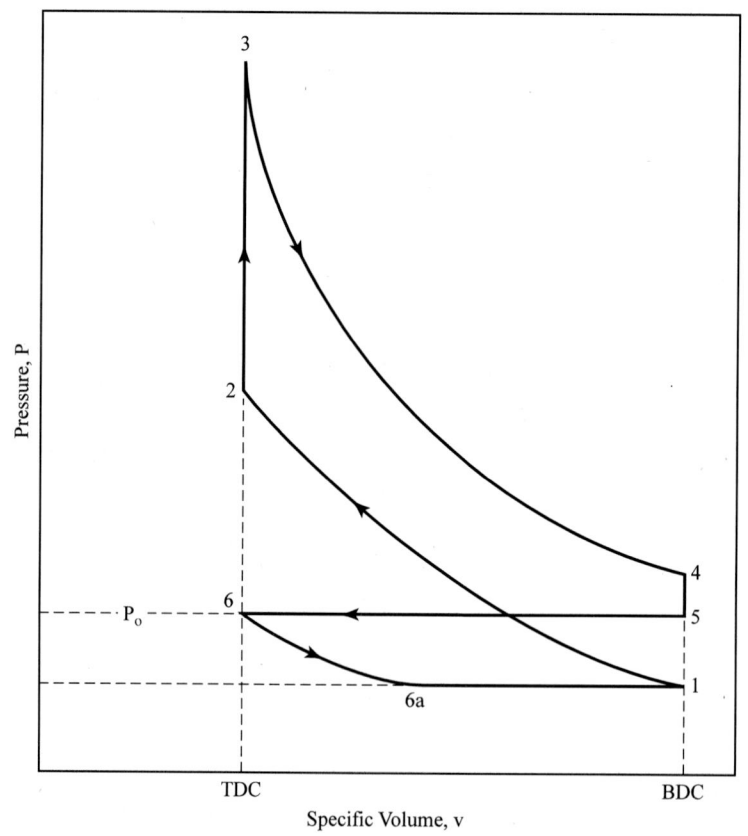

그림 3-5
터보 과급기 또는 배기 터빈 과급기가 장착된 SI 기관에서의 4행정 공기-표준 오토 사이클, 6-6a-1-2-3-4-5-6.

로 나타난다. Q_{in} 이 감소하더라도, 그림 3-4의 2-3 과정에서의 온도 상승은 대략 같다. 이것은 가열되는 공기와 연료의 질량이 같은 비율로 모두 감소되기 때문이다.

만약 기관이 과급기 또는 배기 터빈 과급기를 갖추고 있다면 공기-표준 사이클은 대기압보다 높은 흡기 압력을 가지면, 그림 3-5와 같다. 이것은 사이클 동안 연소실에 더 많은 공기와 연료를 흡입하게 해 결국 정미 도시일이 증가한다. 더 높은 흡기 압력은 사이클의 모든 압력을 증가시키고, 증가된 공기와 연료는 과정2-3에서 더 큰 Q_{in} 을 준다. 공기가 터보 과급기 또는 배기 터빈 과급기에 높은 압력으로 압축될 때, 온도는 압축열로 인하여 증가한다. 이것은 압축 행정의 시작점에서 공기 온도를 증가시키며, 차례로 나머지 사이클의 모든 온도는 상승한다. 이것은 압축 후반부 또는 연소 중에 자발화와 노킹 문제를 일으킬 수 있다. 이 때문에 기관 압축기는 압축된 흡기 온도를 다시 낮추는 후냉각기를 갖출 수 있다. 후냉각기는 냉매로서 외기를 사용하는 열교환기이다. 원칙적으로 후냉각기는 바람직하지만, 비용과 공간제한으로 인하여 종종 자동차 기관에는 실용적이지 못하다. 대신에 터보 과급기 또는 배기 터빈 과급기를 갖춘 기관은 보통 노킹 문제를 감소시키기 위해 낮은 압축비를 가진다. 기관이 **WOT**로 작동할 때, 흡기 다기관에서의 공기 압력 P_o는 대기압이다. 부분 교축에서 부분적으로 닫힌 나비 밸브는 유동 저항을 받게 되어 흡기 다기관에서 낮은 입구 압력 P_i를 갖게 된다(그림 3-4의 점 6a). 따라서 흡입 행정 동안 행해진 일은 다음과 같다.

$$W_{6-1} = P_i(V_1 - V_6) = P_i V_d \qquad (3\text{-}33)$$

여기서, V_d = 행정 체적.

압력이 대기압으로 거의 일정할 때 배기 행정 동안 행해진 일은 다음과 같다.

$$W_{5-6} = P_{ex}(V_6 - V_5) = -P_{ex} V_d \qquad (3\text{-}34)$$

부분 스로틀에서 사이클에 대한 정미 도시 펌프일은 다음과 같다.

$$(W_{pump})_{net} = (P_i - P_{ex})V_d \qquad (3\text{-}35)$$

이 펌프일의 음의 값은 사이클의 정미 도시일을 낮게 함을 의미한다.

만약 기관이 터보 과급기 또는 배기 터빈 과급기를 갖추고 있다면, 입구 압력은 그림 3-5에서처럼 대기압보다 커질 수 있다. 이 사이클에 대한 정미 도시 펌프일은 위의 식(3-35)에 의해 주어지지만, $P_i > P_{ex}$ 일 때 펌프일은 양이고, 정미 도시일은 증가된다.

펌프 평균 유효 압력은 식 (2-29)와 식(3-35)를 사용하여 구하면 다음과 같다.

$$\text{pmep} = (W_{\text{pump}})_{\text{net}}/V_d = (P_i - P_{\text{ex}}) \tag{3-36}$$

3.5   배기 과정

배기 과정은 블로다운과 배기 행정의 두 단계로 구성된다. 배기 밸브가 거의 팽창 행정의 끝부분(그림 3-6의 점 4)에서 열릴 때, 고온 가스는 블로다운이 일어나기 때문에 압력이 감소하게 된다. 열린 배기 밸브에서의 압력 차이에 의해 일어난 이 블로다운 과정 동안 많은 양의 가스가 연소실에서 빠져나간다. 배기 밸브 안팎의 압력이 같을 때, 실린더는 약 1기압의 배기 다기관 압력의 배기 가스로 여전히 채워져 있다. 이 가스들이 배기 행정 동안 피스톤이 하사점에서 상사점으로 움직일 때, 피스톤에 의해 열려 있는 배기 밸브를 통해 실린더 밖으로 밀려나간다.

배기 가스의 온도는 압력이 블로다운 동안 갑자기 감소할 때, 팽창 냉각에 의해 냉각된다. 이 팽창이 가역적이지 않더라도, 압력과 온도 사이의 이상 기체의 등엔트로피 관계는 그림 3-6의 가상의 과정4-7에서 배기 가스 온도 T_7을 근사시키는 좋은 모델을 제공한다.

$$T_7 = T_4(P_7/P_4)^{(k-1)/k} = T_3(P_7/P_3)^{(k-1)/k}$$
$$= T_4(P_{\text{ex}}/P_4)^{(k-1)/k} = T_4(P_o/P_4)^{(k-1)/k} \tag{3-37}$$

여기서, $P_7 = P_{\text{ex}} = P_o$
  $P_{\text{ex}} =$ 배기 압력(일반적으로 주위 압력으로 고려할 수 있다.)

P_7은 배기계에서의 압력이고 거의 항상 약 1기압이다.

블로다운 동안 연소실을 나가는 가스는 배기 밸브를 통해 고속 유동을 하기 때문에 운동 에너지를 가진다. 이 운동 에너지는 배기 다기관에서 매우 빠르게 소산되고, 이어서 엔탈피와 온도의 상승이 있을 것이다. 연소실을 나가는 가스의 첫 번째 성분들은 높은 속도를 가지게 될 것이고, 따라서 이 속도가 소산될 때(그림 3-6에서 점 7a) 가장 고온이 될 것이다. 이어지는 가스 각각의 성분은 작은 속도를 가질 것이고, 따라서 더 작은 온도 상승률(점7b, 7c)을 가질 것이다. 블로다운 동안 연소실을 나가는 가스의 마지막 성분과 배기 행정 동안 밀려나가는 가스는 상대적으로 낮은 운동 에너지를 가지고, 온도는 T_7에 거의 가깝게 될 것이다. 초크 유동(음속)은 블로다운의 시작점에서 배기 밸브를 지나는 동안 일어나고, 이것은 최종 가스 속도와 운동 에너지를 결정한다. 가능하다면, 배기 다기관이나 가까이에 터보 과급기의 터빈을 설치하는 것이 바람직하다. 이렇게 되면 배기의 운동 에너지를 터빈에서 이용할 수 있다.

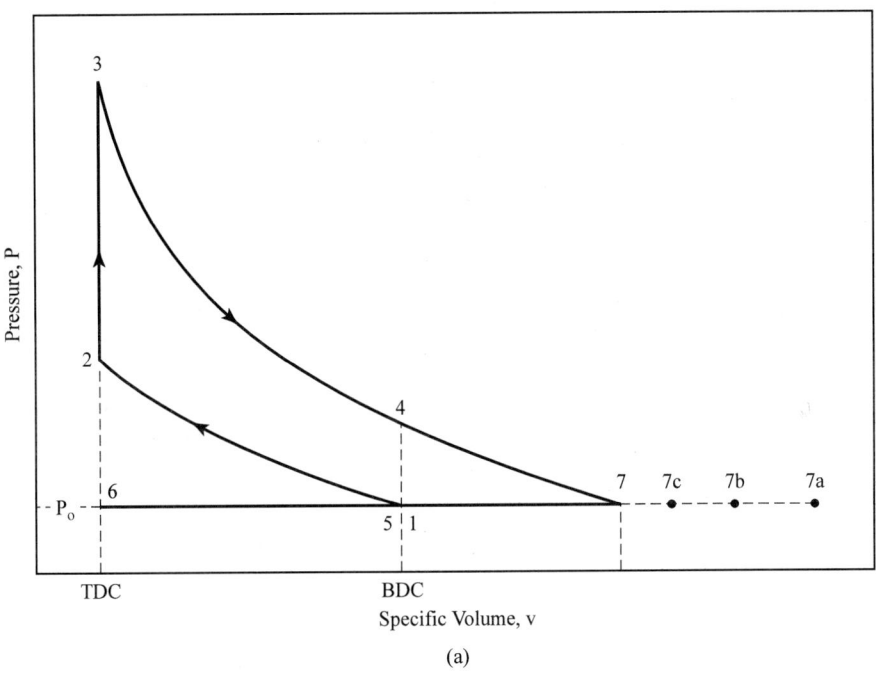

(a)

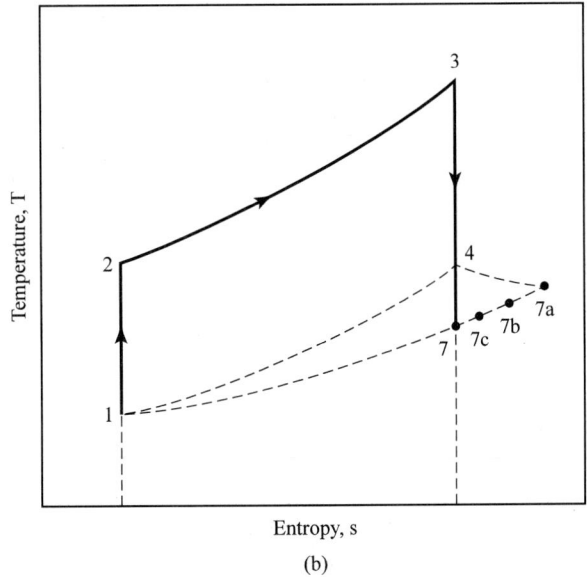

(b)

그림 3-6
WOT에서 작동하는 기관의 공기-표준 오토 사이클에서블로다운 동안 배기가 겪는 과정 4-7을
보여 주는 그림.

배기 행정 동안에 배기 가스의 상태는 압력은 1기압, 식(3-37)에서 주어진 온도 T_7, 그림3-6에 점 7에서 보여준 비체적으로 근사된다. 이것은 배기 행정 과정 5-6에 대해 그림 3-6과 일치하지 않는다. 그 그림은 과정 5-6 동안 단위 체적 v가 변한다는 것을 시사한다. 이 모순은 그림 3-6이 개방계 과정인 배기 행정을 나타내는데, 이는 밀폐계 모델을 사용하기 때문에 일어난다. 또한, 점 7은 가상의 상태이고, 실제 물리적 피스톤 위치와 대응하지 않는다.

배기 행정의 끝 부분에서는 여전히 실린더의 간극 체적에 있는 잔류 배기 가스가 존재한다. 이 잔류 배기 가스는 새로 유입된 공기와 연료가 혼합되어 새 사이클로 옮겨진다. 배기 잔류는 다음과 같이 정의된다.

$$x_r = m_{ex}/m_m \tag{3-38}$$

여기서, m_{ex}는 다음 사이클로 이동되는 배기 가스량이고, m_m은 전체 사이클 동안에 실린더 내 가스 혼합물의 양이다. 잔류 배기량은 전 부하에서 3-7의 범위이고, 부분 교축 경부하에서는 20%만큼 증가한다. CI 기관은 압축비가 커서 상대적으로 작은 간극 체적을 주기 때문에 배기 잔류량이 작다. 배기 잔류량은 간극 체적은 물론 밸브의 위치와 밸브가 겹친 정도에 의해 영향을 받는다.

그림 3-6에서 블로다운 과정 4-7을 등엔트로피 팽창으로 모델링하면 다음과 같다.

$$P_4/P_7 = (v_7/v_4)^k = P_4/P_{ex} = P_4/P_o \tag{3-39}$$
$$P_3/P_7 = (v_7/v_3)^k = P_3/P_{ex} = P_3/P_o \tag{3-40}$$

블로다운 후 배기 행정의 전, 실린더에서의 배기량은 다음과 같다.

$$m_7 = V_5/v_{ex} = V_5/v_7 = V_1/v_7 \tag{3-41}$$

배기 행정 끝에서의 실린더의 배기량은 다음과 같다.

$$m_{ex} = V_6/v_7 = V_2/v_7 \tag{3-42}$$

여기서 v7은 식(3-39) 또는 식(3-40)을 사용해 계산되고, 전체 배기 행정 5-6에 대해 실린더 사이에서의 배기 가스의 일정비 체적을 나타낸다. 식(3-38)에서 가스 혼합물의 양은 다음 식으로부터 얻을 수 있다.

$$m_m = V_1/v_1 = V_2/v_2 = V_3/v_3 = V_4/v_4 = V_7/v_7 \tag{3-43}$$

이것을 식(3-38)과 식(3-42)와 조합하면 다음과 같다.

$$x_r = (V_2/v_7)/(V_7/v_7) = V_2/V_7 \tag{3-44}$$

V_7 은 연소후 P_0로 팽창된 m_m 의 가상 체적이다. 식(3-42)와 식(3-43)을 사용하여 배기 잔류는 다음처럼 쓸 수 있다.

$$x_r = (V_6/v_7)/(V_4/v_4) = (V_6/V_4)(v_4/v_7) = (1/r_c)(v_4/v_7) \tag{3-45}$$
$$= (1/r_c)[(RT_4/P_4)/(RT_7/P_7)]$$
$$x_r = (1/r_c)(T_4/T_{\text{ex}})(P_{\text{ex}}/P_4) \tag{3-46}$$

여기서,　　　$r_c =$ 압축비
　　　　　　　$P_{\text{ex}} = P_7 = P_o =$ 평상 조건하 1기압
　　　　　　　$T_{\text{ex}} = T_7$: 식(3–37)로부터

그리고 T_4와 P_4는 배기 밸브가 열릴 때 실린더 내의 조건이다.

$$m_{\text{ex}}h_{\text{ex}} + m_a h_a = m_m h_m \tag{3-47}$$

흡기 밸브가 열릴 때, 새로이 들어오는 흡입 공기 m_m 은 실린더에 들어가고, 전 사이클에서 남은 잔여 배기와 섞인다. 혼합은 전체 엔탈피는 일정하도록 일어난다.

$$m_{\text{ex}}h_{\text{ex}} + m_a h_a = m_m h_m \tag{3-47}$$

여기서, h_{ex}, ha와 h_m은 공기-표준 해석에서 다루어지는 배기, 공기 및 혼합기의 비엔탈피 값이다. 만약 비엔탈피 값을 전대 온도 0도에서 0으로 하면, $h = c_p T$ 이고,

$$m_{\text{ex}}c_p T_{\text{ex}} + m_a c_p T_a = m_m c_p T_m \tag{3-48}$$

c_p 를 없애고 m_m으로 나누면,

$$(m_{\text{ex}}/m_m)T_{\text{ex}} + (m_a/m_m)T_a = T_m \tag{3-49}$$

식(3-38)과 이것을 결합하면, 잔류 배기량 x_r의 항으로 압축의 시작점에서 실린더 내의 혼합기의 온도가 주어진다.

$$(T_m)_1 = x_r T_{ex} + (1 - x_r) T_a \tag{3-50}$$

여기서, $T_{ex} = T_7$이고, T_a 는 흡기 다기관에서의 유입 공기의 온도이다.

공기가 실린더 안으로 들어가면서 소량의 뜨거운 잔류 배기와 섞여 공기를 가열시키고 공기의 밀도를 감소시킨다. 따라서 이것은 기관의 체적 효율을 감소시킨다. 그 일부는 소량의 잔류 배기의 냉각에 의해 다시 회수된다. 간극 체적에서 나타나는 부분적 진공은 추가적인 흡입 공기로 채워질 수 있다.

예제 3-2

예제 3-1의 조건에서 작동하는 기관이 100kPa의 배기 압력을 가진다. 다음을 계산하라.

1. 배기 온도
2. 잔류 배기
3. 실린더로 들어가는 공기의 온도

풀 이

(1) 배기 온도에 대해 그림 3-6과 식(3-37)을 사용하면,

$$\begin{aligned} T_{ex} = T_7 &= T_3 (P_7/P_3)^{(k-1)/k} \\ &= (3915 \text{ K})(100/10{,}111)^{(1.35-1)/1.35} \underline{= 1183 \text{ K} = 910°C} \end{aligned}$$

(2) 잔류 배기를 구하기 위해 식(3-36)을 사용하면,

$$x_r = (1/r_c)(T_4/T_{ex})(P_{ex}/P_4) = (1/8.6)(1844/1183)(100/554) \underline{= 0.033}$$

예제 3-1에서 기관을 해석할 때 $x_r = 0.04$로 가정했다. 그 해석은 더 나은 $x_r = 0.033$을 사용해 다시 수행해야 한다. 그러면 다음과 같은 정확한 값이 얻어진다.

$$P_3 = 10,300 \text{ kPa}$$
$$T_3 = 3988 \text{ K}$$
$$P_4 = 564 \text{ kPa}$$
$$T_4 = 1878 \text{ K}$$
$$T_{ex} = 1199 \text{ K}$$
$$x_r = 0.033$$

잔류 배기에 대한 정확한 값은 추가로 반복 계산이 필요 없음을 의미한다. 적당한 잔류 배기 근 사값을 가지면 해석에서 대개 2회의 반복 계산으로 충분할 것이다. 근소하게 값이 변할 것으로 기대되는 다른 변수(즉, 동력, 평균 유효 압력 등)는 다시 계산해야 한다.

(3) 식(3-50)은 흡기 다기관으로부터 실린더로 들어가는 공기의 온도를 알기 위해 사용된다.

예제 3-3

예제 3-1과 예제 3-2의 기관이 흡기 압력이 50kPa인 부분 교축에서 운전된다. 압축 행정의 시작점에서 실린더 내 온도를 계산하라.

풀 이

흡기의 온도는 스로틀 밸브를 지날 때 압력 감소 팽창을 하더라도 동일하다고 가정할 수 있다. 이것은 공 기가 스로틀 후에 여전히 같은 뜨거운 흡기 다기관을 통해 유동하기 때문이다. 그러나 잔류 배기의 온도 는 흡기 밸브가 열릴 때 팽창 냉각 때문에 감소될 것이고, 실린더에서 압력은 50kPa로 떨어진다. 팽창 후의 잔류 배기의 온도는 그림 3-4와 등엔트로피 모델을 사용하여 다음과 같이 근사시킬 수 있다.

$$T_{6a} = T_{ex}(P_{6a}/P_6)^{(k-1)/k} = (1199 \text{ K})(50/100)^{(1.35-1)/1.35} = \underline{1002 \text{ K} = 729°C}$$

식(3-50)은 압축의 시작점(1점)에서 온도를 구하기 위해 사용된다.

$$T_1 = x_r T_{6a} + (1 - x_r)T_a$$
$$T_1 = (0.033)(1002 \text{ K}) + (1 - 0.033)(303 \text{ K}) = \underline{326 \text{ K} = 53°C}$$

이 온도와 50kPa의 압력은 시작점으로 사용되어야 하고, 완전한 열역학적 해석은 일관된 결과를 얻을 때까지 반복적으로 사이클에서 행해진다. 이것은 연습 문제로 남겨둔다.

3.6 디젤 사이클

초기의 CI 기관은 그림 3-7과 같이 압축 행정에서 매우 느리게 연소실로 연료를 분사했다. 착화 지연과 연료를 분사하기 위해 요구되는 유한 시간 때문에 연소는 팽창 행정까지 지속된다. 이것은 상사점을 지나 최고 수준으로 압력을 유지했다. 이 연소 과정은 결국 그림 3-8에 나타낸 **디젤 사이클**(diesel cycle)로, 공기-표준 사이클에서 일정 압력하에서 열을 공급하는 것으로 가장 잘 근사화된다. 사이클의 나머지 부분은 공기-표준 오토 사이클과 유사하다. 디젤 사이클은 때때로 **정압 사이클**(constant-pressure cycle)이라 한다.

공기-표준 디젤 사이클의 열역학적 해석

과정 6-1 : P_o 에서 일정 압력 흡기.

흡기 밸브 열림, 배기 밸브 닫힘.

$$w_{6-1} = P_o(v_1 - v_6) \tag{3-51}$$

과정 1-2 :   등엔트로피 압축 행정.

모든 밸브 닫힘.

$$T_2 = T_1(v_1/v_2)^{k-1} = T_1(V_1/V_2)^{k-1} = T_1(r_c)^{k-1} \tag{3-52}$$
$$P_2 = P_1(v_1/v_2)^k = P_1(V_1/V_2)^k = P_1(r_c)^k \tag{3-53}$$
$$V_2 = V_{\text{TDC}} \tag{3-54}$$
$$q_{1-2} = 0 \tag{3-55}$$
$$w_{1-2} = (P_2v_2 - P_1v_1)/(1 - k) = R(T_2 - T_1)/(1 - k)$$
$$= (u_1 - u_2) = c_v(T_1 - T_2) \tag{3-56}$$

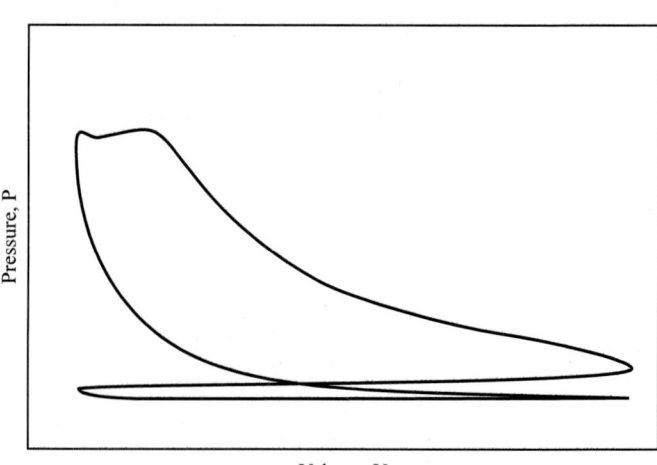

그림 3-7
초기에 4행정 사이클로 작도한 초기 CI 기관의 지압 선도.

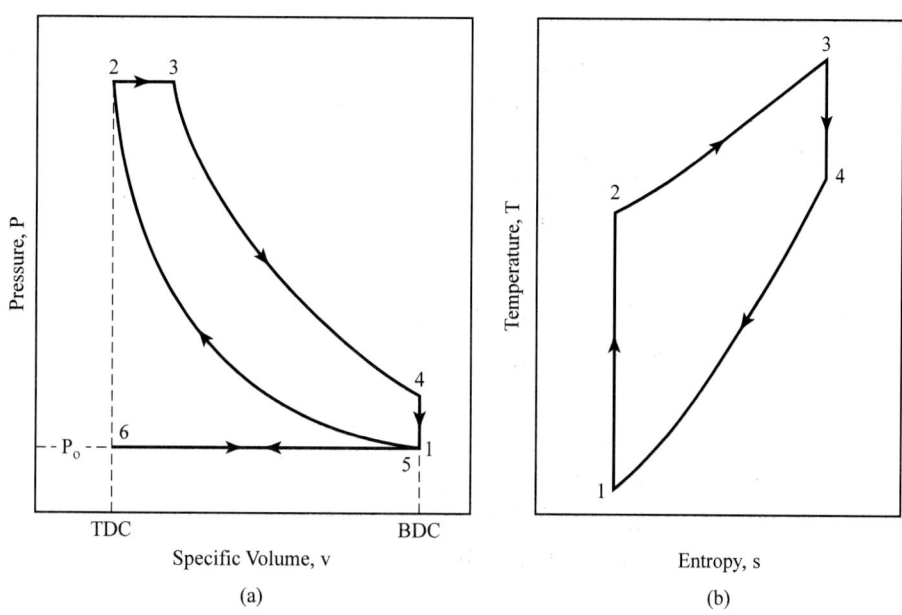

그림 3-8
초기 CI 기관의 4행정 사이클로 근사한 공기-표준 디젤 사이클, 6-1-2-3-4-5-6 (a)압력-비체적 좌표 (b) 온도-엔트로피 좌표.

과정 2-3 : 일정 압력 열 공급(연소).
모든 밸브 닫힘.

$$Q_{2-3} = Q_{in} = m_f Q_{HV} \eta_c = m_m c_p (T_3 - T_2) = (m_a + m_f) c_p (T_3 - T_2) \qquad (3\text{-}57)$$
$$Q_{HV} \eta_c = (AF + 1) c_p (T_3 - T_2) \qquad (3\text{-}58)$$
$$q_{2-3} = q_{in} = c_p (T_3 - T_2) = (h_3 - h_2) \qquad (3\text{-}59)$$
$$w_{2-3} = q_{2-3} - (u_3 - u_2) = P_2 (v_3 - v_2) \qquad (3\text{-}60)$$
$$T_3 = T_{max} \qquad (3\text{-}61)$$

연료차단비(cutoff ratio)는 연소 중 일어나는 체적 변화로 정의되고, 체적비로 주어진다.

$$\beta = V_3/V_2 = v_3/v_2 = T_3/T_2 \qquad (3\text{-}62)$$

과정 3-4 : 등엔트로피 동력 또는 팽창 행정.
모든 밸브 닫힘.

$$q_{3-4} = 0 \tag{3-63}$$

$$T_4 = T_3(v_3/v_4)^{k-1} = T_3(V_3/V_4)^{k-1} \tag{3-64}$$

$$P_4 = P_3(v_3/v_4)^k = P_3(V_3/V_4)^k \tag{3-65}$$

$$w_{3-4} = (P_4v_4 - P_3v_3)/(1 - k) = R(T_4 - T_3)/(1 - k)$$
$$= (u_3 - u_4) = c_v(T_3 - T_4) \tag{3-66}$$

과정 4-5 :   일정 체적 열방출(배기 블로다운).

배기 밸브 열림, 흡기 밸브 닫힘.

$$v_5 = v_4 = v_1 = v_{BDC} \tag{3-67}$$

$$w_{4-5} = 0 \tag{3-68}$$

$$Q_{4-5} = Q_{out} = m_m c_v(T_5 - T_4) = m_m c_v(T_1 - T_4) \tag{3-69}$$

$$q_{4-5} = q_{out} = c_v(T_5 - T_4) = (u_5 - u_4) = c_v(T_1 - T_4) \tag{3-70}$$

과정 5-6 : P_o 에서 일정 압력 배기 행정.

배기 밸브 열림, 흡기 밸브 닫힘.

$$w_{5-6} = P_o(v_6 - v_5) = P_o(v_6 - v_1) \tag{3-71}$$

디젤 사이클의 열효율은,

$$(\eta_t)_{DIESEL} = |w_{net}|/|q_{in}| = 1 - (|q_{out}|/|q_{in}|)$$
$$= 1 - [c_v(T_4 - T_1)/c_p(T_3 - T_2)]$$
$$= 1 - (T_4 - T_1)/[k(T_3 - T_2)] \tag{3-72}$$

다시 정리하면 다음과 같이 된다.

$$(\eta_t)_{DIESEL} = 1 - (1/r_c)^{k-1}[(\beta^k - 1)/\{k(\beta - 1)\}] \tag{3-73}$$

여기서, r_c = 압축비

$k = c_p/c_v$

β = 차단비

대표적인 수치들을 식(7-3)에 대입하면 괄호 안의 값이 1보다 큼을 알 수 있다. 이 식을

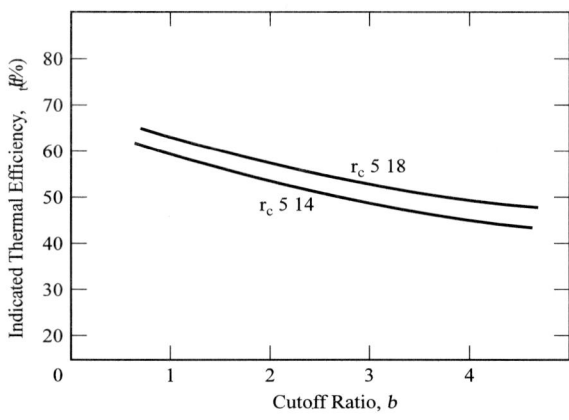

그림 3-9
4행정 사이클로 작동하는 최근 CI 기관의 지압 선도.

식(3-31)과 비교할 때 주어진 압축비에 대하여 오토 사이클의 열효율은 디젤 사이클의 열효율보다 더 크다는 것을 알 수 있다. 상사점에서 일정 체적 연소는 일정 압력 연소보다 더 효율적이다. 그러나 CI 기관은 SI 기관보다 훨씬 큰 압축비(12~24 대 8~11)로 작동하기 때문에 더 높은 열효율을 가진다.

예제 3-4

큰 낡은 6기통 압축 점화 내연 기관이 연소효율 98%의 디젤 중유를 사용하여 공기 표준 디젤 사이클로 작동된다. 기관의 압축비는 16.5:1이고, 압축 행정에서 실린더 내의 온도와 압력은 55°C 102kPa이고, 최대 사이클 온도는 2,410°C 이다. 다음을 계산하라

1. 사이클의 각 상태에서 온도, 압력, 비체적
2. 실린더 가스 혼합체의 공연비
3. 배기밸브가 열어졌을 때 실린더 온도
4. 기관의 지시열효율

풀이

(1) **상태 1** : $T_1 = 55°C = 328\ \text{K}$ 식 문제에서 주어짐
$P_1 = 102\ \text{kPa}$ given
$v_1 = RT_1/P_1 = (0.287\ \text{kJ/kg-K})(328\ \text{K})/(102\ \text{kPa}) = 0.9229\ \text{m}^3/\text{kg}$

상태 2: 식(3-52)와 (3-53)은 등엔트로피 압축 후에 온도와 압력이 주어진다.

$$T_2 = T_1(r_c)^{k-1} = (328 \text{ K})(16.5)^{1.35-1} = 875 \text{ K} = 602°\text{C}$$
$$P_2 = P_1(r_c)^k = (102 \text{ kPa})(16.5)^{1.35} = 4490 \text{ kPa}$$
$$v_2 = RT_2/P_2 = (0.287 \text{ kJ/kg-K})(875 \text{ K})/(4490 \text{ kPa}) = 0.0559 \text{ m}^3/\text{kg}$$

식(2-12)를 사용하여,

$$v_2 = v_1/r_c = (0.9229 \text{ m}^3/\text{kg})/(16.5) = 0.0559 \text{ m}^3/\text{kg}$$

상태 3 :
$$T_3 = T_{max} = 2410°\text{C} = 2683 \text{ K} \quad \text{given in problem statement}$$
$$P_3 = P_2 = 4490 \text{ kPa}$$
$$v_3 = RT_3/P_3 = (0.287 \text{ kJ/kg-K})(2683 \text{ K})/(4490 \text{ kPa}) = 1715 \text{ m}^3/\text{kg}$$

차단비에 대한 식(3-62)를 사용하여,

$$\beta = v_3/v_2 = (0.1715)/(0.0559) = 3.08$$

상태 4 :
$$v_4 = v_1 = 0.9229 \text{ m}^3/\text{kg}$$

식(3-64)와 식(3-65)는 등엔트로피 팽창 후에 온도와 압력이 주어진다.

$$T_4 = T_3(v_3/v_4)^{k-1} = (2683 \text{ k})(0.1715/0.9229)^{1.35-1} = 1489 \text{ K} = 1216°\text{C}$$
$$P_4 = P_3(v_3/v_4)^k = (4490 \text{ kPa})(0.1715/0.9229)^{1.35} = 463 \text{ kPa}$$

(2) 식(3-58)은 공연비를 알기 위하여 사용된다.

$$Q_{LHV}\eta_c = (\text{AF} + 1)c_p(T_3 - T_2)$$
$$= (41,400 \text{ kJ/kg})(0.98) = (\text{AF} + 1)(1.108 \text{ kJ/kg-K})(2683 - 875)\text{K}$$
$$\text{AF} = 19.25$$

(3) 공기표준 디젤 사이클에서 배기밸브는 상태 4에서 열린다.

$$T_{EVO} = T_4 = 1489 \text{ K} = 1216°\text{C}$$

(4) 압축 행정에서 생산된 일은 식(3-56)을 사용하여 알 수 있다.

$$w_{1-2} = R(T_2 - T_1)/(1 - k) = (0.287 \text{ kJ/kg-K})(875 - 328)\text{K}/(1 - 1.35)$$
$$= -448.5 \text{ kJ/kg}$$

연소할 때 생산된 일은 식(3-60)을 사용하여 알 수 있다.

$$w_{2-3} = P_2(v_3 - v_2) = (4490 \text{ kPa})(0.1715 - 0.0559)\text{m}^3/\text{kg} = +519.0 \text{ kJ/kg}$$

동력 행정에서 생긴 일은 식(3-66)을 사용하여 알 수 있다.

$$w_{3-4} = R(T_4 - T_3)/(1 - k)$$
$$= (0.287 \text{ kJ/kg-K})(1489 - 2683)\text{K}/(1 - 1.35)$$
$$= +979.1 \text{ kJ/kg}$$

정적 불로다운에서 일은 W4-1= 0이다.
한 사이클 동안 실린더 내에서 가스의 단위 질량당 정미일은

$$w_{\text{net}} = w_{1-2} + w_{2-3} + w_{3-4} = (-448.5) + (+519.0) + (+979.1) = +1049.6 \text{ kJ/kg}$$

식(3-59)는 한 사이클 동안 단위 질량당 더하여진 열이다.

$$q_{\text{in}} = q_{2-3} = c_p(T_3 - T_2) = (1.108 \text{ kJ/kg-K})(2683 - 875)\text{K} = 2003.3 \text{ kJ/kg}$$

지시열효율을 알기 위하여 사용된 열량당 일양을 식(2-65)로 사용하면,

$$\eta_t = 1 - (T_4 - T_1)/[k(T_3 - T_2)] = 1 - (1489 - 328)/[1.35(2683 - 875)] = \underline{0.524}$$

열효율은 식(3-72)나 식(3-73)을 사용하면 알 수 있다.

$$\eta_t = 1 - (T_4 - T_1)/[k(T_3 - T_2)] = 1 - (1489 - 328)/[1.35(2683 - 875)] = \underline{0.524}$$
$$\eta_t = 1 - (1/r_c)^{1-k}\{(\beta^k - 1)/[k(\beta - 1)]\}$$
$$= 1 - (1/16.5)^{1.35-1}\{[(3.08)^{1.35} - 1]/[1.35(3.08 - 1)]\} = \underline{0.524}$$

3.7   복합 사이클

식(3-31)과 식(3-73)을 비교할 때, 두 계의 최선의 방법을 가지기 위해서는 기관은 이상적으로는 압축 착화하지만, 오토 사이클로 작동한다는 것을 알 수 있다. 압축 착화는 고효율, 고압축비로 작동하는 반면, 오토 사이클의 정적 연소는 주어진 압축비에 대해 더 높은 효율을 가진다.

현대의 고속 CI 기관에서는 초기의 디젤 기관에 간단한 작동의 변화를 가해 이것을 부분적으로 성취시킨다. 초기 기관에서 행한 대로 상사점 부근의 압축 행정 후반에서 연료를 분사하는 대신에, 현재의 CI 기관은 사이클에서 매우 이르게, 즉 상사점 전 20° 근방에서 연료 분사를 시작한다. 최초의 연료가 압축 행정의 후반에서 착화되고, 그 부분 연소는 오토 사이클과 같이 상사점에서 정적 상태에서 이루어진다. 그림 3-9에 나타나 있는데, 그림은 SI 기관의 사이클과 초기 CI 기관의 교차를 나타낸다. 이러한 현대 CI 기관 사이클을 해석하는 데 사용된 공기-표준 사이클을 **복합 사이클**(dual-cycle), 또는 **유한 압력 사이클**(limited pressure cycle : 그림 3-10)이라 한다. 연소 과정에서 열이 유입되는 과정 및 정적과 등압 두 가지 과정으로 잘 근사되기 때문에 복합 사이클이라 부른다. 이것은 유한 상위 압력을 가지는 수정된 오토 사이클로 간주할 수 있다.

공기-표준 복합 사이클의 열역학적 해석

공기-표준 복합 사이클의 해석은 열공급 과정(연소) 2-x-3을 제외하고는 디젤 기관과 동일하다.

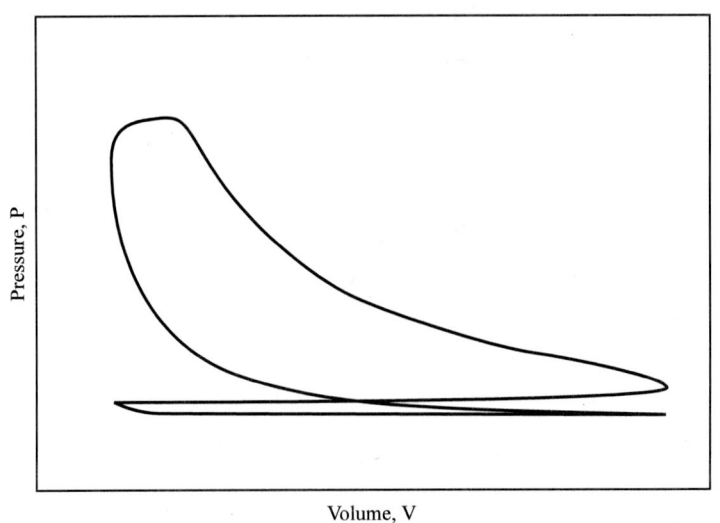

그림 3-10
4행정 사이클로 작동하는 최근 CI 기관의 지압 선도.

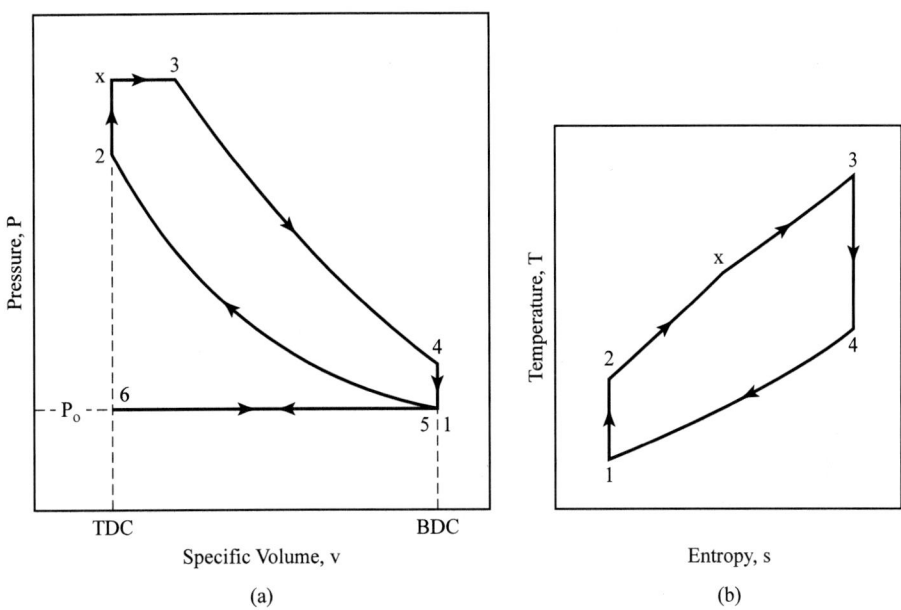

그림 3-11

최근 CI 기관의 4행정 사이클을 개략적으로 나타낸 공기-표준 복합 사이클, 6-1-2-x-3-4-5-6.
(a)압력-비체적 선도 (b)온도 - 엔트로피 선도.

과정 2-x :　　　정적 열공급(연소의 앞부분).
　　　　　　　　모든 밸브 닫힘.

$$V_x = V_2 = V_{TDC} \tag{3-74}$$
$$w_{2-x} = 0 \tag{3-75}$$
$$Q_{2-x} = m_m c_v(T_x - T_2) = (m_a + m_f)c_v(T_x - T_2) \tag{3-76}$$
$$q_{2-x} = c_v(T_x - T_2) = (u_x - u_2) \tag{3-77}$$
$$P_x = P_{max} = P_2(T_x/T_2) \tag{3-78}$$

압력비(Pressure ratio)는 연소 동안의 압력 상승으로 정의된다.

$$\alpha = P_x/P_2 = P_3/P_2 = T_x/T_2 = (1/r_c)^k(P_3/P_1) \tag{3-79}$$

과정 x-3 :　　　정압 열 공급(연소 과정의 뒷부분).
　　　　　　　　모든 밸브 닫힘.

$$P_3 = P_x = P_{max} \tag{3-80}$$

$$Q_{x-3} = m_m c_p (T_3 - T_x) = (m_a + m_f) c_p (T_3 - T_x) \tag{3-81}$$

$$q_{x-3} = c_p (T_3 - T_x) = (h_3 - h_x) \tag{3-82}$$

$$w_{x-3} = q_{x-3} - (u_3 - u_x) = P_x (v_3 - v_x) = P_3 (v_3 - v_x) \tag{3-83}$$

$$T_3 = T_{max} \tag{3-84}$$

연료 차단비 :
$$\beta = v_3/v_x = v_3/v_2 = V_3/V_2 = T_3/T_x \tag{3-85}$$

열 공급 :
$$Q_{in} = Q_{2-x} + Q_{x-3} = m_f Q_{HV} \eta_c \tag{3-86}$$

$$q_{in} = q_{2-x} + q_{x-3} = (u_x - u_2) + (h_3 - h_x) \tag{3-87}$$

복합 사이클의 열효율 :

$$\begin{aligned}
(\eta_t)_{DUAL} &= |w_{net}|/|q_{in}| = 1 - (|q_{out}|/|q_{in}|) \\
&= 1 - c_v (T_4 - T_1)/[c_v (T_x - T_2) + c_p (T_3 - T_x)] \\
&= 1 - (T_4 - T_1)/[(T_x - T_2) + k(T_3 - T_x)]
\end{aligned} \tag{3-88}$$

이것을 다시 정리하면 다음과 같다.

$$(\eta_t)_{DUAL} = 1 - (1/r_c)^{k-1} [\{\alpha \beta^k - 1\}/\{k\alpha(\beta - 1) + \alpha - 1\}] \tag{3-89}$$

여기서,
$$r_c = \quad \text{비}$$
$$k = c_p/c_v$$
$$\alpha = \quad \text{비}$$
$$\beta = \quad \text{차단비}$$

Otto 사이클에서는 식(3-73)과 식(3-89)를 사용한 압축 점화 기관에서 구하여진 공기 표준 열효율이 실제 공기 연료 사이클보다 약간 높다. 이것은 조성의 변화와 열 손실과 밸브오버랩, 그리고 사이클 과정에 필요한 시간과 같은 이유 때문이다.

$$(\eta_t)_{actual} \approx 0.85 (\eta_t)_{DIESEL} \tag{3-90}$$

$$(\eta_t)_{actual} \approx 0.85 (\eta_t)_{DUAL} \tag{3-91}$$

3.8 오토, 디젤, 복합 사이클의 비교

그림 3-12는 오토, 디젤, 복합 사이클의 동일입구 조건과 동일 압축비에서의 비교를 나타낸다.

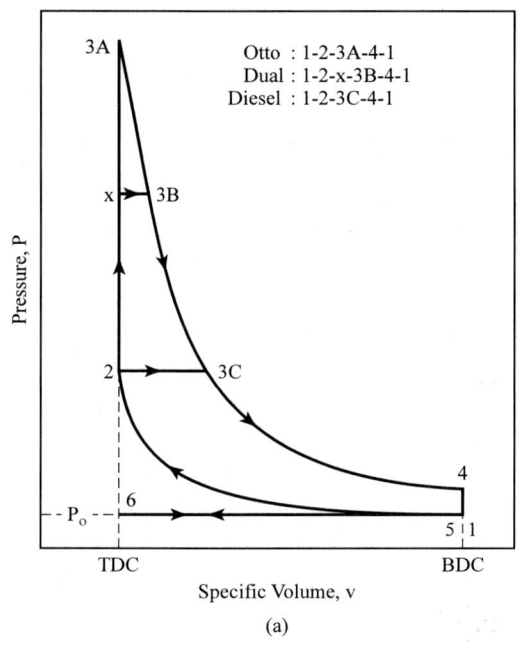

(a)

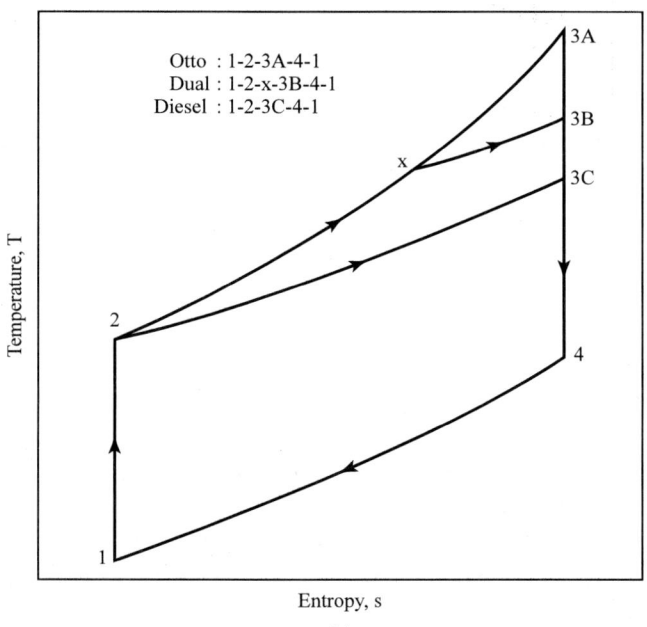

(b)

그림 3-12

공기-표준 오토 사이클, 복합 사이클 및 디젤 사이클의 비교. 모든 기관은 동일한 실린더 입력 조건과 압축비를 가진다.

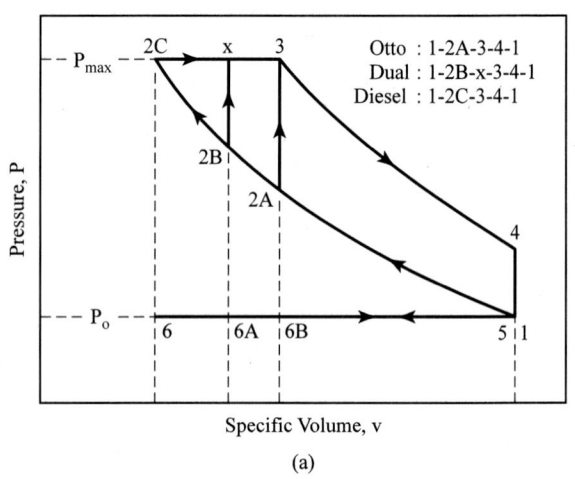

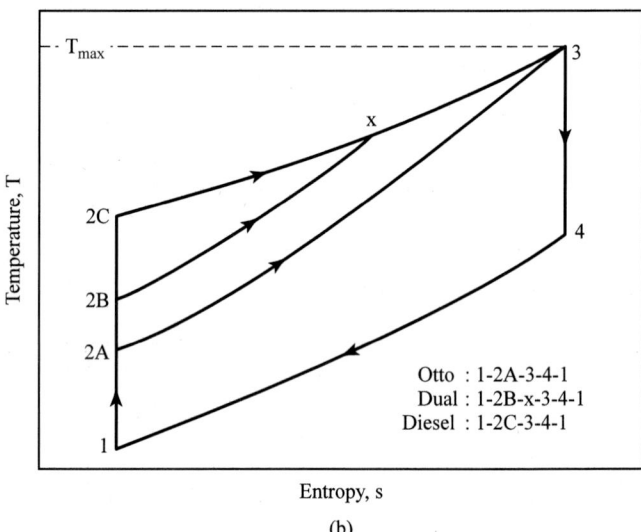

그림 3-12

공기-표준 오토 사이클, 복합 사이클, 디젤 사이클의 비교. 모든 기관은 동일한 실린더 입력 조건과 최대 온도와 압력을 가진다.

각 사이클의 효율은 다음과 같이 나타낸다.

$$\eta_t = 1 - |q_{out}|/|q_{in}| \qquad (3\text{-}92)$$

T-s 선도상의 과정 곡선 아래 영역은 열전달과 같다. 그래서 그림 3-12(b)에서 처럼 열효율을 비교할 수 있다. 각 사이클에서 q_{out}은 동일하고(과정 4-1), q_{in}은 다르다. 그림 3-12(b)와 식(3-92)을 이용해서 다음 조건을 알 수 있다.

$$(\eta_t)_{\text{OTTO}} > (\eta_t)_{\text{DUAL}} > (\eta_t)_{\text{DIESEL}} \qquad (3\text{-}93)$$

그러나 이것은 이 세 가지 사이클에 대한 가장 좋은 비교 방법은 아니다. 이들은 각각 동일한 압축비로 작동하지 않기 때문이다. 즉, 복합 사이클과 디젤 사이클로 작동하는 압축 착화 기관은 오토 사이클로 작동하는 불꽃 점화 기관보다 높은 압축비를 가진다. 더욱 현실적인 한 방법은 똑같은 최대 압력(기관의 실제 설계 한계)을 가지도록 하여 세 사이클을 비교하는 것이다. 이는 그림 3-13와 같이 수행되며, 이 그림을 식(3-92)과 비교할 때 다음과 같음을 알 수 있다.

$$(\eta_t)_{\text{DIESEL}} > (\eta_t)_{\text{DUAL}} > (\eta_t)_{\text{OTTO}} \qquad (3\text{-}94)$$

식(3-93)과 식(3-94)의 개념을 비교하면 가장 효율적인 기관은 가능한 한 정적 연소를 하며, 압축 착화를 하여 그것이 요구하는 고압축비로 작동함을 알 수 있다. 이 점은 연구와 발전이 더 필요한 부분이다.

예제 3-5

공연비 18에서 경디젤 연료를 사용하는 공기-표준 복합 사이클(그림 3-10)로 작동하는 4개의 실린더, 4리터의 CI 기관을 가진 작은 트럭이 있다. 기관의 압축비는 16:1이고, 실린더의 내경은 10cm이다. 압축 행정 시작시 실린더의 상태는 30°C, 100kPa, 2%의 잔류 배기를 가진다. 연소로부터 열 공급의 절반은 정적으로, 절반은 정압으로 추가된다.
다음을 계산하라.

1. 사이클의 각 상태에서 온도와 압력
2. 도시 열효율
3. 배기 온도
4. 흡기 다기관에서의 공기 온도
5. 기관 체적 효율

풀 이

(1) 한 개의 실린더에 대해서,

$$V_d = (4\ \text{L})/4 = 1\ \text{L} = 0.001\ \text{m}^3 = 1000\ \text{cm}^3$$

식(2-12)를 사용하면,

$$r_c = V_{\text{BDC}}/V_{\text{TDC}} = (V_d + V_c)/V_c = 16 = (1000 + V_c)/V_c$$
$$V_c = 66.7\ \text{cm}^3 = 0.0667\ \text{L} = 0.0000667\ \text{m}^3$$

식(2-8)을 사용하면,

$$V_d = (\pi/4)B^2S = 0.001\ \text{m}^3 = (\pi/4)(0.10\ \text{m})^2S$$
$$S = 0.127\ \text{m} = 12.7\ \text{cm}$$

상태 1 : $\underline{T_1 = 60^\circ\text{C} = 333\ \text{K}}$ given in problem statement
$\underline{P_1 = 100\ \text{kPa}}$ given
$V_1 = V_{\text{BDC}} = V_d + V_c = 0.001 + 0.0000667 = 0.0010667\ \text{m}^3$

압축 시작시에 하나의 실린더에서 가스의 질량은,

$$m_m = P_1V_1/RT_1 = (100\ \text{kPa})(0.0010667\ \text{m}^3)/(0.287\ \text{kJ/kg-K})(333\ \text{K})$$
$$= 0.00112\ \text{kg}$$

사이클당 실린더에 분사되는 연료의 질량은 다음과 같다.

$$m_f = (0.00112)(0.98)(1/19) = 0.0000578\ \text{kg}$$

상태 2 : 식(3-52)와 식(3-53)에서 압축 후의 온도와 압력을 알 수 있다.

$$T_2 = T_1(r_c)^{k-1} = (333\ \text{K})(16)^{0.35} = \underline{879\ \text{K} = 606^\circ\text{C}}$$
$$P_2 = P_1(r_c)^k = (100\ \text{kPa})(16)^{1.35} = \underline{4222\ \text{kPa}}$$
$$V_2 = mRT_2/P_2 = (0.00112\ \text{kg})(0.287\ \text{kJ/kg-K})(879\ \text{K})/(4222\ \text{kPa})$$
$$= \underline{0.000067\ \text{m}^3 = V_c}$$

또는, 식(2-12)를 사용하면,

$$V_2 = V_1/r_c = (0.0010667)/(16) = 0.0000667\ \text{m}^3$$

상태 x : 경디젤 연료의 발열량은 부록의 표 A-2에서 구한다.

$$Q_{in} = m_f Q_{HV} = (0.0000578 \text{ kg})(42,500 \text{ kJ/kg}) = 2.46 \text{ kJ}$$

정적에서 Q_{in} 의 반이 발생된다면, 식(3-76)으로부터

$$Q_{2-x} = 1.23 \text{ kJ} = m_m c_v (T_x - T_2)$$
$$= (0.00112 \text{ kg})(0.821 \text{ kJ/kg-K})(T_x - 879 \text{ K})$$
$$\underline{T_x = 2217 \text{ K} = 1944°C}$$
$$\underline{V_x = V_2 = 0.0000667 \text{ m}^3}$$
$$P_x = mRT_x/V_x$$
$$= (0.00112 \text{ kg})(0.287 \text{ kJ/kg-K})(2217 \text{ K})/(0.0000667 \text{ m}^3)$$
$$\underline{= 10,650 \text{ kPa} = P_{max}}$$

또는, $$P_x = P_2(T_x/T_2) = (4222 \text{ kPa})(2217/879) = 10,650 \text{ kPa}$$

상태 3 : $$\underline{P_3 = P_x = 10,650 \text{ kPa} = P_{max}}$$

식(3-81)에서 $$Q_{x-3} = 1.23 \text{ kJ} = m_m c_p (T_3 - T_x)$$
$$= (0.00112 \text{ kg})(1.108 \text{ kJ/kg-K})(T_3 - 2217 \text{ K})$$
$$\underline{T_3 = 3208 \text{ K} = 2935°C = T_{max}}$$
$$V_3 = mRT_3/P_3 = (0.00112 \text{ kg})(0.287 \text{ kJ/kg-K})(3208 \text{ K})/(10,650 \text{ kPa})$$
$$\underline{= 0.000097 \text{ m}^3}$$

상태 4 : $$V_4 = V_1 = 0.0010667 \text{ m}^3$$

식(3-64)와 식(3-65)에서 팽창 후의 온도와 압력을 구할 수 있다.

$$T_4 = T_3(V_3/V_4)^{k-1} = (3208 \text{ K})(0.000097/0.0010667)^{0.35}$$
$$= 1386 \text{ K} = 1113°C$$
$$P_4 = P_3(V_3/V_4)^k = (10,650 \text{ kPa})(0.000097/0.0010667)^{1.35} \underline{= 418 \text{ kPa}}$$

과정 x-3 동안에 한 사이클에 한 개의 실리더에서 발생하는 일은 식(3-83)을 사용하여 푼다.

$$W_{x-3} = P(V_3 - V_x) = (10,650 \text{ kPa})(0.000097 - 0.0000667)\text{m}^3 \underline{= 0.323 \text{ kJ}}$$

과정 3-4 동안의 일은 식(3-66)을 사용하여 푼다.

$$W_{3-4} = mR(T_4 - T_3)/(1 - k)$$
$$= (0.00112 \text{ kg})(0.287 \text{ kJ/kg-K})(1386 - 3208)\text{K}/(1 - 1.35)$$
$$= \underline{1.673 \text{ kJ}}$$

과정 1-2에서의 일은 식(3-56)을 사용한다.

$$W_{1-2} = mR(T_2 - T_1)/(1 - k)$$
$$= (0.00112 \text{ kg})(0.287 \text{ kJ/kg-K})(879 - 333)\text{K}/(1 - 1.35)$$
$$= -0.501 \text{ kJ}$$
$$W_{\text{net}} = (+0.323) + (+1.673) + (-0.501) = +1.495 \text{ kJ}$$

(2) 식(3-88)에서 도시 열효율을 알 수 있다.

$$(\eta_t)_{\text{DUAL}} = |W_{\text{net}}|/|Q_{\text{in}}| = (1.495 \text{ kJ})/(2.46 \text{ kJ}) = \underline{0.607 = 60.7\%}$$

압력비 : $\qquad \alpha = P_x/P_2 = 10{,}650/4222 = 2.52$

연료 차단비 : $\qquad \beta = V_3/V_x = 0.000097/0.0000667 = 1.45$

열효율을 구하기 위해 식(3-89)를 사용하면,

$$(\eta_t)_{\text{DUAL}} = 1 - (1/r_c)^{k-1}[\{\alpha\beta^k - 1\}/\{k\alpha(\beta - 1) + \alpha - 1\}]$$
$$= 1 - (1/16)^{0.35}[\{(2.52)(1.45)^{1.35} - 1\}/\{(1.35)(2.52)(1.45 - 1) + 2.52 - 1\}]$$
$$= 0.607$$

(3) 배기 압력을 흡기 압력과 같다고 가정하고 배기 온도를 식 93-37)을 사용해 구하면,

$$T_{\text{ex}} = T_4(P_{\text{ex}}/P_4)^{(k-1)/k} = (1386 \text{ K})(100/418)^{(1.35-1)/1.35} = \underline{957 \text{ K} = 684°\text{C}}$$

잔류 배기는 식(3-46)에서 구한다.

$$x_r = (1/r_c)(T_4/T_{\text{ex}})(P_{\text{ex}}/P_4)$$
$$= (1/16)(1386/957)(100/418) = \underline{0.022 = 2.2\%}$$

(4) 실린더에 들어가는 공기 온도를 계산하기 위해 식(3-50)을 사용하면 다음과 같다.

$$(T_m)_1 = x_r T_{ex} + (1 - x_r)T_a$$
$$(333 \text{ K}) = (0.022)(957 \text{ K}) + (1 - 0.022)T_a$$
$$\underline{T_a = 319 \text{ K} = 46°\text{C}}$$

(5) 흡기 동안에 한 개의 실린더에 들어가는 공기의 질량은,

$$m_a = (0.00112 \text{ kg})(0.98) = 0.00110 \text{ kg}$$

체적 효율은 식(2-69)을 사용하여 알 수 있다.

$$T_{\text{BULK}} = (T_1 + T_2)/2 = (756 + 656)/2$$
$$= 706 \text{ K} = 433°\text{C}$$

역사적 이야기 - 애트킨슨 사이클

오토와 디젤 사이클에서는 팽창 행정의 끝에 임박하여 배기 밸브가 열릴 때, 실린더 내의 압력은 대기의 3/5과 비슷하게 내려간다. 따라서, 동력 행정 동안 추가적인 일을 할 수 있는 위치 에너지를 배기 밸브가 열리고 압력이 대기압으로 내려갈 때 잃게 된다. 만약 실린더 내의 가스가 팽창하여 대기압으로 내려갈 때까지 배기 밸브가 열리지 않는다면, 기관 효율을 증가시키며 더 많은 양의 일을 팽창 행정에서 얻을 수 있다. 이러한 공기-표준 사이클을 애트킨슨 사이클 또는 과팽창 사이클(또는 완전 팽창 사이클)이라 부르며, 그림 3-13과 같다. 1885년부터 시작하여 더욱 긴 팽창과 압축 과정을 가진 이 사이클을 완성하기 위해 수많은 크랭크와 밸브 메커니즘이 시도되었다. 이들 기관들이 별로 팔리지 않은 것은 이 개발이 실패로 끝났음을 나타낸다[58].

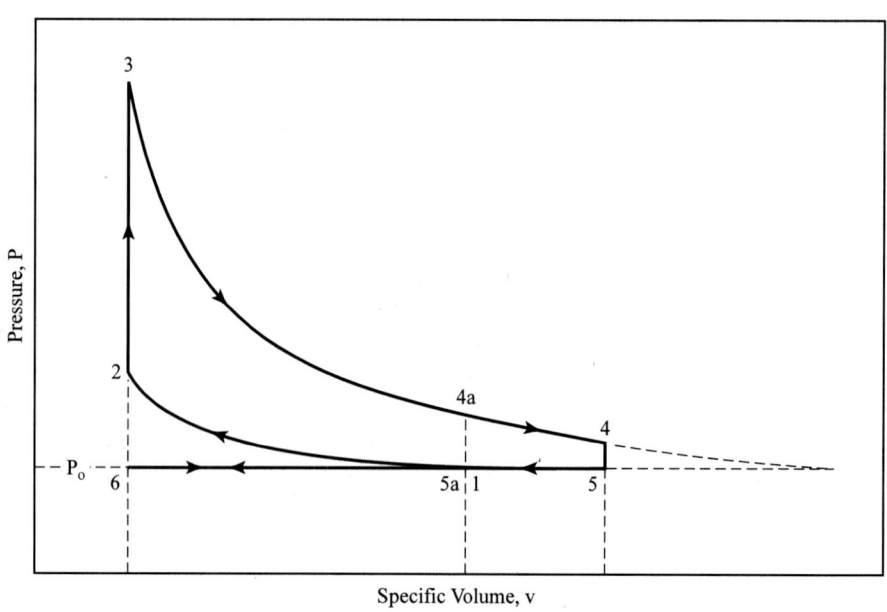

그림 3-14
압축비 v1/v3보다 큰 팽창비 v₄/v₃를 가지는 공기-표준 애트킨슨 사이클,
6-1-2-3-4-5-6. 오토 사이클로 작동되는 같은 기관은 사이클 6-1-2-3-4a-5a-6을 따른다.

3.9   밀러 사이클

밀러(R.H.Miller ; 1890~1967)의 이름에서 딴 **밀러 사이클**(Miller cycle)은 애트킨슨 사이클을 현대적으로 수정한 것으로, 압축비보다 큰 팽창비를 가진다. 그렇지만 밀러 사이클에서는 애트킨슨 사이클과는 상당히 다르게 이것이 수행된다. 애트킨슨 사이클을 작동시키기 위해 설계된 기관은 많은 복잡한 기계적 장치들을 필요로 하지만, 밀러 사이클 기관은 동일한 결과를 얻기 위해 독특한 밸브 타이밍을 사용한다.

밀러 사이클의 공기 흡입은 교축이 안 된다. 각 실린더로 흡입된 공기의 양은 BDC(그림 3-14의 점 7) 훨씬 전의 적절한 시간에 흡기 밸브를 닫음으로써 제어된다. 흡입 행정의 후반부에서 피스톤이 계속적으로 BDC를 향하면, 실린더의 압력은 과정 7-1을 따라 감소한다. 피스톤이 BDC에 도착하고 TDC를 향할 때, 압력은 다시 과정 1-7을 따라서 증가한다. 결과적으로, 사이클은 6-7-1-7-2-3-4-5-6이 된다. 흡입 행정 과정 6-7의 첫 부분에서 생긴 일은 배기 행정 7-6의 일부에 의해 상쇄되고, 과정 7-1이 과정 1-7에 의해 상쇄된다. 그리고 순수 도시일은 루프 7-2-3-4-5-7내의 영역이 된다. 결국 펌프일이 없어지고, 압축비는 다음과 같다.

$$r_c = V_7/V_2 \qquad\qquad (3\text{-}95)$$

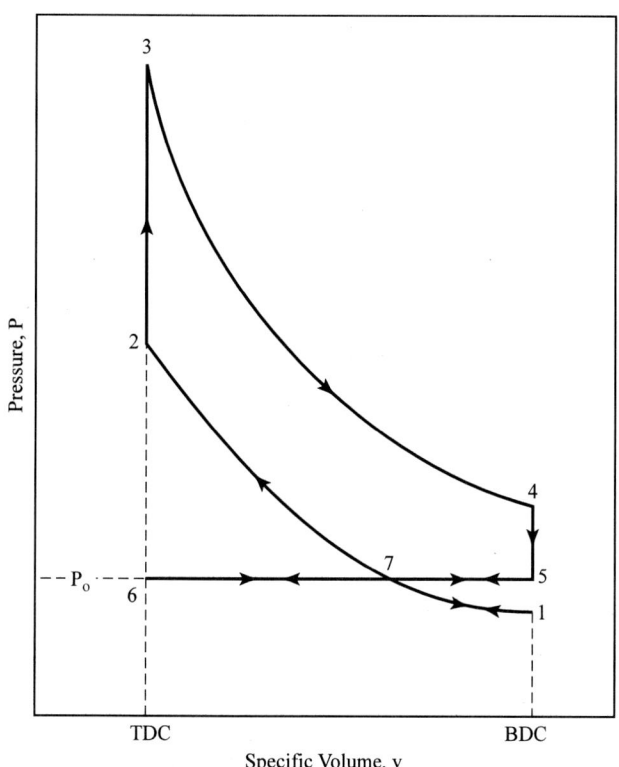

그림 3-14

교축이 안 된 흡기 4행정 사이클 SI 기관에서의 공기-표준 밀러 사이클. 기관이 초기 흡기 밸브를 가진다면, 밀폐 사이클은 6-7-1-7-2-3-4-5-7이 될 것이다. 기관이 후기 흡기 밸브를 가진다면, 밀폐 사이클은 6-7-5-7-2-3-4-5-7-6이 될 것이다.

그리고 팽창비는 다음과 같다.

$$r_e = V_4/V_2 = V_4/V_3 \tag{3-96}$$

일을 흡수하는 짧은 압축 행정은 일을 생성하는 긴 팽창 행정과 결합하여 결과적으로 사이클당 순수 도시일을 크게 한다. 부가적으로, 교축이 안 된 흡기 시스템으로 공기를 유동하게 함으로써 대부분의 SI 기관에서 나타나는 주손실이 소거된다. 이것은 특히 오토 사이클 기관이 흡기 다기관의 낮은 압력과 이에 대응하는 높은음의 펌프일을 할 때, 부분 교축에서 그러하다. 밀러 사이클 기관은 펌프일이 없다.

이것은 CI 기관에서와 같고, 그 결과 높은 열효율을 가지게 된다.

밀러 사이클 기관의 기계적 효율은 오토 사이클 기관과 거의 동일하고, 이것은 기계적 연결 시스템이 비슷하다. 반면, 애트킨슨 사이클 기관은 복잡한 기계적 연결 시스템을 요구하기 때문에 기계적 효율은 낮다.

이 사이클의 또 다른 변형 사이클은 흡입 공기를 교축시키지 않고, 흡기 밸브를 BDC 후에 닫음으로써 얻을 수 있다. 이렇게 했을 때, 공기는 전 흡입 행정 동안에 유입되지만, 상당량은 흡기 밸브가 닫히기 전에 흡기 다기관으로 밀려난다. 그 결과, 사이클은 그림 3-14의 6-7-5-7-2-3-4-5-6이 된다. 순도시일은 다시 루프 7-2-3-4-5-7 내의 영역이 되며, 압축비와 팽창비는 식(3-93)과 식(3-94)로 나타난다.

효율적인 일에 대한 사이클의 두 변형에서, 정확한 시점(점7)에서 흡기 밸브를 닫을 수 있는 것이 아주 중요하다. 그렇지만 흡기 밸브가 닫혀야 하는 점(7)은 기관 속도 또는 부하가 변함에 따라 변한다. 이것을 제어하는 것은 다양한 밸브 타이밍이 완전하게 개발되어 도입되기 전까지는 불가능했다. 밀러 사이클 기관을 가진 자동차는 1990년대 후반에 처음 상품화되었다. 대표적인 압축비는 대략 8:1, 팽창비는 대략 10:1이다.

밀러 사이클로 작동되는 자동차가 최초로 생산되었을 때, 조기 흡기 밸브를 닫는 방법과 후기 흡기 밸브를 닫는 방법이 사용되었다. 몇 가지 다양한 밸브 타이밍 시스템이 시도되어 왔으며, 현재도 개발 중이다. 현재로서는 어떤 종류도 다루기 쉬운 것이 없으며, 많은 발전이 여전히 필요하다.

만약 흡기 밸브가 BDC 전에 닫히면, 실린더의 전체 행정 체적보다 적은 흡입 공기량이 가능하다. 만약 흡기 밸브가 BDC 후에 닫히면, 전체 행정 체적이 공기로 채워지지만, 그 대다수

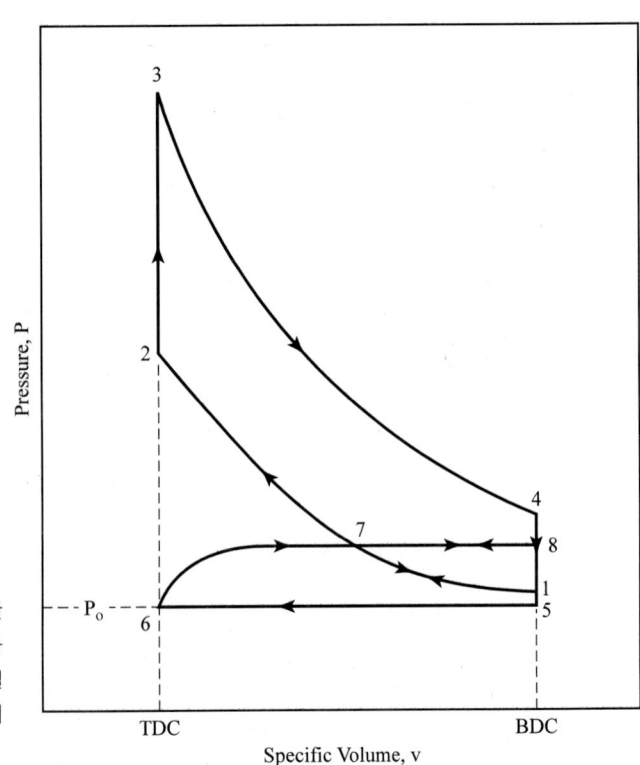

그림 3-16
터보 과급기나 과급기가 장착된 4행정 사이클 SI 기관에서의 공기-표준 밀러 사이클. 기관이 초기 흡기를 가진다면, 밸브 밀폐 사이클은 6-7-1-7-2-3-4-5-6이 될 것이다. 기관이 후기 흡기를 가진다면, 밸브 밀폐사이클은 6-7-8-7-2-3-4-5-6 이 될 것이다.

는 밸브가 닫히기 전에 다시 방출된다(그림 3-14의 과정 5-7). 어떤 경우든, 압축 행정의 시작에서 적은 공기와 연료가 실린더 내에 있으면, 행정 체적당 낮은 출력을 가지고, 낮은 도시 평균 유효 압력을 가진다. 이것을 개선하기 위해 밀러 사이클 기관은 보통 최대 흡기 다기관 압력을 150~200kPa 정도로 과급시키거나 터보 과급시킨다. 그림 3-15는 슈퍼과급된 밀러 기관 사이클을 보여 준다.

예제 3-5

예제 3-1의 4개 실린더와 2.5L SI 자동차 기관을 조기 밸브 밀폐를 가진 공기-표준 밀러 사이클로 대체했다(그림 3-15의 사이클 6-7-1-7-2-3-4-5-6). 압축비는 8:1, 팽창비는 1:1을 가진다. 그림 3-16에 나타나 있는 것과 같이, 흡기 밸브를 닫을 때 160kPa의 압력을 실린더에 가해 주는 과급기를 달았다. 이 점의 온도는 60°C이다. 동일한 연료와 AF를 사용했으며, 연소효율 $\eta_c = 100\%$ 이다.
다음을 계산하라.

   1. 사이클의 모든 점에서의 온도와 압력
   2. 도시 열효율
   3. 도시평균 유효 압력
   4. 배기 온도

풀 이

예제 3-1의 1개의 실린더에 대해,

$$V_d = 0.000625 \text{ m}^3$$

식(3-94)를 사용하면 팽창비는 다음과 같다.

$$r_e = V_4/V_3 = (V_d + V_c)/V_c = 10 = (0.000625 + V_c)/V_c$$
$$V_c = 0.000069 \text{ m}^3 = V_2 = V_3 = V_6$$
$$V_1 = V_4 = V_5 = V_d + V_c = 0.000625 + 0.000069 = 0.000694 \text{ m}^3$$

식(3-93)의 압축비를 사용하면 다음과 같다.

$$V_7 = V_2 r_c = (0.000069)(8) = 0.000552 \text{ m}^3$$

(1) 온도와 압력은,

$$
\begin{aligned}
&\underline{T_7 = 60°C = 333 \text{ K}} \quad \text{given in problem statement} \\
&\underline{P_7 = P_8 = 160 \text{ kPa}} \quad \text{given} \\
&P_1 = P_7(V_7/V_1)^k = (160 \text{ kPa})(0.000552/0.000694)^{1.35} = \underline{117 \text{ kPa}} \\
&T_1 = T_7(V_7/V_1)^{k-1} = (333 \text{ K})(0.000552/0.000694)^{0.35} = \underline{307 \text{ K} = 34°C} \\
&T_2 = T_7(r_c)^{k-1} = (333 \text{ K})(8)^{0.35} = \underline{689 \text{ K} = 416°C} \\
&P_2 = P_7(r_c)^k = (160 \text{ kPa})(8)^{1.35} = \underline{2650 \text{ kPa}}
\end{aligned}
$$

실린더 내의 가스 질량은 다음과 같다.

$$
\begin{aligned}
m_1 &= P_1 V_1 / R T_1 = (117 \text{ kPa})(0.000694 \text{ m}^3)/(0.287 \text{ kJ/kg-K})(307 \text{ K}) \\
&= 0.000922 \text{ kg}
\end{aligned}
$$

만약 AF = 15이고, 배기 잔유율 x_r = 4%이면, 연료의 질량은 다음과 같다.

$$
\begin{aligned}
m_f &= (1/16)(0.96)(0.000922) = 0.000055 \text{ kg} \\
Q_{in} &= m_f Q_{HV} \eta_c = (0.000055 \text{ kg})(44,300 \text{ kJ/kg})(1.00) = 2.437 \text{ kJ} \\
Q_{in} &= m_m c_v (T_3 - T_2) = 2.437 \text{ kJ} \\
&= (0.000922 \text{ kg})(0821 \text{ kJ/kg-K})(T_3 - 689 \text{ K}) \\
\underline{T_3} &\underline{= 3908 \text{ K} = 3635°C} \\
P_3 &= P_2(T_3/T_2) = (2650 \text{ kPa})(3908/689) = \underline{15,031 \text{ kPa}} \\
T_4 &= T_3(V_3/V_4)^{k-1} = T_3(1/r_e)^{k-1} = (3908 \text{ K})(1/10)^{0.35} \\
&= \underline{1746 \text{ K} = 1473°C} \\
P_4 &= P_3(1/r_e)^k = (15,031 \text{ kPa})(1/10)^{1.35} = \underline{671 \text{ kPa}} \\
V_4 &= m R T_4 / P_4 = (0.000922 \text{ kg})(0.287 \text{ kJ/kg-K})(1746 \text{ K})/(671 \text{ kPa}) \\
&= 0.000694 \text{ m}^3 \\
\underline{P_5} &\underline{= P_{ex} = 100 \text{ kPa}} \\
T_5 &= T_4(P_5/P_4) = (1746 \text{ K})(100/671) = \underline{260 \text{ K}}
\end{aligned}
$$

(2) 도시 열효율은,

$$
\begin{aligned}
W_{3-4} &= m R(T_4 - T_3)/(1 - k) \\
&= (0.000922 \text{ kg})(0.287 \text{ kJ/kg-K})(1746 - 3908)\text{K}/(1 - 1.35) \\
&= 1.635 \text{ kJ}
\end{aligned}
$$

$$W_{7-2} = mR(T_2 - T_7)/(1 - k)$$
$$= (0.000922\ \text{kg})(0.287\ \text{kJ/kg-K})(689 - 333)\text{K}/(1 - 1.35)$$
$$= -0.269\ \text{kJ}$$

$$W_{6-7} = P_7(V_7 - V_6) = (160\ \text{kPa})(0.000552 - 0.000069)\text{m}^3 = 0.077\ \text{kJ}$$
$$W_{5-6} = P_5(V_6 - V_5) = (100\ \text{kPa})(0.000069 - 0.000694)\text{m}^3 = -0.063\ \text{kJ}$$
$$W_{net} = (+1.635) + (-0.269) + (+0.077) + (-0.063) = +1.380\ \text{kJ}$$
$$(\eta_t)_{MILLER} = |W_{net}|/|Q_{in}| = (1.380\ \text{kJ})/(2.437\ \text{kJ}) = \underline{0.566 = 56.6\%}$$

(3) 식(2-29)을 사용해 도시 평균 유효 압력을 구하면 다음과 같다.

$$\text{imep} = W_{net}/V_d = (1.380\ \text{kJ})/(0.000625\ \text{m}^3) = \underline{2208\ \text{kPa}}$$

(4) 배기 온도는,

$$T_{ex} = T_4(P_{ex}/P_4)^{(k-1)/k} = (1746\ \text{K})(100/671)^{(1.35-1)/1.35} = \underline{1066\ \text{K} = 793°\text{C}}$$

3.10 밀러 사이클과 오토 사이클의 비교

예제 3-1과 예제 3-2의 오토 사이클 기관을 예제 3-5의 밀러 사이클로 작동하고 있는 유사한 기관과 비교해 보면 밀러 사이클의 우수성이 드러난다. 표 3-1은 그러한 비교를 나타내고 있다. 두 사이클에서의 온도는 배기 온도를 제외하고는 거의 같다. 각각의 사이클에서 연소 초기 온도가 자발화와 노크가 문제되지 않도록 충분히 낮아야 하는 것이 중요하다. 밀러 사이클의 낮은 배기 온도는 본질적으로 동일한 최대 사이클 온도로부터 생기는 큰 팽창 냉각의 결과이다. 낮은 배기 온도는 적은 에너지가 배기에서 손실된다는 것을 의미하고, 긴 팽창 행정에서 일 출력으로 더 많이 사용된다. 밀러 사이클에서의 압력은 오토 사이클에서의 압력보다 높으며, 그 주 원인은 과급된 입력 때문이다. 출력 변수인 도시 평균 유효 압력, 열효율, 일은 모두 밀러 사이클에서 더 높아 이 사이클의 기술적 우수성을 나타낸다. 밀러 사이클의 도시일과 도시 열효율의 일부는 기관 과급기를 가동하기 위해 손실될 것이다. 이것을 고려하더라도 제동일과 제동 열효율은 오토 사이클 기관에서보다 더 크다. 만약 과급기 대신에 터보 과급기를 사용한다면, 제동 출력 변수값은 훨씬 높아질 것이다. 이러한 밀러 사이클의 높은 출력은 밀러 사이클 기관의 밸브 구조를 더 크고 복잡하게 하여, 제조 비용도 더 들 것이다.

표 3-1 오토와 밀러 사이클의 비교

	Miller Cycle	Otto Cycle
연소 시작시의 온도, T_2	689 K	707 K
연소 시작시의 압력, P_2	2650 kPa	1826 kPa
최대 온도, T_3	3908 K	3915 K
최대 압력, P_3	15,031 kPa	10,111 kPa
배기 온도	1066 K	1183 K
실린더당 도시 정미일 같은 Q_{in}에 대한 사이클당	1.380 kJ	1.030 kJ
도시 열효율	56.6 %	52.9 %
도시 평균 유효 압력	2208 kPa	1649 kPa

3.11 2행정 사이클

처음으로 실제적인 2행정 사이클 기관은 1887년에 나타났다. 그 후에 많은 압축 점화 기관과 전기 점화기관이 제조되었다. 가장 작은 기관과 가장 큰 기관은 항상 2행정 사이클로 작동된다. 대부분의 작은 기관(휴대용 동력사슬 톱, 한날짜리 송풍기 등)은 가볍고 저렴한 것이 바람직하다. 이들은 둘 다 2행정 기관에서는 기관 밸브가 없어야 한다. 대단히 큰 기관은 저속으로 작동되는데, 작동이 원활하게 되기 위하여 2행정 사이클로 작동되어야 한다. RPM이 적으면 매 사이클마다 실린더에서 동력행정은 매끄럽게 작동되어야 한다.

2행정 사이클 기관은 자동차의 역사를 통하여 때때로 수송 수단으로 사용되곤 하였는데, 1990년까지 동독에서 두 개가 만들어졌다. 현대의 자동차에서도 2행정을 가진 실린더 체적이 큰 기관은 여러 나라의 배기 관계법 때문에 만들지 않고 있다. 자동차에서 2행정 사이클 기관을 사용하면 낮은 비 질량과 작동(매 행정마다 동력 행정)의 매끄러움 때문에 대단히 매력적이다. 그렇지만 만족할 만큼 공해법은 극복할 만한 장애물과는 너무나 거리가 멀다.

1980년대에 시작하여 1990년대에 걸쳐서 2행정 사이클 자동차 기관을 개발하기 위한 커다란 프로그램이 몇 개의 거대 자동차 회사에 의하여 제시되었다. 이것은 2행정 사이클 기관에 직접 연료 분사 방식을 도입하여 개발한 호주의 Orbital 사에서 비롯되었다. 이것이 비록 탄화수소를 크게 줄였지만 더욱 엄격한 공해법이 자동차에 적용할 수 있는 2행정 사이클을 실패하게 하였고, 대부분 개발되었던 프로그램은 그만두게 되었다. 그렇지만 많은 현대 2행정 사이클 기관은 도로의 수송수단(기관을 외부에 장착한 모터)이 아닌 다른 목적으로 사용하기 위하여 제조되고 있다.

배기 행정이 없고 불완전한 소기로(5장 참조) 많은 양의 배기 가스가 실린더의 다음 사이클의 초기까지 남아 있게 된다. 이것은 실린더에서 공기 연료 혼합기를 희석시키고, 연소 온도가 낮아지게 된다. NOx의 배출 발생은 줄어지나 배기 온도가 낮으면 촉매 시스템의 작동이 잘 되지 않는다.

역사적 이야기 2행정 자동차

2행정 기관으로 만들어진 마지막 두 개의 자동차는 독일에서 1990년까지 만들어졌다. 이들은 0.6리터 2사이클 공냉 Trabant와 3기통 수냉 1.0리터 Wartburg였다.

2행정 SI 기관 사이클

대표적인 2행정 SI 기관에 대한 공기-표준 개략도를 그림 3-16에 나타냈다.

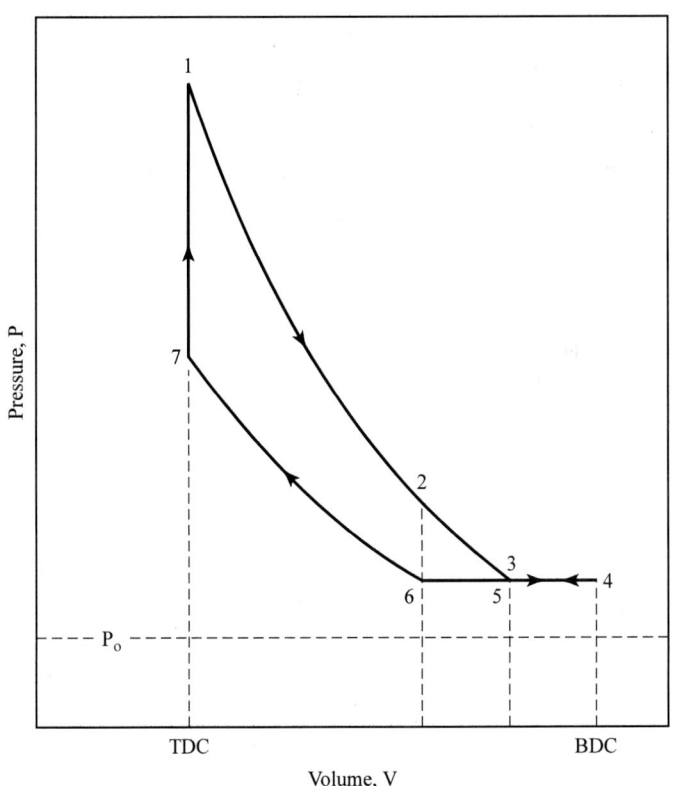

그림 3-17
2행정 사이클 SI 기관에 대한 공기-표준 개략도, 1-2-3-4-5-6-7-1.

과정 1-2 :   단열 동력 또는 팽창 행정.
              모든 포트(또는 밸브) 밀폐.

$$T_2 = T_1(V_1/V_2)^{k-1} \tag{3-97}$$
$$P_2 = P_1(V_1/V_2)^k \tag{3-98}$$
$$q_{1-2} = 0 \tag{3-99}$$
$$w_{1-2} = (P_2v_2 - P_1v_1)/(1 - k) = R(T_2 - T_1)/(1 - k) \tag{3-100}$$

과정 2-3 :   배기 블로다운.
              배기구 개방, 흡기구 밀폐.
과정 3-4-5 : 흡기와 배기 소기.
              배기구와 흡기구의 개방.

140~180kPa 정도의 절대 압력으로 들어오는 흡기는 실린더를 채우고 소기시킨다. 소기는 공기가 이전의 사이클에서 잔류한 배기 가스를 열린 배기구를 통하여 배기계로 추출하는 과정이며, 여기서의 압력은 약 1기압이다. 피스톤은 점 3에서 흡기구를 막고 있지 않고, 점 4에서 하사점에 도달하여 방향을 전환하고, 다시 점 5에서 흡기구를 닫는다. 어떤 기관에서는 연료가 흡입되는 공기와 혼합된다. 다른 기관에서 연료는 배기구가 닫힌 후에 나중에 분사된다.

과정 5-6 :   배기 소기.
              배기구 개방, 흡기구 밀폐.
배기 소기는 배기구가 점 6에서 닫힐 때까지 계속한다.
과정 6-7 :   단열 압축.
              모든 포트 밀폐.

$$T_7 = T_6(V_6/V_7)^{k-1} \tag{3-101}$$
$$P_7 = P_6(V_6/V_7)^k \tag{3-102}$$
$$q_{6-7} = 0 \tag{3-103}$$
$$w_{6-7} = (P_7v_7 - P_6v_6)/(1 - k) = R(T_7 - T_6)/(1 - k) \tag{3-104}$$

어떤 기관에서, 연료는 압축 과정의 조기에 부가된다. 점화 플러그는 과정 6-7의 종료 근방에서 점화된다.

과정 7-1 :   정적 흡열(연소).
              모든 포트 밀폐.

$$V_7 = V_1 = V_{TDC} \tag{3-105}$$
$$W_{7-1} = 0 \tag{3-106}$$
$$Q_{7-1} = Q_{in} = m_f Q_{HV} \eta_c = m_m c_v (T_1 - T_7) \tag{3-107}$$
$$T_1 = T_{max} \tag{3-108}$$
$$P_1 = P_{max} = P_7(T_1/T_7) \tag{3-109}$$

2행정 CI 기관 사이클

많은 압축 점화 기관(특히 대용량)은 2행정 사이클로 작동한다. 이 사이클을 그림 3-17과 같은 공기-표준 시이클로 개략화할 수 있다. 이 사이클은 연료 흡입과 연소 과정을 제외하고는 2행정 SI 사이클과 같다. 흡입 공기에 연료를 혼합하거나 연소 과정에서 조기에 연료를 주입시키는 대신에, 4행정 CI 기관과 같이 압축 과정 후기에 인젝터를 통해 연료가 분사된다. 흡열이나 연소는 2단계 과정으로 개략할 수 있다.

과정 7-x :   정적 흡열(연소의 첫 부분).
모든 포트 밀폐.

$$V_7 = V_x = V_{TDC} \tag{3-110}$$
$$W_{7-x} = 0 \tag{3-111}$$
$$Q_{7-x} = m_m c_v (T_x - T_7) \tag{3-112}$$
$$P_x = P_{max} = P_7(T_x/T_7) \tag{3-113}$$

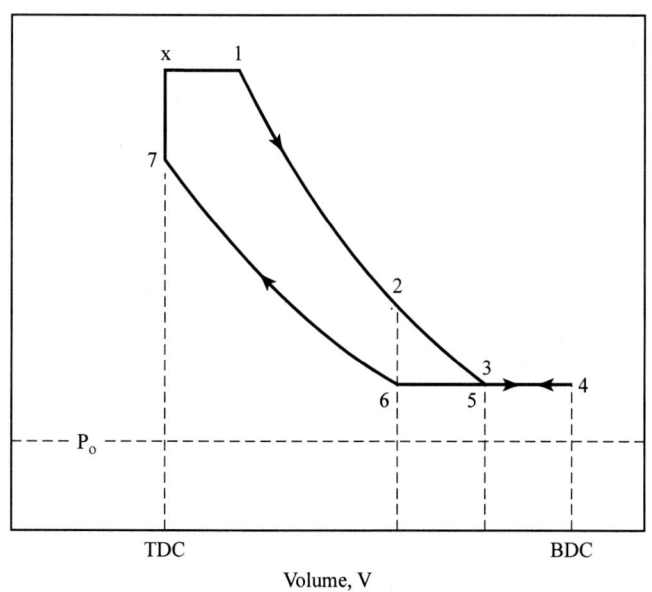

그림 3-17
2행정 사이클 CI 기관에 대한 공기-표준 근사,
1-2-3-4-5-6-7-x-1.

과정 x-1 : 정압 흡열(연소의 두 번째 부분).
　　　　모든 포트 밀폐.

$$P_1 = P_x = P_{max} \tag{3-114}$$
$$W_{x-1} = P_1(V_1 - V_x) \tag{3-115}$$
$$Q_{x-1} = m_m c_p(T_1 - T_x) \tag{3-116}$$
$$T_1 = T_{max} \tag{3-117}$$

예제 3-7

낚싯배가 기관을 외부에 장착한 모터를 가지고 있는데, 3,100RPM으로 공기 표준 2행정 전기점화 기관으로 작동된다. 4기통 기관으로 직경과 행정의 비가 B = 5.2cm, S = 5.8cm, 기계 효율은 77%, 압축비는 12, 그리고 커넥팅로드 길이와 크랭크축의 길이 비는 R= r/a = 3.2이다. 실린더의 옆에 있는 배기 슬롯은 105°에서 열리고 흡입 슬롯은 하사점 전 50°에서 열린다. 크랭크 압축으로 흡입 공기연료 혼합기가 P = 145kPa로 들어와서 뜨거운 배기가스가 남아 혼합되고 압축의 초기에 실린더 가스온도는 T = 48°이다. 사이클에서 최대온도 T_{max} = 2,250°C이다. 다음을 계산하라.

1. 유효 압축비
2. 배기 불로다운시 실린더 온도
3. 지시 동력
4. 제동 마력
5. 지시 평균 유효 압력

풀이

(1) 그림 3-17을 사용하여 실재압축은 배기슬롯이 상사점전 105°에서 닫히거나 크랭크 각 225에서 닫힘을 알 수 있다. 유효 압축비는 식2-14를 사용하면 구할 수 있다.

$$(r_c)_{eff} = V/V_c = 1 + \tfrac{1}{2}(r_c - 1)[R + 1 - \cos\theta - \sqrt{R^2 - \sin^2\theta}]$$
$$= 1 + \tfrac{1}{2}(12 - 1)[3.2 + 1 - \cos(255°) - \sqrt{(3.2)^2 - \sin^2(255°)}] = \underline{8.74}$$

(2) 배기 불로다운은 배기슬롯이 점 2에서 열렸을 때 발생한다.

$$T_2 = T_1[1/(r_c)_{eff}]^{k-1} = (2523\ K)(1/8.74)^{1.35-1} = \underline{1181\ K = 908°C}$$

(3) 식(2-8)은 하나의 실린더 배기량을 나타낸다.

$$V_d = (\pi/4)\text{B}^2\text{S} = (\pi/4)(5.2 \text{ cm})^2(5.8 \text{ cm}) = 123.2 \text{ cm}^3 = 0.0001232 \text{ m}^3$$

상사점에서 간극 체적은 식(2-12)를 사용하면,

$$r_c = (V_d + V_c)/V_c = 12 = (123.2 + V_c)/V_c, \quad V_c = 11.20 \text{ cm}^3 = 0.0000112 \text{ m}^3$$

압축 후기에 온도와 압력은,

$$T_7 = T_6[(r_c)_{\text{eff}}]^{k-1} = (321 \text{ K})(8.74)^{1.35-1} = 686 \text{ K} = 413°\text{C}$$
$$P_7 = P_6[(r_c)_{\text{eff}}]^k = (145 \text{ kPa})(8.74)^{1.35} = 2707 \text{ kPa}$$

사이클 동안 가스의 질량은 압축 후기에 계산되며,

$$m = P_7 V_c/RT_7$$
$$= (2707 \text{ kPa})(0.0000112 \text{ m}^3)/(0.287 \text{ kJ/kg-K})(686 \text{ K}) = 0.000154 \text{ kg}$$

동력 행정 동안 생산된 일은 식(3-1)을 사용하여,

$$W_{1-2} = mR(T_2 - T_1)/(1 - k)$$
$$= (0.000154 \text{ kg})(0.287 \text{ kJ/kg-K})(1181 \text{ K} - 2523 \text{ K})/(1 - 1.35) = 0.1695 \text{ kJ}$$

압축 행정 동안 일은,

$$W_{6-7} = mR(T_7 - T_6)/(1 - \text{k}) = (0.000154)(0.287)(686 - 321)/(1 - 1.35)$$
$$= -0.0461 \text{ kJ}$$

흡입슬롯이 하사점 전 50° 나 크랭크 각 130°에서 열릴 때 점3에서 실린더 체적을 알기 위하여 식(2-14)를 사용하면,

$$V_3/V_1 = 1 + {}^1\!/_2(12 - 1)[3.2 + 1 - \cos(130°) - \sqrt{(3.2)^2 - \sin^2(130°)}] = 10.547$$
$$V_5 = V_3 = (10.547)V_1 = (10.547)(0.0000112 \text{ m}^3) = 0.000118 \text{ m}^3$$

점 6에서 실린더 체적을 알기 위하여 유효 압축비를 사용하면,

$$V_6 = V_2 = V_1(r_c)_{\text{eff}} = (0.0000112 \text{ m}^3)(8.74) = 0.0000979 \text{ m}^3$$

5-6에 대한 과정의 일은,

$$W_{5-6} = P(V_6 - V_5) = (145 \text{ kPa})(0.0000979 - 0.000118)\text{m}^3 = -0.0029 \text{ kJ}$$

W3-4는 W4-5에 의하여 없어지고,
한 사이클당 하나의 실린더에 대한 정미일은,

$$W_{\text{net}} = (0.1695) + (-0.0461) + (-0.0029) = 0.1205 \text{ kJ/cylinder-cycle}$$

지시 동력을 알기 위하여 식(2-42)를 사용하여,

$$\dot{W}_i = WN/n = [(0.1205 \text{ kJ/cyl-cycle})(3100/60 \text{ rev/sec})/(1 \text{ rev/cycle})](4 \text{ cyl})$$

(4) 식2-47을 사용하여 제동 마력은,

$$\dot{W}_b = \eta_m \dot{W}_i = (0.77)(24.9 \text{ kW}) = \underline{19.17 \text{ kW} = 25.7 \text{ hp}}$$

(5) 식(2-88)로 지시 평균 유효 압력을 알 수 있다.

$$\text{imep} = [(1000)(24.9)(1)]/[(4 \text{ cylinders})(0.1232)(3100/60)] = \underline{978 \text{ kPa} = 141.8 \text{ psia}}$$

3.12 스털링 사이클

최근에는 그림 3-18과 같은 **스털링 사이클**(stirling cycle)로 작동하는 기관들에 대해 수많은 실험이 행해져 왔다. 스털링 기관의 개념은 1816년 이래 등장했는데, 스털링 기관은 진정한 내연 기관은 아니지만, 응용의 하나로서 자동차의 추진에 열기관으로 사용되었기 때문에 여기에 포함시켰다. 기본적인 기관은 자유 부동, 실린더 양 끝에 가스실이 있는 복식 피스톤을 사용한다. 연소는 실린더 내부에서는 발생하지 않지만, 작동 가스는 외연 과정에서 가열된다. 흡열은 태양이나 핵자원으로부터 얻을 수 있다. 기관 출력은 대개 축의 회전으로 나타난다[8].

스털링 기관은 열교환기를 사용하는 내부 재생 과정을 가지고 있다. 이상적으로, 열교환기

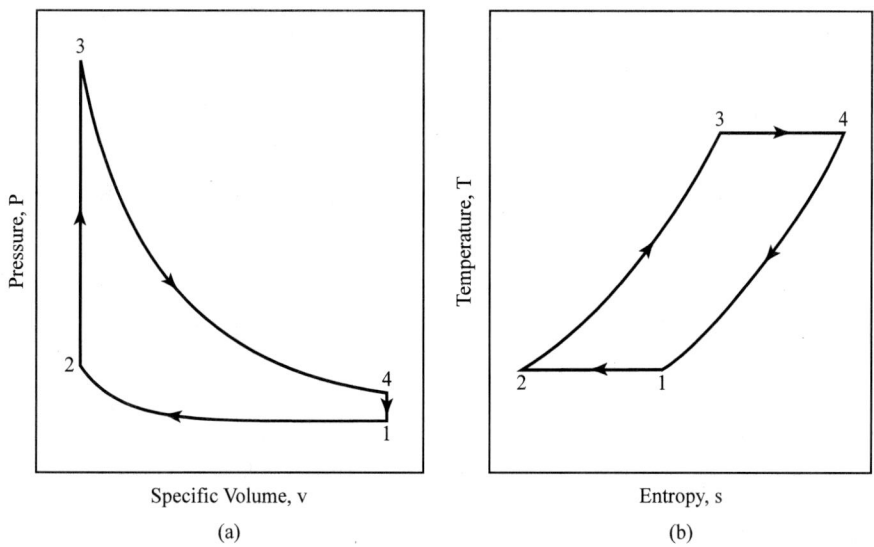

그림 3-19
이상 공기-표준 스털링 사이클, 1-2-3-4-1. (a)압력-비체적선도 (b)온도-엔트로피 선도.

는 흡열 과정 2-3에서 내부 작업 유체를 예열하기 위하여 과정 4-1에서 방열을 사용한다. 외부와의 유일한 열전달은 하나의 최대 온도 T$_{high}$의 가열 과정 3-4와, 하나의 처저 온도 T$_{low}$의 방열 과정 1-2에서 일어난다. 만약 그림 3-18의 공기-표준 사이클에서 과정들이 가역적이라고 본다면, 사이클의 열효율은 다음과 같다.

$$(\eta_t)_{\text{STIRLING}} = 1 - (T_{\text{low}}/T_{\text{high}}) \tag{3-118}$$

이것은 카르노 사이클의 열효율과 같으며, 이론적으로 가능한 최대치이다. 실제 기관은 가역적으로 작용할 수 없지만, 적절히 설계된 스털링 기관은 매우 높은 열효율을 가질 수 있다. 이것이 이런 종류의 기관에 관심을 유발시키는 하나의 장점이다. 다른 장점들로는 촉매 변환기 없이도 배출물이 적다는 것과 사용 연료에 융통성이 많다는 점이 포함된다. 이것은 가열이 1,000K 정도의 상대적으로 낮은 온도의 외부실에서 연속적인 정상 상태 연소로부터 비롯되기 때문이다. 사용되는 연료는 가솔린, 디젤 연료, 제트 연료, 알코올, 천연 가스 등이다. 어떤 기관에서는 장치의 조정이 필요 없이 연료를 바꿀 수 있다.

스털링 기관의 문제점은 실링(sealing), 요구되는 워밍업 시간, 고비용 등이다. 가능한 다른 응용들로 냉장고, 정치 동력, 건물의 난방 등이 포함된다.

역사적 이야기 – 르누아르 기관

1800년대 후반에 개발된 성공적인 기관들 중 하나는 르누아르 기관이었다. 수백 대의 르누아르 기관들이 1860년대에 만들어졌다. 르누아르 기관들은 2행정 사이클로 작동했고, 기계적 효율은 최고 5%에 이르렀으며, 동력 출력은 4.5KW(6hp)이나 되었다. 기관들은 피스톤의 양 끝에서 연소가 발생하는 복식이었다. 이것은 하나의 실린더로부터 1회전당 2동력 행정을 공급했다[29].

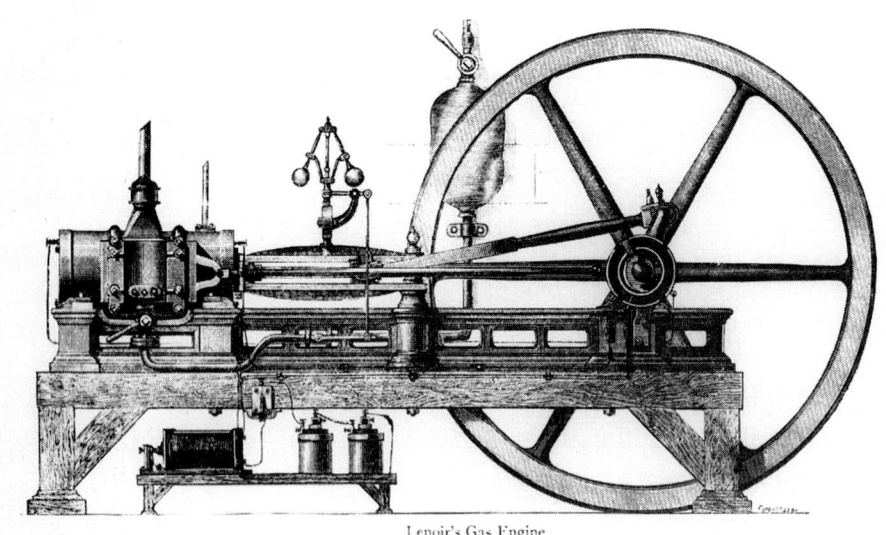

Lenoir's Gas Engine

그림 3-19
1861년의 비압축 르누아르 기관. 참고 문헌[29]에서 인용.

3.13 르누아르 사이클

르누아르 사이클(Lenoir cycle)은 그림 3-20의 공기-표준 사이클에 의해 개략화된다. 첫 번째 행정의 전반부는 공기-연료가 대기압으로 실린더에 들어오는 흡입 행정이다(그림 3-20의 과정 1-2). 첫 번째 행정을 통과한 중간 지점에서 흡기 밸브는 닫히고, 공기-연료 혼합기는 압축 없이 점화된다. 연소는 천천히 움직이는 기관에서 거의 정적으로 실린더 내의 온도와 압력을 상승시킨다(과정 2-3). 그리고 나서 첫 번째 행정의 후반부는 동력 또는 팽창 과정인 3-4로 이루어진다. 하사점 근처에서 배기 밸브가 열리고, 블로다운이 발생한다(4-5). 다음에 배기 과정

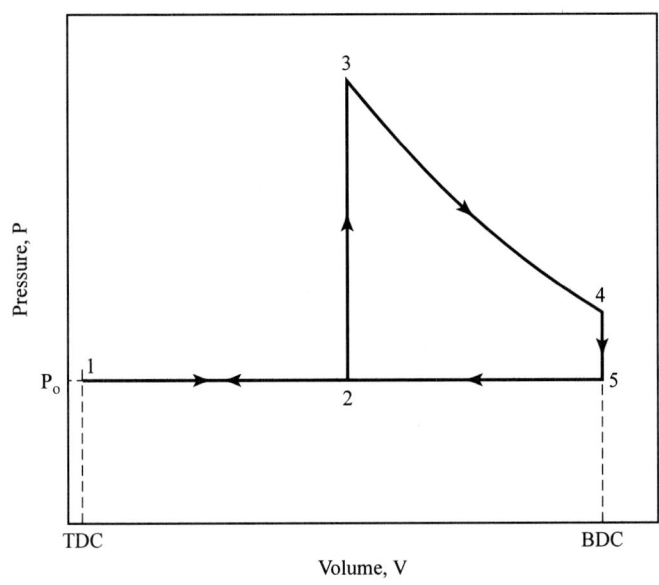

그림 3-20
역사적인 르누아르 기관에 대한 공기-표준 개략도,
1-2-3-4-5-1.

5-1이 이어져서 행정 사이클이 완료된다. 본질적으로 간극 체적은 없다.

공기-표준 르누아르 사이클의 열역학적 해석

흡입 과정 1-2와 배기 행정 과정 2-1의 후반부는 서로 열역학적으로 P-V선도상에서 상쇄되고, 르누아르 사이클의 해석에서 제외된다. 따라서 사이클은 2-3-4-5-2가 된다.

과정 2-3 :　정적 가열(연소).
　　　　　　모든 밸브 밀폐.

$$w_{2-3} = 0 \tag{3-121}$$
$$q_{2-3} = q_{\text{in}} = c_v(T_3 - T_2) = (u_3 - u_2) \tag{3-122}$$
$$w_{2-3} = 0 \tag{3-121}$$
$$q_{2-3} = q_{\text{in}} = c_v(T_3 - T_2) = (u_3 - u_2) \tag{3-122}$$

과정 3-4 :　단열 동력 또는 팽창 행정.
　　　　　　모든 밸브 밀폐.

$$q_{3-4} = 0 \tag{3-123}$$
$$T_4 = T_3(v_3/v_4)^{k-1} \tag{3-124}$$
$$P_4 = P_3(v_3/v_4)^{k} \tag{3-125}$$

$$w_{3-4} = (P_4 v_4 - P_3 v_3)/(1 - k) = R(T_4 - T_3)/(1 - k) \tag{3-126}$$
$$= (u_3 - u_4) = c_v(T_3 - T_4)$$

과정 4-5 : 정적 방열(배기 블로다운).

배기 밸브 개방, 흡기 밸브 밀폐.

$$v_5 = v_4 = v_{\text{BDC}} \tag{3-127}$$
$$w_{4-5} = 0 \tag{3-128}$$
$$q_{4-5} = q_{\text{out}} = c_v(T_5 - T_4) = (u_5 - u_4) \tag{3-129}$$

과정 5-2 : P_o에서 등압 배기 행정

배기 밸브 개방, 흡기 밸브 밀폐.

$$P_5 = P_2 = P_1 = P_o \tag{3-130}$$
$$w_{5-2} = P_o(v_2 - v_5) \tag{3-131}$$
$$q_{5-2} = q_{\text{out}} = (h_2 - h_5) = c_p(T_2 - T_5) \tag{3-132}$$

르누아르 사이클의 열효율은,

$$(\eta_t)_{\text{LENOIR}} = |w_{\text{net}}|/|q_{\text{in}}| = 1 - (|q_{\text{out}}|/|q_{\text{in}}|)$$
$$= 1 - [c_v(T_4 - T_5) + c_p(T_5 - T_2)]/[c_v(T_3 - T_2)] \tag{3-133}$$
$$= 1 - [(T_4 - T_5) + k(T_5 - T_2)]/(T_3 - T_2)$$

3.14 요약

이 장에서는 내연 기관에 사용되는 기본 사이클들을 검토하였다. 비록 많은 기관 사이클들이 개발되었지만, 1세기 이상 동안 대부분의 자동차 기관은 오토와 다른 사람들에 의해 1870년대에 개발된 기본 SI 4행정 사이클로 작동되어 왔다. 이것은 이상 공기-표준 오토 사이클을 사용하여 개략화하고 해석할 수 있다. 많은 소형 SI기관들이 2행정 사이클로 작동하여 때때로 2행정 오토 사이클로 불린다.

초기의 4행정 CI 기관은 공기-표준 디젤 사이클로 개략화될 수 있는 사이클로 작동했다. 이 사이클은 자동차와 트럭에 사용되는 현대 CI 기관으로 발전하였다. 분사 시간을 변화시킴으로써 공기-표준 복합 사이클로 가장 잘 개략화되는 사이클로 작동하는 더 나은 효율적인 기관이 되었다. 대부분의 소형 CI 기관과 대형의 CI 기관들은 2행정 사이클로 작동한다.

　현재 대부분의 자동차 기관들은 4행정 오토 사이클로 작동하지만, 주요 연구 개발의 결과, 현대의 자동차를 위한 두 가지 부가 사이클이 생겼다. 어떤 회사들은 SI 2행정 사이클로 작동하는 자동차 기관을 만들려는 시도에서 큰 발전을 이루었다. 역사를 통해 2행정 사이클 자동차 기관들은 시대의 흐름에 성공적으로 수정되면서 출현하였다. 이러한 것들은 단위 무게당 더 큰 동력을 제공하지만, 어떤 것도 현대 배출물 기준을 통과하지 못했다. 최근의 개발은 공해 법률을 만족시키려는 기관을 생산하는 데 집중됐다. 주요한 기술적 변화는 배기 후에 연소실 내에서 직접 분사에 의한 연료 유입과 공기 흡입이 완성되었다는 것이다. 만약 이러한 개발이 성공을 거둔다면, 시장에서는 2행정 사이클 기관을 가진 자동차가 나타날 것이다.

　가변 타이밍을 포함한 밸브 타이밍 기술의 진보로 밀러 사이클 기관의 도입이 가능하게 되었다. 밀러 사이클은 빠르든지 또는 늦든지간에 좀더 적절한 시기에 흡기 밸브를 닫음으로써 4행정 SI 오토 사이클을 향상시킨다. 그 결과 압축비보다 더 큰 팽창비를 가지게 되며, 이것은 가장 최신의 기관 사이클을 대표한다.

연습 문제

3.1   공기-표준 오토 사이클의 WOT 상태에서 SI 기관을 작동할 때, 압축 초기의 실린더 상태는 $60°C$, 98kPa이다. 기관의 압축비는 9.5:1이고, AF = 15.5의 가솔린을 사용한다. 연소 효율은 96%이고, 배기 잔류는 없다고 가정한다.
다음을 계산하라.

(a) 사이클의 모든 상태에서의 온도 $[°C]$
(b) 사이클의 모든 상태세서의 압력 [kPa]
(c) 동력 행정 동안 행해진 비일 [kJ/kg]
(d) 연소 동안 가해진 열 [kJ/kg]
(e) 행해진 정미 비일 [kJ/kg]
(f) 도시 열효율 [%]

3.2   문제 3-1의 기관은 2,400RPM에서 작동하고 있는 3리터 V6 기관이다. 이 속도에서 기계 효율은 84%이다.
다음을 계산하라.

(a) 제동 동력 [kW]
(b) 토크 [N-m]
(c) 제동 평균 유효 압력 [kPa]
(d) 마찰 동력 손실 [kW]
(e) 제동 연료 소비율 [gm/kW-hr]
(f) 체적 효율 [%]
(g) 변위당 출력 [kW/L]

3.3   문제 3-2 기관의 배기 압력은 100kPa이다.
다음을 계산하라.

(a) 배기 온도 $[°C]$
(b) 실제 배기 잔류율 (%)
(c) 흡기 다기관으로부터 실린더로 유입되는 공기 온도 $[°C]$]

3.4   문제 3-2와 문제 3-3의 기관은 흡기 압력 75kPa로 부분 스로틀 밸브에서 작동한다. 흡기 다기관 온도, 기계 효율, 배기 잔류율, 공연비는 모두 같게 유지된다.
다음을 계산하라.

(a) 압축 행정 시작시의 실린더 내의 온도 [°C]

(b) 연소 시작시의 실린더 내의 온도 [°C]

3.5 WOT 상태에서 4행정 공기-표준 사이클로 작동하고 있는 SI 기관은 압축 시작시의 실린더 상태가 14.7psia이다. 압축비 r_c = 10이고, 연소 동안 가해지는 열 q_{in} = 800BTU/lbm이다. 압축 온도는 비열의 비 k = 1.4의 값이 정확할 정도의 범위에 있다. 동력 행정 동안 온도 범위는 k = 1.3의 값이 정확할 정도의 범위에 있다. 사이클을 해석할 때에 압축과 팽창에 대한 수치들을 각각 사용하라. 비열 c_v = 0.216BTU/lbm-°R을 사용하라. 이것은 연소 동안 온도 범위와 가장 일치하는 것이다. 다음을 계산하라.

(a) 사이클의 모든 상태에서의 온도 [°F]

(b) 사이클의 모든 상태에서의 압력 [psia]

(c) (a)와 (b)를 해석할 때 도시 열효율 수치를 같게 해주는 평균 k 값

3.6 공기-표준 디젤 사이클에 작동하는 CI 기관은 압축 시작시에 실린더 상태가 65°C, 130kPa이다. 연소 효율 η_c = 0.98dml 당량비 ϕ = 0.8에서 경디젤 연료가 사용된다. 압축비 r_c = 19이다. 다음을 계산하라.

(a) 사이클의 각각의 상태에서의 온도 [°C]

(b) 사이클의 각각의 상태에서의 압력 [kPa]

(c) 연료 차단비

(d) 도시 열효율 [%]

(e) 배기시 열손실 [kJ/kg]

3.7 소형 트럭의 압축 착화 기관은 공기-표준 복합 사이클에서 압축비 r_c = 18로 작동한다. 구조 한계 때문에 사이클에서의 최대 허용 압력은 9,000kPa이다. 연공비 FA = 0.054의 경디젤 연료가 사용된다. 연소 효율은 100%로 고려될 수 있다. 압축 시작시의 실린더 상태는 50°C, 98kPa이다. 다음을 계산하라.

(a) 이 상태에서 가능한 최대 도시 열효율 [%]

(b) (a)상태에서 최대 사이클 온도 [°C]

(c) 이 상태에서 가능한 최대 도시 열효율 [%]

(d) (c)상태에서 최대 사이클 온도 [°C]

3.8 공연비 AF = 20에서 경디젤 연료를 사용하는 직렬형, 3.3L CI 기관이 공기-표준 복합 사이클로 작동한다. 연료의 반은 정적에서 연소된다고 생각할 수 있고, 또 반은 연소 효율 η_c = 100%의 정

압에서 연소된다고 생각할 수 있다. 압축 시작시의 실린더 상태는 $60°C$, 101kPa이다. 압축비 r_c = 14:1일 때 다음을 계산하라.

(a) 사이클 각각의 상태에서의 온도 [K]

(b) 사이클의 각각의 상태에서의 압력 [kPa]

(c) 연료 차단비

(d) 압력비

(e) 도시 열효율 [%]

(f) 연소 동안 가해지는 열 [kJ/kg]

(g) 정미 도시일 [kJ/kg]

3.9 문제 3-8에서의 기관은 2,000RPM에서 57kW의 제동 동력을 생산한다.
다음을 계산하라.

(a) 토크 [N-m]

(b) 기계 열효율 [%]

(c) 제동 평균 유효 압력 [kPa]

(d) 도시 비연료 소비 [m/kW-hr]

3.10 압축비 r_c = 9의 오토 사이클 SI기관은 최대 사이클 온도와 압력이 2,800K와 9,000kPa이다. 배기 밸브가 열릴 때 실린더 압력은 460kPa이고, 배기 다기관의 압력은 1,000kPa이다.
다음을 계산하라.

(a) 배기 행정 동안 배기 온도 [$°C$]

(b) 각각의 사이클 후에 배기 잔류율 [%]

(c) 밸브가 처음 열릴 때 배기 밸브 밖의 속도 [m/sec]

(d) 배기에서 이론적 순간 최대 온도 [$°C$]

3.11 SI 기관이 터보 과급기를 가진 공기-표준 4행정 오토 사이클로 작동하고 있다. 공기-연료는 실린더에 $70°C$, 140kPa로 들어오고, 연소에 의 한 열은 q_{in} = 1800kJ/kg과 같다. 압축비 r_c = 8이고, 배기 압력 P_{ex} =100kPa이다. 다음을 계산하라.

(a) 사이클의 각각의 상태에서의 온도 [$°C$]

(b) 사이클의 각각의 상태에서의 압력 [kPa]

(c) 팽창 행정 동안 생산된 일 [kJ/kg]

(d) 압축 행정 동안의 일 [kJ/kg]

(e) 정미 펌프일 [kJ/kg]

(f) 도시 열효율 [%]

(g) 문제 3-12, 문제 3-13과 비교하라.

3.12 SI 기관이 터보 과급기를 가진 공기-표준 4행정 밀러 사이클에 작동하고 있다. 흡기밸브가 늦게 닫히고, 그림 3-15에서 사이클은 6-7-8-7-2-3-4-5-6으로 된다. 공기-연료는 70°C, 140kPa로 실린더에 유입되고, 연소에 의한 열은 q_{in} = 1800kJ/kg과 같다. 압축비 r_c = 8이고, 팽창비 r_c = 10, 배기 압력 P_{ex}= 100kPa이다.

다음을 계산하라.

(a) 사이클의 각각의 상태에서의 온도 [°C]

(b) 사이클의 각각의 상태에서의 압력 [kPa]

(c) 팽창 행정 도안 생산된 일 [kJ/kg]

(d) 압축 행정의 일 [kJ/kg]

(e) 정미 펌프일 [kJ/kg]

(f) 도시 열효율 [%]

(g) 문제 3-11, 문제 3-13과 비교하라.

3.13 SI 기관이 터보 과급기를 가진 공기-표준 4행정 밀러 사이클로 작동하고 있다. 흡기 밸브는 빨리 닫히고, 그림 3-15에서 사이클은 6-7-1-7-2-3-4-5-6으로 된다. 공기-연료는 70°C, 140kPa로 실린더에 유입되고, 연소에 의한 열은 q_{in} = 1800kJ/kg과 같다. 압축비 r_c = 8이고, 팽창비 r_c = 10, 배기 압력 P_{ex} = 100kPa이다.

다음을 계산하라.

(a) 사이클의 각각의 상태에서의 온도 [°C]

(b) 사이클의 각각의 상태에서의 압력 [kPa]

(c) 팽창 행정 동안 생산된 일 [kJ/kg]

(d) 압축 행정의 일 [kJ/kg]

(e) 정미 펌프일 [kJ/kg]

(f) 도시 열효율 [%]

(g) 문제 3-11, 문제 3-12와 비교하라.

3.14 6기통 압축비10.5:1의 전기 점화 기관이 3,000RPM에서 4행정 사이클로 작동된다. 공기가 실린더에 T_1=110°F 그리고 P_1 = 12.8psia로 들어온다. 흡입 밸브는 하사점 전 20°에서 닫히고, 스파크플러그가 상사점 전 15°에서 연소가 시작된다. 커넥팅로드 길이는 6.64in이고 크랭크의 오프셋은 1.67in이다.

다음을 계산하라.

(a) 공기표준 Otto cycle을 사용하여 연소가 시작될 때 실린더 온도

(b) 흡입 밸브가 닫히기 전에는 압축이 시작되지 않는다고 하고 스파크플러그가 불이 붙지 않을 때 실린더의 온도

3.15 전기점화 4행정 사이클 기관이 과급하지 않고 공기 표준 Miller 사이클로 작동되며 처음에 흡입밸브가 닫히며 작동된다(그림 3-15에서 6-7-1-7-2-3-4-5-6). 압축비는 8.2이고 팽창비는 10.2이다. 흡입밸브가 닫힐 때 실린더 조건은 $T_7 = 57$, 그리고 $P_7 = 100kPa$이다. 사이클의 최고 온도와 압력은 $T_{max} = 3427$ $P_{max} = 9197kPa$이다

다음을 계산하라.

(a) 사이클 동안 최소 실린더 압력 [kPa]

(b) 한 사이클 동안 하나의 실린더에서 펌프일 [kJ]

(c) 배기밸브가 열릴 때 실린더 내의 압력 [kPa]

3.16 실험용 2행정 사이클 전기 점화 자동차 기관이 그림 3-17에서처럼 압축비 10.5:1로 공기 표준 사이클로 작동된다. 흡입 밸브가 하사점전 52°에서 열리고 과급기가 공기 연료를 $P_{intake} = 17.8psia$의 압력으로 실린더에 공급한다. 배기포트는 70°에서 열리고 사이클 동안 최대 온도와 압력은 $T_{max} = 4,200$ $P_{max} = 1137kPa$이다 커넥팅로드의 길이는 9.5in이고 크랭크 오프셋은 2.5in이다.

다음을 계산하라.

(a) 배기 포트가 열릴 때 실린더의 온도 [°F]

(b) 유효 압축비

(c) 압축 행정의 후기에 압력과 온도 [°F, psia]

3.17 보어 $B = 35cm$, 행정 $S = 105cm$의 6실린더, 2행정 사이클 CI 선박 기관이 210RPM에서 3,600KW의 제동 동력을 생산한다.

다음을 계산하라.

(a) 이 속도에서의 토크 [kN-m]

(b) 전체 배기량 [L]

(c) 제동 평균 유효 압력 [kPa]

(d) 평균 피스톤 속도 [m/sec]

3.18 7.54cm의 배기량을 가진 단기통, 2행정 사이클형 비행기 기관이 글로우 플러그 점화를 사용하여 23,000RPM에서 1.42KW의 제동 동력을 생산한다. 스퀘어 기관은 공연비 AF = 4.5에서 31.7gm/min의 캐스터 오일-메탄올-니트로메탄 연료를 사용한다. 흡기 소기 동안 유입되는 공기-

연료 혼합기의 65%가 실린더 내에 저장되고, 35%는 배기구가 닫히기 전에 배기와 함께 손실된다.
연소 효율 $\eta_c = 0.94$이다.
다음을 계산하라.

(a) 제동 비연료 소비 [gm/kW-hr]

(b) 평균 피스톤 속도 [m/sec]

(c) 대기로 배기된 미점화 연료 [gm/min]

(d) 토크 [N-m]

3.19 기계 효율 $\eta_m = 5\%$의 역사적인 단기통 기관이 그림 3-20에서 보는 것처럼 140RPM으로 르누아르 사이클로 작동하고 있다. 실린더는 12in 보어와 36in. 스트로크의 2중 피스톤이다. 연료는 $Q_{LHV} = 12,000$BTU/lbm이고, 공연비 AF = 18에서 사용된다. 연소는 실린더 상태가 70°F, 14.7psia일 때 흡입-동력 행정을 통과한 중간 정적에서 일어난다.
다음을 계산하라.

(a) 사이클의 각각의 상태에서의 온도 [°F]

(b) 사이클의 각각의 상태에서의 압력 [psia]

(c) 도시 열효율 [%]

(d) 제동 동력 [hp]

(e) 평균 피스톤 속도 [ft/sec]

3.20 4행정 사이클 SI 기관의 압축 시작시에 실린더 상태는 27°C, 100kPa이다. 압축비 r_c = 8:1이고, 연소로부터 가해지는 열은 q_{in} = 2,000kJ/kg이다.
다음을 계산하라.

(a) 일정 비열을 가진 공기-표준 오토 사이클 해석을 이용하여 사이클의 각각의 상태에서의 온도와 압력 [°C, kPa]

(b) (a)에서 도시 열효율 [%]

(c) 온도의 함수로서 다양한 비열에 기초한 어떤 표준 증기표(예컨대, 참고 문헌[73])를 이용하여 사이클의 각 각의 상태에서의 온도와 압력 [°C, kPa]

(d) (c)에서 도시 열효율 [%]

설계 문제

3.1D 6행정 사이클에 작동하는 SI 기관을 설계하라. 사이클의 첫 번째 4행정은 오토 사이클의 4행정과 같다. 이것은 부가적인 공기만의 흡입 행정과 공기만의 배기 행정에 따른다. 간단한 개략도를 그리고, 밸브가 열리고 닫힐 때 캠축의 속도와 작동을 설명하라. 또한, 점화 과정의 조절을 설명하라.

3.2D 애트킨슨 사이클(즉, 수직 압축 행정과 실린더 압력이 주위 압력과 같아질 때까지 팽창하는 동력 행정)로 작동하는 왕복 운동 SI 기관인 4행정 사이클에 대한 기계링크 장치에 설계하라. 간단한 개략도의 사용법을 설명하라.

3.3D 이론 연료비의 가솔린을 사용하는 4행정 공기-표준 사이클에 작동하는 SI 기관은 WOT 상태에서 11,000kPa의 최대 실린더 압력을 가진다. 유입 압력은 과급기 없이 100kPa가 될 수 있고, 과급기가 있으면 150kPa까지 높아질 수 있다. 최대 도시 열 효율을 얻을 수 있는 압축비와 유입 압력을 선택하라. 최대 도시 평균 유효 압력을 주는 압축비와 유입 압력을 선택하라.

CHAPTER 4

열화학과 연료

"가솔린의 공급은 멀지 않은 미래에 임계상황에 부딪힐 것이라는 한계점이
있지만, 곧 유일한 해답이 될 것이다. 문명은 현재 지상 교통 및 다른 목적
으로 사용하고, 또한 대체 연료의 발견이 반드시 필요하다는 문제점에 대해
상당히 많은 관심을 보이고 있다. 다행히도 알코올 종류가 가능성을 보여주
고 있다. 이것은 식물의 생성물이며 전 세계에 저장되어 있는 곡물을 낭비하
지 않는다는 의미도 있다. 그리고 열대 국가에서는 마침내 많은 양을 생산할
수 있게 되었고, 세계적인 요구에 충분한 양이며, 소비량의 일부를 차지하고
있다."

Harry R. Ricardo(1923)의
<고속 내연 기관> 중에서

이 장에서는 IC 기관에 적용되는 기본 열역학 법칙들에 대해 다시 살펴보기로 한다. 기관의 점
화 특성과 연소, SI 연료의 옥탄가, CI 연료의 세탄가를 알아본다. 가솔린과 다른 가능한 대체
연료를 시험한다.

4.1 열화학

연소 반응

대부분의 IC 기관들은 탄화수소 연료를 공기와 연소시켜 에너지를 얻는데, 이 과정에서 연료의

화학 에너지가 기관 내의 가스들의 내부 에너지로 전환된다. 탄화수소 연료의 성분은 수천 가지가 있으나, 주로 수소와 탄소로 이루어져 있고, 산소(알코올), 질소, 황 등도 일부 포함하고 있다. 연료로부터 방출되는 화학 에너지의 최대량은 이론 산소량과 반응할 때 발생한다. 이론 산소량이란 연료 안의 모든 탄소를 CO_2로, 그리고 모든 수소를 H_2O로 전환시킬수 있는 산소량을 말한다. 이론 산소량과 함께 연소한 가장 간단한 탄화수소 연료인 메탄(CH_4)의 평형 화학 방정식은 다음과 같다.

$$CH_4 + 2\,O_2 \rightarrow CO_2 + 2\,H_2O$$

연료 1몰과 산소 2몰이 반응해 이산화탄소 1몰과 2몰이 생성된다. 이소옥탄을 연료로 사용할 경우, 산소와의 평형 이론 연소는 다음과 같다.

$$C_8H_{18} + 12.5\,O_2 \rightarrow 8\,CO_2 + 9\,H_2O$$

분자들 사이에서 반응이 일어나기 때문에 화학 방정식의 평형을 구할 때에는 질량이 아닌 몰량(고정된 분자 수)이 사용된다. 어떤 물질의 1kgmole은 물질의 분자량에 kg을 붙인 질량을 말한다. 영국 단위는 1bmmole을 사용한다.

$$m = NM \tag{4-1}$$

여기서, m = 질량
 N = 몰수
 M = 분자량

SI단위 : CH_4의 1kgmole = 16.04kg
 O_2의 1Ibmole = 6.02×10^{26}개의 분자

영국 단위 : CH_4의 1Ibmole = Ibm
 O_2의 1Ibmole = 32.00Ibm
 1Ibmole = 2.73×10^{26}개의 분자

화학 반응 방정식의 좌변의 성분들은 반응하기 전에 존재하는 성분으로서 반응 물질이라 부르고, 우변의 성분들은 반응 후에 생긴 것으로 생성 물질 또는 배출 물질이라 한다.

만약 연료가 순수한 산소와 연소한다면 아주 작고 강한 기관들이 만들어질 것이다. 그렇지만 순수한 산소를 사용하는 데는 비용이 많이 들기 때문에 사용되지 않고 있다. 공기는 연료와 반응하는 산소의 원천으로 사용된다. 대기는 몰 기준으로 다음과 같이 구성되어 있다.

78% 질소
21% 산소
1% 아르곤
소량의 CO_2, Ne, CH_4, H_2O, 기타

질소와 아르곤은 본래 화학적으로 중성이고 연소 과정에서 반응하지 않지만, 그들의 존재는 연소실 안의 온도와 압력에 영향을 미친다. 큰 오차 없이 계산을 간단히 하기 위해 공기 중의 중성 아르곤은 중성 질소와 결합되어 있는 것으로 가정하고, 대기는 산소 21%와 질소 79%로 구성되어 있다. 산소 각 0.21몰에 대하여 질소 0.79몰, 또는 산소 1몰에 대하여 질소 0.79/0.21몰이 존재한다. 연소에 산소 1몰이 필요하다면, 공급해야 하는 공기는 산소 1몰에 질소 3.76몰을 더한 4.76몰이다.

공기와 메탄의 이론 연소는 다음과 같다.

$$CH_4 + 2\,O_2 + 2(3.76)\,N_2 \rightarrow CO_2 + 2\,H_2O + 2(3.76)\,N_2$$

공기와 이소옥탄의 이론 연소는 다음과 같다.

$$C_8H_{18} + 12.5\,O_2 + 12.5(3.76)\,N_2 \rightarrow 8\,CO_2 + 9\,H_2O + 12.5(3.76)\,N_2$$

이것은 연료 1kgmole에 대한 평형 연소 반응식이다. 반응에 의한 에너지 방출은 연료 1kgmole에 대한 에너지의 단위를 가지며, 연료의 유동률을 알고 있을 때 총에너지로 쉽게 변형된다. 이 책에서는 이 방법을 따른다. 분자량은 표 4-1과 부록에 있는 표 A-2에서 구할 수 있다. 공기에 대한 분자량은 29를 사용한다. 연소는 주어진 연료량에 대해서 이론 공기량보다 공기가 적을 때(과농 조건)나 많을 때(희박 조건) 모두 발생할 수 있다. 만일 메탄이 이론 공기량의 150%에서 연소하면 과잉 산소가 생성 물질로 나타난다.

$$CH_4 + 3\,O_2 + 3(3.76)\,N_2 \rightarrow CO_2 + 2\,H_2O + 3(3.76)\,N_2 + O_2$$

만약 이소옥탄을 80%의 이론 공기량에서 연소시킨다면, 모든 탄소를 CO_2로 전환시키기

에 충분한 산소가 없기 때문에 일산화탄소(CO)가 생성물질에 나타난다.

$$C_8H_{18} + 10\,O_2 + 10(3.76)\,N_2 \rightarrow 3\,CO_2 + 9\,H_2O + 5\,CO + 10(3.76)\,N_2$$

일산화탄소는 무색 무취의 유독 가스로서 연소를 계속하여 CO_2가 될 수 있다. 일산화탄소는 산소가 부족한 연소 과정에서 나타난다. 또한 산소가 부족할 때 약간의 연료가 연소되지 않는 경우가 많다. 이 미연 혼합 연료는 기관에서 배출되어 마지막에는 공해가 된다.

표 4-1 분자량

물 질		분자량 (kg/kgmole) 또는 Ibm/Ibmmole)
공기		28.97
아르곤	Ar	39.95
탄소	C	12.01
일산화탄소	CO	28.01
이산화탄소	CO_2	44.01
수소	H_2	2.02
수증기	H_2O	18.02
헬륨	He	4.00
질소	N_2	28.01

연소에 사용되는 공기량 혹은 산소량에 대해 다양한 용어가 사용된다.

80% 화학양론 공기 = 80% 이론 공기 = 80% 공기
= 20% 공기 부족
133% 화학양론 산소 = 133% 이론 산소
= 133% 산소 = 33% 과잉 산소

기관의 실제 연소에 대해 이론 조건에 대한 상대적인 연료-공기 혼합물의 척도로서 당량비를 사용한다. 정의는 다음과 같다.

$$\phi = (FA)_{act}/(FA)_{stoich} = (AF)_{stoich}/(AF)_{act} \tag{4-2}$$

여기서, $FA = m_f/m_a = $ 연공비
$AF = m_a/m_f = $ 공연비
$m_a = $ 공기 질량

m_f = 연료 질량

따라서, $\phi < 1$ 일 때, 희박 운전으로 배출 가스에 산소가 있음.
$\phi > 1$ 일 때, 농후한 운전으로 배출 가스에 CO와 연료가 있음.
$\phi = 1$ 일 때, 이론 상태로 연료로부터 최대의 에너지가 방출됨.

운전 형태에 의존하는 SI 기관은 작동의 종류에 따라 보통 0.9~1.2의 당량비로 작동한다.

예제 4-1

소형 3-실린더 가스 터빈 자동차 기관에서 120% 이론 공기 속에서 이소옥탄이 연소된다.
다음을 계산하라.

1. 공연비
2. 연공비
3. 당량비

풀 이

이론 반응은 다음과 같다.

$$C_8H_{18} + 12.5\,O_2 + 12.5(3.76)\,N_2 \rightarrow 8\,CO_2 + 9\,H_2O + 12.5(3.76)\,N_2$$

과잉 공기가 20%일 때는 다음과 같다.

$$C_8H_{18} + 15\,O_2 + 15(3.76)\,N_2 \rightarrow 8\,CO_2 + 9\,H_2O + 15(3.76)\,N_2 + 2.5\,O_2$$

과잉 공기 20%에서는 모든 연료가 연소되고, CO_2와 H_2O는 이론 반응 때와 똑같은 양이 생성 물질에서 발견된다.

(1) 식(2-55)와 식(4-1)은 공연비를 구하는 데 사용된다.

$$AF = m_a/m_f = N_aM_a/N_fM_f = [(15)(4.76)(29)]/[(1)(114)]$$
$$= \underline{18.16}$$

(2) 식(2-56)은 연공비를 구하는 데 사용된다.

$$FA = m_f/m_a = 1/AF = 1/18.16 = \underline{0.055}$$

(3) 이론 연소의 연공비 :

$$(FA)_{stoich} = [(1)(114)]/[(12.5)(4.76)(29)] = 0.066$$

식(4-2)로부터 당량비를 구한다.

$$\phi = (FA)_{act}/(FA)_{stoich} = (0.055)/(0.066) = \underline{0.833}$$

이론 상태로 공기와 연료가 기관 안을 흘러도 완전 연소가 일어나지 않고 CO_2, H_2O, N_2 이 외의 다른 성분이 생성 물질에서 많이 발견된다. 중요한 이유는 각 기관 사이클이 극히 짧기 때문이다. 즉, 공기와 연료의 혼합이 불충분하기 때문이다. 일부 연료 분자는 반응할 산소 분자를 만나지 못해 소량의 연료와 산소가 배기에 포함된다. 연소를 얻을 수 없는 그밖의 여러 가지 이유에 대해서는 7장에서 더 상세히 다룰 것이다. SI 기관은 희박한 혼합물에 대해서는 95~98% 범위의 연소 효율을, 농후한 혼합물에 대해서는 이보다 낮은 연소 효율을 가진다. 그리고 모든 연료와 반응하기에 공기가 충분치 않은(그림 4-1 참조) CI 기관은 전반적으로 희박 상태에서 작동하고, 전형적으로 98%의 연소 효율을 가진다.

화학 평형

일반적인 화학 반응은 다음과 같이 표현된다.

$$\nu_A A + \nu_B B \rightarrow \nu_C C + \nu_D D \tag{4-3}$$

여기서 A와 B는 한 개나 두 개 아니면 더 많이 있을 모든 반응 물질의 종류를 나타내고, C와

D는 수에 개의치 않고 모든 생성물을 나타내며, 그 밖에 ν_A, ν_b, ν_c ν_d는 A, B, C, D의 화학양론 계수를 나타낸다.

화학 평형 상수를 이 반응에 대한 평형 조성을 알면, 찾을 수 있다.

$$K_e = [(N_C^{\nu_C} N_D^{\nu_D})/(N_A^{\nu_A} N_B^{\nu_B})](P/N_t)^{\Delta \nu} \tag{4-4}$$

여기서 $\Delta \nu = \nu_C + \nu_D - \nu_A$
  N_i = 평형에서 성분의 몰 수
  N_t = 평형에서 총 몰 수
  P = 대기압 단위의 총 절대 압력

많은 반응들의 평형 상수는 로그 형태의 표로 만들어졌고, 열역학 교과서나 화학 참고서에서 볼 수 있다. 단축된 표는 이 책의 부록(표A-3)에 있다.

K_e는 온도에 크게 의존하며, 내연 기관에서 나타날 수 있는 온도 범위에 대해서 크게 변한

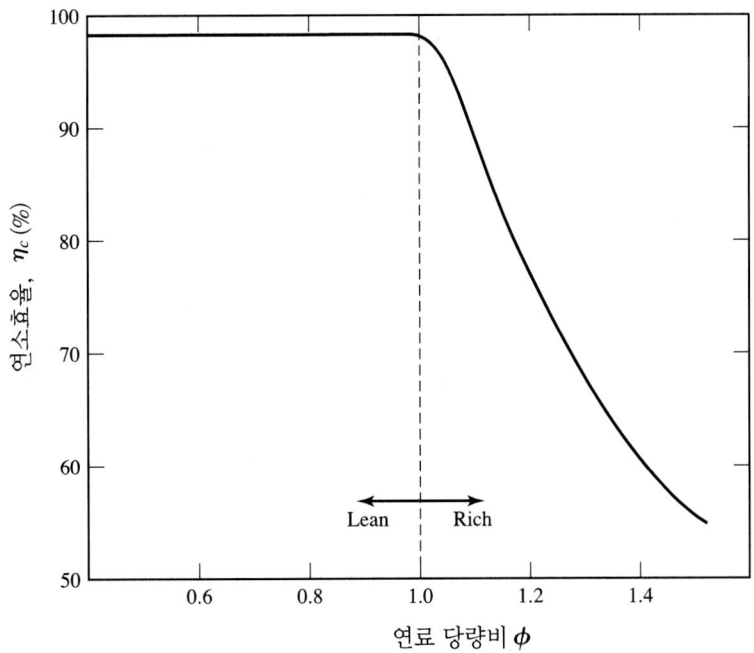

그림 4-1
연료 당량비에 대한 연소 효율. 희박 연료 상태에서 작동하는 기관의 효율은 8% 정도이다. 기관의 농후한 연료 상태에서 작동할 때, 모든 연료와 반응할 산소가 충분하지 않아 연소 효율이 떨어진다. CI 기관은 희박 상태로 작동할 때 높은 연소 효율을 가진다. 참고 문헌 [58]에서 인용.

다. K_e가 커지면 평형은 오른쪽(생성물)으로 많이 향한다. 이것은 엔트로피를 극대화시킨다. 높은 기관 온도에서 산소와 반응하는 탄화수소 연료는 평형 상수가 아주 큰데, 이것은 최종 평형 상태에서 남아 있는 반응 물질(연료와 공기)이 아주 적다는 것을 의미한다. 그러나 고온에서는 기관 안의 전반적인 연소 과정과 기관의 최종 배기 물질에 영향을 미치는 다른 화학 현상이 일어난다.

표 A-3의 평형 상수를 살펴보면, 고온의 기관에서 정상적으로는 안정스런 성분들이 분해된다는 것을 알 수 있다. CO_2는 CO와 O이며, O_2는 단원자 O로, N_2는 단원자 N으로 분해된다.

이것은 화학 연소에 영향을 미칠 뿐만 아니라, IC 기관의 주요한 배기 문제의 한 원인이 된다. 질소(N_2)는 다른 물질과 반응하지 않는다. 그러나 고온에서 단원자 질소로 분해되면, 산소와 반응하여 자동차의 중요한 오염 물질인 NO와 NO_2의 질소 산화물을 생성한다. 질소 산화물의 많은 발생을 피하기 위해 자동차 기관의 연소 온도를 낮추어 질소의 분해를 감소시키는데, 이것은 공교롭게 열효율도 저하시킨다.

예제 4-2

NOX가 자동차 기관에서 배출되는 가장 큰 이유는 대기중에 있는 작은 양의 평범한 안정적인 이원자 분자 N2가 연소실에서 고온에 있게되면 반응성이 뛰어난 단원자 분자 N으로 해리된다. 근래의 이중 싸이클에서 작동하는 디젤기관의 끝 부분에서 실린더에서의 온도와 압력은 3,5000K와 10,500kPa이다. 식 (4-4)로부터 반응에서 $N_2 \to 2N$으로 해리된 단원자 질소 분자의 퍼센트 근사값을 구할 수 있다.

풀이

반응물은 N2 하나이다. 그래서 이것이 식(4-4)에서 A가 되고, B는 없다. C는 단지 생성물 N을 나타내고, D는 없다. 대기중 물질의 모든 압력은,

$$P = (10{,}500 \text{ kPa})/(101 \text{ kPa/atm}) = 104 \text{ atm}$$

N2 1mole의 실제 해리 반응은,

$$N_2 \to 2x N + (1 - x) N_2$$

여기서   x = 반응의 정도

화학 반응 계수 Ke는 부록의 표 A-3 T = 3,500K에서 얻을 수 있다.

$$\log_{10} K_e = -7.346 \qquad K_e = 4.508 \times 10^{-8}$$

(4-4)에서,

$$K_e = 4.508 \times 10^{-8} = [(2x)^2/(1 - x)][(104)/(2x + (1 - x))]^{2-1}$$

혹은 x=0.00001041=0.001041%

　이 수치는 단지 기관 실린더에서 NO와 NO_2 형성에 ego 예견을 위한 대략적인 양의 차원만을 고려한 것이다. 화학동역학과 실린더에서의 시간-온도-압력의 관계는 반드시 고려되어야 한다. 시간은 ms 단위이고 화학 평형은 이뤄지지 않는다. N 생성물의 이러한 낮은 수치와 결과적으로 생성된 NOX는 NOX 배출의 심각함을 강조한다. 이것은 자동차 기관에서 발생되는 대기 오염의 주 요인 중 하나로 손꼽힌다.

배기 이슬점 온도

IC 기관의 배기 가스가 이슬점 이하로 내려갈 때, 배기 가스 안의 수증기는 액체로 응축되기 시작한다. 기관이 처음 시동되어 출발할 때, 배기관이 차가우면 관 밖으로 작은 물방울이 흘러나오는 것을 흔히 볼 수 있다. 배기관이 아주 빠르게 이슬점 위로 가열되어 고온의 배기 가스가 주위의 공기에 의해 차가워질 때 응축된 물은 증기로 보이는데, 이는 추운 겨울철에 더욱 뚜렷하게 보인다.

예제 4-3

예제 4-1에서 기관의 배출 가스가 밖에서 물로 응축되기 시작하는 온도는 얼마인가?
배출 압력은 대기압이다. 다음을 계산하라.

　1. 건조 흡입 공기
　2. 상대 습도 55%의 흡입 공기

풀 이

　(1) 예제 4-1의 반응식 :

$$C_8H_{18} + 15\,O_2 + 15(3.76)\,N_2 \rightarrow 8\,CO_2 + 9\,H_2O + 2.5\,O_2 + 15(3.76)\,N_2$$

배출된 생성물의 수증기 몰분율은,

$$x_v = N_v/N_{total} = (9)/[8 + 9 + 2.5 + 15(3.76)] = 0.1186$$

수증기의 분압은,

$$P_v = x_v P_{total} = (0.1186)(101\,kPa) = 11.98\,kPa$$

이슬점은 수증기가 포화되는 압력의 온도이다. 증기표[90]에서 구하면 다음과 같다.

$$T_{DP} = \overline{49°C}$$

(2) 흡입 공기의 상대 습도가 $T = 25°C$에서 55%이다. 따라서 흡입 공기의 증기압은 다음과 같다.

$$P_v = (rh)P_{Sat\,at\,25C} = (0.55)(3.169\,kPa) = 1.743\,kPa$$

열역학 교재의 증기표(예를 들면, 참고 문헌[90])와 습기 방정식을 이용해 비습도를 구하면 다음과 같다.

$$\omega_v = m_v/m_a = 0.622[P_v/(P - P_v)] = (0.622)[(1.743)/(101 - 1.743)]$$
$$= 0.0109\,kg_v/kg_a$$

공기(29)와 수증기(18)의 분자량을 사용한 몰비에서 질량비로 바꾸면, 연료 1몰당 공기에 대한 몰의 몰 수는 다음과 같다.

$$N_v = N_{air}\omega_v(M_{air}/M_v) = [(15)(4.76)](0.0109)[(29)/(18)] = 1.25$$

연소 반응식은 다음과 같다.

$$C_8H_{18} + 15\,O_2 + 15(3.76)\,N_2 + 1.25\,H_2O \rightarrow$$
$$8\,CO_2 + 10.25\,H_2O + 2.5\,O_2 + 15(3.76)\,N_2$$

배기 가스에서 수증기의 몰비는 다음과 같으며,

$$x_v = (10.25)/[8 + 10.25 + 2.5 + 15(3.76)] = 0.1329$$

수증기의 분압은 다음과 같다.

$$P_v = x_v P_{\text{total}} = (0.1329)(101 \text{ kPa}) = 13.42 \text{ kPa}$$

이슬점 온도는 다음과 같다.

$$\underline{T_{DP} = 52°C}$$

연소 온도

공기와 탄화수소 연료의 연소 반응에 의해 발생된 열은 생성물의 총 엔트로피와 반응물의 총 엔트로피 차이와 같다. 이것을 반응열, 연소열 혹은 반응 엔트로피라 하고, 다음과 같이 주어진다.

$$Q = \sum_{\text{PROD}} N_i h_i - \sum_{\text{REACT}} N_i h_i \tag{4-5}$$

여기서,　　　　　N_i = 성분 i의 몰 수
　　　　　　　　$h_i = (h_f^o)_i + \Delta h_i$
　　　　　　　　h_f^o = 25°C, 1기압 표준 상태에서 구성 성분 1몰을 생성하는 데 필요한 엔탈피
　　　　　　　　Δh_i = 구성 성분 i의 표준 온도로부터의 엔트로피 변화

　반응 기체에 의해 주어진 열, 즉 Q는 마이너스일 것이다. h_f와 Δh의 값은 대부분의 열역학 교재에서 찾을 수 있는 비몰량이다.

　표 A-2는 여러 연료에 대한 발열량을 나타낸다. 발열량 Q_{HV}는 연료 1단위당 반응열의 음이고, 따라서 양수값을 가진다. 이것은 반응물과 생성물을 25°C로 가정해서 계산한 것이다. 발열량을 사용할 때에는 거의 항상 질량 단위(kJ/kg)로 주어져 있는 반면에, 반응열은 식(4-5)에서처럼 몰량을 사용하여 얻어진다는 점에 주의해야 한다. 표에서 주어진 두 가지 열량값에서 고발열량은 배출된 생성물에서 물이 액체일 때 사용하고, 저발열량은 생성물에서의 물이 증기일

때 사용한다. 이 차이는 물의 증발열 때문이다.

$$Q_{HHV} = Q_{LHV} + \Delta h_{vap} \tag{4-6}$$

큰 값을 가질수록 연료가 매력적으로 보이므로 고발열량은 보통 연료 용기에 기록된다. 기관 분석을 위해서는 저발열량이 사용하기에 합리적인 값이다. 연소실 안의 모든 에너지 교환은 고온에서 일어나며, 기관 작동에 더 이상 영향을 미치지 않는 배기 과정의 어느 지점에서 생성 기체는 이슬점 온도로 냉각된다. 일로 전환하는 기관 안의 열은 다음과 같이 주어진다.

$$Q_{in} = \eta_c m_f Q_{LHV} \tag{4-7}$$

여기서, η_c = 연소 효율
            m_f = 연료 질량

IC 기관의 최고 온도 계산은 공기-연료 혼합물의 단열 화염 온도를 계산함으로써 얻을 수 있다. 이것은 식(4-5)를 사용해 $Q = 0$으로 두면 다음과 같다.

$$\sum_{PROD} N_i h_i = \sum_{REACT} N_i h_i \tag{4-8}$$

반응물의 입구 조건을 안다고 가정하고, 이 방정식을 만족시키는 생성물의 온도를 아는 것이 필요하다. 이것이 단열 화염 온도이다. 단열 화염 온도는 연료와 공기의 혼합물에서 얻을 수 있는 이상적인 이론상의 최대 온도이다. 기관 사이클에서 실제 최고 온도는 이것보다 수백 도가 낮을 것이다. 한 사이클이 아주 짧은 시간에 약간의 열손실이 있어 연소 효율은 100%보다 낮고, 따라서 소량의 연료가 연소하지 않으며, 일부 성분은 고온에서 분해된다. 이러한 요인들은 단열 화염 온도보다 낮은 실제 최고 온도를 만드는 데 기여한다.

예제 4-4

화학 양론적 프로판 연료로 작동하는 SI 기관은 싸이클마다 각 실린더당 0.0000 kg의 연료와 연소하고, 연소 효율은 95%이다. 압축 과정의 끝 무렵, 연소가 시작할 때, 실린더의 온도와 압력은 T = 700K, P = 2,000kPa이다. 연소 이후에 실린더에서 나갈 때 배기 온도는 T_{ex} = 1200K이다.

다음을 계산하여라.

  1. 식(4-5)를 이용하여 각 싸이클 동안 각 실린더에 유입된 연소 열량
  2. 식(4-7)을 이용한 열 유입량

풀이

(1) 연소 방응식

$$C_3H_8 + 5\,O_2 + 5(3.76)\,N_2 \rightarrow 3\,CO_2 + 4\,H_2O + 5(3.76)\,N_2$$

식(4-5)는 유입 열량을 구할 때 사용된다.

T = 700K에서 연소전의 반응물의 엔탈피는,

$$\begin{aligned}
H_{react} &= 1[(-103,850) + (29,771)]_{C3H8} + 5[(0) + (12,499)]_{O2} \\
&\quad + 5(3.76)[(0) + (11,937)]_{N2} \\
&= +212,832 \text{ KJ/kgmole}
\end{aligned}$$

연소후 T_{ex} = 1,200K에서 생성물의 엔탈피는,

$$\begin{aligned}
H_{prod} &= 3[(-393,522) + (44,473)]_{CO2} + 4[(-241,826) + (34,506)]_{H2O} \\
&\quad + 5(3.76)[(0) + (28,109)]_{N2} \\
&= -1,347,978 \text{ KJ/kgmole}
\end{aligned}$$

식(4-5)에서,

$$\begin{aligned}
Q_{in} &= \sum H_{prod} - \sum H_{react} \\
&= \{[(-1,347,978 \text{ KJ/kgmole}) - (212,832)]/(44.097 \text{ kg/kgmole})\}(0.00005 \text{ kg}) \\
&= \underline{1.770 \text{ kJ}}
\end{aligned}$$

(2) 식 (4-7)은 싸이클 당 각 실린더에서의 열 유입량을 구하는 데 사용된다.

$$Q_{in} = \eta_c m_f Q_{LHV} = (0.95)(0.00005 \text{ kg})(46,190 \text{ kJ/kg}) = \underline{2.194 \text{ kJ}}$$

식(4-7)에서 얻은 결과 값(2.194KJ)은 표준 공기 분석을 한 것이고 식(4-5)에서 얻은 결과값(1.770KJ)이 실제적인 열 유입량에 더욱 가깝다. 이것이 싸이클에서 실제로 나타나는 열 효율과 표준 공기의 오토 싸이

클 분석에서 얻어진 열효율 차이의 이유 중 하나이다.

$$(\eta_t)_{\text{actual}} \approx 0.85 \ (\eta_t)_{\text{OTTO}} \tag{3-32}$$

예제 4-5

예제 4-1의 건조한 공기를 0.833의 당량비로 연소했을 때 이소옥탄의 단열 화염 온도를 구하라. 반응물의 압축 행정 후 온도는 407℃(700K)로 가정할 수 있다.

풀 이

예제 4-1로부터,

$$C_8H_{18} + 15\,O_2 + 15(3.76)\,N_2 \rightarrow 8\,CO_2 + 9\,H_2O + 2.5\,O_2 + 15(3.76)\,N_2$$

식(4-5)와 식(4-8)에서 단열 연소를 사용했다. 엔탈피 값은 대부분의 열역학 교재에서 얻을 수 있다. 여기서 사용한 값은 참고 문헌[90]에서 인용했다.

$$\sum_{\text{PROD}} N_i(h_f^o + \Delta h)_i = \sum_{\text{REACT}} N_i(h_f^o + \Delta h)_i$$

$$8\,[(-393{,}522) + \Delta h_{CO_2}] + 9\,[(-241{,}826) + \Delta h_{H_2O}] + 2.5\,[0 + \Delta h_{O_2}] + 15(3.76)[0 + \Delta h_{N_2}]$$
$$= [(-259{,}280) + (73{,}473)] + 15[0 + (12{,}499)] + 15(3.76)[0 + (11{,}937)]$$

간단히 하면 다음과 같다.

$$8\Delta h_{CO_2} + 9\Delta h_{H_2O} + 2.5\Delta h_{O_2} + 56.4\Delta h_{N_2} = 5{,}999{,}535$$

시행착오를 통해, 이 방정식을 만족하는 온도를 찾는다. $T = 2{,}400$K라고 놓으면,

$$8(115{,}779) + 9(93{,}741) + 2.5(74{,}453) + 56.4(70{,}640) = 5{,}940{,}130$$

이것은 너무 낮으므로 $T = 2{,}600$K라고 놓으면,

$$8(128{,}074) + 9(104{,}520) + 2.5(82{,}225) + 56.4(77{,}963) = 6{,}567{,}948$$

이것은 너무 높다. 따라서, 화염 온도는 보간법에 의해서 다음으로 구해진다.

$$T_{max} = 2419 \text{ K} = 2146°C$$

기관 배기 분석

IC 기관의 배기를 분석하는 것이 일반적 관례이다. 현대의 스마트 자동차 기관의 제어계에는 끊임없이 기관에서 나오는 배기를 경고하는 센서가 포함되어 있다. 이 센서들은 다양한 화학적, 전기적 그리고 열적 방법에 의해 뜨거운 배기의 화학적 조성을 결정한다. 다른 센서들로부터 얻은 정보와 함께 이것은 공연비, 점화 시간, 흡기 조절, 밸브 시간 등을 제어함으로써 기관의 작동을 조절하는 기관 관리 체계(EMS)로 사용된다.

정비소와 고속도로 점검소들에서도 작동 조건 또는 배기를 결정하기 위해 자동차 배기를 분석한다. 이것은 배기 가스들의 시료를 취해 외부 분석기에 통과사킴으로써 행해진다. 이 때, 배기 가스가 완전히 분석되기 전에 이슬점 온도 아래로 차가워지고, 응축시킨 물이 배기 가스의 성분으로 바뀔 가능성이 높다. 이것을 보정하기 위해, 보통 어떤 열화학적 수단을 통해 먼저 배기 가스로부터 모든 수증기를 제거하는 건분석을 실시할 수 있다.

예제 4-6

공익 사업체 소유의 경트럭의 4행정 기관은 프로판 연료로 작동하도록 개조되었다. 기관 배기의 건분석 결과, 다음과 같은 체적 비율이 주어졌다.

CO_2	4.90%
CO	9.79%
O_2	2.45%

기관이 작동하는 당량비를 계산하라.

풀 이

확인된 세 성분은 4.90+9.79+2.45=17.14%로, 전체 성분은 잔여 기체(질소)가 82.86%라는 것을 의미한다. 체적 비율은 몰 비율과 동일하다. 따라서 미지량의 연료가 미지량의 공기와 탄다면, 반응 결과는 다음과 같다.

$$x\,C_3H_8 + y\,O_2 + y(3.76)\,N_2 \rightarrow 4.90\,CO_2 + 9.79\,CO + 2.45\,O_2 + 82.86\,N_2 + z\,H_2O$$

여기서, z = 건분석 전에 제거된 수증기의 몰수
반응 동안 질소의 보존에 의해

$$x\,C_3H_8 + y\,O_2 + y(3.76)\,N_2 \rightarrow 4.90\,CO_2 + 9.79\,CO + 2.45\,O_2 + 82.86\,N_2 + z\,H_2O$$

탄소의 보존에 의해,

$$3x = 4.90 + 9.79 \quad \text{or} \quad x = 4.897$$

수소의 보존에 의해,

$$8x = 8(4.897) = 2z \quad \text{or} \quad z = 19.588$$

따라서, 반응은 다음과 같다.

$$4.90\,C_3H_8 + 22.037\,O_2 + 22.037(3.76)\,N_2 \rightarrow$$
$$4.90\,CO_2 + 9.79\,CO + 2.45\,O_2 + 82.86\,N_2 + 19.588\,H_2O$$

4.90으로 나누면 다음과 같다.

$$C_3H_8 + 4.50\,O_2 + 4.50(3.76)\,N_2 \rightarrow CO_2 + 2\,CO + 0.50\,O_2 + 16.92\,N_2 + 4\,H_2O$$

실제 공연비는,

$$AF_{act} = m_a/m_f = [(4.50)(4.76)(29)]/[(1)(44)] = 14.12$$

이론 연소는,

$$C_3H_8 + 5\,O_2 + 5(3.76)\,N_2 \rightarrow 3\,CO_2 + 4\,H_2O + 5(3.76)\,N_2$$

이론 공연비는,

$$AF_{stoich} = m_a/m_f = [(5)(4.76)(29)]/[(1)(44)] = 15.69$$

식(4-2)를 사용한 당량비는,

$$\phi = (AF)_{stoich}/(AF)_{act} = 15.69/14.12 = \underline{1.11}$$

4.2　탄화수소 연료-가솔린

SI 기관에 사용되는 주연료는 가솔린이다. 가솔린은 많은 탄화수소 성분의 혼합물로서, 원유에서 만들어진다. 원유는 1859년 미국 펜실베이니아에서 최초로 발견되었고, 거기서 생겨난 연료 생산 라인은 IC 기관과 함께 발달하였다. 원유는 대부분 탄소와 수소로 구성되어 있으며, 다른 종류의 성분들이 소량 섞여 있다. 원유는 무게로 따질 때 83~87%의 탄소와 11~14%의 수소로 구성된다. 탄소와 수소는 여러가지 방법으로 결합하여 수많은 분자 화합물을 만들 수 있다. 원유를 분석한 실험에서는 25,000가지 이상의 탄화수소 성분이 확인되었다[93].

　땅에서 얻은 원유 혼합물은 정유 공장에서 열 또는 촉매에 의한 방법을 사용함으로써 열분해 또는 증류에 의해 성분 물질들로 분리된다. 열분해는 큰 분자 성분을 더 작은 분자량의 유용한 성분들로 분해하는 공정이다. 선택적 증류는 혼합물을 단일 성분 또는 더 작은 범위의 성분들로 분리하는 데 사용된다. 일반적으로, 분자량이 큰 성분일수록 비등점이 더 높다. 비등점이 낮은 성분(작은 분자량)은 용매와 연료(가솔린)로 사용되는 반면, 큰 분자량을 가진 비등점이 높은 성분들은 타르나 아스팔트에 사용되거나 열분해를 더 시키기 위해 정유 공장으로 다시 보낸다. 정제 공정에서 나온 성분 혼합물들은 다음을 포함하여 많은 생성물로 사용된다.

　자동차용 휘발유
　디젤 연료
　항공용 휘발유
　제트 연료
　가정 난방 연료
　공업 난방 연료
　천연 가스
　윤활유

아스팔트
알코올
고무
페인트
플라스틱
폭발물

가솔린 연료가 지닌 유용성과 비용은 다른 생성물들과 시장 경쟁을 통해 결정된다. 이것은 전세계의 원유 보유고의 고갈과 함께 중대한 기로에 서게 될 것이다.

세계의 서로 다른 곳에서 채취한 원유에 포함되어 있는 탄화수소의 종류와 수가 서로 다르다. 미국에서는 크게 펜실베이니아산 원유와 서부산 원유의 두 가지로 분류한다. 펜실베이니아산 원유는 아스팔트가 거의 없는 고농도의 파라핀인 반면에, 서부산 원유는 파라핀이 거의 없는 아스팔트가 주성분이다. 중동의 몇몇 석유 지대에서 나는 원유는 거의 또는 전혀 정제 과정 없이도 IC 기관에 바로 사용할 수 있는 구성 혼합물로 이루어져 있다.

그림 4-2는 전형적인 가솔린 혼합물의 온도-증발 곡선이다. 분자량이 서로 다른 다양한 성분들은 서로 다른 온도에서 증발한다. 분자량이 작을수록 낮은 온도에서 증발하고, 분자량이 클수록 높은 온도에서 증발한다. 이것은 매우 바람직한 연료를 만든다. 차가운 기관의 시동을 위해서는 낮은 온도에서 증발하는 성분들이 작은 비율로 섞여 있을 필요가 있다. 연료는 연소되기 전에 먼저 증발해야만 한다. 그러나 너무 많은 저온 휘발은 연료가 너무 빨리 증발할 때 문제가 생길 수 있다. 만약 연료 증기가 흡기계에서 너무 일찍 공기로 대체된다면 기관의 체적 효율은 감소할 것이다. 이것이 유발할 수 있는 또 다른 심각한 문제는 연료가 연료 공급 라인이나 뜨거운 기관 칸막이에 있는 기화기에서 증발할 때 증기 폐쇄를 일으킨다는 것이다. 증기 폐쇄가 일어나면 연료의 공급은 중단되고 기관은 멈춘다. 연료 중 상당히 큰 비율이 흡입 과정의 짧은 시간 동안 정상 흡기계 온도에서 증발해야 한다.

체적 효율을 극대화하기 위해 연료 중 약간은 압축 행정의 말기까지, 심지어는 연소가 시작될 때까지도 증발하지 않아야 한다. 몇몇 고분자량 성분들을 가솔린 혼합물에 포함시키는 것은 이 때문이다. 고온 휘발 성분이 가솔린에 너무 많이 포함되면, 연료 중 일부는 결코 증발되지 못하고 배기 오염 물질이 되거나 또는 실린더 벽에 응축되어 윤활유을 묽게 한다.

때때로 가솔린을 기술하는 데 사용되는 한 방법은 세 가지 온도를 사용하는 것이다. 즉, 10%, 50%, 90%가 증발되는 온도로 나타내는 것이다. 따라서, 그림 4-2에서 가솔린은 57-81-103°C의 가솔린으로 분류할 수 있다.

서로 다른 상표의 가솔린들을 비교해 보면, 주어진 계절과 지역에서 휘발 곡선에는 거의 차이가 없다는 것을 알 수 있다. 일반적으로, 여름에 비해 겨울에는 가솔린의 증발 곡선은 5°C

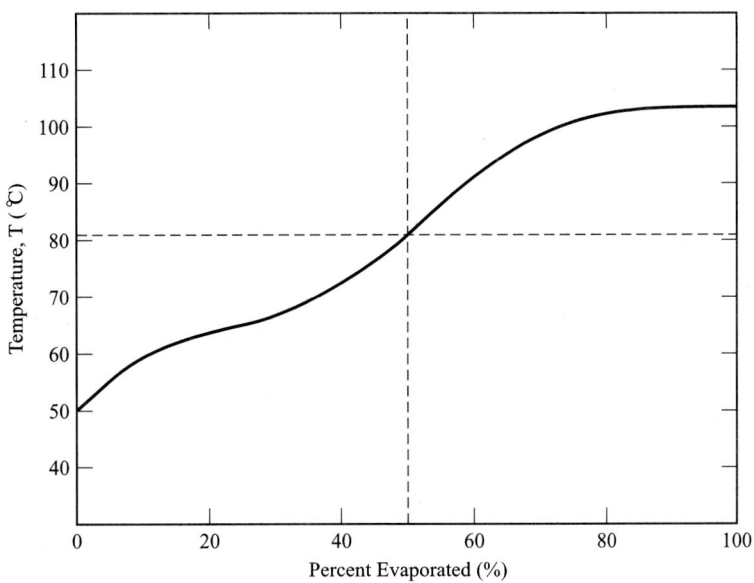

그림 4-2

전형적인 가솔린 혼합물의 온도-증발 곡선. 낮은 온도에서 증발하는 성분들을 저온 휘발성 성분이라 하고, 이는차가운 기관을 시동하는 데 사용된다. 가장 높은 온도에서 증발하는 성분들을 고온 휘발성이라 하고, 이는 기관 체적 효율을 증가시키다. 이 가솔린은 57-81-103°C로 분류될 수 잇다. 이 중 50%는 81°C에서 증발할 것이다.

정도 떨어진다.

가솔린을 단일 성분의 탄화수소 연료로 가정한다면, 대략 C5H8의 분자 구조를 가지고, 111의 분자량을 가질 것이다. 이것은 이 교재에서 사용하는 값이기도 하다. 때때로, 가솔린은 실제 성분 구조와 열적 성질이 가장 잘 맞는 탄화수소 성분인 이소옥탄 C_8H_{18}로 근사화된다. 표A-2에 가솔린, 이소옥탄 및 몇몇 다른 일반 연료의 성질이 열거되어 있다.

4.3 일반적인 탄화수소 성분

분자 구조에서 탄소 원자는 네 군데에서 결합을 할 수 있는 반면, 수소는 결합을 한 군데밖에 할 수 없다. 포화 탄화수소 분자는 2중이나 3중 탄소-탄소 결합을 가지지 않으며, 최대수의 수소 원자를 가진다. 반면에 불포화 탄화수소 분자는 2중이나 3중 탄소-탄소 결합들을 가진다.

많은 탄화수소 분자 가족들이 확인되었다. 그 중에서 일반적인 것 몇 가지를 기술한다.

파라핀

파라핀족(혹은 알칸족)은 C_nH_{2n+2}(n은 임의의 수)의 탄소-수소 조성을 가진 사슬 분자들이다. 이 족의 가장 간단하고 가장 안정된 탄화수소 분자는 천연가스의 주성분인 메탄(CH_4)이다. 그것은 다음과 같이 그려진다.

메탄(CH_4)

$$H-\underset{\displaystyle H}{\overset{\displaystyle H}{C}}-H$$

이 족의 다른 종류로는 다음의 것들이 포함된다.

프로판(C_3H_8)

부탄(C_4H_{10})

표 4-2 탄화수소 연료 성분들의 접두사들

주 사슬이나 고리에 존재하는 탄소 원자의 수	접두사
1	meth
2	eth
3	prop
4	but
5	pent
6	hex
7	hept
8	oct
9	non
10	dec
11	undec
12	dodec

표 4-2는 주요 분자 구조에서 탄소 원자의 수에 따라 파라핀 및 다른 탄화수소족을 명명하는 데 사용되는 접두사를 나타낸 것이다. 메탄, 프로판 등과 같이 접미사 ane을 사용한다.

종종 분자의 사슬들에는 가지가 있으며, 탄소와 수소 원자가 첨가됨으로써 다른 분자 구조들이 얻어진다. 이성질체 중 하나인 이소부탄은 부탄(C_4H_{10})과 화학식은 같지만, 다른 구조를 가진다.

이소부탄(C_4H_{10})

이소부탄은 또한 메틸프로판이라고도 부르는데, 주 사슬에 3개의 탄소 원자가 있기 때문에 프로판이고, 수소 원자 하나 대신에 1개의 메틸기(CH_3)가 있기 때문에 메틸이다. 사슬에 가지가 없는 분자들은 때로는 정상(normal)이라고 부른다. 따라서, 부탄은 때로는 정상 부탄 혹은 *n*-부탄이란 부른다. 비록 이소부탄과 *n*-부탄은 같은 화학식(C_4H_{10})을 가지고 있지만, 열적, 물리적 성질이 다르다. 이것은 같은 화학식을 가지고 있지만 분자 구조가 다른 두 화합물에서 볼 수 있는 현상이다.

화학적인 사슬이 가지를 치는 방법은 매우 많으며, 따라서 가능한 화합물의 종류도 매우 많다. 이소옥탄(C_8H_{18})은 다음의 분자 구조를 가진다.

이소옥탄(C_8H_{18})

이소옥탄은 2, 2, 4-트리메틸펜탄이라고도 부르는데, 주 사슬에 5개의 탄소 원자가 있기 때문에 펜탄이고, 메틸기가 3개 있기 때문에 트리메틸이며, 메틸기가 사슬에서 두 번째, 네 번째 탄소 원자에 붙어 있기 때문에 2, 2, 4이다. 2, 2, 4-트리메틸펜탄 역시 같은 분자가 된다는 데 유의하라. 다른 이성질체의 예로는 다음과 같은 것이 있다.

2-에틸펜탄(C_7H_{16})

2-메틸-3-에틸헥산(C_9H_{20})

올레핀

올레핀족은 하나의 2중 탄소-탄소 결합을 포함하는 사슬 분자로 구성되어 있고, 따라서 불포화되어 있다. 표 4-2에 있는 접두사에 접미사 '-ene'을 붙여 사용한다. 화학적 조성은 C_nH_{2n}이다. 올레핀의 예로는 다음과 같은 것들이 있다.

에텐(C_2H_4)

부텐-1(C_4H_8)

부텐-2(C_4H_8)

이소부텐 또는 2-메틸프로펜(C_4H_8)

디올레핀

디올레핀은 2개의 2중 탄소-탄소 결합을 가지고 있는 것을 제외하면, 올레핀과 유사한 사슬 분자이다. 이들 불포화 화합물은 C_nH_{2n-2}의 화학식을 가지며, 접미사 '-diene'을 사용한다.

2.5-헵타디엔(C_7H_{12})

아세틸렌

아세틸렌은 3중 탄소-탄소 결합을 가진 불포화 사슬 분자이고, C_nH_{2n-2}의 화학식을 가진다. 가장 잘 알려진 종류는 아세틸렌(C_2H_2)이다.

아세틸렌(C_2H_2) $H-C\equiv C-H$

시클로파라핀

시클로파라핀은 단일 결합 고리와 C_2H_2의 화학식을 가진 불포화 분자이다.

시클로부탄(C_4H_8)

시클로펜탄(C_5H_{10})

수소 대신에 다양한 라이칼이나 부사슬을 대체함으로써 매우 많은 변형 분자들이 가능하다. 시클로파라핀은 훌륭한 자동차 가솔린 성분이다.

방향족

방향족 분자는 2중 탄소-탄소 결합과 C_nH_{2n-6}의 일반적인 화학식을 가진 불포화 고리 구조를 가진다. 이 족의 기본적인 분자는 벤젠 고리이다.

벤젠(C_6H_6)

수소 원자 대신에 다양한 집단을 대체함으로써 다른 분자로 변경된다.

톨루엔(C_7H_8)   에틸벤젠(C_8H_{10})

둘 이상의 수소 원자가 대체될 때에는 여러 가지 이성질체가 가능하다.

오르토크실렌(C_8H_{10})   메타크실렌(C_8H_{10})   파라크실렌(C_8H_{10})

큰 단일 분자 내에서 둘 이상의 고리가 결합되면, 추가로 많은 종류의 분자가 가능하다.

$C_{10}H_8$ $C_{11}H_{10}$ $C_{14}H_{10}$

방향족은 배기 오염 문제를 지닌 몇 가지 예외를 제외한다면, 훌륭한 가솔린 연료 성분이다. 액체 상태에서 밀도가 높기 때문에 단위 체적당 높은 에너지를 가진다. 방향족은 높은 용해성을 가지고 있으므로 연료 운반 시스템의 물질을 선택하는 데 주의해야 한다(예를 들면, 어떤 개스 킷 물질들을 용해시키거나 또는 팽창시킨다). 방향족은 다른 어떤 탄화수소류보다 더 많은 양의 물을 용해시키므로, 기온이 낮을 때 용액에서 일부 물이 나와 연료관을 얼게 하는 문제가 발생한다. 방향족 화합물은 CI 기관 연료로는 부적절하다.

알코올

알코올류는 수소 원자 하나가 수산화기(OH)로 대체된 점을 제외하면, 파라핀족과 유사하다. 가장 일반적인 알코올로는 다음과 같은 것이 있다.

메틸알코올(메탄올), (CH_3OH)

에틸알코올(에탄올), (C_2H_5OH)

프로필알코올(프로판올), (C$_3$H$_7$OH)

$$H-\underset{\underset{H}{|}}{\overset{\overset{H}{|}}{C}}-\underset{\underset{H}{|}}{\overset{\overset{H}{|}}{C}}-\underset{\underset{H}{|}}{\overset{\overset{H}{|}}{C}}-O-H$$

4.4 자발화와 옥탄가

연료의 자발화 특성

공기-연료 혼합기의 온도가 충분히 상승한다면, 혼합기는 점화 플러그나 외부 점화 장치 없이도 자발화할 것이다. 자발화가 일어나는 온도를 **자발화 온도**(self-ignition temperature, SIT)라고 한다. 이것은 압축 착화 기관에서 점화를 일으키는 기본 원리이다. 압축 행정 동안에 자발화 온도 이상으로 온도를 높이기 위해 압축비가 충분히 높다. 연료가 연소실 내로 분사되고 나서 자발화가 일어난다. 반면에 점화 플러그가 적절한 기기에 사이클에서 공기-연료를 점화시키기 위해 사용되는 스파크 점화 기관에서는 자발화(조기 점화 또는 자동 점화)가 바람직하지 않다. 가솔린을 연료로 사용하는 스파크 점화 기관의 압축비는 자발화를 피하기 위해 약 11:1로

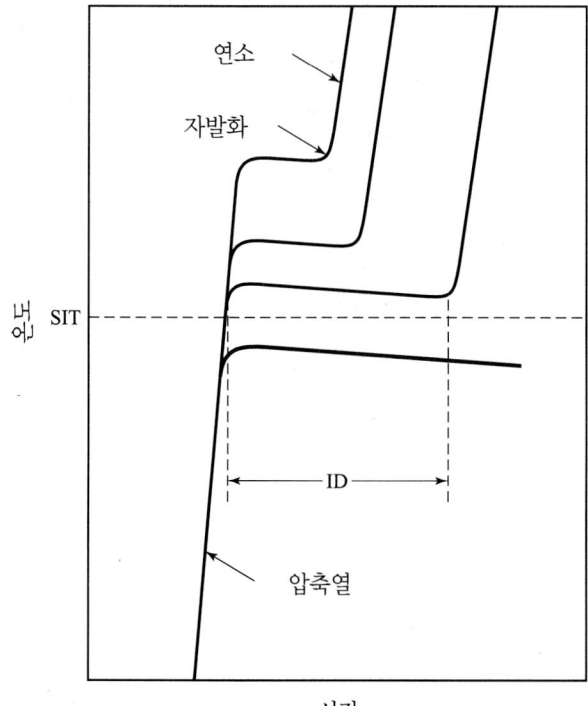

그림 4-3
연료의 자발화 특성들. 만약 연료의 온도가 자발화 온도(STI) 이상으로 올라가면, 연료는 자발적으로 짧은 지연(ID) 시간 후에 발화한다. SIT보다 더 높은 온도에서 연료가 가열될수록, ID는 더 짧아진다. 점화 지연은 일반적으로 수천 초 정도이다. 참고 문헌 [126]에서 인용.

제한된다. 스파크 점화 기관에서 자발화가 바람직한 정도보다 높게 일어날 때 압력 펄스가 생성 된다.

압력 펄스는 기관에 손상을 일으키며, 종종 가청 주파수 영역에 있다. 이러한 현상을 **노크** (knock) 또는 **핑**(ping)이라 부른다.

그림 4-3은 자발화가 일어날 때 발생하는 기본 과정을 나타낸 것이다. 연소 가능한 공기-연료 혼합기가 자발화 온도보다 낮은 온도까지 가열된다면, 점화는 일어나지 않고, 혼합기는 냉각될 것이다. 혼합기가 자발화 온도보다 높은 온도까지 가열된다면, 자발화는 **점화 지연**(ignition delay, ID)이라고 하는 짧은 시간의 지연 후에 일어날 것이다. 공기-연료 혼합기에서의 자발화

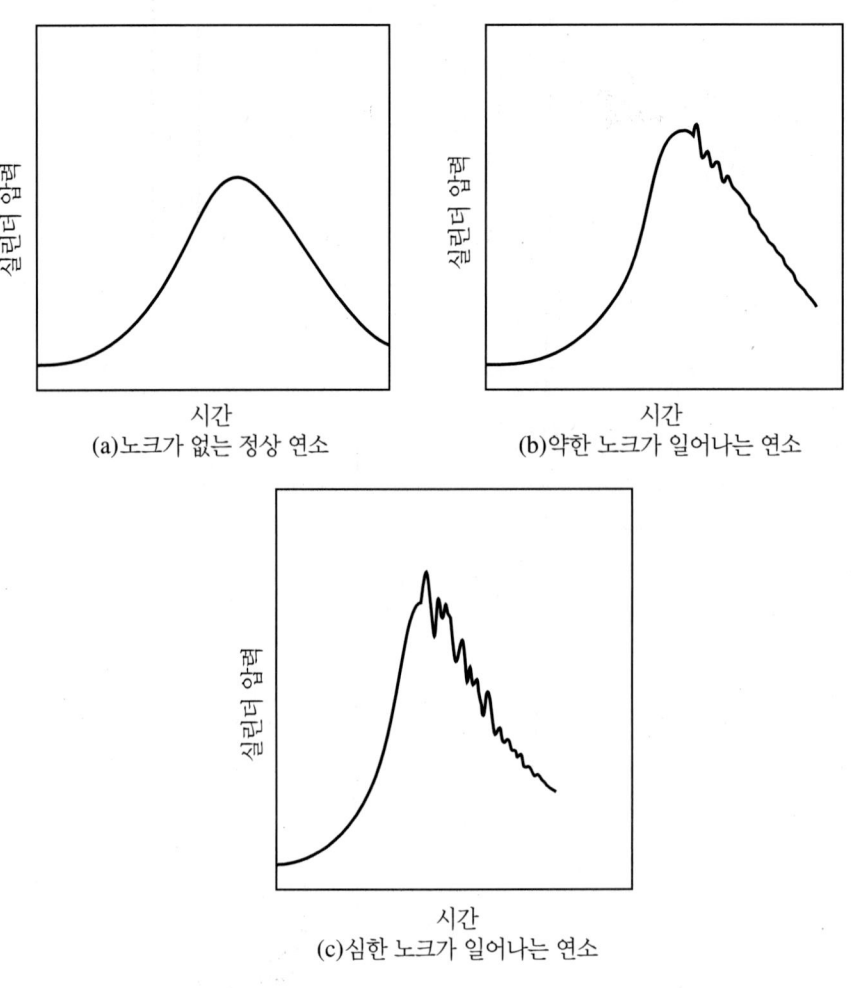

그림 4-4
일반적인 SI 기관의 연소실에서 시간 함수에 따른 실린더 압력. (a)정상 연소, (b)약한 노크가 일어나는 연소 (c)심한 노크가 일어나는 연소.

온도나 점화 지연은 온도, 압력, 밀도, 난류, 스월, 연공비, 비활성 기체 등을 포함하는 여러 변수들에 의존하며 분명하지 않다[93].

점화 지연은 일반적으로 매우 순간적이다. 점화 지연 동안에 연료 구성 성분의 산화를 포함한 조기 점화 반응이 일어나며, 큰 탄화수소 성분을 작은 HC분자로 분해하는 일까지 일어난다. 이러한 조기 점화 반응은 국지점에서 온도를 상승시키고, 결국 실제 연소 반응이 일어날 때까지 부가 반응을 촉진시킨다.

그림 4-4는 대표적 스파크 점화 기관의 실린더 내에서의 압력-시간 관계를 나타낸다. 자발화가 없다면 피스톤에 대한 압력은 매끄러운 곡선을 따르고, 부드러운 기관 작동을 유발한다. 자발화가 일어날 때 피스톤에 대한 압력은 매끄럽지 않고, 기관 노크를 일으킨다.

실례를 보이기 위해서, 연소실은 그림 4-5에 나타낸 것처럼 긴 중공관으로서 개략적으로 가시화할 수 있다. 명백히, 이것은 실제 기관 연소실의 형상은 아니지만, 연소 동안 일어나는 것을 가시화한다. 이러한 생각을 연장하여 실제 연소 기관 형상을 추정할 수 있다. 연소가 일어나기 전에 연소실은 네 개의 동등한 질량 단위로 나누어지며, 각각은 동등한 체적을 차지한다. 연소는 왼편의 점화 플러그에서 시작되고, 화염 전면은 왼쪽에서 오른쪽으로 이동한다. 연소가 일어나면 연소 가스의 온도는 높은 값까지 증가한다. 이것은 연소 가스의 압력을 상승시키고,

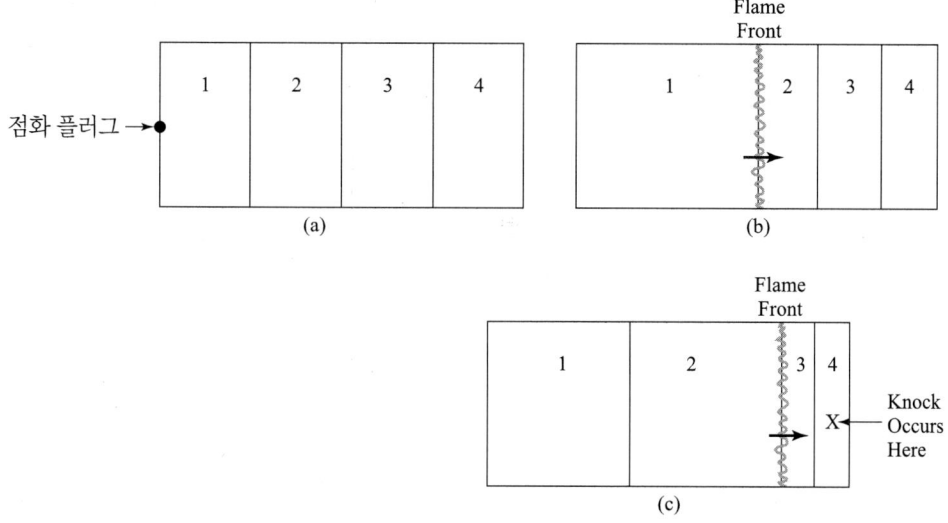

그림 4-5

왼쪽 끝에 점화 플러그를 가진 텅 빈 실린더로 도식적으로 나타난 SI 기관 연소실. (a)연소를 시작하기 위해 점화 플러그에서 불꽃이 나올 때 공기-연료 질량은 균일하게 분포해 있다. (b)화염 전면이 연소실을 이동함에 따라 연소되지 않은 화염 전면의 혼합물은 작은 체적으로 압축된다. (c)화염 전면은 연소되지 않은 혼합물을 더욱 작은 체적으로 압축시켜 그 온도와 압력을 높인다. 압축으로 인해 끝 부분의 가스 온도가 자발화 온도 이상으로 높아지면, 자발화 노크가 일어날 수 있다.

그림 4-5(b)에서처럼 연소 가스의 체적을 팽창시킨다. 화염 전면의 앞쪽의 비연소 가스는 높은 압력에 의해 압축되고, 압축열은 가스의 온도를 상승기킨다. 비연소 가스의 온도는 화연으로부터 복사열에 의해 상승되고, 이것은 압력을 상승시킨다. 전도와 대류에 의한 열전달은 매우 짧은 시간 간격 때문에 이 과정 동안 중요하지 않다.

공기-연료의 후반부를 통화하는 화염 전면은 높은 온도와 압력 때문에 가속도를 얻게 되는데, 이것은 반응율을 증가시킨다. 화염 전면은 그림 4-5(c)에서 나타난 것처럼 화염 앞쪽의 비연소 가스를 압축시키고 가열시킨다. 게다가, 연소 과정에서 에너지 방출은 화염 전면 뒤의 연소 가스의 온도와 압력을 높인다. 이것은 압축열과 복사 모두에 의해 일어난다. 연소 과정의 끝부분 근처에서 마지막 가스는 자발화와 노크가 일어난다. 노크를 방지하기 위해, 점화 지연 시간이 경화하기 전에 자발화 온도 이상으로 상승되었던 모든 비연소 가스를 화염이 통과하고 소비하는 것이 필요하다. 이것은 연료 상태량 조절과 연소실 구조의 설계를 결합해 이루어진다.

연소 과정의 끝부분에서 실린더에서 가장 뜨거운 영역은 연소가 시작되었던 점화 플러그 근처이다. 이 영역은 연소 시작에서 뜨거워지고, 화연 전면이 연소실의 남은 부분을 통과함에 따라 압축열과 복사에 의해 계속 온도가 증가한다.

불꽃 점화 기관에서 압축비를 제한함으로써 연소가 시작되는 압축 행정의 끝부분에서 온도를 제한한다. 연소 시작에서 감소된 온도는 전 연소 과정을 통해 온도를 감소시키고, 노크는 방지된다. 반면에, 높은 압축비는 연소 시작에서 높은 온도를 유발할 것이다. 이것은 사이클의 나머지 부분에서 모든 온도를 상승시킬 것이다. 마지막 가스의 높은 온도는 짧은 점화 지연 시간을 만들 것이고, 노크를 발생시킬 것이다.

옥탄가와 기관 노크

연료가 얼마나 잘 자발화하는지 또는 자발화하지 못하는지를 나타내는 연료 상태량을 **옥탄가**(octare number) 또는 단순히 **옥탄**(octane)이라고 한다. 이것은 연료의 자발화 특성을 특수한 작동 상태에서 특수한 시험 기관의 표준 연료의 특성과 비교함으로써 얻어지는 수치 척도이다. 사용되는 두 가지 표준 연료는 옥탄가(ON)가 100인 이소옥탄(2, 2, 4 trimethylpentane)과 옥탄가(ON)가 0인 n-헵탄이다. 연료의 옥탄가가 높을수록 연료의 자발화는 덜해진다. 낮은 압축비를 가진 기관은 낮은 옥탄가의 연료를 사용할 수 있지만, 높은 압축비를 가진 기관은 자발화와 노크를 방지하기 위해서 높은 옥탄가의 연료를 사용해야 한다.

옥탄가를 평가하기 위해 사용되는 몇 가지 시험이 있는데, 시험 방법에 따라 옥탄가에 미세한 차이가 생긴다. 가솔린과 다른 불꽃 점화 기관 자동차 연료를 평가하는 가장 일반적인 방법은 **Motor법**과 **Research법**이다. 이 방법들은 각각 motor 옥탄가(MON)와 research 옥탄가(RON)를 제공한다. 덜 일반적인 방법에는 **Aviation법**이 있는데 이것은 항공기 연료에 사용되

표 4-3 옥탄가 측정을 위한 시험 조건

	RON	MON
기관 속도	600	900
흡기 온도	52 (125°F)	149 (300°F)
냉각제 온도	100 (212°F)	100
오일 온도	57 (135°F)	57
점화 타이밍	13° bTDC	19°–26° bTDC
스파크 플러그 간극	0.508 (0.020 in.)	0.508
흡기 압력	대기압	
공연비	최대 노크를 위해 조절	
압축비	표준 누크를 가지도록 조절	

*참고 문헌[58]에서 인용

며, Aviation 옥탄가(AON)를 제공한다. MON과 RON을 측정하기 위해 사용된 기관은 1930년대에 발달하였다. 그 기관은 4행정 오토 사이클로 단식 실린더, 오버헤드 밸브 기관이다. 그 기관은 3에서 30까지 조절할 수 있는 다양한 압축비를 가진다. MON과 RON을 측정하기 위한 시험 조건은 표 4-3에 주어져 있다.

연료의 옥탄가를 알기 위해서 다음 시험 과정이 사용된다. 시험 기관은 시험되고 있는 연료를 사용하여 특수한 조건에서 작동된다. 압축비는 노크의 표준 기준이 나타날 때까지 조절된다. 시험 연료는 그 다음에 두 가지 표준 연료의 혼합물로 대체된다. 기관의 기계는 두 가지 표준 연료의 혼합이 전 이소옥탄에서 전 n-헵탄까지 어떤 비율로도 변화될 수 있을 정도로 설계된다. 연료 혼합물은 시험 연표에서와 같은 노크 현상이 관찰될 때까지 변화시킨다. 연료 혼합물 중 이소옥탄의 비율이 시험 연료에 주어진 옥탄가이다.

예를 들어, 87%의 이소옥탄과 13% n-헵탄의 혼합물과 같은 노트 특성을 가지는 연료의 옥탄가는 87이다.

자동차 주유소에서 연료 펌프에 대한 **반노크 지수**(anti-knock index)는 다음과 같다.

$$AKI = (MON + RON)/2$$

이것은 때때로 연료의 옥탄가로 취급된다.

시험 기관은 1930년대에 설계된 연소실을 가지고 있고, 시험이 저속에서 수행되기 때문에, 구해진 옥탄가는 현재의 고속 기관의 작동과는 언제나 완전히 일치하지 않을 것이다. 주어진 기관에 대해 노크 특성을 예견하는 데 옥탄가가 절대적이라고 여겨서는 안 된다. 같은 압축비를 가지지만 다른 연소실 구조를 가지는 두 개의 기관이 있다면, 하나는 주어진 연료를 사용해도 노크가 발생하지 않는 반면에 다른 하나는 같은 연료에서 심각한 노크 문제를 발생시킬 수도 있다.

MON 측정에 사용된 작동 조건은 RON 측정에 사용된 작동 조건보다 엄격하다. 따라서, 어떤 연료는 MON보다 큰 RON을 가질 것이다(표 A-2 참조). 이 차이를 **연료 감도**(fuel sensitivity)라고 한다.

$$FS = RON - MON$$

연료 감도는 연료의 노크 특성이 기관 구조에 얼마나 민감한지 알려주는 좋은 척도이다. 낮은 연료 감도값은 보통 그 연료의 노크 특성이 기관 구조에 민감하지 않다는 것을 의미한다. 연료 감도값은 일반적으로 0에서 10까지의 범위에 있다.

100 이상의 옥탄가를 측정하기 위해서 연료 첨가제를 이소옥탄과 혼합하고, 다른 표준점들을 설정한다. 연료의 옥탄가를 높이기 위해서 오랫동안 사용되어온 일반적인 첨가제는 사에틸납(TEL)이었다.

자동차에 사용되는 가솔린 연료의 일반 옥탄가(반노크 지수)는 87~95이고, 특수한 고성능 경주용 기관에서는 다소 높은 값을 가진다. 왕복식 불꽃 점화 항공 기관에서는 85~100의 옥탄가를 가진 납 성분이 적은 연료를 사용한다.

연료의 옥탄가는 여러 자기 변수에 좌우되는데, 그 중 일부는 완전히 이해되지 않고 있다. 옥탄가에 영향을 미치는 요소에는 연소실 구조, 난류, 스월, 온도, 비활성기체 등이 있다. 이것은 일부 연료에 대해 시험 기관의 다른 작동 특성에 의해 발생하는 RON과 MON의 차이를 통해 볼 수 있다.

그 밖의 연료는 동일한 RON과 MON을 가지고 있다. 공기-연료 혼합기에서는 화염 속도가 높을수록 옥탄가가 높다. 이것은 높은 화염 속도에서 자발화 온도 이상으로 가열된 공기-연료 혼합기가 점화 지연 시간 동안 소비되고, 노크가 방지되기 때문이다.

옥탄가가 알려진 여러 연료를 혼합할 때, 이 혼합물의 옥탄가의 근사값은 다음과 같다.

$$ON_{mix} = (\% \text{ of } A)(ON_A) + (\% \text{ of } B)(ON_B) + (\% \text{ of } C)(ON_c) \qquad (4-11)$$

여기서, %는 질량 퍼센트이다.

자동차에서 초기 원유는 낮은 압축비를 요하는 매우 낮은 옥탄가를 가졌다. 이것은 초기 기관에서 심각한 결점은 아니었다. 당시의 기술과 재료로는 낮은 압축비가 필요했기 때문이다. 높은 압축비는 높은 압력과 힘을 발생시켰는데, 초기 기관으로서는 그것을 감당할 수 없었다.

긴 사슬 분자를 가진 연료 성분은 낮은 옥탄가를 가진다. 사슬이 길수록 옥탄가는 낮다. 곁사슬을 더 많이 가진 성분일수록 더 높은 옥탄가를 가진다.

탄소와 수소 원자의 수가 주어진 화합물에서, 원자들이 곁사슬과 더 많이 결합하고 긴 사슬

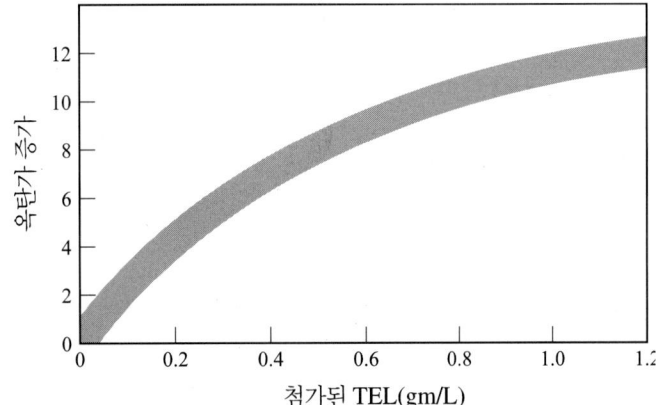

그림 4-7
가솔린에 첨가된 TEL의 함수로서 나타난 옥탄
가 증가. 가솔린의 성분 혼합에 따라 변한다. 옥
탄가는 MON, RON 또는 AKI이다. 참고 문헌
[58]에서 인용.

로 결합하지 않을수록 옥탄가는 높아진다. 고리 분자를 가진 연료 성분은 높은 옥탄가를 가진
다. 알코올은 높은 화염 속도 때문에 높은 옥탄가를 가진다.

옥탄가를 높이기 위해 사용되는 가솔린 첨가제가 많이 있다. 오랫동안 표준 첨가제는 사에틸
납 TEL, $(C_2H_5)_4Pb$였다. 가솔린 수 리터에 TEL 수 밀리리터를 섞으면 여러 지점에서 옥탄가
를 증가시킬 수 있다(그림4-6).

처음 사용되었을 때, TEL은 주유소에서 가솔린과 혼합되었다. 과정은 액체 TEL을 연료 탱
크 속에 붓고 나서 가솔린을 첨가시키는 것이었는데, 부을 때 자연 난류 때문에 TEL과 혼합되
었다. 이것은 유독성 증기를 가지고 있고, 피부와 접촉시 손상을 입히는 TEL을 다루는 안전한
방법이 아니었다. 그 후, TEL은 정유 공장에서 곧바로 가솔린과 혼합되어 다루기에 안전해졌
다. 그러나 주유소에서 추가적인 저장 탱크나 가솔린 펌프가 필요하게 하였다. 고옥탄 연료와
저옥탄 연료는 오늘날 서로 다른 두 종류의 가솔린이 되었고, 주유소에서 일반적인 가솔린과는
혼합할 수 없다.

그림 2-5는 1920년대에 TEL의 출현 이후에 자동차 기관의 압축비가 어떻게 증가했는가를
보여준다.

TEL에서 주요 문제점은 기관 배기에서 나오는 납이다. 납은 독성이 큰 기관 배출물이다.오
랫동안 납 배출 문제는 적은 자동차 숫자 때문에 심각하게 고려되지 않았다. 그러나 1940년대
후반과 1950년대에 들어 자동차 배기가 환경 오염 문제를 유발한다는 사실이 캘리포니아의 로
스앤젤레스에서 처음으로 인식되었다. 로스앤젤레스에서 문제가 처음 인식된 이유는 자동차의
고밀도와 분지 지대의 독특한 날씨 조건이 결합되었기 때문이다. 1960년대와 1970년대에 미국
및 여러 국가에서 자동차 수가 급격히 증가함에 따라 납은 더 이상 가솔린 연료에 허용될 수 없
다고 인식되었다. 1970년대에 납 성분이 적거나 납 성분이 없는 가솔린이 판매되었고, 1990년
대 초에 미국에서는 대부분의 운송 기관에 대해 납의 사용은 불법이 되었다.

가솔린에서 납을 제거하는 것은 구형 자동차 및 다른 구형 기관에서 문제를 일으켰다. 연소 과정에서 기관 실린더에서 **TEL**이 소비될 때 발생하는 것 중 하나는 연소실 벽에 퇴적되는 납이다. 이 납은 뜨거운 벽과 반응해서 매우 단단한 표면을 형성한다. 구형 기관이 제조될 때, 실린더 벽, 헤드, 밸브에 연강을 사용하였다. 이러한 기관이 납을 함유한 연료를 사용하여 작동되었을 때, 이 부분들은 사용하는 동안에 열처리되고 경화될 것이라고 기대되었다. 이제 이러한 기관들이 납 성분이 없는 연료를 사용해서 작동될 때, 경화 처리가 일어나지 않아 장기간의 마모 문제가 예상된다. 밸브에 일어나는 마모는 매우 심각하고, 밸브가 마모될 때 파국적인 기관 고장이 일어났다. 오늘날에는 오랫동안 구형 자동차를 운전하길 원하는 사람들을 위해 가솔린에 첨가할 수 있는 납 대체품이 있다. 옥탄가를 높이기 위해 가솔린에 사용되는 첨가제는 알코올류와 유기 망간 화합물이 있다.

기관이 오래 됨에 따라 퇴적물이 연소실 벽에 부착된다. 이것은 두 가지 면에서 노크를 증가시킨다. 첫째, 간극 체적을 작게 하고, 결과적으로 압축비를 증가시킨다. 둘째, 퇴적물이 열적 장애로 작용하고, 기관 사이클을 통해 최고 온도를 포함하여 온도를 상승시킨다. 옥탄 요구 조건들은 기관이 오래 됨에 따라 증가하는데, 오래 된 기관에 대해 평균적으로 3~4정도 증가시킬 필요가 있다.

노크는 기관이 부하를 받을 때 **WOT** 상태에서 발생한다(예를 들면, 순간적인 출발 또는 언덕을 올라가는 것). 심각한 노크 문제는 점화 불꽃을 지체시킴으로써 감소시킬 수 있고, 압축 행정에서 연소를 조금 늦게 시작함으로써 감소시킬 수 있다. 현재 스마트 기관들이 최적의 작동 조건을 결정하는 데 도움이 되도록 노크 탐지기를 가지고 있다. 이것들은 일반적으로 노크 압력 펄스를 탐지하는 에너지 변환기이다. 어떤 점화 플러그는 이러한 목적으로 압력 변환기를 장착하고 있다. 인간의 귀는 우수한 노크 탐지기이다.

기관 노크는 표면 점화에 의해서도 발생할 수 있다. 연소실 벽에 국지 열점이 존재한다면, 이것은 공기-연료 혼합기를 점화시킬 수 있고, 사이클 연소 조절에서 같은 종류의 손실을 유발할 수 있다. 이것은 가열된 배기 밸브를 가진 낡은 기관의 표면 퇴적물, 가열된 점화 플러그 전극, 연소실의 날카로운 모퉁이에서 일어날 수 있다. 가장 나쁜 종류의 표면 점화는 사이클에서 매우 빨리 연소를 시작하는 조기 점화이다. 이것은 기관이 더 가열되어 작동되도록 함으로써 더 많은 표면 열점을 유발하며, 이것은 또한 더 많은 표면 점화를 유발한다. 연소실 벽이 너무 뜨거워진 극단적인 표면 점화 문제에서는 런온(run-on)이 발생할 것이다. 이것은 불꽃 점화가 꺼진 후에도 기관이 계속 작동한다는 것을 의미한다.

예제 4-7

가솔린 형태의 연료가 무게로 15%의 부텐-1, 70%의 트립탄, 15%의 이소데칸을 혼합하여 생성된다. 다음을 결정하라.

1. 반노크 지수

2. 연료 1리터당 0.4gm의 TEL이 첨가될 때 반노크 지수

3. 연료가 연소실 구조에 민감한지를 결정하라.

풀 이

(1) 표 A-2와 식(4-11)의 데이터를 사용하여 혼합물에 대한 MON과 RON을 구한다.

Research : $RON = (0.15)(99) + (0.70)(112) + (0.15)(113) = 110.2$

Motor : $MON = (0.15)(80) + (0.70)(101) + (0.15)(92) = 96.5$

식(4-9)로부터 반노크 지수가 구해진다.

$$AKI = (MON + RON)/2 = (96.5 + 110.2)/2 = \underline{103}$$

(2) 그림 4-7을 사용하면 0.4gm/L에서 약 7의 증가를 알 수 있다.

$$(AKI)_{withTEL} = \underline{110}$$

(3) 연료 감도는 식(4-10)으로부터 구할 수 있다.

$$FS = RON - MON = 110.2 - 96.5 = 13.7$$

이것은 매우 큰 수치인데, 이 연료의 노크 특성이 연소실 영역에 매우 민감하다는 것을 나타낸다.

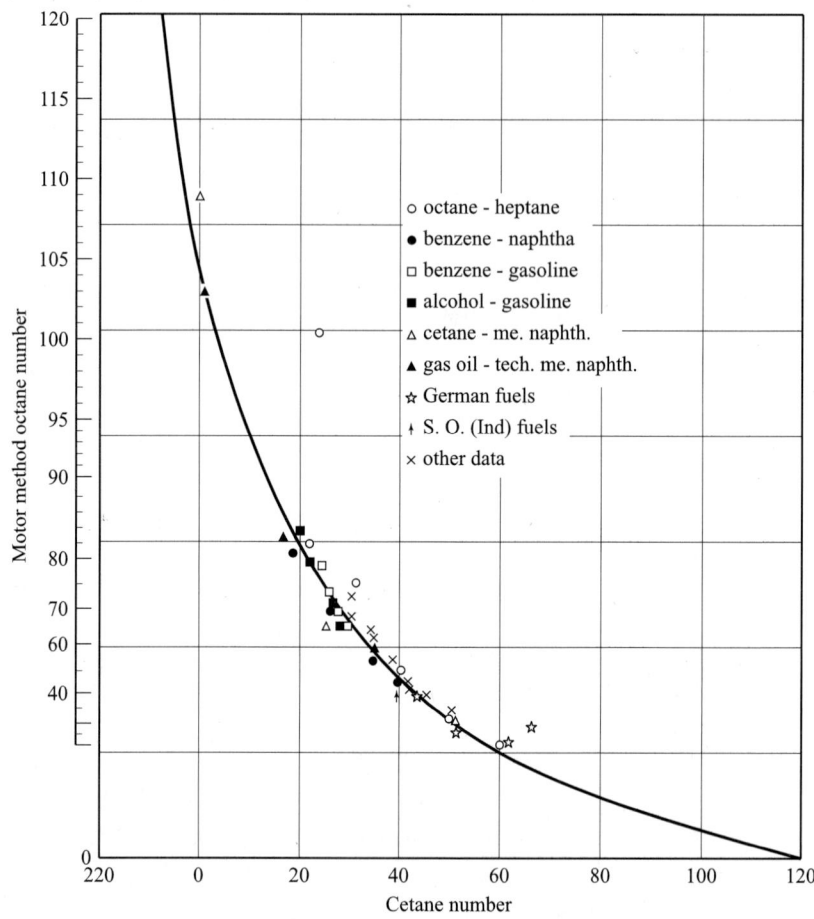

그림 4-8
여러 종류의 연료 세탄가와 NON의 관계. "The Internal Combustion Engine in Theorg and Practice,"
by C.F. Taylor, Mit Press Publishers, copyright MIT Press,[120]에서 인용.

4.5 디젤 연료

디젤 연료(디젤유, 연료 오일)는 넓은 범위의 분자량과 물리적 성질을 가진 것들을 얻을 수 있
다. 수치 척도나 다양한 용도를 명시함으로써 디젤 연료를 분류하는 데 다양한 방법들이 사용된
다. 일반적으로 말하면, 시료 연료에 정제 작업이 많이 행해질수록 분자량은 낮아지고, 점성이
낮아지며, 비용은 비싸진다. 수치 척도는 대개 알파벳 문자를 사용해서 1에서 5나 6까지의 범
위를 가지는데(예; A1, 2D 등), 가장 낮은 숫자는 가장 낮은 분자량과 점성을 가진다. 이런 것
들이 압축 착화 기관에서 대표적으로 사용되는 연료이다. 높은 숫자를 가지는 연료는 가정용 열

기구와 산업용 용광로에 사용된다. 가장 높은 숫자를 가진 연료는 점성이 매우 크며, 대형 가열 기구에만 사용될 수 있다. 각각의 분류는 점성, 발화점, 방사점, 세탄가, 황 함유량 등과 같은 다양한 물리적 상태량에 허용 한계가 있다.

내연 기관에 사용되는 디젤 연료의 또다른 분류 방법은 용도를 명시하는 것이다. 이런 명시에는 낮은 분자량에서 높은 분자량의 순서로 버스, 트럭, 기차, 선박, 고착 연료가 포함된다.

편의상, 내연 기관에 사용되는 디젤 연료는 두 가지 극단적 영역으로 구분할 수 있다. 경유는 분자량이 170정도이고, $C_{12.3}H_{22.2}$의 화학식으로 대략 나타낼수 있다. 중유는 분자량이 200 정도이고, $C_{14.6}H_{24.8}$로 나타낼 수 있다. 기관에 사용되는 대부분의 디젤 연료는 이 범위에 적합하다. 경유는 점성이 작고 펌핑하기가 쉬우며, 작은 액적으로 분사되고 가격은 비싸다. 중유는 대형 기관에서 높은 분사 압력과 가열된 흡기계로 사용될 수 있다. 자동차나 소형 트럭은 여름에 싼 중유를 사용할 수 있지만, 추운 날씨에는 시동과 연료관 펌핑 문제 때문에 점성이 작은 경유로 바꾸어야 한다.

세탄가

압축 착화 기관에서는 공기-연료 혼합기의 자발화가 필요하다. 기관 사이클에서 적절한 시기에 자발화할 알맞은 연료를 선택해야 한다. 따라서, 연료의 발화 지연 시기를 알고 조절하는 것이 필요하다. 이것을 데이터로 정량화한 상태량을 **세탄가**(cetane number)라고 한다. 세탄가가 높을수록 점화 지연은 짧아지고, 연료가 연소실 주위에서 빨리 자발화할 것이다. 낮은 세탄가는 연료가 긴 점화 지연을 가진다는 것을 의미한다.

옥탄가 등급과 마찬가지로, 세탄가는 시료 연료를 두 가지 표준 연료에 비교함으로써 정한다. n-세탄(hexadecane), $C_{16}H_{34}$의 세탄가를 100으로 정하고, 헵타메틸노난(HMN), $C_{12}H_{34}$는 세탄가를 15로 정했다. 어떤 연료의 세탄가는 그 연료의 점화 지연과 두 가지 표준 연료의 혼합물의 점화 지연을 비교함으로써 다음과 같이 얻을 수 있다.

$$\text{연료 세탄가} = (n\text{-세탄의 \%}) + (0.15)(n\text{-HMM의 \%}) \tag{4-12}$$

기관을 작동할 때는 변화하는 압축비를 가진 특이한 압축 착화 시험 기관이 사용된다. 시험되는 연료는 상사점 전 13°의 압축 행정말기에 기관 실린더로 분사된다. 그리고 나서 13°의 기관 회전의 점화 지연을 주면서 압축비는 상사점에서 연소가 시작할 때까지 변한다. 압축비의 변화가 없다면, 시료 연료는 두 가지 표준 연료의 혼합물로 대체된다. 두 연료 탱크와 두 유동 제어를 사용함으로써, 연료 혼합물의 조성은 13°의 점화 지연 상사점에서 연소가 다시 얻어질 때까지 변한다.

비싼 시험 기관이 필요한 것 외에 이 방법의 어려운 점은 연소가 시작하는 정확한 시기를 알아야 한다는 것이다. 연소 시작시 압력의 매우 느린 상승은 감지하기가 매우 어렵다.

일반적인 세탄가 범위는 40~60이다. 주어진 기관 분사 시기와 분사율에 대해, 연료의 세탄가가 낮으면 점화 지연은 너무 길어진다. 이렇게 될 때, 바람직한 양보다 많은 연료가 최초의 연료 입자가 점화되기 전에 연소 시작에서 크고 빠른 압력 증가를 일으키면서 실린더로 분사될 것이다. 이것은 낮은 열효율과 열악한 구동 기관을 초래한다. 연료의 세탄가가 높으면, 연소가 사이클에서 너무 빨리 시작할 것이다. 압력은 상사점 전에 상승하고, 많은 일이 압축 행정에 필요할 것이다.

40 이하의 세탄가는 배기 스모크의 허용 기준을 초과하고 배출법에 저촉된다. 연료의 세탄가는 질산염과 아질산염을 포함하는 첨가제를 사용해 높일 수 있다. 연료의 세탄가와 옥탄가 사이에는 현저한 반비례 관계가 있다. 비용과 연료의 옥탄가를 측정하는 어려움 때문에 연료의 물리적 상태량을 사용하는 경험적 접근 방법들이 발전되어 왔다. 그런 접근법의 하나가 **세탄지수**(cetane index)이다[40].

$$
\begin{aligned}
\text{CI} = &-420.34 + 0.016\,G^2 + 0.192\,G(\log_{10}T_{\mathrm{mp}}) \\
&+ 65.01(\log_{10}T_{\mathrm{mp}})^2 - 0.0001809\,T_{\mathrm{mp}}^2
\end{aligned}
\tag{4-13}
$$

$G = (141.5/Sg) - 131.5$
S_g = 비중
T_{mp} = 중간 비등점(°F)

다음 식은 세탄가와 다른 작동 요소들의 기능에 대해 점화 지연을 예측하는 반 실험식이다.

$$
\begin{aligned}
\text{ID(ca)} = &(0.36 + 0.22\,\overline{U}_p)\,\exp\{E_A[(1/R_uT_ir_c^{\,k-1}) \\
&- (1/17{,}190)][(21.2)/(P_ir_c^{\,k} - 12.4)]^{0.63}\}
\end{aligned}
\tag{4-14}
$$

여기서,
ID(ca) = 크랭크각에서의 점화 지연
$E_A = (618{,}840)/(CN + 25)$ = **활성화 에너지**

CN = **세탄가**
$\overline{U}_p$ = **피스톤 평균속도**(m/sec)
R_u = **기체상수** = 8.314kj/kgmole-K
T_i, P_i = **압축행정 시작시의 온도**(K)**압력**(bars)

r_c = **압축비**
$k = c_p/c_v = 1.35$ (=**공기 표준시**)

기관 속도 N의 단위는 RPM이고, 점화 지연의 단위는 ms이다.

$$ID(ms) = ID(ca)/(0.006N)$$

식 (4-14)과 식(4-15)의 정확도는 그림 4-9에 나타난다.

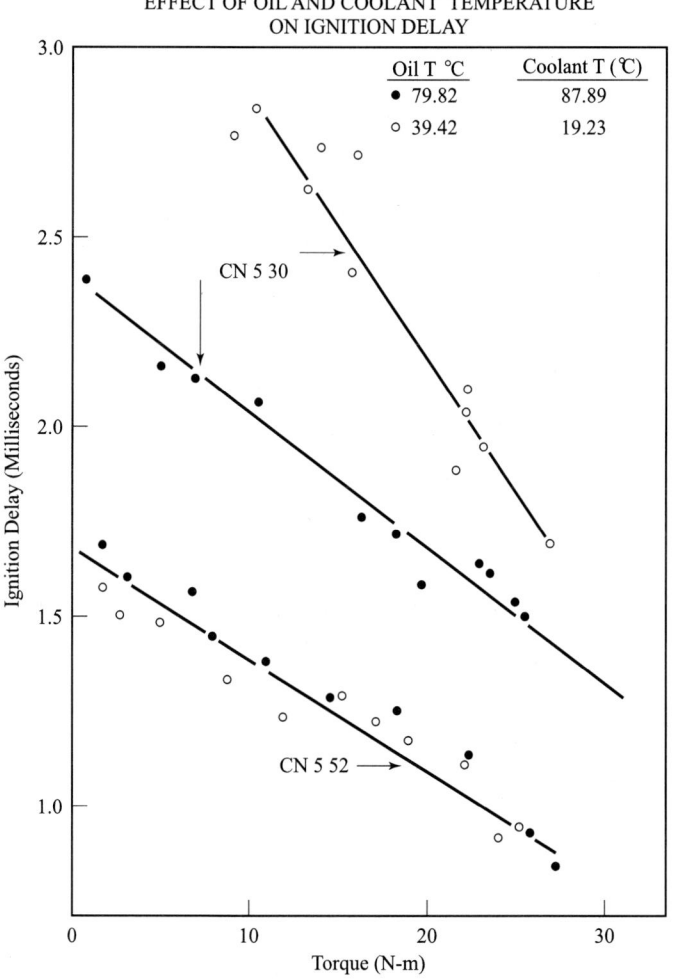

그림 4-8
두 개의 CI 연료의 점화 지연에서 기관부하 (토크), 오일, 냉각수 온도의 기능. 참고 문헌 [237]에서 인용.

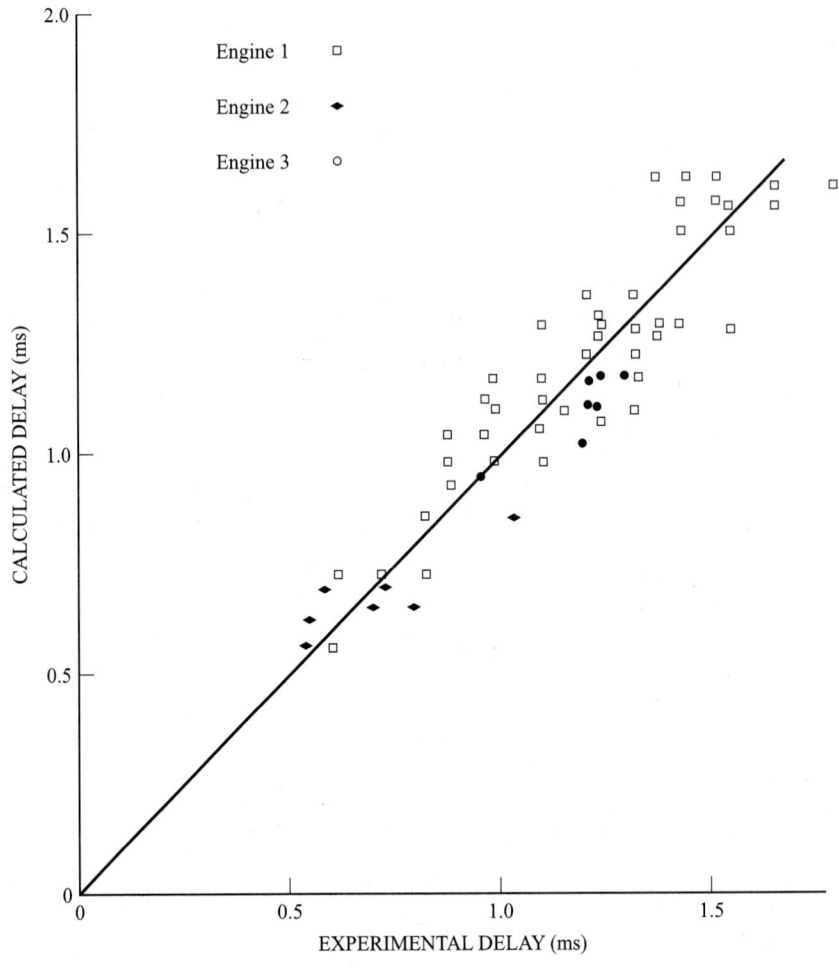

그림 4-9
디젤 연료에서의 경험 자료와 식(4-15)에 의해서 예측된 점화 지연 값. 참고 문헌[170]에서 인용.

예제 4-8

CI기관에서 세탄가 45°의 디젤 연료를 사용하여 연소하기 위해 bTDC 15°에서 출발하고 1,600RPM으로 구동된다. 보어 = 10.4cm, 행정 = 16.0cm, 압축비 = 14이다. 실린더 입구에서 공기의 온도는 T_i = 33°C, 압력 P_i = 98kPa이다.
다음을 계산하여라.

1. 연료 인젝터가 시작할 때의 크랭크 각
2. 점화 지연(ms)

풀이

(1) 식(2-2)에서 1,600RPM일 때 평균 피스톤 속도를 구할 수 있다.

$$\overline{U}_p = 2SN = (2 \text{ strokes/rev})(0.160 \text{ m/stroke})(1600/60 \text{ rev/sec}) = 8.53 \text{ m/sec}$$

식(4-14)는 점화 지연을 구하기 위해 사용된다.

$$E_A = (618,840)/(CN + 25) = (618,840)/(45 + 25) = 8841$$
$$ID(ca) = (0.36 + 0.22\overline{U}_p)\exp\{E_A[(1/R_uT_ir_c^{k-1})$$
$$- (1/17,190)][(21.2)/(P_ir_c^k - 12.4)]^{0.63}\}$$
$$= [0.36 + (0.22)(8.53)]\exp\{8841[(1/(8.314)(306)(14)^{0.35})$$
$$- (1/17,190)][(21.2)/((0.98)(14)^{1.35} - 12.4)]^{0.63}\}$$
$$= 5.19° \text{ of crank angle}$$

분사는 다음의 조건에서 시작한다.

$$(15° \text{ bTDC}) + (5.19°) = 20.19° \text{ bTDC}$$

(2) 식(4-15)에서 점화 지연(ms)을 구할 수 있다.

$$ID(ms) = ID(ca)/(0.006 \text{ } N) = (5.19)/[(0.006)(1600)] = 0.541 \text{ ms}$$

예제 4-9

헥사데칸(n-세탄, $C_{16}H_{34}$)는 CI 기관에서 사용되는 연료의 세탄가의 크기를 측정하는 데 사용되는 표준 연료 중 하나이다. 이것의 세탄가는 100이다. 식(4-13)에 의해 주어진 헥사테칸의 세탄가의 근사치와의 % 오차를 계산하라.

풀이

참고 문헌[93]에 의하면, 헥사데칸은 비중 0.773, 끓는 점 548°F이다. 식(4-13)을 사용하라.

$$G = (141.5/S_g) - 131.5 = (141.5/0.773) - 131.5 = 51.55$$

$$CI = -420.34 + 0.016\,G^2 + 0.192\,G(\log_{10}T_{mp}) + 65.01(\log_{10}T_{mp})^2 - 0.0001809\,T_{mp}^2$$
$$= (-420.34) + (0.016)(51.55)^2 + (0.192)(51.55)[\log_{10}(548)]$$
$$+ (65.01)[\log_{10}(548)]^2 - (0.0001809)(548)^2 = 83$$

% 오차는,
$$\Delta\% = [(83 - 100)/(100)](100) = \underline{-17\%}$$

4.6   대체 연료

21세기 중 언젠가는 원유와 석유 생산물들이 매우 부족해질 것이며, 발견 및 생산에 드는 비용도 많아질 것이다. 그와 동시에, 자동차의 수와 다른 내연 기관의 수는 증가할 것이다. 기관의 연료 경제성은 과거부터 크게 향상되어 왔고 앞으로도 계속 향상되겠지만, 수치들은 앞으로 수십 년 동안 연료의 수요가 증가하리라는 것을 시사한다. 가솔린은 부족해지고 비싸질 것이다. 대체 연료의 기술, 유용성 및 사용이 앞으로 더 일반화되어야 하며 그렇게 될 것이다. 가솔린이 포함되지 않거나 디젤 오일 연료를 사용한 내연 기관은 항상 있었지만, 그 수는 상대적으로 적었다. 석유 생산물에 대한 고비용 때문에 몇몇 3세계 국가들은 주요 운송 기관의 연료로서 제조 알코올을 수년 동안 사용해 오고 있다.

천연가스 배관에 있는 많은 펌핑 기지는 펌프를 구동하는 기관에 연료를 공급하는 데 배관 가스를 사용한다. 이것은 주로 고립된 지역에 위치한 많은 펌핑 기지에 연료를 운송하는 복잡한 문제들을 해결해 준다. 대형 배기량 기관들은 특히 배관 작업을 위하여 제조되었다. 이것들은 같은 크랭크축으로 연결되고, V형 기관과 유사한 단신 기관 블록을 포함한 압축 실린더와 기관 실린더로 구성된다. 내연 기관에서 대체 연료의 개발을 촉진하는 또 다른 이유는 가솔린 기관의 배출 문제에 대한 우려 때문이다. 다른 공기 오염 시스템과 결합되어 많은 자동차 수는 세계의 환경 문제에 있어 주요 변수이다. 자동차 기관에서 배출되는 배출물을 감소기키는 데 상당한 진전이 이루어졌다. 만약 어떤 기간에 30%의 진전이 이루어졌는데, 같은 기간에 자동차 수가 30% 증가한다면, 전체적으로는 얻은 것이 없다. 실제로 문제가 분명하게 드러난 1950년대 이후로 자동차 배기를 정화하는 데 일어난 순수한 진전은 95% 이상이다. 그러나 자동차 수의 증가 때문에 추가적인 진전이 필요하다.

미국 및 다른 공업국들에서 대체 연료를 개발해야 할 세번째 이유는 큰 유전을 가진 다른 나라들로부터 많은 원유를 수입해야 한다는 사실 때문이다. 최근 미국의 무역 적자 중 최고 3분의 1이 수백억 달러의 원유 구입에서 비롯되었다.

다음에 열거되는 주요 대체 연료는 자동차 및 다른 종류의 내연 기관에서 사용이 고려되어 왔고, 또한 시험되고 있다. 이들 연료는 자동차와 소형 트럭과 밴에서 한정된 양으로 사용되어 왔다. 종종 운송 기관(예를 들어, 택시, 배달 밴, 공익 회사 트럭)들이 시험을 위해 사용되었다. 이렇게 하면 유사한 가솔린 연료를 사용하는 운송 기관과 비교, 시험할 수 있고 이러한 운송기관의 연료 공급을 단순화한다.

모든 대체 연료 시험에서 사용된 기관은 처음에 가솔린 연료 공급용으로 설계되었던 기관을 개조한 것이라는 점을 명심해야 한다. 따라서, 이 기관들은 다른 연료를 위한 최적의 설계를 갖추고 있지 않다. 오랜 기간에 걸쳐 광범위한 연구와 발전이 이루어져야만 이러한 기관에 최대 성능과 효율이 실현될 것이다. 그러나 대체 연료가 다수의 기관에서 경쟁력을 가질 때까지는 연구와 개발이 제대로 평가받지 못할 것이다.

어떤 디젤 기관은 이중 연료를 사용하여 시장에 선보이기 시작하고 있다. 그것은 메탄올이나 천연가스를 소량의 디젤 연료와 함께 사용한다. 디젤은 적절한 시기에 복합 연료를 점화시키기 위해 분사된다.

대부분의 대체 연료는 현재로서는 매우 비싸다. 이것은 사용되는 양 때문이다. 사용량이 가솔린과 비슷해진다면 가격은 훨씬 낮아질 것이다. 제조, 분배, 판매 비용 모두가 낮아질 것이다. 대체 연료에 대한 다른 문제는 대중들이 이용할 수 있는 공급장소(주유소)의 부족이다. 자동차 연료를 구할 수 있는 주유소가 대규모로 마련되어 있지 않으면 대체 연료 자동차를 구입하는 것을 꺼리게 될 것이다. 한편, 장사가 될 만큼 자동차 수가 늘어날 때까지는 이러한 대체 연료 주유소 연결망을 건설하는 데에는 어려움이 있다. 어떤 도시들은 프로판, 천연가스, 메탄올과 같은 연료를 위한 공급 장소를 세우기 시작하고 있다. 주요 연료를 다른 것으로 바꾸는 과정은 느리고 비용이 많이 들며, 때로는 힘든 과정이다.

아래에 소개하는 연료들 중 특정 연료가 지닌 일부 결점들(예를 들면, 비용, 분배 등)은 대량으로 사용되기만 한다면 사소한 문제가 될 것이다.

알코올

알코올은 천연 상태에서나 제조를 통해서나 여러 원천으로부터 얻을 수 있기 때문에 매력적인 대체 연료이다. 메탄올(메틸알코올)과 에탄올(에틸알코올)은 가장 유망하며, 기관의 연료로서 가장 큰 진전이 있었던 두 종류의 알코올이다.

연료로서 알코올의 장점은 다음과 같다.

1. 천연에서 또는 제조를 통해 여러 가지 방법으로 얻을 수 있다.
2. 100 이상의 반노크 지수(연료 펌프에서의 옥탄가)를 가진 고옥탄 연료이다. 최소한 부분적으로는 고옥탄가는 알코올의 높은 화염 속도에서 비롯된다. 고옥탄 연료를 사용하는 기관은 높은 압축비를 사용함으로써 효과적으로 구동될 수 있다.
3. 가솔린과 비교할 때 절대적으로 배기가 적다.
4. 연소할 때 많은 몰수의 배기를 생성하는데, 이것은 팽창 행정에서 높은 압력과 동력을 제공한다.
5. 낮은 온도의 흡입 과정과 압축 행정을 유발하는 높은 증발 냉각(h_{fg})을 가진다. 이것은 기관의 체적 효율을 증가시키고, 압축 행정에서 소요일을 줄여 준다.
6. 연료에서 황 함유량이 낮다.

알코올 연료의 단점은 다음과 같다.

1. 표 A-2에서 볼 수 있듯이, 에너지 함유량이 낮다. 이것은 기관에 같은 에너지를 제공하기 위해 연소해야 하는 양이 가솔린보다 거의 두 배에 달한다는 것을 의미한다. 비슷한 열효율과 기관 출력 용도를 위해서는 두 배의 연료를 사용해야 하고, 주어진 연료 탱크 용량으로 구동할 수 있는 것은 반으로 줄어들 것이다. 자동차 사용량이 같다면, 공급 체계에서 두 배의 저장 능력, 두 배의 저장 장소, 주유소에서 두 배의 저장 용량, 두 배의 탱크 트럭과 배관 등이 필요할 것이다.
   알코올의 낮은 에너지 함유에도 불구하고 주어진 배기량에서의 기관 동력은 거의 같을 것이다. 이것은 알코올에 요구되는 낮은 공연비 때문이다. 알코올은 산소를 포함하고 있어서 이론 연소에 적은 공기를 필요로 한다. 같은 양의 공기로 많은 연료를 연소할 수 있다.
2. 배기에 많은 알데히드가 포함된다. 알코올 연료가 가솔린만큼 소비된다면, 알데히드는 심각한 배기 오염 문제가 될 것이다.
3. 알코올은 가솔린보다 구리, 황동, 알루미늄, 고무, 플라스틱에 대해 부식성이 강하다. 이것은 기관의 설계와 제조에 제약을 가하며, 따라서 가솔린용으로 설계된 기관에 사용될 때 이 점을 고려해야 한다. 연료관과 탱크, 개스킷, 심지어 금속 기관 부품은 장기간의 알코올 사용으로 약해질 수 있다(균열된 연료관, 특별한 연료탱크 필요 등을 유발한다). 메탄올은 금속에 매우 부식성이 강하다.
4. 낮은 증기압과 증발로 인해 추운 날씨에서 시동이 어려운 특성이 있다. 알코올 연료 기

관은 일반적으로 10℃ 이하의 온도에서 시동에 어려움이 있다. 가끔 소량의 가솔린을 알코올 연료에 첨가하는데, 이것은 추운 날씨에서 시동을 상당히 향상시킨다. 그러나 이것은 대체 연료의 매력을 격감시킨다.

5. 일반적으로 열악한 점화 특성.

6. 알코올은 거의 보이지 않는 화염이 생기므로 연료를 다룰 때 위험이 따른다. 여기서도 소량의 가솔린을 첨가하면 이런 위험을 제거할 수 있다.

7. 낮은 증기압으로 인해 저장 탱크의 인화성 위험, 공기가 저장 탱크 안으로 스며들며 연소 혼합물을 생성할 수 있다.

8. 낮은 화염 온도는 적은 NO_x를 발생시키지만, 발생된 낮은 배기 온도는 촉매 변환기를 효과적인 작동 온도로 가열하는 데 오래 걸린다.

9. 많은 사람들이 알코올의 강력한 냄새에 거부감을 느낀다. 자동차에 연료를 공급 할 때 두통과 현기증을 경험한다.

10. 연료 이동 시스템에서의 증기 폐쇄.

메탄올

가솔린 대용으로 고려되고 있는 모든 연료 중에서 메탄올은 가장 유망한 대체 연료 중 하나로서, 많은 연구와 발전이 이루어져 왔다. 순수 메탄올과 다양한 비율로 섞은 메탄올-가솔린 혼합물은 수년 동안 기관과 운송 장치에서 광범위하게 시험되어 왔다[88], [130]. 가장 일반적인 혼합물은 M85(85%의 메탄올과 15%의 가솔린)과 M10(10%의 메탄올과 90%의 가솔린)이다. 성능과 배출 기준으로 포함하는 시험 데이터는 순수 가솔린(M0)와 순수 메탄올(M100)에 비교된다. 우수한 **가변 연료**(또는 **다양한 연료**) 기관은 순수 메탄올에서 순수 가솔린에 이르기까지 메탄올과 가솔린을 무작위로 혼합한 연료를 사용할 수 있다. 두 개의 연료 탱크가 사용되었고, 두연료의 다양한 유동량이 혼합실을 통해 기관으로 펌핑될 수 있다. 흡입과 배기 센서로부터의 정보를 사용해, EMS는 사용 연료 혼합기에 대한 적절한 공연비, 점화 시기, 분사 시기, 밸브 시기를 조절한다. 이런한 조절이 부드럽게 일어나도록 하기 위해 연료 혼합물의 조성을 갑자기 변화시키는 것은 피해야 한다.

　연료로서 가솔린-알코올 혼합물이 지닌 한 가지 문제점은 알코올이 물과 결합하려는 경향이다. 이것이 일어나면, 알코올은 국지적으로 가솔린과 분리되어 비균질 혼합물이 된다. 이것은 두 연료 사이의 큰 공연비 차이로 인해 불규칙한 기관 작동을 초래한다.

　적어도 하나의 자동차 회사는 가솔린-에탄올의 어떤 조합에 대해서도 사용할 수 있는 세 가지 연료 차량을 실험하고 있다.

　메탄올은 화석 원료와 재생 자원을 포함해 많은 원천으로부터 얻을 수 있다. 석탄, 석유, 천연가스, 바이오매스, 목재, 쓰레기 매립지, 심지어 해양까지도 그러한 원천에 포함된다. 그러나 과도한 제조나 공정을 필요로 하는 원천은 연료 가격을 올리고, 전체 환경에 에너지 투입을 요하는데, 두 가지 모두 바람직하지 못하다.

어떤 국가에서는 M10 연료(10%의 메탄올과 90%의 가솔린)를 가솔린 대신에 일부 지역 주유소에서 팔고 있다. 그러므로 자동차에 사용할 연료를 확인하기 위해서는 연료 펌프에 부착된 안내문에 주의할 필요가 있다.

M10 연료를 사용하는 기관에서 나오는 배출물은 가솔린 기관에서 나오는 배출물과 거의 같다. M10 연료 사용에서 얻는 이점(및 손실)은 가솔린 사용량을 10%줄인다는 것이 거의 전부이다. M85 연료의 경우, HC와 CO 배출에 현저한 감소가 있다. 그러나 NOx가 증가하고, 포름알데히드 생성도 크게(약500%)증가한다.

메탄올은 이중 연료 압축 착화 기관에 사용된다. 메탄올은 그 자체로는 높은 옥탄가 때문에 우수한 압축 착화 기관 연료가 아니지만, 소량의 디젤유를 점화에 사용한다면 좋은 연료로 사용될 수 있다. 메탄올을 디젤유보다 싸게 얻을 수 있는 제3세계 국가들에서는 매우 매력적이다. 캘리포니아에서 실시된 시험에서는 구형 압축 착화 버스 기관을 메탄올로 작동하도록 개조했다. 이것은 디젤 연료로 작동되는 낡은 기관에 비해 유해한 배출물을 전반적으로 감소시켰다 [115].

에탄올

에탄올은 세계 여러 지역에서 오랫동안 자동차 연료로 사용되어 왔다. 1990년 초 현재 450만 대의 차량이 93% 에탄올 연료로 움직이고 있는 브라질은 그 중에서도 가장 앞선 국가이다. 미국에서는 오래 전부터 주로 옥수수가 많이 생산되는 중서부에서 **가소홀**(gasohol)이 주유소에서 판매되고 있다. 가소홀은 가솔린 90%와 에탄올 10%의 혼합물이다. 메탄올과 마찬가지로, 가솔린과 에탄올의 혼합물을 사용하는 시스템의 개발이 계속되고 있다. 주요한 두 가지 연료 혼합물은 E85(85% 에탄올)과 E10(가소홀)이다. E85는 기본적으로 순수 알코올의 문제점(냉간 시동, 탱크 인화성 등)을 제거하기 위해 15%의 가솔린을 첨가했지만, 기본적으로 알코올 연료이다. E10은 자동차 기관을 개조하지 않고도 가솔린의 사용량을 줄일 수 있다. 에탄올-가솔린의 어떤 혼합비에 대해서도 작동하는 대체 연료 기관이 시험되고 있다.

에탄올은 에틸렌으로부터 또는 곡물이나 설탕을 발효시켜 만들 수 있다. 에탄올 중 많은 양은 옥수수, 사탕수수, 심지어 셀룰로오스(나무나 종이)로부터 만들어진다. 미국에서 옥수수는 주요 자원이다. 에탄올의 현재 비용은 제조와 필요한 공정 때문에 높다. 에탄올의 사용이 늘어난다면 비용은 낮아질 것이다. 그러나 에탄올을 대량 생산하는 것은 식량과 연료 사이에 경쟁을 유발하면서 양자의 가격을 모두 높일 것이다. 현재 미국에서 에탄올 생산을 위해 경작된 작물들이 최종 산물에서 만들어내는 에너지보다 경작, 수확, 발효시키는 데 더 많은 에너지가 든다는 연구가 나왔다. 이것은 대체 연료의 사용을 주장하는 사람들이 내세우는 한 가지 중요한 근거를 박탈한다[95].

에탄올은 가솔린보다는 HC 배출이 적지만 메탄올보다는 많다.

예제 4-10

당량비 0.95에서 메탄올과 가솔린의 혼합 연료로 작동되는 대체 연료 4실린더 스파크 점화 기관을 장착한 택시가 있다. 기관에서 연료 유동이 메탄올 10%에서 메탄올로 85%로 바뀔 때, 공연비는 어떻게 변해야 하는가?

풀 이

M10에서 연료 질량의 몰 변화

연료	질량 , m (kg)	분자량, M	몰 N = m/M (kgmoles)	몰분율
CH_3OH	0.10	32	0.003125	0.278
C_8H_{15}	0.90	111	0.008108	0.722
	1.00		0.011233	1.000

이론 공기에 반응하는 연료 1kgmole에 대해,

$$0.278\ CH_3OH + 0.722\ C_8H_{15} + 8.9005\ O_2 + 8.9005(3.76)\ N_2 \rightarrow$$
$$6.054\ CO_2 + 5.971\ H_2O + 8.9005(3.76)\ N_2$$

당량비 $\phi = 0.95$에 반응하는 연료 1kgmole에 대해,

$$0.278\ CH_3OH + 0.722\ C_8H_{15} + (8.9005/0.95)\ O_2 + (8.9005/0.95)(3.76)\ N_2 \rightarrow$$
$$6.054\ CO_2 + 5.971\ H_2O + (8.9005/0.95)(3.76)\ N_2 + 0.468\ O_2$$

공연비는,
$$AF = m_a/m_f$$
$$= [(8.9005/0.95)(1 + 3.76)(29)]/[(0.278)(32) + (0.722)(111)] = 14.53$$

M85에 대한 반복 계산

연료	질량,m (kg)	분자량, M	몰 $N = m/M$ (kgmoles)	몰분율
CH_3OH	0.85	32	0.026563	0.952
C_8H_{15}	0.15	111	0.001351	0.048
	1.00		0.027914	1.000

이론 반응은,

$$0.952 \ CH_3OH + 0.048 \ C_8H_{15} + 1.992 \ O_2 + 1.992(3.76) \ N_2 \rightarrow$$
$$1.336 \ CO_2 + 2.264 \ H_2O + 1.992(3.76) \ N_2$$

당량비 $\phi = 0.95$에 반응은,

$$0.952 \ CH_3OH + 0.048 \ C_8H_{15} + (1.992/0.95) \ O_2 + (1.992/0.95)(3.76) \ N_2$$
$$\rightarrow 1.336 \ CO_2 + 2.264 \ H_2O + (1.992/0.95)(3.76) \ N_2 + 0.105 \ O_2$$

공연비는, $AF = m_a/m_f$
$$= [(1.992/0.95)(1 + 3.76)(29)]/[(0.952)(32) + (0.048)(111)] = 8.09$$

연료 유동 조성이 변함에 따라 기관 운영 시스템(EMS)은 공연비를 14.53에서 8.09까지 조절해야 한다.

예제 4-11

낡은 차 수집가가 1950년대의 크롬 도금된 차를 몰고 가다가 연료가 거의 없다는 것을 알고는 주유소에서 연료 탱크에 연료를 채웠다. 그 자동차는 가솔린 연료를 사용하여 일반적 작동 상태에서 이론 공기를 공급하도록 조절된 기화기를 장착한 8개의 대형 배기량 직렬 기관을 사용한다. 그 사람은 주입한 연료가 10%의 메탄올을 함유하고 있다는 것을 몰랐지만, 연료가 소비될 때에 동력에 미세한 손실이 있다는 것을 알았다. 당량비를 가솔린에서 1로 주도록 조절되었지만 실제로는 M10 연료로 작동될 때, 기화기가 기관에 공급하는 실제 당량비를 계산하라.

풀 이

가솔린의 이론 연소는,

$$C_8H_{15} + 11.75\,O_2 + 11.75(3.76)\,N_2 \rightarrow 8\,CO_2 + 7.5\,H_2O + 11.75(3.76)\,N_2$$

공연비는,

$$AF = m_a/m_f = [(11.75)(1 + 3.76)(29)]/[(1)(111)] = 14.61$$

기화기는 가솔린으로 이론 연소를 하도록 조절된다. 따라서, 이것이 공급되는 실제 공연비이다. M10 연료가 사용될 때, 화학양론 요구는 다음과 같다(예제 4-6에서 얻은 결과를 사용).

$$CH_3OH + 0.722\,C_8H_{15} + 8.9005\,O_2 + (8.9005)(3.76)\,N_2$$
$$\rightarrow 6.054\,O_2 + 5.971\,H_2O + (8.9005)(3.76)\,N_2$$
$$(AF)_{stoich} = [(8.9005)(1 + 3.76)(29)]/[(0.278)(32) + (0.722)(111)] = 13.80$$

당량비는, $\phi = (AF)_{stoich}/(AF)_{act} = (13.80)/(14.61) = \underline{0.945}$

이것은 M10 연료가 실제로는 좀더 높은 밀도를 가지지만, 가솔린과 M10 연료의 질량 밀도가 같다고 가정한다. M10 연료를 많이 사용할 예정이라면 기화기를 이론 작동에 맞게 개조해야 한다. 가솔린용으로 설계된 낡은 기관에 알코올 연료를 사용하는 것은 연료와 기관 부품 사이에 재료 적합성 문제를 발생시킬 수도 있다.

수 소

수소는 미래에 점차적으로, 결국에는 가솔린을 완전히 대체할 수 있는 가능성이 있는 중요한 원료로서 개발되었다. 이것은 내연 기관의 연료가 될 수 있고, 또는 자동차 추진용 IC 기관을 대체할 수 있는 기술이 있다면 연료 전지로 사용될 수 있다. 연소기관의 연료로서 높은 옥탄가를 제공하고 CO, CO_2 및 HC 배출이 없다. 자동차 연료의 저장과 보급은 이것을 실제적인 자동차 연료로 사용하기 위해서 반드시 두 개의 난제를 풀어야 한다.

많은 회사들이 수소 연료로 작동하는 원형기관이나 개조된 기관을 가진 자동차를 만들어 왔다[64, 154, 186]. 이들 중 몇몇 회사는 IC 기관을 사용하는 자동차에서 상업적으로 가능한 중기간의 수소 연료를 사용하는 것을 포함하고 있다. 적어도 하나의 회사(BMW)는 이중연료(가솔린-수소) 자동차를 개발했다. 마쯔다도 수소 연료를 사용하기 위해서 실험적인 회전식 완켈 기관을 개조하였고, 이것은 수소 연료를 사용하는 데 있어서 좋은 모델이 되었다. 연료의 흡기는 연소가 일어나는 곳의 반대쪽에서 일어나며, 점화하기 쉬운 수소 연료가 뜨거운 기관 벽에 의해서 조기 점화할 기회를 줄인다[86].

자동차에 연료의 저장은 세 가지 상(액체, 기체, 고체) 어느 상태라도 가능하다. 현재 여러 종류의 실험적 자동차에 극저온 유체 상태로 저장하였다. 대기압하에서는 −250°C가 되는 거대한 초고립 장치가 필요하다. 만약 연료 저장 탱크의 압력을 높을 수 있다면, 온도는 올라갈 것이다. 가솔린 40리터와 같은 에너지를 가지려면 수소는 140리터가 필요하다. 수소 연료를 보충하는 것은 상당히 어렵고 위험하다. 일반 공용으로 극저온의 유체를 다루는 것은 허용되지 않는다. 20세기가 시작할 무렵 공용으로 액체 수소를 보충하는 곳은 전 세계에서 Bavaria의 Munich 공항이 유일했다.

수소는 35MPa 이상의 압력에서 압축 기체로 저장될 수 있다. 그러나 일정한 거리 이상을 달리기 위해서는 엄청난 탱크 용량이 필요하다. 연료를 보충하는 것 역시 공용이 되기에는 어렵다.

수소는 수소화 고체로 저장될 수 있다. 수소화 고체가 냉각되면, 이것은 화학적으로 수소를 흡수한다. 이것이 전기 발전기나 배터리에 의해서 서서히 가열되면, 수소를 가스 상태로 배출하고 이것은 IC 기관이나 연료전지에 사용할 수 있다. 이 방법의 연료 저장 장치를 사용하는 차는 무게 제한으로 비싸질 것이다. 최근에는 수소화 고체가 자기 무게의 3.5%의 수소를 흡수할 수 있다. 많은 냉각-가열 사이클은 시간에 따른 수소화 고체의 효율을 감소시킬 수 있다. 미래에는 수소 저장 방법으로 수소화 액체(보론, 소듐, 칼슘)가 사용될 것이다.

내연 기관의 연료로서 수소의 장점은 다음과 같다.

1. 저배기량. 본질적으로 연료에 탄소가 없기 때문에 배기 가스에는 CO나 HC가 없다. 대부분의 배기 가스는 H_2O와 N_2이다.
2. 연료 이용성. 물의 전기 분해를 포함해, 수소를 만드는 방법이 여러 가지 있다.
3. 연료가 누출되어도 환경을 오염시키지 않는다.
4. 액체로 저장할 때, 단위 체적당 높은 에너지를 저장할 수 있다. 이것은 연료 탱크 용량에 비해 많은 양을 운송할 수 있게 한다. 그러나 같은 단점을 가지고 있다.

수소를 연료로서 사용할 때의 단점

1. 자동차와 주유소 모두 무겁고 부피가 큰 연료 저장 용기가 필요하다. 수소는 극 저온의 액체나 압축 기체로 저장할 수 있다. 만약 액체로 저장 한다면, 아주 낮은 온도에서 높은 압력으로 저장해야 한다. 이를 위해서 열적으로 초단열 연료 탱크가 필요하다. 기체 상

태로 저장하려면 한정된 용량의 고압 용기가 필요하다.

2. 연료 보급의 어려움.

3. 낮은 기관 체적 효율. 기관에서는 언제나 기체 상태의 연료가 사용되므로, 연료는 흡입되는 공기의 일부와 바뀌고, 체적당 낮은 기관 효율을 가지게 된다.

4. 현재의 기술과 이용성에서는 연료 비용이 높다.

5. 높은 화염 온도 때문에 NOx 배출이 많다.

역사 이야기 – 수소로 인한 사고

수소는 20세기 두 번의 큰 사고의 원인이었다. 1986년 1월 28일, 우주 왕복선 챌린저 호는 플로리다 주의 케네디 우주센터에서 출발하자마자 폭발하였다. 탑승해 있던 일곱 명의 비행사는 모두 사망하였다. 결함이 있는 O-링에서 수소 연료가 새었고, 우주선이 폭발하였다. 1937년 5월 6일, 독일 비행선, 하인데버그는 뉴저지의 라크허스트에 착륙하는 도중 폭발하였다. 승객 97명 중 36명이 사망하였다. 수소는 연료로 사용되지는 않았지만, 경비행기를 들어올릴 준비를 할 때 사용되었다. 정전기, 불꽃, 사보타지 등을 포함하여 여러 개의 폭발 가능성이 제기되었다. 840ft의 하인데버그는 그 전에는 볼 수 없었던 가장 큰 고형 비행기였다. 이 사고로 경비행기에 사람을 싣는 것은 끝이 났다.

천연가스 – 메탄

천연가스는 주로 메탄(60~98%)과 적은 양의 다른 탄화수소 연료 성분으로 이루어진 혼합물이다. N_2, CO_2, He, 그리고 약간의 다른 기체들도 다양하게 포함되어 있다. 황 성분은 극소량(sweet)에서 큰 양(sour)까지 다양하게 포함되어 있다. 천연가스는 16~25MPa의 압력으로 압축 천연가스(CNG)로 저장되거나, 70~210kPa의 압력과 −160°C 정도의 온도에서 액화 천연가스(LNG)로 저장된다. 연료로서 천연가스는 단일 스로틀 바디 연료 분사 장치를 가진 기관 시스템에서 최상으로 작동한다. 이것은 천연가스 연료가 요구하는 더 긴 혼합 시간을 줄 수 있다. 미국에서는 다양한 크기의 차량에 CNG를 사용한 실험을 정부 기관과 민간 기업에서 계속 수행하고 있다[12, 94, 101].

연료로서 천연가스가 지닌 장점

1. 옥탄가 120은 매우 좋은 SI 기관 연료가 된다. 이렇게 높은 옥탄가는 화염 속도가 빠르기 때문이다. 기관은 높은 압축비로 작동될 수 있다.

2. 기관 배출물이 적다. 메탄올보다 알데히드가 적게 발생한다.

3. 전세계으로 연료가 아주 풍부하며, 미국에서도 풍부하게 공급이 이루어진다. 석탄에서도 천연가스를 만들 수 있지만, 이 경우 비용이 비싸다.

기관 연료로서 천연가스가 지닌 단점은 다음과 같다.

1. 낮은 에너지 밀도 때문에 기관 성능이 낮다.

2. 기체 연료이기 때문에 기관 체적 효율이 낮다.

3. 큰 압력의 연료 저장 탱크가 필요하다. 대부분의 시험용 차량은 단지 120마일 정도밖에 달리지 못했다. 압력 연료 탱크에 따른 몇 가지 안전 문제도 있다.

4. 일정하지 않은 연료 특성들.

5. 연료 보급 과정이 느리다.

천연가스와 디젤유를 사용하는 이중연료 CI 기관은 트럭이나 정치 장비를 위하여 개발되었다. 이런 기관들은 저황 천연가스(혹은 천연 메탄)를 주 연료로 사용하고, 높은 등급, 저황 디젤 연료의 점화를 위해 소량을 첨가한다. 이것은 경제적 측면(같은 에너지 단위로 볼 때 천연가스가 디젤 연료보다 싸다.)과 환경적인 측면도 고려한 것이다. 천연가스는 디젤 연료보다 연소 온도가 낮고, 연소 온도 이후에 분사함으로써 온도를 더욱 낮춘다. 이것이 NOx의 발생량을 현저히 감소시킨다. 게다가 연료의 적은 탄소 함유량 때문에 CO_2가 적게 생성되며, 아주 작은 고체 미립자가 배출된다. 이런 기관들은 두 개의 연료를 동시에 분사하는 단일-유닛 인젝터를 사용한다. 천연가스는 거의 음속으로 분사되어 고속 난류를 만들어내고 결과적으로 고속의 불꽃을 만든다. 연소 지연에 관한 실험에서는 디젤 연료를 혼자 사용한 시간과 같거나 아주 약간 긴 것을 알 수 있었다[213]. 아마 심한 난류로 인하여 화염 속도는 높을 것이다. 화염은 선 혼합(SI 기관)과 확산(CI 기관)으로 나뉜다.

천연가스와 메탄을 연료로 사용한다는 독특한 이 접근 방식은 쓰레기 매립장의 가스를 사용하는 기관이다. 이런 큰 정치기관은 쓰레기 매립장으로부터 얻어진 가스로부터 전기 발전기를 작동시킨다. 2000년에, 영국의 전기 발전량의 2%는 쓰레기 매립장 가스 기관으로부터 나왔다[174]. 연료로서의 쓰레기 매립장의 가스는 "매우 더럽고 질적으로 가변성이 많다"이다[174]. 일반적 구성은 45~65% 메탄이고 실리콘, 클로린, 플루오린, 고체 미립자등 불순물을 포함하고 있다. 고성능 연료 여과기가 필요하며 불순물의 응축을 막기 위하여 흡기와 작동 온도를 평상시보다 높게 유지할 필요가 있다. 연료의 부식성 때문에 피스톤과 밸브와 같은 기관 구성 요소는 특수한 금속으로 만들어져야 한다. 연료가 산성이고 작동 온도가 높기 때문에, 특별한 윤활유도 필요하다.

역사적 이야기 – 천연가스로 움직이는 버스들

동아시아와 남아시아의 일부 나라에서 천연가스를 연료로 사용하는 버스들은 특별한 연료 저장 시스템을 가지고 있다. 버스 지붕 위에 올려 있는 커다랗게 부풀릴 수 있는 고무막 속에 약 1기압 상태로 가스를 저장한다. 연료를 가득 적재하면 버스는 연료가 없을 때보다 높이가 약 두 배나 커진다. 이들 버스에서 연료 게이지가 필요 없다.

프로판 – 부탄

프로판은 오랫동안 전 차량에서 시험되어 왔다. 미국에서 가솔린과 디젤유에 이어서 세 번째로 많이 사용되는 기관 연료이다. 프로판은 훌륭한 고옥탄 SI 기관 연료(AKI 〉100)이고, 가솔린보다 배출물을 더 적게 낸다. 즉, CO는 약 60%, HC는 약 30%, NOX는 약 20% 더 적게 배출된다. 단일 구성 연료만이 꽤 좋은 기관이나 촉매제로 사용된다. 프로판은 상온, 일반 압력에서 액체상태로 저장되고 고압의 밸브를 통하여 기관으로 보내어져 기화된다.

　프로판은 천연가스 생성과 원유 정제시의 부산물이다. 이러한 과정의 유용성이 상당히 떨어지지만, 단지 프로판 가스를 생산하기 위하여 증가하고 있다. 기관 연료로서의 프로판 공급은 프로판의 가장 큰 시장인 가정 난방과 경쟁하게 될 것이다. 프로판 공급소가 기관 연료로서 설계되지는 않았지만, 전체에 걸쳐 넓게 분배 시스템을 구축하고 있다.

　최근에 기관 연료로서의 프로판-부탄 혼합체(20%부탄/80% 프로판, 30/70, 50/50) 시험이 시행되고 있다[160, 172]. 부탄의 큰 유용성이 프포판을 미래 연료로 가능하게 만든다. 부탄은 점차 프로판보다 옥탄가가 낮아진다. 그러나 대부분의 가솔린보다는 여전히 높다. 이것은 액체로 저장되었을 때 체적당 에너지가 훨씬 높아지고 기관의 작동 거리를 늘려 준다.

재조성 가솔린

재조성 가솔린이란, 기관 배출물을 줄이기 위해 조성에 약간의 변화를 주고 소량의 첨가제를 더한 정상 가솔린을 말한다. 연료에 첨가되는 것으로는 산화 억제제, 부식 억제제, 금속 불활성물, 청정제, 침전 제어 첨가제 등이 있다. 메틸3부틸에테르(MTBE)와 알코올 같은 산화제가 첨가되기 때문에 무게의 1~3%를 산소가 차지한다. 이것은 배기 가스에서 CO를 감소시키는 데 도움을 준다. 벤젠, 방향족화합물, 비등점이 높은 성분들 역시 증기압의 감소와 함께 감소한다. 기관의 침전물이 배기 가스의 원인이 된다는 것을 고려하여 청정 첨가제도 포함된다. 어떤 첨가물은 기화기를, 어떤 것은 연료 분사 장치를, 또 어떤 것은 주입 밸브를 청소하며, 이들 각각은 종종 다른 부품들을 청소하지 않는다.

긍정적인 측면은 오래 되었거나 새 것이거나 모든 가솔린 연료 기관들에서 개조의 필요 없이 이 연료를 사용할 수 있다는 점이다. 부정적인 측면은 배출물의 감소 효과는 약간밖에 이루어지지 않으며, 비용이 증가하고, 석유 산물의 사용에는 감소를 가져오지 않는다는 점 등이 있다 [121].

석탄 - 물 슬러리

석유를 기초로 한 연료가 완성되기 전인 1800년대 후반에 많은 연료들이 내연 기관용으로 시험되고 사용되었다. 루돌프 디젤(Rudolf Diesel)이 디젤 기관을 개발할 때, 사용 연료 중의 하나로 석탄 가루와 물의 슬러리를 사용했다. 미세한 석탄입자(탄소)를 물에 분산시켜 분사하여 초기의 디젤 기관에서 연소시켰다. 이것은 결코 일반적인 연료가 되지 못했음에도 불구하고, 이 연료를 사용하는 실험용 기관들이 과거 백 년 동안 수많이 만들어졌다. 오늘날에도 이 연료 기술에 대한 연구가 일부 계속되고 있다. 이 연료 형태에 이루어진 큰 발전은 평균 석탄 입자 크기의 감소였다. 1894년에 평균 입자 크기는 약 $100\mu(1\mu = 1\text{micron} = 10^{-6}\text{m})$였다. 이것은 1940~1970년에 약75$\mu$로 줄었으며, 1980년대 초에는 약 10$\mu$까지 줄어들었다.

1940~1970년에 약 75μ로 줄었으면, 1970년대 초에는 약 10μ까지 줄어들었다. 일반적인 슬러리는 질량으로 약 50%의 연료와 50%의 물로 이루어져 있다. 이 연료의 한 가지 큰 문제는 고체 입자의 연마성이다. 이 현상은 분사 장치와 피스톤 링이 닳는 것으로 나타난다[27].

석탄은 공급이 충분하다는 점에서 매력적인 연료이다. 그러나 기관의 연료로서는 다른 방법을 사용하는 것이 더 나아 보인다. 그러한 방법들에는 석탄의 액화와 기화가 포함된다.

예제 4-12

50% 석탄-물 슬러리(질량비로 50%의 석탄과 50%의 물)가 이론 공기에서 연소된다. 다음을 계산하라.

1. 공연비
2. 연료의 발열량

풀 이

(1) 석탄은 탄소로 가정한다. 이 연료는 몰비로 탄소 1몰당 물 12/18몰로 구성된 혼합물이다.
    화학적 연소는,

$$C(s) + (12/18)\,H_2O + O_2 + (3.76)\,N_2 \rightarrow CO_2 + \tfrac{2}{3}H_2O + (3.76)\,N_2$$
$$AF = [(1)(4.76)(29)]/[(1)(12) + (12/18)(18)] = \underline{5.75}$$

(2) 표A-2에서 탄소의 발열량은,

$$(Q_{LHV})_c = 33{,}800 \text{ kJ/kg}$$

물의 발열량은,

$$(Q_{LHV})_w = 0$$

따라서, 질량비로 50%의 탄소와 50%의 물로 만들어진 연료 혼합물은,

$$(Q_{LHV})_{mix} = [(33{,}800 + 0)/2] = \underline{16{,}900 \text{ kJ/kg}}$$

　이것은 일반적인 $40{,}000 \sim 50{,}000$kJ/kg 범위의 열량을 가진 보통의 탄화수소 연료에 비해 열량이 매우 낮다. 그렇지만 낮은 이론 공연비는 같은 양의 흡입 공기에 대해 더 많은 양의 연료를 사용할 수 있다는 것을 뜻하며, 기관에서 발생하는 출력은 다른 연료를 사용하는 기관의 출력과 비슷하다는 것을 뜻한다. 비연료 소비는 매우 높다.

기타 연료들

내연 기관의 역사 전반에 걸쳐 다른 형태의 연료를 사용하려는 시도가 많이 이루어져 왔다. 종종 이것은 필요에 의해 행해지거나 또는 일부 집단이 금전적인 이익을 추구하기 위해 이루어졌다. 오늘날에는 많은 생물 자원 연료들이 주로 유럽에서 검토되고 있다. 이러한 것에는 나무, 보리, 콩가루, 포도씨, 그리고 소기름까지도 포함된다. 이러한 연료들이 지닌 장점에는 일반적으로 유용성, 낮은 가격, 낮은 황 성분, 낮은 배출물 등이 포함된다. 단점으로는 낮은 에너지 함유량(발열량)과 이에 따르는 높은 비연료 소비 등이 있다. 이러한 연료는 연료와 음식으로서의 경쟁 시장을 만들고 서로의 가격을 더욱 높일 것이다.

역사적 이야기 – 자동차가 숯으로 달렸을 때

1930년대 후반과 1940년대 초, 제2차 세계 대전으로 인해 특히 유럽에서는 석유 생산이 매우 어려웠다. 가솔린은 모조리 독일군에게 빼앗겨 민간 자동차에 사용할 연료가 없었다. 이것은 도시민들에게는 큰 불편이었지만, 그들의 소중한 자동차를 멈추게 하지는 못했다[44].

주로 스웨덴과 독일을 비롯해 몇몇 나라에서는 모험적인 사람들이 숯, 나무 또는 석탄 같은 고체 연료를 사용하여 자동차를 움직이는 방법을 개발하였다. 20년 앞서 연구되었던 기술을 이용하여, 그들은 자동차의 트렁크나 자동차로 끄는 작은 트레일러에 연소실을 만들어 자동차를 개조하였다. 이 연소실에서는 석탄, 나무 또는 다른 고체나 쓰레기 연료를 제한 산소(공기)를 공급받으면서 연소되었다. 여기서 발생한 일산화탄소를 관을 통해 기관으로 보내 기관을 작동하게 했다. 석탄은 기본적으로 탄소이므로, 연소실(CO발생기)에서 일어나는 이상적인 반응은 아래와 같다.

$$C + \frac{1}{2}O_2 + \frac{1}{2}(3.76)\,N_2 \rightarrow CO + \frac{1}{2}(3.76)\,N_2$$

CO는 관을 통해 자동차 기관으로 전달되고, 거기서 일어나는 이상적인 반응은 다음과 같다.

$$\underbrace{CO + \frac{1}{2}(3.76)N_2}_{\text{fuel}} + \frac{1}{2}O_2 + \frac{1}{2}(3.76)\,N_2 \rightarrow CO_2 + 3.76\,N_2$$

분명히, 기체상 연료의 공급과 정확한 AF를 내도록 하기 위해 기관의 기화기를 개조하고 조정해야 했다. 그렇게 했을 때, 자동차는 작동되었지만, 동력과 수명은 훨씬 낮아졌다. 여과를 철저하게 했음에도 불구하고, CO 발생기로부터 나오는 불순물들은 매우 빠르게 기관의 연소실을 더럽혔다. 또 다른 문제는 무색 무취의 유독성 가스 일산화탄소의 누출이었다. 일산화탄소가 객실로 들어가면, 운전자와 승객들은 고통을 겪거나 죽음의 위험에 노출되기도 했다. 일산화탄소를 마신 운전자는 술에 취한 운전자와 마찬가지 반응을 보여, 운전 잘못으로 사고를 내거나 죽음에까지 이르기도 한다.

1970년대 후반까지도 스웨덴은 여전히 자동차를 움직이는 데 고체 연료를 사용하는 이 방법의 개발을 계속하였다.

예제 4-13

제2차 세계 대전 때 스웨덴의 한 자동차 애호가는 자신의 자동차를 움직일 가솔린을 구할 수 없음을 깨달았다. 많은 이웃들처럼 그도 트레일러를 만들어 그 위에 공기 공급을 제한하면서 목탄을 태워 일산화탄소를 발생시키는 연소실을 실었다. 발생된 CO는 관을 통해 기관으로 이동해 트레일러를 끄는 자동차의 연료로 쓰였다. 원래 이론 가솔린으로 작동하도록 설계된 기화기가 장착된 기관에 이런 방식으로 CO를 연료로 사용하였을 때 발생하는 동력 손실을 구하라.

풀 이

가솔린을 사용할 경우는,:

$$C_8H_{15} + 11.75\ O_2 + 11.75(3.76)\ N_2 \rightarrow 8\ CO_2 + 7.5\ H_2O + 11.75(3.76)\ N_2$$

따라서, 공기 11.75(4.76)kg몰에 대한 열량은 다음과 같다.

$$Q_{in} = m_fQ_{HV} = (1\ \text{kgmole of fuel})(111\ \text{kg/kgmole})(43.0\ \text{MJ/kg}) = 4773\ \text{MJ}$$

흡입 산소 1kgmole(공기 4.76kgmole)에 대한 열량은 다음과 같다.

$$Q_{in} = (4773\ \text{MJ})/(11.75) = 406.2\ \text{MJ}$$

CO(그리고 발생 장치로부터 함께 들어오는 N_2)가 산소 1kg몰에 대하여 이론적으로 연소할 때,

$$2\ CO + 2[\tfrac{1}{2}(3.76)]\ N_2 + O_2 + (3.76)\ N_2 \rightarrow 2\ CO_2 + 2(3.76)\ N_2$$

그러나 CO는 흡기계에서 상당한 공기를 대체하는 기체 연료이므로 이것은 감소된다.
흡기계에서 산소 1kg몰(공기 4.76kgmole)에 대해 기체 연료는 $[2 + 2(\tfrac{1}{2})(3.76)] = 5.76$ kgmole이 있게 된다. 같은 전체 기체의 체적 유동률에 대해 새로 들어오는 공기의 비율은 단지 (4.76)/[(4.76)+(5.76)]=0.452가 될 것이다. 그러므로,

$$Q_{in} = (565.6\ \text{MJ})(0.452) = 255.7\ \text{MJ}$$

열량의 손실 비율은,

$$\%\ \text{loss of}\ Q_{in} = \{[(406.2) - (255.7)]/(406.2)\}(100) = 37.1\%\ \text{loss}$$

두 연료가 같은 효율과 같은 기관 기계 효율을 가졌다고 가정하면, 제동 동력 출력은 다음과 같이 주어진다.

이상의 계산은 이상적인 반응을 기초로 한 것이다. 이러한 조건에서 작동하는 실제의 기관-CO 발생기 장치는 이상적인 반응보다 못한 것을 포함해 고체 불순물들과 여과 문제, 연료 수송의 복잡한 문제 등 많은 추가적인 손실을 겪을 것이다.

4.7   결 론

20세기의 대부분 동안 내연 기관에서 사용되어온 두 가지 주요 연료는 가솔린(SI 기관)과 연료유(CI 기관의 디젤유)였다. 이 기간에 이들 연료는 그때그때의 기관 및 환경의 요구에 부응하여 조성과 첨가제에 많은 발전이 이루어졌다.

20세기의 후반에는 다양한 농산물과 다른 원료들로부터 만들어진 알코올 연료가 미국을 비롯한 여러 나라에서 점차 중요하게 부각되었다. 증가하는 공기 오염 문제와 석유 부족 사태가 임박해 옴에 따라 대부분의 연구와 개발 계획들은 다가오는 세기에 적절한 대체 연료를 찾기 위해 노력하고 있다.

연습 문제

4.1 C_4H_8이 기관에서 과연료 공연비로 연소하고 있다. 배기 가스의 건분석 결과 다음과 같은 체적 퍼센트를 얻었다. CO_2= 14.95%, CO = 0%, H_4 = 0%, O_2 = 0%이고, 나머지는 N_2이다. 이 연료의 고열량값은 46.9MJ/kg이다. 이 존건에서 이 연료의 1몰당 평형 화학 방정식을 써라. 다음을 계산하라.

(a) 공연비
(b) 당량비
(c) 연료의 저열량값 [MJ/kg]
(d) 1kg의 연료가 98%의 연소 효율로 기관에서 연소할 때 방출되는 에너지 [MJ]

4.2   2-메틸-2,3-에틸부탄의 화학 구조식을 그려라. 이것은 어떤 화학종의 이성질체인가? 당량비 0.7로 1몰의 이 연료가 연소하는 평형 화학 방정식을 써라. 이 연료의 이론 공연비를 계산하라.

4.3   다음 물질들의 화학 구조식을 그려라.

(a) 3,4-디에틸헥산
(b) 2,4-디메에펜탄
(c) 3-메틸-3-에틸펜탄
이것들은 어떤 다른 분자들의 이성질체인가?

4.4   수소가 시험 기관에서 연료로 사용되고, 이론 산소량과 함께 연소한다. 반응물은 25°C의 온도에 들어가서 일정 압력에서 완전 연소가 발생한다. 평형 화학 반응식을 써라. 다음을 계산하라.

(a) 연공비(연료-산소비)
(b) 당량비
(c) 이 연소에서의 이론 최대 온도(열역학 교재에서 엔탈피값을 참고할 것) [K]
(d) 배기압이 101kPa일 때 배기 가스의 이슬점 온도 [°C]

4.5   이소옥탄이 0.8333의 당량비로 공기와 연소를 한다. 완전 연소라고 가정하고, 평형화학 반응식을 써라. 다음을 계산하라.

(a) 공연비
(b) 사용된 과잉 공기는 얼마인가? [%]
(c) 이 연료의 AKI와 FS

4.6 경주용 자동차가 1.25의 당량비로 공기와 니트로메탄을 연소시킨다. 미연소된 연료를 제외하면 모든 질소는 결국 N_2가 된다. 평형 화학방정식을 써라.
다음을 계산하라.

(a) 이론 공기 퍼센트 [%]
(b) 공연비

4.7 메탄올이 당량비 $\phi = 0.75$로 공기와 함께 기관에서 연소된다. 배기압과 흡입 압력이 101kPa이다. 이 반응의 평형 화학 방정식을 써라.
다음을 계산하라.

(a) 공연비
(b) 흡입 공기가 건조할 때, 배기 가스의 이슬점 온도 [°C]
(c) 흡입 공기가 25°C에서 40%의 상대 습도를 가지고 있을 때, 배기 가스의 이슬점 온도 [°C]

4.8 3리터, 4실린더, 4행정 사이클의 SI 기관이 가솔린이나 메탄올을 써서 4,800RPM으로 작동하여 WOT에서 발생하는 도시 동력을 계산하라. 각 경우에서, 흡기 다기관은 가열되어 모든 연료가 흡기구 앞에서 증발하고, 공기-연료 혼합기는 60°C, 100kPa에서 실린더로 들어간다. 압축비 $r_c = 8.5$, 연료 당량비 $\phi = 1.0$, 연소 효율 $\eta_c = 98$, 체적 효율 $\eta_v = 100\%$이다. 각 연료당 도시 비 연료 소비량을 계산하라 [gm/kW-hr].

4.9 압축비 $r_c = 10$인 4실린더 SI 기관이 공기-표준 오토 사이클로 3,000RPM에서 에틸 알코올을 연료로 작동하고 있다. 압축 행정의 시작에서 실린더의 상태는 60°C, 101kPa이다. 연소 효율 $\eta_c = 97\%$이다. 이 연료의 평형 이론적 화학 방정식을 써라.
다음을 계산하라.

(a) 기관의 당량비 $\phi = 1.10$에서 작동할 때의 AF
(b) (a)의 사이클에서 최고점 온도 [°C]
(c) (a)의 사이클에서 최고점 압력 [kPa]

4.10 Tim's 1993 Buick은 다중 포트 연료 분사 장치를 가지고 있으며, WOT에서 오토 사이클로 작동하는 6실린더, 4행정 사이클 SI기관을 가지고 있다. 이 연료 분사 장치는 가솔린이 이론적 조건에서 연소되도록 AF를 내게 조정되어 있다(가솔린은 이소옥탄의 성질을 가졌다고 근사하라).
다음을 계산하라.

(a) 공기-가솔린 혼합기의 당량비
(b) 연료 분사 장치에서 나오는 AF의 재조정 없이 가솔린을 에탄올로 바꾸었을 때의 당량비

(c) 같은 공기 유동률과 같은 열효율을 가진 이들 조건에서 가솔린 대신에 알코올을 사용할 때의 제동 동력의 증감. 에탄올은 같은 연소 효율로 같은 조건에서 연소한다고 가정하라[%].

4.11 같은 공기 유동률에서 이론적 가솔린이 이론적 니트로메탄으로 대체되었을 때, 기관 동력의 백분율 증가는 얼마인가? 같은 열효율과 같은 연소 효율로 가정하라[%].

4.12 이론적인 가솔린, 이론적인 메탄올 또는 이론적인 니트로메탄을 사용할 때 기관에서 발생하는 도시 동력을 비교하라. 모든 연료가 같은 연소 효율과 열효율, 공기 유동률을 가진다고 가정하라.

4.13 이소데칸을 연료로 사용했다.
다음을 계산하라.

(a) 반노크 지수.
(b) 0.2gm/L의 TEL을 연료에 더할 때의 MON
(c) 87의 혼합기 MON을 주기 위해서 10갤런의 이소데칸에 몇 갤런의 부탄-1이 들어가야 하는가? 이소데칸의 밀도 $\rho_{isod} = 768kg/m^3$, 부탄1의 밀도 $\rho_{but} = 759kg/m^3$

4.14 6리터, 8실린더, 4행정 사이클 SI 경주용 차의 기관이 연료로 이론적 니트로메탄을 사용하여 6,000RPM으로 작동된다. 연소 효율은 99%, 연료 입력률은 0.198kg/sec이다.
다음을 계산하라.

(a) 기관의 체적 효율 [%]
(b) 기관으로 들어가는 공기의 유동률 [kg/sec]
(c) 사이클당 각 실린더에서 발생하는 열량 [kJ]
(d) 배기 가스의 미연소된 연료에서 얼마나 많은 화학적 에너지가 있는가? [kW]

4.15 (a) 왜 메탄올이 차량의 좋은 대체 연료인지 세 가지 이유를 들어라.
(b) 왜 그것이 좋은 대체 연료가 아닌지 세 가지 이유를 들어라.

4.16 반 몰의 산소와 반 몰의 질소가 5,000kPa의 압력에서 300K로 가열되었을 때, 일부 혼합기는 반응식 $\frac{1}{2}O_2 + \frac{1}{2}N_2 \rightarrow NO$에 의해 NO의 형태로 반응할 것이다. 반응하는 성분들은 이것들뿐이라고 가정하고, 다음을 계산하라.

(a) 표 A-3을 사용하여 이들 조건에서 이 반응의 화학 평형 상수
(b) 평형 상태에서 NO의 몰수
(c) 평형 상태에서 O_2의 몰수

(d) 전체 압력이 두 배가 된다면 평형 상태에서 NO의 몰수

(e) 처음에 5,000kPa의 전체 압력에서 반 몰의 산소, 반 몰의 질소, 그리고 1몰의 아르곤이 있었다면 평형 상태세서 NO의 몰수

4.17 공연비 AF = 30으로 사용되는 수소연료(H_2)를 사용하는 실험 트럭 기관이 있다. $H_2$1kgmole은 생성물, 반응물과 함께 25°C에서 연소하고, 생성물에 전부 수증기로 생각되는 기체가 있다.
다음을 계산하여라.

(a) 당량비

(b) Lamda 값

(c) 식(4-5)에서의 방출열 [KJ]

4.18 1몰당 $1/2$ 메탄올과 $1/2$ 부탄-1로 구성된 연료를 사용하는 내연 기관을 개발하였다.
다음을 계산하여라.

(a) 이론 AF[kga/kgf]

(b) AKI

4.19 $H_2$1kgmole 이 101kPa에서 가열되었을 때, 일부는 H로 해리된다. 이때의 반응식은 $H_2 \rightarrow 2H$ 이다. 어떤 온도에서 H_2(2x mole)가 H(x mole)의 2배가 된다.
다음을 계산하여라.

(a) 이 온도에서 H의 몰수 (x=?)

(b) 이 온도에서의 화학 평형상수

(c) 온도 [K]

4.20 한 연료 혼합물은 20%의 이소옥탄, 20%의 트립탄, 20%의 이소데칸, 40%의 톨루엔으로 구성되어 있다. 이 연료 1몰의 이론 연소에 대한 화학 반응식을 써라.
다음을 계산하라.

(a) 공연비

(b) Research 옥탄가

(c) 연료 혼합물의 저열량값 [kJ/kg]

4.21 대체 연료 차량이 질량비로 $1/3$ 의 이소옥탄, $1/3$ 의 에탄올, 그리고 $1/3$ 의 메탄올의 이론적 연료 혼합물로 작동한다.
다음을 계산하라.

(a) 이론 공연비

(b) MON, RON, FS, AKI

4.22 $860kg/m^3$의 밀도와 $229°C$의 중간 비등 온도를 가지는 연료유의 세탄가를 구하기를 원한다. 표준 시험 기관에서 시험했을 때, 그 연료는 23%의 헥사데칸과 77%의 헵타메틸노난의 혼합물과 같은 점화 특성을 가짐을 알았다.
다음을 계산하라.

(a) 연료의 세탄가

(b) 세탄지수를 대략적인 세탄가로 사용할 때의 백분율 오차 [%]

4.23 $2,400RPM$으로 작동하는 CI기관이 크랭크축 회전의 $15°$ 점화 지연을 가지고 있다. ID는 몇 초인가?

4.24 C_6H_{14}는 CI 기관에서 공연비 AF = 25로 사용된다. 비중은 0.659이고 중간 끓는점은 $69°C$이다.
다음을 계산하여라.

(a) 당량비

(b) Lamda 값

(c) 헥산의 세탄지수

4.25 10개의 실린더를 가진 CI 기관이 $1,295RPM$에서 작동하여 전기 발전기를 구동시킨다. 기관의 압축비는 16 : 1이며 피스톤의 평균속도는 9.50 m/sec이다. 흡기 온도와 연소가 시작할 때의 압력은 $47°C$와 110kPa이다. 연소 시작점은 bTDC $12°$ 이고 세탄가 51을 연료로 사용한다.

(a) 연료 분사시 크랭크 각 [bTDC °]

(b) 점화 지연 [ms]

4.26 한 연료 혼합물은 $720kg/m^3$의 밀도와 $91°C$의 중간 비등 온도(50%가 증발되었을 때의 온도)를 가진다. 세탄지수를 계산하라.

4.27 석탄 연소식 일산화탄소 발생기가 자동차의 기관으로 공급하는 연료는 $CO + \frac{1}{2}(3.76)N_2$로 구성되어 있다. 다음을 계산하라.

(a) 연료의 HHV와 LHV [kJ/kg]

(b) 이론 공연비

(c) 배기 가스의 이슬점 온도 [°C]

설계 문제

4.1D 표 A-2의 데이터와 화학 참고서에서 비등점 데이터를 사용하여 세 성분의 가솔린 혼합물을 설계하라. 이 혼합물의 3온도 분류를 하고, 그림 4-2와 유사하게 증발 곡선을 그려라. 이 혼합물의 RON, MON, AKI는 얼마인가?

4.2D 어떤 자동차는 연료로 수소를 사용하려고 한다. 연료 탱크(즉, 차량의 연료 저장 시스템)를 설계하고, 탱크에서 기관으로 연료를 전달하는 방법을 설계하라..

4.3D 어떤 자동차는 연료로 프로판을 사용하려고 한다. 연료 탱크(즉, 차량의 연료 저장 시스템)를 설계하고, 탱크에서 기관으로 연료를 전달하는 방법을 설계하라.

CHAPTER 5

공기와 연료 흡입

"우리의 오래된 골치아픈 문제거리인 기화기는 명백히 분무기와 직접공급시스템에 의해서 밀려오는 예열 덩어리 때문에 힘을 받고 있다."

The Automobile Magazine(January 1902의

〈뉴욕 자동차 전시회 소개〉 중에서

이 장에서는 기관의 흡기계 즉, 실린더로 공기와 연료가 어떻게 공급되는지를 설명한다. 흡기계의 목적은 적절한 양의 공기와 연료를 정확하고 균등하게, 기관 사이클의 적절한 시기에 모든 실린더로 공급하는 것이다. 기관으로의 유동은 흡기 밸브가 열리고 닫힘에 따라 맥동되지만, 일반적으로 준정상 상태 유동으로 모델링할 수 있다. 흡기계는 흡기 다기관, 스로틀, 흡기 밸브, 그리고 연료를 공급하기 위한 연료 인젝터 혹은 기화기로 구성된다. 연료 인젝터는 각 실린더의 흡기 밸브(다점 포트연료 분사), 다기관의 입구(스로틀 바디 연료 분사) 혹은 실린더 헤드(디젤 기관과 일부 4행정 사이클 SI자동차 기관)에 장착될 수 있다.

5.1 흡기 다기관

흡기 다기관은 각 실린더로 연결된, 흡기 통로(runner)라고 하는 파이프를 통해서 공기를 기관으로 공급하도록 설계된 시스템이다. 흡기 통로의 내경은 높은 유동 손실과 그 결과로 인해 낮은 체적 효율이 생기지 않도록 하기 위해서 충분히 크게 설계되어야 한다. 반면에, 높은 흡기 유동 속도와 난류를 생성시켜서 연료 액적을 수송하는 능력을 강화시키고, 공기-연료의 혼합과 연료 증발을 촉진하기 위해서는 충분히 작아야 한다.

각각의 실린더로 공급되는 공기와 연료의 양을 가능한 균등하도록 흡기 통로의 길이와 직경을 결정한다. 기관 속도에 따라서 흡기 통로의 길이와 직경을 조정 할 수 있는 능동적인 흡기 다기관을 가진 기관도 있다. 저속에서 적절한 공기-연료 혼합을 확보하기 위해(높은 유속을 유지하면서) 길고 작은 직경의 흡기 통로를 통해 공기가 유입된다. 고속에서는 짧고 큰 직경의 흡기 통로가 사용된다. 이것은 유동 손실을 최소화하고 적절한 혼합을 촉진하기 위해서이다. 한 개의 흡기 통로에서의 공기-연료량은 매 사이클에 대해 한 개의 실린더로 공급되는 공기-연료량이다.

유동 손실을 최소화하기 위해서 흡기 통로는 각이 진 모서리를 가져서는 안 되며, 내부 벽면은 개스킷의 테두리 같은 돌출이 없이 평탄해야 한다.

어떤 흡기 다기관은 공기-연료 혼합기의 유동에서 연료 액적의 증발을 촉진하기 위해서 가열된다. 그 방법으로는 가열된 기관 냉각수로 흡기 다기관 벽을 가열하거나, 고온의 배기 다기관과 열접촉하도록 근접하게 설계하거나, 때로는 전기 히터로 가열하기도 한다. SI 기관에서 흡기 다기관을 통과하는 공기 유동률은 상류 끝부분에 있는 스로틀판(나비밸브)에 의해 제어된다. 기화기 기관의 경우 스로틀은 기화기에 포함된다. 연료는 흡기계에서 다기관 내, 다기관 전의 입구 부분에서 각각의 실린더 내의 공기로 투입된다. 연료 액적의 증발과 적절한 공기-연료 혼합을 위해서 더 많은 시간이 요구될 때에는 훨씬 상류에서 연료가 투입된다. 그렇지만 이것은 유입 공기를 연료 증기로 대체함으로써 기관의 체적 효율을 감소시킨다. 조기 연료 공급은 다기관의 비대칭과 흡기 통로의 길이 차이 때문에 각각의 실린더 내 공연비의 일치를 얻기가 어렵다.

흡기계에서 초기에 연료가 투입될 때, 다기관을 통한 연료의 유동은 세 가지 다른 방식으로 발생한다. 첫째, 연료 증기는 공기와 혼합되어 함께 흐른다. 매우 작은 연료 액적은 공기 흐름에 의해 수송되고, 액적이 작을수록 큰 액적에 비해 유선을 따라서 잘 흐른다. 둘째, 질량 관성이 큰 액체 입자는 공기와 같은 속도로 흐르지 못하고, 모서리를 돌 때 큰 액적은 작은 액적보다 쉽게 이탈된다. 연료가 다기관을 통과하는 세 번째 방법은 벽면에 얇은 액막의 형태로 지나가는 것이다. 이 얇은 연료막은 중력에 의해 유동으로부터 일부의 액적을 분리시키거나 흡기 통로의 모서리를 이루는 벽에 액적이 부딪칠 때 발생한다. 이와 같은 연료 액적 유동은 각각의 실린더에 균일한 공연비로 공급하는 것을 어렵게 한다. 흡기 통로의 길이와 굴곡은 주어진 공기 유량으로 운반되는 연료의 양에 영향을 미친다. 다기관 벽면의 액막은 정확한 스로틀 제어를 어렵게 한다. 스로틀 위치가 재빨리 변화하여 공기 유량이 달라질 때, 연료 유동의 시간 변화율은 벽면의 액막 때문에 응답 속도가 더 느려진다.

가솔린 성분은 서로 다른 증발률을 갖고 있다. 이러한 현상 때문에 공기 유동에서 연료 증기의 성분은 공기에 의해서 수송된 액적이나 다기관 벽면 액막의 성분과 정확히 같지 않게 된다. 각 실린더에 공급된 공기-연료 혼합기는 성분이나 공연비에서 상당히 다를 수 있다. 이러한 결과 중의 하나는 노크 가능성이 각 실린더마다 다르다는 것이다. 기관에서 사용될 수 있는 최소 연료 옥탄가는 최악의 공기-연료 혼합 조건을 갖는 실린더에 의해 설정된다. 이러한 문제는 스로틀의 전 범위에 걸쳐서 기관이 작동한다는 사실로 인해 더욱 복잡하다. 부분 부하시 흡기 다기관에서 더 낮은 압력이 발생하고, 이것은 다양한 연료 성분의 증발률을 변화시킨다. 이러한 대부분의 문제점은 각 실린더에 개별적으로 연료를 공급하는 다점 포트 연료 분사 장치를 사용함으로써 줄어 들거나 제거된다.

5.2 SI 기관의 체적 효율

기관의 흡입에서는 최대의 체적 효율을 가지는 것이 바람직하다. 체적 효율은 기관 속도에 따라서 달라진다. 그림 5-1은 전형적인 기관의 체적 효율 곡선을 나타낸다. 체적 효율은 어느 적정한 기관 속도에서 최대가 되고, 그보다 높거나 낮은 기관 속도에서 감소한다. 이 곡선 형태는 많은 물리적 현상과 작동 변수에 따라 달라진다.

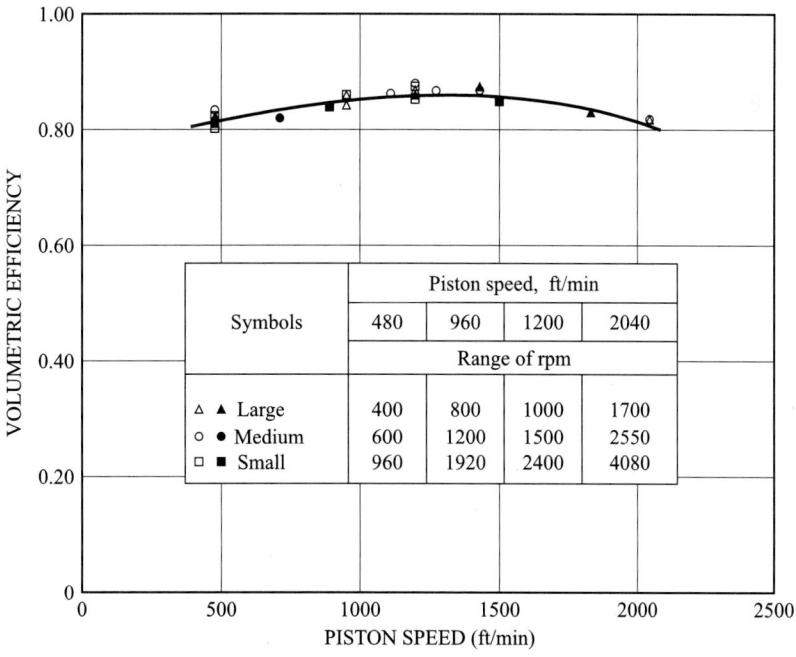

그림 5-1

피스톤 속도 혹은 기관의 속에 따른 세 개의 왕복 내연 기관의 체적효율. 참고 문헌 [120]에서 인용.

연 료

자연 흡입 기관에서 체적 효율은 100%보다 작다. 왜냐 하면, 연료가 투입되어 증발된 연료의 체적이 유입될 공기 체적을 대체하기 때문이다. 연료의 종류와 공급시기 및 방법은 체적 효율에 얼마나 영향을 미칠 것인가를 결정한다. 기화기 혹은 스로틀 바디 연료 분사 장치는 공기 흡입시 초기에 연료를 분사하여 일반적으로 낮은 체적 효율을 가진다. 연료가 즉시 증발하기 시작하고, 증발된 연료가 유입 공기를 대체하기 때문이다. 흡기 밸브 포트에서 연료를 분사하는 다점 인젝터는 더 향상된 체적 효율을 가지는데, 흡기 다기관 이후까지 공기가 대체되지 않기 때문이다. 유동이 흡기 밸브를 통해 실린더로 들어오면서 연료 증기가 발생한다. 흡기 밸브가 닫힌 이후에 연소실로 직접 연료를 분사하는 기관들은 연료 증발로 인한 체적 효율의 손실은 없다. 연료 공급이 늦은 다기관은 보다 큰 직경을 가진 흡기 통로를 가짐으로써 체적 효율을 더욱 증가시키도록 설계된다. 증발을 촉진시키기 위한 높은 속도나 난류는 필요하지 않다. 다기관은 더 차가운 온도로 작동할 수 있으며, 그 결과는 입구 부분의 공기 밀도의 증가로 나타난다.

알코올처럼 비교적 낮은 공연비를 가진 연료는 체적 효율에 더 큰 손실을 가져온다. 높은 증발열을 가진 연료는 더 큰 증발 냉각 효과 때문에 손실된 체적 효율의 일부를 다시 회복할 수 있다. 냉각 작용은 주어진 압력하에서 공기-연료 유동의 밀도를 증가시켜서 더 많은 공기가 흡기계로 들어오게 한다. 알코올은 높은 증발열을 가지고 있어서 낮은 공연비로 손실된 일부의 체적 효율은 다시 보상된다.

수소와 메탄 같은 기체 연료는 흡기계에서 부분적으로 증발되는 액체 연료보다 더 많은 유입 공기를 대체한다. 이것은 가솔린 연료를 가스 연료로 기관을 구동할 때 반드시 고려해야 할 점이다. 가솔린과 같은 액체 연료를 사용할 때 흡기계에서 연료 증기 압력은 전체 압력의 1~10% 정도이지만, 기체 연료나 알코올을 사용할 때 연료 증기 압력은 종종 전체 압력의 10%보다 크다. 따라서, 기체 연료를 사용하면 증발 과정이 없으므로 흡기 다기관은 더 차갑게 작동될 수 있다. 이것은 손실된 체적 효율의 일부를 보상할 수 있다.

연료가 흡기계에서 더 늦게 증발할수록 체적 효율은 더 좋아진다. 반면에, 연료가 더 일찍 증발할수록 혼합 과정과 각 실린더당 혼합해 분포는 더 좋아질 것이다. 구형 기화기형 자동차는 기관의 흡기 다기관에서 연료의 약 60%가 증발하고, 나머지는 압축 행정과 연소 과정 동안 증발하는 것이 바람직하다. 연료가 사이클 과정동안 늦게 증발된다면, 고분자 성분은 증발되지 않을 것이다. 증발되지 않은 연료의 일부는 실린더 벽에 부착되어 피스톤 링에 의해 크랭크케이스로 들어가 윤활유를 희석시킨다.

열전달 - 고온

모든 흡기계는 주위 공기 온도보다 높기 때문에 결과적으로 유입 공기를 가열하게 된다. 이것은 공기의 밀도를 낮춤으로써 체적 효율을 감소시킨다. 기화기 혹은 스로틀 바디 분사 장치의 흡기 다기관은 연료 증발을 촉진시키기 위해 의도적으로 가열시킨다. 기관 속도가 낮은 경우, 공기 속도는 더 느려져서 흡기계 내의 공기 체류 시간이 길어진다. 이로 인해 저속에서는 더 높은 온도로 가열되어, 그림 5-1에서 보듯이 저속으로 갈수록 체적 효율은 떨어진다.

어떤 시스템은 흡기 다기관에 물을 분사하려고 시도하였다. 이것은 물에 의한 증발 냉각 효과를 증가시켜서 체적 효율을 향상시키려는 것이다. 제2차 세계 대전 동안 대형 고성능 항공 기관에서 물분사에 의한 증발 냉각 원리가 성공적으로 이용되었다. 이러한 항공 기관의 일부에 물 분사가 적용되어 출력이 상당히 높아졌다.

밸브 오버랩

배기 행정 말기와 흡입 행정 초기의 TDC에서 흡기 밸브와 배기 밸브는 잠깐 동안 동시에 열린다. 이 때, 배기 가스의 일부가 열려진 흡기 밸브를 통해 흡기계로 유입될 수 있다. 그렇지만 혼합기가 실린더로 재공급될 때, 이 배기 가스는 유입 공기의 일부를 대체함으로써 체적 효율을 떨어뜨린다. 이 현상은 기관 속도가 저속일 때 더욱 현저해지고, 밸브 오버랩의 실제 시간도 더 길어진다. 이 효과는 그림 5-1에서 저속 끝으로 갈수록 체적 효율을 더 떨어뜨린다. 이 문제에 영향을 주는 다른 요인들로는 흡기 밸브 및 배기 밸브의 위치와 기관 압축비 등이 있다.

유동 마찰 손실

유로나 유동 저항을 지나는 공기에는 압력 강하가 발생한다. 따라서 실린더로 유입되는 공기의 압력은 주위 대기압보다 낮고, 실린더로 들어오는 공기량도 결과적으로 감소된다. 에어 필터, 기화기, 스로틀판, 흡기 다기관, 그리고 흡기 밸브를 통해서 공기가 지나갈 때 점성 유동 마찰은 기관 흡기계의 체적 효율을 감소시킨다. 압력 손실을 일으키는 점성 항력은 유속의 제곱에 따라서 증가한다. 이로 인해 그림 5-1에서처럼 높은 속도의 끝 부분에서 체적 효율의 감소를 초래한다. 흡기계에서 압력 손실을 줄이기 위한 많은 개발 성과들이 있어 왔다. 흡기 다기관의 매끈한 벽, 급격한 모서리와 굴곡의 제한, 기화기의 제거 그리고 돌출부가 없는 개스킷에 의한 부품 연결로 인해서 압력 손실이 감소되었다. 가장 큰 유동 저항의 하나는 흡기 밸브이다. 이 유동 저항 손실을 줄이기 위한 방법은 실린더당 2개 혹은 3개의 흡기 밸브를 가지는 다밸브 기관을 사용하여 흡기 밸브의 유동 면적을 증가시키는 것이다.

실린더로의 혼합기 유동은 대개 실린더 내에서 회전하는 유동 패턴으로 전환된다. 그리고 이것은 증발, 혼합 그리고 화염 속도를 강화시킨다. 이와 같은 유동 패턴은 흡기 통로의 형상을 바꾸거나, 밸브 포트와 밸브 표면의 윤곽을 변화시킴으로써 얻을 수 있다. 그러나 이 같은 변화는 입구 유동의 손실을 증가시켜, 체적 효율이 감소될 수 있다.

만일 흡기 다기관의 통로 직경을 증가시킨다면, 유속은 감소하고 압력 손실도 감소할 것이다. 그러나 유속의 감소로 인해 공기와 연료의 부적절한 혼합이 초래되기 때문에 설계에서는 적절한 타협점이 있어야 한다.

저성능, 고연료 효율의 기관에서 보다 나은 공기-연료 혼합을 얻기 위해서 난류를 생성한 목적으로 흡기 다기관의 벽면을 거칠게 만들기도 한다. 이러한 기관에서 높은 체적 효율은 중요하지 않다.

초크 유동

흡기계의 어떤 위치에서 초크 유동이 발생할 때 유동 손실은 최대가 된다. 공기 유동이 더욱 높은 속도로 증가하면, 흡기계 내의 어떤 점에서 음속에 도달한다. 이 초크 유동 조건은 제어할 운전 조건이 어떻게 변하는가와는 무관하게 흡기계에서 만들어질 수 있는 최대 유동률이다. 그 결과, 그림 5-1에서 높은 속도의 끝 부분에서 효율이 떨어진다. 가장 손실이 많은 통로인 흡기 밸브, 혹은 기화기 목 부분에서 초크 유동이 발생한다.

BDC 이후에 흡기 밸브 닫힘

흡기 밸브의 개폐 시기는 얼마나 많은 공기가 실린더에 들어가는가에 영향을 준다. 배기 행정의 끝 부분에서 흡기 밸브가 열리고, 피스톤이 TDC로부터 BDC로 움직인다. 피스톤에 의해서 대체된 체적에 의해 생긴 진공 상태 때문에 열린 흡기 밸브를 통해서 공기가 실린더로 들어온다. 공기가 흡기 밸브를 통과할 때 압력 강하가 발생하여 실린더 내의 압력은 실린더 밖의 다기관 압력보다 낮아진다. 이 압력차는 피스톤이 BDC에 도달할 때까지 여전히 존재하여 공기가 계속 실린더로 들어간다.

흡기 밸브의 닫힘 시기를 BDC 이후에 발생하도록 하는 이유는 이 때문이다. 피스톤이 BDC에 도달할 때, 피스톤은 다시 TDC로 향해 움직이기 시작하고, 그렇게 함으로써 실린더 내의 공기를 압축하기 시작한다. 흡기 다기관의 압력과 같은 압력으로 압축될 때까지 공기는 계속해서 실린더로 들어간다. 흡기 밸브가 닫히는 이상적인 시기는 실린더 내 공기와 다기관 내의 공기가 압력 평형을 이룰 때이다. 만일 이 시기 이전에 흡기 밸브가 닫힌다면, 실린더로 유입되는 공기가 차단되어 체적 효율의 손실을 초래한다. 밸브가 이 시기 이후에 닫힌다면, 피스톤에 의해 압축된 공기의 일부가 다시 실린더 밖으로 역류되어 역시 체적 효율의 손실을 가져온다.

기관 사이클에서의 흡기 밸브 닫힘 시기, 즉 실린더 내의 압력과 흡기 다기관의 압력이 같은 이 시기는 기관 속도에 크게 의존한다. 높은 기관 속도에서는 높은 공기 유동률 때문에 흡기 밸브 전후에 큰 압력 강하가 발생한다. 이것은 고속에서 실제 사이클 시간이 짧아지므로, 이상적으로 더 늦은 사이클 위치에서 흡기 밸브를 닫히게 한다. 반면에, 낮은 기관 속도에서는 흡기 밸브 사이의 압력차는 작아져서 압력 평형은 BDC 이후에 일찍 발생한다. 이상적으로는, 낮은 기관 속도에서 흡기 밸브는 보다 더 일찍 닫힐 것이다.

대부분의 기관에서 흡기 밸브가 닫히는 위치는 캠축에 의해 제어되며, 기관 속도에 따라 변하지 않는다. 그래서 흡기 밸브 닫힘 위치는 하나의 기관 속도에 대해 설계되며, 기관의 사용 목적에 따라 좌우된다. 정속도의 산업용 기관은 문제가 되지 않지만, 넓은 속도 범위에서 운전되는 자동차 기관을 위해서는 절충점을 찾아야 한다.

결과적으로 단일 밸브 개폐 시기는 고속과 저속 모두에서 기관의 체적 효율을 감소시키는 원인이 된다. 이로 인해 다양한 밸브 타이밍 제어가 대단히 요구되고 있다.

흡기 튜닝

기관의 흡기 다기관과 같이 가스 유동이 펄스 형태로 흐를 때, 유동 통로의 길이 방향으로 전파하는 압력파가 생겨난다. 이러한 파동의 파장은 펄스 주파수와 공기 유동률 혹은 속도에 좌우된다. 압력파가 다기관의 끝이나 다기관 내의 장애물에 닿았을 때, 다기관을 따라 반사되는 압력파를 생성한다. 주(primary)압력파와 반사파는 더욱 커지거나 혹은 서로 상쇄될 수 있는데, 이것은 두 파의 위상이 어긋나느냐 아니면 중첩되느냐에 달려 있다.

만약 어떤 흡기 다기관의 길이와 유동률 조건이 흡기 밸브를 통해 실린더로 공기가 들어가는 지점에서 압력파를 강화시키는 것이라면, 공기를 밀어넣는 압력이 높아져서 더 많은 공기가 실린더로 들어갈 것이다. 이것이 일어날 때, 시스템은 **튜닝**되고 체적 효율은 증가한다. 그러나 공기의 유동률이 두 압력파의 위상을 어긋나게 하면, 실린더로 공기를 밀어넣는 압력은 조금 감소되어 체적 효율을 저하시킨다.

많은 기관은 하나의 기관 속도를 위해 튜닝될 수 있는 수동성 일정의 길이 흡기 다기관 시스템이다(즉 하나의 특정 공기 유동률과 압력 펄스 타이밍을 위해 설계된 다기관의 길이). 그 외의 속도에서 시스템은 튜닝을 벗어나며, 체적 효율은 고속과 저속 모두에서 줄어든다.

어떤 현대적인 기관은 기관의 전 속도 범위에 걸쳐 다기관을 튜닝할 수 있는 능동 흡기계를 가지고 있다. 이것은 다양한 기관 운전 조건에서 공기 유동률에 부합하도록하는 흡기 다기관의 길이를 변화시킴으로써 이루어질 수 있다. 이것을 성취하기 위해서 다양한 방법들이 사용된다. 어떤 시스템은 작동 중에 길이가 변할 수 있는 단일 통로 다기관을 가지고 있다. 다른 시스템은 제어 밸브 또는 2차 스로틀 판들을 가지고 있는 이중 통로 다기관을 가진다. 기관 속도가 변화함에 따라 공기는 그 속도를 위하여 가장 잘 튜닝된 다양한 길이의 다기관을 통하여 직접 들어간다. 모든 능동 시스템은 EMS에 의해 제어된다.

잔류 배기

배기 행정 동안에 피스톤에 의해 모든 배기 가스가 실린더 밖으로 밀려나가는 것은 아니며, 소량의 잔류 가스가 간극 체적 안에 남게 된다. 이러한 잔류 가스의 양은 압축비에 달려 있으며, 얼마간은 밸브 위치와 밸브 오버랩에 좌우된다. 흡입 공기의 일부를 대체하는 것 외에도, 이 잔류 배기 가스는 두 가지 다른 방법으로 흡입 공기에 영향을 끼친다. 매우 뜨거운 잔류 가스가 흡입 공기와 혼합될 때 그것은 공기를 가열시키고, 공기 밀도가 떨어지므로 체적 효율을 감소시킨다. 그러나 뜨거운 배기 가스가 찬 흡입 공기에 의해 냉각될 때 간극 체적에서 부분적인 진공이 발생되어 약간의 체적 효율 감소를 완화시킨다.

배기 가스 재순환(EGR)

현대의 모든 자동차 기관 및 다른 많은 기관에서, 흡입 공기를 희석시키기 위해 다소간의 배기 가스를 흡기계로 재순환(EGR)한다. 이것은 기관 내의 연소 온도를 낮추고, 배기 가스 내의 질소 산화물을 저감시키는 결과를 가져온다. 배기 가스 중 최대 약 20%까지 흡기 다기관으로 전환될 수 있지만, 이것은 기관이 어떻게 운전되느냐에 달려 있다. 재순환되는 배기 가스는 흡입 공기를 대체할 뿐만 아니라, 흡입 공기를 가열하고 밀도를 낮춘다. 이와 같은 상호 작용은 둘 다 기관의 체적 효율을 저감시킨다. 더구나 기관 크랭크케이스 내의 배기 가스는 흡기계와 연결되어 있어서, 다소간의 흡입 공기를 대체함으로써 체적 효율을 떨어뜨린다. 크랭크케이스를 통과하는 가스량은 기관을 통해 흐르는 전체 가스의 약 1%에 해당된다.

예제 5-1

5.6리터의 압축비가 10.2:1인 V8 기관 은 2.8리터의 저부하가 요구되는 4개의 실린더 기관으로 전환시켜 주는 배기판이 장착되어 있다. 기관은 가솔린을 사용하는 오토사이클로 작동되며 8개의 실린더는 AF = 14.9, 체적 효율 57%, 연소효율 91% 기계적 효율 92%인 상태로 1,800RPM으로 작동한다. 만약 실린더 배기판에 문제가 생긴다면, 기관 속도는 같은 브레이크 출력을 내기 위해 올라간다. 기관의 A F= 14.2, 체적 효율 66%, 연소 효율 99%, 그러나 기계 효율은 단지 90%인 이러한 상황에서 단지 4개의 실린더만을 사용한다.

다음을 계산하라.

1. 같은 브레이크 출력을 만들기 위해서 4개의 실린더를 사용할 때의 연료소비 %감소율

2. 4개의 실린더만을 사용하여 같은 출력을 만들어낼 때 필요한 기관 속도

풀이

(1) 식(3-31)에서 표시된 오토 사이클의 열 효율을 알 수 있다.

$$\eta_t = 1 - (1/r_c)^{k-1} = 1 - (1/10.2)^{1.35-1} = 0.556 = 55.6\%$$

식(2-71)에서 8개의 실린더 기관으로 들어가는 공기의 흐름을 알 수 있다.

$$\dot{m}_a = \eta_v \rho_a V_d N/n$$
$$= (0.57)(1.181 \text{ kg/m}^3)(0.0056 \text{ m}^3/\text{cycle})(1800/60 \text{ rev/sec})/(2 \text{ rev/cycle})$$
$$= 0.0565 \text{ kg/sec}$$

식(2-55)에서 8개의 실린더 기관으로 들어가는 연료의 흐름을 알 수 있다.

$$\dot{m}_f = \dot{m}_a/\text{AF} = (0.0565 \text{ kg/sec})/(14.9) = 0.00379 \text{ kg/sec}$$

식(2-65)와 식(2-47)에서 8개의 실린더 기관으로부터의 브레이크 출력을 알 수 있다.

$$\dot{W}_b = \eta_m \dot{W}_i = \eta_m \eta_t \dot{m}_f Q_{\text{HV}} \eta_c$$
$$= (0.92)(0.556)(0.00379 \text{ kg/sec})(43,000 \text{ kJ/kg})(0.91)$$
$$= 75.9 \text{ kW}$$

식(2-65)와 식(2-47)에서 4개의 실린더만을 사용할 때, 같은 브레이크 출력을 내기 위해 필요한 연료 유동 속도를 알 수 있다.

$$(75.9 \text{ kW}) = (0.90)(0.556)\dot{m}_f(43,000 \text{ kJ/kg})(0.99) \quad \dot{m}_f = 0.00356 \text{ kg/sec}$$

연료 사용의 %감소는,

$$\Delta\% = [(0.00356 - 0.00379)/(0.00379)](100) = \underline{-6.1\%}$$

(2) 식(2-55)를 사용하여 4개의 실린더를 사용할 때 필요한 공기 유동의 속도를 알 수 있다.

$$\dot{m}_a = (\text{AF})\dot{m}_f = (14.2)(0.00356 \text{ kg/sec}) = 0.0506 \text{ kg/sec}$$

식 (2-71)에서 똑같은 브레이크 출력을 만들기 위해 필요한 기관 속도를 알 수 있다.

$$N = n\dot{m}_a/\eta_v\rho_aV_d$$
$$= [(2 \text{ rev/cycle})(0.0506 \text{ kg/sec})]/[(0.66)(1.181 \text{ kg/m}^3)(0.0028 \text{ m}^3/\text{cycle})]$$
$$= \underline{46.4 \text{ rev/sec}} = \underline{\textbf{2782 RPM}}$$

5.3 흡기 밸브

대부분의 IC 기관의 흡기 밸브는 스프링에 의해 닫혀 있고, 기관 캠축의 회전에 따라 적절한 사이클 시간에 밀려 열리는 포핏 밸브이다. 그림 1-12에 그 개략도를 나타내었다. 매우 드물게 로터리(rotary) 밸브 또는 슬리브(sleeve) 밸브 등을 몇몇 기관에서 찾아볼 수 있다.

대부분의 밸브와 그것이 닫힐 때 부딪히는 밸브 시트는 단단한 합금강, 또는 드물게 세라믹으로 만들어져 있다. 캠축에 유압식 또는 기계적 링크 기구로 연결되어 있다. 이상적으로는 밸브가 적절한 시간에 거의 순간적으로 열리고 닫혀야 하지만, 기계적 시스템으로는 불가능하며, 마모, 소음 및 잡음을 피하기 위해 천천히 열리고 닫히는 것이 필수적이다.

캠축에 있는 로브(lobe:둥근 돌출부)는 밸브와의 기계적 접점에서 튐 없이 빠르면서도 부드럽게 열리고 닫히도록 설계되었다. 이것을 만족하기 위해서는 밸브 작용 속도에 다소간의 절충이 요구된다.

초기 기관은 크랭크축에 밀착되게 캠축을 설치하고, 밸브는 기관 블록에 직접 장착하였다. 연소실 기술이 진보함에 따라 밸브는 실린더 헤드(오버헤드 밸브)로 옮겨 갔으며, 긴 기계적 연결 시스템(푸시로드, 로커암, 태핏)이 요구되었다. 이것은 또한 기관 헤드에 캠축을 장착하는 오버헤드 캠 기관에 의해 개선되었다. 현대의 많은 자동차 기관은 실린더 헤드에 한두 개의 캠

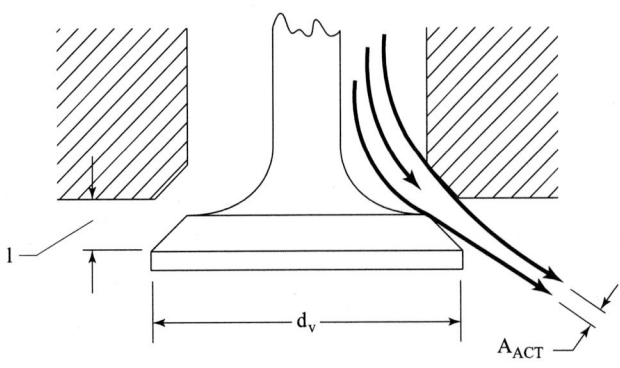

그림 5-2
포핏 밸브를 지나는 유동 모서리 밸브면에서 유동이 분리되어 실제 유동 면적은 밸브의 기하학적 유동 면적보다 적어진다. 이런 면적의 비를 유량 계수라고 한다. 밸브의 직경 d_v이고 양정은 1이다.

축을 장착한다. 캠축과 밸브 시스템이 근접해 있을수록 밸브 시스템의 기계 효율은 더 높다.

밸브가 열리는 이동 거리(그림 5-2의 l로 표시)를 밸브 **양정**(valve lift)이라 하며, 일반적으로 기관 크기에 따라 몇 mm에서 1cm보다 큰 경우도 있으며, 자동차 기관의 경우 대략 5~50mm이다. 일반적으로,

$$l_{max} < d_v/4 \qquad (5\text{-}1)$$

여기서, l_{max} = 밸브기 최대로 열렸을 때의 밸브의 양정

          d_v = 밸브 직경

밸브 시트와 같이 접촉하는 밸브 표면의 각도는 유동 저항을 최소화하도록 설계된다. 그림 5-2와 같이 밸브 시트의 모퉁이 주위를 공기가 흘러가면, 유선은 밸브 면에서 분리되어 실제 유동의 단면적은 유동 통로 면적 이하가 된다. 유동 통로 면적에 대한 실제 유동 면적의 비를 밸브 유량 계수라고 한다.

$$C_{Dv} = A_{act}/A_{pass} \qquad (5\text{-}2)$$

유동의 통로 면적은,

$$A_{pass} = \pi d_v l \qquad (5\text{-}3)$$

밸브 표면의 모양과 각도는 기관 효율을 향상시키기 위해 종종 특별한 질량 유동 패턴을 주도록 설계된다. 흡기 밸브 자체가 대부분의 기관에서 흡입 공기에 대해 가장 큰 유동 제한을 주며, 이것은 기관 속도가 높을수록 더욱 두드러진다.

흡기 밸브의 크기를 결정하기 위한 다양한 경험식들을 기관 관련 기술 문헌에서 찾아볼 수 있다. 현대의 기관에 필요한 최소 흡기 밸브 면적을 계산하는 식은 아래 형태로 주어질 수 있다 [40].

$$A_i = CB^2[(\overline{U}_p)_{max}/c_i] = (\pi/4)d_v^2 \qquad (5\text{-}4)$$

여기서, C = 약 1.3의 값을 가지는 상수

         B = 보어

   $(\overline{U}_p)_{max}$ = 최고 기관 속도에서의 평균 피스톤 속도

          c_i = 입구 조건에서의 음속

         d_v = 밸브의 직경

A_i는 흡기 밸브의 수가 하나이든 둘이든 셋이든 상관없이 한 실린더에 대한 흡기 밸브의 총입구 밸브 면적이다.

오버헤드 밸브와 소형 급속 연소형 연소실을 갖춘 최근의 많은 기관에서 종종 점화 플러그와 배기 밸브 그리고 식(5-4)를 만족하는 면적의 흡기 밸브를 가지는 데 충분한 연소실 내의 벽면 공간을 확보하기가 어렵다. 이러한 이유에서 대부분의 기관들은 실린더당 한 개 이상의 흡기 밸브를 가지도록 제작되고 있다. 한 개의 큰 밸브보다 두세 개의 작은 흡기 밸브를 사용하면, 유동 면적은 더 커지고 유동 저항도 줄일 수 있다. 동시에 이들 두세 개의 흡기 밸브는 대개 두 개의 배기 밸브와 함께 설치되며, 요구되는 구조 강도를 유지하기 위해 충분한 간격을 가진 실린더 헤드 크기에 더 잘 적합할 수 있다. 그림 5-3은 밸브의 개수에 따른 배치 형태를 나타낸것이다.

다중 밸브는 더 많은 캠축과 기계적 링크 기구를 갖는 복잡한 설계가 요구된다.

종종 특별한 형태의 실린더 헤드 및 밸브와 밸브, 혹은 밸브와 피스톤의 접촉을 피하기 위한 오목한 피스톤 면이 사용되기도 한다. 이러한 설계는 만약 CAD(computer-aided design)를 사용하지 않는다면 대단히 어려울 것이다. 하나가 아니라 두 개 이상의 많은 밸브가 사용될 때, 밸브는 작아지고 가벼워질 것이며, 이로 인해 더 가벼운 스프링을 사용할 수 있게 되어 링크 기구에 작용하는 힘이 감소된다. 또한, 가벼운 밸브는 더 빨리 열리고 닫힐 수가 있다. 이와 같은 다중 밸브는 높은 체적 효율을 가지기 때문에, 추가적인 제조 비용과 복잡성 그리고 기계적인 비효율성에도 불구하고 여전히 사용되고 있다.

다중 흡기 밸브를 가진 어떤 기관은 저속에서 실린더당 단지 하나의 흡기 밸브만 운전되도록 설계된다. 속도가 증가함에 따라 사이클당 공기 흡입을 위하여 주어진 시간은 더 짧아지며, 두

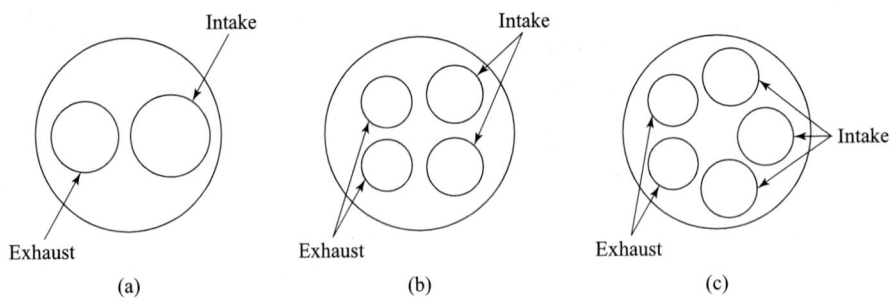

그림 5-3
현대의 오버헤드 기관의 가능한 밸브 배치. 연소실의 크기가 일정할 때 두 개나 세 개의 작은 흡입 밸브가 큰 하나의 밸브보다 더 큰 유동 면적을 갖는다. 각 실린더당 흡기 밸브 면적은 배기 밸브 면적에 비해 일반적으로 10 정도 더 크다.. 가장 초기의 오버헤드 밸브 기관. 1950년대~1980년대)오늘날 가장 보편화된 자동차 기관 현대의 고성능 자동차 기관.

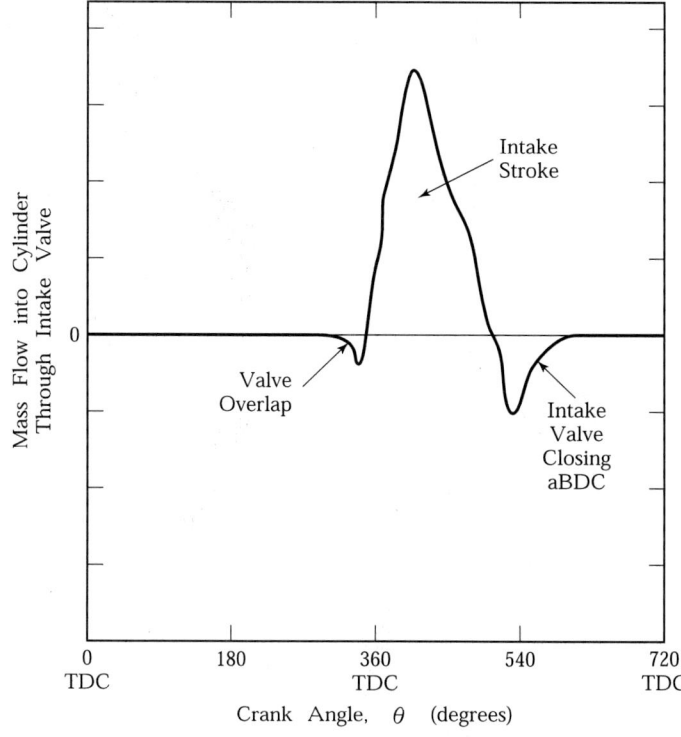

그림 5-4
흡기 밸브를 통한 실린더로의 공기 연료 혼합기의 유동 가능한 역유동은 밸브 오버랩 동안과 이후에 흡기 밸브가 닫힐 때 발생할 수 있다. 참고 문헌[28]에서 인용.

번째(때로는 세 번째) 밸브가 작동하여 부가적인 흡입 유동 면적이 주어진다. 이것은 다양한 속도에서 실린더 내 공기 유동의 제어를 향상시켜, 결국 효율적인 연소가 일어나게 한다. 어떤 경우에는 밸브들이 서로 다른 개폐 시기를 가질 것이다. 저속도 밸브는 aBDC에서 비교적 일찍 닫힐 것이다. 고속도 밸브는 5-2절에서 설명하였듯이, 체적 효율이 낮아지는 것을 피하기 위해 더 늦은 위치(aBDC 20° 까지 지연)에서 닫힐 것이다.

그림 5-4는 흡기 밸브를 통해 실린더 내로 들어가는 질량 유동을 나타낸 것다. 배기 가스의 역유동은 TDC 근처에서 밸브 오버랩 동안 일어날 수 있다. 실린더에 들어온 공기의 역유동은 앞에서도 설명했듯이, 흡기 밸브가 aBDC에서 닫히는 낮은 기관 속도에서 일어날 것이다.

흡기 밸브는 보통 bTDC 10° ~25° 사이에서 열리기 시작해, 흡기 행정 동안 최대 유동을 얻기 위해 TDC에 이를 때까지 전부 열리게 해야 한다. 설계되는 기관이 고속용일수록 사이클에서 흡기 밸브는 더 빨리 열릴 것이다. 대부분의 기관에서 밸브 타이밍은 하나의 기관 속도에 대해 설정되기 때문에 저속이나 고속에서는 손실이 일어난다.

설계 속도보다 더 낮은 속도에서는 흡기 밸브가 너무 일찍 열려서 필요 이상으 밸브 오버랩을 유발한다. 이러한 문제는 저속에서는 일반적으로 낮은 흡기 다기관 압력을 가지기 때문에 나쁘게 된다. 설계 속도보다 높은 속도에서 흡기 밸브는 너무 늦게 열리고, 흡기 유동은 TDC에서 충분히 이루어지지 못함으로써 체적 효율의 손실이 생긴다. 밸브 타이밍은 단지 한 속도에 대해 최적화되어 있지만, 자동차 기관은 다양한 속도에서 운전된다. 하나의 속도에서만 운전되는 산업용 기관은 분명히 그 속도를 위한 밸브 타이밍을 가질 수 있다. 현대의 자동차 기관은 더욱 높아진 운전 속도 때문에 더 긴 밸브 오버랩을 가지고 있다.

흡기 밸브는 가솔린 기관의 운전을 위해 보통 약 aBDC $40°\sim50°$ 에서 닫힌다. 밸브 열림과 마찬가지로, 단 하나의 기관 속도에만 부합되도록 밸브 닫힘의 정확한 시기가 설계되기 때문에 설계 속도보다 고속 또는 저속에서는 손실이 증가한다.

예제 5-2

실린더당 두 개의 흡기 밸브를 가진 2.8리터, 4실린더 스퀘어 기관(보어 = 행정)이 7,500RPM에서 최대 속도를 가지도록 설계된다. 흡기 온도가 $60°C$이다. 다음을 계산하라.

1. 흡기 밸브 면적
2. 흡기 밸브 직경
3. 밸브 양정

풀 이

입구 조건에서의 음속을 구하기 위해 식(3-1)을 사용하면,

$$c_i = \sqrt{kRT} = \sqrt{(1.40)(287 \text{ J/kg-K})(333 \text{ K})} = 366 \text{ m/sec}$$

여기서, R = 기체 상수

T = 온도

$k = c_p/c_v = 1.40$ 이것이 333K의 입구 온도에 대응되기 때문에 1.40의 값이 여기서 사용된다.

한 실린더에 대해서,

$$V_d = (2.8 \text{ L})/4 = 0.7 \text{ L} = 0.0007 \text{ m}^3$$

행정(B = S)을 구하기 위해 식(2-8)을 사용하면,

$$V_d = (\pi/4)B^2S = (\pi/4)S^3 = 0.0007 \text{ m}^3$$
$$S = 0.0962 \text{ m} = 9.62 \text{ cm} = B$$

최대 평균 피스톤 속도를 식(2-2)로 구하면,

$$(\overline{U}_p)_{\max} = 2SN = (2 \text{ strokes/rev})(0.0962 \text{ m/stroke})(7500/60 \text{ rev/sec})$$
$$= 24.1 \text{ m/sec}$$

(1) 식(5-4)에 의해 필요한 전 흡기 밸브 면적을 구하면,

$$A_i = 1.3B^2(\overline{U}_p)_{\max}/c_i = (1.3)(0.0962 \text{ m})^2(24.1 \text{ m/sec})/(366 \text{ m/sec})$$
$$= 0.000792 \text{ m}^2 = 7.92 \text{ cm}^2 = 1.23 \text{ in.}^2$$

(2) 각 밸브에 대해,

$$A_i = (7.92/2)\text{cm}^2 = (\pi/4)d_v^2$$

각 밸브의 직경은,

$$d_v = 2.25 \text{ cm} = 0.886 \text{ in.}$$

(3) 식(5-1)로 최대 밸브 양정을 구하면,

$$l_{\max} = d_v/4 = (2.25 \text{ cm})/4 = 0.56 \text{ cm} = 5.6 \text{ mm} = 0.22 \text{ in.}$$

5.4   가변 밸브 제어

최근에는 가변 밸브의 타이밍 제어가 자동차 기관에 적용되고 있다. 이러한 시스템은 밸브가 열리는 시간, 열려 있는 시간, 밸브의 개폐가 중복되는 시간 등을 제어함으로써 기관 작동 효율을 향상시킬 수 있다(그림5-5). 이러한 시스템은 자동차 광고와 관련 논문에 따라 다양하게 명명된다. 구체적으로, 가변 밸브 제어(variable valve control, VVC), 가변 밸브 액츄에이션(variable valve actuation, VVA), 가변 밸브 사건(variable valve event, VVE), 가변 밸브

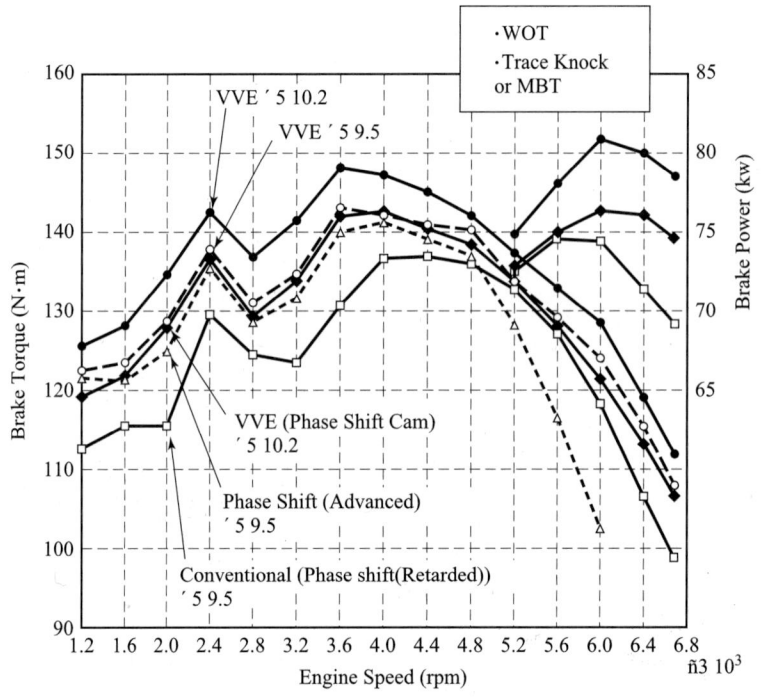

그림 5-5

가변 조절 밸브를 사용했을 때 엔진속력의 함수에 따른 토크. 위의 곡선은 가변 밸브 시점 제어를 사용했을 때, 토크가 보통인 아래 곡선의 자료에 비해 개선되었음을 보여 준다. 참고 문헌[226].

시스템(variable valve system, VVS), 가변 시점 조절(variable timing control, VTC) 등이다. 여기서는 가변 밸브 제어(VVC)를 사용하겠다. 최근의 시스템은 시점 가변 이외에도, 양정 가변 밸브도 적용하고 있다.

100년 이상 대다수의 승용차와 트럭은 기본적인 오토사이클(SI기관), 디젤 기관, 또는 듀얼 사이클(CI 기관)을 사용했다. 이러한 기관의 밸브는 평균 동작을 위해 설계된 캠축으로 작동된다. 따라서 개폐 시점이나 양정 높이를 가변시키는 것은 불가능이다. 그러므로 중속 조건이나 적당한 부하 조건에서 작동하기는 적절하지만, 고속이나 저속의 공회전 등의 운전 조건에서는 최적화되어 있지 않다.

일반적으로, 높은 기관 속도에서 한 사이클의 실제 시간은 짧고, 사이클당 요구되는 공기-연료는 많아진다. 이런 상황을 최적화하기 위해서는 사이클에서 흡기 밸브를 더 일찍 열고, 열려 있는 시간을 더 오래 지속시키면서 가능하다면 밸브 양정을 크게 할 필요가 있다. 배기 밸브도 소기 시간을 확보하기 위해서 밸브 양정을 크게 하고 밸브를 일찍 열어야 한다. 그리고 배기 행정에서 배기 밸브는 약간 늦게 닫혀야 한다. 흡기 매니폴더에서의 더 높은 압력과 사이클의 더 짧아진 실제 시간 때문에 밸브의 개폐 중복 시간은 더 길어진다. 낮은 기관 속도와 공회전 조건에서는 사이클의 실제 시간이 길어지고, 요구되는 공기-연료는 적어진다. 흡기와 배기 밸브는 더 늦게 열리고 더 빨리 닫혀야 한다. 낮은 속력에서는 흡기 시스템에서의 압력이 낮으므로 밸브의 개폐 중복 시간이 짧게 요구된다. 만일 밸브의 개폐 중복 시간이 지나치게 길어지면, 배기 가스 잔류물이 흡기 매니폴더까지 역류하게 되어, 흡기될 공기-연료와 혼합될 것이다. 이러한 이유 때문에 저속 운전시 연료 과농 혼합기가 훌륭한 역할을 한다. 저속 운전에서 유입 유동 속도가 고속을 유지하여 적절한 유동 패턴과 혼합을 이루기 위해서는 흡기 밸브의 양정이 감소되어야 한다.

초기의 시스템은 기관 윤활유를 캠축과 밸브를 연결하는 기계 요소에 구멍을 통하여 흘려보내기도 했다. 기관 속도가 변하면 사이클의 실제 시간이 변하게 되고, 이로 인해 윤활유의 유동이 캠축과 밸브의 유체 기계적 결합을 조금 변화시켜, 밸브의 개폐 시점을 변화시켰다. 1990년대 후반 이후로 가변 밸브 제어 기관은 이러한 목적을 이루기 위하여 여러 가지 방법을 사용하였다. 초기의 이러한 시스템의 대부분은 흡기 밸브만 동작시키고 양정에는 변화가 없었다. 가장 최근의 시스템은 개폐 시점과 양정 제어가 양 밸브에서 모두 가능하게 되었다.

어떤 방식은 이중 로브를 부착한 캠축을 각 밸브에 사용하여, 고속과 저속에서 가변시킨 경우도 있다. 캠축이 회전축을 따라 전방과 후방으로 이동할 수 있게 설치되어 있다. 저속에서는 캠축의 저속 로브가 밸브와 기계적으로 접촉되도록 놓인다. 어떤 사전 조정된 고속이 되면, 캠축이 이동하여 고속 로브와 접촉하게 된다. 가변 시스템은 캠축을 이동시키기 위해 기계공학적, 수력학적, 전기적 방법을 사용한다. 이러한 시스템은 개선되었으나 오직 정해진 기관 속도에만 활용된다. 이러한 기본적인 방법을 사용하면서 3차원 형상의 넓은 로브를 접목하여 더욱 향상된 시스템이 개발되었다. 캠 종동부와 연결되는 캠 형상은 축 방향을 따라 변한다. 기관 속력이 변함에 따라 속력에 맞는 최적의 캠 형상이 되기까지 캠이 회전축을 따라 이동한다. 이러한 시스템은 밸브의 개폐 시점과 열려 있는 시간의 제어에 제약이 있으므로 더 정교한 제어가 요구된다.

다른 방식은 도구가 체인에 이동 가능한 중간차 풀리(표준캠축의 벨트운전)를 추가한 것이다. 기관 속력이 변화함에 따라 크랭크축에 연결된 캠축의 상대적인 위상이 변하면서 EMS가 중간차 풀리를 이동시킨다. 밸브가 더 일찍 혹은 더 늦게 열릴 수 있지만 밸브의 개폐 기간은 변함이 없다.

가장 최근의 가변 밸브 제어 시스템은 캠축 대신에 전기 솔레노이드로 밸브를 직접 개폐하거나, 전자기적 혹은 전기 유압을 통한 제어가 이루어지고 있다. 밸브 스프링 없이 작동하는 액츄에이터는 밸브 개폐가 고속으로 이루어지며, 닫을 때 부드럽게 작동 가능하다. 이는 세라믹 밸브의 사용을 가능하게 하여 고온 조건에서도 사용 가능하다. 전형적인 시스템은 밸브 개폐시

전기적으로 조작되는 이중 유압 액츄에이터를 사용한다. 이때 유체의 온도, 점성, 압축성이 고려되어야 한다. EMS에 있어서 더 성능이 뛰어난 컴퓨터를 사용함으로써 이 시스템은 사이클과 사이클의 변화, 실린더 사이의 변화를 포함한 밸브 타이밍, 내구성, 양정을 조정하는 데 무한의 가변성을 지니고 있다. 일반적으로 12V의 전기 시스템를 사용하는 자동차에 있어서 이 기술은 구성 요소의 크기가 커서 대부분의 차량에 그것을 적용시키기 어렵다는 문제점이 있다. 이러한 단점은 42V 전기 시스템이 사용하거나 작은 구성 요소의 사용으로 해소될 수 있다. 캠축의 제거는 42V 기준으로 변화를 촉진시킬 주요 요인이었다. 캠축의 제거는 기관 마찰을 줄이고 기계 효율을 증가시킨다. 밸브 타이밍, 내구성, 양정의 모든 가변성의 가능성은 스로틀 밸브의 제거를 포함하여 저속에서의 토크 향상, 큰 출력, 저공해, 연료 절감 등의 기관 운전에 있어서 부가적인 효과를 얻을 수 있다.

흡입 밸브의 타이밍 및 양정의 제어로 스로틀을 제거할 수 있고, 내부 공기 흐름이 밸브 제어로 조절될 수 있다(예를 들어, 오토 사이클 대신 밀러 사이클). 이러한 과정은 펌프 일을 크게 줄이거나 제거하고, 상대적으로 긴 팽창 행정에 대응해서 압축 행정을 짧게 하며, 양정 변화를 통한 모든 속도에서의 실린더 입구 유동 속도의 제어가 가능하게 된다. 두 개 내지는 세 개의 흡기 밸브를 각각 독립적으로 제어함으로써, 기관 사이클에 있어서 전반적으로 향상된 제어가 가능하게 된다. 고속 운전에서 모든 밸브는 최대 양정으로 열리고, 최대의 파워와 최대의 체적 효율을 가진다. 저속 운전의 경우, 몇 개의 밸브는 열리지 않고 양정 제어로 입구 속도와 혼합이 조절된다. 저속에서 높은 밸브 양정은 낮은 끝단 토크를 향상시킬 수 있다. 복수 흡입 밸브가 각각의 개폐 시점을 갖는 것은 연소실에서 공기와 연료의 성층화를 형성하는 데 도움을 주며, 이는 현대적 연소 개념에 부합한다. 대규모 기관에서 작은 동력이 요구될 때, EMS는 일반적인 4행정 사이클을 더 효과적인 6행정 사이클로 바꿀 수 있다. 일반적인 배기 행정 후에 두 개의 여분 행정에 적절한 밸브와 연료의 조절이 추가될 수 있다. 각 실린더의 동력 행정을 제외하고 연료가 공급되지 않고 밸브가 완전히 열린 상태라면, 이러한 두 개의 여분 행정은 기관 사이클에는 어떤 일도 하지 않는다. 같은 동력 조건에 있어서 기관 회전 수가 증가할 것이고 더 효과적인 고속으로 운전될 것이다.

복수 흡입 밸브를 갖춘 기관에서 개별적으로 각각의 밸브를 제어함으로써 연료 소비 절감과 저공해의 중요한 성능 개선이 이루어질 수 있다. 연소 시점, 밸브 시점, 밸브 양정의 적절한 프로그램을 가진 최적의 연소가 모든 기관 속도에서 얻어질 수 있다. 난류, 스월, 텀블, 공연비, 성층화 등은 각각 최소의 유해 물질 배출과 최소의 연료 소비조건으로 조절될 수 있으나 불행하게도 동시에 얻을 수는 없다.

예제 5-3

캠축이 없는 5개 실린더를 가진 작은 압축착화 자동차 기관은 42V 전기 시스템, 가변 밸브 시점 제어로 운전된다. 3500RPM의 작동 속도에서 흡입 밸브는 bTDC 32°에서 열리고, aBTC 57°에서 닫힌다. 배기 밸브는 bBDC 52°에서 열리고 aTDC 21°에서 닫힌다. 기관이 400RPM에서 공회전하고 있을 때, 흡입 밸브는 bTDC 12°에서 열리고, aBDC 18°에서 닫힌다. 그리고 배기 밸브는 bBDC 21°에서 열리고, aTDC 8°에서 닫힌다.

다음을 계산하라

1. 작동 속도와 공회전 속도에서 크랭크 케이스의 밸브 중복각
2. 작동 속도와 공회전 속도의 실제 시간에서 밸브 중복

풀이

(1) 작동 속도에서 밸브 중복각

$$\text{VO} = (\angle \text{ when IVO}) + (\angle \text{ when EVC}) = (32° \text{ bTDC}) + (21° \text{ aTDC}) = \underline{53°}$$

공회전 속도에서 밸브 중복각

$$\text{VO} = (12° \text{ bTDC}) + (8° \text{ aTDC}) = \underline{20°}$$

(2) 3,500RPM에서 밸브 중복 시간

$$t = [(53°)/(360°/\text{rev})]/[(3500 \text{ rev/min})/(60 \text{ sec/min})] = \underline{0.0025 \text{ sec}}$$

공회전 속도에서 밸브 중복 시간

$$t = (20/360 \text{ rev})/(400/60 \text{ rev/sec}) = \underline{0.0083 \text{ sec}}$$

5.5   연료 인젝터

연료 인젝터는 흡입 공기 속에 연료 분무를 분사하는 노즐이다. 보통 전자적으로 제어되지만, 캠 구동에 의한 기계적으로 제어되는 인젝터도 있다(그림 5-6). 일정량의 연료가 인젝터의 노즐 끝에서 분사되면, 보통 기계적 압축 과정에 의해 고압이 걸려 있다. 적당한 시기에 노즐이 열리고, 연료는 공기 중에 분무된다. 각 사이클에서 분사된 연료의 총량은 인젝터의 압력과 분사 시간 지속을 통하여 제어된다.

전자 연료 인젝터는 밸브, 하우징, 자기 플런저, 솔레노이드, 헬리컬 스프링, 연료 다기관, 핀틀(니들 밸브) 등의 기본적인 부품들로 이루어져 있다. 활성화되지 않았을 때는, 코일 스프링이 플런저를 연료의 내부 유입을 막는 벽에 지탱하고 있다. 활성화되었을 때는, 전기 솔레노이드가 여자(勵磁) 상태로 있게 되고, 플런저를 움직여서 핀틀과 연결한다. 이것이 니들 밸브를 열게 하

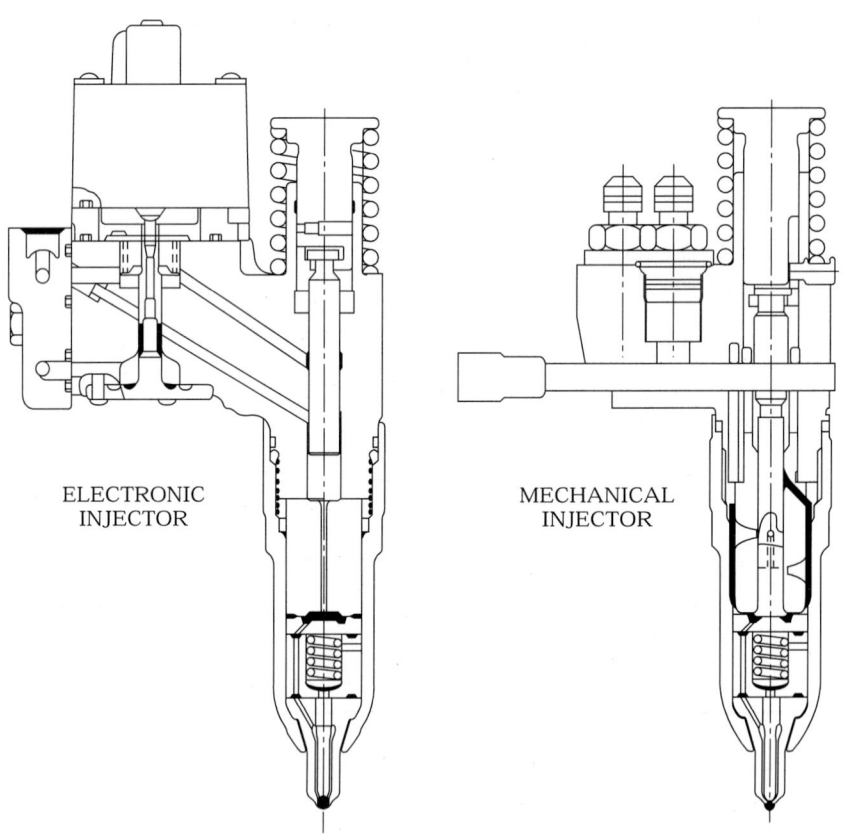

ELECTRONIC
INJECTOR

MECHANICAL
INJECTOR

그림 5-6
전자식과 기계식 연료 인젝터. 참고 문헌[181]에서 인용.

고 다기관의 밸브 구멍을 통하여 분사된다. 밸브는 플런저의 추가된 압력에 밀려서 열릴 수도 있고, 압축된 연료를 내보내는 플런저와 연결되어 열릴 수도 있다. 각 밸브는 한 개, 혹은 여러 개의 구멍이 열리고, 각각은 0.2~1.0mm의 직경을 가지고 있다. 연료 분사 속도는 100 m/s 이상이며, 유량 속도는 3~4gm/sec이다. 기계적으로 제어되는 인젝터는 솔레노이드 코일이 없고, 플런저는 캠 샤프트의 움직임에 의해서 이동된다.

몇 몇 시스템은 모든 실린더의 인젝터 혹은 실린더 묶음에게 공급하는 하나의 연료 펌프만이 존재한다. 연료는 단순히 측정기로서의 인젝터의 작동과 함께 고압으로 공급 가능하다. 다른 시스템은 연료를 인젝터에 저압으로 공급하면, 인젝터에서 압력을 높이고 속도를 측정하는 것이다. 일반적으로 각 인젝터에서 여분의 연료 회수선이 존재한다. 다른 시스템은 때때로 두 장치를 묶어서 하나의 개체로 생각하게 하는 실린더당 하나의 연료 펌프를 가지고 있다. 기관과 배출 시스템에서 작동 조건과 센서 정보는 연속적으로 공연비, 타이밍, 분사 압력, 분사 지속을 조절하는 데 사용된다. 각 실린더에 펌프 시스템과 제어기관이 있으면 단일-펌프 시스템이나 실린

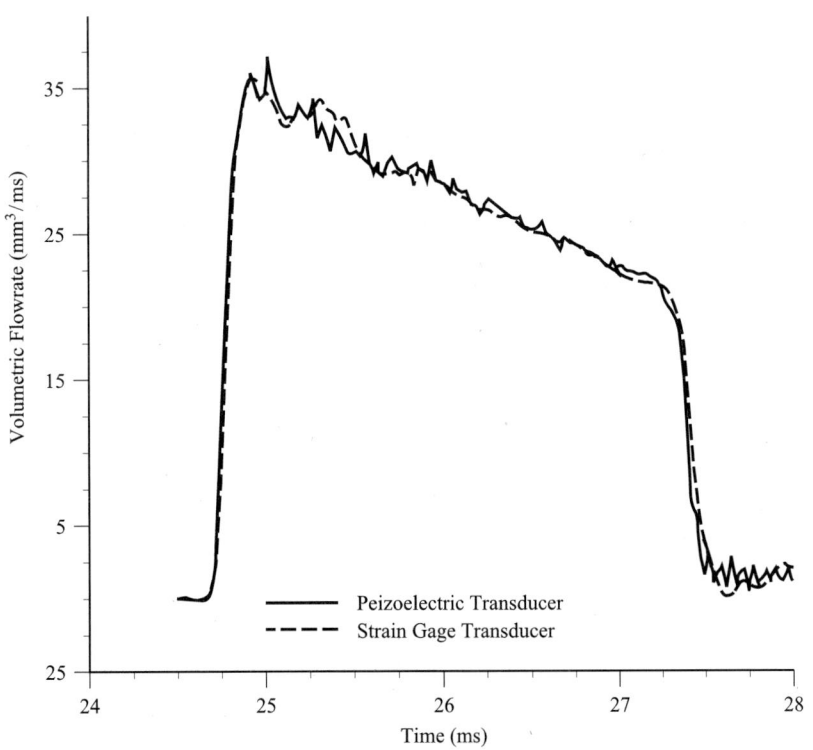

그림 5-7

최고 압력 140MPa인 연료 인젝터를 통과하는 시간에 대한 연료의 유체 속도 함수. 참고 문헌 [155]에서 인용.

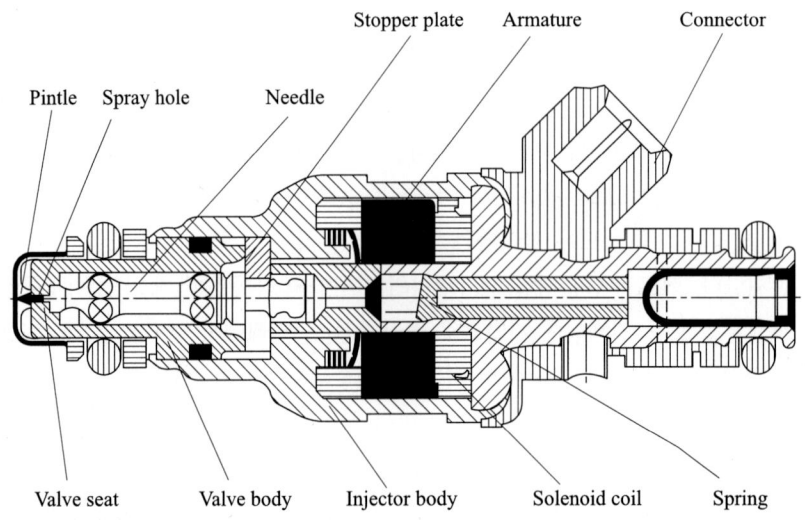

그림 5-8
SI 기관에 사용되는 전기 인젝터의 개요. 참고 문헌[179]에서 인용.

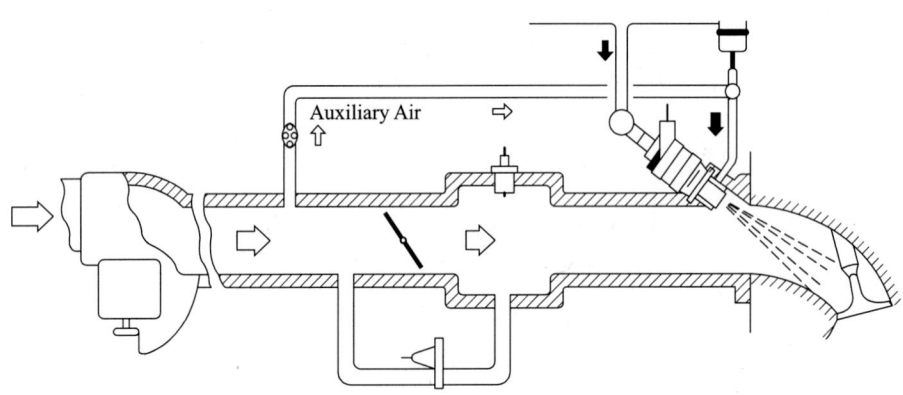

그림 5-9
공기–연료 혼합 분사를 사용하는 포트 분사 시스템의 개요. 공기는 연료와 함께 분사됨으로써 기화되고 혼합이 가속화 된다. 참고 문헌[179]에서 인용.

더 묶음보다는 좀 더 나은 조절을 할 수 있다.

전체 기관에 대해 단일 펌프 시스템을 가진 기관보다는 각 실린더마다 펌프 시스템과 제어를 가진 기관이 보다 정밀하게 조정할 수 있다.

SI 기관에서는 구멍이 있는 인젝터나 저압의 기관 흡기 시스템으로 분사하는 스로틀 인젝터를 사용하여 안전한 인젝터 압력이 필요하다. 인젝터는 10MPa 이상에서 작동하는 연소실에 직

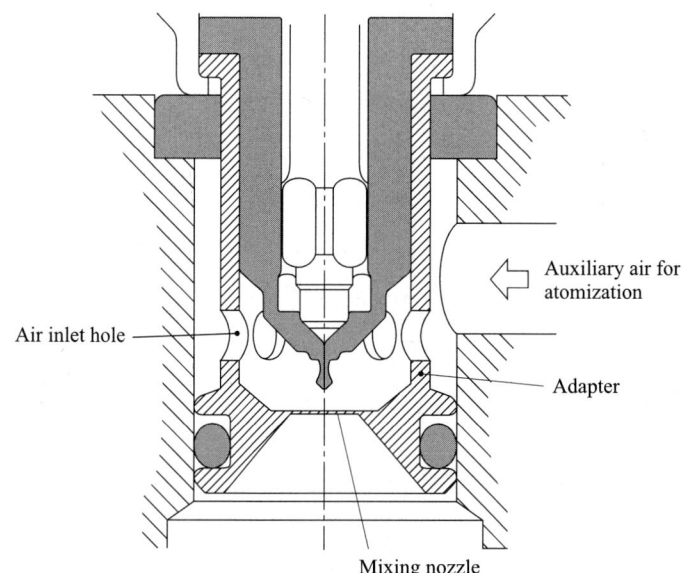

그림 5-10
다점 포트 분사 시스템에서 공기-연료 혼합가
스를 분사하기 위한 연료 인젝터 노즐의 개요.
참고 문헌[179]에서 인용.

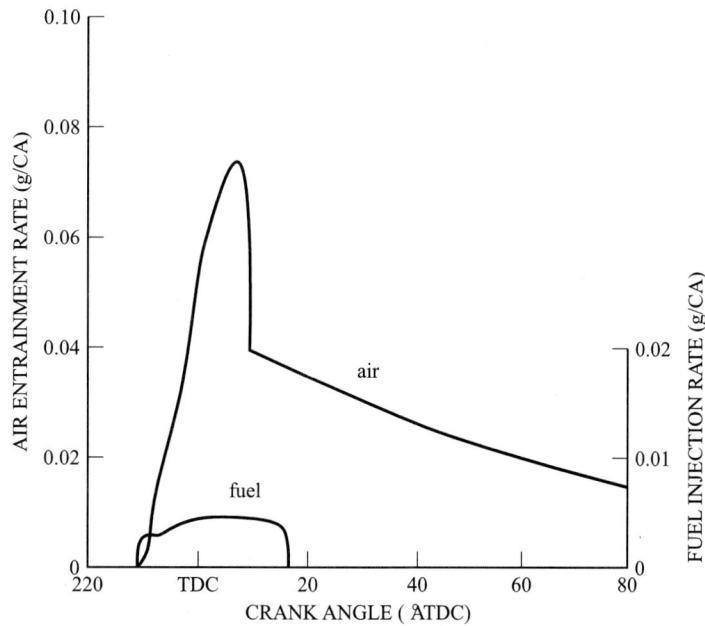

그림 5-11
공기-연료 분사에서 사용되는 전형적인 시스템에서 실린더로 분사되는 연료와 공
기의 질량유동 속도(grams/crank angle degree). 참고 문헌[170]에서 인용.

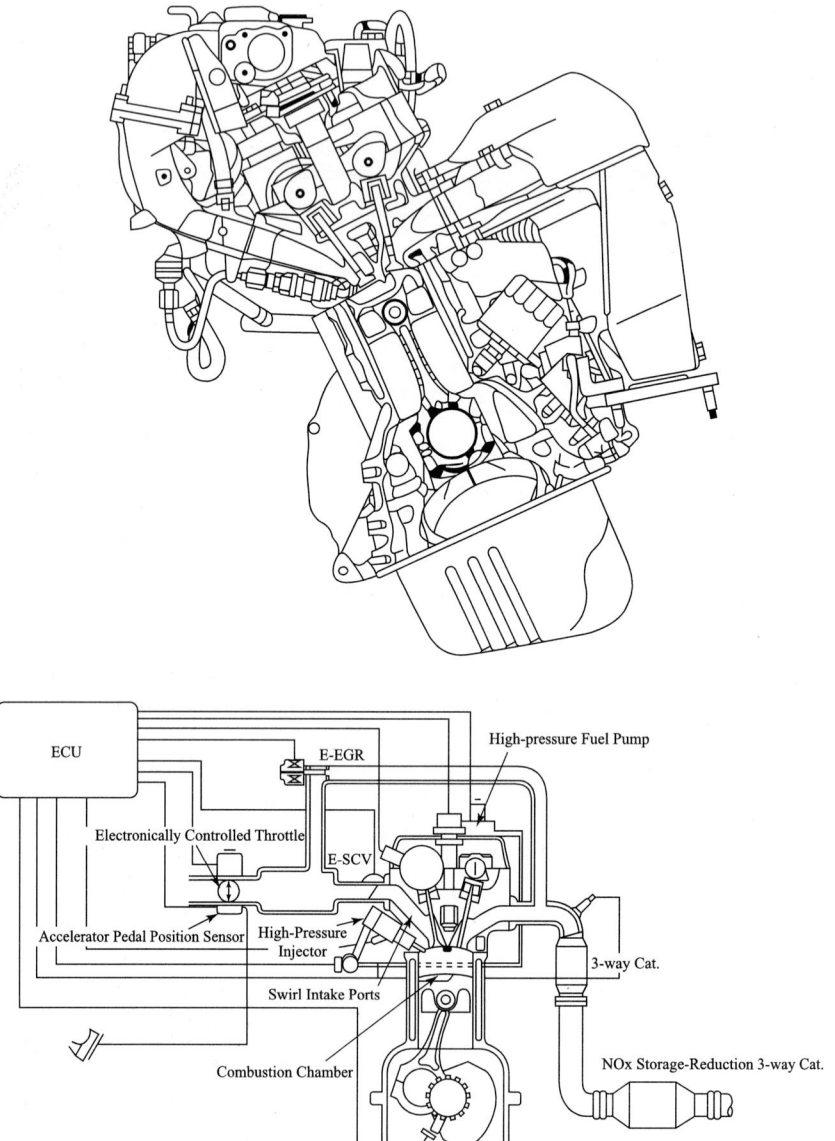

그림 5-12
가솔린 직접 분사하는[GDI] 도요다 기관의 기관 참고도와 시스템 도면. 참고 문헌[241]에서 인용.

접 분사하는 데 사용된다. 분사는 실린더의 고압에 저항하여 분사하여야 하고, 매우 짧은 기화 시간으로 인하여 손가락 크기만한 방울이어야 하기 때문에 고압이어야 한다. 많은 가솔린을 사용하는 SI 기관의 직접 분사 시스템(GDI)은 연료와 공기를 조화시켜서 분사한다(그림 5-9, 5-10, 5-11). 이런 인젝터를 통하여 공기는 연료가 분사되는 동안이나 혹은 순간적으로 분리되어 있는 다른 구멍을 통하여 분사된다. 이런 형식의 분사는 굉장한 속도로 원자화, 기화하고 연료 방울들과 섞이게 되는데 대단히 짧은 기간(3,000RPM에서 0.008초보다 작다)이기 때문에 반드시 필요한 것이다.

분사 펌프는 연료를 일정한 체적을 유지한체 운반하고 연료의 온도차나 압력 변동에 의한 압축성의 차이를 보정하도록 조절한다.

각 사이클당 분사되는 양은 1.5~10ms의 분사 지속 시간에 의해서 조절된다. $10°$~$300°$ 사이의 이런 기관 크랭크 회전각의 일치는 초기 작동 조건에 의존한다. 분사의 지속은 기관과 배기 센서에 의해서 결정된다. 배기가스의 산소를 측정하는 것은 공연비를 조정하는 것보다 더욱 중요한 피드백 기능 중 하나이다. 이것은 배기 다기관에서 산소의 부분 압력을 측정하는 것이다. 다른 피드백 변수로는 기관 속도, 온도, 공기 유속, 스로틀의 위치등이다. 기관이 움직이 시작할 때는 저온의 온도와 출발 스위치에 의해서 과농 공기가 필요한 것은 알게 된다. 공기의 유속을 결정하는 데는 많은 방법들이 있는데, 압력강 하 측정과 열선 유동 센서도 그 중 하나이다. 열선 센서는 뜨거운 전기 저항이 받는 차가운 기운에 의해서 속도가 결정된다.

다점 포트 분사 시스템

대부분의 현대 자동차용 SI 기관은 다점 포트 연료 인젝터를 가지고 있다. 이 시스템에서는 각 실린더의 흡기 밸브에 하나 혹은 다수의 인젝터가 부착되어 있다. 흡기 밸브 뒤쪽에 직접 연료를 분사하거나 때때로 밸브면의 뒤에 바로 분사를 하기도 한다. 비교적 뜨거운 밸브면에 접촉해서 연료의 기화를 촉진시키고 밸브의 냉각을 돕는다.

인젝터는 보통 흡기 밸브가 열리기 전에 준정적(quasi-stationary) 상태인 공기 중에서 연료를 분사하도록 맞추어져 있다. 공기와 섞이고 기화하는 데 빠른 액체 분무 속도가 필요하다. 왜냐 하면, 분사는 밸브가 열리기 전에 시작되고, 이 때 공기 유동은 일시적 정지 상태여서 필요한 혼합이나 기화를 촉진시키지 못하기 때문이다. 밸브가 열리면 연료 증기와 연료 액적은 공기의 분류에 의해 실린더 내로 빨려들어가고, 종종 이 때에도 인젝터는 분무를 계속한다. 흡기 밸브가 열릴 때 발생하는 뜨거운 잔류 배기 가스의 역류는 연료 액적의 기화를 촉진시킨다. 각 실린더는 사이클당, 실린더에서 실린더마다 매우 일정하게 연료를 공급해 주는 하나 또는 일련의 인젝터를 가지고 있다. 연료 유동의 완벽한 제어에도 불구하고, 실린더와 실린더, 사이클과 사이클 사이의 불안정한 공기 유동에 기인하여 공연비 변동이 여전히 존재한다. 다점 포트 분사 시스템은 기화기나 TBI 시스템보다 뛰어난 일관성 있는 공연비를 제공한다. 어떤 다점 분사 시스템은 추가적인 보조 인젝터나 흡기 다기관의 상류에 부착된 인젝터를 사용하여 시동시, 아이들링시, WOT 가속시, 시동에 필요한 과농 혼합기를 생성하기 위해 연료를 더 많이 주기도 한다.

기화와 혼합이 일어나기 위해서는 연료 분사 직후에 매우 짧은 지속 기간이 있기 때문에, 포트 연료 인젝터는 매우 작은 연료 액적으로 분사할 필요가 있다. 이상적으로 액적의 크기는 기관 속도에 따라 변할 수 있어야 하며, 고속에서는 실제 시간이 짧아질수록 액적의 크기가 작아지는 것이 가장 바람직하다.

다점 인젝터를 가진 흡기계는 체적 효율을 향상시키도록 만들어져 있다. 기화기 시스템처럼 압력 강하를 발생시키는 벤투리 목이 없고, 대부분의 흡기 다기관 내에서는 전혀 공기-연료의 혼합이 발생하지 않기 때문에 다기관 내의 높은 유속은 중요하지 않으나, 압력 손실을 적게 할 수 있는 큰 직경의 관이 사용된다. 다기관에서 연료 증기에 의한 흡입 공기의 대체도 없어진다.

많은 종류의 연료 인젝터가 사용되고 있다. 대부분은 노즐 오리피스 뒤에서 적은 양의 연료를 분출시켜서 작동된다. 노즐은 스프링이나 자기력으로 니들을 밸브 시트에 밀착시켜 닫는다. 저압 노즐에서는 분사 압력이 증가하여 밸브를 밀어 열리게 함으로써 분사가 시작되고, 이어서 유동이 발생한다. 고압 노즐에서는 전기적 솔레노이드의 작용으로 먼저 밸브 시트에 있던 밸브 니들이 들려짐으로써 분사가 시작된다. 분사 기간과 때로는 압력도 보통 전기적으로 제어된다.

어떤 시스템은 인젝터 앞에 있는 연료에 공기를 더하여 실제 분사는 공기-연료 혼합기를 조성한다. 이와 같은 방식은 분사 후의 혼합 과정과 증발 과정을 크게 향상시킨다. 현대의 시험용 2행정 자동차 기관은 분사와 연소 사이의 이용 가능한 아주 짧은 시간 동안에 적당한 혼합을 보장하기 위해 이 방법을 사용한다.

연료 공급 시스템을 간단히 하기 위해, 최소한 한 종류의 2행정 모터 사이클 기관이 이상 연료 인젝터에 필요한 압력을 공급하는 데 연소실 내의 고압 가스를 이용하고 있다[50]. 이것은 기화기로부터 연료 분사로의 대체가 일어나는 과정에서 소형 잔디 깎는 기관의 가격을 떨어뜨릴 수 있는 한 가지 방법이다.

가장 오래 된 것을 포함해 어떤 연료 시스템은 스로틀 바디 분사(TBI)로 구성되어 있다. 이것은 보통 스로틀판의 하류인 흡기 다기관의 입구 근처에 부착된 하나 이상의 인젝터로 구성되어 있다. 이런 인젝터나 인젝터 세트는 모든 실린더에 연료를 공급하고, 그 분포는 흡기 다기관에 의해 제어된다. 이것은 다점 분사보다 간단한 기술이며, 제작비를 줄일 수 있다. 몇몇 인젝터는 저급의 노즐을 사용하기도 하는데, 큰 연료 액적을 섞고 증발시키는 데 더욱 긴 유동 지속 시간을 가진다. 실린더당 공연비 변동이 커질 것으로 예상된다. 어떤 작동 조건에서 연속적인 분사를 줄 수 있는 인젝터의 제어는 더욱 간단하다. 스로틀 응답 시간은 포트 분사보다 TBI가 더욱 늦다.

몇몇 SI 기관과 모든 CI 기관의 연료 분사 시스템은 실린더 헤드에 부착된 인젝터가 있고, 연소실 내로 직접 분사한다. 이것은 사이클당 및 실린더당 매우 일정한 연료를 공급한다. 현대의 시험용 2행정 자동차 기관은 밸브 오버랩 기간과 소기 기간 중에 배기계로부터 손실되는 연료를 막기 위해 이 시스템을 사용한다. 시스템의 이런 형태는 극단적으로 미세한 연료 액적을 주기 위해 아주 정밀한 인젝터를 사용한다. 연료는 압축 행정 동안 첨가되는데, 이것은 3,000RPM에서 0.008초보다 더 짧은 시간에 증발과 혼합을 가능하게 한다. 높은 난류와 스월 또한 중요하다.

연소실 내로 직접 분사하는 인젝터는 흡기계에 분사하는 인젝터보다 높은 압력에서 작용해야만 한다(어떤 것은 10MPa). 연료를 분사해 넣을 공기는 연소실 내의 압력보다 더 높은 압력이지만, 흡기계의 공기 압력은 1기압 이하이다(또는, 터보 과급 조건에서는 대기압보다 약간 높다).

역사적 이야기-연료 분사

미국에서 연료 분사 장치를 장치하고 생산된 최초의 자동차는 1957년형 Cheverolet Corvette였다. 그 해에 총 6339대 이상의 Corvette가 만들고, 240대는 Rochester Ramjet 연속 유동, TBI를 장착했다[78].

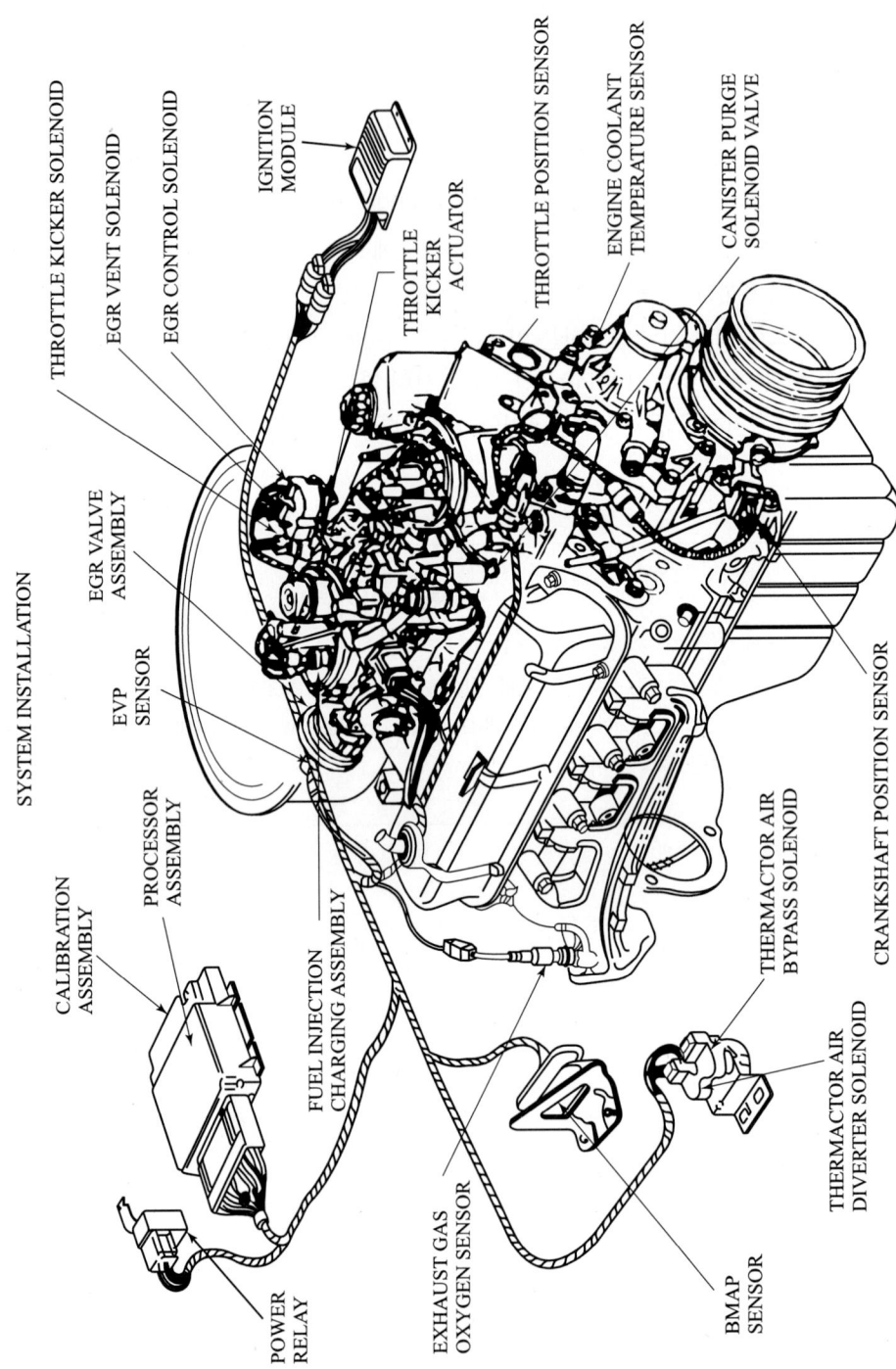

그림 5-13

1980 포드 자동차에서 사용된 두 개의 인젝터와 스로틀 바디 연료 분사 시스템의 기관 참고도. 참고 문헌[167]에서 인용.

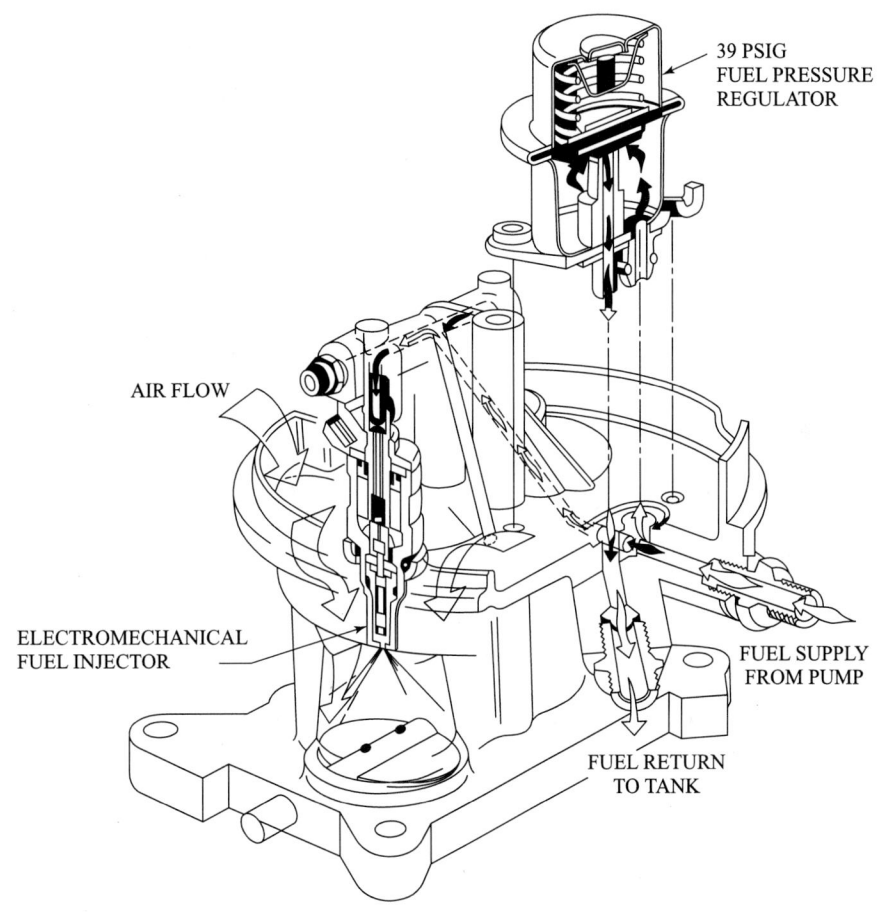

CUTAWAY OF FUEL CHARGING ASSEMBLY

39 PSIG
FUEL PRESSURE
REGULATOR

AIR FLOW

ELECTROMECHANICAL
FUEL INJECTOR

FUEL SUPPLY
FROM PUMP

FUEL RETURN
TO TANK

그림 5-14
전기 스로틀 바디 연료 분사 시스템의 연료 대전체 조합. 참고 문헌[167]에서 인용.

SI(불꽃 점화) 기관을 위한 직접 분사 시스템

대부분의 작업들이 SI 기관을 위한 직접 분사를 개발하기 위해서 이루어지고 있고 상업적으로 구입 가능한 몇몇 자동차들은 그러한 시스템들을 장착하고 있다(그림 5-12). 이 시스템들은 흡입 행정이나 압축 행정에 연료를 연소실로 직접 분사한다. **가솔린 직접 분사**(GDI)는 가솔린만 분사하거나 가솔린과 공기를 함께 분사하는 두 가지 기본적인 형태가 있다. 연료의 주입은 주로 압축 과정에 이루어지고 어느 정도 CI(압축 점화) 기관과 비슷하다. 연료를 증발시키고 공기와 혼합하는 데 짧은 시간만이 주어지기 때문에 연료를 매우 미세한 방울(액적)로 만드는 것이 요구된다.

이러한 것들은 연소실 내에서 매우 높은 난류와 다량의 질량 유동을 요구한다. 주입기 압력은 포트 주입에서 요구되는 것보다 더 높아야 한다. 왜냐하면 연료가 주입되는 곳에 더 높은 압력을 가해야 하고 연료를 더욱 미세한 액적으로 바꾸는 것을 필요로 하기 때문이다.

자동차와 다른 공기와 연료를 사용하는 내연 기관에 적용되는 가장 최신의 GDI 시스템이다 (그림 5-9, 5-10, 5-11). 공기와 연료를 함께 주입함으로써 증발과 혼합 시간을 대단히 감소시킬 수 있다. 이 방법은 공기-연료의 혼합물을 층화시킬 수 있는데 그 방법은 이러한 기관들이 일반적으로 작동되는 방법이다. 층화 충전 연소에서 진한(연료의 비율이 높은) 혼합물은 스파크 플러그 주위에 형성되고 그 동안에 나머지 혼합물들은 연소실의 잔여 부분을 채운다. 대략적인 공연비는 50:1 정도인데 균질한 혼합물이면 점화되지 않는다. 매우 희박한 혼합물 연소에서 연소 온도가 감소된다. 그리고 이것은 열 손실(더 높은 열효율을 준다), 노크 문제, 유해 배출물을 야기한다.

점화 플러그 주위의 연료가 풍부한 혼합물이 빠른 화염 전파속도로 점화하고 연소한다. 이것은 연소실의 희박한 혼합물을 점화시킨다. 이 층화된 공기-연료 분포를 성립시키기 위해서 연료 주입의 연속성이 요구된다.

(1) 어떤 연료는 매우 일찍 흡입 행정 동안 주입된다(aTDC에서 120°). 이것은 연소실을 채우는 희박한 균질의 혼합물을 조성한다. 낮은 주입 압력만이 요구된다.
(2) 압축 공정 동안 추가적인 연료가 진한 공기-연료 혼합물을 만들기 위해서 스파크 플러그 주위에 매우 높은 압력으로 주입된다. 압력은 10Mpa 이상 높을 수 있으며 실험적인 개발 작업에서 더 높은 압력으로 시험되기도 한다.
(3) 동일한 혼합 주입기에서 두 번째 연료 주입 도중과 그 직후에 공기가 주입된다. 이것은 막 주입된 연료의 증발을 촉진시킨다.
(4) 스파크 플러그가 점화를 위해서 스파크를 일으킨다.

GDI를 사용하는 기관들은 세 가지 다른 모드로 동작한다. 가벼운 부하와 부분 스로틀에서 기관은 층화 충전 모드로 동작하고 종합적인 공연비는 50:1 정도이다. 중간 부하에서 기관은 계속 층류 충전하면서 운전할 것이지만 공연비는 20:1 정도가 될 것이다. 높은 부하나 WOT 동작에서 연료는 흡입 행정에서만 분사되고 최대 열효율은 균질한 화학량적인 공기-연료 혼합물에 의해서 얻어질 것이다. EGR의 높은 Level은 높은 부하에 사용된다.

이러한 다른 모드들로 운전할 수 있기 위해서 밸브 타이밍과 열기, 존속 시간과 공기-연료 혼합물의 부피 유동의 제어가 요구된다. 이러한 매개 변수들은 **기관 관리 시스템**(EMS, Engine Management System)에 의해서 다른 부하들을 위한 흡입 조정에 의해 제어된다. 기관들은 종종 실린더 하나당 한 개 이상의 주입기를 가진다.

스로틀 몸체 연료 주입 시스템

가장 초기의 것들을 포함한 몇몇 연료 주입 시스템들은 스로틀 몸체 주입기로 이루어져 있다. (그림 5-13, 5-14, 5-15). 이러한 시스템들을 채용한 기관들은 한 개 이상의 주입기들이 나비 스로틀 밸브 바로 앞에 장착되어 있다. 스로틀 밸브는 카브레이터와 매우 비슷한 흡입 매니폴드로 향하는 공기 흡입구에 위치한 스로틀 몸체에 장착되어 있다. 그리고 차량에서 보통 비슷한 방법으로 제어된다(줄여서 페달-케이블 배열). 연료 주입기들은 동작 조건과 제어 논리에 따라서 비슷하게, 순서대로, 지속적으로 동작할 수 있다.

대개 스로틀 몸체 연료 시스템의 주입기들은 연료 주입량을 주입 시간의 길이로 제어하는 일정 균일 압력의 정상 상태 장치들이다. 전형적인 시스템에서 연료는 250-300kpa(40-50psia)의 압력으로 연료 펌프에서 주입기로 공급된다. 주입은 솔레노이드를 여기시켜서 제어되는데 솔레노이드는 주입기 막대 피스톤을 들어올려서 타침을 열어 연료를 흐르도록 한다.

종종 그 시스템은 몇 가지 다른 모드로 동작할 것인데 운전 모드들은 기관의 분당 회전수, 스로틀 포지션, 냉각수 온도와 다른 것들을 검출해서 결정된다. 이러한 네 가지 모드들은 다음과 같다.

(1) 몇 가지 정해진 최소치 이하의 크랭크 각과 기관의 분당 회전수
(2) 닫힌 스로틀
(3) 부분 스로틀
(4) 넓게 열린 스로틀

예제 5-4

4.8L V8 4행정 GDI 사이클로 4,200RPM으로 작동하는 SI 기관이 있다. 기관은 매 사이클이 공연비가 28:1이 되도록 작동하는 동안 각 실린더에 2개의 가솔린 직접 분사를 사용한다. 각 실린더의 첫 번째 분사는 흡기 행정보다 늦게 일어나며 전체 연료의 1/4만 사용하고, $10°$ bBDC와 $80°$ aBDC 사이의 압축 행정의 초기에 일어난다. 두 번째는 70도bTDC와 30도bTDC 사이에서 점화 전에 점화 플러그 근처에 짧은 시간에 나머지 연료를 분사한다. 과급기는 이 속력에서 기관의 체적 효율이 98%가 되게 한다.
다음을 계산하라.

  1. 유사 정적 상태에서의 연료가 기관에 유입되는 질량 유동 속도

2. 첫 번째 분사 시간
3. 첫 번째 분사 시간 동안의 연료 유동 속도
4. 두 번째 분사 시간 동안의 연료 유동 속도

풀이

(1) 식(2-71)에서 기관에 유입되는 공기의 질량 유동 속도를 알 수 있다.

$$\dot{m}_a = \eta_v \rho_a V_d N/n$$
$$= (0.98)(1.181 \text{ kg/m}^3)(0.0048 \text{ m}^3/\text{cycle})(4200/60 \text{ rev/sec})/(2 \text{ rev/cycle})$$
$$= 0.1944 \text{ kg/sec}$$

식(2-55)에서 기관에 유입되는 연료의 유동 속도를 알 수 있다.

$$\dot{m}_f = \dot{m}_a/\text{AF} = (0.1944 \text{ kg/sec})/(28) = \underline{0.00694 \text{ kg/sec}}$$

(2) 첫 번째 분사시 크랭크 회전각

$$\angle = 10° \text{ bBDC to } 80° \text{ aBDC} = (90°)/(360°/\text{rev}) = 0.25 \text{ rev}$$

첫 번째 분사 시간

$$t = (0.25 \text{ rev})/(4200/60 \text{ rev/sec}) = \underline{0.00357 \text{ sec}} = 3.57 \text{ msec}$$

(3) 식(2-55)와 식(2-70)을 사용하여 첫 번째 분사 동안 하나의 실린더에 한 사이클 동안 유입된 연료의 질량을 알 수 있다.

$$m_f = m_a/\text{AF} = \{[(\eta_v \rho_a V_d)/(\text{AF})]/(8 \text{ cyl})\}(0.25 \text{ of total fuel})$$
$$= \{[(0.98)(1.181 \text{ kg/m}^3)(0.0048 \text{ m}^3/\text{cycle})/(28)]/(8)\}(0.25) = 0.0000062 \text{ kg}$$

첫 번째 분사 동안 인젝터를 통하여 유입된 연료의 질량 유동 속도

$$\dot{m}_f = (0.0000062 \text{ kg})/(0.00357 \text{ sec}) = \underline{0.00174 \text{ kg/sec}}$$

(4) 두 번째 분산이 한 번 일어나는 동안의 크랭크 회전각

$$\angle = (40°)/(360°/\text{rev}) = 0.1111 \text{ rev}$$

두 번째 회전이 일어나는 시간은,

$$t = (0.1111 \text{ rev})/(4200/60 \text{ rev/sec}) = 0.00159 \text{ sec}$$

하나의 실린더에서 두 번째 분사시 한번에 분사되는 연료의 질량

$$m_f = \{[(.98)(1.181 \text{ kg/m}^3)(0.0048 \text{ m}^3/\text{cycle})/(28)]/(8 \text{ cyl})\}(0.75 \text{ of total})$$
$$= 0.0000186 \text{ kg}$$

두 번째 분사에서 연료 인젝터를 통고한 연료의 질량 유동 속도

$$\dot{m}_f = (0.0000186 \text{ kg})/(0.00159 \text{ sec}) = \underline{0.0117 \text{ kg/sec}}$$

5.6 기화기

지난 몇십 년 동안 기화기는 대부분의 SI 기관에서 흡입 공기에 연료를 주입시키는 수단으로 사용되었다. 기화기 장치의 기본적인 원리는 매우 간단하다. 그러나 1980년대에 들어서면서 연료 주입 시스템으로 기화기 대신 연료 분사 장치가 사용되기 시작했는데, 이것은 복잡하고 정교하면서도 비용이 많이 드는 시스템이다. 아직 몇몇의 자동차에서 기화기가 사용되고 있지만, 대부분의 자동차에서는 단순하면서 제어하기 쉽고 더욱 유연성 있는 연료 분사 시스템을 사용하고 있다. 1960년대와 1970년대에 자동차 기관에서 더욱 단순한 형태가 보이기도 했지만, 잔디 깎는 기계와 모형 비행기와 같은 많은 소형 기관은 여전히 기화기를 사용하고 있다. 이것은 기관 가격을 줄이기 위해서 사용되었다. 이는 연료 인젝터가 더욱 비싼 제어 시스템을 요구하는 반면, 단순한 기화기는 생산 가격이 매우 저렴하다. 그러나 소형 기관에서조차도 배기 배출물 규제가 점점 더 강화됨에 따라 기화기 대신 연료 분사 시스템이 사용되고 있다. 그림 5-16은 기화기의 기본 구조를 보여 주고 있다.

벤투리관(A)과 함께 설치되는 스로틀판(B), 연료를 주입하는 모세관으로 구성되어 있다. 기화기는 흡기 다기관 상부에 위치하여 기관으로 들어가는 모든 공기는 이 벤투리관을 통과하게

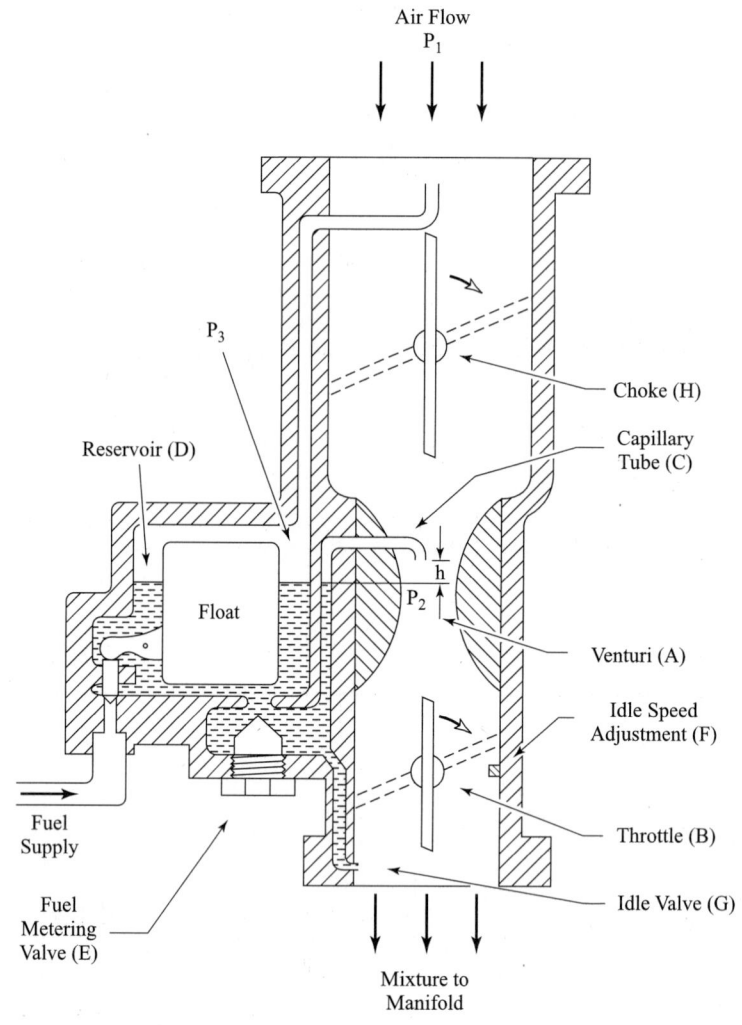

그림 5-16

기본적인 자동차 기화기 구조도. (A)벤투리관 (B)스로틀 밸브 (C)연료 모세관 (D)연료 저장고 (E)주유량 조절 니들 밸브 (F)아이들 속도 조절기 (G)아이들 밸브 (H)초크.

된다. 그리고 공기 필터는 대개 기화기 상부에 설치되어 있다. 기화기의 다른 주요 부분은 연료 저장고 (D)와 중량 조절 니들 밸브(E). 아이들 속도 조절기(F), 아이들 밸브(G), 초크 밸브(H)가 있다.

공기는 흡입 행정 동안 실린더 내의 부분적인 진공과 주위 대기 사이의 압력차에 의해서 기관 내로 흡입된다. 공기의 속도는 벤투리 목을 통과하면서 고속으로 가속 되는데, 이것은 베르누이의 정리에서 알 수 있듯이 벤투리 목 내의 압력(P_2)이 주위 압력(P_1, 대기압)보다 낮아지는 데 기인한다. 한편, 연료 저장고 내의 연료 면에 작용하는 압력은 저장고가 주위 대기에 작은 구멍으로 누출되어 있기 때문에 대기압과 같다($P_3 = P_1 > P_2$). 즉, 연료 공급 모세관 양단의 압력 차이는 연료를 벤투리 목으로 주입시키는 원동력이 된다. 연료가 모세관 끝 부분의 노즐로부터 벤투리 목으로 분출될 때, 연료는 매우 빠른 공기 흐름에 의하여 작은 입자로 부서진다. 이러한 연료 액적은 흡기 다기관을 통과하면서 공기와 혼합되어 증발한다. 기관 속도가 증가한다면 공기의 흡입 유량이 커져 벤투리 목의 압력은 더 낮게 되고, 연료 모세관 양단의 압력차는 더 커져서 연료의 주입량을 더 많게 한다. 적절히 설계된 기화기는 아이들에서 WOT까지의 모든 기관 속도에서 정확한 공연비로 공급할 수 있다. 그리고 연료 모세관 내의 주유량 조절 밸브로 연료 유량을 적당히 조절할 수가 있다.

연료 저장고의 연료 수위는 플로트(float shutoff)에 의해 조절된다. 예전에는 기계적 연료 펌프에 의해서 공급하던 것을 최근의 자동차에서 전기적 연료 펌프에 의해서 연료 탱크로부터 연료를 공급한다. 그리고 몇몇 소형 기관과 초기의 자동차에서는 중력에 의해서 공급된다.

스로틀은 공기 유동률을 조절해서 기관 속도를 제어한다. 아이들 속도 조절기는 스로틀이 완전히 닫히더라도 아이들 상태에 필요한 공기가 통과할 수 있게 스로틀 위치를 조절한다. 스로틀판을 $5° \sim 15°$로 조정함으로써 아이들시 기관 속도를 조절할 수 있다. 스로틀이 닫힌 아이들 상태에서 벤투리 목을 지나는 공기 유량은 최소가 되기 때문에 벤투리 목 내의 압력은 대기압과 거의 차이가 없게 된다. 따라서 연료 모세관 양단의 압력 차는 매우 작아져 주입되는 연료 유량도 매우 적어지고, 유량 제어 또한 어렵게 된다. 이러한 아이들 상태나 스로틀이 거의 닫혔을 때, 보다 효율적인 연료 유량을 제어하기 위하여 아이들 밸브(G)가 사용된다. 스로틀이 닫혔거나 거의 닫혔을 때, 스로틀판 양면은 큰 압력차가 나게 되고, 스로틀판(B) 하류의 흡기관 내의 압력은 매우 낮게 된다. 즉, 아이들 밸브 사이에 압력 강하가 일어나고, 이로 인해 연료 유량이 증가함으로써 필요한 유량을 공급할 수 있게 되는 것이다. 이렇게 낮은 기관 속도나 아이들 상태에서 과농 연료-공기 혼합기를 사용하는 것은 긴 밸브 오버랩 기간 동안 잔류 배기 가스에 의해서 실화가 일어나지 않게 하기 위해서이다.

초크 밸브(H)라 불리는 또 다른 나비 밸브(butterfly valve)는 벤투리 목에 위치한다. 이는 냉간 시동을 위해서 필요하다. 냉간 시동에서는 공연비보다 공기-연료 증기비(air-vapor ratio)가 더욱 중요하다. 즉, 증기로 바뀐 연료만이 연소 과정에 반응한다. 기관이 차가울 때에는 연료의 아주 미소량만이 흡입 및 압축 과정에서 증발하게 된다. 연료가 차가워지면 점성이 커지므로, 낮은 유량과 큰 액적을 생성하여 증발하는 데 긴 시간이 요구된다. 혼합기에 열을 가해주는 압축 행정에서조차도 차가운 실린더 벽면이 열을 흡수하여 연료의 증발을 감소시키게 된다. 기관 윤활유도 차가워서 점성이 크기 때문에 기관이 더욱 천천히 작동한다. 기관이 시동모터에 의해 천천히 회전하면서 기화기를 통해 아주 적은 양의 공기만이 유입되기 때문에 연료 모세관에서의 압력차가 낮고, 단위 시간당 유량도 매우 적게 된다. 시동 조건에서는 스로틀 밸브가 완전히 열리기 때문에, 아이들 밸브를 통해 압력차가 그리 크지 않다. 이 모든 것들이 연료 증기 발생을 저해하는 것이다. 그리고 만약 일반적인 기화기만을 사용한다면, 연소를 일으켜 기관을 시동시키는 실린더 내의 연료 증기는 충분하지 않게 된다. 이러한 이유에서 기화기에 초크 밸브가 부착되었다. 냉간 시동시 첫 번째 단계는 초크 밸브를 닫는 것인데, 이렇게 함으로써 공기 유량을 제한하고, 초크 밸브 아래에 있는 전체 흡기계에 걸쳐 적은 공기 유량에도 불구하고 진공 상태를 만들게 된다. 그러므로 연료 모세관과 아이들 밸브 사이에 큰 압력차를 얻게 되어, 높은 연료 유량과 낮은 공기 유량이 만나 섞이게 된다. 매우 추울 때에는 공연비가 1:1 정도로 아주 농후한 혼합기가 실린더 내로 들어가게 된다. 그러나 공급된 연료 중 미소량의 연료가 증발하면서 연소 가능한 공기-연료 증기 혼합기가 생성되어 연소가 일어나고, 기관이 시동된다. 기관이 예열되어 정상적인 운전을 하기까지는 그리 많은 사이클이 요구되지 않는다. 기관이 예열되면 초크밸브가 열려서 최종의 정상 상태 운전에는 아무런 영향을 주지 않는다.

기관 시동을 걸기 위해 초크 밸브가 필요한 것은 추운 겨울날에만 해당되는 것은 아니다. 1°C에서 초크 밸브가 없는 값싼 잔디 깎는 기계를 시동 걸어 본 사람은 이 말에 동의할 것이다.

대부분의 자동차 기화기는 자동 초크 밸브를 갖추고 있다. 이것은 냉간 시동을 걸기 전에 운전자가 스로틀 페달을 밟음으로써 닫히게 된다. 일단 기관에 시동이 걸리면, 기관 온도가 증가함에 따라 초크 밸브는 서서히 자동적으로 열린다. 이는 열적인 방법 또는 진공을 이용하는 방법에 의해 제어된다. 소형 잔디 깎는 기관이나 구형 자동차는 수동으로 조작되는 초크 밸브를 가지고 있다. 저가격의 소형 기관은 초크 밸브를 가지고 있지 않다. 모형 비행기 또는 몇몇 산업용으로 사용되는 정속 기관은 스로틀을 가지고 있지 않다.

최근 자동차 기화기의 또 다른 특징은 가속 펌프이다. 급가속이 요구될 때는 스로틀이 WOT까지 빨리 열려서, 기관 내로 들어오는 공기와 연료량이 급속히 증가한다. 기체 상태인 공기와 연료 증기는 작은 질량 관성 때문에 가속에 매우 빨리 작용한다. 큰 액적 속 및 흡기 다기관의 벽면 막에 액체로 존재하는 연료는 고밀도와 큰 질량 관성을 가지므로 천천히 가속된다. 기관에는 일시적 연료 부족과 현저한 연공비의 저하가 일어난다. 이것이 기관 속도의 가속시 기관을 멈출 높은 가능성을 가진 바람직하지 못한 지체를 야기한다. 이를 피하기 위해서 스로틀이 급히 열렸을 때 공기 유동에 연료를 부가적으로 분사하는 가속 펌프가 부착되었다. 이로 인해 일시적인 희박 혼합기를 가지는 대신에, 기관은 가속 과정을 도와주는 순간적인 농후 혼합기를 가지게 된다.

기화기 내에서의 공기와 연료의 유동

기체 역학[58]으로부터, 벤투리 목을 통과하는 공기 유동은 다음과 같이 표현된다.

$$\dot{m}_a = (C_{Dt} A_t P_0 / \sqrt{RT_0})(P_t/P_0)^{1/k}\{[2k/(k-1)][1-(P_t/P_0)^{(k-1)/k}]\}^{\frac{1}{2}} \qquad (5\text{-}5)$$

여기서, C_{Dt} = 벤투리 목의 유량 계수
A_t = 벤투리 목의 유동 면적
P_0, T_0 = 주위 압력과
P_t = 벤투리 목의 압력
R = 기체 상수

공기의 압력차는 다음과 같다.

$$\Delta P_a = P_0 - P_t = P_1 - P_2 \qquad (5\text{-}6)$$

여기서, P_1과 P_2는 그림 5-16에 나타낸 바와 같다.

$$\Delta P_f = \Delta P_a - \rho_f g h \qquad (5\text{-}7)$$

연료 모세관 양단에서 압력차는 다음과 같다.

여기서 ρ_f = 연료의 밀도
g = 중력 가속도
h = 연료 모세관에서의 높이차

식(5-7)에서 두 번째 항은 연료 저장고와 벤투리 목의 수두차이다. 높이 h 부분은 차가 경사 길에 주차되었을 때 연료의 누출을 피하기 위해 만들어진다. h의 값은 통상 1~2cm이다.
    모세관을 통해 흐르는 액체 연료는 다음과 같다.

$$\dot{m}_f = C_{Dc} A_c \sqrt{2\rho_f \Delta P_f} \qquad (5\text{-}8)$$

여기서, C_{Dc} = 모세관의 유량 계수
A_c = 모세관의 유동 단면적

헤이우드 (heywood)가 제안한 방법[58]에 **따라 식**(5-5)~식(5-8)을 사용하여, 기화기에 의해 공급되는 공연비는 다음과 같이 얻어진다.

$$\text{AF} = \dot{m}_a/\dot{m}_f = (C_{Dt}/C_{Dc})(A_t/A_c)(\rho_a/\rho_f)^{\frac{1}{2}} \, \Omega \, \Pi \tag{5-9}$$

여기서, $\Omega = [\Delta P_a/(\Delta P_a - \rho_f gh)]^{\frac{1}{2}}$

$\Pi = \{[k/(k-1)][(P_t/P_0)^{2/k} - (P_t/P_0)^{(k+1)/k}]/[1 - (P_t/P_0)]\}^{\frac{1}{2}}$

만약 벤투리 목을 통과한 공기의 속도가 기관 속도가 증가함에 따라 증가한다면, 음속이 발생할 때 최고의 유동률에 도달할 것이다. 이것은 다음 식과 같을 때에 나타날 것이다[112].

$$(P_t/P_0) = [2/(k+1)]^{k/(k-1)} \tag{5-10}$$

기화기를 통과하는 공기는 온도가 낮기 때문에 $k = 1.4$를 사용하여 정리하면 다음과 같다.

$$P_t = 0.5283 \, P_0 = 53.4 \, \text{kP} \quad \text{(표준 상태에서)}$$

따라서, 기화기를 통과하는 최대 공기량은 다음과 같이 될 것이다.

$$(\dot{m}_a)_{max} = \rho_0 c_0 C_{Dt} A_t \sqrt{[2/(k+1)]^{(k+1)/(k-1)}} \tag{5-11}$$

여기서, $c_0 = \sqrt{kRT_0} =$ 주변의 음속

표준 상태에서

$\rho_0 = 1.181 \, \text{kg/m}^3$

$c_0 = [(1.4)(287 \, \text{J/kg-K})(298 \, \text{K})]^{\frac{1}{2}} = 346 \, \text{m/sec}$

식 (5-11)에서 $k = 1.4$를 사용하면 제곱근 합은 0.5787이 되고 다음과 같이 정리된다.

$$[(\dot{m}_a)_{max} \text{ in kg/sec}] = 236.5 \, C_{Dt}[A_t \text{ in m}^2] \tag{5-12}$$

이 식은 기관에 적합한 기화기 목의 크기(A_t)를 결정하는 데 사용될 수 있다. 또한, 식(5-8)은 다른 파라미터에 대한 연료 모세관의 단면적(A_c)을 구하는 데 사용 될 수 있다.

다행히도, 기화기 목의 지름과 연료 모세관의 지름을 알면 시동 WPT, 순항, 급감속을 포함

하는 넓은 범위의 작동 조건하에서 정확한 공기-연료 혼합기를 제공하는 기화기를 설계할 수 있다는 것이 알려져 있다. 기화기의 냉간 시동시 특징들에 대해서는 전술한 바 있다. WOT는 고속 운전이나 부하가 있고 가속이 필요할 때 사용된다. 이런 조건하에서는 최대 출력을 내기 위해 기화기는 연료 경제성의 측면을 희생하고서 농후한 혼합기를 공급한다.

정상 상태 운전시에 기화기는 출력보다는 연료 경제성 측면에서 적절한 희박 혼합기(공연비 =16)를 공급한다. 예를 들면, 중형 자동차는 고속도로상에서 55MPH(88km/h)로 주행하는 데 대략 5~6kW(7~8hp)가 요구된다.

기관이 고속에서 작용하고 있을 때와 감속하기 위해 스로틀이 갑자기 닫혔을 때에 기화기에서 약간 농후한 혼합기가 공급된다. 스로틀이 닫혔거나 기관이 고속일 경우, 스로틀판 아래의 흡기계에 높은 진공을 만들어낸다.

이는 연료를 기화기 목으로 흐르게 하기보다는 아이들 밸브로 흐르게 한다. 이렇게 낮은 공기 유량과 섞인 연료는 양호한 연소를 유지하기 위해 필요한 농후 혼합기를 제공한다. 흡기계 내에 높은 진공이 만들어지므로 밸브 오버랩 동안 많은 배기 가스 잔류량이 발생하고, 연소를 유지하기 위해서는 농후 혼합기가 필요하다. 이 형태의 감속 기간 동안 실화가 일어나는 것이 보편적이다. 연료 인젝터를 사용하면 급감속 기간 동안 더욱 정확한 공연비 제어를 하게 된다.

공기가 벤투리 노즐을 통과할 때, 공기가 목을 지나면서 가속되어 압력이 떨어지고, 목을 지난 후 속도가 감소하면서 압력은 다시 상승한다. 벤투리를 지날 때 항상 압력 손실이 수반되므로 벤투리 상류와 하류의 압력은 항상 같지 않다. 일정 유량하에서는 목의 지름이 작을수록 압력 손실이 크다. 이 손실은 기관의 체적 효율을 직접적으로 저하시킨다. 즉, 기화기의 목 지름이 커야 함을 말해 준다. 그러나 목의 면적이 크면 공기의 속도는 낮고 연료 모세관의 압력차도 작아서 공연비 제어가 어렵고, 큰 연료 액적을 생성하여 공기와 연료의 혼합을 어렵게 한다. 이는 특히 낮은 기관 속도와 그 때의 낮은 공기 유량에서 더욱 심해진다. 일반적으로, 고속에서 작동하고 연료 경제성이 최우선 문제가 되지 않는 고성능 기관에서는 목이 큰 기화기를 사용하는 것이 바람직하다. 고출력이 요구되지 않는 소형 기관은 대개 목이 작은 기화기를 가지고 있다.

목의 지름에 대해 적당히 절충하는 방식을 피할 수 있는 한 가지 방법은 배럴이 두 개인 기화기(즉, 한 개의 기화기 본체에 두 개의 독립적인 지름이 작고 평행한 벤투리 노즐이 설치된 기화기)를 사용하는 것이다. 낮은 기관 속도에서는 한 개의 기화기 배럴만이 사용되고, 이로 인해 기화기를 통한 큰 압력 손실 없이 연료 유량과 혼합을 제어할 수 있는 큰 압력차를 가져올 수 있다. 높은 기관 속도와 공기 유량에서는 두 개의 배럴을 모두 사용함으로써 동일한 효과를 가져올 수 있다.

또 다른 형태의 기화기는 그림 5-6에 나타낸 것처럼, 직경이 큰 주벤투리 내에 작은 보조 벤투리를 설치한 것이다. 주벤투리의 큰 지름도 압력 손실을 피할 수 있고, 보조 벤투리의 작은

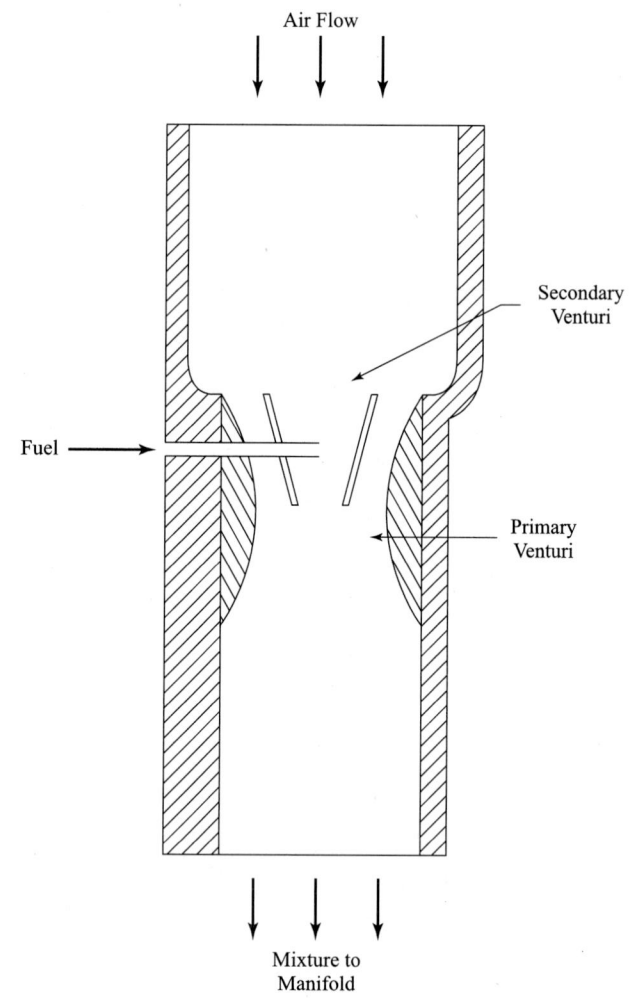

그림 5-7
보조 벤투리를 가진 기화기 목. 작은 보조 벤투리는
큰 압력 강하와 바람직한 연료 유동 제어를 제공한
다. 이에 반해 큰 주 벤투리는 주 공기 유동에 저항
을 적게 준다.

지름은 연료 유량과 혼합에 좋은 큰 압력차를 가져다 줄 수 있다. 또 다른 형태의 기화기는 벤투
리의 목의 공기 유동 면적을 변화시키는 것으로, 고속에서는 면적을 넓히고 저속에서는 면적을
줄인다. 여러 종류의 기화기에 대해 여러 가지 방법으로 실험해 본 결과, 이상적인 값보다는 대
체적으로 낮은 값이 나왔다. 심지어 연료 유동에 대한 가변 지름 모세관을 만드는 데 성공한 예
도 있다. 기화기의 여러 조건에 대해 전자 제어 기술을 가미했을 때, 보다 신뢰할 수 있고 정확
한 시스템이 실현될 수 있다. 그러나 전자 제어의 출현과 함께 보다 나은 공급 시스템인 연료 인
젝터가 나왔다.

　4행정 기관이 운전될 때, 각 실린더에서 흡입 행정에 걸리는 시간은 전체 시간의 1/4 정도이
다. 그러므로 한 개의 기화기가 목의 면적을 증가시키지 않고 4개의 실린더에서 필요한 만큼의

공기-연료 혼합기를 제공해 줄 수 있다. 주어진 유량을 1개의 실린더에 대해 전체 시간의 1/4 동안 공급하는 대신, 만약 실린더 사이클이 기관 회전에 대해 균일하게 분산되어 있고 정상적인 기관 운전 조건이라면, 동일한 기화기에서 같은 유량을 거의 정상 상태로 4개의 실린더로 공급할 수 있다. 한 개의 기화기에 5개 또는 그 이상의 실린더가 연결되어 있다면, 1개의 실린더가 빨아들이는 공기-연료량보다 더 큰 유량을 충족시키기 위해 목의 면적이 커질 필요가 있다.

8기통 자동차 기관이 인기를 모으던 1950년대부터 1980년대까지는 2개 또는 4개의 배럴이 있는 기화기가 보편적이었다. 2배럴 기화기에서는 배럴 한 개가 각각 4개의 실린더에 정상 상태 공기 유동을 공급하는 데 사용되었다. 4배럴 기화기의 경우에는 4개의 실린더 각각은 2개의 배럴로부터 공급받았다. 낮은 기관 속도에서는 1개의 배럴(전체 2개의 배럴 중)만이 작동하고, 높은 기관 속도에서는 4개의 배럴 모두가 사용된다.

하향식 기화기(공기 유동이 위에서 아래로 흐르는 수직인 벤투리관을 가짐)는 연료 액적이 공기 유동과 같은 방향으로 흐르도록 중력이 도와준다는 점이 장점이다. 증발과 혼합을 위해 긴 거리와 시간을 확보해 주는 흡입 통로가 긴 것도 장점이다. 점차 자동차 차체가 낮아지고 기관 부품이 작아짐에 따라, 이에 상응하는 작은 배럴과 흡입 통로를 가지는 기화기가 필요하게 되었다. 기관부의 높이를 더욱 줄이기 위해 공기가 수평으로 유동하는 횡방향 기화기가 고안되었다. 일반적으로, 이들은 연료 액적을 수평 방향의 공기 유동 속에서 유지하기 위해 높은 유동 속도가 필요하며, 높은 유동 속도는 큰 압력 손실을 수반한다. 공간적 문제, 또는 다른 특별한 이유에서 몇몇 기관은 상향식 기화기를 사용한다. 이것은 중력의 작용으로 인한 저항을 이겨내고 액적을 운반할 수 있는 매우 높은 유속이 필요하다.

항공 기관을 위한 기화기를 설계할 때에는 비행기가 항시 수평으로 비행하지만은 않는다는 사실에 유의해야 한다. 게다가, 공기 유동도 위로, 아래로, 수평으로 될 가능성을 고려해야 하기 때문에, 이들 조건을 만족시키는 연료 저장고를 설계할 필요가 있다. 자동차와 또 다른 점은, 들어오는 압력이 비행기의 고도에 따라 1기압 이하일 수도 있다는 점이다. 이것은 항상 정확한 공연비를 유지하는 데 어려움을 배가시킨다. 많은 비행기 기관들은 이 문제를 최소화하기 위해 과급을 이용한다. 최신 자동차 기화기에서도 급한 코너를 돌 때 발생할 수 있는 부족 현상이나 연료 저장고 내의 연료 튀김을 방지하도록 설계한 것도 있다.

기화기에서 종종 발생하는 문제로 스로틀판에서 일어나는 결빙 현상이 있다. 공기가 낮은 온도로 냉각될 때 공기 속의 수증기가 얼게 된다. 냉각은 두 가지 이유에서 일어난다. 공기가 기화기를 통해 흐를 때 압력 감소로 발생하는 공기의 팽창 냉각에 의해서, 또는 벤투리 목에 주입된 연료 액적의 증발 냉각 효과에 의해 발생할 수 있다. 연료 첨가제와 기화기를 가열하는 것 등이 이 문제의 해결 방안이 될 수 있다.

기화기의 또 다른 문제는, 연료가 주입된 바로 직후에 스로틀판 근처에서 공기 유동이 쪼개지는 현상이다. 이것은 균일한 혼합을 어렵게 하고, 실린더로 유입되는 공기-연료 혼합기가 불균일해지는 주원인이 된다. 이 문제는 작은 배럴, 짧은 흡입 통로를 가지는 기화기에서 더욱 심각하다. WOT 이외의 조건에서는 흡기계 내의 주압력 강하는 기화기의 스로틀판에서 일어난다. 이는 전 압력 강하의 90% 이상이다. 부분적으로 스로틀을 막았을 때, 유동에 초크 현상이 일어날 수 있다. 스로틀의 위치가 갑자기 바뀌었을 때, 기화기를 통해 정상 상태 유동을 만들기 위해서는 기관은 몇 회전 동안의 시간이 필요하다.

예제 5-5

V6, 3.6리터인 어떤 SI 기관은 최대 속도가 6,000RPM이다. 최대 속도에서 기관의 체적 효율은 0.92이다. 이 기관에는 두 개의 배럴 기화기가 설치되어 있는데, 저속에서는 한 개의 배럴을 사용하고, 고속에서는 두 개의 배럴 모두를 사용한다. 가솔린의 밀도는 750kg/m³이다. 다음을 계산하라.

1. 기화기 내 벤투리 목의 직경(분출 계수를 $C_{Dt} = 0.94$ 가정)
2. 연료 모세관의 직경(분출 계수를 $C_{Dc} = 0.74$로 가정)

풀이

식(2-70)을 사용하여 최대 속도에서 공기 유량을 구하면,

$$
\begin{aligned}
(\dot{m}_a)_{max} &= \eta_v \rho_a V_d N/n \\
&= (0.92)(1.181\ \text{kg/m}^3)(0.0036\ \text{m}^3/\text{cycle})(6000/60\ \text{rev/sec})/(2\ \text{rev/cycle}) \\
&= 0.1956\ \text{kg/sec}
\end{aligned}
$$

(1) 식(5-12)를 이용하여 기관이 최대 속도를 내기 위해 필요한 벤투리 목의 면적은,

$$
\begin{aligned}
(\dot{m}_a)_{max} &= 236.5\ C_{Dt} A_t = (236.5)(0.94)A_t = 0.1956 \\
A_t &= 0.00088\ \text{m}^2 = 8.8\ \text{cm}^2
\end{aligned}
$$

두 개의 벤투리 목의 직경은,

$$
\begin{aligned}
A_t &= (\pi/4)d_t^2 = 0.00044\ \text{m}^2 \\
\underline{d_t &= 0.0237\ \text{m} = 2.37\ \text{cm} = 0.93\ \text{in.}}
\end{aligned}
$$

두 번째 배럴의 스로틀은 기관 속도가 3,000RPM을 넘어가면 열린다.

(2) 식(5-10)을 이용하면 하나의 배럴에서 최대 유량일 때, 그 기화기의 벤투리 목 내의 압력이 주어진다.

$$P_t = 53.4 \text{ kPa}$$

식(5-10)에서 공기의 압력 강하를 구하면,

$$\Delta P_a = P_o - P_t = 101 - 53.4 = 47.6 \text{ kPa}$$

연료 모세관의 높이차 h를 1.5cm로 가정할 때, 모세관 양단의 압력차는 다음과 같다.

$$\begin{aligned}
\Delta P_f &= \Delta P_a - \rho_f g h \\
&= (47.6 \text{ kPa}) - (750 \text{ kg/m}^3)(9.81 \text{ m/sec}^2)(0.015 \text{ m})/(1 \text{ kg-m/N-sec}^2) \\
&= 47.49 \text{ kPa}
\end{aligned}$$

공연비가 AF = 15.2가 되도록 설계하려면 식(5-9)를 이용하여 모세관 A_c의 단면적을 구할 수 있다.

$$\begin{aligned}
\Omega &= [\Delta P_a/(\Delta P_a - \rho_f g h)]^{\frac{1}{2}} = [(47.6 \text{ kPa})/(47.49 \text{ kPa})]^{\frac{1}{2}} = 1.0012 \\
\Pi &= \{[k/(k-1)][(P_t/P_o)^{2/k} - (P_t/P_o)^{(k+1)/k}]/[1 - (P_t/P_o)]\}^{\frac{1}{2}} \\
&= \{[1.4/0.4][(53.4/101)^{2/1.4} - (53.4/101)^{2.4/1.4}]/[1 - (53.4/101)]\}^{\frac{1}{2}} \\
&= 0.7053 \\
\text{AF} &= (C_{Dt}/C_{Dc})(A_t/A_c)(\rho_a/\rho_f)^{\frac{1}{2}} \Omega \Pi \\
15.2 &= (0.94/0.74)(0.00044/A_c)(1.181/750)^{\frac{1}{2}}(1.0012)(0.7053)
\end{aligned}$$

이것을 모세관 A_c에서의 유동 면적에 대해 풀면,

$$A_c = 1.03 \times 10^{-6} \text{ m}^2 = (\pi/4)d_c^2$$

그러므로 모세관의 직경은,

$$\underline{d_c = 0.00115 \text{ m} = 1.15 \text{ mm} = 0.045 \text{ in.}}$$

5.7 과급과 터보 과급

과급기

과급기와 터보 과급기는 흡기계 내에 설치된 압축기로서, 유입되는 공기의 압력을 상승시키는 데 사용된다. 그래서 각 사이클당 더 많은 공기와 연료가 실린더 내로 들어오게 된다. 이렇게 들어온 공기와 연료는 연소 기간 중 더 큰 출력을 만들어 기관의 총출력을 증가시킨다(그림 5-18). 대다수 기관에서 흡입 공기 압력이 20kPa 정도인 데 비해 압력 상승은 20~250kPa 정도이다.

과급기는 기관 크랭크축에서 발생하는 동력에 의해 기계적으로 구동된다. 일반적으로, 기관 속도와 같은 속도로 작동하는 변위형 압축기이다(그림 1-8). 압축기를 구동하는 동력은 기관 출력을 소비하는 부하로서, 이 점은 터보 과급기와 비교할 때 주요한 단점 중 하나이다. 그 외

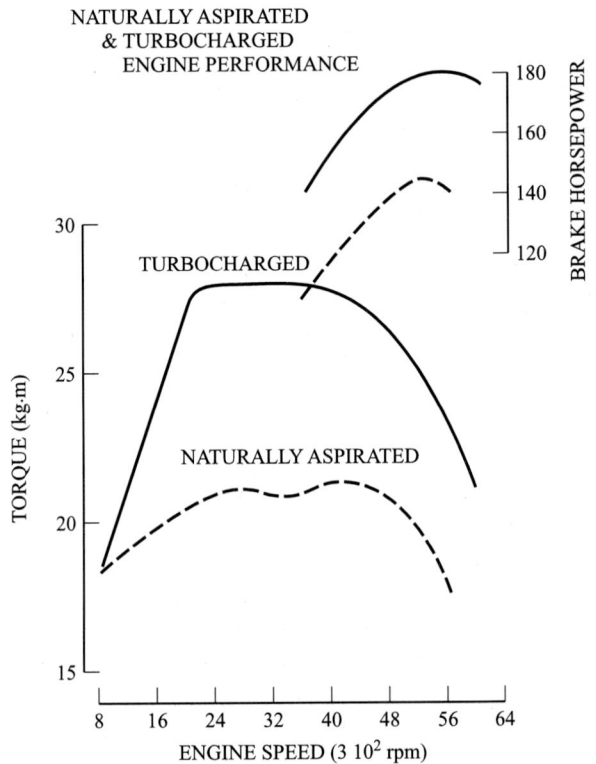

그림 5-18

1982년 Datsun 280ZX 기관의 터보 과급기 유무에 따른 출력과 토크. 6개의 실린더, 2.75L, SI 기관. 보어 8.16cm, 행정 7.87cm, 일반 모델의 압축비가 8.8일 때 터보과급된 모델은 7.4이다. 참고 문헌[203]에서 인용.

에도 높은 비용, 큰 하중, 소음 등의 단점을 가지고 있다. 반면에, 스로틀의 변화에 따른 응답성이 아주 좋다는 장점이 있다. 크랭크축에 기계적으로 연결되어 있기 때문에, 어떠한 기관 속도 변화도 즉각적으로 압축기에 전달된다.

일부 고성능 자동차 기관과 대형 CI 기관 대부분에서 과급기를 사용한다. 크랭크케이스 내부가 압축되지 않는 모든 2행정 사이클 기관도 과급기 혹은 터보 과급기를 사용해야만 한다. 열역학 제1법칙으로부터, 과급기의 압축기를 통한 공기 유량을 계산해 보면,

$$\dot{W}_{sc} = \dot{m}_a(h_{out} - h_{in}) = \dot{m}_a c_p(T_{out} - T_{in}) \tag{5-13}$$

여기서, $\dot{W}_{sc}$ = 급기를 구동하는 데 필요한 동력
$\dot{m}_a$ = 기관 내로 들어가는 공기의 질량 유량
c_p = 공기의 비열
h = 비엔탈피
T = 온도

식(5-13)은 압축기 연전달, 운동 에너지, 위치 에너지 등은 무시할 정도로 작다는 가정하에서 나온 식인데, 실제로 대부분의 압축기에서 위 항들은 무시할 만한 값들이다. 모든 압축기는 100% 미만의 등엔트로피 효율을 가지므로, 필요한 실제 동력은 이상적인 과정보다 크다. 그림 5-19에서, 1-2$_s$ 과정은 이상적인 등엔트로피 압축 과정을 나타내고, 1-2$_A$ 과정은 엔트로피의 증가가 있는 실제 과정을 나타낸다. 과급 압축기의 등엔트로피 효율 (η_s.)은,

$$(\eta_s)_{sc} = \dot{W}_{isen}/\dot{W}_{act} = [\dot{m}_a(h_{2s} - h_1)]/[\dot{m}_a(h_{2A} - h_1)]$$
$$= [\dot{m}_a c_p(T_{2s} - T_1)]/[\dot{m}_a c_p(T_{2A} - T_1)] = (T_{2s} - T_1)/(T_{2A} - T_1) \tag{5-14}$$

만약 입구 온도, 압력뿐 아니라 요구되는 압력의 출력값이 알려져 있다면, 이상 기체 등엔트로피 관계를 사용해 T_{2s} 를 구할 수 있다.

$$T_{2s} = T_1(P_2/P_1)^{(k-1)/k} \tag{5-15}$$

식(5-14)로부터 실제 출구측 온도 T_{2A}는 η_s가 알려져 있다면 구할 수 있다. 식(5-15)를 이용할 때에는 이 점에서의 낮은 온도 때문에 $k = 1.40$의 값을 사용해야 한다.

기관으로부터 나온 동력에서 압축기에 전달된 동력 사이의 기계 효율 또한 100%보다 작다.

$$\eta_m = (\dot{W}_{act})_{sc}/\dot{W}_{from\,engine} \tag{5-16}$$

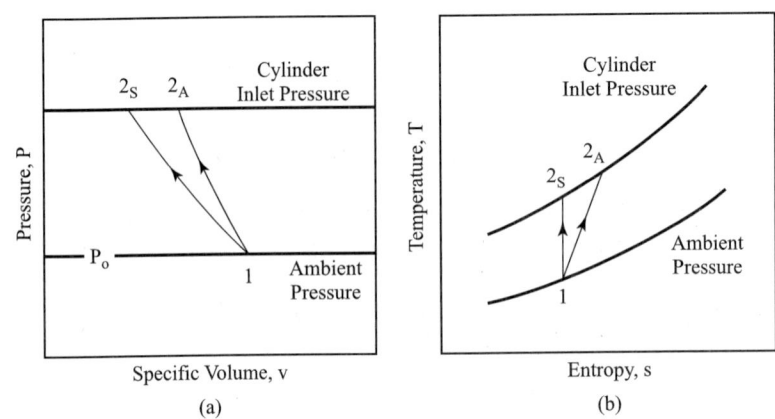

그림 5-19
과급기 또는 터보 과급기를 통한 이상적인 등엔트로피 유동 과정(1-2s)과 실재 유동 과정
(1-2A), (a) P-v 선도 (b)T-s 선도.

기관 출력을 높이기 위해서는 과급기에 의해 공급되는 입력측 공기압을 높여야 한다. 그러나
식(5-15)에서 보는 바와 같이, 과급기는 압축에 의한 가열로 입구 공기 온도를 상승시킨다. 이
는 SI 기관에서 바람직하지 못하다. 만약 압축 행정 초기의 온도가 높으면, 나머지 사이클의
모든 온도 또한 높아질 것이다. 이는 종종 연소 기간 중 자발화와 노킹 문제를 야기시킨다. 이
를 피하기 위해 과급기는 대개 압축된 공기를 낮은 온도로 다시 냉각시켜 주는 후냉각기를 갖추
고 있다. 후냉각기는 공기-공기 열교환기이거나 공기-액체 열교환기이다. 냉각 유체는 기관을
통해 흐르는 공기일 수도 있고, 보다 복잡한 시스템에서는 기관의 액체 냉각제일 수도 있다. 일
부 냉각기는 후냉기를 갖춘 둘 또는 그 이상의 다단 압축기로 구성되어 있다. CI 기관은 노킹
문제에 대한 우려가 없기 때문에 후냉각기를 사용할 필요가 없다. 후냉각기는 비용과 기관 내
공간적인 문제도 가지고 있다. 따라서 일부 자동차의 과급기에는 후냉각기가 장작되어 있지 않
다. 이들 기관은 일반적으로 자발화와 노킹 문제를 해결하기 위해 압축비를 낮추기도 한다.
후 냉각기의 비 효율성은 다음과 같이 정의된다.

$$\text{Eff} = (T_1 - T_2)/(T_1 - T_{\text{coolant}}) \tag{5-17}$$

여기서, T_1 = 후 냉각기 입구의 공기 온도
               T_2 = 후 냉각기 출구의 공기온도

터보 과급기

터보 과급기의 압축기는 기관의 배기관에 붙어 있는 터빈에 의해 구동된다(그림 1-9, 그림 5-20). 이것의 장점은 기관축 동력이 압축기를 구동하는 데 전혀 사용되지 않고, 배기 가스의 버려진 에너지를 이용한다는 점이다. 그러나 배기 유동 내에 설치된 터빈은 배기 가스의 배출 유동에 제한을 주므로, 실린더 배기 포트에서의 압력을 약간 높인다. 이것은 기관의 출력을 약간 감소시킨다. 터보 과급 기관은 일반적으로 낮은 연료 소비율(sfc)을 가진다. 마찰 동력은 거의 유지되면서 출력은 더 많이 나온다.

기관 배기 시스템에서 최대 압력은 거의 대기압과 같아서 터빈에서의 압력 강하는 아주 작다. 이 때문에 압축기를 구동시키는 데 충분한 동력을 얻기 위해서 매우 높은 기관 속도에서 터빈을 구동시킬 필요가 있다. 보통 터빈 회전 속도를 100,000~130,000RPM으로 둔다. 이러한 높은 속도와 배기 가스는 뜨겁고 부식하기 쉬운 환경이기 때문에, 장기간의 안전성을 위해서는 특수한 재질이 요구된다.

터보 과급기의 단점은 **터보 지연**(turbo lag)이다. 이것은 스로틀의 갑작스런 변화와 함께 발생한다. 스로틀이 빨리 열려 자동차를 가속시킬 때, 터보 과급기는 기계식 과급기만큼이나 빨리 응답하지 못한다. 배기 유량이 변하여 터빈 로터의 속도를 가속시키기 위해서는 기관의 회전에 걸리는 시간이 필요하다. 터보 지연은 고온에서 견디고 매우 작은 질량 관성을 가지는 경량의 세라믹 로터를 사용함으로써 감소시킬 수 있다. 터보 지연은 또한 보다 작은 흡기 다기관을 사용함으로써도 감소될 수 있다.

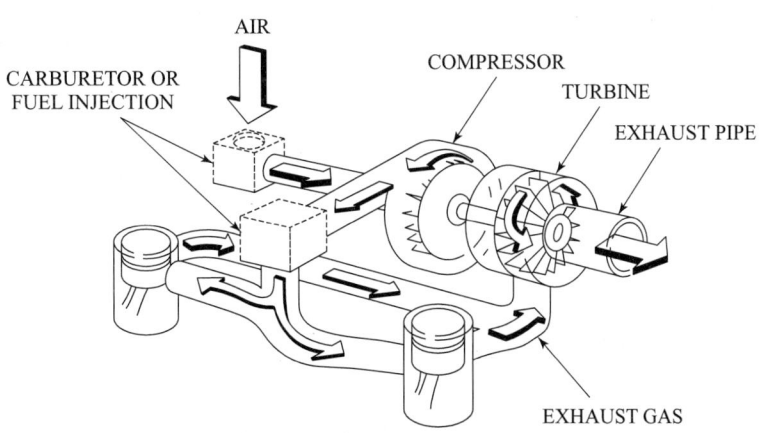

EXHAUST GAS ENERGY USED TO INCREASE AIR–FUEL CHARGE
DENSITY FOR GREATER ENGINE MAXIMUM POWER OUTPUT

그림 5-20

기관용 터보 과급기의 작동 원리. 참고 문헌[136]에서 인용.

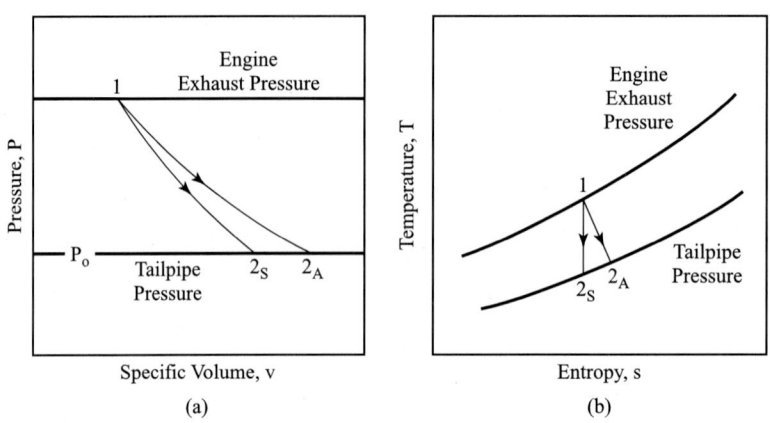

그림 5-21
터보 과급기의 터빈을 통한 이상적인 등엔트로피 과정(1-2$_s$)과 실제 배기 유동 과정(1-2$_A$).
터보 과급기의 압축기를 통과한 입구 공기 유동은 과급기(그림 5-7)와 같다.

과급기처럼 대부분의 터보 과급기는 압축된 공기 온도를 다시 낮추기 위해서 후냉각기를 장착한다. 또한 많은 경우 입구 공기 압력 상승이 필요하지 않을 때, 배기 가스가 터보 과급기로 둘러서 나가도록 바이패스를 가진다. 현대의 어떤 터빈은 다양한 블레이드각을 가지도록 개발되었다. 기관 속도와 부하가 변화할 때, 블레이드각은 각 유량에 최대 효율을 주도록 조정된다.

고속에서 튜닝하는 반경류 원심 압축기는 일반적으로 자동차 크기 정도의 기관에서 사용된다. 대형기관에서 더 높은 공기 유량에서 더 큰 효율을 얻기 위해 축류 압축기가 사용된다. 압축기의 등엔트로피 효율은 다음과 같이 정의된다.

$$(\eta_s)_{\text{comp}} = (\dot{W}_c)_{\text{isen}}/(\dot{W}_c)_{\text{act}} \tag{5-18}$$

그림 5-21를 이용해 압축기로 운전하는 터빈의 등엔트로피 효율은 다음과 같이 정의된다.

$$\begin{aligned}
(\eta_s)_{\text{turb}} &= (W_t)_{\text{act}}/(W_t)_{\text{isen}} \\
&= [\dot{m}_a(h_1 - h_{2A})]/[\dot{m}_a(h_1 - h_{2S})] = (T_1 - T_{2A})/(T_1 - T_{2S})
\end{aligned} \tag{5-19}$$

여기서, η_s = 등엔트로피 효율
            $\dot{W}_c$ = 압축기의 구동 동력
            $\dot{W}_t$ = 터빈의 동력

배기 가스의 맥동 유동 성질은 정상 상태 유동보다 이 효율을 더 적게 감소시킨다. 터빈과 압축기 사이의 기계적 효율은 다음과 같다.

$$\eta_m = (\dot{W}_c)_{\text{act}}/(\dot{W}_t)_{\text{act}} \tag{5-20}$$

터보 과급기의 전체 효율은 다음과 같다.

$$\eta_{\text{turbo}} = (\eta_s)_{\text{comp}} (\eta_s)_{\text{turb}} \eta_m \tag{5-21}$$

전체 효율값은 70~90%의 범위이다.

예제 5-6

V6, 4.8리터의 배기량을 가진 과급 기관이 3,500RPM으로 운전될 때, 전체 체적 효율은 158%이다. 과급기는 등엔트로피 효율이 92%이고, 기계적인 효율은 기관에 연결되어 87%이다. 주위 공기가 23°C, 98kPa일 때, 실린더 내로 들어가는 공기는 65°C, 180kPa로 들어가도록 설계되었다. 다음을 계산하라.

1. 필요한 후냉각의 양
2. 과급기를 운전하는 데 사용되는 기관 출력

풀이

기관으로 들어가는 공기의 질량 유동률은 식(2-70)에서 주어진다.

$$
\begin{aligned}
\dot{m}_a &= \eta_v \rho_a V_d N/n \\
&= (1.58)(1.181 \text{ kg/m}^3)(0.0048 \text{ m}^3/\text{cycle})(3500/60 \text{ rev/sec})/(2 \text{ cycles/rev}) \\
&= 0.261 \text{ kg/sec}
\end{aligned}
$$

그림 5-21과 식(5-15)에서,

$$T_{2s} = T_1(P_2/P_1)^{(k-1)/k} = (296 \text{ K})(180/98)^{(1.4-1)/1.4} = 352 \text{ K} = 79°C$$

압축기 출구에서 실제 공기 온도를 구하기 위해 식(5-14)를 사용한다.

$$(\eta_s)_{\text{sc}} = (T_{2s} - T_1)/(T_{2A} - T_1) = 0.92 = (352 - 296)/(T_{2A} - 296)$$
$$T_{2A} = 357\ \text{K} = 84°\text{C}$$

(1) 공기 온도를 65℃로 다시 감소시키기 위해서 필요한 냉각량은,

$$\dot{Q} = \dot{m}_a c_p (T_{2A} - T_{\text{in}})$$
$$= (0.261\ \text{kg/sec})(1.005\ \text{kJ/kg-K})(357 - 338)\text{K} = \underline{5.0\ \text{kW}}$$

(2) 과급기를 운전하는 데 필요한 기관 출력을 구하기 위해 식(5-13)과 식(5-16)을 사용한다.

$$\dot{W} = \dot{m}_a c_p (T_{\text{out}} - T_{\text{in}})/\eta_m$$
$$= (0.261\ \text{kg/sec})(1.005\ \text{kJ/kg-K})(357 - 296)\text{K}/(0.87)$$
$$= \underline{18.4\ \text{kW} = 24.7\ \text{hp}}$$

5.8   이중 연료 기관

여러 가지 기술적, 경제적 이유로 어떤 기관은 두 가지 연료를 모두 사용하여 작동하도록 설계된다. 예를 들어, 제 3세계에서는 디젤유의 높은 가격 때문에 이중연료 기관을 사용한다. 대형 CI 기관은 메탄과 디젤유를 혼용하여 작동된다. 메탄이 더 싸고 유용하기 때문에 메탄을 주 연료로 한다. 그러나 메탄은 쉽게 자발화되지 않기 때문에(높은 옥탄가 때문), 그 자체로서 CI 연료로는 좋지 않다. 그러므로 소량의 디젤유가 적당한 시기에 분사된다. 디젤유는 정상적인 방식대로 점화되고, 실린더를 채우고 있는 메탄-공기 혼합기에서 연소를 일으킨다. 연료 흡기계의 상호 조화가 이런 종류의 기관에 필요하다.

예제 5-7

257RPM에서 9개의 큰 실린더, 2행정 사이클로 작동하는 CI 기관은 주 연료로 천연가스와 점화를 위해 첨가한 소량의 희석된 디젤유를 이중 연료를 사용한다. 95%의 공기 유동이 기관으로 들어가는 것은 천연가스와 이론적인 연소를 하기 위해서 이다. 나머지 5%는 당량비 1.3으로 디젤유와 반응하는데 자발화를 위해서는 과농 공기가 좋다. 보어 32cm, 행정 61cm, 체적 효율 98%, 측정된 열 효율은 61%이고, 기계적인 효율은 91%이며 연소 효율은 99%이다. 디젤 연료가 $0.52/kg, 천연가스가 $0.09/kg으로 사용되는 나라가 있다.

다음을 계산하여라.

1. 기관으로 들어가는 천연가스의 질량 유속(천연가스는 메탄이라고 가정하라)
2. 기관으로 들어가는 디젤유의 질량 유속
3. 기관의 브레이크 출력
4. 디젤유를 사용하지 않았을 때의 비용감소

풀이

(1) 식(2-9)를 이용하여 기관의 전체 변위를 구한다.

$$V_d = N_c(\pi/4)B^2S$$
$$= (9)(\pi/4)(32 \text{ cm})^2(61 \text{ cm}) = 441{,}500 \text{ cm}^3 = 441.5 \text{ L} = 0.4415 \text{ m}^3$$

식(2-71)에서 기관으로 들어가는 공기 유량을 알수 있다.

$$\dot{m}_a = \eta_v \rho_a V_d N/n$$
$$= (0.98)(1.181 \text{ kg/m}^3)(0.4415 \text{ m}^3/\text{cycle})(257/60 \text{ rev/sec})/(1 \text{ rev/cycle})$$
$$= 2.189 \text{ kg/sec}$$

식(2-55)에서 기관으로 들어가는 천연가스(메탄)의 질량 유량을 알 수 있다.

$$\dot{m}_{ng} = \dot{m}_a/\text{AF} = (2.189 \text{ kg/sec})(0.95 \text{ of total})/(17.2) \underline{= 0.121 \text{ kg/sec}}$$

(2) 기관속으로 들어가는 희석 디젤유의 질량 유속

$$\dot{m}_{df} = [(2.189 \text{ kg/sec})(0.05)/(14.5)](1.3) \underline{= 0.00981 \text{ kg/sec}}$$

(3) 식(2-65)에서 계측된 출력알 수 있다.

$$\dot{W}_i = \eta_t\eta_c\dot{m}_fQ_{\text{LHV}} = (0.61)(0.99)[(0.121 \text{ kg/sec})(49770 \text{ kJ/kg}) + (0.00981)(42500)]$$
$$= 3889 \text{ kW}$$

식(2-27)을 사용하여 브레이크 출력을 알 수 있다.

$$\dot{W}_b = \eta_m\dot{W}_i = (0.91)(3889 \text{ kW}) \underline{= 3539 \text{ kW}}$$

(4) 이중 연료를 사용하여 기관 작동시 비용

$$\text{cost} = [(0.121 \text{ kg/sec})(\$0.09/\text{kg}) + (0.00981 \text{ kg/sec})(\$0.52/\text{kg})]$$
$$\times (3600 \text{ sec/hr})/(3539 \text{ kW})$$
$$= \$0.0163/\text{kW-hr}$$

디젤유만 사용하여 똑같은 브레이크 출력을 낼때, 식(2-65)를 사용하여 필요한 디젤 유의 질량 유속을 얻는다.

$$\dot{m}_{df} = \dot{W}_i/\eta_t\eta_c Q_{\text{LHV}} = (3889 \text{ kJ/sec})/[(0.61)(0.99)(42500 \text{ kJ/kg})] = 0.1515 \text{ kg/sec}$$
$$\text{cost} = [(0.1515 \text{ kg/sec})(\$0.52/\text{kg})][(3600 \text{ sec/hr})/(3539 \text{ kW})] = \$0.0801/\text{kW-hr}$$
$$\text{savings} = \$0.0801 - \$0.0163 = \underline{\$0.0638/\text{kW-hr}}$$
$$\text{percent savings} = [(0.0801 - 0.0163)/(0.0801)](100) = \underline{79.7\% \text{ savings}}$$

5.9   2행정 사이클 기관의 흡기

2행정 사이클 기관에서의 흡입 공기는 대기압보다 큰 압력이 공급되어야 한다. 블로다운 후 흡입 과정이 시작될 때 실린더 내에는 대기압의 배기 가스로 채워져 있다. 2행정 기관에서는 어떤 분리된 배기 행정 없이 가압된 공기가 실린더로 들어가서 남아 있는 잔류 가스의 대부분을 열려 있는 배기 포트로 밀어낸다. 이것을 **소기**(scavenging)라고 한다. 대부분의 배기 가스가 나갔을 때, 배기 포트는 닫히고 실린더는 새로운 공기로 채워진다. 부분 부하에서 흡입 압력은 낮고, 그 결과 소기가 잘 이루어지지 않는다.

실린더에 공기를 넣는 두 가지의 일반적 방법이 있다. 일반적인 흡기 밸브를 통하거나 실린더 벽의 흡기 슬롯을 통하는 방법이다. 흡입 공기는 과급기, 터보 과급기, 크랭크실 압축에 의해 가압된다.

2행정 사이클 기관은 개방 연소실을 가지고 있다. 분할 연소실을 가진 실린더에서 적절한 소기를 얻기는 매우 어렵다.

최근에 시험되는 2행정 사이클 자동차 기관은 표준형 과급기를 사용하고, 연료를 혼합하지 않고 공기만을 흡기 밸브를 통해 넣는다. 압축된 공기는 실린더를 소기하고, 실린더는 공기와 적은 양의 잔류 가스로 채워진다. 흡기 밸브가 닫힌 후, 연료는 실린더 헤드에 있는 인젝터에 의해 연소실로 직접 분사된다. 이것은 흡기와 배기 밸브 둘 다 열려 있을 때 배기계로 연료가 흘러 HC 오염물이 발생하는 것을 억제하기 위해서이다. 어떤 자동차 기관에서는 이 유체 분사기를 사용하여 공기가 연료와 함께 분사된다. 이것은 압축 행정이 매우 짧기 때문에 증발과 혼합을 가속시키기 위해서 필요하다. 연료 분사압은 500~600kPa이고, 공기의 분사압은 500kPa보다 약간 낮다. SI 기관에서 연료 분사는 배기 밸브가 닫힌 직후, 즉 압축 행정 이전에 일어나지만, CI 기관에서 분사는 압축 행정 말에 연소 시작 전인 짧은 시간 동안 일어난다.

최근의 또 다른 자동차 기관과 모든 소형 2행정 사이클 기관은 비용 때문에 공기를 강제로 실린더에 넣어 소기하기 위해 크랭크실 압축을 사용한다. 이 기관에서는 공기는 피스톤이 TDC 근처에 왔을 때, 역류 방지 밸브를 통해 피스톤 아래의 실린더에 대기압으로 유입된다. 그 다음 동력 행정에서 피스톤은 아래로 밀리고, 크랭크실에서는 공기가 압축되는 이 두 가지 목적을 위해 크랭크실이 설계된다. 그리고 나서 압축된 공기는 흡기관을 통해 연소실로 전해진다. 최근의 자동차 기관에서는 과급 기관처럼 연료가 인젝터에 의해 직접 분사되고, 소형 기관에서는 공기가 크랭크실에 들어갈 때 연료를 기화기를 통해 공급한다. 이것은 비용을 줄이며, 간단한 기화기는 설치비가 저렴하기 때문에 소형 기관에서 종종 사용된다. 환경 오염 규제법이 더 엄격해짐에 따라 소형 기관에서도 연료 인젝터를 보편적으로 사용하게 될 것이다.

배기 블로다운은 배기 밸브가 열려 있거나 실린더 벽의 배기 슬롯이 열려 있을 때인 TDC 이후(aTDC) 크랭크각 $100°$~$110°$에서 발생한다. 약간 후엔 약 $50°$bBDC에서 흡기 밸브 또는 실린더 벽의 배기 슬롯 아래 짧은 거리에 위치한 흡기 슬롯을 통해 흡기가 일어난다. 공기 혹은 공기-연료 혼합기는 앞에서 설명한 것처럼 1.2~1.8기압으로 실린더로 들어간다. 압축된 공기는 여전히 열려 있는 배기 밸브 또는 슬롯을 통해 잔류 가스의 대부분을 밖으로 밀어낸다. 흡입되는 압축 공기는 배기 가스에 혼합되지 않으면서 개방된 배기 밸브를 통해 많은 양의 공기-연료가 나가지 않도록 하여 실린더 밖으로 대부분의 배기 가스를 배출하는 것이 이상적이다. 그렇지만 배기 가스와 약간의 혼합이 일어나고, 약간의 연료도 배기 밸브로 나간다. 이것은 연료의 경제성을 떨어뜨리고, 배기 가스 내 HC 오염을 야기시킨다. 이것을 피하기 위해 최근 2행정 자동차 기관에서는 공기만으로 흡입하고 소기한 후, 연료는 흡기 밸브가 닫히고 난 후에 인젝터로 분사된다.

윤활유는 크랭크실 압축을 사용한 기관에서는 흡입 공기에 첨가된다. 이와 같은 기관에서 크랭크실은 다른 대부분의 기관처럼 기관 오일 탱크로 사용할 수가 없다. 그 대신, 기관 구성 요소의 표면이 흡입 공기에 의해 전달되는 오일 증기에 의해 윤활된다. 몇몇 기관에서는 윤활유는 직접 연료와 혼합되고, 기화기에서 연료와 함께 증발한다. 또 다른 기관들은 개별적인 오일 탱크를 가지고 있고, 흡입 공기에 직접 윤활유를 공급한다. 이러한 윤활 방법은 두 가지 부정적인 결과를 발생시킨다. 첫째로, 몇몇 오일 증기는 밸브 오버랩 동안 배기 흐름으로 들어가고, 이것이 바로 HC 배기물을 생성한다. 둘째, 오일은 연료로서는 부적당하기 때문에 연소 효율이 나빠진다. 과급기나 터보 과급기를 사용한 기관은 일반적으로 오일 탱크와 같은 크랭크실을 가진 표준 가압형 윤활 시스템을 사용한다.

초과되는 잔류 가스를 줄이기 위해 소기 과정에서 정체된 유동의 포켓부나 데드 영역이 없도

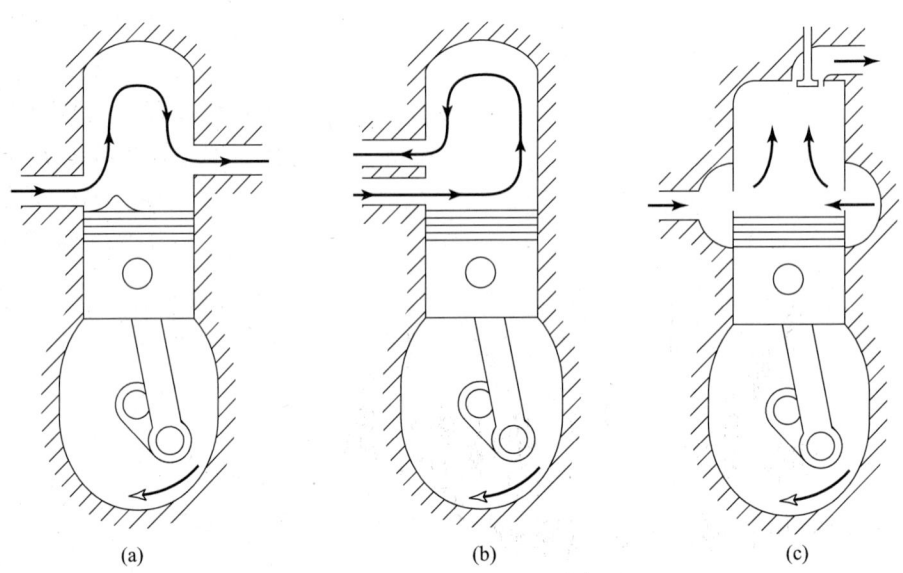

그림 5-22
2행정 사이클 기관에서의 일반적인 소기 형상. 흡기 포트와 실린더의 반대쪽에 배가 포트를 가진 횡단 소기 흡기 포트와 같은 방향에 배기 포트를 가진 루프소기 실린더 벽에 흡기 포트와 헤드에 배기 포트를 가진 유니플로(관통류) 소기, 슬롯 혹은 밸브의 배치에 의존하는 이런 형태들을 조합한 것과 변형한 것들도 있다.

록 해야 한다. 이것은 흡기, 배기 슬롯 혹은 밸브의 위치나 크기, 실린더 벽에서의 슬롯 형상, 피스톤 면에서 발생하는 반사 대향류의 작용 등에 의해 조절된다. 그림 5-22은 사용되는 소기 과정의 형상을 보여 준다.

횡단 소기   흡기 슬롯과 배기 슬롯은 실린더 벽의 반대쪽에 위치한다. 흡입 공기가 짧은 회전 없이 실린더 헤드 쪽으로 반사되도록 하고, 실린더 헤드 끝에서 배기 가스의 정체 부분을 지나도록 적절한 설계가 요구된다.

루프 소기   흡기와 배기 포트가 실린더 벽 같은 쪽에 있어서 흡입되는 공기가 일종의 루프를 이루면서 흐른다.

유니플로 소기 혹은 **관통류 소기**   흡기 포트는 실린더 벽에 있고, 배기 밸브는 헤드(때로는 흡기 밸브가 헤드, 배기 포트는 실린더 벽)에 있다. 이것은 배기에서는 가장 효율적인 시스템이나 밸브 비용을 증가시킨다.

같은 동력을 발생하기 위해서는, 4행정 사이클 기관에서보다 2행정 사이클 기관에서 더 많은 흡입 공기를 요구한다. 이것은 소기 과정의 오버랩 기간 동안 공기의 손실 때문이다. 서로 다른 중요한 흡기와 성능 효율은 2행정 사이클 기관의 흡입 과정에서 정의된다. 4행정 사이클 기관의 체적 효율은 급기비 혹은 충전 효율로 대체될 수 있다.

$$급기비 = \lambda_{dr} = m_{mi}/V_d\rho_a \qquad (5\text{-}22)$$
$$충전 효율 = \lambda_{ce} = m_{mt}/V_d\rho_a \qquad (5\text{-}23)$$

여기서,　　　　m_{mi} = 실린더 내로 흡입되는 공기-연료 혼합기의 질량
　　　　　　　m_{mt} = 모든 밸브가 닫히고 난 후, 실린더 내에 갇힌 공기-연료의 질량
　　　　　　　V_d = 배기량
　　　　　　　ρ_a = 대기 상태에서 공기의 밀도

대표적인 값은,　$0.65 < \lambda_{dr} < 0.95$
　　　　　　　$0.50 < \lambda_{ce} < 0.75$

　　실린더로 들어가는 공기-연료 혼합기의 일부가 배기 포트가 닫히기 전에 밖으로 빠져나가 버리기 때문에 급기비는 충전 효율보다 크다. 밸브가 닫힌 후에 연료가 분사되는 기관에서는 이 공식 혼합기 질량이 흡입 공기의 질량으로 된다. 때때로 과급기를 사용하는 경우 대기 상태에서 공기의 밀도는 과급기의 흡기 통로 할의 밀도로 된다. 다른 효율은 다음과 같다.

$$급기 효율 = \lambda_{te} = m_{mt}/m_{mi} = \lambda_{ce}/\lambda_{dr} \qquad (5\text{-}24)$$
$$소기 효율 = \lambda_{se} = m_{mt}/m_{tc} \qquad (5\text{-}25)$$
$$충전비 = \lambda_{rc} = m_{tc}/V_d\rho_a = \lambda_{ce}/\lambda_{se} \qquad (5\text{-}26)$$

여기서, m_{tc}는 잔류 배기 가스를 포함한 실린더 내에 채워진 전체 충전 질량
　　대표적인 값은 $0.65 < \lambda_{te} < 0.80$
　　　　　　　$0.85 < \lambda_{se} < 0.95$
　　　　　　　$0.50 < \lambda_{rc} < 0.90$

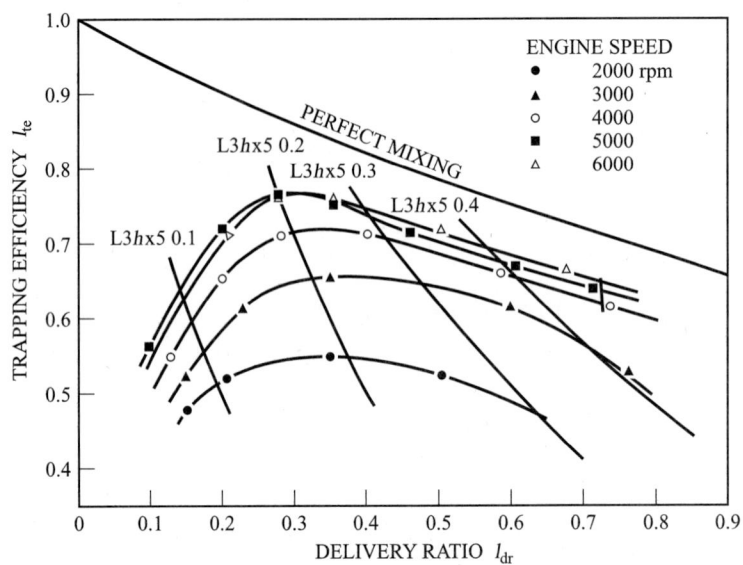

그림 5-23

두 개의 실린더, 배기량 0.347L, 2행정 사이클을 가진 SI 모터사이클 기관에서 급기
비에 있어서의 급기효율의 기능. 참고 문헌[229].

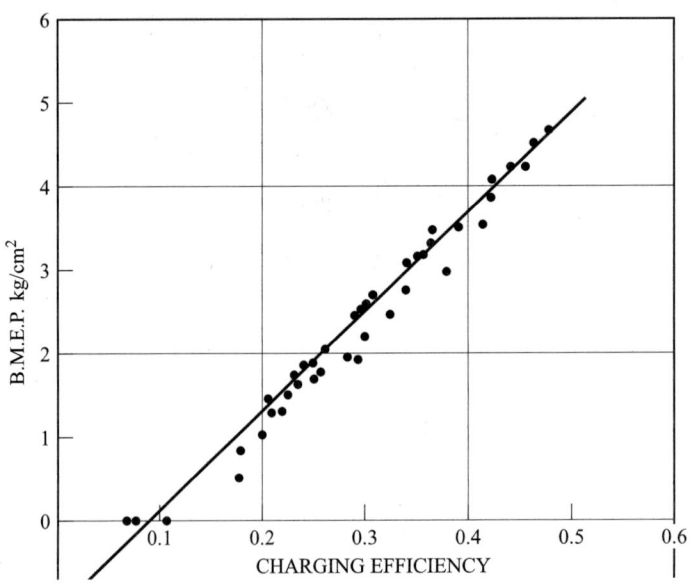

그림 5-24

배기량 0.347L의 2행정 SI 모터 사이클 기관에서 브레이크 순 유효 압력이 충
전효율에 미치는 기능. 참고 문헌[229]에서 인용.

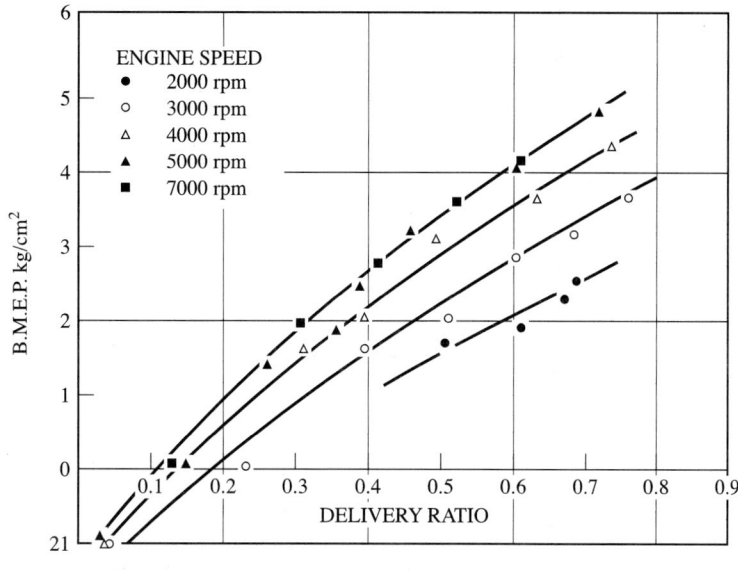

그림 5-25
배기량 0.347L인 2행정 SI 모터사이클 기관에서 브레이크 순 유효 압력이 급기비
에 미치는 기능. 참고 문헌[229]에서 인용.

예제 5-8

실험용 V6, 2행정 SI 자동차 기관이 3,700RPM으로 작동할 때의 급기비가 0.88이다. 이 속도에서 사이클 동안 배기관이 막혀 있을 때, 공기-연료 질량은 각 실린더당 0.000310kg이고 전 사이클의 잔여 배기가스가 5.3% 있다. 보어 7.62cm, 행정 8.98cm이다.
다음을 계산하여라.

1. 충전 효율
2. 급기 효율
3. 소기 효율
4. 충전비

풀이

(1) 식(2-8)에서 각 실린더의 변위 체적을 알 수 있다.

$$V_d = (\pi/4)B^2S$$
$$= (\pi/4)(7.62 \text{ cm})^2(8.98 \text{ cm}) = 409.5 \text{ cm}^3 = 0.4095 \text{ } L = 0.0004095 \text{ m}^3$$

식(5-23)에서 충전 효율을 알 수 있다.

$$\lambda_{ce} = m_{mt}/V_d\rho_a = (0.000310 \text{ kg})/[(0.0004095 \text{ m}^3)(1.181 \text{ kg/m}^3)] = \underline{0.641 = 64.1\%}$$

(2) 식(5-22)에서 실린더에 들어간 공기-연료의 질량을 알 수 있다.

$$m_{mi} = \lambda_{dr}V_d\rho_a = (0.88)(0.0004095 \text{ m}^3)(1.181 \text{ kg/m}^3) = 0.000426 \text{ kg}$$

식(5-24)를 통하여 급기 효율을 알 수 있다.

$$\begin{aligned}
\lambda_{te} &= m_{mt}/m_{mi} \\
&= \lambda_{ce}/\lambda_{dr} = (0.000310 \text{ kg})/(0.000426 \text{ kg}) = (0.641)/(0.88) \\
&= \underline{0.728 = 72.8\%}
\end{aligned}$$

(3) 배기가스를 포함한 실린더의 공기-연료 총 질량은,

$$m_{tc} = (0.000310)(1 + 0.053) = 0.000326 \text{ kg}$$

식(5-25)에서는 소기 효율을 알 수 있다.

$$\lambda_{se} = m_{mt}/m_{tc} = (0.000310 \text{ kg})/(0.000326 \text{ kg}) = \underline{0.951 = 95.1\%}$$

(4) 식(5-26)을 사용하면 충전비를 알 수 있다.

$$\begin{aligned}
\lambda_{rc} &= m_{tc}/V_d\rho_a \\
&= \lambda_{ce}/\lambda_{se} = (0.000326 \text{ kg})/[(0.0004095 \text{ m}^3)(1.181 \text{ m}^3)] = (0.641)/(0.951) \\
&= \underline{0.674 = 67.4\%}
\end{aligned}$$

5.10 CI 기관의 흡기

CI 기관은 스로틀 없이 각 사이클 동안에 분사된 연료의 양에 의해 기관의 속도와 동력이 조절된다. 유입되는 공기가 최소의 유동 제한만을 받도록 흡기계를 설계한다면 모든 속도에서 높은 체적 효율을 가지도록 할 수 있다. 공기 흡입이 완전히 끝난 후 압축 행정의 말기까지 연료가 분사되지 않으면 체적 효율을 더욱 높일 수 있다. 게다가, 많은 CI 기관은 흡입 공기량을 높이기

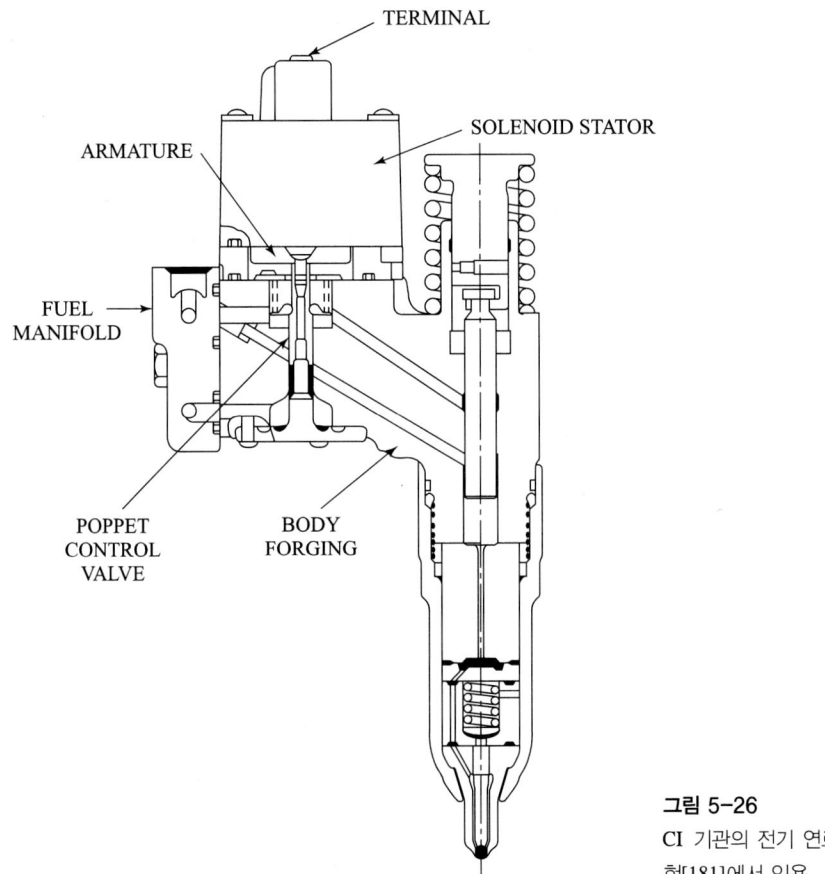

TERMINAL

SOLENOID STATOR

ARMATURE

FUEL
MANIFOLD

POPPET
CONTROL
VALVE

BODY
FORGING

그림 5-26
CI 기관의 전기 연료 인젝터. 참고 문헌[181]에서 인용.

위해 터보 과급기를 사용한다. 연료는 압축 행정 말기인 bTDC 20° 근처에서 분사되기 시작한다. 실린더 헤드에 있는 인젝터는 연소실로 연료를 직접 분사하고, 압축열에 의해 발생하는 공기의 높은 온도 때문에 연소실에서 자발화가 일어난다. 연료가 증발하고 공기와 혼합하는 시간은 매우 짧으며, 그리고 나서 자발화가 일어난다. 그래서 연소는 TDC 바로 전에 시작한다. 연소가 시작되는 이 기간에도 연료는 여전히 분사되어 동력 행정에서 연소가 잘 일어나도록 한다. 자발화가 적당한 사이클 위치에서 일어나 연소가 발생하도록 하기 위해서 적절한 세탄가를 가진 연료를 기관에서 사용하는 것이 중요하다. 모든 연료 입자가 동시에 연소되지 않지만, 연료 액적 크기의 균일한 분포는 사이클 시간의 매우 짧은 기간에 연소실 전 공간에 널리 퍼지도록 하는 것이 바람직하다. 이것은 피스톤에 압력이 펄스같이 증가하는 것을 느리게 하여 기관을 원활하게 작동시킨다. CI 기관에서의 분사 압력은 SI 기관에서 요구되는 것보다 훨씬 커야 한다. 연료가 처음 분사되었을 때, 실린더 압력은 CI 기관의 높은 압축비 때문에 압축 행정 말기 부근에서 매우 높다. 연료 분무가 전 연소실을 통과할 만큼 충분히 높아야 한다. 일반적으로, 분사 압력은 200~2,000기압이고, 압력이 증가함에 따라 평균 연료 액적의 크기는 작아진다. 인젝터의 오리피스 홀 크기는 대체로 직경 0.2~1.0mm 범위 안에 있다. 분사 동안 인젝터를 통한 연료의 질량 유량은,

$$\dot{m}_f = C_D A_n \sqrt{2\rho_f \Delta P} \qquad (5\text{-}27)$$

한 사이클 하나의 실린더에 분사되는 연료의 총질량은,

$$m_f = C_D A_n \sqrt{2\rho_f \Delta P} \, (\Delta\theta/360N) \qquad (5\text{-}28)$$

여기서,
C_D = 인젝터의 유량 계수
A_n = 노즐 오리피스의 유량 면적
ρ_f = 연료 밀도
ΔP = 인젝터의 압력차
$\Delta\theta$ = 분사가 일어나는 동안 크랭크 각도
N = 기관 속도

압력차 ΔP 는 분사압과 거의 같다.

$$P_{\text{inj}} \approx \Delta P \qquad (5\text{-}29)$$

모든 속도에서 거의 일정하게 분사가 일어나는 크랭크각이 요구된다. 이를 위해서는 기관 속도가 달라짐에 따라 분사 압력이 속도와 다음의 관계가 있도록 한다.

$$P_{\text{inj}} \propto N^2 \qquad (5\text{-}30)$$

고속의 기관에서는 이것을 만족하기 위해서 고압의 인젝터가 요구된다. 최근의 어떤 인젝터에서는 오리피스 유동 면적이 고속에서 더 큰 흐름이 통과되도록 약간 변화할 수 있다.

대형 개방 연소실을 가진 대형 저속 기관은 실린더 내에서 낮은 공기 유동과 난류를 가진다. 인젝터는 연소실 중앙 가까이에 있고, 전 연소실에 연료가 분사되도록 대여섯 개의 오리피스 홀을 가진다. 낮은 난류 때문에 증발과 혼합 과정은 더 느리고 실제 분사 시작과 연소 시작 사이의 시간 지연이 길다. 그러나 기관 속도가 느려질수록 시이클에서의 분사 타이밍은 거의 변

하지 않는다. 대형 기관은 높은 분사압과 높은 분무 속도를 가진다. 왜냐 하면, 낮은 공기 유동과 난류를 가지기 때문에 증발과 혼합을 위해 높은 액체 분무 속도가 필요하다. 또한, 큰 연소실에 완전히 분무가 성장하여 관통하기 위해 고속이 요구된다. 다공 인젝터는 동일한 분사 속도와 관통 거리를 얻기 위해 더 높은 압력이 요구된다. 인젝터를 떠나는 연료 속도는 250m/sec 정도의 고속이지만, 점성 저항과 증발로 인해 실린더 내에서 연료 속도를 급격히 감소된다(그림 5-27).

최적의 연료 점성과 분무 관통 거리를 유지하기 위해 적당한 연료의 온도는 매우 중요하다. 종종 기관은 온도 센서를 갖고 있으며, 흡입되는 연료의 상태에 따라 가열되거나 냉각된다. 많은 대형 트럭 기관은 연료의 사용이 가능하다.

고속 소형 기관은 사이클 동안 실제 유효 시간이 짧기 때문에 더 빠른 연료의 증발과 혼합이 필요하다. 이것은 높은 기관 속도에서 발생되는 실린더 내의 높은 난류와 유동 때문에 얻을 수 있다. 속도가 증가함에 따라 난류의 강도와 공기 유동을 증가시키고, 증발과 혼합을 촉진시키

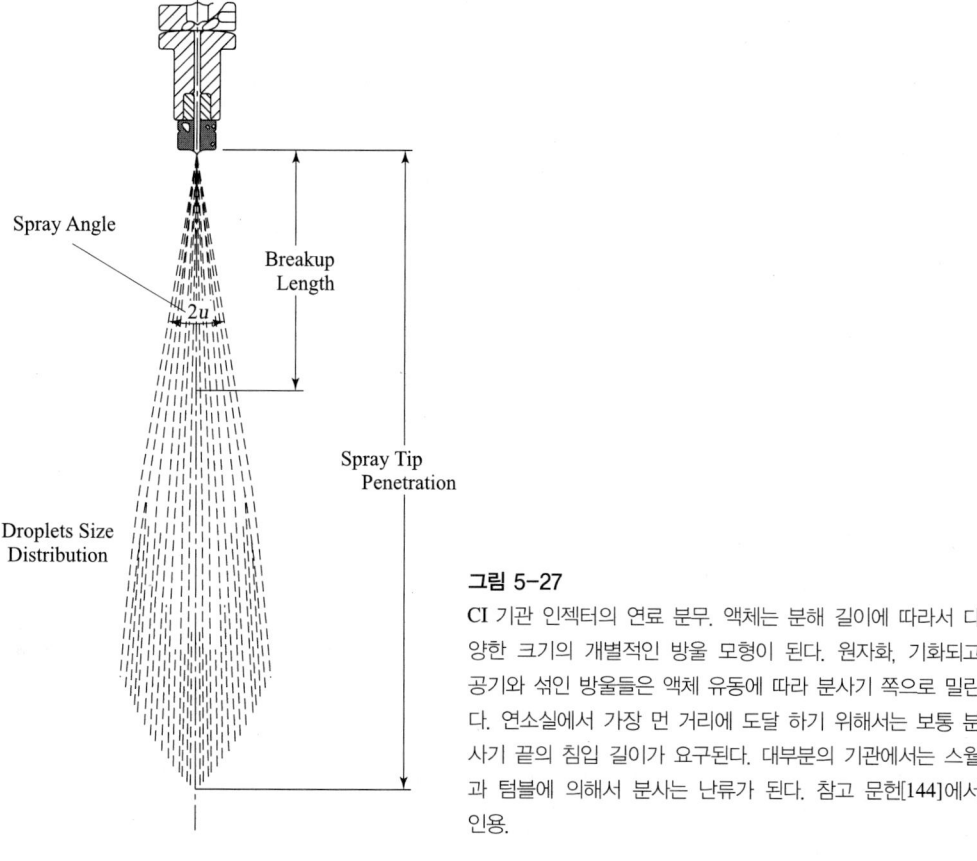

그림 5-27

CI 기관 인젝터의 연료 분무. 액체는 분해 길이에 따라서 다양한 크기의 개별적인 방울 모형이 된다. 원자화, 기화되고 공기와 섞인 방울들은 액체 유동에 따라 분사기 쪽으로 밀린다. 연소실에서 가장 먼 거리에 도달 하기 위해서는 보통 분사기 끝의 침입 길이가 요구된다. 대부분의 기관에서는 스월과 텀블에 의해서 분사는 난류가 된다. 참고 문헌[144]에서 인용.

므로 착화 지연을 짧게 한다. 그 결과 모든 속도에서 일정한 분사 타이밍이 가능하게 된다. 종종 소형 기관에서는 비싸지만 점성이 낮은 연료를 사용한다. 고속 기관에서는 분무의 속도가 아닌 공기 유동에 의해 증발과 혼합이 추진되므로 분사압을 낮게 할 수 있다. 또한 연소실 크기가 작을수록 분무 이동 거리가 짧아도 된다.

예제 5-9

32리터, 5실린더 4행정 사이클인 디젤 기관이 2,400RPM에서 작동한다. 연료 분사는 20°bTDC에서 5°aTDC까지 일어난다. 기관의 체적 효율은 0.95이고, 연료 당량비 0.8에서 작동한다. 사용되는 연료는 정유이다. 다음을 계산하라.

1. 하나의 실린더에서 연료 분사 시간
2. 인젝터를 통한 연료 유량

풀이

한 사이클 동안 하나의 실린더에서,

$$V_d = (0.0032 \text{ m}^3)/5 = 0.00064 \text{ m}^3$$

식(2-69)에서 공기의 질량을 구하면,

$$m_a = \eta_v \rho_a V_d = (0.95)(1.181 \text{ kg/m}^3)(0.00064 \text{ m}^3) = 0.000718 \text{ kg}$$

식(2-56)과 식(2-57)에서 필요한 연료의 질량을 계산하면,

$$m_f = \phi m_a/(\text{AF})_{\text{stoich}} = (0.80)(0.000718 \text{ kg})/(14.5) = 0.0000396 \text{ kg}$$

기관 시간은,

$$= (60 \text{ sec/min})/(2400 \text{ rev/min}) = 0.025 \text{ sec/rev}$$
$$= (0.025 \text{ sec/rev})/(360°/\text{rev}) = 6.9 \times 10^{-5} \text{ sec/degree}$$

(1) 분사 시간

$$t = (25°/\text{injection})(6.9 \times 10^{-5} \text{ sec/degree}) = \underline{0.00173 \text{ sec/injection}}$$

(2) 분사율

$$\dot{m}_f = (0.0000396 \text{ kg})/(0.00173 \text{ sec}) = \underline{0.0229 \text{ kg/sec}} = 0.050 \text{ lbm/sec}$$

예제 5-10

CI 자동차 기관의 연료 인젝터 0.31mm의 분사 구멍을 가지고 있다. 충전계수 0.85, 작업 압력 차이 110MPa. 디젤유의 밀도는 750kg/m³.
식(2-7)을 사용하여 인젝터를 이용하여 연료의 질량 유속을 계산하라.

$$\dot{m}_f = C_D A_n \sqrt{2\rho_f \Delta P}$$
$$= (0.85)[(\pi/4)(0.00031 \text{ m})^2)] \sqrt{(2)(750 \text{ kg/m}^3)(110 \text{ MPa})(1 \text{ kg-m/N-sec}^2)}$$
$$= \underline{0.0261 \text{ kg/sec}} = 26.1 \text{ gm/sec} = 0.0574 \text{ lbm/sec}$$

이 유속값을 앞의 5-9의 예제와 비교하여 보라.

5.11 아산화질소

기관으로 더 많은 양의 산소를 흡입하고 그로 인하여 더 큰 동력을 생산하는 유일한 방법은 액화 아산화질소(N₂O)의 형태로 산소를 공급하는 것이다. 액상의 산소를 주입함으로써, 더 많은 양을 한정된 체적 효율의 일반적인 제한 없이 각 사이클 동안 공급할 수 있다. 더 많은 산소를 공급하는 것은 당연히 연료 공급량을 증가시키는 과정이고, 이는 각 사이클 동안 동력을 생산하기 위해 실린더 내에서 더 많은 연소성 혼합물을 공급하는 것이다.

기관에서 아산화질소 사용법은 1940년대 제2차 세계대전 당시 더 큰 동력을 발생시키기 위하여 개발되어 전투기 기관에 적용되었다. 제트 기관이 출현함으로써 비행기에서의 이러한 개발은 중단되었으나, 자동차 경주나 자동 권총 등에 사용되었다.

1772년에 발견된 아산화질소(웃음 가스)는 짧은 기간 동안 외과 수술용 마취제로 사용되었다

(185,224). 그 후 지금까지 그것은 수많은 다른 곳에 적용되어 왔고, 그중의 일부는 위험을 초래할 수 있는 것이었다. 1970년대에 자동차 경주자들의 레이싱에 인기가 있었고, 오늘날 그러한 용도로 여전히 사용된다.

기관 교환에 있어서 아산화질소 사용의 가장 큰 문제 중의 하나는 기관을 파괴할 충분한 동력을 생산할 수 있다는 데 있다. 100~300%의 동력 증가도 가능하지만 기관의 기계적 구조가 이를 감당할 수 없다면, 대부분의 기관은 이러한 운전 조건에서 견딜 수 없을 것이다. 0.25마일 자동차 경주와 같은 급격한 동력 발생이 요구될 때, 액화 아산화질소와 이에 대응하는 액체 연료를 기관 실린더로 주입하면, 단기간의 급격한 서지 동력을 얻을 수 있다.

매우 작은 가스화 공기 유입의 필요성 이외에도 아산화질소의 증기 냉각에 의해 야기되는 추가적인 현상이 있다. 액화 아산화질소가 실린더에서 기화될 때, 증기 냉각은 유입되는 공기의 농도를 더욱 증가시키므로 다량의 공기 유입이 가능하게 된다. 기관의 동력 추진에서 아산화질소가 사용될 때, 보통 약 6MPa 압력에서 액상으로 저장된다.

예제 5-11

한 여성이 화학양론적인 이소옥탄(isooctane)을 사용하여 보통 200kW의 제동 출력을 가진 자동차에 아산화질소 시스템을 첨가하였다. 판매상의 권유로, 그녀는 질량비(산화제/연료) 약 4대1의 비율로 아산화질소를 첨가하였다. 실린더로 들어가는 공기-연료 혼합기의 온도는 25℃이고, 실린더를 나가는 배출가스의 온도는 1,000K이다. 동력 출력으로 변환되는 열공급이 같을 때, 열효율은 동일하다고 가정할 수 있다. 각 사이클에 부가될 수 있는 열 증가율을 계산하라. 그리고 증가 출력도 계산하라.

풀이

이소옥탄(isooctane) 1 kgmole은 질량은   (1 kgmole)(114 kg/kgmole) = 114 kg

첨가되는 아산화질소의 양은 = (114 kg)(4)

= (456 kg)/(44 kg/kgmole) ≈ 10 kgmoles

아산화질소 없이 연료 1mole당 화학 반응식은,

$$C_8H_{18} + 12.5\,O_2 + 12.5(3.76)\,N_2 \rightarrow 8\,CO_2 + 9\,H_2O + 12.5\,(3.76)\,N_2$$

(4-5) 방정식은 연료 1kgmole 당 주입되는 열량을 구하는 데 사용된다.

$$Q_{\text{in}} = \sum_{\text{PROD}} N_i (h_f^\circ + \Delta h)_i - \sum_{\text{REACT}} N_i (h_f^\circ + \Delta h)_i$$

$$= 8[(-393,522) + (33,397)] + 9[(-241,826) + (26,000)] + 12.5(3.76)[(0) + (21,463)]$$

$$- 1[(-259,280) + (0)] - 12.5[(0) + (0)] - 12.5(3.76)[(0) + (0)]$$

$$= -3,555,000 \text{ kJ/kgmole}$$

아산화질소를 첨가한 경우, 연료의 1kgmole당 화학 반응식은,

$$\text{C}_8\text{H}_{18} + 10\,\text{N}_2\text{O} + 7.5\,\text{O}_2 + 7.5(3.76)\,\text{N}_2 \rightarrow 8\,\text{CO}_2 + 9\,\text{H}_2\text{O} + 38.2\,\text{N}_2$$

$$Q_{\text{in}} = 8[(-393,522) + (33,397)] + 9[(-241,826) + (26,000)] + 38.2[(0) + (21,463)]$$

$$- 1[(-259,280) + (0)] - 10[(-81,600) + (0)] - 7.5[(0) + (0)] - 7.5(3.76)[(0) +$$

$$= -2,928,000 \text{ kJ/kgmole}$$

연료의 증가로 인해 위의 열량만큼 증가하였고, 아산화질소(N_2O)의 공급으로 인해 요구되는 산소량은 감소된다.

$$Q_{\text{in}} = (-2,928,000 \text{ kJ/kgmole})[(12.5)/(7.5)] = -4,880,000 \text{ kJ/kgmole}$$

아산화질소의 기화에 의한 냉각 효과로 인해 위의 열량만큼 더욱 증가할 것이다. 이것은 공기-연료의 농도를 높이고, 체적 효율을 증가시킨다. 아산화질소의 증발열은 $h_{\text{fg}} = 11.037$ kJ/kgmole 증발 냉각으로 인한 유입 가스의 온도변화는 (모든 가스들을 표준공기 분석으로 다루고, 낮은 온도의 값을 가지는 것으로 한다) 다음과 같이 주어진다.

$$mc_p \Delta T = h_{\text{fg}}(\text{number of moles})$$

$$(7.5)(4.76) \text{ kgmoles } (29 \text{ kg/kgmole})(1.005 \text{ kJ/kg-K}) \Delta T = (11,037 \text{ kJ/kgmole})(10 \text{ kgmoles})$$

$$\Delta T = 106 \text{ K} \qquad T_{\text{final}} = 298 \text{ K} - 106 = 192 \text{ K}$$

공기의 밀도는 절도온도에 비례하고 유입되는 열량(연료)은 유입 공기 밀도에 비례한다.

$$Q_{\text{in}} = (-4,880,000 \text{ kJ/kgmole})[(298)/(192)] = -7,574,000 \text{ kJ/kgmole}$$

동력의 증가율은,

$$\Delta\% = [(7,574,000 - 3,555,000)/(3,555,000)](100) = \underline{113\% \text{ increase}}$$

5.12   결 론

기관 내에 공기와 연료를 지속적으로 적정하게 공급하는 것은 매우 중요한 일의 하나이며, 기관 설계시에 이와 같은 결과를 얻기가 쉽지 않다. 흡기계의 높은 체적 효율은 최대의 공기 유량을 제공함으로써 연료와 반응하는 데 필요한 충분한 산소를 공급하기 때문에 중요하다. 각 실린더와 사이클마다 일정량의 공기를 기관에 공급하는 것이 이상적이지만, 난류와 다른 일정하지 않는 흐름으로 인해 일어날 수 없고, 통계적인 평균값에 의해 기관의 작동을 제한해야 한다.

기관에 적당한 양의 연료를 공급하는 것 또한 대단히 중요하지만 어렵다. 역시 사이클 변동이 없도록 각 실린더에 같은 양을 공급하는 것이 목적이다. 이것은 연료 인젝터 또는 기화기의 성능과 제어성에 의해 제한받게 된다.

공기는 흡기 다기관을 통해 공급될 때 SI 기관에서 스로틀 밸브에 의해 제어되지만, CI 기관에서는 스로틀에 의한 제한없이 기관에 공급된다. 흡입 공기 압력은 대기압이거나 과급기, 터보 과급기 혹은 크랭크케이스 압축에 의해 가압된다. 연료 공급은 SI 기관에서는 흡기 다기관 상부에 위치한 스로틀 바디 인젝터나 흡기 벨브에 포트 인젝터 혹은(드물게) 직접 실린더 내로 공급을 위해 기화기가 사용된다. CI 기관은 연소실로 직접연료를 분사하고, 분사량에 의해 기관 속도를 제어한다.

희박 기관, 층상 급기 기관, 이중 연소실 기관, 이중 연료 기관과 2행정 사이클 자동차 기관에서는 각 시스템에 적합한 흡기계를 가진다. 이것은 기화기, 연료 인젝터, 벨브 종류, 밸브 개폐 시기 등에 특별한 설계와 조화가 필요하다.

연습 문제

5.1   5개의 실린더, 4행정 사이클인 SI 기관의 제원은 다음과 같다. 압축비 $r_c = 11.1$, 보어 B = 5.52cm, 행정 커넥팅로드 길이 $r = 11.00$cm. 실린더 흡기 조건은 63°C, 92kPa이다. 흡기 벨브는 aBDC 41°C에 닫히고, 점화 플러그는 bTDC 15°C에서 점화한다.
다음을 계산하라.

   (a) 오토 사이클로 가정하여 점화시에 실린더 내 온도와 압력(흡기 벨브는 BDC에 닫히고, 점화는 TDC에 점화한다고 가정한다.)

   (b) 유효 압축비(점화 전에 공기-연료 혼합의 실제 압축비)

   (c) 점화시 실린더 내 실제 온도와 압력 [K, kPa]

5.2   새로운 모델의 자동차에 기관 옵션으로 다른 두 가지가 제안되었다. 기관 A는 10.5:1의 압축비를 가진 자연 흡입 기관이고. 실린더 흡입 조건은 60°C, 9 kPa이다. 기관 B는 후냉각기를 가진 과급기이고, 실린더 흡입조건은 80°C, 130kPa이다. 노킹 문제를 피하기 위해 기관 A와 기관 B는 연소 시작에서 공기-연료 혼합기의 온도는 같다.
다음을 계산하라.

   (a) 기관 A에서 공기-표준 오토 사이클 해석을 이용한 연소 시작 온도 [°C]

   (b) 연소 시작에서의 같은 온도로 주어진 기관 B의 압축비

   (c) 만약 과급 압축기가 82%의 등엔트로피 효율을 가지고 기관 A와 같은 흡입 조건을 가진다면, 기관 B의 후냉각기에서의 온도 감소 [°C]

5.3   V12 비행기 기관에 입구 조건이 74°F, 14.7psia인 공기가 흡기 다기관으로 들어간다. 당량비가 $\phi = 0.95$인 가솔린을 사용한 스로틀 바디 분사 기간이다. 모든 연료는 단열 흡기 다기관에서 증발한다고 가정할 때, 다음을 구하라.

   (a) 연료 증발 후의 공기-연료 혼합기의 온도 [°F]

   (b) 연료 증발로 인한 기관에서 체적 효율의 감소나 이득률 [%]

   (c) 흡입 공기-연료 혼합기가 이전 사이클로부터 900°R인 5% 잔류 가스와 혼합한 후 연소 시작에서 실린더 온도 [°F]

5.4   문제 5.3에서 연료로 사용된 30Ibm의 가솔린에 대해 워터 인젝터로 물 1lbm을 첨가했다. 물의 증발열은 $h_{fg} = 1,052$BTU/lbm이다.
다음을 계산하라.

(a) 연료와 물의 증발 후 공기-연료 혼합기의 온도 [°F]

(b) 연료와 물의 증발로 인한 기관에서의 체적 효율의 감소나 이득률

5.5 **(a)** 터보 과급을 사용하여 재설계한 SI 기관의 압축비는 왜 종종 감소되는가?

(b) 제동 동력은 증가하는가. 아니면 감소하는가?

(c) 열효율은 증가하는가?

(d) CI 기관에 터보 과급기를 사용했을 때, 왜 중요한 압축비가 감소하지 않는가?

5.6 실린더당 하나의 인젝터를 가진 다점 포트 연료 인젝터가 장착된 2.4리터, 4실린더 기관이 있다. 인젝터에서 공급되는 연료는 일정하고, 기관으로의 연료 유량은 인젝터를 작동시키는 펄스 기간에 의해 제어된다. 분사 기간이 연속적일 때, WOT에서 최대 출력을얻는다. 이 조건에서 기관의 속도는 5,800RPM이고, 흡입 압력은 101kPa이다. 이상적인 상태에서 공연비는 이론 당량비이며, 기관의 속도는 5,800RPM이고 흡입 압력은 30kPa이다. 체적 효율은 모든 상태에서 95%로 생각할 수 있다면 다음을 계산하라.

(a) 인젝터를 통한 연료 유동률 [kg/sec]

(b) 아이들 상태에서 초당 분사 펄스 기간

(c) 아이들 상태에서 분사 펄스 기간에 상당하는 기관의 회전 각도

5.7 다점 연료 분사하는 V6, 4행정 SI 기관의 배기량이 2.4리터이고, 3,000RPM에서 87%의 체적 효율을 갖고 당량비 1.06인 에틸알코올로 작동한다. 각 실린더에는 하나의 포트 인젝터로 0.02kg/sec의 연료를 공급한다. 기관은 또한 과농 혼합이 필요할 때, 0.0003kg/sec의 연료를 첨가하여 공연비를 변화시킬 수 있는 보조 인젝터를 흡기 다기관 상류에 가지고 있다. 보조 인젝터가 연속적으로 작동하고, 모든 실린더에 연료를 공급할 때 다음을 구하라.

(a) 한 사이클에서 하나의 실린더에 작동하는 한번 분사 펄스 시간 [sec]

(b) 보조 인젝터를 사용하지 않을 때 AF

(c) 보조 인젝터가 사용될 때 AF

5.8 스로틀 바디 연료 인젝터를 가진 기관에서 속도가 증가함에 따라 흡기 다기관에 공기-연료 혼합기의 온도는 증가하는가, 아니면 감소하는가? 당신의 대답에 영향을 준 요소에 대해 설명하라.

5.9 6.2리터, V8, 4행정 사이클 SI 기관이 6,500RPM의 최대 속도를 가지도록 설계된다. 이 속도에서 체적 효율은 88%이다. 기관은 4개의 배럴 기화기를 갖추고 있고, 각 배럴은 $C_{Dt} = 0.95$의 유량 계수를 가진다 연료는 AF = 15:1인 기솔린이 사용되었다(가솔린 밀도 ρ_g = 750kg/m^3). 다음을 계산하라.

(a) 각 기화기 벤투리에 필요하 최소통로 직경 [cm]

(b) 만약 연료모세관의 유량 계수가 C_{Dc} =0.85이고, 관의 높이 차가 작다면 각 벤투리 목에 필요한 연료 모세관의 직경 [mm]

5.10 (a) 기화기가 장착된 자동차 기관이 추운 겨울 아침에 어떻게 시동되는지 설명하라. 무엇이, 왜, 그리고 어떻게 되는지를 말하라.

(b) 왜 가속 펌프가 자동차 기화기에 있는가?

(c) 고속으로 주행하던 자동차를 감속시키기 위해 스로틀을 갑자기 닫았을 때 기관 실린더 내에 무엇이 발생하는지를 설명하라.

5.11 보어 7.5cm를 가진 V8 기관이 실린더당 2개의 밸브에서 실린더당 4개의 밸브로 재설계된다. 이전의 설계는 실린더당 직경 34mm인 하나의 흡기 밸브와 직경 29mm인 하나의 배기 밸브를 가졌다. 이것이 직경 27mm의 두 개의 흡기 밸브와 직경 23mm의 두 개의 배기 밸브를 가지도록 바뀐다. 모든 밸브에서 밸브 직경의 22%가 최대 밸브 리프트와 같다.
다음을 계산하라.

(a) 밸브가 완전히 열렸을 때 실린더당 흡입 유량 면적의 증가 [cm²]
(b) 새로운 시스템의 장점과 단점

5.12 보어 B = 8.2cm인 CI 기관의 실린더 헤드 중앙에 연료 인젝터를 가지고 있다. 인젝터의 노출 직경은 0.073mm, 유량 계수는 0.72, 분사압은 50MPa이다. 분사동안 평균 실린더 압력은 5,000 kPa로 고려될 수 있다. 디젤 연료의 밀도가 860kg/m³일 때 다음을 계산하라.

(a) 인젝터에서 연료가 분사될 때 분사의 평균 속도 [m/s]
(b) 연료 입자가 만약 평균 분사 속도로 분사된다면, 실린더 벽에 도달할 때까지의 시간 [sec]

5.13 3.6리터, V6인 SI 기관이 7,000RPM에서 최대 속도를 가지도록 설계된다. 실린더당 2개의 흡기 밸브가 있고, 밸브 리프트는 밸브 직경의 1/4과 같다. 보어와 행정의 관계는 S = 1.06B이다 실린더에 들어가는 공기-연료 혼합기의 온도가 60°C가 되도록 설계할 때, 다음을 계산하라.

(a) 이상적으로 설계된 이론적인 밸브 직경 [cm]
(b) 흡기 밸브를 통한 최대 유량 속도 [m/sec]
(c) 밸브 직경과 보어의 크기는 모순이 없는가?

5.14 예제 5.9에서 평균 디젤 연료 액적의 체적은 3×10^{-14}m³이다. 기관의 압축비는 18:1이고, 모든 연료 액적이 같은 체적이고. TDC에서 연소실 전체에 일정한 간격을 유지한다고 가정한다. 디젤 연

료의 밀도는 $\rho = 860kg/m^3$이다.

다음을 계산하라.

(a) 한 번 분사에서 발생되는 연료 액적의 수

(b) TDC에서 연소실 내 액적 사이의 대략적인 거리 [mm]

5.15 작고, 배관이 연결된, 4개의 실린더를 가지고 있는 2.2L의 2중 사이클 4행정 기관으로 작동하는 실린더 배기판이 장착된 CI 자동차 기관이 AF = 21의 희박 디젤유를 연료로 사용한다. 작은 기관 출력이 필요할 때 배기량 1.1L의 2개의 실린더를 사용하는 기관이 되고, 고속으로 작동한다. 실린더가 4개인 경우에는 체적효율 82%, 제동 열효율은 42%로 2,100RPM인 상태로 작동한다. 연소 효율은 항상 98%다.

다음을 계산하라.

(a) 기관이 2,100RPM으로 작동할 때 4개의 실린더로 유입되는 공기의 유속 [kg/sec]

(b) 2개의 실린더를 사용하는 기관이 같은 제동 출력을 내기 위하여 실린더 속으로 유입되는 공기의 유속 [kg/sec]

(c) 2개의 실린더 기관이 똑같은 제동 출력을 얻기 위해 필요한 속도 [RPM]

5.16 밸브 타이밍이 변하는 흡기밸브를 가진 트럭 기관이 있다. 배기 밸브는 모든 속도에서 31°bBDC에서 열리고, 20°aTDC에서 닫힌다. 이것은 3,000RPM에서 0.004초의 밸브 오버랩이 요구되고, 1,200RPM에서는 0.002초의 밸브 오버랩이 요구된다.

다음을 계산하라.

(a) 3,000RPM에서 흡기 밸브가 열릴 때의 크랭크 각 [°bTDC]

(b) 1,200RPM에서 흡기 밸브가 열릴 때의 크랭크 각 [°bTDC]

5.17 큰 V12, 460L, 2행정 사이클 기관은 이중 연료를 사용한다. 흡입 공기의 8%가 점화를 위하여 희박 디젤유와 이론 연소하는 동안, 92%는 메탄올과의 이론적인 연소에 사용된다. 기관은 195RPM, 체적효율 93%로 작동한다. 디젤유가 15°bTDC와 6°aTDC 사이에서 단일 인젝터에 의해서 각 실린더에 분사되는 동안 메탄올은 흡기 행정 사이에 들어온다.

다음을 계산하시오.

(a) 기관으로 유입되는 질량 유동 속도 [kg/sec]]

(b) 기관으로 유입되는 디젤의 질량 유동 속도 [kg/sec]

(c) 배기가스에서 미연소된 질량 유동 속도 [kg/sec]

5.19 예제 5-11의 기관의 출력을 높이는 일은 기관에 구조적으로 손상을 입히는 상당히 위험한 일이기 때문에, 산화질소 양의 반을 사용하기로 결정하였다. C_8H_{18} 1kgmole당 N_2O 5kgmole가 필요하다. 흡기와 배기의 열효율과 온도는 모두 같다.

예제 5-11번의 방법을 사용하여 이 양의 산화질소를 사용하여 얻어진 출력 %증가율의 근사치를 구하라.

설계 문제

5.1D 직렬, 8기통, 4행정 사이클 SI 기관이 20개의 인젝터를 사용한 바디 연료 분사를 한다. 각 인젝터는 실린더 4개에 대해 연료를 공급한다. 기관의 분사 순서는 1-3-7-5-8-6-2-4이다. 전 기관 사이클이 매끄럽고. 각 실린더에 일정 AF를 유지하도록 이 기관의 흡기 다기관을 설계하라.

5.2D 다점 포트 연료 분사를 사용한 2.5리터, 4행정 사이클인 SI 기관의 아이들 속도는 300RPM(AF = 13.5, η_v = 0.12)이고, 4,800RPM(AF = 12, η_v = 0.95)에서 최대 WOT 속도를 가진다. 인젝터는 모든 상태에서 같은 질량 유량을 가진다. 실린더당 인젝터의 수와 각 인젝터의 유량(kg/sec)을 주고, 이 기관의 분사 시스템을 설계하라. 한 사이클에서 분사 기간은 얼마이고, 흡기 밸브가 열리는 것에 비례하여 분사는 언제 시작하는가? WOT와 아이들 상태에서 기관 회전수를 시간과 각도로 답하라. 당신이 고려한 모든 가정을 진술하라.

5.3D 가난한 후진국에서 사용되는 대형 이중 연료 CI 기관의 연료 흡기계를 설계하라. 기관은 비싼 주연료를 약간 줄이는 반면에 착화를 증진시키는 디젤유를 충분히 사용한다. 개략도를 그리고, 배기량, 속도, 체적 효율 등의 값을 준다. 적절한 주연료를 고르고, 두 연료의 유량을 준다. 전체 공연비는 얼마인가? 당신이 모든 가정을 진술하라.

CHAPTER 6

연소실 내의 유체 운동

"이 회오리 바람에 대한 평범한 설명 때문에 나는 내가 보았던 것에 대비하지 않았다."

Edgar Allen Poe(1841)의
<큰 소용돌이에 빨려들어서> 중에서

이 장에서는 사이클의 압축 행정, 연소, 그리고 동력 행정 동안에 실린더 내에서 일어나는 공기, 연료 및 배기 가스의 운동을 검토한다. 이 운동이 연료의 기화를 촉진시키고, 공기와 연료의 혼합을 증진시키며, 연소 속도와 연소 효율을 증가시키도록 하는 것은 중요하다. 흡입 동안에는 필요한 정상 난류 외에 **스월**(swirl)이라고 하는 회전 운동이 발생한다. 압축 행정 말기에는 **스퀴시**(squish)와 **텀블**(tumble)이라는 2개의 질량 운동이 추가로 발생한다. 스퀴시는 실린더의 중심선을 향한 반경 방향 운동이며, 반면에 텀블은 원주축 주위의 회전 운동이다. 이 장에서는 또다른 유동 운동 즉, 틈새 유동과 블로우바이가 검토된다. 이 유동은 압축과 연소 동안에 생성된 높은 압력 때문에 발생되는 연소실 내의 작은 틈새로의 유동이다.

6.1 난류(turbulence)

기관의 실린더를 출입하는 유동과 실린더 내부 유동은 빠른 속도 때문에 모두가 난류 유동이다. 벽에 근접되어 있기 때문에 난류가 약화되는 연소실의 구석과 작은 틈새에서의 유동은 유일하게 난류 유동이 아니다. 기관 내부에서의 열역학적인 전달률은 난류의 크기에 따라 증가한다.

열전달률, 기화율, 혼합률 및 연소율이 모두 증가한다. 기관의 속도가 증가함에 따라 유량이 증가하며, 이에 상응하는 스월, 스퀴시 및 난류가 증가한다. 이러한 증가는 실시간 연료 기화율, 연료 증기와 공기 혼합률 및 연소율을 증가시킨다.

유동이 난류일 때, 입자들은 입자 평균 속도를 기준으로 무작위 변동한다. 이러한 변동은 유동 수직 방향과 유동 방향 등의 모든 방향으로 일어난다. 이것은 임의의 주어진 시간과 위치에서 정확한 유동 상태를 예측할 수 없도록 만든다. 많은 기관 사이클을 통계 처리한 평균은 정확한 평균 유동 상태를 알려주지만, 임의의 한 사이클에 대한 정확한 유동을 예측할 수는 없다. 따라서 기관의 작동 변수(즉, 실린더 압력, 온도, 연소각 등)의 사이클 변동이 일어난다.

유체역학 문헌에는 난류에 대한 여러 가지 모델이 나와 있으며, 이러한 모델은 유동 특성을 예측하는 데 이용될 수 있다[59]. 간단한 모델은 X축 방향의 변동 속도 u', Y축 방향의 변동 속도 v' 그리고 Z축 방향의 변동 속도 w'를 사용한다. 변동 속도 u', v' 및 w'는 각각 X, Y 및 Z 방향의 평균 속도 u', v' 및 w'에 더해진다. 따라서 u', v' 및 w'를 각각 제곱한 다음 평균 제곱근을 구하여 난류 강도를 나타낸다. u', v' 또는 w'의 선형 평균은 영(0)이다.

기관에는 여러 가지 난류 강도가 있다. 대규모 난류는 유동 통로의 크기 차수(예를 들어, 밸브 개구, 흡기다기관의 직경, 간극 체적의 높이 등)로 와동(eddy)을 일으킨다. 이러한 변동은 무작위이지만 유동 통로에 의해 제어되는 방향성을 가지고 있다. 반대로, 방향성을 가지고 있지 않은 최소 규모 난류는 완전히 무작위이고 균일하며, 점성 소산에 의해 제어된다. 모든 난류 강도는 이들 두 극단 난류 사이에 존재하며, 소규모 난류로부터 대규모 난류에 걸친 특성을 가지고 있다. 내연 기관에서 난류의 역할은 참고 문헌[58, 163]에 자세하게 조사되어 있으므로, 난류에 관한 보다 깊이 있는 연구를 원한다면 이 문헌을 참고하기 바란다.

실린더 내의 난류는 흡입 동안에는 강하지만, BDC 근처에서는 유동이 느려지기 때문에 약해진다. 압축 동안에는 TDC 근처에서 스월, 스퀴시 및 텀블이 증가함에 따라 난류는 다시 증가한다.

점화가 일어나는 TDC 근방에서의 강한 난류는 연소에 매우 바람직하다. 난류는 층류 화염의 화염면보다 훨씬 빨리 화염면을 확산시킨다. 난류가 강한 경우에는, 공기-연료 혼합기가 매우 짧은 시간에 연소되므로 자발화와 노크를 피할 수 있다. 국부 화염 속도는 화염면 인근의 난류에 따라 달라진다. 연소 과정 동안, 난류는 실린더 가스의 팽창에 의해 강화된다. 난류를 최대로 생성하고 신속하게 연소시키는 데 있어서 연소실의 형상은 매우 중요하다.

난류 강도는 기관 속도에 강하게 의존하는 함수이다(그림 6-1). 속도가 증가하면 난류도 증가하고, 난류는 기화율, 혼합률 및 연소율을 증가시킨다. 모든 기관 속도에서 **연소각**(즉, 연소가 일어날 때 기관이 회전하는 크랭크각)이 동일한 것은 이러한 결과 때문이다. 난류 증가에 의해 전혀 변하지 않는 연소 과정의 한 단계는 점화 지연이다. 기관 속도가 증가함에 따라 스파크가 빨리 일어나도록 점화 시기를 진각시켜 점화 지연을 보상한다.

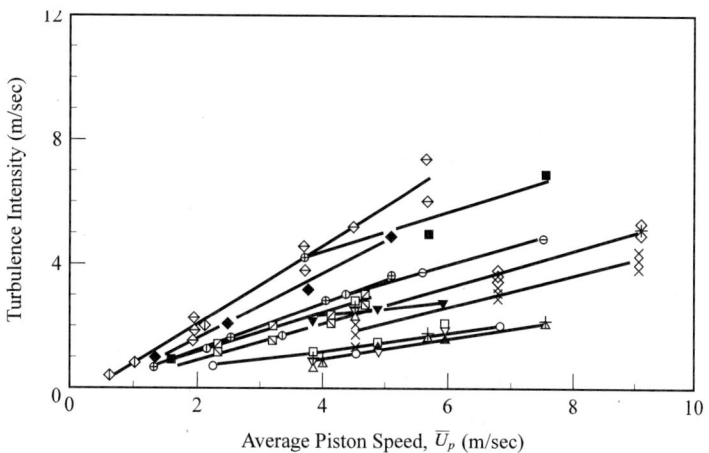

그림 6-1

평균 피스톤 속도의 함수로서 연소실 내 TDC 근처에서의 난류 강도. 자료는 스월이
있는 기관과 스월이 없는 기관을 모두 이용한 여러 연구자들의 실험을 나타낸다. 난
류는 일반적으로 스월보다 크다. 기관 내부의 대부분의 유체 유동에서 난류 강도는
기관 속도에 따라 증가한다. 참고 문헌 [195]에서 인용.

    체적 효율을 극대화하기 위해 대부분의 흡기다기관의 내부 표면은 가능한 한 매끄럽게 만들
어진다. 그러나 고출력이 필요하지 않는 일부 연료 절약형 자동차 기관의 흡기다기관은 예외이
다. 이러한 흡기다기관의 내부 표면은 난류를 강화시켜 기화와 공기-연료 혼합을 촉진시키도록
거칠게 만들어진다.

    2행정 사이클 기관의 소기 과정에서는 난류가 이롭지 않다. 난류 때문에 흡입 신기는 배기
가스와 잘 혼합되며, 실린더 내에 많은 배기 잔류물이 남게 된다. 또 다른 악영향으로는 연소
동안에 강한 난류가 연소실 벽으로의 대류 열전달을 증가시키는 것이다. 열손실이 커지면 기관
의 열효율은 낮아진다.

6.2 스월(swirl)

실린더 내에서 중요한 대규모 질량 운동은 스월이라고 하는 회전 운동이다. 흡기가 실린더로 들
어올 때, 흡기 유동에 접선 성분을 부여하도록 흡기계를 구성하면 스월이 발생한다(그림6-2).
스월은 흡기다기관, 밸브 포트 그리고 때로는 피스톤 면의 형상에 의해 발생된다. 매우 짧은 시
간 내에 균일 혼합기를 형성하여야 하는 현대식 고속 기관에서는 스월이 공기와 연료의 혼합을
크게 촉진시킨다. 스월은 연소 과정 동안 화염면을 빠르게 확산시키기 위한 기법이기도 하다.

    스월비(swirl ratio)는 실린더 내의 회전 운동을 양적으로 나타내는 데 사용되는 무차원 변수

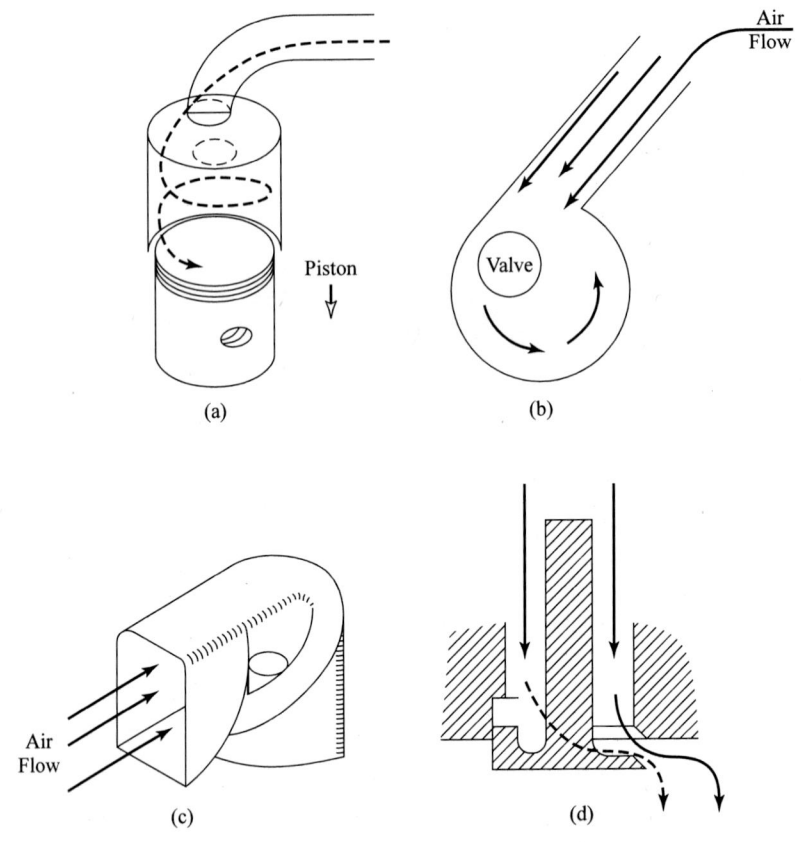

그림 6-2

(a)기관 실린더 내의 스월 운동. 스월을 발생시키는 방법으로는 (b)접선 방향으로 공기
가 유입되는 실린더 (c)흡기관 형상 (d)밸브 형상에 의한 방법이 있다.

이다. 스월비는 문헌에 따라 2가지 서로 다른 방법으로 정의된다.

$$(SR)_1 = (\text{angular speed})/(\text{engine speed}) = \omega/N \tag{6-1}$$

$$(SR)_2 = (\text{swirl tangential speed})/(\text{average piston speed}) \tag{6-2}$$
$$= u_t/\overline{U_p}$$

　이 식들에서 각속도나 접선 속도는 평균값이 사용되어야 한다. 실린더 내의 각운동은 매우
불균일하며, 점성 저항 때문에 벽에서 멀리 떨어진 곳에서 최대이고 벽 근처에서는 훨씬 작다.
각운동 불균일은 실린더 벽과의 저항에 기인한 반경 방향과 피스톤 면과 실린더 헤드와의 저항
에 기인한 축 방향 양쪽에 존재한다.

　　스월비는 왕복형 기관의 사이클 동안, 계속해서 변화한다. 흡기 동안에 스월비는 높고, 압축 행정에서는 실린더 벽과의 점성 저항 때문에 BDC 이후에 감소한다. 연소는 가스를 팽창시켜 동력 행정 내의 또다른 최대점까지 스월을 증가시킨다. 가스의 팽창과 점성 저항은 블로우다운이 일어나기 전에 급격하게 스월을 다시 감소시킨다. 현대식 기관의 경우 식(6-1)에 의해 정의된 최대 스월비는 5~10이다. 각운동량의 1/4~1/3은 압축 행정 동안에 감소한다.

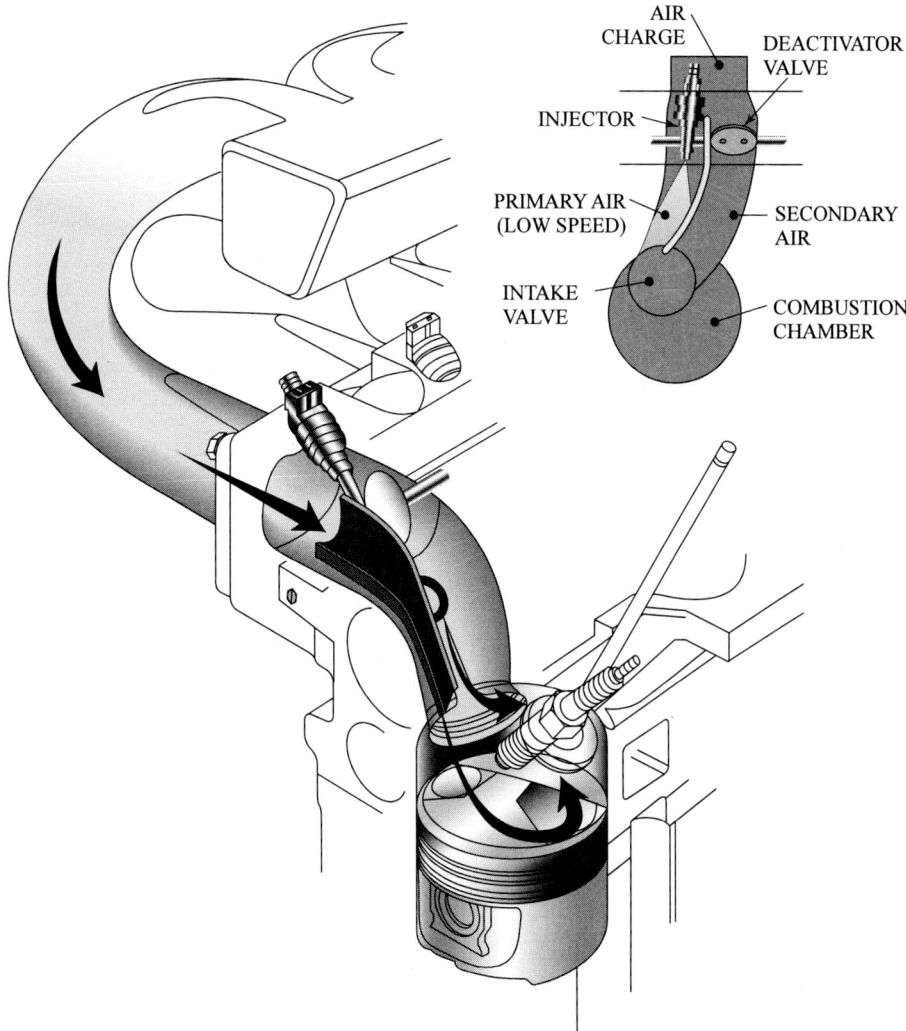

그림 6-3

　MPI(다점 포트 분사) 전기 점화 기관의 흡기계. 분사기는 흡기 밸브 바로 뒤쪽의 흡기 통로에 연료를 분사하도록 설치된다. 통로는 실린더에 스월을 증진시킬 수 있도록 설계된다. 이 흡기계는 실린더가 4개이고 실린더당 2개의 밸브가 있는 1.9리터 1995년형 포드 기관의 것이다.

306 내연 기관 공학

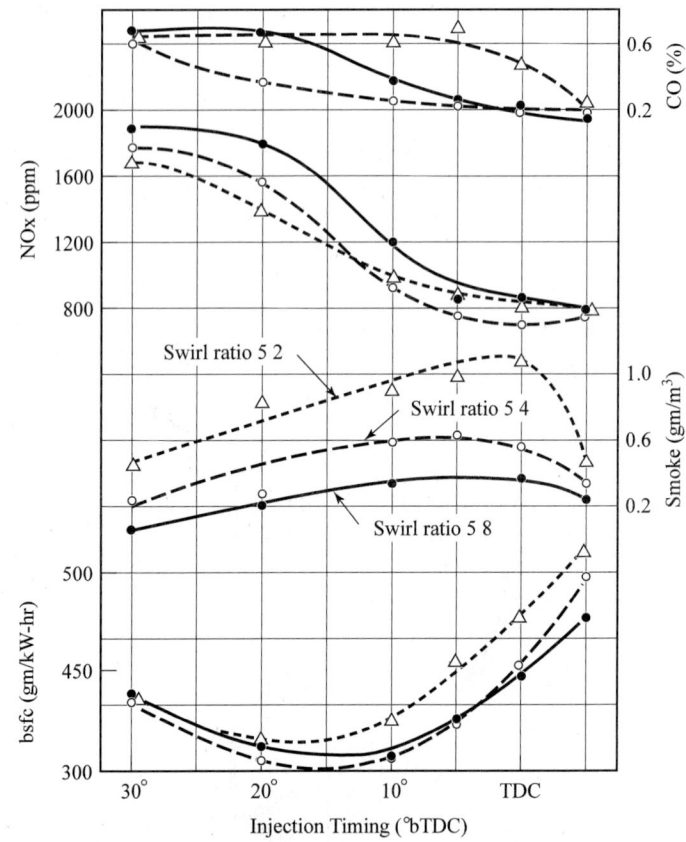

그림 6-4

2,000 RPM에서 작동하는 직접 분사(DI) 단기통 압축 점화(CI) 기관의 스월비와 분사 시기에 따른 제동 연료 소비율과 유해 배기 배출물 농도. 기관의 배기량은 1.6리터이고 압축비는 16이다. 참고 문헌 [193]에서 인용.

실린더 스월을 모델링하는 간단한 방법은 **패들 휠(paddle wheel)** 모델이다[58]. 실린더 체적은 질량이 없는 가상적인 패들 휠을 포함하고 있는 것으로 이상화된다. 패들 휠이 회전하면 날개 사이의 가스가 패들 휠과 함께 회전하며, 이 결과 실린더 내의 모든 가스는 동일한 각속도로 회전한다. 실린더 가스의 관성 질량 모멘트는 식(6-3)과 같다.

$$I = mB^2/8 \qquad\qquad (6\text{-}3)$$

여기에서, m = 실린더 내 혼합 가스의 질량
B = 보어 = 회전 질량의 직경

각운동량은 식(6-4)와 같다.

$$\Gamma = I\omega \qquad\qquad (6\text{-}4)$$

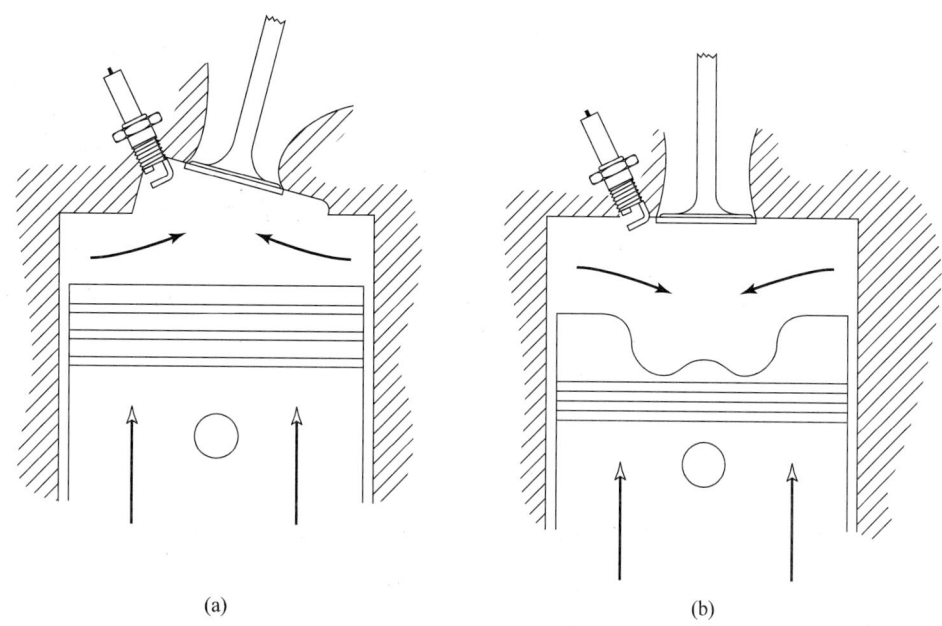

그림 6-5

실린더의 중심선 근방에 대부분의 간극 체적이 위치한 현대식 자동차 기관의 연소실 형상. 이러한 연소실은 스퀴시와 텀블을 증가시키고, 전반적인 연소 과정의 화염 이동 거리를 단축시킨다. (a)실린더 헤드의 간극 체적   (b)피스톤 크라운의 보울, 또는 이들을 조합한 형상으로 기관을 만든다.

여기에서,   ω = 고체 각속도

그림 6-5에서와 같이, 현대식 기관의 연소실은 실린더 중심선 근처에 대부분의 간극 체적이 배치된 형상이다. 이것은 대부분의 공기-연료 혼합기를 TDC 근처에서 연소시켜 화염 이동 거리를 단축시키기 위한 것이다. 간극 체적은 그림 6-5(a)와 같이 실린더 헤드 부분, 그림 6-5(b)와 같이 피스톤 크라운 부분, 또는 이 2가지의 조합으로 이루어진 부분이다. 이러한 종류의 연소실에서는 피스톤이 TDC에 가까워질 때 공기-연료의 회전 반경이 갑자기 감소된다. 따라서 각운동량 보존 때문에 각속도가 크게 증가한다. TDC에서 벽과의 점성 저항이 매우 크지만, 보통, 각속도는 TDC에서 3~5배 증가한다. TDC에서 높은 각속도는 화염면을 빨리 연소실에 퍼지게 하기 때문에 바람직하다. 일부 기관에서는 강한 스월을 이용하기 위하여 중심으로부터 한 쪽으로 치우치게 점화 플러그를 배치하여 연소 시간을 감소시킨다.

실린더 벽에 흡기 포트를 가진 2행정 사이클 기관에서는 포트의 가장자리 형상과 흡기관의 방향에 의해 스월이 생성된다. 스월은 소기 과정에서 배기가 정체되는 사점을 크게 감소시키지만, 동시에 흡입 신기와 배기 잔류물의 혼합을 증가시킨다. 스월을 촉진시키기 위한 흡기 포트와 흡기관 형상은 기관의 체적 효율을 감소시킨다.

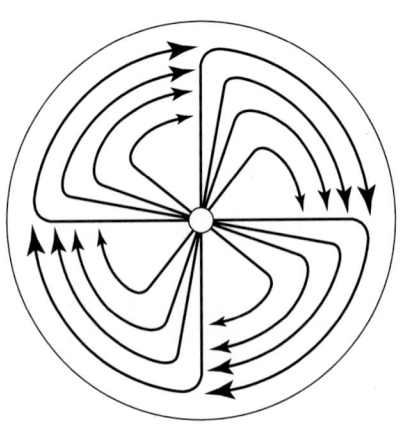

그림 6-6
압축 착화 기관의 스월, 분사 기간 및 연료 노즐의 오리피스 수 사이
의 관계를 보여 주는 개략도. 식(6-5)와 같이 적절하게 설계하면 연료
가 전체 연소실에 양호하게 분포된다.

직접분사식 압축 착화 기관과 전기 점화 기관에서, 스월 1회전 주기, 분사 노즐의 구멍 수 및
분사 시간 사이의 관계는 식(6-5)와 같아야 한다.

$$\text{분사 시간} = (\text{스월 주기}) / (\text{구멍수}) \tag{6-5}$$

그림 6-6에서 보여 주는 것처럼, 이것은 연료가 전체 연소실에 분포하도록 해준다.

예제 6-1

4실린더, 3.2 리터 기관이 4,500RPM으로 운전하고 있으며, 식(6-1)로 정의된 스월비는 6이다. 행정과
보어의 관계는 $S = 1.06B$이다. 다음을 계산하라.

1. 패들휠을 이용하여 측정한 실린더 내의 혼합기 각속도 [rev/sec]
2. 식(6-2)로 정의된 스월비

풀이

(1) 식(6-1)을 이용하여 각속도를 구하면,

$$(SR)_1 = \omega/N = 6 = \omega/(4500/60 \text{ rev/sec})$$
$$\underline{\omega = 450 \text{ rev/sec}}$$

(2) 한 개의 실린더에 대하여,

$$V_d = (3.2\ \text{L})/4 = 0.8\ \text{L} = 0.0008\ \text{m}^3$$
$$V_d = (\pi/4)B^2S = (\pi/4)(1.06)B^3 = 0.0008\ \text{m}^3$$
$$B = 0.0987\ \text{m} = 9.87\ \text{cm}$$
$$S = (1.06)(9.87\ \text{cm}) = 10.46\ \text{cm} = 0.1046\ \text{m}$$

식(6-2)를 이용하여 피스톤 속도를 구하면,

$$\overline{U}_p = 2SN = (2\ \text{strokes/rev})\ (0.1046\ \text{m/stroke})\ (4500/60\ \text{rev/sec})$$
$$= 15.7\ \text{m/sec}$$

회전하고 있는 가스의 접선 속도는,

$$u_t = 2\pi\ \omega r = (2\pi\,\text{radians/rev})(450\ \text{rev/sec})(0.0987/2\ \text{m}) = 139.5\ \text{m/sec}$$

식(6-2)를 이용하여 스월비를 구하면,

$$(\text{SR})_2 = u_t/\overline{U}_p = (139.5)/(15.7) = \underline{8.9}$$

6.3   스쿼시(squish) 및 텀블(tumble)

압축 행정 말기에 피스톤이 TDC에 가까워질 때, 연소실의 외측 가장자리 주위의 체적은 갑자기 줄어든다. 최근의 연소실 설계에서는 대부분의 간극 체적이 실린더의 중심선 근처에 위치하도록 하고 있다(그림6-5). 피스톤이 TDC에 가까워짐에 따라, 실린더 반경 외측의 체적을 차지하고 있는 혼합 가스는 이 외측 체적이 거의 영(0)으로 줄어들 때까지 반경 안쪽 방향으로 밀려들어간다. 혼합 가스의 반경 안쪽 방향 운동을 **스쿼시**(squish)라고 한다. 스쿼시는 실린더 내부의 다른 질량 운동과 합해져 공기와 연료를 혼합하고 신속하게 화염면을 확산시킨다. 일반적으로 최대 스쿼시 속도는 약 $10°\,\text{bTDC}$에서 일어난다.

연소 동안, 팽창 행정이 시작되고 연소실의 체적은 증가한다. 피스톤이 TDC로부터 멀어질 때, 실린더 벽을 따라 증가하고 있는 외측 체적을 채우기 위하여 연소 가스는 반경 외측 방향으로 밀려 나간다. 이와 같은 **역스쿼시**(reverse squish)는 연소 후반부 동안의 화염면을 확산시키

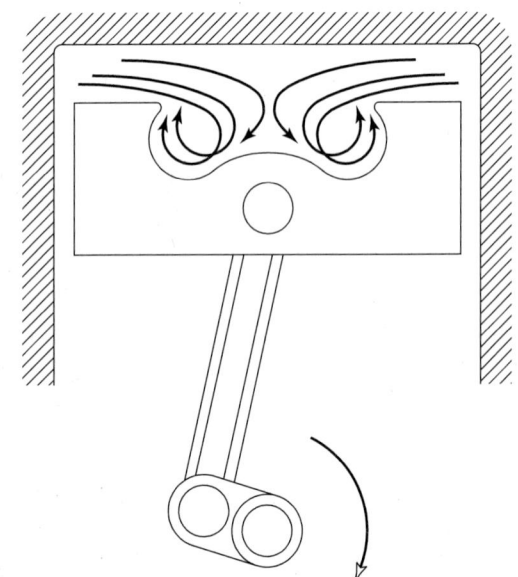

그림 6-7
피스톤이 TDC에 접근할 때 스퀴시에 의해 생성된 텀블 작용. 텀블은 피스톤 보울이나 실린더 헤드에 있는 간극 체적의 가장자리 근방의 원주축에 대한 회전 운동이다.

는 데 도움을 준다.

피스톤이 TDC에 가까워짐에 따라, 스퀴시 운동은 **텀블**(tumble)이라고 하는 2차 회전 운동을 일으킨다. 그림 6-7에서 보여 주는 것처럼, **피스톤 보울**(piston bowl)의 외측 가장자리 근처의 원주축에 대한 회전 운동이 일어난다.

현대식 기관의 연소 과정에서 텀블의 역할은 최근에 훨씬 중요해졌으며, 텀블을 이해하고 증진시키는 데 많은 연구개발이 이루어져 왔다. 텀블은 성층 연소로 작동하는 기관에서 공기-연료 혼합기의 성층화를 이루는 데 있어서 중요한 변수 중의 하나이다. 여러 가지 기관 속도와 부하 조건에 대한 서로 다른 텀블 특성을 만들기 위해 피스톤 면의 특수한 형상, 그리고 흡기 밸브의 가변 시기 및 가변 양정이 사용된다. 연료 소비와 유해 배기 배출물을 최소화하면서 열효율을 최대화하기 위하여, 이들 기관은 어떤 때에는 성층 급기로 운전하고 다른 때에는 이론 공연비의 균질 급기로 운전한다. 이것을 달성하기 위하여 변화되는 변수 중의 하나가 텀블이다.

텀블비(tumble ratio)는 텀블의 크기를 나타내는 데 사용되는 무차원 변수이다.

$$\text{TR} = (\text{angular speed of tumble})/(\text{engine speed}) = \omega_t/N \qquad (6\text{-}6)$$

스월에서와 같이 패들 휠 모델이 사용되면, 피스톤이 TDC에 가까워짐에 따라 텀블비는 보통 약 1~2의 값을 갖게 된다. TDC 근처에서, TR은 일반적으로 증가하며, 그런 다음, 연소 동안에 텀블 에너지는 추가적인 난류로 변환된다.

예제 6-2

그림 6-7에서 보여 주는 것처럼 피스톤 기관이 3,500RPM으로 운전하고 있으며, 각 실린더에는 공기-연료 0.0014kg이 들어 있다. 피스톤이 TDC로 접근할 때, 가스의 안쪽 방향 스퀴시 속도는 7.66m/s이다. TDC에서 실린더 가스의 반이 지름이 2.2cm인 텀블 회전을 만든다. 다음을 계산하라.

1. 텀블 회전에서 가스의 각운동량
2. 회전을 패들 휠 모델로 가정할 때의 텀블비

풀이

(1) 텀블 회전에서 가스의 회전 속도는,

$$\omega_t = u_t/r = (7.66 \text{ m/sec})/(0.011 \text{ m}) = 696 \text{ radians/sec}$$

식(6-3)을 이용하여 회전하는 가스의 관성 질량 모멘트를 구하면,

$$I = mB^2/8 = (0.0014/2 \text{ kg})(0.022 \text{ m})^2/8 = 4.235 \times 10^{-8} \text{ kg-m}^2$$

식(6-4)를 이용하여 각운동량을 구하면,

$$\Gamma = I\omega_t = (4.235 \times 10^{-8} \text{ kg-m}^2)(696 \text{ radians/sec}) = \underline{2.95 \times 10^{-5} \text{ kg-m}^2/\text{sec}}$$

(2) 식(6-5)를 이용하여 텀블비를 구하면,

$$TR = \omega_t/N = (696 \text{ radians/sec})/[(3500/60 \text{ rev/sec})(2\pi \text{ radians/rev})] = \underline{1.9}$$

6..4 분할 연소실

어떤 기관은 피스톤 위의 주실이 간극 체적의 약 80%, 그리고 작은 오리피스를 통하여 주실과 연결된 부실이 간극 체적의 약 20%를 차지하는 분할 연소실을 가지고 있다(그림 6-8). 연소는 작은 부실에서 시작되며, 이후 화염은 오리피스를 통과하여 주실을 점화한다. 이러한 연소실을

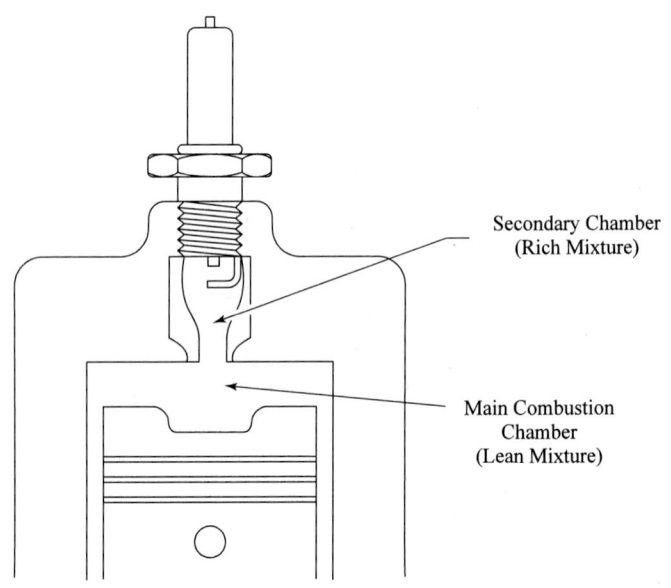

그림 6-8
전기 점화 기관의 분할 연소실. 일반적으로 부실은 전체 간극 체적의 약 20%이다. 보통 연소는 점화 플러그가 위치한 부실에서 시작된다. 연소실 사이의 오리피스를 통하여 화염이 팽창하는 토치 점화에 의해 주실의 공기-연료 혼합기가 점화된다. 보통, 분할 연소실 기관은 부실에는 양호한 점화를 위하여 농후한 혼합기를 공급하고 주실에는 연료 절약을 위해 희박한 혼합기를 공급하는 성층 급기 기관이다.

Secondary Chamber
(Rich Mixture)

Main Combustion
Chamber
(Lean Mixture)

가진 기관에서는 주실의 흡입 스월이 중요하지 않다. 따라서 흡기계는 체적 효율을 증가시키도록 설계될 수 있다. 부실에는 강한 스월이 바람직하며, 주실과 부실 사이의 오리피스는 주실에 강한 스월을 공급할 수 있도록 만들어진다. 부실을 **스월실**(swirl chamber)이라고 한다. 부실 내에서 혼합기가 연소에 의해 소비됨에 따라 압력은 상승하고, 화염 가스는 오리피스를 통해 팽창해 나가 주실에 대한 **토치 점화**(torch ignition)로 작용한다. 오리피스를 통하여 밀려나간 팽창 가스는 주실에 거대한 **2차 스월**을 만들고 주실의 연소를 촉진한다. 부실 내외로 가스를 밀어넣거나 밀어내는 데 다소의 에너지가 손실되며, 큰 표면적 때문에 추가적인 열손실이 있다.

보통, 성층 급기 기관의 연소실은 분할 연소실이다. 흡기계는 부실에 농후 혼합기를 공급하고 주실에는 희박 혼합기를 공급하도록 설계된다. 강한 스월을 가진 부실 내의 농후 혼합기는 쉽게 점화되고 매우 빨리 연소한다. 그 후, 오리피스를 통하여 팽창하여 나간 화염 가스는 주실 내의 희박 혼합기를 점화시킨다. 주실 내의 혼합기는 점화 플러그만으로는 점화시키기가 어려울 정도로 희박할 수도 있다. 점화와 연소가 양호하며, 연료 절약을 위하여 전체적으로는 희박하게 운전하는 것이 이 기관의 목적이다. 이 기관에서는 주실과 부실에 알맞는 공기와 연료를 공급하기 위한 흡기 밸브와 인젝터의 배치와 개폐 시기가 매우 중요하다.

이러한 형태의 연소실을 변형한 압축 착화 기관의 연소실은 부실이 비활성으로 주실에 모든 밸브와 인젝터가 설치되어 있다. 주실에서 연소가 일어날 때 높은 압력이 작은 오리피스를 통하여 부실로 가스를 밀어 넣어 부실의 압력을 상승시킨다. 주실 내의 압력이 동력 행정 동안 감소될 때 부실 내의 고압 가스가 주실로 역류한다. 이것은 주실 내의 압력을 짧은 시간 동안 고압으로 유지시켜 동력 행정 동안 원활하면서도 약간 큰 힘을 피스톤에 가하도록 한다. 보통, 이러한 종류의 부실 체적은 간극 체적의 약 5~10%이다(그림 7-15).

6.5 틈새 유동 및 블로바이

기관의 연소실에는 사이클 동안 공기, 연료 및 배기 가스로 채워진 작은 틈새가 있다. 이러한 틈새로는 피스톤과 실린더 벽 사이의 간극(전체의 약 80%), 점화 플러그나 연료 인젝터의 나사부의 조립 간극(5%), 실린더 헤드와 블록 사이의 개스킷 간극(10~15%), 그리고 연소실의 가장자리에 있는 비곡선 구석 및 밸브면의 가장자리 주위 등이 있다. 이 체적은 전체 간극 체적의 1~3%에 불과하지만, 틈새 안팎으로의 유동은 기관의 전 사이클에 큰 영향을 미친다.

전기 점화 기관에서 공기-연료 혼합기는 실린더 압력이 증가하는 압축 동안에 이 틈새로 밀려들어가고 연소 동안에는 더욱 많은 양이 들어간다. 실린더 압력이 매우 높은 연소 동안에는 가스가 틈새로 밀려들어가 틈새 압력은 실린더 압력과 거의 같아진다. 피스톤-실린더 틈새 또는 화염면 전방에 있는 점화 플러그로부터 멀리 떨어진 영역에서 틈새로 밀려들어간 가스는 공기와 연료의 혼합기이며, 점화 플러그 나사 또는 화염면 후방에서 틈새로 밀려들어간 가스는 배기 생성물이다. 틈새는 체적이 작으며, 질량이 큰 금속으로 된 연소실 벽에 의해 둘러싸여 있기 때문에 틈새로 밀려들어간 가스는 거의 연소실 벽 온도로 유지된다. 틈새 내의 공기-연료 혼합기는 벽에 근접하여 있기 때문에 연소하지 못한다. 화염은 금속 사이의 작은 통로로 전파될 수 없다. 화염에 의해 발생된 열은 작은 화염면에 의해 생성되는 열보다 빠른 속도로 금속 벽에 의해 전도된다. 따라서 틈새에는 연소를 일으킬 정도로 에너지가 충분하지 않아 화염이 소멸된다.

틈새 내의 압력이 높고, 온도는 훨씬 차가운 벽의 온도와 거의 같기 때문에, 틈새 내의 가스 밀도는 매우 높다. 그러므로 전체 체적의 단지 몇 %에 해당하는 틈새 체적이지만, 최대 압력에서는 공기-연료 전체 질량의 20%가 틈새에 포집될 수 있다(문제 6-6 참조). 동력 행정이 일어나고 실린더 내의 압력이 감소함에 따라 높은 틈새 압력은 틈새 내의 가스를 연소실로 되밀어내 포집된 연료의 일부가 연소된다. 일부의 역방향 틈새 유동은 연소가 종료된 동력 행정의 후반부에 일어나고 이 연료는 연소되지 않는다. 그러므로 연료의 일부는 결국 기관 배기가 되어 탄화수소 배출을 증가시키고 연소 효율과 기관의 열효율을 감소시킨다. 압축 착화 기관에서는 연소 직전까지 연료가 공급되지 않아 틈새 내로 들어간 연료가 훨씬 적기 때문에 이러한 문제는 줄어든다.

대부분의 피스톤은 2개 이상의 압축링과 최소한 1개의 오일링을 가지고 있다. 압축링은 피스톤과 실린더 벽 사이의 간극 틈새를 밀봉한다. 압축링은 고도로 연마된 크롬강으로 만들어지며, 단단하고 연마된 실린더 벽에 자체 스프링력으로 지지된다. 압축 행정 동안에 피스톤이

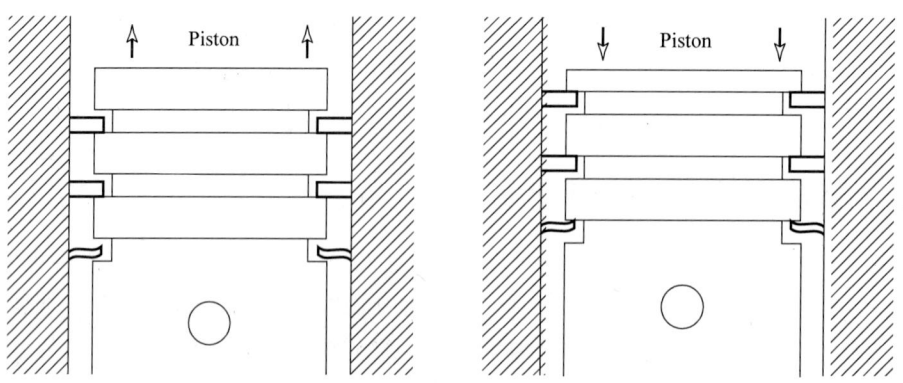

그림 6-9

연소실 가스가 피스톤의 압축링 옆으로 밀려들어갈 때 블로바이가 일어나는 방법을 보여 주는 개략도.
압축 행정에서 피스톤이 상향 운동할 때 압축링은 링 홈의 바닥으로 밀려나며, 피스톤과 실린더 벽 사이
의 틈새 체적과 피스톤 링 홈으로 밀려들어간다. 동력 행정에서 피스톤이 반대 방향으로 움직일 때 피스
톤 링은 홈의 상부로 밀리고 홈 내의 가스는 피스톤을 빠져나간다. 또한 가스는 링 끝이 만나는 틈새를
통하여 피스톤 링을 지나 누출된다.

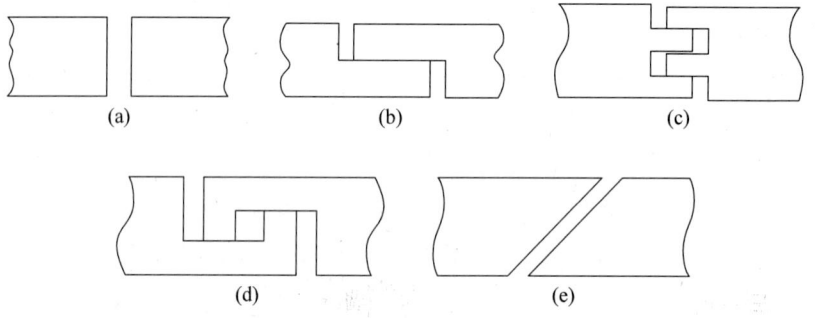

그림 6-10

블로바이를 감소시키기 위한 여러 가지 피스톤 링 절개부 설계. 참고 문헌[34]에서 인용.

TDC를 향하여 움직일 때, 압축링은 링 홈의 하부면으로 밀려지며, 약간의 가스가 맨 위쪽의
홈으로 흘러 들어온다(그림 6-9). 그리고 나서 피스톤이 방향을 바꾸어 동력 행정을 시작함에
따라, 압축링은 링 홈의 상부면으로 밀려지고, 포집된 가스는 홈 밖으로 더 나아가서는 피스톤
을 따라 흘러나간다. 제2 압축링은 가스의 일부가 제1 압축링을 통과하여 누출되는 것을 막는
다. 가스가 피스톤 링을 지나서 누출되는 또다른 통로는 링의 두 끝이 만나는 간극이다. 그림
6-10은 이 유동을 최소화하기 위한 여러 가지 형상을 보여 준다. 오일링은 윤활을 목적으로 한
링이며 가스 누출을 막는 기능은 없다. 그러나 피스톤과 실린더 벽 사이의 유막은 윤활 외에 피

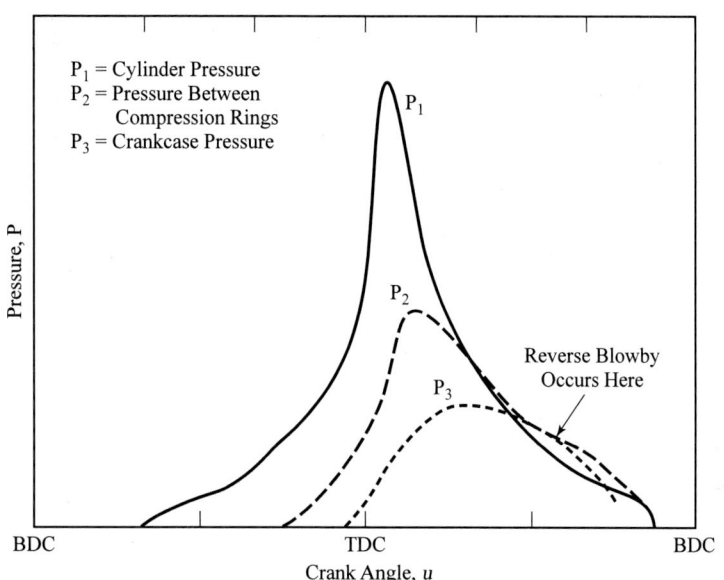

그림 6-11

실린더 압력(P_1), 피스톤 압축링 사이의 압력(P_2) 및 크랭크실 압력(P_3)을 보여 주는 크랭크각에 따른 기관 압력. 피스톤을 통과하는 유동이 제한 받기 때문에 한 공간으로부터 다음 공간으로의 압력 변화에는 시간 지연이 있다. 배기 밸브가 열려 블로다운이 일어날 때, 연소실 내의 압력은 급격하게 감소하여 $P_2 \rangle P_1$이 된다. 이 때에 역블로바이가 일어난다. 크랭크실에 형성된 압력 때문에 크랭크실 환기가 필요하다. 참고 문헌[105]에서 인용.

스톤을 통과하는 가스 유동을 제한하는 주요한 가스 밀봉제 역할을 한다. 피스톤을 완전히 통과하여 크랭크케이스에 도달한 가스를 **블로바이**(blowby)라고 한다.

그림 6-11은 기관 사이클 동안, 연소실 내 압력, 압축링 사이의 압력 및 크랭크케이스 내 압력이 크랭크각에 따라 어떻게 변하는지를 보여 준다. 압축링들에 의해 만들어지는 유동 통로가 좁기 때문에 한 공간으로부터 다른 공간으로의 압력 변화에 시간 지연이 있다. 배기 밸브가 열리는 동력 행정 말기에는 압축링 사이의 압력은 연소실의 압력보다 높게 되어 압축링 사이의 가스가 연소실로 다시 밀려나온다. 이것을 **역블로바이**(reverse blowby)라고 한다.

틈새 체적은 최소로 유지되어야 한다. 공차가 작고 품질 관리가 잘 된 현대식 기관의 틈새 체적은 보다 작다. 그러나 고압축비 때문에 간극 체적이 감소하여 틈새 체적의 비율은 거의 동일하다. 주철 피스톤은 열팽창이 작기 때문에 알루미늄 피스톤보다 공차를 작게 할 수 있다. 구조적으로, 맨 위에 있는 압축링은 가능한 한 피스톤의 상부면에 가까워야 한다.

블로바이는 크랭크케이스 내의 압력을 증가시키고, 연료와 배기 가스로 오일을 오염시킨다. 어떤 기관에서는 연료의 1%가 크랭크케이스로 밀려들어간다. 크랭크케이스 압력을 낮게 유지하기 위해서는 크랭크케이스가 환기되어야 한다. 과거의 기관에서는 크랭크케이스가 주위로 환기되어 연료가 낭비되고 연료 증기로 환경이 오염되었다. 모든 현대식 자동차 기관은 크랭크케이스를 흡기계로 재순환시켜 이러한 문제를 피한다. 소형 기관은 아직도 크랭크케이스를 주위의 대기로 환기시킨다. 블로바이에 의한 오일 오염 때문에, 오일 여과 장치가 필요하고 자주 오일을 교환해야 한다.

예제 6-3

기관의 틈새 체적이 전체 간극 체적의 2%이다. 틈새 내의 압력은 연소실 압력과 같고 온도는 180℃인 실린더 벽 온도와 같다고 가정한다. 실린더 흡기 상태는 60℃와 98kPa이고, 압축비는 9.6:1이다. 다음을 계산하라.

1. 압축 행정 말기에 틈새에 포집된 연료의 백분율
2. 틈새 체적에 포집되었다가 배기로 배출된 연료의 백분율

풀이

틈새 체적에 포집된 연료의 80%만 동력 행정 후반에 연소된다고 가정한다.
식(3-4)와 식(3-5)를 이용하여 압축 행정 마지막 상태를 계산하면,

$$P_2 = P_1(r_c)^k = (98 \text{ kPa})(9.6)^{1.35} = 2076 \text{ kPa}$$
$$T_2 = T_1(r_c)^{k-1} = (333 \text{ K})(9.6)^{0.35} = 735 \text{ K} = 462°C$$

간극 체적에 대한 틈새 체적의 질량비는,

$$m_{\text{crev}} = PV/RT = (2076 \text{ kPa})(0.02V_c \text{ m}^3)/(0.287 \text{ kJ/kg-K})(453 \text{ K})$$
$$= 0.319V_c$$

TDC에서 연소실 내의 질량은,

$$m_{\text{chamb}} = (2076 \text{ kPa})(V_c)/(0.287 \text{ kJ/kg-K})(735 \text{ K}) = 9.841V_c$$

(1) 틈새 내의 연료 비율은,

$$\% = [(m_{\text{crev}})/(m_{\text{total}})](100)$$
$$= [(0.319\, V_c)(100)]/[(0.319\, V_c) + (9.841\, V_c)] = \underline{3.14\%}$$

(2) 틈새 연료의 20%가 연소되지 않으므로,

$$미연\ 비율 = (0.20)(3.14) = \underline{0.63\%}$$

이것이 틈새 유동으로 인하여 배기로 손실된 연료이다. 비효율적인 혼합과 연소로 인하여 연료가 추가로 손실된다.

6.6 수학적 모델 및 컴퓨터 시뮬레이션

수학적 모델

기관의 작동 사이클을 이해하고 해석하기 위한 수많은 수학적 모델이 개발되었다. 이러한 모델에는 연소 모델, 물리량 모델 및 실린더 유동 모델 등이 있다. 때로는 모델이 과정과 상태량을 아주 자세하게 나타내지는 못하지만 기관과 기관 사이클을 이해하고 개발하는 데는 강력한 도구가 된다. 새로운 기관과 부품을 설계할 때 모델과 컴퓨터를 이용하면 시간과 경비가 크게 절감된다. 경험으로 미루어, 새로운 부분의 구성이 필요하고 변경 부분에 대해 시험을 수행하는 새로운 설계는 시행 착오를 거쳐야 하기 때문에 경비와 시간이 많이 소요되는 작업이다. 현재, 기관 개조와 새로운 설계는 우선 여러 가지 모델을 이용하여 컴퓨터에서 개발된다. 부품이 컴퓨터에서 최적화된 후에는 그 부분만을 실제로 구성하여 시험하기도 한다. 그러므로 실제 부품에 대해서는 소규모 수정만 해야 한다.

모델은 간단하고 사용하기 쉬운 것부터 매우 복잡하고 대형 컴퓨터를 사용해야 하는 것에 이르기까지 다양하다. 일반적으로, 유용하고 정확한 모델일수록 복잡하다. 기관 해석에 사용되는 모델은 경험 관계식과 근사식을 사용하여 개발되며, 사이클을 준평형 과정으로 취급하기도 한다. 또한 정상적인 유체 유동 방정식이 사용될 때도 있다.

기관의 전체 유동을 하나로 처리한 모델, 기관을 부분별로 나눈 모델 및 각 부분을 세부 부분(예를 들어, 연소실을 기연 및 미연, 벽 근처 경계층 등의 여러 개 영역으로 분할)으로 나눈 모델이 있다. 대부분의 모델은 한 실린더만을 다루며, 실린더 간의 상호 작용은 무시한다. 이러한 상호 작용은 주로 배기계에서 발생할 수 있다.

연소 모델은 점화, 화염 전파, 화염 종료, 연소율, 기연 및 미연 영역, 열전달, 배기 유해

성분 생성, 노크 그리고 화학 운동학을 다룬다[51, 85, 114]. 연소 모델은 전기 점화 기관과 직접 분사식이나 간접 분사식 압축 착화 기관에 사용될 수 있다. 상태량 값은 표준 열역학 상태 방정식 그리고 열물리 상태량 및 수송 상태량에 대한 관계식으로부터 구한다.

연소실 유동에도 모델을 이용할 수 있다. 이러한 모델로는 난류 모델[16, 91, 118, 119, 127], 실린더 내의 스월, 스퀴시 및 텀블의 유동 모델[6, 18, 21, 54, 55, 60, 66, 72, 109, 128, 129, 134, 142] 그리고 연료 분무 모델[7, 17, 53, 137]이 있다.

컴퓨터 시뮬레이션

기관의 작동, 시험 및 개발에는 최소한 3가지의 컴퓨터 이용 방법이 활용되고 있다. 자동차 기관은 작동의 원활성, 연료 소비, 배기 유해 성분 제어, 고장 진단 및 기타 여러 가지 작동을 최적화하는 자체 제어용 컴퓨터를 장착하고 있다. 컴퓨터는 기관에 설치된 온도 센서, 전기 센서, 화학 센서, 기계 센서 및 광학 센서로부터의 입력에 따라 기관을 제어한다.

정비나 실험에 대한 시험은 보다 정교한 감지 기기와 장비를 갖춘 큰 외부 컴퓨터에 기관을 연결하여 실시된다. 시험은 자동차나 외부 실험대에 설치된 기관을 가지고 한다. 수집된 정보의 양과 유용성은 많은 요인에 따라 달라진다. 이러한 요인들에는 자료 획득 장비의 채널 수, 자료의 해상도, 표본율 및 자료의 양(컴퓨터 용량)이 포함된다.

개발 작업에서는, 실제 기관 작동을 시뮬레이션하기 위한 정교한 수학적 모델이 사용된다. 모델의 복잡성과 정밀성은 컴퓨터 크기에 달려 있으며, 어떤 모델은 아주 큰 컴퓨터를 필요로 한다. 기관의 여러 가지 작동에 이용할 수 있는 상업용 소프트웨어가 있는데, 어떤 것들은 특별히 압축 착화 기관용으로 만들어져 있고, 또 어떤 것들은 보다 일반적인 용도(예를 들어, 열전달, 화학 운동학, 상태량 값, 연소 해석[6, 49, 52, 54, 67, 75, 96, 117])로 개발되어 있다. 적절한 용량의 컴퓨터와 관련 소프트웨어로 연소율, 열해리, 조성 변화, 열 발생률 해석, 열전달, 화학적 평형 해석 그리고 기연 가스와 미연 가스에 대한 열역학적 상태량과 수송 상태량의 정밀한 결정을 포함한 자세한 연소 해석을 할 수 있다. 참고 문헌[40]에는 기관의 여러 가지 과정에 대한 컴퓨터 프로그램이 소개되어 있다.

자동차 회사는 기관 개발 작업에서 매우 정교한 프로그램을 사용한다. 보통, 이러한 프로그램은 사내에서 만들어지며 고급 기밀 문서이다. 이러한 프로그램은 새로운 기관 개발과 현행 설계의 수정 및 개선을 훨씬 빨리 할 수 있도록 한다. 이들 프로그램이 할 수 있는 작업에 대하여, 한 프로그램을 예로 들어 다음 절에서 검토된다. 이 프로그램은 General Motors에서 사용된 프로그램의 축소판으로 교육 기관에서 사용하도록 개방된 것이다. 이 기관 시뮬레이션 프로그램에 대한 사용자 안내 책자로부터 인용한 구절은 모델링과 컴퓨터 사용을 적절한 시각으로 설명하고 있다[87]. "어떤 사람들은 컴퓨터 모델을 전혀 믿지 않는다. 나는 당신이 그들 중의 한 사람이 아니리라 믿는다. 또 어떤 사람들은 컴퓨터 모델을 완전히 믿는다. 나는 당신이 그들 중의 한 사람이 아니리라 믿는다. 기관 시뮬레이션은 당신이 제공하는 가정과 입력 자료만큼만 좋은 것이다. 항상 입력 자료를 의심하고, 항상 '시뮬레이션으로 처리하기에 좋은 문제인가?' 라는 질문을 하라. 특히, 결정하기 전에 이 질문을 확인하라. 복잡한 컴퓨터 모델의 가장 큰 위험은 그럴 듯하지만 잘못된 결과를 컴퓨터 모델이 제공할 수 있다는 것이다."

6.7 내연 기관 시뮬레이션 프로그램

General Motors의 내연 기관 시뮬레이션 프로그램은 기관 사이클 동안 연소실과 배기계 내에서 일어나는 현상을 해석하며, 흡기 밸브가 닫히는 점에서 시작하여 압축 과정, 연소 과정을 거쳐 배기 과정으로 진행된다. 이 프로그램은 4행정, 전기 점화, 균일 혼합기 사이클로 작동하는 단기통 기관에 적용될 수 있다. 이 프로그램은 여러 가지 연소실 형상에 따른 영향을 해석하는 능력에는 한계가 있다. 단기통 기관용 프로그램이기 때문에, 이 프로그램은 여러 개의 실린더들 사이의 상호 작용에 따른 배기계의 튜닝 효과(tuning effect) 해석에는 사용할 수 없다.

프로그램 범위

이 프로그램은 열역학 제1법칙을 사용하며, 연소, 열전달 및 밸브 유동률에 대한 여러 가지 모델을 결합시키고 참고 문헌[111]의 적분법을 이용한다. 크랭크각에 따라 적분되며, 적분은 다양한 연료, 공기-연료비, EGR 또는 급기 희석을 위한 다른 불활성 가스, 밸브 열림 형상에 대해 가능하다. 이 프로그램은 압축, 연소 및 가스 교환의 주요한 3개 부분으로 나뉘어 있다.

압축 : 적분은 흡기 밸브가 닫히는 점에서 시작하여 점화 크랭크각에 도달할 때까지 진행된다. 앞 사이클의 잔류 가스는 실린더 가스 혼합물에 포함되며, 잔류 가스의 비율과 화학적 함유량이 각 사이클 후의 정상 상태 값을 유지할 때까지 수많은 반복 계산이 실행된다.

연소 : 화염면은 구형이라고 가정되며, 점화점으로부터 퍼져나간다. 이 프로그램은 실린더를 기연과 미연 영역으로 나눈다. 또한 기연 영역은 단열 중심부와 열전달이 일어나는 경계층부로 나누어진다. 벽으로의 열전달은 미연 영역으로부터도 일어난다. 배기 밸브가 열리면 2개의 영역은 더 이상 구분되지 않으며 모든 가스가 혼합된 것으로 생각한다. 적분이 계속될 때, 상태량의 값은 참고 문헌[96]의 연소 계산법을 이용하여 구한다.

가스 교환 : 이 과정 동안에는 3개의 제어 질량 즉, 실린더 가스, 배기 밸브 하류의 배기 가스 및 열린 흡기 밸브을 통하여 흡기계로 역류하는 가스가 고려된다. 역류 가스는 연소실로 재흡입될 때 다시 실린더 가스의 일부가 된다. 어떤 조건에서는 역류가 없다. 가스 교환 과정을 계산하기 위해서는 밸브의 유량 계수와 크랭크각에 따른 밸브 리프트 자료가 필요하다.

입력량

이 프로그램은 기관과 작동 변수의 자료 입력 파일을 읽어들인다. 이 목록은 시뮬레이션 수행을 위하여 선택되어야 할 것들이 광범위하다는 것을 보여 준다.

입력 부분 1 : 기관 형상을 판정하는 자료

보어
행정
피스톤 핀 옵셋
커넥팅로드 길이
압축비
밸브 헤드 직경
밸브 시트각
피스톤 표면적/보어 면적
헤드 표면적/보어 면적
TDC 벽면적/보어 면적
연료
연소 표
열전달 계산 연산자
3영역 모델에 대한 경계 영역 가중 지수

입력 부분 2 : 표

흡기 밸브 구동을 위한 로커비
흡기 밸브가 열리는 위치
흡기 밸브가 닫히는 위치
크랭크각에 따른 흡기 캠 리프트
배기 밸브 구동을 위한 로커비
배기 밸브가 열리는 위치
배기 밸브가 닫히는 위치
크랭크각에 따른 배기 캠 리프트
흡기 밸브 리프트/직경에 따른 유출 계수

배기 밸브 리프트/직경에 따른 유출 계수
기연 체적비 대 기연 면적비(목록 맨 뒤에 있는 식 참조)
연소 크랭크각 분율 대 기연 질량 분율

입력 부분 3 : 작동 조건

기관 속도
공연비
적분 공차
출력용 크랭크각 간격
실행 사이클 수
흡기 압력
배기 압력
섭동 흡기 밸브 리프트
섭동 배기 밸브 리프트
공기-연료 혼합기의 흡기 온도
EGR 온도
EGR 질량 분율
점화 크랭크각
연소 효율
연소 기간의 크랭크각
기관의 정상 운전 또는 모터링
피스톤 표면 온도
헤드 온도
실린더 벽 온도
흡기 밸브 온도
배기 밸브 온도

기연 체적비 = (화염 후방의 연소 체적)/(총 실린더 체적)
기연 면적비 = (화염 후방의 실린더 표면적)/(총 실린더 면적)

출력 파일

온도, 압력, 체적, 연소 질량 등과 같이 관심 있는 출력 변수들은 크랭크각에 따라 모두 목록으로 만들어진다. 크랭크각이 1도 간격으로 사용될 때, 연소 동안 외에는 사용자가 출력용 크랭크각 간격을 지정할 수 있다. 이 프로그램은 정해진 크랭크각에서 연소 가스의 성분을 목록으로 만든다. CO와 NO 자료는 흡기 밸브가 닫힐 때, 그리고 배기 밸브가 열릴 때이다. 지시, 제동 및 마찰 동력이 출력된다. 참고용으로, 출력 파일에는 입력 파일의 내용도 들어있다.

출력 파일은 표나 도표를 작성하는 데 사용될 수 있는 스프레드시트(작업 용지) 프로그램으로 출력될 수 있다. 그림 6-12부터 그림 6-15는 시범으로 실행한 결과를 보여 준다. 그림 6-12는 압력-체적 지압 선도에서 흡기 압력 변화의 영향을 보여 준다. 그림 6-13은 NO와 CO가 공기-연료비에 따라 어떻게 영향을 받는가를 보여 준다. 그림 6-14는 입력 당량비에 따른 단열 화염 온도를 나타낸다. 그림 6-15는 흡기 압력에 따른 여러 가지 동력을 나타낸다.

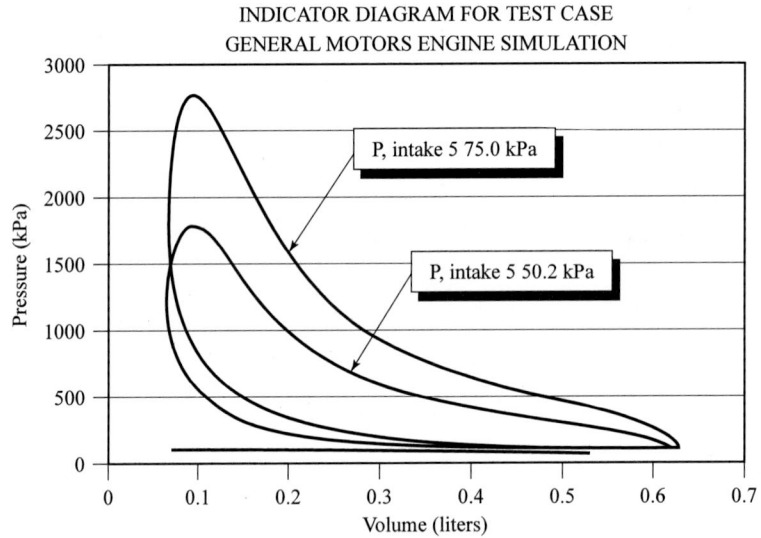

그림 6-12

흡기 압력이 사이클의 압력-체적 지압 선도에 미치는 영향을 보여 주는 General Motors 프로그램 출력. 참고 문헌[41]에서 인용.

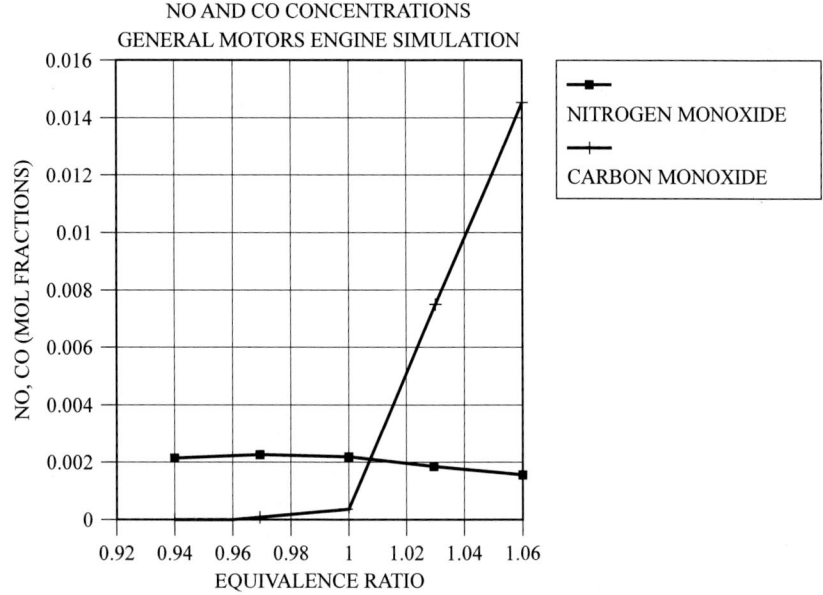

그림 6-13

흡기 당량비가 NO 및 CO 배기 농도에 미치는 영향을 보여 주는 General Motors 프로그램 출력. 참고 문헌[41]에서 인용.

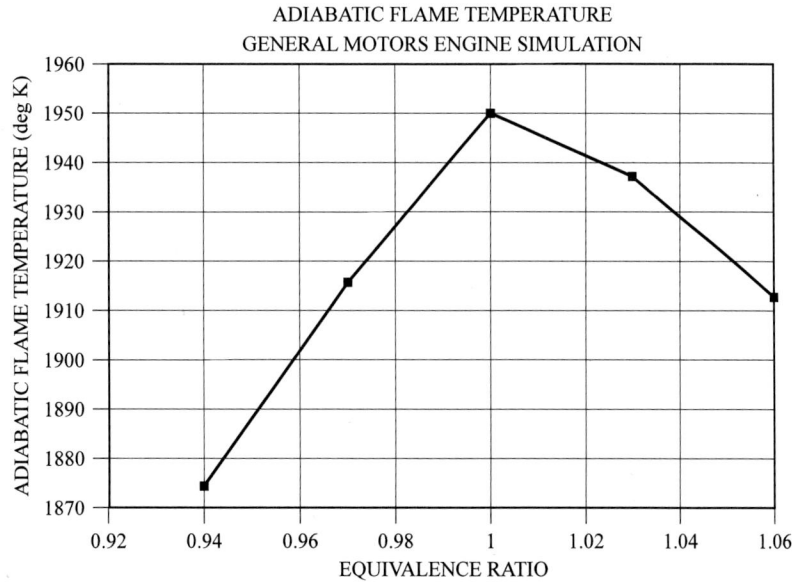

그림 6-14

흡기 당량비에 따른 단열 화염 온도를 보여 주는 General Motors 프로그램 출력. 참고 문헌 [41]에서 인용.

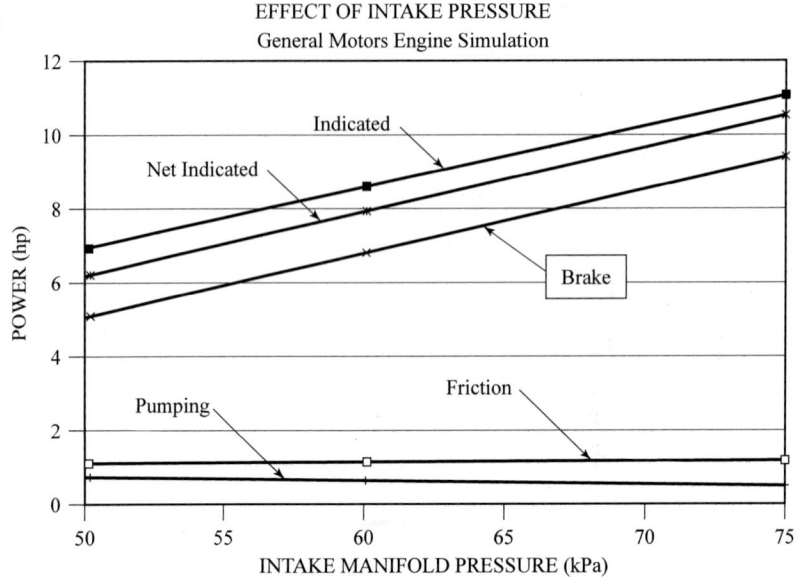

그림 6-15
흡기 압력에 따른 출력 동력을 보여 주는 General Motors 프로그램 출력. 참고 문헌[41]에서 인용.

6.8 결론

기관의 작동은 스월, 스퀴시, 역스퀴시 및 텀블 등의 체적 유동 외에 공기-연료 유동 내의 강한 난류에 따라 달라진다. 난류는 혼합, 기화, 열전달 및 연소를 촉진시킨다. 연소 동안에는 강한 난류가 바람직하므로, 일부의 연소실 형상 설계는 난류를 증진시키도록 되어 있다. 스월은 흡입 및 압축 동안에 실린더 내에서 발생되는 회전 운동이고, 스퀴시는 피스톤이 TDC에 접근할 때 일어나는 반경 안쪽 방향 운동이며, 텀블은 스퀴시 운동과 간극 체적의 형상에 의해 만들어진다. 이들 운동은 기관의 작동을 원활하게 해 준다.

틈새 유동은 기관 작동 동안에 일어나는 또다른 유동 운동으로 연소실의 작은 틈새로의 유동이다. 틈새 체적은 전체 연소실 체적의 단지 몇 %에 불과하지만, 틈새로 출입하는 유동은 연소와 배기 유해 성분에 영향을 미친다. 피스톤과 실린더 벽 사이의 틈새에서 일어나는 가스 유동의 일부는 피스톤을 거쳐 크랭크케이스로 들어간다. 이 가스는 크랭크케이스 압력을 증가시키고 윤활유를 오염시킨다.

연습 문제

6.1 행정이 9.79cm인 2. 4리터, 3실린더, 4행정 사이클 기관이 2,100RPM에서 작동하고 있다. 압축 행정 동안에 식(6-1)로 정의된 공기-연료 혼합기의 스월비는 4.8이다. 혼합기는 각 실린더에 0.001kg씩 들어 있고 TDC에서 간극 체적으로 압축된다. 그림 6-16에서 보여 주는 것처럼, 간극 체적은 피스톤 면에 있는 원통형 보울로 근사화될 수 있다. 각운동량은 보존된다고 가정한다. 다음을 계산하라.

(a) TDC에서 스월 각속도 [rev/sec]
(b) TDC에서 보울 가장자리의 접선 속도 [m/sec]
(c) TDC에서 식(6-2)로 정의된 스월비

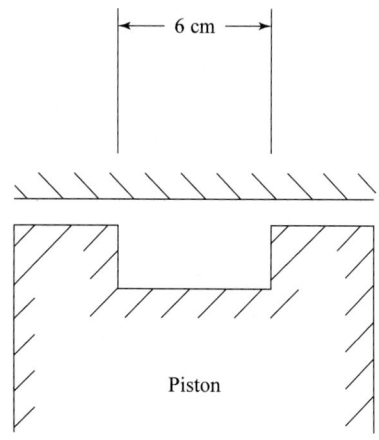

그림 6-16

6.2 150in^3, 4실린더, 4행정 사이클, 강한 스월 압축 착화 기관이 3,600RPM에서 작동하고 있다. 보어와 행정의 관계는 $S = 0.95B$이다. 압축 행정 동안에 식(6-2)로 정의된 실린더 공기의 스월비는 8이다.
다음을 계산하라.

(a) 스월 접선 속도 [ft/sec]
(b) 패들휠 모델을 이용한 실린더 공기의 각속도 [rev/sec]
(c) 식(6-1)로 정의된 스월비

6.3 보어 B = 8.56cm, 행정 S = 0.92B 인 5실린더 전기 점화 기관이 공기-표준 Otto 사이클로 2,800RPM에서 작동하고 있다. 압축 행정 동안에 각 실린더 내의 공기가 패들 휠 모델을 이용한

각속도 250 rev/sec로 회전하고 있다. TDC에서 가스 혼합기는 피스톤 면에 있는 지름이 5cm인 원통형 보울로 간주될 수 있는 간극 체적으로 압축된다.

다음을 계산하라.

(a) 식(6-1)을 이용한 압축 동안의 스월비
(b) 식(6-2)을 이용한 압축 동안의 스월비
(c) 각운동량이 보존된다는 가정 하에 TDC에서 보울 내 가스의 각속도 [rev/sec]

6.4 어떤 기관이 3,200RPM으로 작동할 때, 0.0012kg의 공기-연료-배기 잔류물이 각 실린더 내에서 텀블 운동을 하고 있다. 텀블 회전의 반경이 0.90cm이고 텀블비는 1.78이다.

다음을 계산하라.

(a) 텀블 회전의 가장자리에서 접선 속도 [m/sec]
(b) 패들휠 모델을 이용한 실린더 공기의 각속도 [rev/sec]
(c) 한 개의 실린더 내에 있는 텀블의 회전 운동 에너지 [J]

6.5 어떤 전기 점화 기관이 3,400RPM에서 공기-표준 Otto 사이클로 WOT(전부하) 상태로 작동한다. 압축비는 10.2이고, 압축 시작점에서 온도와 압력은 각각 60℃와 100kPa이다. 틈새의 체적은 간극 체적의 3%이고 압력은 실린더 내 압력과 같으며 온도는 180℃이다. 실린더 내 공기-연료 혼합기는 AF = 15로 균일하다. 기관으로 들어가는 연료의 질량 유량은 0.0042kg/sec이다. 압축 말기에 틈새 체적에 포집된 연료의 85%는 결국 연소되고, 나머지는 배기로 배출된다.

다음을 계산하라.

(a) 압축 행정 말기에 틈새 체적에 포집된 연료의 백분율 [%]
(b) 틈새 체적으로 인한 배기 내의 미연 연료의 질량 유량 [kg/hr]
(c) 미연 연료로 인하여 배기로 손실된 화학 에너지 [kW]

6.6 압축비가 10.9:1인 3.3리터, V6 전기 점화 기관이 2,600RPM에서 이론 공연비의 가솔린을 사용하여 오토사이클로 작동하고 있다. 간극 체적의 2. 5%인 틈새 체적의 압력은 연소실 압력과 동일하지만, 온도는 190℃의 실린더 벽 온도를 유지한다. 압축 초기 조건은 65℃와 98 kPa이다. 완전 연소로 가정하고 다음을 계산하라.

(a) 연소 초기에 틈새 체적에 들어 있는 가스 혼합기의 질량 비율 [%]
(b) 연소 말기에 틈새 체적에 들어 있는 가스 혼합기의 질량 비율 [%]

6.7 6.8리터, 직렬 8실린더 압축 착화 기관의 압축비(r_c)가 18.5이고, 틈새 체적은 간극 체적의 3%이다. 기관 사이클 동안 틈새 체적의 압력은 연소실 압력과 동일하지만, 온도는 190℃의 실린더 벽

온도를 유지한다. 압축 초기의 실린더 조건은 75℃와 120 kPa이며, 최대 압력은 11,000 kPa이다. 연료 차단비(cutoff ratio)는 2.3이다.

다음을 계산하라.

(a) 한 개의 실린더의 틈새 체적 [cm³]

(b) 압축 말기에 틈새 체적에 있는 공기-연료 혼합기의 비율 [%]

(c) 연소 말기에 틈새 체적에 있는 공기-연료 혼합기의 비율 [%]

6.8 292 in³, V8, 4행정 사이클 압축 착화 기관이 공연비 24에서 경유를 사용하여 1,800RPM으로 작동하고 있으며, 체적 효율은 94%이다. 분사 시기는 22°bTDC로부터 4°aTDC이다. 연료 분사 동안, 식(6-1)로 정의된 스월비는 2.8이다.

다음을 계산하라.

(a) 한 번 분사하는 데 걸리는 시간 [sec]

(b) 1회전 스월 주기 [sec]

(c) 실린더당 1개의 인젝터를 사용하는 경우 각 인젝터에 필요한 오리피스 구멍의 수

6.9 압축비가 10.5:1인 2.6리터, 4실린더, 성층 급기 전기 점화 기관이 오토 사이클로 작동하고 있다. 기관은 각 실린더에 간극 체적의 18%인 부실을 가지고 있는 분할 연소실이다. 주 연소실과 부실은 1cm²의 오리피스로 연결되어 있다. 점화 플러그가 위치한 부실의 공연비는 13.2이고, 주실의 공연비는 20.8이다. 연료는 연소 효율이 98%인 가솔린이다. 2,600RPM으로 작동할 때, 연소 초기 조건은 양쪽 연소실 모두 700K와 2,100kPa이다. 부실의 연소는 순간적으로 열이 발생하고, 가스 팽창에 의해 주실로 연소가 이어져 주실에서는 약 7°의 기관 회전 동안 연소가 지속되는 것으로 모델화된다. 따라서 주실 내의 연소에 의해 추가적인 열이 발생된다.

다음을 계산하라.

(a) 총 공연비

(b) 부실의 최고 온도와 압력 [℃, kPa]

(c) 부실에서 연소가 일어난 직후 주실 내로 유동하는 가스의 개략적인 속도 [m/sec]

설계 문제

6.1D 자동차에 3 리터 V6 전기 점화 기관이 설치되어 있다. 기관 속도가 저속일 때는 연소 동안 화염 속도를 감소시키도록 실린더 스월이 약한 것이 바람직하고, 기관 속도가 고속일 때는 강한 스월이 좋다. 이것을 위하여, 각 실린더에는 2개(또는 3개)의 흡기 밸브를 설치하여, 저속에서는 하나만 사용하고 고속에서는 모두 사용한다. 이 기관에 필요한 흡기 다기관, 밸브 장치, 연소실 및 캠축을 설계하라. 저속과 고속에서의 작동을 기술하라.

6.2D 실린더 내의 틈새 체적을 감소시키기 위하여 피스톤 압축링이 피스톤 상부에 위치해야 한다(즉, 압축링의 상부를 피스톤 면과 같은 높이로 함)고 제안한 바 있다. 이것이 가능한 피스톤-링-링 홈 시스템을 설계하라. 틈새 체적과 블로바이를 감소시키는 데 유의하라.

6.3D 작동 중인 기관의 실린더 내부 스월을 측정하는 방법을 제시하라.

CHAPTER 7

연 소

내연기관에 관한 한, 정체 상태의 연료/공기 혼합기의 정상 연소율(폭발률과 다름)은 실질적으로 쓸모 없을 만큼 낮다. 그러므로 우리는 작업 유체의 전체 질량에 연소를 퍼지게 하는 난류나 화염의 역학적 분포에 전적으로 기대해야 한다. 따라서 연료의 정상 연소율은 실질적으로 기관의 작동 속도에 영향을 미치지 않는다.

Harry R. Ricardo(1923)의
〈고속 내연기관〉 중에서

이 장에서는 내연 기관의 연소실에서 일어나는 연소 과정을 살펴보기로 한다. 기관의 연소는 완전하게 파악되지 않은 매우 복잡한 과정이다. 이러한 간단하지 않은 현상을 기술하는 데는 단순화된 모델이 사용된다. 이 모델들은 항상 연소 과정을 자세하게 설명해 주는 것은 아니지만, 압력, 온도, 연료, 노크, 기관 속도 등과 같은 여러 가지 중요한 작동 인자들과 관련되는 상당히 정밀한 작업을 수행한다.

100년 이상 동안, 전기 점화 기관의 연소 과정은 당량비가 1(이론 공연비)에 가까운 균일한 공기-연료 혼합기에서 일어났다. 아직까지 많은 현대식 전기 점화 기관은 이러한 연소 형태를 사용하고 있지만, 일부 기관은 두 가지의 새로운 연소 전략 즉, **성층 급기**(stratified charge)와 **희박 연소**(lean burn) 중에서 한 가지 또는 두 가지 모두를 채용한다. 성층 급기 기관에서, 가연 혼합기는 연소실의 위치에 따라 서로 다른 공기-연료비를 갖는다. 이것은 화염면이 연소실을 통과할 때 변화하는 연소 특성을 만들어낸다. 희박 연소 기관의 연소 과정은 균일 혼합기 또는 성층 혼합기로서 당량비가 1보다 훨씬 작은 공기-연료 혼합기에서 일어난다. 전기 점화 기관의 연소는 압축 착화 기관의 연소와는 아주 다르며, 두 연소는 분리하여 연구되고 있다.

7.1   균일 공기-연료 혼합기를 공급한 전기 점화 기관의 연소

전기 점화 기관의 연소는 (1)점화 및 화염 발달 (2)화염 전파 (3)화염 종료의 3가지 영역으로 분류될 수 있다. 일반적으로 화염 발달은 공기-연료 혼합기의 초기 5%가(어떤 자료는 초기 10% 사용) 연소하는 기간이다. 화염 발달 기간 동안에는 점화가 일어나고 연소 과정이 시작되지만, 현저한 압력 상승은 없으며 유용한 일도 거의 생성되지 않는다(그림 7-1). 기관 사이클에서, 거의 모든 유용한 일은 연소 과정 중의 화염 전파 기간 동안에 생성된다. 화염 전파 기간은 대부분의 연료와 공기 질량(즉, 정의 방법에 따라 80~90%)이 연소하는 기간이다. 이 기간 동안에 실린더 내의 압력은 급격하게 상승하며, 이 압력은 팽창 행정에서 일을 생성하기 위한 힘을 제공한다. 공기-연료 질량의 최종 5%(어떤 자료는 10% 사용)의 연소는 화염 종료로 분류된다. 이 기간 동안에 압력은 급격히 감소하고 연소는 끝난다.

전기 점화 기관의 연소 화염은 예혼합된 균일한 공기-연료 혼합기를 통하여 진행되는 발열, 아음속 화염이다. 화염면의 확산은 실린더 내의 난류, 스월 및 스퀴시에 의해 급격히 증가된다. 연료와 작동 특성을 잘 조합하면 노크를 피할 수 있다.

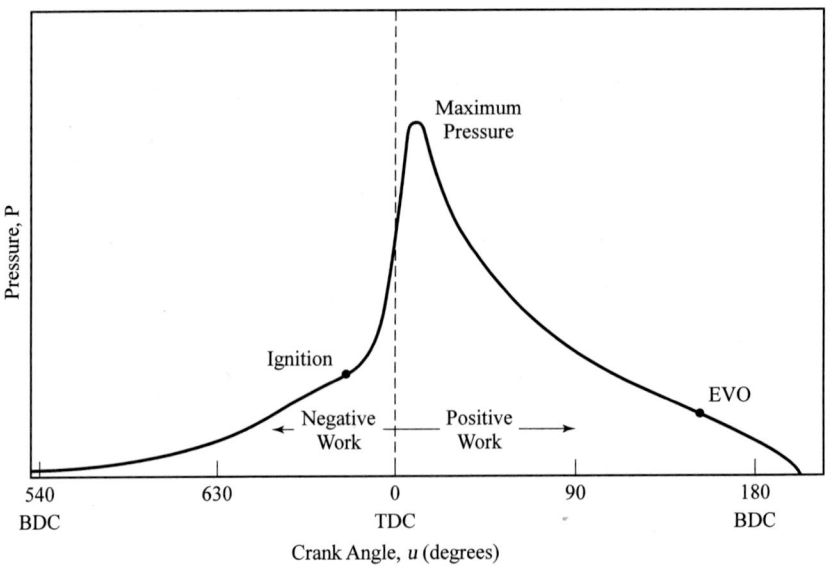

그림 7-1
크랭크각에 따른 전기 점화 기관의 연소실 내의 압력. 점화 후 화염 발달 동안의 압력 상승은 매우 느리다. 그 결과 피스톤에 작용하는 압력 증가가 느리고 기관 사이클은 부드럽다. 최대 압력은 aTDC 5°~10°에서 발생한다. 참고 문헌 [93]에서 인용.

점화 및 화염 발달

연소는 점화 플러그 전극 사이의 전기적 방전에 의해 시작된다. 점화는 연소실의 형상과 기관의 작동 조건에 따라 TDC 전 $10°\sim30°$ 에서 일어난다. 전극 사이의 고온 플라즈마 방전이 바로 인근에 있는 공기-연료 혼합기를 점화하며, 그곳으로부터 연소 반응이 퍼져나간다. 높은 연소열이 상대적으로 차가운 점화 플러그와 가스 혼합기에 의해 손실되기 때문에 연소는 매우 느리게 시작된다. 일반적으로 점화 플러그에서 점화한 후, 크랭크가 약 $6°$ 회전한 다음 화염이 검출된다.

그림 7-2는 시간에 따른 점화 플러그 전극 사이의 에너지 소산을 보여 준다. 일반적으로 인가 전압은 25,000~40,000 볼트이며, 최대 전류가 200암페어 정도로 약 10nsec(1nsec = 10^{-9} sec) 동안 지속된다. 이 때의 최고 온도는 60,000K 정도이다. 전체 점화 방전은 평균 온도가 약 6,000K 이며 약 0.001초 동안 지속한다. 탄화수소 연료의 이론 공연비 혼합기를 활성화된 연소로 점화

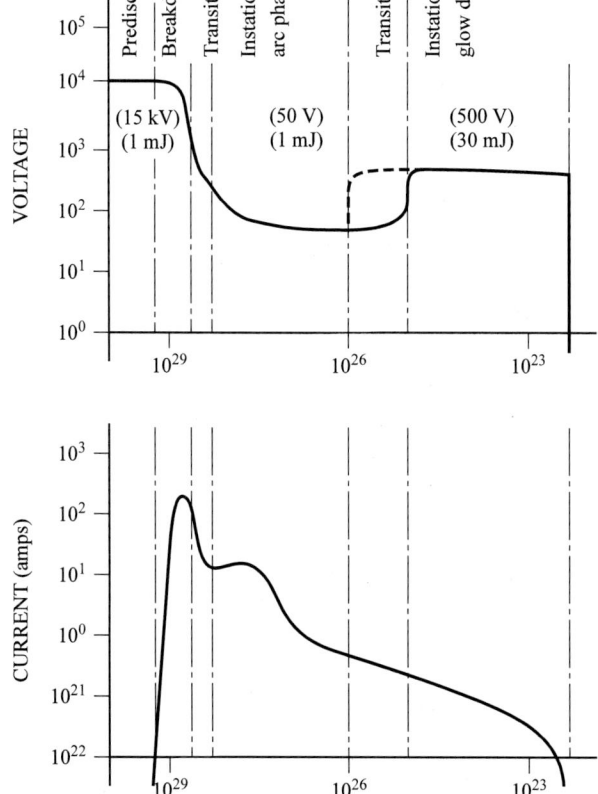

그림 7-2
일반적인 전기 점화 기관의 점화 시간에 따른 점화 플러그 전압과 전류. 최대 전압은 40,000 볼트 이상, 최대 전류는 200 암페어 정도로 약 10^{-8} 초 동안 지속된다. 1회 방전 동안에 전달된 총 에너지는 약 30~50 mJ이다. 참고 문헌 [83]에서 인용.

하는 데는 약 0.2mJ(0.2×10⁻³J)의 에너지가 필요하다. 이론 혼합기가 아닌 경우에는 이 에너지가 3mJ 정도로 증가한다. 점화 플러그 방전은 30~50mJ의 에너지를 방출하지만 대부분의 에너지는 열전달에 의해 손실된다.

점화 플러그 전극 사이의 전기적인 방전을 일으키는 데 필요한 고전압을 만드는 방법에는 여러 가지가 있다. 흔히 볼 수 있는 장치는 축전지-코일 조합이다. 대부분의 자동차는 12 볼트 축전지(battery)와 함께 12 볼트 전기 장치를 사용한다. 이 낮은 전압은 코일에 의해 승압되며, 점화 플러그에는 매우 높은 전압으로 전달된다. 어떤 장치는 적절한 시기에 점화 플러그 전극 사이에서 방전하도록 축전기(capacitor)를 사용한다. 대부분의 소형 기관과 일부의 중형 이상의 기관에서는 필요한 점화 플러그 전압을 발전하기 위하여 크랭크축으로 구동되는 자석 발전기를 사용한다. 각 점화 플러그용으로 분리된 고압 발전기를 가지고 있는 기관이 있는가 하면, 발전 장치는 하나이고 한 실린더로부터 다음 실린더로 차례로 전기를 배분하는 배전기를 가지고 있는 기관도 있다.

점화 플러그 전극 사이의 간극은 대략 0.7~1.7mm이다. 공기-연료 혼합기가 농후하거나 압력이 높으면(즉, 터보 과급이나 고압축비에 의해 흡기 압력이 높은 경우) 간극이 작아도 된다. 정상 작동 상태에서 점화 플러그 전극의 온도는 약 650℃~700℃이어야 한다. 온도가 950℃ 이상이면 조기 점화를 일으킬 수 있고, 350℃ 이하이면 시간이 경과함에 따라 표면 오염(탄소 부착)이 증가한다.

피스톤 링이 마모되어 오일이 많이 연소되는 낡은 기관에서는 점화 플러그가 오염되지 않도록 고온 플러그를 사용하는 것이 좋다. 점화 플러그의 온도는 플러그 내에 만들어져 있는 열손실 통로에 의해 제어된다. 고온 플러그는 저온 플러그보다 열전도 저항이 크다.

현대식 점화 플러그는 수십 년 전에 비하여 보다 우수한 재료로 만들어지며, 수명이 훨씬 길다. 전극 끝에 백금이 부착된 고급 점화 플러그의 경우에는 160,000km(100,000 마일) 이상 사용할 수 있다. 이것이 바람직한 이유 중의 하나는 최근의 기관들은 플러그를 교환하는 일이 어렵기 때문이다. 기관의 장치 수가 증가되고 기관 부품은 소형화되기 때문에 기관의 점화 플러그를 교환하는 일은 매우 어렵다. 현대식 자동차에서는 플러그를 교환하기 위해 기관을 부분적으로 분해해야 하는 극단적인 경우도 있다. 전압, 전류, 전극 재료 및 간극 크기가 적절해야 점화 플러그의 수명이 연장된다(예를 들어, 전류가 너무 높으면 점화 플러그 전극이 마멸된다).

점화 플러그에 불꽃이 형성될 때, 플라즈마 방전은 전극간의 혼합기와 전극에 인접해 있는 혼합기를 점화한다. 이것은 연소실 내로 전파하는 구형 화염면을 형성한다. 처음에는 화염면의 원래 크기가 작기 때문에 화염면이 매우 느리게 움직인다. 이 화염면은 주위 가스를 신속하게 가열할 만큼 충분한 에너지를 생성하지 못하므로 매우 느리게 전파된다. 또한 이것은 실린더 압력을 재빨리 상승시키지 못하며, 극소량의 압축 가열만이 얻어진다. 공기-연료 질량의 처음 5~10%가 연소된 후에, 화염 전파 영역의 압력이 급격하게 상승하면서 화염 속도가 빨라진다.

점화 때에 점화 플러그 전극 주위에는 농후한 공기-연료 혼합기가 형성되는 것이 좋다. 농후한 혼합기는 보다 쉽게 점화되고, 화염 속도가 빠르다. 점화 플러그는 냉간 시동일 때에 특히 농후한 혼합기가 형성되도록 하기 위하여 흡기 밸브 근처에 설치된다.

우수한 점화 장치를 개발하기 위한 연구는 계속되고 있다. 여러 개의 전극이 있어서 동시에 2개 이상의 점화가 일어나는 점화 플러그도 있다. 이러한 점화 플러그를 사용하면 점화가 확실하고 화염 발달이 신속하게 이루어진다. 최근에는 초기 방전 후 아크를 계속 보내는 장치가 실험되었다. 공기-연료 혼합기가 연소실에서 선회할 때, 이 추가적인 점화가 연소를 가속시키고 보다 완전하게 혼합기를 연소시키는 것으로 판단된다. 이 장치는 100년 이상 전에 시도되었던 방법과 유사하다. 전극의 간극 크기를 가변시키는 점화 플러그를 만들기 위한 연구가 진행되어 왔다. 이것은 작동 조건이 다른 경우에도 확실한 점화가 일어나도록 해 준다. 최소한 1개 이상의 자동차 회사가 피스톤의 상부점을 점화 전극의 하나로 이용하는 기관을 실험하고 있다[70]. 이 장치를 이용하면 1.5~8mm의 간극에서 불꽃 점화가 일어날 수 있고, 연료 소비와 배기 유해 성분을 낮출 수 있다는 연구 보고가 있었다.

역사적 이야기-점화 장치

19세기의 기관 개발 초기에는 여러 가지 형태의 점화 장치가 시도되었다. 그 중 한 가지 방법이 토치 구멍을 사용하는 것이었다. 점화가 필요한 사이클의 적절한 시기에 연소실 측면에 있는 작은 구멍이 열려 공기-연료 혼합기가 외부 화염에 노출된다. 화염은 구멍을 통과하여 실린더 내의 가스 혼합기를 점화한다. 이것은 이 장의 후반부에서 설명되는 현대의 분할 연소실 기관에서 주실을 점화하는 데 사용하는 방법과 다소 비슷하다. 또다른 초기 방법은 연소실 벽을 통과하여 내밀은 작은 점화봉이다. 이 봉은 연소실 밖에서 화염에 의해 가열된다. 연소실 안쪽에 있는 봉의 끝은 열전도에 의해 고온으로 유지되며, 이 고온 표면이 공기-연료를 점화시킨다. 이러한 장치는 점화 시기를 제어할 수 없다. 비행기 기관 모델에 사용되는 예열 플러그 점화는 이 방법의 현대적인 변형이다.

전기 점화는 사이클 작동을 제어하기 쉽게 만든 중요한 돌파구였다. 초기 장치는 반연속 점화를 일으켰지만 사이클당 한 번 점화가 표준 방법이 되었다. 곧이어, 6 볼트가 상용 전압이 되었으며, 필요한 에너지를 축전지로 공급하였다. 변압기형 코일을 사용하여 축전지의 저전압을 점화 플러그 전극의 방전에 필요한 고전압으로 변환시켰다. DC 축전지 충전은 1912년에, 전압 조정기는 1930년에 출현하였다. 1950년대 중반에는 시동 모터, 점화, 전등 등에 필요한 많은 에너지 때문에 자동차 전기 장치의 표준 전압이 12 볼트로 교체되었다. 1960년대 초에, DC 발전기는 저속에서도 충전이 잘 되는 AC 발전기로 대체되었다. 20세기 말과 21세기 초의 전자 혁명 동안에, 여러 가지 형태의 전자 점화 장치들이 시장에 출현했다[45].

전기 점화 기관의 화염 전파

공기-연료 질량의 초기 5~10%가 연소된 후에는 연소 과정이 안정되고 화염면은 연소실 곳곳으로 매우 신속하게 전파된다. 난류, 스월 및 스퀴시를 동반하는 화염 전파 속도는 정지된 가스 혼합기를 통하여 이동하는 층류 화염면의 화염 전파 속도보다 약 10배 빠르다. 게다가 정지된 공기 속에서 점화 플러그로부터 구형으로 팽창하는 화염면은 이러한 운동에 의해 크게 휘어져 퍼져 나간다.

　가스 혼합기가 연소하면 온도와 압력은 상승한다. 모든 가스의 압력은 거의 비슷하지만, 화염면 후방의 기연 가스는 화염면 전방의 미연 가스보다 온도가 높다. 따라서 기연 가스는 밀도가 감소되고 팽창되므로 기연 가스에 비하여 단위 질량당 체적이 증가한다. 그림 7-3은 혼합기 질량의 30%가 연소될 때, 기연 가스의 체적이 전체 체적의 거의 60%가 된다는 것을 보여 준다. 미연 가스가 압축되면 미연 가스는 압축열에 의해 온도가 상승한다. 또한 온도가 3,000K 정도인 화염 반응 영역으로부터 방사된 복사열에 의해 연소실 내의 기연 및 미연 가스의 온도는 올

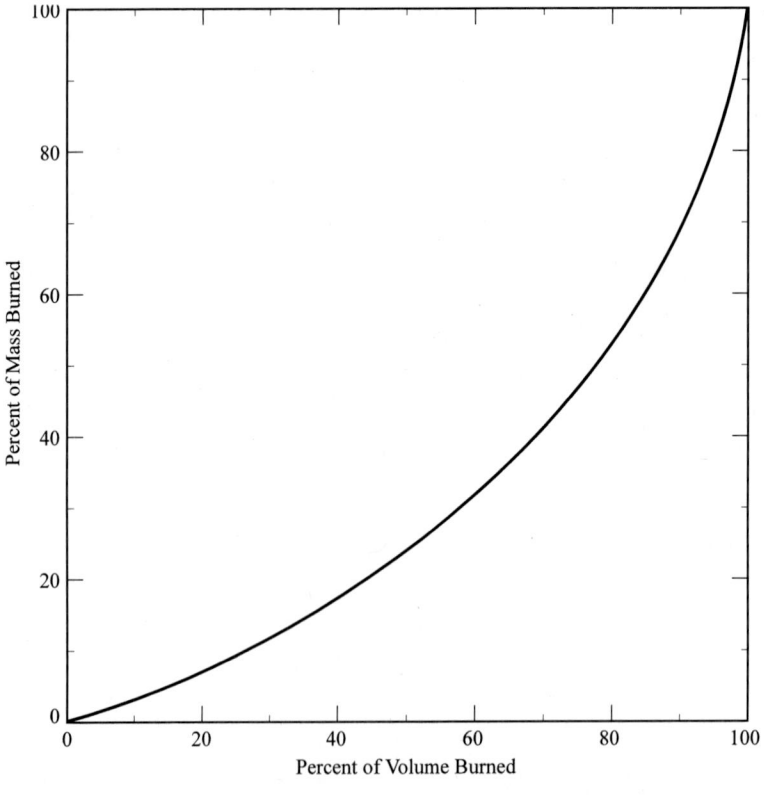

그림 7-3
전기 점화 기관의 연소실에서의 질량 연소율과 체적 연소율 관계. 참고 문헌 [93]에서 인용.

라간다. 한 사이클에 걸리는 실제 시간이 매우 짧기 때문에, 전도와 대류에 의한 열전달은 복사에 비해 작다. 연소실에서 화염이 전파되어 갈 때, 화염이 통과하는 부분의 온도와 압력은 점점 증가한다. 이 결과, 화학 반응 시간은 단축되고, 화염면 속도는 증가한다. 복사 때문에 화염면 전방의 미연 가스의 온도는 계속 증가하여 연소 과정의 말기에는 최대값에 도달한다. 연소실 내 기연 가스의 온도는 균일하지 않지만, 연소가 시작된 점화 플러그 근처의 온도가 높다. 이것은 점화 플러그 근처의 가스는 복사 에너지를 더 많이 받기 때문이다.

이상적인 경우, 공기-연료 혼합기는 TDC까지 약 2/3가 연소되고 aTDC 15°까지는 거의 모두가 연소되어야 한다. 4행정 사이클 전기 점화 기관의 최적 조건에서는 사이클의 최고 온도와 최고 압력이 aTDC 5°와 10° 사이에서 발생된다. 식(2-14)에 aTDC 15°와 R 값 4를 대입하면 V/Vc = 1.17이 된다. 그러므로 실제 4행정 사이클 전기 점화 기관의 연소는 이상적인 공기 표준 오토 사이클은 아니지만 정적 연소 과정에 가깝다. 연소 과정이 정적에 가까울수록 열효율은 높다. 그 이유는 제3장의 오토 사이클, 복합 사이클 및 디젤 사이클의 열효율 비교에서 설명하였다. 그러나 실제 사이클에서는 정적 연소가 가장 좋은 운전 방법은 아니다. 그림 7-1은 4행정 기관에서 기관의 회전에 따라 압력이 어떻게 상승하는가를 보여 준다. 연소 동안, 피스톤 면에 원활하게 힘을 전달하기 위해서는 기관 회전 각도당 최대 압력 상승은 약 240kPa이 바람직하다[58]. 정적 연소는 TDC에서 압력 곡선의 기울기가 무한대이므로 기관 운전이 거칠다.

압력 상승률이 작으면 열효율이 낮고 노크가 일어날 위험이 있다. 즉, 압력 상승이 느리면 연소 속도가 느려져 노크가 일어날 수 있기 때문이다. 따라서 가능한 한 열효율이 높고 기관 작동이 원활하도록 연소가 일어나야 한다. 그러나 기관 작동이 원활하려면 효율이 손실되므로 2가지 요소가 적절하게 조정되어야 한다.

화염 속도는 난류, 스월 및 스퀴시의 영향 외에 연료의 종류와 공연비에 따라 달라진다. 그림 7-4에서 보여 주는 것처럼, 희박 혼합기는 화염 속도가 느리다. 대부분의 연료는 당량비가 1.2 정도의 약간 농후한 혼합기에서 화염 속도가 최대가 된다. 잔류 배기와 배기 재순환 가스는 화염 속도를 느리게 한다. 기관 속도가 증가하면 난류, 스월 및 스퀴시가 증가하기 때문에 화염 속도는 기관 속도에 따라 증가한다(그림 7-5).

연소각(burn angle)은 연소의 화염 전파 모드 동안에 크랭크축이 회전하는 각으로, 대부분 기관에서 약 25°이다(그림 7-6). 연소가 aTDC 15°에서 완결되려면 대략 bTDC 20°에서 점화가 일어나야 한다. 점화가 너무 빠르면, TDC 전에 실린더 압력이 과도하게 증가하여 압축 행정의 일이 증가하므로 일이 낭비된다. 점화가 늦으면, 최고 압력 발생이 늦어지고 최고 압력이 낮기 때문에 동력 행정 초기에 일이 손실된다. 실제 점화 시기는 사용 연료, 기관 형상, 그리고 기관 속도에 따라 달라지며, 보통 bTDC 10°부터 30° 사이에 있다. 동일한 기관에서 기관 속도가 고속일수록 연소는 빨리 일어난다. 그러므로 연소 과정에 필요한 실제 시간은 짧지만, 기관 사이클에 소요되는 시간도 짧아 연소각은 약간 변한다. 이와 같은 작은 연소각의 변화는 기관 속

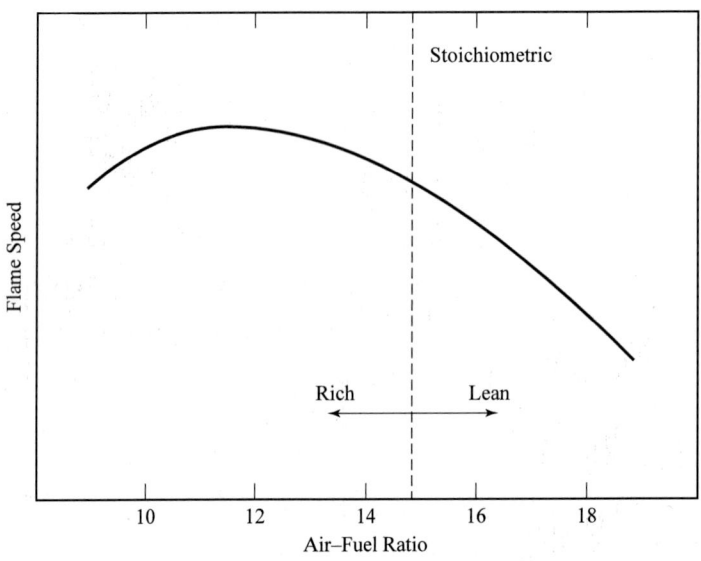

그림 7-4

전기 점화 기관의 연소실에서 가솔린 연료의 공연비에 따른 평균 화염 속도. 희박한 혼합기는 화염 속도가 느리고, ϕ = 1.2의 약간 농후한 당량비에서 화염 속도는 최대가 된다. 참고 문헌 [93]에서 인용.

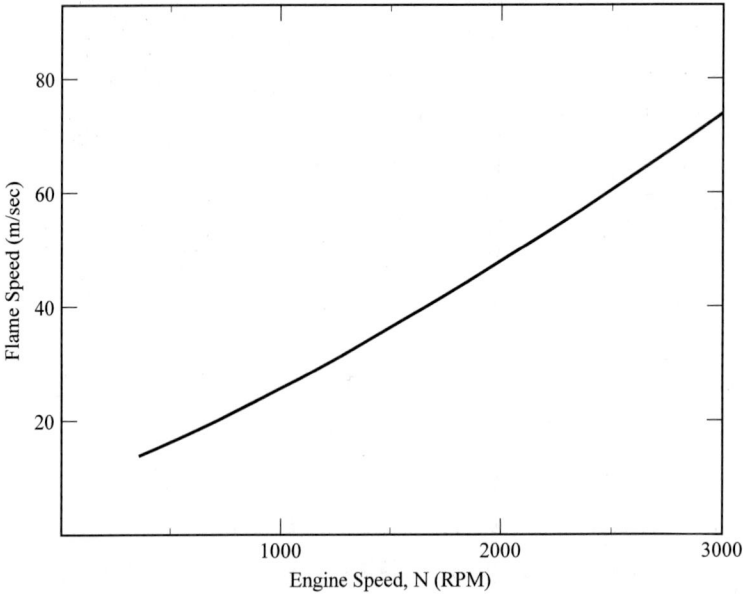

그림 7-5

전기 점화 기관의 연소실에서 기관 속도에 따른 평균 화염 속도. 기관 속도가 증가하면, 난류 강도, 스월, 스퀴시 및 텀블 모두가 증가하여 화염 속도가 빨라진다.

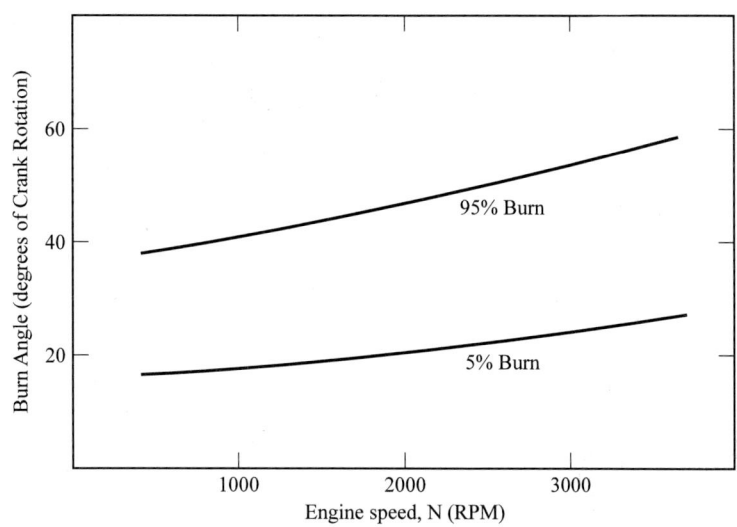

그림 7-6

급속 연소실과 균일 공기-연료 혼합기를 가진 대표적인 현대식 전기 점화 기관의 기관 속도에 따른 연소각. 연소각은 연소 동안에 크랭크축이 회전한 각을 말한다. 기관 속도가 증가할 때, 점화 및 화염 발달 기간(5% 연소)의 각이 증가하는 것은 전기 점화 과정의 실시간이 거의 일정하기 때문이다. 화염 전파(5%부터 95%까지의 연소) 동안에는 기관 속도에 따라 연소 속도가 증가하며, 약 25°의 거의 일정한 연소각을 나타낸다. 참고 문헌 [61]에서 인용.

도가 증가함에 따라 점화를 진각시켜서 보정한다. **점화 진각**은 최고 온도와 압력이 aTDC 약 5° ~ 10°에서 발생하도록 연소를 약간 빨리 시작하는 것이다. 부분 부하에서는, 화염 속도가 느리기 때문에 점화 시기를 진각한다. 최근의 기관은 전자 제어에 의해 점화 시기를 자동 조정한다. 전자 제어는 기관 속도를 이용하여 점화 시기를 설정할 뿐만 아니라 노크와 배기 유해 성분을 감지하고 제어한다. 과거에는 배전기 내에 들어 있는 원심력 점화 진각 장치로 점화 시기를 조정했다. 대부분 소형 기관의 점화 시기는 평균 위치에 설정되어 있으며 조정이 불가능하다.

화염 종료

aTDC 15° ~ 20°에서는, 공기-연료 질량의 90~95%가 연소되고 화염면은 연소실의 맨 끝에까지 도달한다. 그림 7-3은 화염면 후방에 있는 기연 가스의 팽창에 의해 나머지 미연 질량의 5% 또는 10%가 연소실 체적의 1~2%로 압축되었다는 것을 보여 준다. 이 지점은 이미 피스톤이 TDC를 통과한 후이지만, 연소실 체적은 간극 체적으로부터 단지 10~20% 정도 증가한 상태이다. 이것은 공기와 연료의 나머지 질량이 연소실 구석과 연소실 벽을 따라 형성되어 있는 작은 체적 내에서 반응한다는 것을 의미한다.

　　연소실 벽의 틈이 좁기 때문에 나머지 **말단 가스**(end gas)의 반응률은 매우 감소된다. 벽 근처에는 난류와 가스 혼합기의 질량 운동이 소멸되고 정체된 경계층이 존재한다. 또한 질량이 큰 금속 벽은 열 흡수원으로 작용하고 반응 화염에서 방출되는 대부분의 에너지를 전도한다. 이러한 경계층과 전도는 반응률과 화염 속도를 감소시키며 연소는 천천히 소멸되어 끝난다. 반응이 느리기 때문에 화염 종료 기간 동안에 피스톤에 의해 추가로 전달된 일은 비록 매우 작지만, 이는 바람직한 현상이다. 화염 종료 기간 동안 실린더 압력 상승이 천천히 줄어들어 0이 되므로, 피스톤에 작용하는 힘도 천천히 줄어들어 기관 운전이 원활해진다.

　　때로는 화염 종료 기간 동안에 화염면 전방에 있는 말단 가스에서 자발화가 일어나 기관 노크가 발생한다. 화염면 전방의 미연 가스의 온도는 연소 과정 동안 계속 상승하여 최종 말단 가스에서 최고값에 도달한다. 이 최고 온도는 가끔 자발화 온도를 넘는데, 이 때의 화염면이 느리게 이동하기 때문에, 발화 지연 시간 동안에 화염이 전파되지 못하여 자발화가 일어난다. 대개 이렇게 일어나는 노크는 큰 문제가 되지 않는다. 이것은 이 시기에 남아 있는 미연 공기-연료가 작아서 자발화에 의해 발생되는 압력파가 매우 약하기 때문이다. 연소 과정 말기에 가벼운 자발화와 노크가 일어날 때 기관의 최대 동력이 얻어진다. 이러한 현상은 연소실 내의 최고 온도와 압력이 연소실 내에 따로 있고, 연소 말기에 노크가 작은 압력 상승을 일으킬 때 발생한다.

예제 7-1

1,800RPM으로 운전하고 있는 기관에서 점화 플러그는 bTDC 18°에서 점화된다. 연소를 시작하고 화염 전파 모드로 진입하는 데는 기관 회전으로 8°가 걸린다. 화염 종료는 aTDC 12°에서 일어난다. 보어 직경은 8.4cm이고 점화 플러그는 실린더의 중심선으로부터 8mm 벗어나 있다. 화염면은 점화 플러그로부터 구형으로 퍼져나가는 것으로 가정할 수 있다. 화염 전파 동안의 유효 화염면 속도를 계산하라.

풀이

　　화염 전파 동안의 회전각은 bTDC 10°부터 aTDC 12°까지로 22°이다.
화염 전파 시간은,

$$t = (22°)/[(360°/\text{rev})(1800/60 \text{ rev/sec})] = 0.00204 \text{ sec}$$

최대 화염 이동 거리는,

$$D_{max} = \text{bore}/2 + \text{offset} = (0.084/2) + (0.008) = 0.050 \text{ m}$$

유효 화염 속도는,

$$V_f = D_{max}/t = (0.050 \text{ m})/(0.00204 \text{ sec}) = \underline{24.5 \text{ m/sec}}$$

예제 7-2

예제 7-1의 기관이 3,000RPM으로 운전된다. 기관 속도가 증가하면 난류와 스월이 강화되어 화염 속도는 $V_f \propto 0.85N$의 비율로 증가된다. 점화 플러그에서 점화한 후, 화염 발달까지는 기관 회전각으로 8°가 걸린다. aTDC 12°에서 화염 종료가 일어나도록 하기 위해서는 점화 시기가 예제 7-1의 경우보다 얼마만큼 진각되어야 하는가?

풀이

화염 속도는,

$$V_f = (0.85)(3000/1800)(24.5 \text{ m/sec}) = 34.7 \text{ m/sec}$$

화염 이동 거리가 같으므로 화염 전파 시간은 다음과 같다.

$$t = D_{max}/V_f = (0.050 \text{ m})/(34.7 \text{ m/sec}) = 0.00144 \text{ sec}$$

화염 전파 동안의 회전각은,

$$= (3000/60 \text{ rev/sec})(360°/\text{rev})(0.00144 \text{ sec}) = 25.92°$$

화염 전파는 bTDC 13.92°에서 시작하고, 점화 플러그의 점화 시기는 bTDC 21.92°이다. 점화 시기는 3.92° 진각되어야 한다.

연소 변동

이상적인 경우, 모든 실린더의 연소는 정확히 같을 것이며, 한 실린더 내에서 사이클 변동 (cycle to cycle variation)은 없을 것이다. 사이클 변동은 흡기계과 실린더 내에서 일어나는 변동 때문에 발생되는 것은 아니다. 연소 전에 변동이 일어나지 않는다 하더라도, 실린더 내의 난류는 연소 동안 변동을 일으킨다.

각각의 실린더로 연결되는 흡기 다기관의 길이와 기하학적 형상의 차이는 체적 효율과 전달된 공기-연료의 사이클 변동을 유발한다. 흡기다기관의 온도 차이는 기화율 변동을 유발하고, 기화율 변동은 공연비 변동을 일으킨다. 온도가 높은 흡기다기관일수록 공기 대신 들어가는 연료 증기가 많아져, 혼합기는 농후해지고 체적 효율은 낮아진다. 기화에 의한 냉각은 온도 차이를 유발하여 결국, 밀도 차이를 일으킨다. 가솔린은 서로 다른 온도에서 기화하는 성분들의 혼합물이기 때문에 각 실린더의 혼합물 성분은 정확하게 일치하지는 않는다. 기화 특성이 다른 연료 성분들은 기화 경로와 분포가 다를 것이다. 포트 인젝터가 설치된 기관은 스로틀 바디 인젝터나 기화기 기관보다는 이러한 문제가 적다. 연료 첨가제들은 서로 다른 온도에서 기화하므로, 결국 실린더 간 농도가 다르게 되고 한 실린더조차도 사이클 간 농도가 달라진다. 흡기다기관에 EGR이 공급될 때는 시간 변동과 특정 변동이 발생한다(그림 7-7). 스로틀판 주위의 공기 통로는 모든 하류 유동에 영향을 미치는 와동과 기타 변동을 일으키면서 유동을 2개로 나눈다. 연료 인젝터의 제작 편차 때문에, 각 인젝터는 정확하게 같은 양의 연료를 분사하지 못하며, 또한 같은 인젝터에서도 사이클 변동이 일어난다. 일반적으로, 실린더 내의 공연비 표준 편차는 평균의 2~6% 정도이다(그림 7-8).

실린더 내에서는, 정상적인 난류와 함께 공연비, 공기량, 연료 성분 및 온도 변동에 따라 실린더 간, 그리고 사이클 간에 스월과 스퀴시가 약간 변동한다. 실린더 내부의 난류 변동과 질량 운동 변동은 화염에 영향을 미치며, 이것은 그림 7-9와 같이 실질적인 연소 변동으로 나타난다.

특히 점화 플러그 근처의 혼합기가 변동하면 초기 방전이 달라지기 때문에 사이클마다 연소 시작이 달라진다. 연소 시작이 다르면 뒤이은 전체 연소 과정이 변한다. 그림 7-10은 동일한 점화 플러그라 하더라도 난류에 따라 2개의 서로 다른 사이클에서 연소를 시작하는 방법이 달라질 수 있다는 것을 보여 준다. 연소 가스의 핵조차도 연소 시작점에서의 높은 스월이나 텀블 작용에 의해 점화 플러그로부터 떨어져나갈 수 있다. 이러한 현상이 발생할 때 전체 연소 과정은 변화한다. 개시 연소 핵이 연소실 벽 쪽으로 밀려지면, 추가적인 열손실로 그 사이클 동안의 반응이 매우 느려진다. 2개의 사이클이 점화에 차이가 있을 때, 이에 따른 두 사이클의 연소 과정은 아주 다르다.

동일한 실린더 내에서 가장 빠른 연소 속도는 가장 느린 연소 속도의 약 2배이며, 그 차이는 연소 변동 때문에 일어난다. 기관이 저부하와 저속으로 운전할 때 연소 속도 차이가 심해지며

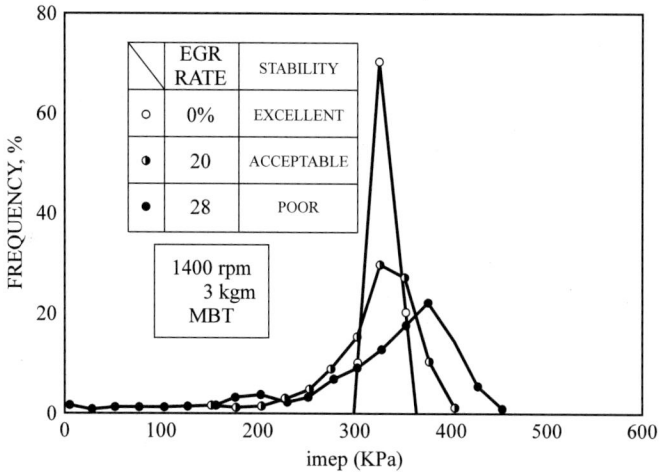

그림 7-7

전기 점화 기관의 실린더 내의 연소에 미치는 EGR의 영향. 이상적인 경우, 지시 평균 유효 압력값(x축)은 모든 사이클에서 동일하다. EGR이 없으면, 평균 imep의 빈도는 매우 높으며, 약간의 변동은 난류, 공연비 등의 불일치 때문에 발생한다. EGR이 증가하면 연소 변동이 심해진다. 이 결과 imep 분포가 넓어지고 평균 imep는 낮아진다. 참고 문헌 [77]에서 인용.

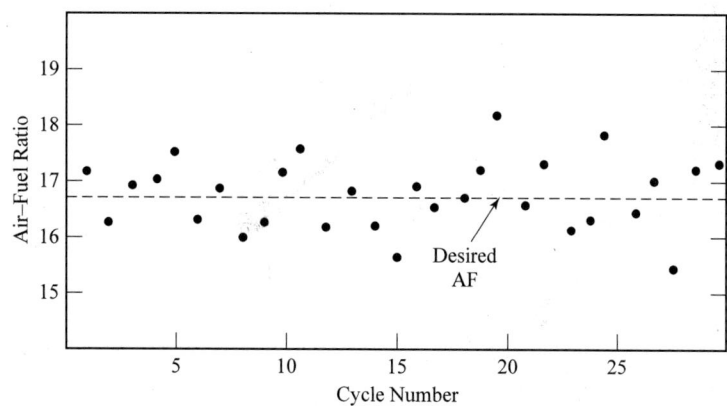

그림 7-8

연속 30 사이클 동안 단기통 기관에 전달된 공연비 변동. 참고 문헌 [84]에서 인용.

공전 상태에서 그 차이가 가장 크다(그림 7-11).

기관 작동 조건(즉, 점화 시기, 공연비, 압축비 등)을 설정하는 데는 평균 연소 시간이 이용된다. 따라서 모든 실린더와 사이클의 연소 과정이 동일한 경우에 비하여 기관 출력은 감소된

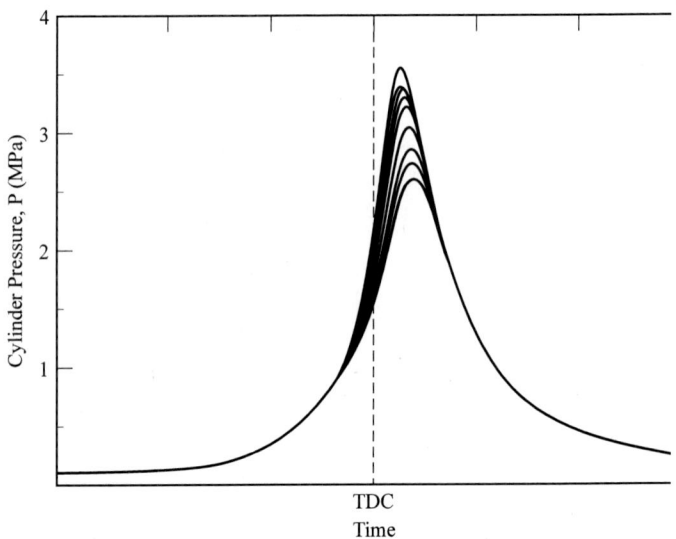

그림 7-9
단기통 전기 점화 기관에서 연속 10 사이클 동안, 연소 불일치로 일어나는 변동을 보여 주는 시간에 따른 압력 변동. Y축의 압력을 온도로 바꾸어 놓아도 유사한 변동이 일어난다. 참고 문헌 [42]에서 인용.

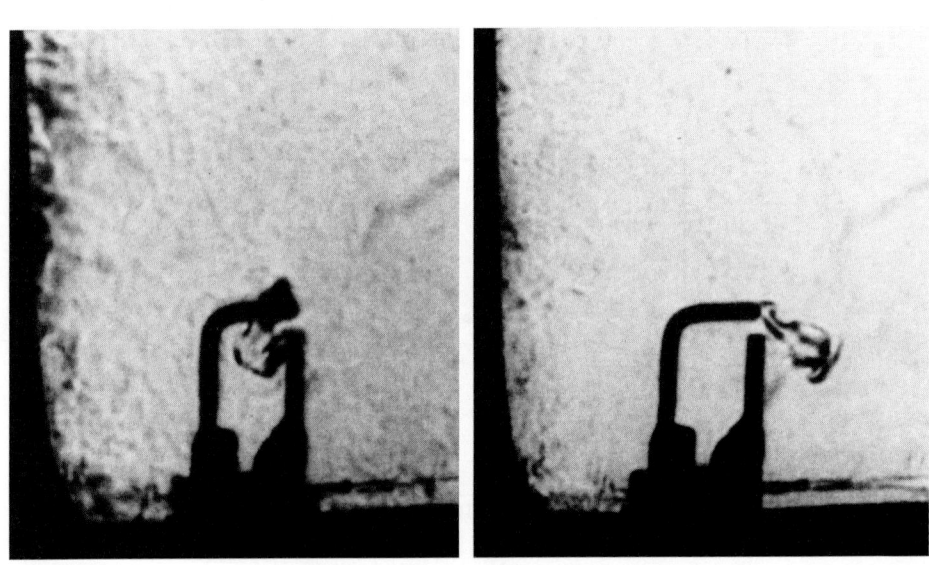

그림 7-10
점화 플러그 간극이 0.8 mm이고, 1,400RPM에서 프로판 연료를 사용하는 동일한 시험 기관의 2개의 서로 다른 사이클에 대한 연소 시작시의 Schlieren 사진. 무작위로 일어나는 실린더 난류와 스월, 스퀴시 및 텀블의 사이클간 불일치로 인하여 변동이 일어난다. 연소가 시작할 때 2개의 사이클 사이에 변동이 있으면, 전체 연소 과정은 서로 달라진다. 참고 문헌 [43]에서 인용.

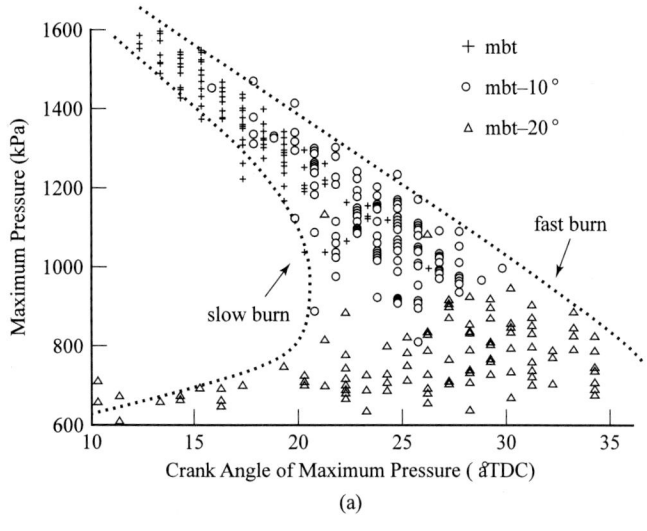

(a)

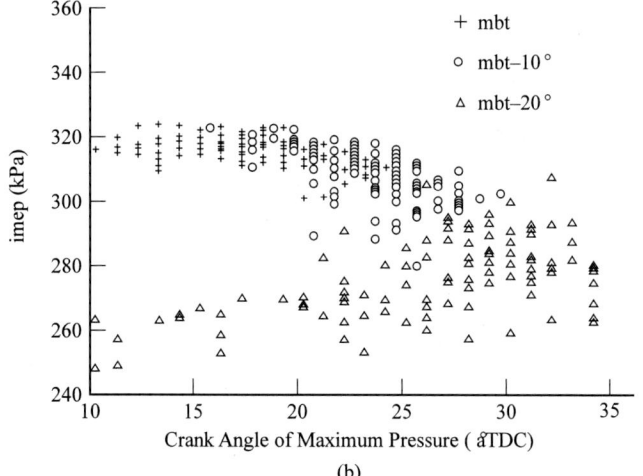

(b)

그림 7-11

작동 중인 기관에서 사이클간 연소 불일치를 보여 주는, 3개의 서로 다른 점화 시기에 대한 동일한 실린더에서의 사이클 압력 변동. 점화 플러그는 연소실 중앙에 설치되어 있고 AF = 20이다. (a) 최고 압력 크랭크각에 대한 최고 사이클 압력, (b)최고 압력 크랭크각에 대한 지시 평균 유효 압력. 참고 문헌 [201]에서 인용.

다. 빠른 연소가 일어나는 사이클은 점화가 과도하게 진각된 사이클과 같다. 이러한 사이클은 공연비가 농후할 때, 난류가 평균 이상일 때, 그리고 초기 연소 시작이 양호할 때 발생한다. 이 결과, 사이클 내의 온도와 압력이 너무 빨리 상승하여 노크가 발생한다. 기관의 압축비와 연료 옥탄가는 노크 발생으로 인해 제한을 받는다. 평균 연소 시간보다 느린 사이클은 점화가 지연된 사이클과 같다. 이러한 사이클은 희박 연소일 때와 EGR이 평균보다 높을 때 발생한다. 연소가 느려지면 동력 행정에서 화염 지속 시간이 길어지므로 배기 가스와 배기 밸브의 온도가 올라간다. EGR률이 너무 높으면 부분 연소와 실화가 일어난다(그림 7-12). 이러한 사이클 동안에는 열손실이 평균보다 높아 동력도 손실된다. 희박 혼합기는 연소가 느려 연소 시간이 길고,

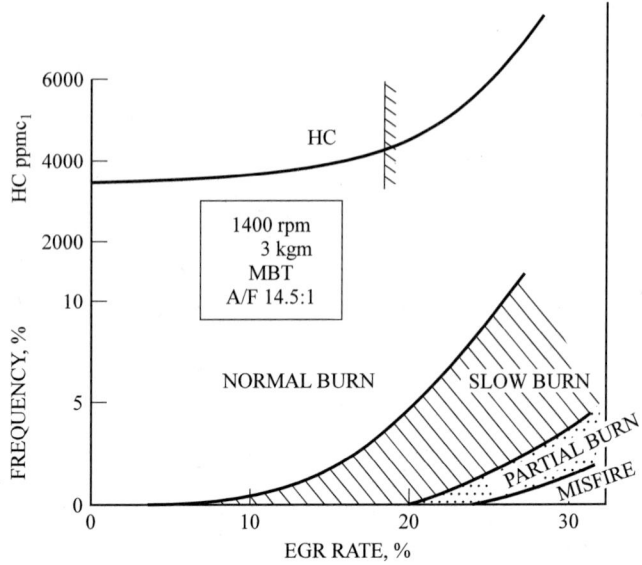

그림 7-12

EGR이 전기 점화 기관의 연소 특성과 배기 중의 탄화수소 배출에 미치는 영향. EGR이 없으면 대부분의 사이클은 정상적인 연소 시간을 갖는다. EGR률이 증가하면, 연소가 느리거나 부분 연소가 일어나는 사이클이 증가한다. EGR이 과도하면, 일부 사이클의 연소는 소멸되어 실화가 일어난다. 참고 문헌 [77]에서 인용.

화염면이 넓기 때문에 열손실이 크다. 기관의 EGR은 연소 속도를 떨어뜨리기 때문에 제한되며, 정속 상태에서 연료 절약을 위해 설정하는 허용 희박 한계도 연소 속도 때문에 제한된다. 원활한 운전을 위해서는, 기관의 운전 조건과 상태가 가장 나쁜 실린더의 사이클 변동을 기준으로 설정되어야 한다. 모든 실린더의 연소 과정이 사이클마다 정확하게 일치한다면, 압축비를 높여 고출력을 얻을 수 있을 뿐만 아니라, 공연비도 연료를 절약할 수 있도록 설정될 수 있으며, 값싼 저옥탄 연료가 사용될 수 있다.

제어 및 센서

컴퓨터로 제어하는 현대식 기관은 출력, 연료 절약 및 배기 유해 성분을 최적화하기 위하여 연소 상태를 계속 조정한다. 이러한 조정은 기관, 흡기계 및 배기계의 적절한 위치에 설치된 센서로부터의 입력 정보를 이용하는 프로그램된 전자 제어 장치에 의해 이루어진다. 특히, 이들 센서들은 스로틀 위치, 스로틀 변화율, 흡기다기관 압력, 대기압, 냉각수 온도, 흡기 온도, EGR 밸브 위치, 크랭크각, 배기 중의 O_2와 CO, 노크 등을 측정한다. 센서의 측정 방법에는 기계적, 열적, 전기적, 광학적, 화학적 방법 및 이들을 조합한 방법 등이 있다. 제어 변수는 점화 시기, 밸브 시기, 연료 분사 기간, 배기용 공기 펌프 작동, 공연비, 변속기 변속, 경고등 점멸 전환, 고장 진단 기록 복구, 컴퓨터 프로그램 수정 등이다.

점화 시기나 분사 기간과 같은 제어는 기관 전체에 대하여 일괄적으로 조정되거나 실린더 그룹 또는 실린더별로 각각 조정된다. 제어 장치를 분리시켜, 한 제어 장치가 제어하는 실린더 수를 줄이면 기관의 작동을 최적화하기 쉽다. 그러나 제어 장치를 분리하면 센서의 수가 증가하고 용량이 큰 컴퓨터가 필요하며, 비용도 많이 소요된다.

7.2   분할 연소실식 기관과 성층 급기 희박 연소 기관의 연소

어떤 기관은 그림 6-8이나 그림 7-13과 같이 주실과 작은 부실로 나누어진 연소실을 가지고 있다. 이러한 기관은 고출력 및 연료 절약을 목적으로 2개의 연소실에서 서로 다른 흡기 및 연소 특성을 만들기 위한 것이다. 보통, 이러한 기관은 연소실의 위치에 따라 서로 다른 공연비가 형성되는 성층 급기 기관이다.

부실의 체적은 전체 간극 체적의 약 20%에 이른다. 부실은 그 목적에 따라 다르게 설계되는데, 어떤 기관은 부실에서 강한 스월을 만들도록 설계된다. 연소실들 사이의 오리피스 형상은 압축 행정 동안 공기-연료 혼합기가 주실로부터 점화 플러그가 위치한 와류실(swirl chamber)로 통과할 때 강한 스월을 만들어내도록 되어 있다. 와류실 내의 스월은 연소를 촉진한다. 혼합기가 와류실에서 연소하면, 연소 가스가 오리피스를 통하여 주실로 팽창하여 주실에 2차 스월을 만들고 주실의 가스 혼합기를 제트 점화 또는 토치 점화한다. 이러한 형태의 와류실을 사용하면 주실에 1차 스월을 만들 필요가 없다. 이러한 기관에서는, 흡기가 매끄럽게 직선으로 유동할 수 있도록 흡기다기관과 흡기 밸브를 설계할 수 있으므로 체적 효율이 증가한다.

대부분의 성층 급기 기관은 분할 연소실을 가지고 있다. 이 기관의 공기-연료 혼합기는 연소실 전체에 균일하게 형성되지 않는데, 점화 플러그 주위는 농후하고 플러그로부터 먼 곳은 희

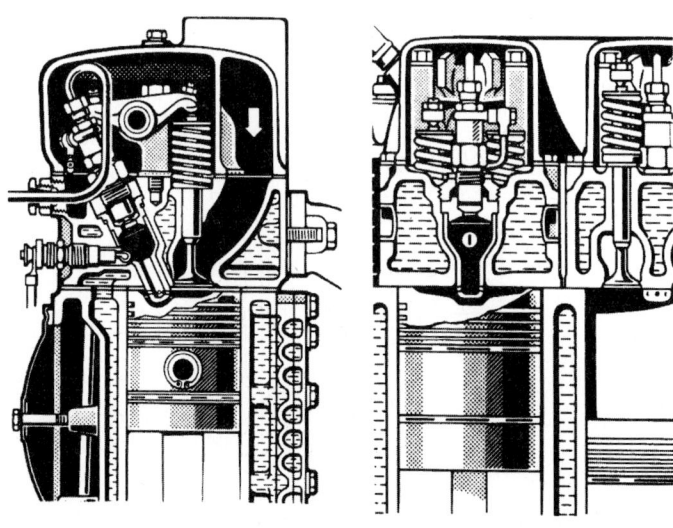

그림 7-13
부실에 연료 인젝터가 설치된 압축 착화 기관의 분할 연소실. 참고 문헌 [62]에서 인용.

Mercedes-Benz OM 322

Mercedes-Benz OM 326

박하다. 점화 플러그 주위의 농후한 혼합기는 연소 시작이 확실하고 연소가 빨리 퍼져나가는 반면, 연소실 나머지 부분의 희박 혼합기는 연료를 절약하도록 해 준다. 연소실의 대부분을 차지하고 있는 공기-연료 혼합기는 점화 플러그로 점화시키기에는 너무 희박하지만, 점화 플러그 근처의 농후한 혼합기에 의해 점화될 때는 충분히 연소한다. 2실 성층 급기 기관의 경우, 점화 플러그가 설치된 부실의 혼합기는 농후하고 주실의 혼합기는 희박하다(그림 6-8). 대부분의 기관 출력은 경제적인 희박 혼합기를 사용하는 큰 주실에서 발생된다. 상용화된 희박 연소 기관 중에는 전체 공연비가 25:1인 초경제 희박 연소 기관도 있다. 이 혼합기는 균일 혼합기 기관에서 연소될 수 있는 혼합기보다 희박하다. 강한 스월 및 스쿼시, 점화 플러그 근처의 농후한 혼합기, 그리고 정상적인 전극보다 큰 간극을 가진 고압 점화 플러그 때문에 연소 시작이 양호하다. 전체 공연비 50:1에서 작동할 수 있는 실험적인 전기 점화 기관들이 개발되었다.

희박 혼합기는 화염 속도가 낮은데, 정상 연소에서 이 정도의 화염 속도는 노크 문제를 일으킨다. 그러나 희박 혼합기는 과잉 비반응 가스로 인해 보다 연소 온도가 낮으며, 이것이 노크 문제를 완화시킨다. 일부의 현대식 연소 기술은 희박 연소 기관에 매우 많은 양의 재순환된 배기(EGR)를 사용한다. 그러므로 사용된 실제의 공기와 연료 배합은 거의 이론 공연비이며, 이것이 유해 배기 배출물을 최소로 유지하는 데 도움을 준다.

각 실린더의 주실과 부실에 흡기 밸브가 각각 하나씩 있는 기관도 있다. 이 밸브들은 서로 다른 공연비로 공기와 연료를 공급하며 부실에는 농후한 혼합기를 공급한다(그림 7-14). 극단적인 경우, 한 밸브는 연료 없이 공기만을 공급한다. 저속에서는 실린더당 1개의 밸브만 작동하고, 고속에서는 공연비가 다른 혼합기를 공급하는 2개의 밸브가 동시에 작동하는 기관도 있다. 어

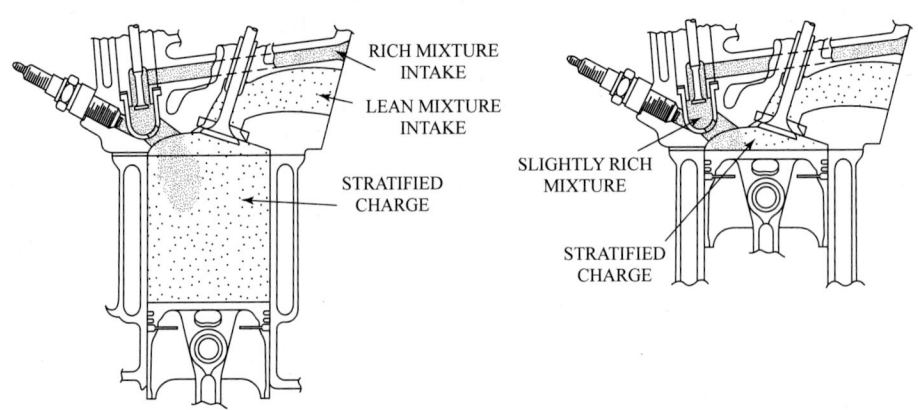

그림 7-14
분할 연소실 성층 급기 기관의 흡입 행정 말기(왼쪽)와 압축 행정 말기(오른쪽). 참고 문헌 [168]에서 인용.

떤 기관은 연소실에 성층 급기를 형성하기 위하여 흡기 밸브와 실린더 내 연료 분사를 이용한다. 분할 연소실을 이용하지 않고 정상적인 하나의 개방 연소실만을 가지고 있는 성층 급기 기관도 있다.

　성층 급기 기관의 변종이 이중 연료 기관이다. 이 기관은 동시에 두 종류의 연료를 사용하는데, 통상 하나는 값이 싼 연료이고, 다른 하나는 확실한 점화를 위해 사용되는 소량의 고급 연료이다. 이 기관의 연소실은 분할 연소실 또는 정상적인 개방 연소실이다. 여러 개의 흡기 밸브와 연료 인젝터, 그리고 적당한 흡기 유동 형상의 조합에 의해 연료가 공급되고 여러 가지 공연비가 얻어진다. 보통, 이중 연료 기관에서는 천연 가스가 주 연료로 사용된다. 특히, 이러한 기관은 다른 연료보다 천연 가스를 많이 사용하는 저개발 제3세계 국가에 적합하다.

　그림 7-15는 또 다른 형태의 분할 연소실 기관을 개략적으로 보여 준다. 이 기관은 주 연소실과 떨어진 쪽에 작은 부실이 있으며, 부실에는 흡입, 점화 또는 특별한 스월이 없다. 주실에서 연소가 일어날 때, 매우 작은 오리피스를 통하여 고압 가스가 부실로 밀려들어 간다. 동력 행정 동안에 주실의 압력이 강하할 때, 부실 내의 고압 가스는 천천히 주실로 역류하여 피스톤 면에 작용하는 압력을 약간 증가시켜 더 많은 일을 생성한다. 설계에 따라, 이 역류 가스는 가연 혼합기을 포함할 수도 있어 연소 시간(결국 출력일)을 연장시킬 수도 있다.

　분할 연소실과 성층 급기 기관을 조합하고 개조하기 위한 수많은 시도가 있었으며, 이러한 많은 기관들이 현대의 자동차에 탑재되어 있다.

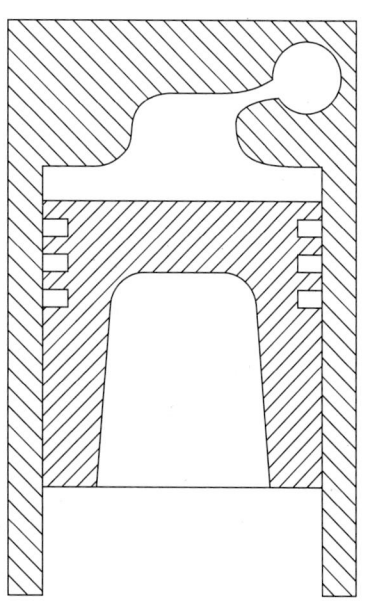

그림 7-15
일부의 전기 점화 기관과 압축 착화 기관에서 볼 수 있는 분할 연소실의 개략도. 고압의 연소 동안, 가스(공기, 공기-연료 및 배기)는 작은 오리피스를 통하여 부실로 밀려들어 간다. 팽창 행정 동안 실린더 압력이 감소하면, 부실 내의 가스는 천천히 주실로 빠져나와 연소와 동력 행정 과정을 약간 연장시킨다.

예제 7-3

총 배기량이 1.86리터인 6실린더 전기 점화 기관이 2,400RPM으로 작동하고 있다. 이 기관은 각 실린더에 사이클당 2번 분사하는 가솔린 직접 분사(GDI)를 사용하고 있다. 점화 플러그는 bTDC 19°에서 점화되고 연소가 되기 전에 0.0015초의 점화 지연이 있다. 연소 동안, 점화 플러그 주위에는 AF = 11:1의 농후한 공기-연료 혼합기이고 연소실의 나머지에는 AF = 20:1의 희박 혼합기이다. 농후 영역은 화염 속도가 32m/s이고 점화 플러그 주위에 직경이 2cm인 반구로 모형을 만들 수 있다. 희박 영역은 화염 속도가 19m/s이고 보어의 바깥 가장자리까지 연소실의 나머지를 차지한다. 이 기관은 압축비 9.8, 행정 7.20cm, 커넥팅 로드 길이 13.3cm이며, 점화 플러그가 연소실의 중앙에 있다. 다음을 계산하라.

1. 연소 종료점에서 크랭크각 위치
2. 연소 종료점에서 피스톤 속도
3. 연소 종료점에서 한 개의 실린더의 연소실 체적

풀이

(1) 식(2-9)를 이용하여 보어를 구하면,

$$V_d = N_c(\pi/4)B^2S = 0.00186 \text{ m}^3 = (6)(\pi/4)B^2(0.0720 \text{ m})$$
$$B = 0.0740 \text{ m} = 7.40 \text{ cm}$$

화염이 연료 농후 영역의 바깥 가장자리에 도달하는 데 걸리는 시간은,

$$t_1 = (\text{distance})/(\text{velocity}) = (0.020/2 \text{ m})/(32 \text{ m/sec}) = 0.000313 \text{ sec}$$

화염이 보어 바깥 가장자리까지의 연료 희박 영역을 통과하는 데 걸리는 시간은,

$$t_2 = \{[(0.0740/2) - (0.020/2)] \text{m}\}/(19 \text{ m/sec}) = 0.00142 \text{ sec}$$

점화와 연소 종료점 사이의 총 시간은,

$$t_{\text{total}} = t_{\text{id}} + t_1 + t_2 = (0.0015) + (0.000313) + (0.00142) = 0.00323 \text{sec}$$

연소 동안의 크랭크각 회전은,

$$CA = (2400/60 \text{ rev/sec})(360°/\text{rev})(0.00323 \text{ sec}) = 46.5°$$

연소 종료점에서 크랭크각 위치는,

$$19° \text{ bTDC} + 46.5° = 27.5° \text{ aTDC}$$

(2) 식(2-2)를 이용하여 평균 피스톤 속도를 구하면,

$$\overline{U}_p = 2SN = (2 \text{ strokes/rev})(0.0720 \text{ m/stroke})(2400/60 \text{ rev/sec}) = 5.76 \text{ m/sec}$$

크랭크 옵셋 $a = S/2 = (7.20\text{cm})/2 = 3.60\text{cm}$
식(2-5)를 이용하여 연료 종료점에서 피스톤 평균 속도를 구하면,

$$R = r/a = (13.3)/(3.60) = 3.69$$
$$U_p/\overline{U}_p = (\pi/2)\sin\theta[1 + (\cos\theta/\sqrt{R^2 - \sin^2\theta})]$$
$$= (\pi/2)\sin(27.5°)\{1 + [\cos(27.5°)/\sqrt{(3.69)^2 - \sin^2(27.5°)}]\} = 0.90$$
$$U_p = (0.90)\overline{U}_p = (0.90)(5.76 \text{ m/sec}) = 5.18 \text{ m/sec} = 17.0 \text{ ft/sec}$$

(3) 한 개의 실린더의 행정 체적은,

$$V_d = (1.86 \text{ L})/(6 \text{ cylinders}) = 0.31 \text{ L} = 310 \text{ cm}^3$$

식(2-12)를 이용하여 한 개의 실린더의 간극 체적을 구하면,

$$r_c = (V_c + V_d)/V_c = 9.8 = (V_c + 310)/V_c$$
$$V_c = 35.2 \text{ cm}^3$$

식(2-14)를 이용하여 연료 종료점에서의 연소실 체적을 구하면,

$$V/V_c = 1 + \tfrac{1}{2}(r_c - 1)[R + 1 - \cos\theta - \sqrt{R^2 - \sin^2\theta}]$$
$$= 1 + \tfrac{1}{2}(9.8 - 1)[(3.69) + (1) - \cos(27.5°) - \sqrt{(3.69)^2 - \sin^2(27.5°)}] = 1.62$$
$$V = (1.62)V_c = (1.62)(35.2 \text{ cm}^3) = 57.0 \text{ cm}^3 = 0.057 \text{ L} = 0.000057 \text{ m}^3 = 3.48 \text{ in.}^3$$

7.3   기관 운전 특성

동력 운전

WOT(스로틀 전개 ; 급속 출발, 언덕길에서 가속, 비행기 이륙시 사용)에서 최대 동력을 얻기 위하여, 연료 인젝터나 기화기는 농후한 혼합기를 공급하도록 조정되고, 점화 장치의 진각은 지연된다. 이렇게 하면 연료 소비가 증가하는 대신 최대 동력을 얻는다. 농후 혼합기는 연소가 빠르며, 편차가 심한 기관 운전을 완화시키면서 최대 압력이 TDC 근방에 집중되도록 한다. 기관 속도가 고속일 때는 실린더로부터 열전달이 일어날 시간이 적어 배기 가스와 배기 밸브의 온도가 높다. WOT에서는 화염 속도를 최대로 하기 위하여 배기 가스를 재순환시키지 않으므로 NOx가 증가한다.

흥미롭게도, 기관으로부터 추가 동력을 얻기 위한 또 다른 방법은 희박 혼합기로 운전하는 것이다. 경주용 차는 가끔 이 방법으로 운전한다. 희박 혼합기에서 화염 속도는 느리고 연소는 TDC를 지나 얼마간 지속된다. 이로 인해 동력 행정 압력이 높게 유지되고 보다 큰 출력이 생성된다. 이러한 작동 방법은 연소가 늦어지기 때문에 배기 가스의 온도가 높다. 고온 배기는 희박 혼합기의 미연 산소와 결합하여 배기 밸브와 밸브 시트를 급격하게 산화시킨다. 따라서 배기 밸브를 자주 교환하여야 하는데 아마도 경주용 차 외에는 밸브를 자주 교환하기가 어려울 것이다. 희박 운전을 위해서는 점화 시기를 특별히 설정해야 한다.

정속 운전

안정된 고속 도로 운전이나 장거리 비행기 운항과 같은 정속 운전에서는 소요 동력이 감소하며, 제동 연료 소비율이 중요하다. 이러한 형태의 운전에서는 희박 혼합기가 기관에 공급되고 EGR률은 높으며, 느린 화염 속도를 보상하기 위해 점화 시기는 진각된다. 연료 이용 효율(km/l)은 높지만, 기관의 열효율은 낮아진다. 이것은 기관이 저속으로 운전하여 사이클당 연소실로부터의 열손실 시간이 증가하기 때문이다.

공전 및 저속

아주 낮은 속도에서는 스로틀이 거의 닫혀 흡기 다기관에 강한 진공이 형성된다. 진공도가 높고 기관 속도가 낮기 때문에 밸브 오버랩 동안에 많은 배기가 잔류한다. 이로 인해 연소가 악화되므로 기관에 농후한 혼합기를 공급하여야 한다. 농후한 혼합기와 연소 악화로 인하여 배기 유해 성분 중의 HC와 CO가 증가된다. 공전 속도에서는, 실화나 부분 연소가 증가한다. 2%의 실화가 발생하면 배기 유해 성분은 허용 기준보다 100~200% 초과한다.

고속에서 스로틀 닫힘

고속에서 갑자기 스로틀이 닫히면, 흡기계 내에 매우 높은 진공이 형성된다. 고속으로 운전하고 있는 기관에는 많은 공기가 유입되어야 하지만, 스로틀이 닫히므로 공기 유동은 매우 적어진다. 이 결과, 흡입 진공이 높아지고, 잔류 배기가 증가하며, 혼합기는 농후해지고, 연소는 악화된다. 이러한 경우에는 실화와 배기 유해 성분 배출이 증가한다.

특히, 기화기가 설치된 기관은 이와 같은 조건하에서 연소가 악화된다. 높은 진공으로 인하여, 기화기는 정상 작동 오리피스와 공전 밸브 양쪽을 통하여 많은 연료를 공급한다. 공급 연료는 많고 공기 유동은 제한되기 때문에 과농 혼합기가 형성되어 연소가 악화되고 HC와 CO가 증가하여 배기 공해가 유발된다. 연료 인젝터가 설치된 기관에서는, 이러한 조건에서 제어 장치가 연료 유동을 차단하므로 기관이 훨씬 유연하게 작동한다.

저온 기관 시동

기관이 차가운 상태에서 시동될 때는 가연 가스 혼합기를 형성하는 데 필요한 기화 연료를 확보해야 하므로 연료가 과잉으로 공급되어야 한다. 흡기계와 실린더의 벽이 차가울 때는 정상 작동에서보다 훨씬 적은 양의 연료가 기화한다. 또한 연료도 차갑고 쉽게 유동하지 않는다. 시동 모터만으로 구동되기 때문에 기관은 매우 천천히 회전하며, 압축 동안 발생하는 압축열의 대부분이 차가운 벽으로의 열전달에 의해 손실된다. 이 현상은 기관 운동을 방해하는 차가운 점성 윤활유 때문에 더욱 악화되어 시동 속도를 저하시킨다. 이러한 여러 가지 이유 때문에 저온 기관을 시동할 때는 매우 농후한 공연비가 필요하다. 때로는 1:1과 같이 농후한 공연비가 사용된다.

모든 것이 매우 차가울 때에도, 소량의 연료는 기화하므로 공기와 연료 증기의 가연 혼합기는 얻어진다. 이 혼합기가 점화되고 단지 몇 사이클의 연소 후에는 기관이 온기되기 시작한다. 몇 초 이내에 기관은 정상적으로 작동하기 시작하지만, 완전히 온기된 정상 상태 운전에 이르는 데는 몇 분이 걸릴 수 있다. 기관이 온기되기 시작하면 원래 들어갔던 과잉 연료 모두가 기화하여 단기간 동안 과농으로 운전된다. 이 기간 동안에는 배기 중의 HC와 CO가 과도하게 배출된다. 게다가 촉매 변환기도 시동 때에는 차가워 과잉 유해 성분을 정화하지 못한다. 냉간 시동 때의 대기 오염 문제는 제9장에서 설명한다.

극히 추운 기온에서는 기관 시동을 돕는 특수 시동액을 사용할 수 있다. 증기압이 매우 높은 디에틸 에텔과 같은 물질은 가솔린보다 쉽게 기화하여 연소를 시작하는 데 필요한 농후한 공기-연료 혼합기를 만들어 준다. 일반적으로 시동액은 압력 용기에 들어 있으며, 시동하기 전에 시동액을 기관의 공기 흡입구에 뿌리면 된다.

7.4   현대식 급속 연소 연소실

현대식 고속 전기 점화 기관용 연소실은 배기 유해 성분을 과잉으로 생성하지 않으면서 공기-연료 혼합기를 매우 빠르게 연소할 수 있어야 한다. 연소실은 부드러운 동력 행정, 낮은 연료 소비율과 동시에 최대 열효율(고압축비)을 얻을 수 있어야 한다. 그림 6-5는 그러한 연소실에 대한 2가지 일반적인 설계를 보여 준다. 대부분의 현대식 기관의 연소실은 이 설계의 하나 또는 양쪽 모두를 도입한 형상이다. 이에 비하여, 그림 7-16은 역사적으로 중요한, 밸브가 블록에 설치된 L헤드 기관에서 볼 수 있는 연소실 설계를 보여 준다.

실질적으로 순간 정적 반응 즉, 이상 폭발 없이 연소 시간이 가능한 한 최소로 되는 것이 바람직하다. 혼합기 온도가 자발화 온도 이상으로 상승된 후에, 연소 시간이 공기-연료 혼합기의 발화 지연 시간보다 짧으면 노크가 일어나지 않는다(제4장 참조). 연소 속도가 빠를수록 압축비를 높일 수 있으며 연료의 옥탄가는 낮아도 된다.

연소 시간을 최소로 하기 위해서는 난류, 스월 및 스쿼시가 최대로 되고 화염 이동 거리가 최소로 되어야 한다. 그림 6-5에서 보여 준 2개의 연소실은 이러한 조건을 만족하지만, 그림 7-16의 구식 연소실은 이러한 조건을 만족하지 못한다. 그림 6-5의 연소실에서 피스톤이 TDC에 접근할 때, 공기-연료 혼합기는 실린더의 중심선 쪽으로 압축된다. 각운동량 보존에 의해 평균 질량 반경이 감소하면, 스월 회전은 증가한다. 약간의 운동량은 벽과의 점성 마찰에 의해 손실된다. 또한 이와 같은 안쪽 방향 압축은 실린더 중심선을 향한 반경 방향으로 빠른 속도의 스쿼시를 일으킨다. 이 두 운동은 화염면 속도를 크게 증가시켜 연소 시간을 단축한다. 또한 그곳에는 바깥쪽으로 향한 역스쿼시가 있으므로, 화염면이 더욱 확장된다. 역스쿼시는 피스톤이 TDC로부터 멀어지기 시작하는 동력 행정 초기에 발생한다. 현대식 연소실에서 난류와 함께

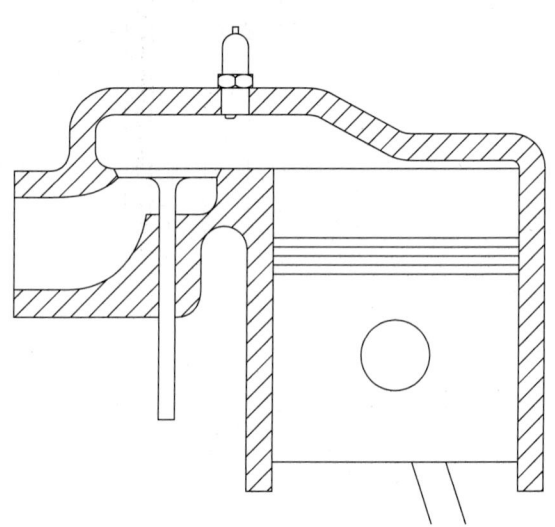

그림 7-16

밸브가 블록에 설치된 L헤드 기관의 연소실. 1910년대부터 1950년대까지 수십 년 동안, 이 기관은 대부분 기관의 표준 형상이었다. 소수의 설계를 제외하고, 일반적으로 이러한 종류의 연소실은 현대식 연소실 개념에서 매우 중요하게 여기는 강한 스월, 스쿼시 및 텀블을 발생시키지 못한다. 현대식 연소실에 비하여 화염 이동 거리도 길다. 이러한 것들 때문에 초기의 기관은 오늘날의 기관보다 압축비가 훨씬 낮았다.

스월과 스퀴시는 정체된 공기-연료 혼합기의 화염보다 화염 속도를 10배 이상 증가시킨다. 그림 6-5의 실린더의 흡기계는 강한 난류와 강한 흡입 스월을 발생하도록 만들어져 있다고 가정한 것이다.

점화 플러그는 실린더의 중심선 근처에 설치되어 있어서, 공기-연료 혼합기의 대부분이 소비되기 전에 화염은 보어 직경의 1/4 정도만 이동해야 한다. 어떤 기관은 실린더당 2개의 점화 플러그를 가지고 있다. 이것은 공기-연료 혼합기가 2개의 화염면에 의해 연소되도록 하며, 적절히 배치된 두 점화 플러그에 의해 연소 시간이 대폭 감소된다. 2중 플러그는 동시에 점화되거나 순차적으로 점화되도록 설계될 수 있다. 한 자동차 회사에서는 실린더당 4개의 점화 플러그 즉, 중심에 1개와 바깥 원주에 3개가 설치된 4기통 기관에 대하여 실험했다. 대부분의 항공기 기관은 실린더당 2개의 점화 플러그를 가지고 있다. 그러나 이것은 연소 촉진보다는 안전에 그 목적이 있다. 많은 항공기 장치는 한 점화 플러그의 고장에 대비한 여분을 가지고 있다.

그림 6-5에서 보여 주는 연소실은 연소 시간이 빠른 데다가 동력 행정 동안의 기관 운전도 부드럽다. 점화 플러그가 간극 체적의 중심 근처에 설치되어 있어, 압축되어야 할 주위 가스의 체적이 크기 때문에 연소가 시작될 때의 압력 상승은 느리다. 연소실 가장자리 근처에 점화 플러그를 설치하면, 인접 부근에 압축되어야 할 가스가 적기 때문에 압력 상승이 빨리 일어난다. 이것은 기관 사이클을 거칠게 한다. 연소 말기 부근에, 화염면은 연소실 가장자리의 작은 가스 체적에 있게 된다. 이것은 압력 상승이 천천히 소멸되도록 하여 동력 행정을 부드럽게 만든다. 연소실의 넓은 부분에서 화염이 소멸되어 연소가 끝나면, 압력 상승이 갑자기 종료되어 동력 행정 말기는 훨씬 부드럽지 못할 것이다. 연소 동안에 노크가 일어나면, 노크는 맨마지막에 연소될 말단 가스에서 발생할 것이다. 말단 가스가 소량이라면, 노크가 약하게 발생하여 아마도 검출되지 않을 것이다. 극소량의 노크는 이러한 종류의 연소실에는 도움이 된다. 이러한 연소실에서는 온도와 압력의 최대는 작동 중에 발생하고 노크는 경미하여 감지되지 않는다는 것을 의미하며, 노크로 인하여 연소 과정의 거의 끝부분에서 압력이 상승되어 출력이 약간 증가한다.

점화 플러그는 간극 체적의 중심 근처에 설치될 뿐만 아니라 흡기 밸브와 배기 밸브 양쪽에 가깝게 설치되어야 한다. 연소는 농후한 혼합기에서 쉽게 점화하므로, 점화 플러그의 전극 사이에 농후한 혼합기가 형성되도록 점화 플러그는 흡기 밸브 근처에 있어야 한다. 흡기 밸브로부터 떨어져 있는 혼합기는 배기 잔류물의 양이 많아 결과적으로 더 희박하다. 또한 점화 플러그는 배기 밸브 근처에 있어야 한다. 배기 밸브와 배기 구멍은 연소실의 가장 뜨거운 부분이며, 이 고온은 점화 플러그 근처의 연료 기화를 양호하게 한다. 또한 점화 플러그가 배기 밸브와 가까우면 주위의 고온 표면에 의해 표면 점화와 노크가 일어날 수 있는 고온 말단 가스로부터 배기 밸브가 떨어져 있게 된다.

연소실 크기를 최소화하기 위하여, 대부분의 현대식 전기 점화 기관은 오버헤드 밸브 형식을 취하고 있다. 이것은 오버헤드 캠축 형식이거나 밸브와 기관 실린더 블록에 설치된 캠축을 유체 역학적으로 연결하는 형식이다. 연소실 크기를 감소시키는 또 하나의 방법은 주어진 배기량에 대하여 실린더 수를 늘리는 것이다.

이러한 연소실은 열손실, 헤드 볼트에 작용하는 힘, 연소실 벽 퇴적물 형성 및 배기 유해 성분 배출이 적다. 초기의 밸브가 블록에 설치된 기관에 비하여 체적당 표면적이 작기 때문에 열손실이 적고, 따라서 열효율이 높다. 헤드의 연소실 면적이 작기 때문에 헤드와 실린더 블록을 채결하는 헤드 볼트에 작용하는 힘이 작다. 실린더 압력이 일정할 때, 총 힘은 압력이 작용되는 표면적에 비례한다. 이러한 형태의 연소실에서는, 고온과 강한 스월 운동 때문에 시간당 연소실벽 퇴적물이 적게 형성되어 벽이 깨끗하다. 화염 냉각 체적이 작고 연소실벽 퇴적물이 적기 때문에 배기 유해 성분이 적게 배출된다. 이러한 내용은 제9장에서 자세히 설명하고 있다.

이 형태의 연소실의 가장 큰 문제점은 설계상의 융통성이 제한된다는 점이다. 연소실 벽 표면적이 제한되기 때문에 밸브, 점화 플러그 및 연료 인젝터를 설치하기가 어렵다. 공간 때문에 밸브 크기와 가스 유동 제어 형상을 조정하기도 한다. 여러 개의 흡기 및 배기 밸브가 설치된 실린더는 유동 저항이 감소되지만 설계가 복잡해진다. 밸브와 피스톤 면 사이의 허용 간극 때문에 표면적을 잘라내기도 한다. 그러나 연소실 내의 모서리 공간이 최소화되도록 해야 한다. 기계적 강도가 저하되어서는 안 되며, 밸브 사이의 표면 재료가 구조적으로 안전해야 한다.

앞에서 설명한 바와 같이, 일부의 현대식 기관은 분할 연소실을 가지고 있다. 이러한 기관은 체적 효율이 높고, 연료 절약면에서 우수하며, 사이클 작동이 유연하다. 이 기관의 주요한 2가지 단점은 표면적이 넓어 열손실이 크다는 점과 제조 경비가 많이 들고 제조가 어렵다는 점이다.

그림 7-16에서 보여 주는 것과 같은 과거 자동차 기관의 연소실은 헤드가 평평하고 밸브가 블록에 설치되어 있으므로 연소실은 화염 이동 거리와 연소 시간이 훨씬 길다. 흡기계는 스월 운동을 하도록 설계되어 있지 않으며, 흡입 스월이 있다 하더라도 TDC 근처에서 공기-연료 혼합기가 실린더 중심선으로부터 밀려나므로 크게 약화된다. 스퀴시 운동은 거의 없다. 약간의 질량 운동과 난류가 있지만, 기관 속도가 느리기 때문에 낮은 수준이다. 연소 시간이 상당히 길기 때문에 압축비는 훨씬 낮아야 한다. 이러한 기관이 사용되던 초기(1920년대)에는 압축비가 4~5였으며, 말기(1950년대)에는 약 7로 증가되었다.

대형 기관은 거의 압축 착화 기관이다. 대형 기관은 기관 속도가 느릴 뿐만 아니라, 연소실이 커서 화염 이동 거리가 길기 때문에, 전기 점화 기관인 경우에는 옥탄가가 높은 연료가 필요하고 압축비는 낮아야 한다. 실린더 내의 연소 시간이 매우 길기 때문에 노크를 피하는 것은 불가능하다.

7.5 압축 착화 기관의 연소

압축 착화 기관의 연소는 전기 점화 기관의 연소와는 아주 다르다. 전기 점화 기관의 연소는 근본적으로 균일한 혼합기를 통하여 움직이는 화염면인데 반하여, 압축 착화 기관의 연소는 연료 분사에 의해 연소 비율이 제어되고 매우 불균일한 혼합기 내의 여러 곳에서 동시에 발화가 일어나는 비정상(unsteady) 연소 과정이다. 압축 착화 기관에서는 기관으로 흡입되는 공기가 교축되지 않으며, 기관 토크와 출력은 사이클당 분사되는 연료의 양에 의해 제어된다. 흡입 공기가 교축되지 않기 때문에 흡기다기관 내의 압력은 항상 1기압에 가까운 값이다. 그러므로 그림 3-10에서처럼 기관 사이클의 펌프일이 매우 작으며, 이에 따라 전기 점화 기관에 비하여 열효율이 높다. 특히 저속 및 저부하에서는 전기 점화 기관은 스로틀 밸브가 부분적으로 열리기 때문에 펌프일이 크다. 압축 착화 기관에서는 식(7-1)이 성립한다.

$$w_{net} = w_{gross} - w_{pump} \approx w_{gross} \tag{7-1}$$

압축 착화 기관의 압축비는 상당히 높으며, 압축 행정 동안 실린더 내에는 공기만 들어 있다. 현대식 압축 착화 기관의 압축비는 12~24이다. 보통의 전기 점화 기관의 열효율과 달리, 디젤 기관에서는 이 범위의 압축비가 식(3-73)과 식(3-89)에 사용될 때 높은 열효율(연료 변환 효율)이 얻어진다. 그러나 기관 배기량이 동일한 경우에는, 압축 착화 기관의 전체 공연비가 아주 희박(당량비 $\phi \approx 0.8$)하기 때문에 제동 출력이 작다.

연료는 각 실린더의 연소실에 설치된 1개 이상의 인젝터에 의해 압축 행정 말기에 실린더 내에 분사된다. 일반적으로 분사 기간은 크랭크축 회전각으로 약 20°이며, bTDC 약 15°에서 분사가 시작되어 aTDC 약 5°에서 끝난다. 발화 지연의 실제 시간은 거의 일정하므로, 고속에서는 연료가 약간 일찍 분사되어야 한다.

실린더 내에 연료를 분사하여 공기와 혼합시키려면 공기의 스월과 난류 외에 높은 분사 속도가 필요하다. 분사 후의 연료는 다음의 과정을 거쳐야 한다.

1. **무화**(atomization) : 연료 방울은 매우 작은 액적으로 쪼개진다. 인젝터에서 방출될 때의 방울 크기가 작을수록 무화 과정은 신속하고 효과적으로 이루어진다(그림 5-27).

2. **기화**(vapporization) : 액체 연료의 작은 액적들은 증기로 기화한다. 압축 착화 기관의 높은 압축에 의해 형성된 고온 공기 때문에 액적의 기화는 매우 빨리 일어난다. 기화 과정에 필요한 높은 공기 온도를 얻으려면 압축 착화 기관의 압축비가 최소 12:1은 되어야 한다. 분사된 연료의 약 90%는 분사 후 0.001초 안에 기화된다. 최초 연료가 기화할 때 주위는 기화 냉각에 의해 냉각된다. 이것은 후속 기화에 큰 영향을 미친다. 연료 제트의 중심 근처에서는 연료의 농도가 높고 기화에 의해 냉각되기 때문에 연료는 단열 포화 상태가 된다. 이 영역에서는 기화가 정지되므로 혼합과 가열 후에 연료가 기화된다.

3. **혼합**(mixing) : 기화 후, 연료 증기는 가연 공연비의 혼합기를 형성하기 위하여 공기와 혼합되어야 한다. 실린더 내의 스월과 난류, 고속의 연료 분사 속도 때문에 혼합이 일어난다. 그림 7-17은 분사된 연료 제트 주위에 형성된 공연비의 분포를 보여 준다. 연소가 일어날 수 있는 농후 당량비 한계는 $\phi = 1.8$이며 희박 당량비 한계는 $\phi = 0.8$이다.

4. **자발화**(self-ignition) : 분사 개시 후 $6° \sim 8°$ 즉, 약 bTDC $8°$에서 공기-연료 혼합기는 자발화하기 시작한다. 실제 연소는 분자량이 큰 탄화수소 분자가 작은 종으로 쪼개지고 일부가 산화되는 2차 반응이 먼저 일어난다. 고온 공기에 의해 일어나는 이 반응은 발열 반응으로 인접한 공기 온도를 더욱 상승시킨다. 결국 이것은 실제 연소 과정으로 진행된다.

5. **연소**(combustion) : 연소는 당량비가 $\phi = 1 \sim 1.5$(그림 7-17의 B 영역)인 연료 제트 내의 약간 농후한 영역의 여러 곳에서 동시에 발생한 자발화로부터 시작된다. 이 때, 연소실 내에 있는 연료의 70~95%는 증기 상태이다. 연소가 시작될 때, 여러 개의 자발화 점으로부터 퍼져나가는 다중 화염면은 자발화가 일어나지 않는 곳을 포함하여 가연 공연비 내에 있는 모든 혼합 가스를 태워 버린다. 이것은 그림 7-18에서처럼, 실린더 내의 온도와 압력을 급격히 상승시킨다. 온도와 압력이 높으면, 연료 입자에 대한 기화 시간과 점화 지연 시간이 줄어들고, 많은 자발화 점이 생겨 연소 과정이 빨라진다. 처음에 분사된 연료가 이미 연소 중인데도 실린더 내에는 액체 연료가 계속 분사된다. 초

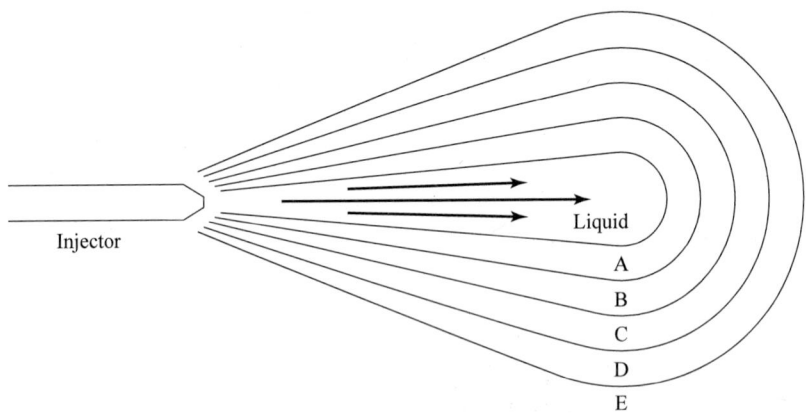

그림 7-17
내부 중심부의 액체 주위에 형성된 공기-연료 증기 영역을 보여 주는 압축 착화 기관의 연료 제트. 액체 중심부는 연속적인 증기 영역으로 둘러싸여 있으며, 이 증기 영역은 (A)연소하기에 너무 농후 (B)가연 농후 (C)이론 공연비 (D)가연 희박 (E)연소하기에 너무 희박한 영역으로 구성되어 있다. 자발화는 주로 B 영역에서 시작한다. 고체 탄소 매연은 주로 A와 B 영역에서 생성된다.

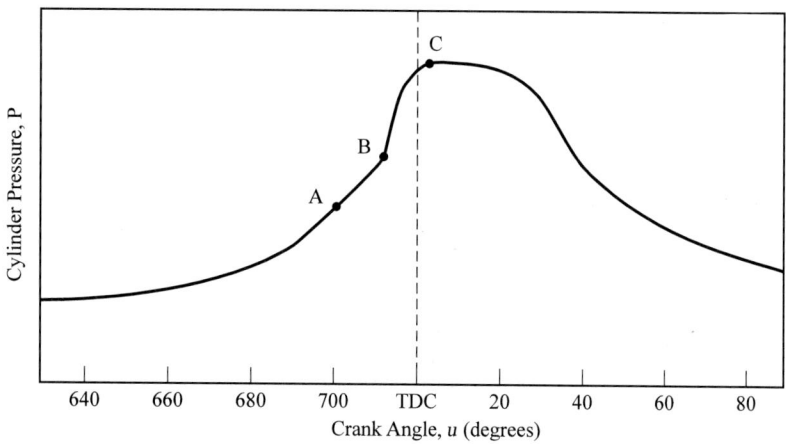

그림 7-18

압축 착화 기관의 크랭크각에 따른 실린더 압력. A점은 연료 분사가 시작되는 지점이고, A-B는 발화 지연이며 C는 연료 분사 종료점이다. 연료의 세탄가가 너무 낮으면, 발화 지연 시간 동안 많은 양의 연료가 분사된다. 연소가 시작될 때 추가로 공급된 연료는 B점의 압력을 너무 빨리 상승시켜 기관 사이클을 거칠게 만든다. 참고 문헌[10]에서 인용.

기에 분사된 연료 중에서, 가연 상태에 있는 모든 공기-연료 혼합기가 급격히 연소를 시작한 다음, 나머지 연소 과정은 분사되는 연료의 분사율, 무화율, 기화율 그리고 공기와의 혼합률에 따라 제어된다. 분사율에 의해 제어되는 연소율은 그림 7-18에서 보여주는 것처럼 초기의 빠른 압력 상승 후에 완만한 압력 상승이 일어난다. 연소는 20°의 연료 분사 기간보다 훨씬 긴 약 40°∼50° 동안 지속한다. 이것은 연료 입자가 공기와 혼합하여 가연 혼합기로 되는데 긴 시간이 소요되어, 동력 행정에서 상당 시간 동안 연소가 지속되기 때문이다. 그림 7-18에서는 피스톤이 aTDC 30°∼40°에 도달할 때까지 높은 압력이 유지되는 것을 보여 준다. 연료의 약 60%는 전체 연소 시간의 처음 1/3 동안에 연소된다. 연소율은 기관 속도에 따라 증가한다. 그래서 연소각은 거의 일정하다. 대부분의 연소 과정 동안, 실린더에 있는 연료 증기의 10%∼35%는 가연 공연비이다.

제2장에서 기관 평균 속도와 행정 길이는 역수관계에 있다는 것을 설명하였다. 모든 기관의 평균 피스톤 속도는 약 5∼15m/s의 범위이다. 대형 저속 기관의 경우에는 회전 속도가 낮기 때문에 기관 회전각으로 40°∼50° 동안에 연소가 일어나도록 연료를 분사, 무화, 및 혼합하는 데 필요한 실제 시간이 충분하다. 이러한 직접 분사(DI : direct injection) 기관의 연소실은 강한 스월이 필요 없는 대형 개방 연소실이다. 보통 직접 분사 기관에서는 분사 압력이 매우 높기 때문에 연료 제트가 고속이다. 이것은 제트가 대형 연소실을 관통하여 뻗어나가 연료와 공기의 혼합을 촉진한다는 것을 의미한다. 일반적으로 직접 분사 기관은 느리게 작동하여 마찰 손실이

감소하고, 연소실의 체적당 표면적이 작아 열손실이 감소하기 때문에 제동 열효율이 높다.

소형 압축 착화 기관은 훨씬 높은 속도에서 작동하며, 연료의 기화와 혼합을 향상시키고 촉진시키기 위한 강한 스월을 필요로 한다. $40° \sim 50°$의 동일한 기관 회전각 동안에 연소가 일어나려면 소형 기관은 대형 기관보다 10배 이상 빠른 속도로 스월이 일어나야 한다. 강한 스월을 발생시키기 위해서는 특별한 흡기 형상과 실린더 형상이 필요하다. 그림 7-13에서 보여 주는 주연소실과 분리된 와류실은 이러한 형상 중의 하나이다. 분할 연소실을 가지고 있는 간접 분사(IDI : indirect injection) 기관은 작은 부실에 연료를 분사하며, 분사 압력이 훨씬 낮다. 이러한 기관은 보다 낮은 연료 제트 속도를 갖게 되며, 이러한 낮은 연료 제트 속도는 소형 연소실을 관통하는 데 적합하다. 부실에서 발생한 강한 스월은 연료와 공기를 혼합한다. 부실에서 혼합기가 연소하면, 기체는 오리피스를 통하여 주실로 팽창하면서 액체 연료 액적을 운반하고 주실에 스월을 일으킨다. 연소의 대부분을 차지하는 주실 연소는 전기 점화 기관의 연소와 매우 유사하다. 일반적으로 간접 분사 기관은 고속으로 작동하므로 자동차 기관에 적합하다. 간접 분사 연소실은 체적당 표면적이 크기 때문에 열손실이 크므로, 높은 압축비가 필요하다. 또한, 열손실 때문에 냉간 시동이 훨씬 어렵다.

예제 7-4

예제 5-9의 디젤 기관이 공기 표준 사이클로 작동하며 압축비는 18:1이다. 2,400RPM에서, 연소는 bTDC 7°에서 시작하고 기관 회전각으로 42° 동안 지속한다. 크랭크 옵셋에 대한 커넥팅 로드의 길이 비 $R = 3.8$이다. 다음을 계산하라.

1. 발화 지연
2. 사이클 연료 차단비

풀이

(1) 예제 5-9로부터, 연소는 bTDC 7°에서 시작하고, 연료 분사는 bTDC 20°에서 시작한다. 발화 지연(ID)은 기관 회전각으로 13°이다.

$$ID = 13°$$

발화 지연 시간은,

$$ID = (13°)/[(2400/60 \text{ rev/sec})(360°/\text{rev})] = \underline{0.0009 \text{ sec}}$$

(2) 연소는 aTDC 35°에서 끝난다. 연료 차단비는 식(2-14)로부터 구한다.

$$\beta = V/V_{\text{TDC}} = V/V_c = 1 + \tfrac{1}{2}(r_c - 1)[R + 1 - \cos\theta - \sqrt{R^2 - \sin^2\theta}]$$
$$= 1 + \tfrac{1}{2}(18 - 1)[3.8 + 1 - \cos(35°) - \sqrt{(3.8)^2 - \sin^2(35)°}]$$
$$\underline{= 2.91}$$

예제 7-5

디젤 사이클로 작동하고 세탄가가 41인 연료를 사용하는 중간 크기의 압축 착화 기관의 연소는 aTDC 1°에서 시작하는 것이 좋다. 이 기관은 980RPM으로 작동하는 직렬 6실린더이며, 총 배기량이 15.6리터, 보어와 행정의 관계식은 $S = 2.02B$이다. 압축비는 16.5:1이고 실린더로 들어가는 공기의 온도와 압력은 41℃와 0.98bar이다. 다음을 계산하라.

1. 연료 분사가 시작되어야 할 크랭크각
2. 발화 지연(ms)

풀이

(1) 식(2-9)를 이용하여 보어와 행정을 구하면,

$$V_d = N_c(\pi/4)B^2S = 15.6\ \text{L} = 0.0156\ \text{m}^3 = (6\ \text{cyl})(\pi/4)B^2(2.02\ B)$$
$$B = 0.1179\ \text{m} \qquad S = (2.02)B = (2.02)(0.1179\ \text{m}) = 0.2382\ \text{m}$$

식(2-2)를 이용하여 평균 피스톤 속도를 구하면,

$$\overline{U}_p = 2SN = (2\ \text{strokes/rev})(0.2382\ \text{m/stroke})(980/60\ \text{rev/sec}) = 7.78\ \text{m/sec}$$

식(4-14)를 이용하여 크랭크 각도로 발화 지연을 구한다.
다음과 같이 연료의 활성 에너지가 계산된다.

$$E_A = (618{,}840)/(CN + 25) = (618{,}840)/(41 + 25) = 9376$$
$$\text{ID(ca)} = (0.36 + 0.22\ \overline{U}_p)\exp\{E_A[1/(R_u T_i r_c^{k-1})$$
$$- (1/17{,}190)][(21.2)/(P_i r_c^k - 12.4)]^{0.63}\}$$
$$[1/(R_u T_i r_c^{k-1}) - (1/17{,}190)] = [1/\{(8.314)(314)(16.5)^{1.35-1}\} - (1/17{,}190)]$$
$$= 0.0000854$$

$$[(21.2)/(P_i r_c^k - 12.4)]^{0.63} = \{(21.2)/[(0.98)(16.5)^{1.35} - (12.4)]\}^{0.63} = 0.7914$$
$$\text{ID(ca)} = [(0.36) + (0.22)(7.78)]\exp[(9376)(0.0000854)(0.7914)] = 3.91°$$

연료 분사가 시작되어야 할 크랭크각은,

$$1° \text{ aTDC} - 3.91° = \underline{2.91° \text{ bTDC}}$$

(2) (4-15)를 이용하여 발화 지연을 구하면,

$$\text{ID(ms)} = \text{ID(ca)}/(0.006\,N) = (3.91)/[(0.006)(980)] = \underline{0.665 \text{ msec}}$$

연료 분사

대표적인 연료 인젝터의 노즐 직경은 0.2~1.0mm이다. 인젝터는 한 개 또는 여러 개의 노즐을 가지고 있다(그림 6-6).

보통, 노즐에서 나가는 액체 연료의 속도는 약 100~200m/s이다. 이 속도는 점성 저항, 기화 및 연소실 스월에 의해 빠르게 감소된다. 증기 제트는 액체 제트보다 멀리 퍼져 이상적인 경우 연소실의 먼쪽 벽에 직접 도달한다. 연료 제트의 바깥쪽에서는 기화가 일어나는 반면에 중심부는 액체 상태로 남아 있다. 그림 7-17은 내부의 액체 중심부가 다음과 같은 공기-연료의 연속된 증기 영역에 의해 어떻게 둘러싸여 있는가를 보여 준다.

(A) 연소 불가 농후 영역
(B) 가연 농후 영역
(C) 이론 공연비 영역
(D) 가연 희박 영역
(E) 연소 불가 희박 영역

노즐에서 나가는 연료 방울의 직경은 10^{-5} m(10^{-2}mm) 이하이며, 일반적으로 크기는 정규 분포를 이룬다. 액적 크기에 영향을 미치는 인자들은 노즐 차압, 노즐 크기 및 형상, 연료 특성 그리고 공기 온도와 난류이다. 노즐 차압이 크면 액적은 작아진다.

강한 난류를 가진 소형 기관의 인젝터는 실린더 벽을 향하여 연료 제트를 분무하도록 설계된

다. 이러한 설계는 기화을 촉진시키지만 실린더 벽이 매우 뜨거운 상태로 작동하는 기관에서만 가능하다. 고속으로 작동하는 소형 기관에서는 각 사이클에 소요되는 실제 시간이 제한되기 때문에 이러한 설계가 필요하다. 저속으로 작동하는 대형 기관에서는 이러한 설계가 실제로 필요하지도 않고 효과를 얻을 수도 없다. 대형 기관은 스월이 약하고 실린더 벽의 온도가 낮아 연료를 효과적으로 기화시키지 못한다. 따라서 연료 소비율이 높고 배기 중에 HC 배출이 많다.

발화 지연 및 세탄가

공기-연료 혼합기가 가연 공연비이고 온도가 자발화에 충분할 만큼 높을 때의 발화 지연은 0.4~3msec(0.0004~0.003 초)이다. 온도, 압력, 기관 속도, 또는 압축비가 증가하면 발화 지연 시간은 감소한다. 연료 액적 크기, 분사 속도, 분사율 및 연료의 물리적 특성은 발화 지연 시간에 거의 영향을 미치지 않는다. 기관 속도가 고속인 경우, 난류는 증가하고 연소실 벽 온도는 높아지며 발화 지연에 필요한 실제 시간은 감소한다. 그러나 발화 지연은 사이클 시간으로는 거의 일정하여, 모든 속도에서 연소 과정에 대한 크랭크각은 아주 일정하게 된다.

분사가 너무 빠르면, 분사 때의 실린더 온도와 압력이 낮기 때문에 발화 지연 시간은 증가한다. 피스톤이 TDC를 지날 정도로 분사가 늦으면 실린더 압력과 온도가 감소하므로 발화 지연 시간이 증가한다. 기관에 따라 적당한 세탄가를 가진 연료를 사용해야 한다. 세탄가는 발화 지연의 척도이며, 주어진 기관 사이클과 분사 과정에 맞아야 한다. 세탄가가 낮으면, 발화 지연이 너무 길어 연소가 시작하기 전에 적정 양보다 많은 연료가 실린더에 분사된다. 그러므로 연소가 시작될 때, 많은 양의 연료가 급격히 타게 되어 초기 압력 상승이 크다. 이로 인해 초기에 매우 큰 힘이 피스톤에 작용함으로써 기관 사이클이 거칠게 된다. 세탄가가 높으면, TDC 전에 너무 일찍 연소가 시작되어 동력이 손실된다.

일반적으로 사용되는 연료의 정상적인 세탄가는 40~60의 범위이다. 이 범위에서, 발화 지연 시간은 세탄가에 반비례한다.

$$ID \propto 1/CN \tag{7-2}$$

그림 4-7에서 보여 주는 것처럼, 대부분의 연료의 세탄가와 옥탄가는 역수 관계이다.

$$CN \propto 1/ON \tag{7-3}$$

연료에 소량의 첨가제를 섞으면 세탄가가 달라진다. 발화를 촉진하는 첨가제는 아질산염, 질산염, 유기 과산화물과 몇 가지 황 화합물 등이다.

옥탄가가 높은 알콜은 압축 착화 기관용 연료로는 부적합하다.

역사적 이야기-고압축비

압축비가 50:1인 압축 점화 기관을 탑재한 실험적인 군용 자동차가 시험되었다. 매우 높은 압축비에서 이론적으로 겨우 연소할 수 있는 연료라도 이 기관에서는 발화되어 연소될 수 있다. 전투하는 동안 전장에서 연료 공급이 중단되어 그 지역 공급처의 연료를 사용할 필요가 있는 군용 자동차의 경우에는 이 점이 매우 유리하다. 비상시에는 간신히 연소될 수 있는 연료라도 사용될 수 있다. 이 기관에는 고압 연료 인젝터가 필요하다. 이와 같은 고압축비 기관의 냉간 시동은 매우 어렵다.

매연(Soot)

압축 착화 기관의 화염은 매우 불균일하다. 자발화가 일어날 때, 화염은 연소실 내의 공기-연료 혼합기가 가연 혼합비인 모든 부분을 신속하게 연소시킨다. 당량비가 0.8~1.5 범위의 혼합기는 연소가 가능하다. 그래서 연소 반응은 희박 혼합기, 이론 혼합기 및 농후 혼합기에서 각각 일어난다. 혼합기가 농후한 연소 영역에서는 이론적인 CO_2를 생성할 만큼 산소가 충분하지 않다. 따라서, 반응 생성물에 소량의 일산화탄소와 고체 상태의 탄소가 생성된다.

$$C_xH_y + a\,O_2 + a(3.76)N_2 \rightarrow b\,CO_2 + c\,CO + d\,C(s) + e\,H_2O + a(3.76)N_2$$

여기에서, $x = b + c + d$
$a = b + c/2 + e/2$
$e = y/2$

이 고체 탄소 입자는 대형 트럭과 기관차의 배기에서 볼 수 있는 흑연(black smoke)이다.

공연비가 거의 연소 가능 한계에 있는 매우 농후한 영역에서는 다량의 고체 탄소 입자가 생성된다. 연소 과정이 진행되고 연소실 내의 공기-연료 혼합기가 스월과 난류에 의해 혼합 촉진됨에 따라 대부분의 탄소 입자는 반응하여 결국 아주 적은 양의 탄소 입자만이 배출된다. 고체 탄소 입자는 연료이며 적절한 혼합이 이루어질 때 산소와 반응한다.

$$C(s) + O_2 \rightarrow CO_2 + \text{heat}$$

전체 공연비가 희박한 압축 착화 기관에서는, 산소가 과잉으로 들어 있기 때문에 대부분의 탄소는 산소와 만나 반응한다. 혼합기가 연소실에서 배출된 다음에도 배기관에서 반응이 계속 일어나 고체 탄소의 양은 더욱 감소한다. 게다가, 대부분의 압축 착화 기관의 배기계에는 남아 있는 고체 탄소의 대부분을 걸러내는 미립자 포집 장치가 있다. 연소실에서 생성된 고체 탄소 입자의 몇 %만 대기로 배출된다.

매연을 허용 한계 내로 유지하기 위해, 압축 착화 기관은 전체적으로 희박한 공연비($\phi <$ 0.8)로 작동된다. 이 기관이 이론 공연비로 작동된다면, 배기 매연의 양은 너무 많을 것이다. 희박하게 운전하더라도 대부분의 대도시에서는 트럭과 버스로부터 배출되는 디젤 배기로 인해 많은 우려를 갖게 한다. 많은 지역에서, 버스와 트럭 운전에 대한 엄격한 법이 적용되고 있다. 이러한 자동차로부터 배출되는 배기 유해 성분을 줄이기 위한 많은 개선이 이루어져야 한다.

압축 착화 기관은 흡입 공기를 교축하지 않으면서 작동되며, 기관 동력은 연료 분사량에 의해 제어된다. 정지 상태로부터 가속하거나 언덕을 올라갈 때와 같이, 트럭이나 철도 기관차가 고부하일 때는 정상보다 많은 양의 연료가 실린더에 분사된다. 이러한 경우 혼합기는 농후하여 많은 양의 고체 탄소 매연이 생성되므로 배기 매연의 양은 상당히 많다.

압축 착화 기관은 전체적으로 희박하게 운전되기 때문에, 연소 효율은 보통 98% 정도로 높다. 연소되지 않은 2% 중의 약 절반은 배기 내에 HC 상태로 배출된다. 연소되지 않은 2%의 연료는 고체 탄소와 기타 HC 성분을 형성한다. 일부의 HC 성분은 탄소 입자에 흡수되어 배기로 운반된다. 연료에 들어 있는 탄소의 0.5%가 고체 입자로 배출된다면, 매연은 규제 한계를 넘을 것이다. 이것은 배출되는 고체 탄소의 양이 연료를 구성하고 있는 탄소의 0.5% 이하로 유지되어야 한다는 것을 의미한다.

98%의 연료 변환 효율과 높은 압축비 때문에, 오토 사이클로 작동되는 전기 점화 기관에 비하여 압축 착화 기관의 열효율이 높다. 그러나 희박 공연비로 운전되기 때문에 단위 배기량당 출력은 높지 않다.

차가운 날씨 문제

차가운 압축 착화 기관의 시동은 아주 곤란할 수도 있다. 공기와 연료가 차가워서 연료 기화가 매우 느리고 발화 지연이 길어진다. 이러한 경우에는, 윤활유가 차갑고 점도가 높아, 윤활유 공급이 원활하지 못하다. 시동 모터는 점도가 높은 오일 때문에 윤활 상태가 나쁜 차가운 기관을 회전시켜야 한다. 이러한 경우의 회전 속도는 정상적인 시동 회전 속도보다 느리다. 기관 속도가 매우 느리기 때문에, 피스톤을 통과하는 블로바이의 양이 증가하여 유효 압축비가 감소한다. 시동 모터가 기관을 회전시킬 때, 실린더 내의 공기는 자발화 온도보다 훨씬 높은 온도까지 상승하도록 충분히 압축되어야 한다. 온도 상승은 즉시 일어나지 않는다. 금속으로 된 실린더 벽이 차갑고 동시에 기관이 정상 회전 속도보다 느리면, 벽으로의 열손실이 커서 공기 온도는 연료를 자발화시키는 데 필요한 온도 이하가 된다. 이 문제를 해결하기 위하여, 대부분 압축 착화 기관을 시동할 때는 예열 플러그(glow plug)를 사용한다. 예열 플러그는 축전지에 연결된 단순한 전기 저항 가열기이며, 가열면이 기관의 연소실 내에 설치된다. 기관을 시동하기 전, 10~15초의 짧은 시간 동안 예열 플러그에 전원이 공급되고 저항은 적열된다. 기관이 시동될 때, 처음 몇 사이클 동안의 연소는 압축열에 의해 발화되지 않고, 예열 플러그의 표면 점화에 의해 발화된다. 몇 사이클 후, 실린더 벽과 윤활유는 충분히 온기되어 기관이 정상적으로 작동하고 예열 플러그는 꺼지며 압축열에 의해 자발화가 일어난다. 일부 기관에서 시동을 돕기 위해 사용되는 또다른 방법은 흡기 다기관을 전기적으로 가열하여 실린더로 들어가는 공기를 가열하는 것이다. 분할 연소실 기관은 개방 연소실 기관보다 실린더 벽 면적이 넓기 때문에, 열손실이 크고 일반적으로 시동이 더 어렵다.

차가운 대형 압축 착화 기관을 회전시켜 시동하는 경우에는 필요한 에너지가 크기 때문에, 축전지 동력을 이용하는 전기 모터로는 시동이 곤란할 때도 있다. 실제로 소형 내연 기관을 대형 기관의 시동 모터로 사용할 수도 있다. 보통, 2기통이나 4기통 소형 기관을 먼저 시동한 다음, 이 소형 기관을 대형 기관의 플라이휠에 연결시켜 대형 기관을 회전시킨다. 소형 기관은 대형 기관이 시동될 때 분리된다.

냉간 시동을 위하여, 대부분의 중형 압축 착화 기관은 필요 이상의 고압축비로 만들어진다. 어떤 기관은 고압축비를 위한 큰 플라이휠을 가지고 있다. 시동을 돕기 위해 일부 기관에서는 윤활유를 전기로 예열한다. 전기 오일 펌프를 이용하여 시동 전에 기관 전체에 오일을 유통시키기도 한다. 이 오일은 기관의 각 부분을 윤활하여 시동을 쉽게 할 뿐만 아니라, 냉간 상태에서 일어나는 기관 마멸을 감소시킨다. 또한, 시동시에는 분사 시기를 늦추고 농후한 공연비를 사용한다.

날씨가 추울 때, 대형 압축 착화 기관의 재시동 문제를 피하기 위하여 기관을 계속 작동하도록 하는 경우가 많다. 겨울철 북쪽 지방의 고속 도로에 트럭이 정지하고 있을 때, 트럭 기관은 보통 작동 상태로 놓아둔다. 이것은 연료를 소비하고 주위에 대기 오염을 가중시킨다는 점에서는 바람직하지 않다.

압축 착화 기관을 탑재한 트럭과 자동차에서 차가운 날씨와 관련된 또 하나의 문제는 연료 탱크로부터 기관으로 연료를 펌핑하는 일이다. 보통, 연료 탱크는 기관으로부터 약간 떨어져 설치되어 있고, 연료 공급관은 따뜻한 기관실 밖으로 이어져 있다. 차가운 연료의 높은 점도는 길이가 길고 직경이 작은 연료 공급관을 통한 연료 펌핑을 매우 어렵게 만든다. 어떤 디젤 연료는 추운 날씨 때문에 연료 탱크 내에서 아교처럼 굳어지기도 한다. 대부분의 차량은 전기로 작동하는 연료 탱크 가열기를 사용하거나 연료를 따뜻한 기관실로 순환시켜 이 문제를 해결한다. 기관실에서 데워진 후의 과잉 연료는 연료 탱크로 되돌려보내져 나머지 연료와 혼합되어 탱크 내의 연료를 예열시킨다. 겨울철에는 연료를 고급으로 교체할 필요가 있다. 값이 비싼 고급 연료는 점도가 낮아 쉽게 펌핑되며, 또한 이 연료는 연료 인젝터로 잘 들어가기 때문이다.

7.6 균일 급기 압축 착화

압축 착화 기관에 대한 새로운 연소 원리를 이용하는 기관에 대하여 최근에 개발 작업이 이루어지고 있다. 이러한 기관들은 전기 점화 기관과 거의 유사하게 흡입 공기에 따라 연료를 공급한다. 이것은 연소 전에 연소실을 채우는 혼합기가 거의 균일한 공기-연료 혼합기가 되게 한다. 여전히 압축 착화가 사용되지만 결과적인 연소는 확산 화염 연소와 균일 혼합 연소의 조합이다. 어떤 연료가 흡기 포트 인젝터로 공급되지만 점화는 정상적인 압축 착화 분사로 일어난다. 이 기관은 연소실을 채우는 균일 급기 연료인 한 연료(예를 들어, 천연 가스, 메탄올)와 착화를 제공하는 디젤 연료의 두 종류의 연료로 운전될 수 있다.

7.7 가변 압축비

기관에서 연소 특성은 여러 가지의 변수에 따라 달라지는데, 그 중의 중요한 두 가지 변수기-연료비와 압축비이다. 1990년대에 Saab 자동차 회사는 기관이 작동하고 있는 동안에 압축비를 변화시킬 수 있는 독특하고 매우 유망한 설계의 실험 기관을 소개했다[148, 149, 151, 219]. 이 기관은 5실린더, 1.6리터 전기 점화 기관으로 중앙에서 수평으로 분할되는 기관 블록을 가지고 있다. 모노헤드(monohead)라고 하는 블록의 위쪽 반에는 헤드와 함께 한 개씩 주조된 실린더들이 있다. 아래쪽 반에는 크랭크 케이스, 크랭크축 및 피스톤이 들어 있다. 기관의 2개의 반쪽들은 위쪽 반이 아래쪽 반에 비하여 4°까지 회전할 수 있는 힌지 연결로 한 쪽에 연결되어 있다. 모노헤드가 회전함에 따라, TDC에서 실린더의 간극 체적의 크기가 변하며 따라서 압축비가 변한다. 기관 운전에 따라, 압축비는 고부하에서의 8:1로부터 저부하 순항에서의 14:1까지 변화될 수 있다. 기관의 위쪽 반은 대형 캠과 함께 회전되며 고무 밸로우즈가 2개의 반쪽들을 함께 밀봉한다.

일반적으로 소형 배기량 기관이 대형 배기량 기관보다 효율적이다. 대형 기관은 고부하에서 효율적으로 운전할 수 있지만, 저부하에서 스로틀이 닫혀져 커다란 부의 펌핑 일이 발생한다. 소형 배기량 기관은 낮은 동력이 필요할 때 스로틀이 열린 상태에서 효율적으로 작동하지만, 높은 동력이 필요할 때 이것을 공급할 수 있어야 한다. 이것을 위하여, Saab의 소형 기관은 280kPa(40 psia)까지 압력을 증가시키는 고압 과급기를 장착하고 있다. 이 압력은 일반적으로 약 25~50 kPa인 정상적인 경우보다 아주 높은 흡기 압력이다. 필요할 때, 대형 기관의 출력에 맞는 높은 동력 출력이 가능하도록 하기 위해서는 높은 흡기 압력이 필요하다. 터보차저는 이 정도 크기의 흡기 압력을 공급할 수 없기 때문에 과급기가 사용되어야 한다.

이 기관은 고정된 아래쪽 반에 비하여 4°까지 위쪽 반을 회전시킬 수 있는 컴퓨터-제어 유압 엑추에이터와 캠축으로 구성되어 있다. 최고 부하 조건에서 EMS(기관 관리 시스템)는 모노헤드를 최대 회전에 두어 각 실린더의 간극 체적을 약간 크게 한다. 이것은 8:1의 압축비를 만들어 이론 공연비에 근접한 가솔린을 사용하는 고부하로 조정된다. 평평한 길에서 순항할 때와 같은 저부하에서는 훨씬 낮은 동력이 필요하며 EMS는 모노헤드를 0까지 본래 위치로 회전시킨다. 이 위치에서 압축비는 14:1이며, 연료-희박 혼합기로 노크 문제없이 효율적으로 필요한 동력을 공급할 수 있다.

Saab 기관은 제동 동력 105kW/L 및 최대 토크 190N-m/L까지 만들어낸다. 그것은 연료를 30% 적게 사용한다는 것을 말하며, 또한 CO_2가 30% 적게 생성된다는 것을 의미한다. 그것은 NOx, HC 및 CO의 배출 기준을 모두 통과할 수 있다. 여러 가지 센서로부터 입력을 받는 EMS는 어떤 조건에서도 가장 효율적이고 가장 명확한 운전을 하기 위하여 압축비를 8:1과 14:1 사이의 어떤 곳으로도 조정할 수 있다. 공연비, 옥탄가 등에 대한 자동 조정이 이루어지므로 여러 가지 서로 다른 연료가 사용될 수 있다.

기관 헤드와 위쪽 블록이 한 덩어리로 구성되어 있어서, 헤드 볼트와 개스킷이 필요 없으므로 보다 좋은 냉각수 유동을 얻을 수 있다. 또한 이 소형 기관은 질량이 작으며, 일반적으로 마찰 손실이 작다.

기관이 작동하고 있는 동안에 압축비를 변화시키는 능력을 지닌 또 다른 기관 시스템이 21세기 초에 소개되었다[205]. 이 시스템에는 각 피스톤의 크랭크축과 커넥팅 로드 사이에 회전되는 레버 암이 있다. 또한 이 레버 암은 엑츄에이터를 통하여 기관 블록에 연결되어 있다. 기관이 작동하고 있는 동안에 레버 암을 회전시킴으로써, 커넥팅 로드 대단부의 원형 회전이 변경될 수 있으며, 행정 길이가 변하고 따라서 압축비가 변한다. 추가로 이 시스템은 피스톤 운동을 변경할 수 있으며, 커넥팅 로드의 대단부에 타원형 경로를 부여한다. 이것은 점화 직후에 피스톤이 감속되도록 하여 가장 효율적인 연소 형태인 정적 연소에 근접하는 연소를 일으킨다. 이 시스템은 4행정 사이클 또는 2행정 사이클, 전기 점화 기관 또는 압축 착화 기관, 과급 또는 무과급 그리고 가변 밸브 시기와 함께 사용될 수 있다고 한다.

작동하고 있는 기관의 압축비를 변화시키는 3번째 방법은 Alvar 사이클 기관을 이용하는 것이다[238]. 그림 7-19에서 보여 주는 것처럼, 이 기관은 2차 연소실 내에서 왕복 운동하는 작은 2차 피스톤을 사용하며, 2차 연소실은 실린더 헤드에 있고 주 연소실에 연결되어 있다. 1차 피스톤의 운동에 대한 2차 피스톤의 운동을 동조시키면, 실린더들의 행정 체적과 압축비가 변화될 수 있다. 이것은 2차 피스톤의 벨트 구동 장치에 있는 이동 공전 풀리로 행해질 수 있다.

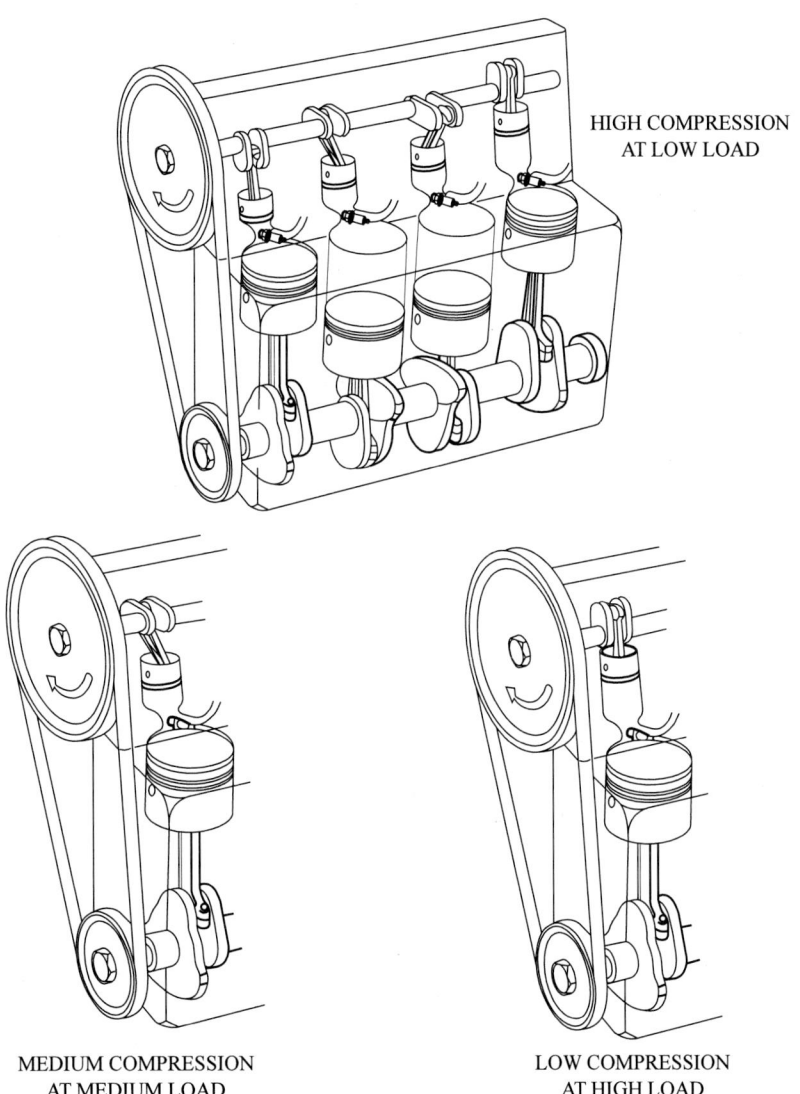

HIGH COMPRESSION
AT LOW LOAD

MEDIUM COMPRESSION
AT MEDIUM LOAD

LOW COMPRESSION
AT HIGH LOAD

그림 7-19
각 실린더의 2차 연소실 내에 작은 피스톤이 있는 Alvar 사이클 기관. 2차 피스톤은 1차
크랭크축에 대한 2차 크랭크축의 위상 각을 변화시켜 1차 피스톤과 위상을 일치시키거나 달
리하여 작동될 수 있다. 이것은 TDC에서 1차 피스톤의 간극 체적을 변화시켜 압축비를 변
화시킨다. 참고 문헌[238]에서 인용.

예제 7-6

작은 비행기가 가변 압축비 장치가 설치된 수정된 과급 2.4리터 전기 점화 기관을 가지고 있다. 이 Otto 사이클 기관은 다음의 조건으로 고부하 이륙과 저부하 순항의 서로 다른 2가지 모드로 작동된다.

	이륙	순항
기관 속도	3600 RPM	2200 RPM
압축비	8:1	14:1
체적 효율	120%	88%
연료	이론공연비 가솔린	AF = 22:1의 가솔린
연소 효율	97%	99%

다음을 계산하라.

1. 이륙 및 순항에서 도시 열효율
2. 이륙 및 순항에서 기관으로 들어가는 연료 유동률
3. 이륙 및 순항에서 도시 동력
4. 이륙 및 순항에서 도시 연료 소비율

풀이

(1) 식(3-31)을 이용하여 도시 열효율을 구하면,

$$\eta_t = 1 - (1/r_c)^{k-1} = 1 - (1/8)^{1.35-1} = \underline{0.517 = 51.7\% \text{ at takeoff}}$$
$$= 1 - (1/14)^{1.35-1} = \underline{0.603 = 60.3\% \text{ at cruising}}$$

(2) 기관으로 들어가는 공기의 질량 유량은 식(2-71)을 이용하여 계산하면,

$$\dot{m}_a = \eta_v \rho_a V_d N/n$$
$$= (1.20)(1.181 \text{ kg/m}^3)(0.0024 \text{ m}^3/\text{cycle})(3600/60 \text{ rev/sec})/(2 \text{ rev/cycle})$$
$$= 0.1020 \text{ kg/sec at takeoff}$$
$$= (0.88)(1.181 \text{ kg/m}^3)(0.0024 \text{ m}^3/\text{cycle})(2200/60 \text{ rev/sec})/(2 \text{ rev/cycle})$$
$$= 0.0457 \text{ kg/sec at cruising}$$

식(2-55)를 이용하여 기관으로 들어가는 연료의 질량 유량을 구하면,

$$\dot{m}_f = \dot{m}_a/(\text{AF}) = (0.1020 \text{ kg/sec})/(14.6) = \underline{0.00699 \text{ kg/sec at takeoff}}$$
$$= (0.0457 \text{ kg/sec})/(22) = \underline{0.00208 \text{ kg/sec at cruising}}$$

(3) 식(2-65)를 이용하여 도시 동력을 구하면,

$$\dot{W}_i = \eta_t \dot{m}_f Q_{\text{HV}} \eta_c = (0.517)(0.00699 \text{ kg/sec})(43,000 \text{ kJ/kg})(0.97)$$
$$= \underline{151 \text{ kW at takeoff}}$$
$$= (0.603)(0.00208 \text{ kg/sec})(43,000 \text{ kJ/kg})(0.99) = \underline{53 \text{ kW at cruising}}$$

(4) 식(2-61)을 이용하여 도시 연료 소비율을 구하면,

$$\text{isfc} = \dot{m}_f/\dot{W}_i$$
$$= [(0.00699 \text{ kg/sec})(3600 \text{ sec/hr})(1000 \text{ gm/kg})]/(151 \text{ kW}) = \underline{167 \text{ gm/kW-hr at takeoff}}$$
$$= [(0.00208 \text{ kg/sec})(3600 \text{ sec/hr})(1000 \text{ gm/kg})]/(53 \text{ kW}) = \underline{141 \text{ gm/kW-hr at cruising}}$$

7.8 요약

전기 점화 기관의 연소는 점화, 화염 발달, 화염 전파 및 화염 종료로 구성된다. 연소는 점화 플러그의 전극에 직접 인접한 공기-연료 혼합기를 점화시키는 점화 플러그에 의해 시작된다. 처음에는 압력 상승이 없으며, 공기-연료 혼합기의 5~10%가 연소된 후에 연소 과정은 완전히 발달한다. 화염이 완전히 발달할 때, 화염은 실린더 내의 난류와 질량 운동에 의해 가속되고 퍼져나가 연소실에 급격하게 전파된다. 이에 따라 실린더 내의 온도와 압력이 상승되고, 피스톤은 동력 행정에서 아래쪽으로 밀려난다. 화염면이 연소실의 가장자리에 도달할 즈음에 공기-연료 혼합기는 몇 %만 남고, 벽으로의 열전달과 벽과의 점성 저항에 의해 화염은 소멸된다.

분할 연소실 기관의 연소는 부연소실에서의 정상적인 점화와 화염 발달, 그리고 두 연소실을 연결하는 오리피스를 통한 화염 제트에 의해 점화되는 주연소실의 화염 전파로 이루어진 2단계 과정이다. 보통 부실의 공연비는 농후하고 주실은 희박하다.

압축 착화 기관의 연소는 압축 행정 말기의 연료 분사로 시작된다. 액체 연료 액적은 무화되고 기화되어 공기와 혼합되며, 발화 지연 시간이 지나면 여러 곳에서 동시에 자발화한다. 그 다음에 화염은 가연 상태에 있는 모든 연료를 연소시키며, 계속 분사되는 연료를 연소시킨다. 마지막 연료 액적이 기화하고 공기와 혼합하여 가연 혼합기를 형성한 다음 반응하면 연소가 끝난다.

연습문제

7.1 1,200RPM에서 작동하는 전기 점화 기관의 보어는 10.2cm이고 점화 플러그는 중심으로부터 6mm 편심되어 있다. 점화 플러그는 bTDC 20°에서 점화된다. 연소가 발달하여 평균 화염 속도가 15.8m/sec인 화염 전파 형태로 되는 데는 기관 회전각으로 6.5°가 소요된다.
다음을 계산하라.

(a) 화염이 발달한 후 연소 과정 시간(즉, 화염면이 가장 먼 연소실벽에 도달하는 시간) [sec]
(b) 연소 종료점의 크랭크각

7.2 문제 7-1의 기관 속도가 2,000RPM으로 증가될 때, 동일한 크랭크각에서 화염이 종료되는 것이 바람직하다. 이 운전 범위(1,500~2,000RPM)에서, 화염 발달에 소요되는 실제 시간은 동일하며, 화염 속도와 기관 속도의 관계는 $V_f \approx 0.92N$ 이다.
다음을 계산하라.

(a) 2,000RPM에서 화염 속도 [m/sec]
(b) 점화 플러그가 점화될 때의 크랭크각
(c) 화염 전파가 시작될 때의 크랭크각

7.3 보어가 3.2인치이고 행정이 3.9인치인 압축 착화 기관이 1,850RPM에서 작동하고 있다. 매 사이클마다, 연료 분사는 bTDC 16°에서 시작되어 0.0019초 동안 지속된다. 연소는 bTDC 8°에서 시작된다. 연소가 시작된 후에 분사된 연료의 발화 지연은 고온 때문에 원래 발화 지연의 1/2로 감소된다.
다음을 계산하라.

(a) 초기 분사 연료의 발화 지연 [sec]
(b) 기관 회전각으로 나타낸 초기 분사 연료의 발화 지연
(c) 최종 분사 연료 액적이 연소하기 시작하는 크랭크각

7.4 3.2리터의 전기 점화 기관을 그림 6-5(b)에서 보여 준 보울인 피스톤(bowl-in-piston) 연소실로 설계하고자 한다. 점화 플러그는 중심에 위치하고 TDC에서 연소하므로 화염 이동 거리는 B/4이다. 평균 피스톤 속도가 8m/sec이고 연소 기간은 기관 크랭크 회전각으로 25°로 기관이 작동하도록 한다. 행정과 보어의 관계는 $S = 0.95B$가 되도록 한다.
다음을 계산하라.

(a) 직렬 4기통 기관으로 설계될 경우, 평균 화염 속도 [m/sec]

(b) V8 기관으로 설계될 경우, 평균 화염 속도 [m/sec]

7.5 310RPM에서 작동하는 개방 연소실 및 직접 분사형 대형 압축 착화 기관의 보어 26cm, 행정 73cm 그리고 압축비 16.5:1이다. 각 실린더의 연료 분사는 bTDC 21°에서 시작되어 0.019초 동안 지속된다. 발화 지연은 0.0065초이다.
다음을 계산하라.

(a) 기관 회전각으로 나타낸 발화 지연

(b) 연소가 시작될 때의 크랭크각

(c) 분사가 종료될 때의 크랭크각

7.6 포드의 Thunderbird V8 기관은 실린더당 2개의 점화 플러그를 가지고 있다. 그 외에 모든 것이 동일한 경우, 현대식 기관의 작동과 설계에 대한 이 기관의 장점 3가지와 단점 3가지를 열거하라.

7.7 2리터, 4기통, 희박 연소, 성층 급기, 전기 점화 기관이 분할 연소실을 가지고 있다. 각 실린더의 부실은 간극 체적의 22%이다. 흡기계는 부실에는 당량비 1.2, 주실에는 당량비 0.75의 공기-가솔린 혼합기를 공급한다.
다음을 계산하라.

(a) 총 공연비

(b) 총 당량비

7.8 문제 7-7의 기관이 3,500RPM으로 작동할 때, 체적 효율 92%, 총 연소 효율 99%, 지시 열효율 52% 그리고 기계 효율 86%이다.
다음을 계산하라.

(a) 이러한 운전 조건에서의 제동 동력 [kW]

(b) 제동 평균 유효 압력(bmep) [kPa]

(c) 기관으로부터 배출된 미연 연료량 [kg/hr]

(d) 제동 연료 소비율(bsfc) [gm/kW-hr]

7.9 2리터, 4기통, 개방 연소실, 전기 점화 기관이 이론 공연비의 가솔린을 사용하면서, 3,500RPM으로 작동하고 있다. 이 속도에서 체적 효율 93%, 연소 효율 98%, 지시 열효율 47%, 기계 효율 86%이다.
다음을 계산하라.

(a) 제동 동력 [kW]

(b) 제동 평균 유효 압력(bmep) [kPa]

(c) 기관으로부터 배출된 미연 연료량 [kg/hr]

(d) 제동 연료 소비율(bsfc) [gm/kW-hr]

7.10 기관이 2,400RPM으로 작동하고 있을 때 전기 점화 기관의 실린더 내에 있는 점화 플러그가 bTDC 20°에서 점화한다. 화염 전파 모드는 bTDC 10°에서 시작하고 0.001667초 동안 지속한다. 다음을 계산하라.

(a) 기관 회전각으로 나타낸 점화 및 화염 발달 시간 [°]

(a) 실제 시간으로 나타낸 전화 및 화염 발달 시간 [sec]

(a) 화염 전파 모드가 종료되는 크랭크각 [°aTDC]

7.11 대형 저압축 전기 점화 기관의 점화 플러그가 24cm인 보어의 중심에 설치되어 있다(즉, 화염 전파 동안 화염의 이동거리 = 12cm). 1,200RPM에서 점화 플러그는 bTDC 19°에서 점화된다. 화염 속도는 $V_f \approx 0.80N$으로 기관 속도에 비례하며, 반면에 점화 및 화염 발달은 모든 속도에서 0.00125초 걸린다. 모든 연소가 화염 전파 동안에 일어난다고 가정할 수 있다. 이 기관은 행정 35 cm, 압축비 8.2, 커넥팅 로드 길이 74cm이다.
다음을 계산하라.

(a) 화염 전파가 시작할 때의 크랭크각 [°bTDC]

(b) 1,200RPM에서 화염 속도 V_f = 48 m/sec로 화염 전파가 종료될 때의 크랭크각 [bTDC]

(c) 화염 전파가 1,200 RPM에서와 동일한 크랭크각에서 종료되도록 하기 위하여, 2400 RPM에서 점화 플러그가 점화되어야 할 크랭크각 [°bTDC]

(d) 1,200RPM에서 연소 종료 때의 피스톤 속도 [m/sec]

(e) 연소 종료 때의 연소실 체적 [m³]

7.12 배기량이 380 in.³이고 과급 V10 전기 점화 기관을 가진 대형 트럭이 있으며, 이 기관에는 가변 압축비 장치가 설치되어 있다. 이 Otto 사이클 기관은 출발하거나 언덕을 올라갈 때는 고부하, 그리고 평탄한 도로에서 순항할 때는 저부하의 서로 다른 2가지 모드로 운전된다. 운전 조건은 다음과 같다.

	고부하	저부하
기관 속도	3,200RPM	2,100RPM
압축비	8.4:1	13.7:1
체적 효율	120%	78%
가솔린 연료	AF = 13.5:1	AF = 22:1
연소효율	94%	99%

다음을 계산하라.

(a) 고부하 및 저부하에서 도시 열효율 [%]

(b) 고부하 및 저부하에서 기관으로 들어가는 연료 유량 [kg/sec]

(c) 고부하 및 저부하에서 도시 동력 [hp]

(d) 고부하 및 저부하에서 도시 연료 소비율 [lbm/hp-hr]

설계 문제

7.1D 형상이 매우 낮은 고속 스포츠카는 기관의 높이를 낮게 만드는 것이 좋다. 현대식 급속 연소, 밸브가 블록에 설치된 기관용 흡기 다기관과 연소실을 설계하라. 기관은 화염 이동 거리가 짧아야 하며, 난류, 스월, 스퀴시 및 텀블이 강해야 한다.

7.2D 혼합 연료를 사용할 수 있는 자동차 기관용 연료 공급 장치를 설계하라. 이 기관은 가솔린, 에탄올, 그리고 메탄올을 조합한 어떤 혼합기도 사용할 수 있어야 한다. 여러 가지 연료 조합에 따라 기관 변수가 어떻게 변하는가를 설명하라(예를 들어, 점화 시기, 연료 분사 등). 사용된 모든 가정을 서술하라.

CHAPTER **8**

배기 유동

"석유 가스 엔진의 작동을 정말로 완전하게 이해한 사람이야말로 충분한 지식을 갖춘 기계공학자이자 전기공학자이다. 탄화수소 모터의 조작보다 '아는 것이 힘이다' 라는 오랜 격언을 더 잘 보여 주는 것은 없다."

HenryR. Sutphen(1901)의
<Touring in Automobiles> 중에서

연소가 완료되고, 연소에 의한 고압가스가 팽창 행정 동안 크랭크축에 일을 전달한 후에 이 연소 가스는 다음 사이클의 공기연료 급기를 위하여 실린더로부터 방출되어야 한다. 이러한 작업을 수행하는 배기 과정은 배기 블로다운과 뒤따라 일어나는 배기 행정의 2단계로 이루어진다. 보통, 배기관으로 나가는 유동은 의사 정상 상태(pseudo-steady-state)로 모델링되는 비정상 맥동 유동이다.

8.1 블로다운

배기 블로다운은 동력 행정 말기에 배기 밸브가 열리기 시작하는 bBDC 60°~40° 근방에서 일어난다. 이때에 실린더 내의 압력은 4~5기압이며, 온도는 1,000K 이상이다. 배기계의 압력은 약 1기압이므로, 밸브가 열릴 때 두 압력 차이는 밸브를 통하여 배기가스가 실린더로부터 배기계로 급격하게 유동하도록 만든다(즉, **배기 블로다운**).

초기 유동은 초크되어 유출 속도는 음속이 된다. 초크 유동은 오리피스 전후의 압력비가 식(8-1)보다 크거나 같을 때 일어난다.

$$(P_1/P_2) = [(k + 1)/2]^{k/(k-1)} \tag{8-1}$$

여기서, P_1 = 상류 압력
    P_2 = 하류 압력
    k = 비열비

대부분 가스의 초크 유동 압력비는 약 2이다. k = 1.35인 공기의 P_1/P_2 = 1.86 이다. 음속은 식(8–2)와 같다.

$$c = \sqrt{kRT} \tag{8-2}$$

여기서, R = 기체 상수
    T = 온도

실린더 내의 가스 온도가 높기 때문에 이 상태에서의 음속은 매우 빠르다.

가스가 실린더로부터 배기계로 유동하면서 압력이 강하하고, 팽창 냉각으로 인하여 온도가 떨어진다. 배기계의 온도를 계산하기 위하여 자주 사용되는 모델은 이상 기체 등엔트로피 팽창 모델로, 온도와 압력 사이의 관계는 식(8-3)과 같다.

$$T_{ex} = T_{EVO}(P_{ex}/P_{EVO})^{(k-1)/k} \tag{8-3}$$

여기서, T_{ex}, P_{ex} = 배기 온도 및 압력
    T_{EVO}, P_{EVO} = 배기 밸브가 열릴 때의 실린더 온도 및 압력

배기가스는 실제로 이상 기체가 아니고, 블로다운 과정은 열손실, 비가역 및 초크 유동 때문에 등엔트로피 과정이 아니지만, 식(8-3)은 배기계로 들어가는 가스 온도 추정에 아주 잘 맞는 근사식이다.

게다가, 실린더에서 맨 먼저 나오는 가스는 고속이고, 운동 에너지가 크다. 이 운동 에너지는 배기관에서 급격히 소산되며, 운동 에너지는 추가적으로 엔탈피를 변화시켜 식(8-3)의 이상으로 온도를 상승시킨다. 블로다운 동안 실린더의 압력이 감소함에 따라, 실린더에서 나오는 가스의 속도와 운동 에너지는 점점 낮아진다. 그러므로 배기관에서는 실린더에서 맨 처음 나오는 가

스 온도가 가장 높고, 이 후에 나오는 가스 온도는 점점 낮아진다. 블로다운 동안 실린더에서 맨 마지막에 나오는 배기의 속도와 운동 에너지는 아주 작고, 온도는 식(8-3)의 T_{ex}와 거의 같다. 배기 밸브에 인접한 부분에 **터보 과급기**를 설치하면, 블로다운에서 얻어지는 운동 에너지를 터보 과급기의 터빈 구동에 이용할 수 있다. 또한, 열전달에 의해 배기계의 최종 온도는 의사 정상 상태 온도가 된다.

이상 공기-표준 오토 사이클(ideal air-standard Otto cycle)이나 이상 공기-표준 디젤 사이클에서 배기 밸브는 BDC에서 열리고, 블로다운은 정적 상태에서 순간적으로 일어난다(그림 8-1의 4~5과정). 블로다운에 일정한 시간이 걸리는 실제 기관에서는 이러한 현상이 일어나지 않는다. 배기 밸브가 bBDC 60°~40°에서 열리기 시작하므로, 실린더 내의 압력은 배기 행정이 시작되는 BDC 근처에서는 완전히 감소된다. 배기 밸브가 열릴 때, 압력은 급격하게 감소하여 팽창 행정 말기에 다소의 유용한 일이 손실된다. 배기 밸브가 열리는 데 일정한 시간이 소요되기 때문에 BDC나 BDC 바로 전까지는 배기 밸브가 완전히 열리지 않는다. 대부분의 기관은 캠축에 의해 배기 밸브가 열리는데, 그 시기가 중요하다. 밸브가 너무 빨리 열리면 동력 행정 후반부에서 필요 이상의 일이 손실된다. 또, 밸브가 너무 늦게 열리면 BDC에서 실린더 내의 압력이 과도하게 된다.

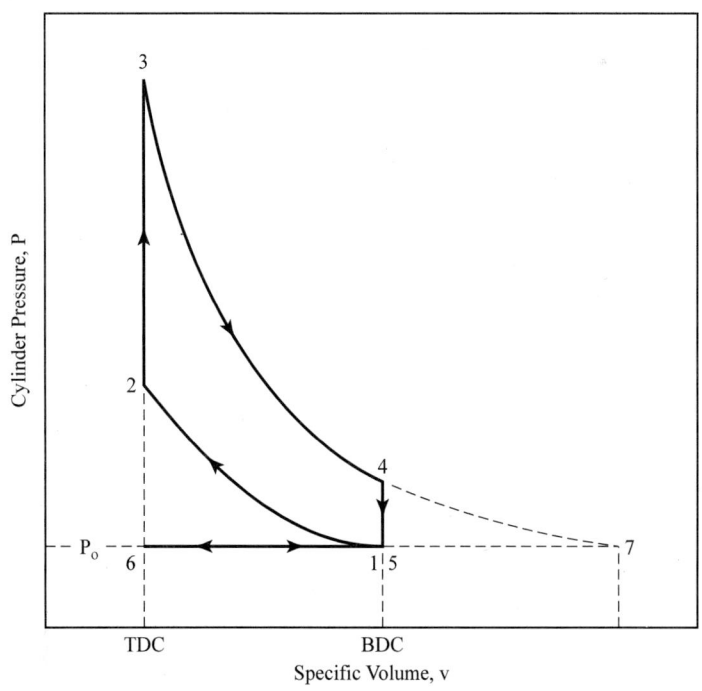

그림 8-1

P-v 좌표에서 블로다운 후의 배기 가스의 가상 상태점 7을 보여 주는 공기-표준 오토 사이클.

이 압력은 배기 행정 중에 피스톤 운동을 일찍 저지하게 되어 기관 사이클의 펌핑 일을 증가시킨다.

배기 밸브가 열리는 이상적인 시기는 기관 속도에 따라 달라진다. 블로다운 초기의 초크 유동 조건(즉, 기관 속도에 관계없이 음속이 동일함) 때문에 블로다운의 실제 시간은 거의 일정하다. 캠의 로브(둥근 돌출부)는 주어진 크랭크 각에서 밸브가 열릴 수 있게 설계되며, 이것은 특정 기관 속도에서 최적이 되도록 선정된다. 이와 같이 특정 속도에서 최적이 되도록 캠축을 설계하여 제작하면, 이 밖의 모든 속도에서는 배기 밸브가 열리는 시기가 최적으로부터 약간 벗어난다. 고속에서는 밸브가 늦게 열리고, 저속에서는 밸브가 빨리 열리게 된다. 분명히 밸브의 시기를 변화시킬 필요가 있다.

연소실 설계의 모든 요건을 고려하되, 배기 밸브는 가능한 한 커야 한다. 밸브가 크면 유동 면적이 넓어 블로다운 시간이 감소된다. 이것은 배기 밸브를 보다 늦게 열어 팽창 행정을 연장함으로써 일 손실을 줄일 수 있게 해 준다. 많은 현대식 기관에는 실린더 당 2개의 배기 밸브가 있는데, 2개의 작은 밸브를 설치하면 1개의 큰 밸브를 설치할 때보다 유동 면적이 넓다. 이것은 한정된 연소실 공간에 2개의 배기 밸브를 설치해야 하기 때문에 설계가 복잡해진다.

일부 산업용 기관과 같은 정속 기관은 그 속도에 맞는 밸브 시기를 갖도록 설계할 수 있다. 차량 기관은 가장 많이 사용되는 속도에 맞춰 설계된다(예를 들어, 트럭이나 비행기는 순항 속도, 가속 경주용차는 최고 한계 속도). 저속 기관의 배기 밸브 열림 시기는 매우 늦다.

8.2   배기 행정

배기 블로다운 후, 피스톤은 BDC를 통과하여 배기 행정으로 접어들며, TDC를 향하여 움직이기 시작한다. 배기 행정 동안 배기 밸브는 열려 있다. 이 운동 중에 실린더 내의 압력은 피스톤 운동과 반대로 작용하며, 대기압과 같은 배기계의 압력보다 약간 높다. 실린더 압력과 배기 압력의 차압은 피스톤이 실린더 밖으로 가스를 몰아낼 때 배기 밸브를 통과하는 유동에 의해 발생하는 작은 압력 차이이다. 배기 밸브는 전체 배기계 중에서 가장 큰 유동 제한 부분이며, 배기 행정 동안 약간의 압력 강하가 있는 곳이다.

배기 행정은 가스 상태량들이 그림 8-1의 7점의 상태로 일정하게 유지되는 정압 과정으로 근사화되면 잘 맞는다. 압력은 거의 일정하며, 대기압보다 약간 높다. 온도와 밀도는 일정한 값으로 식(8-3)과 일치한다.

이상적인 경우, 피스톤이 TDC에 도달하는 배기 행정 말기에 모든 배기가스는 실린더로부터 제거되고, 배기 밸브는 닫힌다. 이렇게 되지 않는 이유 중의 하나는 배기 밸브를 닫는 데 소요되는 시간이 유한하기 때문이다. 캠축의 로브는 밸브가 부드럽게 닫히고 마멸이 최소화될 수 있도록 설계된다. 이렇게 하면 밸브를 닫는 데 필요한 시간이 약간 길어진다. TDC에서 밸브를 완전히 닫으려면 최소한 bTDC 20°에서 밸브를 닫기 시작해야 한다. 배기 행정의 말기에 배기 밸브가 부분적으로 닫히는 것은 곤란하다. 밸브는 TDC나 TDC 근처에서만 닫기 시작할 수 있으며, 이것은 밸브가 완전히 닫히려면 aTDC 8°~50°가 되어야 한다는 것을 의미한다.

배기 밸브가 완전히 닫힐 때, 실린더의 간극 체적에는 잔류 배기가스가 남아 있다. 기관의 압축비가 높을수록 배기 잔류물을 모아두는 간극 체적이 작다.

밸브 문제는 흡입 행정이 시작되는 TDC에서 흡기 밸브가 완전히 열려야 한다는 사실 때문에 복잡해진다. 흡기 밸브를 여는 데 시간이 걸리기 때문에 흡기 밸브는 bTDC 10~25°에서 열기 시작해야 한다. 그러므로 기관 회전각으로 15°~50° 동안 흡기 밸브와 배기 밸브가 동시에 열려 있게 된다. 이것을 밸브 **오버랩(valve overlap)**이라고 한다.

밸브 오버랩 동안에 배기가스의 일부가 흡기계로 역류될 수 있다. 흡입 과정이 시작될 때, 역류된 배기는 흡입되는 공기-연료와 함께 실린더로 다시 들어온다. 이것은 다음 사이클에 잔류 배기를 증가시키게 된다. 이러한 배기가스의 역류는 기관 속도가 낮을 때 문제가 되며, 공전 상태에서 가장 큰 문제가 된다. 대부분의 낮은 기관 속도에서, 흡기 스로틀은 부분적으로 닫혀 있으며, 흡기 다기관에서는 저압이 형성된다. 따라서 차압이 커져 흡기 다기관으로 배기가스가 밀려 들어간다. 실린더 압력은 거의 1기압이며, 반면에 흡기 압력은 아주 낮을 수 있다. 게다가 밸브 오버랩의 실시간은 기관 속도가 낮을수록 크므로 역류가 증가한다. 일부 기관은 소량의 뜨거운 배기 역류를 이용하여 흡기 밸브 뒷면에 직접 분사되는 연료를 기화시키도록 설계되어 있다.

밸브 오버랩 동안에 배기가스가 배기 다기관으로부터 실린더와 흡기 다기관으로 역류하는 것을 막기 위해 배기 포트에 일방향 리드 밸브가 설치되어 있는 기관도 있다.

터보 과급기나 기계식 과급기가 설치된 기관은 흡기 압력이 1기압 이상이므로 배기 역류가 일어나지는 않는다.

밸브 오버랩의 또 다른 부정적인 결과는 양쪽 밸브가 열려 있을 때, 일부의 흡입 공기-연료 혼합기가 실린더를 통과하여 빠져나가 연료가 배기계의 오염을 유발하는 것이다.

일부 자동차 기관에 사용되기 시작한 가변 밸브 시기는 밸브 오버랩의 문제점을 감소시킨다. 기관 속도가 낮을 때 배기 밸브는 일찍 닫히고 흡기 밸브는 늦게 열려 밸브 오버랩을 감소시킨다.

배기 밸브가 너무 일찍 닫히면 실린더에 배기가스가 많이 남게 된다. 또한, 배기 행정 말기에 실린더 압력이 올라가 기관 사이클의 정미일이 손실된다. 배기 밸브가 너무 늦게 닫히면 밸브 오버랩이 커져 흡기로 역류하는 배기가스가 증가한다.

그림 8-2는 배기 밸브를 통하여 실린더 밖으로 나가는 배기 유동을 보여 준다. 배기 밸브가 막 열릴 때는 큰 압력차로 인하여 유량이 매우 많은 블로다운이 일어난다. 처음에는 최대 유량을 제한하는 초크 유동(음속)이 발생한다. 피스톤이 BDC에 도달할 즈음에 블로다운은 완결되고, 배기 행정 동안에는 배기 밸브를 통과하는 유동이 피스톤에 의해 제어된다. 피스톤은 배기 행정의 거의 중간에서 최대 속도에 도달하며, 배기 유량은 피스톤 속도에 비례한다. TDC 근방의 배

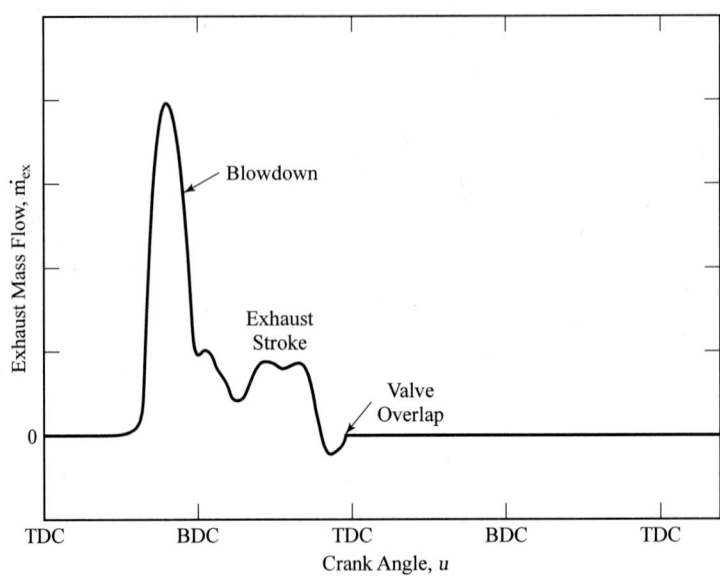

그림 8-2

배기 밸브를 통하여 실린더로부터 나가는 배기 가스 유동. 그림은 블로다운과 배기 행정을 보여 준다. 밸브 오버랩 동안에 실린더로 역류가 일어날 수가 있다. 참고문헌 [28]에서 인용.

기 행정 말기에 흡기 밸브는 열리고, 밸브 오버랩이 이루어진다. 기관 운전 조건에 따라 이 점에서 배기가스가 실린더로 되돌아가는 일시적인 역류가 일어날 수 있다.

예제 8-1

압축비가 9:1인 6.4리터 V8기관이 공기-표준 사이클로 작동하고 있으며, 배기 과정은 그림 8-1과 같다. 3,600RPM으로 운전할 때, 사이클 최고 온도와 최고 압력은 2,550K 및 11,000 kPa이다. 배기 밸브는 bTDC 52°에서 열린다. 다음을 계산하라.

1. 배기 블로다운 시간
2. 배기 블로다운 동안 실린더를 빠져나간 배기가스의 백분율
3. 초크 유동이 일어난다고 가정할 때, 블로다운이 시작할 때의 출구 속도

풀 이

(1) 블로다운은 bTDC 52°와 BDC 사이에서 일어난다. 이것은 52/360=0.1444 회전에 해당한다.

블로다운 시간 = (0.1444 rev)/(3600/60rev/sec) = 0.0024sec

(2) 실린더 1개의 행정 체적은,

$$V_d = (6.4 \text{ L})/8 = 0.80 \text{ L} = 0.0008 \text{ m}^3$$

식(2-12)를 이용하여 간극 체적을 구하면,

$$r_c = V_{BDC}/V_{TDC} = (V_d + V_c)/V_c = 9 = (0.0008 + V_c)/V_c$$
$$V_c = 0.0001 \text{ m}^3$$

$R = 4$로 놓고, 식(2-14)를 이용하여 배기밸브가 열릴 때의 체적을 구하면,

$$V_{EVO}/V_c = 1 + \tfrac{1}{2}(r_c - 1)[R + 1 - \cos\theta - \sqrt{R^2 - \sin^2\theta}]$$
$$= 1 + \tfrac{1}{2}(9 - 1)[(4) + (1) - \cos(128°) - \sqrt{(4)^2 - \sin^2(128°)}]$$
$$= 7.78$$
$$V_{EVO} = 7.78\,V_c = (7.78)(0.0001 \text{ m}^3) = 0.000778 \text{ m}^3$$

배기 밸브가 열릴 때의 온도와 압력을 식(3-16)과 식(3-17)로부터 계산하면,

$$T_{EVO} = T_3(V_3/V_{EVO})^{k-1} = (2550 \text{ K})(0.0001/0.000778)^{0.35} = 1244 \text{ K}$$
$$P_{EVO} = P_3(V_3/V_{EVO})^k = (11{,}000 \text{ kPa})(0.0001/0.000778)^{1.35} = 690 \text{ kPa}$$

$$m_{EVO} = PV/RT = (690 \text{ kPa})(0.000778 \text{ m}^3)/(0.287 \text{ kJ/kg-K})(1244 \text{ K})$$
$$= 0.00150 \text{ kg}$$

블로다운 말기, 가스는 그림 8-1처럼 가상적인 상태 7이지만, 체적은 V_7 또는 V_1이다.

$$P_7 = P_o = 101 \text{ kPa}$$
$$T_7 = T_3(P_7/P_3)^{(k-1)/k} = (2550 \text{ K})(101/11{,}000)^{(1.35-1)/1.35} = 756 \text{ K}$$
$$V_{BDC} = V_4 = V_1 = (V_c + V_d) = (0.0001 + 0.0008) = 0.0009 \text{ m}^3$$
$$m_7 = PV/RT = (101 \text{ kPa})(0.0009 \text{ m}^3)/(0.287 \text{ kJ/kg-K})(756 \text{ K})$$
$$= 0.00042 \text{ kg}$$

$$(\Delta m)_{\text{blowdown}} = m_{\text{EVO}} - m_7 = 0.00150 - 0.00042 = 0.00108 \text{ kg}$$

이것은 [(0.00108)/(0.00150)](100)=72.0%이므로 전체 질량의 72%이다.

[참고] : 오토 사이클 해석을 적용하여 배기 밸브가 그림 8-1의 점 4에서 열린다고 가정하면, 식(3-16)과 식(3-17)로부터,

$$T_4 = T_3(1/r_c)^{k-1} = (2550 \text{ K})(1/9)^{0.35} = 1182 \text{ K}$$
$$P_4 = P_3(1/r_c)^k = (11,000 \text{ kPa})(1/9)^{1.35} = 566 \text{ kPa}$$
$$m_4 = PV/RT = (566 \text{ kPa})(0.0009 \text{ m}^3)/(0.287 \text{ kJ/kg-K})(1182 \text{ K})$$
$$= 0.00150 \text{ kg}$$

이 결과는 위에서 계산한 결과와 같다. 실린더 내의 가스 질량은 그림 8-1의 3~4과정의 임의의 점을 사용하여 계산하며, 어느 점에서나 동일하다. 이것은 배기 밸브가 열리 는 시기에 관계없이 블로다운 동안의 배기 유동량이 같다는 것을 의미한다.

(3) 블로다운 초기에 유동이 초크된다면, 유동 속도는 음속이다. 식(8-2)로부터,

$$V_{\text{EVO}} = c = \sqrt{kRT_{\text{EVO}}} = \sqrt{(1.35)(287 \text{ J/kg-K})(1244 \text{ K})} = \underline{694 \text{ m/sec}}$$

8.3   배기 밸브

동일한 질량이 유동하지만, 배기 밸브는 흡기 밸브보다 작게 만들어진다. 자연 흡입 기관의 흡기 밸브 전후의 압력 차이는 1기압 이하이며, 반면에 블로다운 동안 배기 밸브 전후의 압력 차이는 3~4기압 정도로 높다. 게다가, 초크 유동이 일어날 때 배기 밸브를 통과하는 음속은 흡기 밸브를 통과하는 음속보다 높다. 이러한 현상은 식(8-2)로부터 알 수 있듯이, 배기가스의 온도가 흡입 공기-연료 혼합기의 온도보다 훨씬 높기 때문이다. 식(5-4)를 이용하여 흡기 밸브의 크기를 구하면,

$$A_i = (상수)\ \ B^2(\overline{U}_p)_{\text{max}}/c_i \tag{8-4}$$

여기서, A_i = 흡기 밸브 면적
$\overline{U}_p)_{\text{max}}$ = 최대 기관 속도에서의 피스톤 평균 속도
c_i = 흡기 온도에서의 음속
B = 보어

같은 식을 이용하여 배기 밸브의 크기를 구하면,

$$A_{ex} = (\text{constant})B^2(\overline{U}_p)_{max}/c_{ex} \qquad (8\text{-}5)$$

여기서, c_{ex}는 배기 온도에서의 음속이다.

여러 개의 밸브를 사용하는 기관에서, A_i와 A_{ex}는 한 실린더의 흡기 밸브 총 면적과 배기 밸브의 총 면적이다 식(8-5)를 식(8-4)로 나누면 밸브 면적비가 구해진다. 음속을 제외한 모든 것을 소거하고 식(8-2)를 이용하면, 흡기 밸브에 대한 배기 밸브의 면적비는 식(8-6)으로 근사화된다.

$$\alpha = A_{ex}/A_i = c_i/c_{ex} = \sqrt{kRT_i}/\sqrt{kRT_{ex}} = \sqrt{T_i/T_{ex}} \qquad (8\text{-}6)$$

실제 기관에서 α는 대략 0.8~0.9이다. 밸브 직경을 구하기 위하여 다음 식을 사용한다.

$$A/x = (\pi/4)d_v^2 \qquad (8\text{-}7)$$

여기서,　　d_v = 밸브 직경
　　　　　　x = 흡기 밸브의 수 또는 배기 밸브의 수

식(8-6)을 이용하여 밸브 면적비를 결정하되, 밸브는 가능한 한 크게 만들어야 한다. 현대식 기관의 연소실에는 식(8-4)와 식(8-5)를 만족시킬 수 있도록 밸브를 충분히 크게 만들 만한 공간이 없을 수도 있다.

8.4   배기 온도

기관 배기계 내의 온도와 질량 유량은 시간에 따라 크게 변한다. 기관의 사이클 시간은 사이클에 따라 달라진다(예를 들어, 3,000RPM에서는 0.04초). 열전대처럼 사이클 시간보다 시간 정수가 훨씬 큰 온도 센서는 의사 정상 상태의 유동 온도를 나타낸다. 이 열전대 온도는 대략 엔탈피 평균 온도이며, 실시간 평균 온도는 아니다.

$$T_{\text{thermocouple}} = \left[\int \dot{m}c_p T \, dt \right] \Big/ \left[\int \dot{m}c_p \, dt \right] \qquad (8\text{-}8)$$

여기서,　　$\dot{m}$ = 배기 질량 유량
　　　　　　t = 시간

$$c_p = 비열$$
$$T = 온도$$

일반적인 전기 점화 기관에서 배기계의 가스 온도는 평균 400°C~600°C이다. 공전 상태에서는 300°C~400°C로 떨어지고, 최대 동력에서는 약 900°C까지 올라간다. 이 온도는 배기 밸브가 열릴 때 실린더 내의 배기가스 온도보다 약 200°C~300°C 낮다. 그 차이는 팽창 냉각 때문에 발생한다. 배기 온도는 원래 연소 혼합기의 당량비에 의해 영향을 받는다.

일반적인 압축 착화 기관에서 배기계의 평균 온도는 200°C~500°C이다. 압축비가 높아 팽창 냉각이 크기 때문에 압축 착화 기관의 배기 온도는 전기 점화 기관의 배기 온도보다 낮다. 압축 착화 기관의 최고 온도가 전기 점화 기관의 최고 온도와 같은 경우, 배기 밸브가 열릴 때의 압축 착화 기관의 배기 온도는 전기 점화 기관보다 몇 백도 정도 낮다. 또한, 압축 착화 기관의 총 당량비가 희박하므로, 연소에서부터 시작하여 모든 사이클 온도가 낮다.

기관의 배기 온도는 기관 속도나 부하가 높을수록, 점화가 지연될수록 그리고 당량비가 증가할수록 올라간다. 터보 과급기, 촉매 변환기, 그리고 미립자 포집 장치 등은 배기 온도의 영향을 받는다.

예제 8-2

배기 밸브가 열리고 블로다운이 일어날 때, 최초의 유동 부분은 음속이 높고 운동 에너지가 크다. 빠른 속도는 배기관에서 급격하게 감소되어 배기관의 유동 속도는 비교적 낮다. 가스의 운동 에너지는 엔탈피 증가로 바뀌어 온도가 증가한다. 예제 8-1의 가스 유동에서 이론적인 최고 온도를 계산하라.

풀이

에너지 보존 법칙을 적용하면,

$$\Delta KE = V^2/2g_c = \Delta h = c_p \Delta T$$

예제 8-1의 값을 이용하여,

$$\Delta T = V^2/2g_c c_p = (694 \text{ m/sec})^2/[2(1 \text{ kg-m/N-sec}^2)(1.108 \text{ kJ/kg-K})] = 217°$$
$$T_{max} = T_{ex} + \Delta T = 756 + 217 = \underline{973 \text{ K} = 700°C}$$

실제 최고 온도는 열손실과 비가역성 때문에 이 온도보다 낮다. 배기 유동 중에서 단지 몇 %만 최대 운동 에너지를 가지고 있고, 최고 온도에 도달한다. 배기의 시간 평균 온도는 그림 8-1과 예제 8-1의 T_7 과 거의 일치한다.

8.5   배기 다기관

배기 밸브를 통과하여 실린더에서 나온 배기가스는 **배기 다기관**을 통과한다. 배기 다기관은 배기가스를 1개 이상의 배기관으로 유동하게 하는 배관 장치이다. 배기 다기관은 대개 주철로 만들어지며, 흡기 다기관에 근접시켜 열적은 접촉이 이루어지도록 설계되기도 한다. 이것은 흡기 다기관을 가열하여 연료의 기화를 돕기 위한 것이다.

배기가 배기 다기관에 들어갔을 때에도 배기 유동 내에서는 일산화탄소와 탄화수소가 미반응 산소와 반응하는 화학 반응이 일어난다. 블로다운 후에는 열손실과 낮은 온도 때문에 이러한 반응은 현저하게 감소한다. 일부 현대식 기관에는 배기가스 내의 유해 성분을 감소시키는 **열변환기**(thermal converter) 역할을 할 수 있도록 고온이 유지되게 설계된 단열 배기 다기관이 설치되기도 한다. 이 중에는 반응용 산소를 추가로 공급하기 위한 전자 제어 공기 흡입 장치가 설치되어 있는 것도 있다. 열변환기는 9장에서 검토될 것이다.

현대식 전자 제어 기관의 배기 다기관에는 기관 제어를 위한 여러 가지 입력 센서가 설치되어 있다. 이러한 센서는 열, 화학, 전기 또는 기계적 센서이거나 이들의 조합 형태이며, O_2, HC, NOx, CO, CO_2, 미립자, 온도 그리고 노크의 정도에 관한 정보를 제공한다. 그러므로 이러한 정보는 공연비, 분사 시기, 점화 시기 그리고 EGR률과 같은 기관 제어 변수를 조정하기 위한 기관 제어 장치(EMS: engine management system)에서 사용된다.

배기가스는 배기관을 통하여 배기 다기관으로부터 열 변환기나 촉매 변환기와 같은 기관의 배기 배출물 제어 장치로 유동한다. 배기 배출물 제어 장치는 열손실이 최소화되도록 가능한 한 기관에 가까워야 한다. 그러나 배기 배출물 제어 장치의 고온으로 인하여 기관 부품에 문제를 일으킬 수도 있다. 이러한 변환기는 추가적인 화학 반응에 의해 배기가스 중의 유해 성분을 감소시킨다. 그것들도 다음 장에서 소개된다.

배기 다기관 튜닝

흡기 다기관과 마찬가지로, 가스 유동을 돕기 위하여 배기 다기관의 러너 길이를 튜닝할 수 있다. 맥동 유동이기 때문에 압력파는 다기관 내에서 시작된다. 압력파가 통로의 관통된 끝이나 막힌 끝에 도달할 때, 반대 방향으로 되돌아가는 반사파가 발생한다. 반사파의 위상이 초기파의 위상과 같으면 맥동이 강해져 전체 압력이 증가된다. 반면, 위상이 다르면 상쇄되어 전체 압력이 감소한다. 배기 밸브 출구에서 반사파가 초기파와 위상이 다를 때, 배기 다기관의 러너를 튜닝한다. 튜닝하면 배기 밸브 출구의 압력이 약간 감소하므로 밸브 전후의 압력차가 증가하여 유동이 약간 증가한다. 압력 맥동 파장은 진동 수에 의해 결정되므로 러너의 길이는 특정 기관 속도에서만 배기가 튜닝되도록 설계한다. 그러므로 특정 기관 속도로 운전하는 기관에서는 배기 다기관을 효과적으로 튜닝할 수 있다. 보통, 일정한 전부하 속도로 운전하고 최대 동력을 필요로 하는 경주용 차는 배기 튜닝을 매우 효과적으로 이용할 수 있다. 트럭과 항공기는 배기계를 순항 조건으로 튜닝한다. 운전 속도 범위가 넓은 자동차 기관에서 배기계를 튜닝하는 것은 매우 어렵다. 보통, 배기 다기관 설계의 지배적인 인자인 기관 부품의 설치 공간이 제한을 받으므로 효과적인 튜닝은 불가능하다.

반면, 최고급 기술을 도입한 기관에서는 기관 설계\시에 배기 튜닝을 고려한다. 일부 고성능 기관에서는 기관 속도 변화에 따라 러너 길이가 동역학적으로 조정되는 가변 튜닝이 이용된다. 또한 일부 기관은 길이가 다른 2개의 러너를 사용하며, 기관 속도에 가장 잘 튜닝되는 러너에 배기 유동을 자동으로 연결시켜 준다.

역사적 이야기 – 배기 감소

배기 및 유해 배기 성분을 줄이고 연료를 절약하기 위하여 정지 신호에서와 같이 자동차가 정지할 때, 자동으로 기관이 꺼지는 소형 Opel 자동차가 설계되고 있다. 주행할 필요가 있을 때에는 가속 페달에 가벼운 접촉만 하면 기관이 재시동된다. 이러한 작동 방법은 42 볼트 전기 시스템이 표준화되고, 시동장치가 엔진의 플라이휠과 통합되어 있을 때 더욱 효과적이다. 또 다른 자동차 회사는 기관이 공전 상태일 때, 기어를 중립으로 변속하는 기관 장치를 개발하고 있다. 그렇게 하면 기관의 속도와 부하가 감소하여 사용 연료와 배기 유해 성분이 감소된다. 기관 속도가 증가할 때, 기관은 자동으로 구동 기어로 다시 변속된다.

8.6   터보 과급기

터보 과급 기관에서는 배기 다기관에서 나온 배기가스가 터보 과급기의 터빈으로 들어가며, 터빈은 압축기를 구동하여 흡입 공기를 압축한다. 터빈으로 들어가는 배기가스의 압력은 대기압보다 약간 높으므로 터빈을 통한 압력 강하는 매우 작다. 게다가 배기의 비정상 맥동 유동은 블로다운과 뒤이은 배기 행정 동안 발생하는 속도와 온도 차이 때문에 운동 에너지와 엔탈피가 크게 변한다. 배기 유동을 의사 정상 유동으로 가정하면 식(8-9)의 관계식이 성립한다.

$$\dot{W}_t = \dot{m}(h_{\text{in}} - h_{\text{out}}) = \dot{m}c_p(T_{\text{in}} - T_{\text{out}}) \tag{8-9}$$

여기서,　$\dot{W}_t$ = 시간 평균 터빈 동력
　　　　　$\dot{m}$ = 시간 평균 배기 질량 유량
　　　　　h = 비엔탈피
　　　　　c_p = 비열
　　　　　T = 온도

　　터빈을 통한 압력 강하가 한정되기 때문에 압축기를 구동하는 데 필요한 충분한 동력을 발생시키기 위해서는 터빈을 100,000 RPM 이상의 속도로 작동시켜야 한다. 터빈이 고온 부식 가스 속에서 고속으로 작동하기 때문에 기계 및 윤활에 대한 설계 문제가 중요하게 된다.

　　터빈 입구의 압력, 온도 및 운동 에너지를 가능한 한 높이기 위해서는 터보 과급기를 실린더의 배기 구멍에 가까이 설치해야 한다.

　　터보 과급기와 관련된 하나의 문제는 스로틀이 급격하게 열릴 때, 응답 시간이 느리다는 점이다. 기관 사이클이 여러 번 지나야만 배기 유동이 증가하여 터빈 로터를 가속시키고, 공기-연료 혼합기에 요구되는 압력 상승을 얻게 된다. 이러한 **터보 지연**(turbo lag)을 최소화시키기 위하여, 회전 관성 모멘트가 작아 신속하게 가속될 수 있는 경량 세라믹 로터를 사용한다. 또한, 세라믹은 고온에 견딜 수 있으므로 이상적인 재료이다.

　　대부분의 터보 과급기는 배기가스가 터빈을 우회할 수 있는 바이패스를 가지고 있다. 바이패스는 기관 운전 조건에 따라 필요한 흡기 압력이 낮을 때, 흡기 유동이 과도하게 압축되는 것을 막기 위한 것이다. 터빈을 통과하는 가스의 양은 기관에서 필요로 하는 압축 공기량에 따라 제어된다.

　　일부의 실험용 배기 터빈은 흡기 압축기 대신 소형 고속 발전기를 구동하는 데 사용되어 왔다. 이러한 발전기로부터 얻은 전기 에너지는 기관의 냉각팬 구동 등에 사용될 수 있다.

8.7　배기 가스 재순환 – EGR

현대식 자동차 기관은 질소 산화물 배출을 감소시키기 위하여 배기가스 재순환(exhaust gas recycle : EGR)을 이용한다. 일부 가스는 배기계로부터 흡기계로 다시 보내진다. 배기 가스 재순환은 불연 물질로 흡입 가스 혼합기를 희석함으로써 최고 연소 온도를 낮춰 결과적으로는 질소 산화물의 생성을 감소시킨다. EGR 양은 전체 질량의 15~20% 정도로 높을 수 있으며, 기관 운전 조건에 따라 조정된다. 시동이나 WOT와 같은 조건에서는 EGR이 사용되지 않는다. EGR은 최고 연소 온도를 감소시키는 외에 흡입 혼합기 온도를 증가시켜 연료의 기화를 도와준다.

8.8   배기관과 소음기

촉매 변환기를 나온 배기가스는 배기 유동을 차량의 실내로부터 격리시켜 주위의 대기로 배출하는 **배기관(tailpipe)**을 통과한다. 일반적으로, 배기관은 자동차의 뒤쪽 밑에 있으며, 대형 트럭의 경우 운전실 뒤쪽에서 위로 향한 것도 있다.

배기관 중간 부분에 **소음기(muffler)**라고 하는 큰 유동실이 있다. 소음기는 대부분 배기 유동과 함께 나오는 기관 작동 소음을 감소시키도록 설계된 음향실이다. 소음기는 일반적으로 두 가지 음향 감소 방법을 사용한다. 한 가지는 다공질 재료 속으로 유동을 통과시켜 소리의 맥동 에너지를 흡수시키는 방법이며, 다른 한 가지는 파동 상쇄에 의해 소리를 감소시키는 방법이다. 기관의 모든 소음을 완전히 감쇄시키기는커녕 크고 경쾌한 소리가 나도록 설계된 소음기도 있다.

VW(포크스파겐)의 딱정벌레차처럼 일부 공랭식 자동차는 겨울철 실내 난방에 배기가스를 이용하기도 한다. 배기가 열교환기의 한쪽으로 유동하고, 다른 쪽으로는 실내 공기가 순환한다. 이러한 방법은 모든 장치가 양호한 조건일 때에는 잘 작동한다. 그러나 자동차가 오래 되면 대부분의 부품이 산화되고 녹이 슬어 배기가스가 누출된다. 열교환기에서 배기가스가 실내 순환 공기로 누출되면 매우 위험하다.

8.9   2행정 사이클 기관

배기 행정이 없는 2행정 사이클 기관의 배기 과정은 4행정 사이클의 배기 과정과는 다르다. 배기 밸브가 열리거나 동력 행정 말기에 배기 구멍이 개방될 때 일어나는 블로다운은 동일하다. 블로다운은 곧바로 압축된 공기나 공기-연료 혼합기의 흡입 과정으로 이어진다. 소기 과정에서는 보통 1.2~1.8기압의 압력 공기가 실린더로 들어가면서 남아 있는 저압의 배기가스를 아직 열려 있는 배기 구멍 밖으로 밀어낸다. 여기에서 일부의 흡기와 배기가 혼합되며, 실린더에 일부의 배기 잔류물이 남고, 일부의 흡입 가스는 배기계로 나간다. 연료 인젝터를 사용하는 기관(압축 착화 기관과 대부분의 현대식 전기 점화 기관)은 흡기계에 공기만 있기 때문에, 밸브 오버랩 동안에 배기계로 들어간 흡입 가스는 배기 유해 성분 배출 문제에는 영향을 미치지 않는다. 그러나 이것은 기관의 체적 효율과 급기 효율을 감소시킨다. 공기-연료 혼합기를 흡입하는 기관의 경우에는 배기계로 들어간 흡입 가스에 의해 탄화수소 배출이 증가하고 연료 소비가 늘어난다. 배기계로부터 실린더로 가스가 역류하는 것을 막기 위하여 배기 구멍에 일방향 리드 밸브(reed valve)가 설치된 2행정 기관도 있다.

예제 8-3

예제 5-8의 실험용 2행정 사이클 자동차 엔진은 오일과 15:1로 혼합된 이론적인 가솔린을 연소시킨다. 엔진은 가솔린 연료에 대해 98%의 연소 효율을 가지고, 오일에 대해서는 82%의 효율을 가진다. 사이클에서 최고 온도와 최고 압력은 각각 2,550°C와 9610kPa이다. 다음을 계산하라.

    1. 배기의 총 질량 유량
    2. 배기에서 타지 않은 가솔린의 질량 유량
    3. 배기에서 타지 않은 오일의 질량 유량
    4. 배기 온도를 추정하라.

풀이

예제 5-8로부터 우리는 다음과 같은 값들을 알고 있다.

$$\text{엔진 속도}\quad N = 3700\ \text{RPM}$$
$$\text{배제 체적 (1개의 실린더)}\quad V_d = 0.0004095\ \text{m}^3\ (\text{one cylinder})$$
$$\text{수송비(deliver ratio)}\quad \lambda_{dr} = 0.880$$
$$\text{충진 효율}\quad \lambda_{ce} = 0.641$$
$$\text{급기 효율}\quad \lambda_{te} = 0.728$$

    (1) 엔진으로 들어가는 질량 유량을 알아내기 위하여 식(5-22)의 시간율을 사용하라.

$$\dot{m}_a = \lambda_{dr} V_d \rho_a N / n$$
$$= [(0.880)(0.0004095\ \text{m}^3/\text{cycle})(1.181\ \text{kg/m}^3)(3700/60\ \text{rev/sec})/(1\ \text{rev/cycle})]$$
$$\times\ (6\ \text{cylinders})$$
$$= 0.1575\ \text{kg/sec}$$

식(2-55)는 엔진으로 들어가는 가솔린 질량 유량을 준다.

$$\dot{m}_f = \dot{m}_a/\text{AF} = (0.1575\ \text{kg/sec})/(14.6) = 0.0108\ \text{kg/sec}$$

엔진으로 들어가는 오일의 질량 유량은

$$\dot{m}_o = \dot{m}_f/15 = (0.0108)/(15) = 0.00072\ \text{kg/sec}$$

배출되는 총 질량 유량은 들어가는 총 질량 유량의 합과 같다.

$$\dot{m}_{\text{ex}} = \dot{m}_{\text{in}} = \dot{m}_a + \dot{m}_f + \dot{m}_o = (0.1575) + (0.0108) + (0.00072)$$
$$= 0.1690 \text{ kg/sec} = 608.5 \text{ kg/hr} = 0.373 \text{ lbm/sec}$$

(2) 들어가는 질량 유량 중에 밸브가 오버랩되는 동안 72.8%는 실린더에서 급기되고, 27.2%는 통과한다. 급기되지 않은 연료의 질량 유량은,

$$(\dot{m}_f)_{\text{nt}} = (0.0108 \text{ kg/sec})(0.272) = 0.0029 \text{ kg/sec}$$

연소 되지 않은 급기 되어진 질량 유량은,

$$(\dot{m}_f)_{\text{nb}} = (\dot{m}_f)_{\text{in}}\lambda_{\text{te}}(1 - \eta_c) = (0.0108 \text{ kg/sec})(0.728)(1 - 0.98) = 0.00016 \text{ kg/sec}$$

배기에 있어서 연소되지 않은 총 질량유량은,

$$(\dot{m}_f)_{\text{ex}} = (\dot{m}_f)_{\text{nt}} + (\dot{m}_f)_{\text{nb}} = (0.0029) + (0.00016)$$
$$= 0.0031 \text{ kg/sec} = 11.0 \text{ kg/hr} = 0.0068 \text{ lbm/sec}$$

(3) 급기되지 않은 오일의 질량 유량은,

$$(\dot{m}_o)_{\text{nt}} = (0.00072 \text{ kg/sec})(0.272) = 0.00020 \text{ kg/sec}$$

연소되지 않은 급기된 오일의 질량 유량은,

$$(\dot{m}_o)_{\text{nb}} = (\dot{m}_o)_{\text{in}}\lambda_{\text{te}}(1 - \eta_c)$$
$$= (0.00072 \text{ kg/sec})(0.728)(1 - 0.82) = 0.000094 \text{ kg/sec}$$

배기에서 연소되지 않은 오일의 총 질량 유량은

$$(\dot{m}_o)_{\text{ex}} = (\dot{m}_o)_{\text{nt}} + (\dot{m}_o)_{\text{nb}} = (0.00020) + (0.000094)$$
$$= 0.000294 \text{ kg/sec} = 1.06 \text{ kg/hr} = 0.00065 \text{ lbm/sec}$$

(4) 연소 이후에, 실린더 가스 압력은 출력 행정 동안 줄어들고, 그 이후에 1기압의 최종 압력으로의 블로다운 동안 더 줄어든다. 식(3-37)과 그림 3-17을 사용하면 다음 결과가 나온다.

$$T_{ex} = T_{max}(P_o/P_{max})^{(k-1)/k} = (2823 \text{ K})(101/9610)^{(1.35-1)/1.35}$$
$$= 867 \text{ K} = 594°C = 1101°F = 1561°R$$

8.10 요약 및 결론

4행정 압축 착화 기관의 배기 과정은 블로다운과 배기 행정의 2단계로 이루어진다. 블로다운은 팽창 행정 말기에 배기 밸브가 열릴 때 일어나며, 실린더 내의 고압이 열려 있는 밸브를 통하여 배기가스를 배기 다기관으로 밀어낸다. 밸브 전후의 압력 차이가 크기 때문에 속도는 음속이 되고, 유동은 초크된다. 배기가스가 블로다운될 때, 온도는 팽창 냉각으로 인하여 낮아진다. 블로다운 동안 가스의 높은 운동 에너지는 배기 다기관에서 급격히 소멸되며, 엔탈피 증가가 일어나 온도가 순간적으로 상승한다. 피스톤이 BDC에 도달할 때 블로다운이 완결될 수 있을 정도로 배기 밸브는 충분하게 미리 열려야 한다. 이때에 실린더는 압력이 거의 대기압인 배기가스로 채워져 있으며, 이들의 대부분은 배기 행정 동안에 방출된다.

2행정 기관에는 배기 블로다운은 있지만, 배기 행정은 없다. 블로다운 후에 실린더에 들어 있는 대부분의 가스는 흡입 공기가 가압 상태로 들어가는 소리 과정에 의해 방출된다.

질소 산화물 생성을 감소시키기 위하여 대부분의 기관에는 배기 유동의 일부를 흡기계로 다시 보내는 배기 재순환 장치가 설치되어 있다. 터보 과급기가 설치된 기관에서는 배기 유동을 이용하여 터빈을 구동하고, 터빈은 흡입 압축기를 구동한다.

연습 문제

8.1 압축비 r_c = 8.5인 6기통 전기 점화 기관이 WOT에서 공기-표준 오토 사이클로 작동하고 있다. 배기 밸브가 열릴 때의 실린더의 가스 온도와 압력은 1,000K 및 520kPa이다. 배기 압력은 100kPa이고 흡기 다기관 내의 공기 온도는 35°C이다.

다음을 계산하라.

(a) 배기 행정 동안의 배기 온도 [°C]

(b) 잔류 배기[%]

(c) 압축 초의 실린더 내의 가스 온도 [°C]

(d) 사이클 최고 온도 [°C]

(e) 흡기 밸브가 열릴 때 실린더 내의 가스 온도 [°C]

8.2 압축비 r_c = 9인 4기통 전기 점화 기관이 부분 부하에서 공기-표준 오토 사이클로 작동하고 있다. 배기 밸브가 열릴 때의 상태는 70psia 및 2760°F이다. 배기 압력이 14.6psia이고, 흡기 다기관 상태는 8.8psia 및 135°F이다.

다음을 계산하라.

(a) 배기 행정 동안의 배기 온도 [°F]

(b) 잔류 배기[%]

(c) 압축 초의 실린더 내의 가스 온도와 압력 [°F, psia]

8.3 3,600RPM으로 작동하고 있는 3기통, 2행정 자동차용 전기 점화 기관의 최고 사이클 운전 조건은 2,900°C와 9,000kPa이다. 배기 구멍이 열릴 때의 실린더 내 가스 온도는 1,275°C이다. 다음을 계산하라.

(a) 배기 구멍이 열릴 때의 실린더 압력 [kPa]

(b) 배기 구멍을 통과하는 최대 유동 속도 [m/sec]

8.4 전기 점화 오토 사이클 기관의 압축비 r_c = 8.5이고, 압축 점화 디젤 기관의 압축비 r_c = 20.5이다. 두 기관의 사이클 최고 온도는 2,400K이고 최고 압력은 9,800kPa이다. 디젤 기관의 연료 차단비 β = 1.95 이다. 배기 밸브가 열릴 때, 두 기관의 실린더 온도를 계산하라. [°C]

8.5 배기 밸브가 흡기 밸브보다 작은 이유를 두 가지만 들어라.

8-6 압축비 r_c = 10.1:1 보어와 행정의 관계가 S=0.85B인 1.8리터, 3기통 전기 점화기관의 제동 출력

은 4,500RPM에서 42kW이다. 사이클 최고 온도는 2,700K이고, 최고 압력은 8,200kPa이며, 배기 압력은 98kPa이다. 배기 밸브는 bBDC 56°에서 열린다.

다음을 계산하라.

(a) 배기 블로다운 시간 [sec]

(b) 블로다운 동안 실린더에서 나가는 배기 가스량 [%]

(c) 초크 유동이 일어난다고 가정할 때 블로다운 시작시의 출구 속도 [m/sec]

8.7 문제 8-6의 기관이 배기 다기관 압력이 95kPa이다. 블로다운 동안 배기 유동의 높은 운동 에너지는 다기관에서 급격하게 소멸되어 엔탈피의 증가로 변한다.

다음을 계산하라.

(a) 배기 행정에서 의사 정상 상태 배기 온도 [°C]

(b) 배기 유동 중의 이론적인 최고 온도 [°C]

8.8 압축비 r_c = 9.6인 4기통, 2.5리터, 4행정 사이클 전기 점화 기관이 3,200RPM으로 작동하고 있다. 사이클 최고 온도는 2,227°C이고, 사이클 최고 압력은 6,800kPa이며 배기압력은 101kPa이다. 배기 행정 말기에 실린더에는 잔류 배기가 남아 있다. 배기 온도와 압력을 가진 12%의 EGR이 흡기 다기관으로 보내져 흡입 밸브 전에서 흡입 공기와 혼합된다.

다음을 계산하라.

(a) 배기 행정 동안의 배기 온도 [°C]

(b) EGR 전의 잔류 배기량 [%]

(c) 압축 행정 초의 실린더 온도 [°C]

(d) 흡기 밸브 직경에 대한 배기 밸브 직경의 이론적인 설계비

8.9 압축비가 18:1인 압축 점화 엔진이 공기-표준 디젤 사이클로 3,200RPM으로 작동하고 있다. 사이클에서 최고 온도와 압력은 각각 2,527°C 와 6,500kPa이고, 배기압력은 100kPa이다. 배기 밸브가 bBDC 48°에서 열릴 때 실린더 압력은 530kPa이다.

다음을 계산하라.

(a) 한 번의 블로다운 과정 시간 [sec]

(b) 배기 행정 동안 배기가스의 평균 온도 [°C]

(c) 블로다운 시작 시에 배기 밸브를 통한 배기가스의 속도 [m/sec]

8.10 사이클 최고 온도와 압력이 각각 3,100K, 7,846kPa인 전기 점화 엔진이 오토사이클로 3,800RPM으로 작동하고 있다. 이 엔진은 9.8:1의 압축비를 가지고 있고 각 실린더에서 0.000622kg의 배기가스를 연소한 직후이다. 배기 블로다운 동안, 한 개의 배기 밸브를 통과하는 평균 질량 유량은

0.218kg/sec이다. 블로다운의 종료시에 실린더 압력은 101kPa의 배기 압력으로 감소된다.
다음을 계산하라.

(a) 배기 블로다운의 종료 시에 실린더의 온도 [K]

(b) 블로다운이 종료시에 실린더에서의 배기가스 질량 [kg]

(c) 배기 밸브를 열 때의 크랭크 각도 [°bBDC]

8.11 압축비 r_c = 9.4:1인 5.6리터, V8기관이 체적 효율 η_v = 90% 로 이론 공연비의 가솔린을 사용하면서 2,800RPM으로 작동하고 있다. 배기가스 유동은 터보 과급기의 터빈을 통과하면서 온도가 44°C 강하한다.
다음을 계산하라.

(a) 배기가스의 질량 유량 [kg/sec]

(b) 압축기 구동에 이용할 수 있는 터보 과급기의 동력 [kW]

8.12 터보 과급, 3기통, 4행정 사이클, 1.5리터, 다점 분사 전기 점화 기관이 이론 공연비의 가솔린을 사용하면서 108%의 체적 효율로 2,400RPM으로 운전하고 있다. 터보 과급기의 터빈과 압축기의 등엔트로피 효율은 각각 80%와 78%이다. 배기 유동은 770K, 119kPa로 터빈으로 들어가서 98kPa로 나간다. 공기는 27°C, 96kPa로 압축기로 들어가서 120kPa로 나간다.
다음을 계산하라.

(a) 터보 과급기의 압축기를 통과하는 질량 유량 [kg/sec]

(b) 터보 과급기의 터빈을 통과하는 질량 유량 [kg/sec]

(c) 터보 과급기 압축기 출구의 흡입 공기 온도 [°C]

(d) 터보 과급기 터빈 출구의 배기 온도 [°C]

설계 문제

8.1D 직렬 4기통 전기 점화 기관에 사용하기 위한 가변 밸브 시기 장치를 설계하라.

8.2D 농업용 4기통 전기 점화 트랙터 기관에서 배기 유동으로 구동되는 터빈 발전 장치를 설계하라. 발전기의 출력은 기관 냉각 팬과 기타 부속 장치를 구동하는 데 사용된다.

8.3D 문제 5-13의 기관의 배기 밸브를 설계하라. 밸브 수, 밸브 직경, 밸브 리프트 및 밸브 시기를 결정하라. 기관 속도가 고속일 때, 밸브를 통과하는 유동은 BDC 전에 블로다운이 일어나야 한다. 연소실에 밸브를 조립할 때의 문제점을 제시하라.

CHAPTER 9

배기와 공기 오염

"나는 1898년에 배기 분석 연구를 시작했었다. 그리고 나는 그 뒤 그것에 대해 계속해서 철저하게 연구해 왔다."

by E.R. Hewitt(1913)의
<paper on carburetor testing> 중에서

이 장에서는 자동차와 다른 내연 기관의 연소 과정에서 발생하는 바람직하지 못한 배기 물질에 대하여 알아보고자 한다. 이들 배기 물질은 환경을 오염시키고 지구 온난화와 산성비, 스모그, 냄새, 그리고 호흡 및 다른 건강상의 문제들을 일으킨다. 이들 배기 물질이 배출되는 주된 원인은 비이론 혼합비로 연소되며 질소가 분리되고, 공기와 연료에 불순물이 있기 때문이다. 문제의 배기 물질은 탄화수소(HC), 일산화탄소(CO), 질소 산화물(NOx), 황, 고상화된 탄소 분진 등이다. 이상적으로는 기관과 연료를 잘 개발하면 유해 물질을 극소량으로 줄여 주위 환경에 해를 주지 않고 배출할 수 있다. 현재의 기술로는 이것이 불가능하지만, 배기 물질을 줄이기 위한 배기가스의 후처리법은 대단히 중요하다. 이것은 주로 열 변환기, 촉매 변환기, 매연 트랩으로 구성된다.

9.1 대기 오염

20세기 중반까지 지구상의 내연 기관수는 아주 적어서 거기서 배출되어 생긴 오염은 비교적 적었고, 햇빛의 도움으로 환경은 비교적 깨끗하였다. 세계 인구가 증가할수록 발전소와 공장과 자동차가 증가하여 이제 더 이상 수용할 수 없을 정도로 대기를 오염시키기 시작하였다. 문제의 대기 오염은 1940년대에 캘리포니아의 로스엔젤레스 유역에서 처음으로 인식되었다. 이것을 초래한 두 가지 원인은 그 지역의 높은 인구 밀도와 자연적인 기후 조건이었다. 많은 인구로 인하여 많은 공장과 발전소가 생겼을 뿐만 아니라 자동차 밀도도 세계에서 가장 높았다. 많은 공장과 자동차로부터 발생하는 매연과 다른 공해 물질들이 이 해안 지역에서 흔한 안개와 합해져서 **스모그**를 일으켰다. 1950년대에 인구 밀도와 자동차 밀도의 증가와 함께 스모그 문제도 증가하기 시작하였다. 주된 요인의 하나가 자동차로 밝혀졌으며, 1960년대에 캘리포니아에서 배기 기준이 마련되었다. 다음 수십 년 동안 나머지 미국 지역과 유럽, 일본에서도 배기 기준을 마련하였다. 연료 효율이 좋은 기관을 만들고, 배기 후처리법을 사용함으로써 HC, CO, NOx의 자동차당 배출량은 1970년대와 1980년대에 95% 가량 줄어들게 되었다. 대기를 오염시키는 주된 원인의 하나인 납은 1980년대에 연료 첨가제로서 단계적으로 해소되었다. 연료 효율이 더 좋은 기관이 개발되어, 1990년대에는 자동차의 평균 연료 소비량이 1970년대의 절반에도 못 미쳤으나, 자동차 수가 크게 증가하여 결과적으로 전체적인 연료 소비량의 감소는 없었다. 1990년대에는 미국의 석유 소비가 16,500L/sec(4,350gal/sec)에 달했고, 소비 중의 많은 부분이 내연 기관에 사용되었다[214].

더 이상의 감소는 이루어지기 어려울 것이며, 비용이 많이 들 것이다. 세계 인구의 증가에 따

표 9-1 EPA Standards-Tier 1

	50,000 miles/5 years					100,000 miles/10 years				
	NMHC	CO	NOx (gasoline)	NOx (diesel)	PM	NMHC	CO	NOx (gasoline)	NOx (diesel)	PM
Passenger Cars	0.25	3.4	0.4	1.0	0.08	0.31	4.2	0.6	1.25	0.10
Light-Light-Duty Trucks	0.25	3.4	0.4	1.0	0.08	0.31	4.2	0.6	1.25	0.10
Heavy-Light-Duty Trucks	0.32	4.4	0.7		0.08	0.40	5.5	0.97	0.97	0.10

EPA Standards - Tier 2

	50,000 miles					120,000 miles				
	NMOG	CO	NOx (all fuels)	PM	HCHO	NMOG	CO	NOx (all fuels)	PM	HCHO
All Light Vehicles	0.075–0.125	3.4	0.05–0.4	—	0.015	0.01–0.156	4.2	0.02–0.9	0.01–0.12	0.004–0.032

CO = carbon monoxide
HCHO = formaldehyde
NOx = nitrogen oxides
NMHC = nonmethane hydrocarbons
NMOG = nonmethane organic gases
PM = particulate matter

All numbers have units of gm/mile.

from Refs. [171, 175]

라 배기 기준을 좀 더 엄격하게 할 필요가 생겼다. 가장 엄격한 법률은 캘리포니아에서 시작되었고, 미국의 나머지 지역과 세계 각국에서도 이를 따르게 되었다.

비록 공기 오염이 범지구적인 문제이지만, 아직 배기 기준에 대한 법률이 없는 곳들도 있다. 표 9-1은 **환경보호국(EPA)**에 의하여 제정된 배기 기준을 보여 주고 있다.

Tier 1은 1990년대 동안에 단계적으로 마련되어 21세기 초에 적용된 기준들을 포함하고 있다. Tier 2는 2004년에서 2009년 사이에 단계적으로 마련되는 기준들을 포함하고 있다. Tier 1 기간 동안에 경자동차는 무게에 따라 (1) 승객용 자동차, (2) 경트럭 (3) 중장비용 경트럭으로 나누어진다. 또한 가솔린 연료 자동차와 디젤 연료 자동차에 대한 NOx 기준이 개별적으로 있다. **Tier 2** 기준에서는 오직 하나의 경-자동차 구분이 있고, 모든 연료(가솔린, 디젤 혹은 또 다른 연료)는 같은 NOx 필요 기준치를 가지고 있다. Tier 2 기준은 특정한 자동차로의 인정하에서 몇 개의 준수 단계를 가지고 있다.

단계적으로 마련되는 기간 동안에 제조업자의 자동차들은 0.3gm/mile의 NOx 기준을 만족시켜야만 한다. 이 기간 이후에는 자동차들은 0.07gm/mile의 NOx 기준을 만족시켜야만 한다. 기준들은 gm/mile의 단위로 주어져 있어서, 제조업자들은 자동차와 엔진의 크기가 증가함에 따라 더욱 이 기준을 만족시키기 힘들다. 미국에서는 캘리포니아를 제외한 모든 주가 이 법을 받아들이고 있다. 캘리포니아는 EPA의 기준이나 혹은 다른 국가의 기준보다도 훨씬 엄격한 그들만의 기준을 따로 가지고 있다. 미국에서는 새로운 자동차의 10분의 1이 캘리포니아에서 판매되며, 이는 21세기 초 기준으로 매 해당 1,000억 달러에 이르는 돈이다. 이런 이유로 자동차 판매업자들은 엔진 기준이나 자동차의 부수적인 기관들의 디자인을 캘리포니아 배기 기준에 맞춰야만 한다[171, 175].

9.2　탄화수소(HC)

전기 점화 기관의 연소실에서 나온 배기가스는 연료의 1~5%에 상당하는 6,000ppm의 **탄화수소** 성분을 함유하고 있다. 이것의 약 40%가 미연소 가솔린 연료 성분이다. 나머지 60%는 원래 연료에는 포함되지 않았지만, 부분적인 반응에 의해 생성된 성분들이다. 이것들은 연소 반응을 하는 동안 큰 연료 분자가 분해되어 생기는 작은 비평형 분자들로 구성되어 있다. 흔히 이러한 분자들은 CH_1처럼 하나의 탄소 원자를 함유하고 있는 것으로 취급하면 편리하다.

HC 배기의 구성은 원래의 연료 성분에 따른 가솔린 배합에 따라 각각 다를 것이다. 연소실 형상과 기관 작동 매개변수 또한 HC 성분 범위에 영향을 미친다.

탄화수소 배기가 공기 중에 있으면 방향제와 자극제로서 작용하고, 어떤 것들은 암을 유발할 수도 있다. CH_4를 제외한 모든 성분들은 대기 가스와 작용하여 광화학 스모그를 형성한다.

HC 배출의 원인

비이론 혼합적인 공연비 그림 9-1에서 HC 배출 정도는 공연비와 밀접한 함수 관계가 있음을 나타내고 있다. 농후한 혼합기는 모든 탄소와 반응할 수 있을 만큼 산소량이 충분하지 않으면 배기 생성 물질 속에 많은 HC와 CO가 함유된다.

특히 기관을 시동할 때에는 공기와 연료의 혼합을 농후하게 하므로 이러한 현상이 일어난다. 또한, 부하가 걸릴 때 빨리 가속을 해도, 정도는 덜하지만 역시 같은 현상이 일어난다. 공연비가 희박할 때 연소가 일어나도 역시 HC가 배출된다. 사이클 동안 연소량이 아주 적으면 점화가 되지 않는다. 공연비가 작다면 이러한 현상은 더욱 자주 일어난다. 1,000사이클 중에 한 번 실화되면 1gm/kg의 연료가 소비된다.

불완전 연소 기관으로 들어가는 연료와 공기가 이상적인 혼합비일지라도 완전한 연소는 일어나지 않으며, 어떤 HC는 배기에서 없어진다. 여기에는 몇 가지 원인이 있다. 공기와 연료의 불완전한 혼합은 연료 입자가 산소와 반응할 수 없도록 한다. 벽에서 불꽃의 소멸은 미반응한 공기와 연료를 남겨둔다. 이러한 연소되지 않는 층의 두께는 1/10mm 정도이다. 원래 화염 전면이 통과하여도 타지 않는 벽 근처 혼합물의 약간은 연소 과정 중에 난류와 와류를 발생시킴으로써 부가적으로 혼합되어 연소 과정의 후기에 연소된다.

불꽃을 소멸시키는 또 하나의 원인은 연소하여 동력을 얻는 팽창 과정에 있다. 피스톤은 상사점으로부터 움직이므로 가스가 팽창되어 실린더 내의 온도와 압력을 낮춘다. 이것은 연소를 느리게 하여 동력 행정의 후기 어느 부분에서 불꽃을 소멸시킨다. 이것은 연료 입자가 반응하지 못하도록 한다.

배기 물질이 많이 남아 있으면 연소가 잘 일어나지 않으며, 팽창을 억제하는 원인이 된다. 이것은 저부하와 무부하 상태에서 볼 수 있다. EGR을 높이는 것도 이러한 원인이 된다. 연소실에 두 번째 점화 플러그가 더해진다면 HC의 배기가 줄어듦을 알게 되었다. 두 점에서 연소를 시작함으로써 화염 전파 거리와 총 반응 시간이 줄어들고, 더 적은 팽창의 소멸이 일어난다.

틈새 체적 압축 행정과 연소의 초기 과정에 연료와 공기는 고압에서 연소실의 틈새 체적으로 압축된다. 연소실에서 연료의 3% 정도가 이 틈새에 있게 된다. 팽창 행정 동안 사이클의 후반에 실린더 내의 압력은 틈새 체적 압력 이하로 떨어져 역으로 **블로바이**가 발생한다. 연료와 공기는 연소실 안으로 거꾸로 들어오게 되고, 혼합물의 대부분은 불꽃 반응에서 소모된다. 그렇지만 시간이 경과함에 따라 역블로바이 유동이 끝부분에서 발생하여 불꽃 반응은 소멸되고, 미반응 연료 입자는 배기에 남아 있게 된다.

상부 압축링 간격에 관계되는 점화 플러그의 위치는 기관 배기의 HC의 양에 영향을 끼치며,

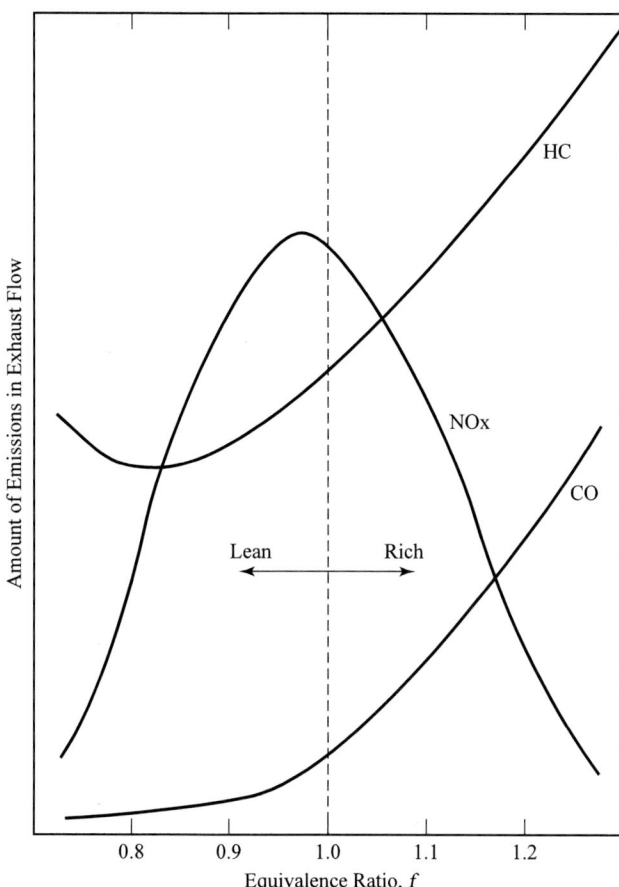

그림 9-1
당량비의 함수로 나타낸 전기 점화 기관 배출물. 연료가 농후한 공연비 상태에서는 모든 탄소, 수소와 반응할 충분한 산소를 가지고 있지 않기 때문에 HC와 CO의 배출이 늘어난다. HC 배출은 빈약한 연소와 연소 불발에 기인한 매우 희박한 혼합기에서도 증가한다. 질소 산화물의 배출량은 연소 온도의 함수인데, 이는 온도가 가장 높을 때 이론 공연비 근처에서 가장 많다. 최대 NOx배출은 약간은 희박한 상태에서 발생하는데, 연소 온도는 높고 질소와 반응할 과잉 산소가 있다. 참고 문헌 [58]에서 인용.

링 간극은 틈새 체적의 상당 부분을 차지한다. 점화 플러그가 링 간격으로부터 멀면 배기에서 HC의 양이 더 많아지는데, 이것은 화염 전면이 통과하기 전에 틈새로 더 많은 연료가 들어가기 때문이다.

피스톤 링 주위의 틈새 체적은 기관이 차가울 때 여러 재료의 열팽창 차이 때문에 가장 크다. 모든 HC 배기 중 80%가 이러한 원인에서 발생할 수 있다.

배기 밸브를 통과하는 누설   압축과 연소 과정 중에 압력이 증가함에 따라 공기와 연료는 배기 밸브 가장자리와 밸브와 밸브 시트 사이 주위의 틈새 체적에 들어간다. 미소한 양이라도 밸브를 지나 배기 다기관으로 새게 된다. 배기 밸브가 열릴 때 아직 간극 체적에 남아 있는 공기와 연료는 배기 다기관으로 나가게 되며, 블로다운의 초기에 HC 농도는 순간적으로 최고가 된다.

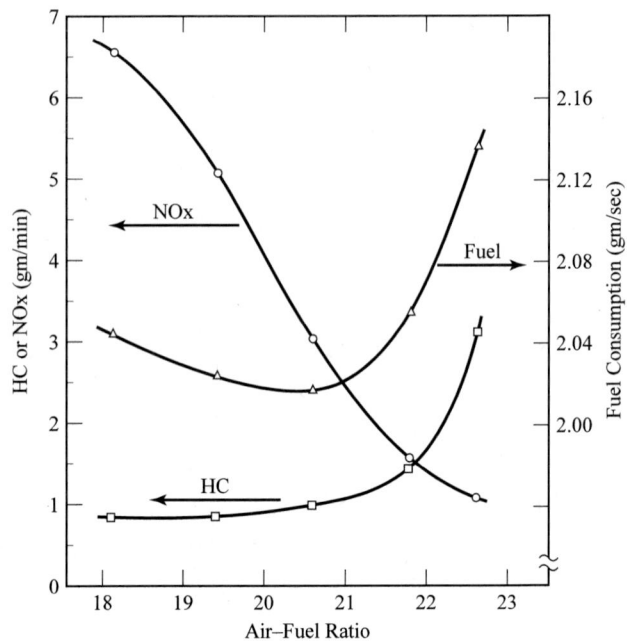

그림 9-2
1,400RPM에서 5.7리터, 8기통 전기 점화 기관이 최대 토크(MBT)로써 운전할 때의 연료소비량과 HC, 그리고 NOx 배기배출물을 공연비의 함수로 나타낸 것. 참고 문헌[180]에서 인용.

밸브 오버랩 밸브 오버랩 동안 배기 밸브와 흡기 밸브는 양쪽 다 열려 있으며, 흡입한 공기와 연료가 곧바로 배기 쪽으로 빠져나가는 통로를 형성하게 된다. 이러한 것에 대하여 가장 나쁜 조건은 저속과 무부하에서이며, 오버랩의 실제 시간이 가장 길다.

연소실 벽의 퇴적물 가스 입자는 연료 증기 입자를 포함하는데, 연소실 벽의 퇴적물에 의하여 흡수된다. 흡수된 양은 가스 압력의 함수이고, 따라서 최대치는 압축하고 연소하는 동안 생긴다. 사이클의 후기에 배기 밸브가 열려 있고, 실린더 압력이 감소되었을 때 퇴적 물질의 흡수 용량은 낮아지고, 가스 입자는 실린더 내에 방출된다. 이러한 문제는 고압축비를 가진 기관에서 더 크다. 압력이 상승함에 따라 더 많은 가스가 흡수된다. 최소의 퇴적물을 가진 깨끗한 연소실 벽은 배기가스에서 HC의 배출을 줄여 준다. 대부분의 가솔린 혼합물은 기관 내에 쌓인 퇴적물을 줄이기 위하여 첨가물을 넣는다.

더 오래된 기관은 전형적으로 벽에 퇴적물의 양이 많으며, HC의 배기도 많다. 이것은 기계의 노화와 이전에 설계된 기계에서 흔히 나타나는 **와류**의 감소 때문이다. 와류가 클수록 벽의 퇴적물이 적어진다. 가솔린의 첨가물에서 납 성분이 제거되면 퇴적물로부터 HC 배출이 더 심해졌다. 유연 가솔린이 타면 금속벽 표면에 납이 남아 있어 더 경화되며, 가스를 흡수할 구멍이 작아진다.

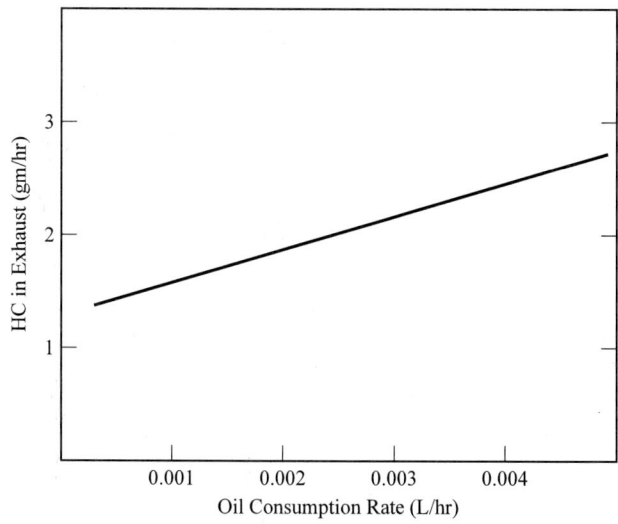

그림 9-3

기관 오일 소비에 따른 HC의 배기. 흔히 기관에서 마모에 의해 피스톤과 실린더 벽 사이의 틈새는 증가한다. 이것은 오일 소비를 증가시키고, 세 방향에서 HC 배출의 증가를 가져온다. 부가된 간극 체적이 있고, 실린더 벽의 두꺼운 오일막에 부가적인 연료의 흡수-탈착이 있다. 그리고 연소 과정에서 오일이 더 많이 연소된다. 참고 문헌 [138]에서 인용.

연소실 벽의 오일 피스톤과 실린더 벽 사이의 윤활을 위하여 아주 얇은 오일층이 기관의 실린더 벽에 발라져 있다. 흡입과 압축 행정 동안 들어오는 공기와 연료는 이 유막과 접촉되어 있다. 벽 퇴적물과 마찬가지로 이 유막은 가스 압력에 따라 가스 입자를 흡수도 하며 탈착도 한다. 압축과 연소 동안 실린더 압력이 높으면 연료 증기를 포함한 가스 입자는 유막 안으로 흡수되고, 후에 팽창과 블로다운 동안 압력이 낮아지면 오일의 흡수 능력이 낮아져서 연료 입자는 실린더 내로 탈착된다. 어떤 연료들은 결국에는 배기로 된다.

프로판은 오일에 용해되지 않는다. 그래서 프로판 연료를 사용하는 기관에서 이러한 흡입과 탈착은 HC의 배출에 별다른 기여를 하지 않는다.

기관이 낡을수록 피스톤 링과 실린더 벽 사이의 틈새는 커지고, 더 두꺼운 유막이 벽에 존재한다. 이들 유막 중 약간은 압축 행정 동안 벽을 깎기도 하고 연소하는 동안 타서 없어진다. 오일은 가솔린처럼 쉽게 타지 않는 고분자 탄화수소 화합물이다. 그 중 어떤 것은 결국 HC 배기로 된다. 이것은 기관에서는 아주 천천히 발생하지만, 시간이 흘러 마모되면 증가한다. 오일 소비는 피스톤 링과 실린더 벽이 마모하면 증가한다. 낡은 기관의 연소실에는 타는 오일이 HC 배출의 주요 요인이다. 그림 9-3는 오일 소비의 증가와 HC 배출의 관계를 보여 준다.

오일 소비가 피스톤 링 마모만큼 증가하는 외에도 블로바이와 역블로바이 또한 증가한다. 따라서, HC 배출의 증가는 오일의 연소와 부가되는 간극 체적 유동에서 비롯된다.

2행정 사이클 기관 오래된 2행정 사이클 전기 점화 기관과 현대의 많은 소형 2행정 사이클 전기 점화 기관은 소기 과정 동안에 배기에 HC가 첨가되어 나온다. 공기와 연료의 흡입 혼합기는 나머지 배기가스를 열린 배기 포트 밖으로 밀어내는 데 사용된다. 이렇게 되었을 때 배기가스에 혼합된 연료와 공기 중 일부는 배기 포트가 닫히기 전에 실린더 밖으로 밀려나온다. 이것이 배기 내 HC의 주된 원인이 될 수 있으며, 오늘날 2행정 사이클 자동차 기관이 존재하지 않는 이유도 이 때문이다. 그것은 오염 방지를 위한 요구 사항을 충족시키지 못한다. 실험적으로 제작한 일부 2행정 사이클 기관과 모든 소형 기관은 크랭크케이스 압축을 사용하고 있으며, 이것은 탄화수소를 배출하는 두 번째 원인이다. 이들 기관의 크랭크케이스 면적과 피스톤은 유입되는 연료와 공기에 오일을 첨가하여 윤활을 한다. 이 오일은 연료와 함께 기화하며, 연료와 공기가 혼합되어 접촉하는 표면을 윤활한다. 오일 증기 중 일부는 연소실로 운반되고, 연료-공기 혼합물과 함께 연소된다. 윤활유는 대부분 HC 성분이고, 연료를 첨가한 것처럼 탄다. 그렇지만 그 성분의 분자량이 크기 때문에 오일은 연료처럼 쉽게 완전히 연소하지 않고, 이것은 배기가스에 HC를 더해 준다.

현대의 실험적인 2행정 사이클 자동차 기관은 흡입 공기에 연료를 첨가하지 않고 순수 공기를 가진 실린더에 첨가하여 배기에 HC가 첨가되는 것을 방지한다. 즉, 연료는 배기 포트가 닫힌 후에 실린더 내로 곧바로 분사되어 첨가된다. 이것은 대단히 빠르게 공기와 연료가 혼합되어 효율적으로 증발하도록 공기와 연료를 혼합시킬 필요가 있지만, 탄화수소의 주된 배출 원인을 없앨 수 있다. 어떤 자동차 기관은 크랭크케이스 압축 대신 과급을 사용하는데, 이것은 원천적으로 HC의 오염을 없앤다.

최근까지만 해도 잔디 깎는 기계나 보트에 사용되는 것과 같은 대부분의 소형 기관은 오염 배출에 대한 규제를 받지 않았다. 이러한 많은 기관들은 아직도 오일 증기 윤활과 소기 방법에 개선이 이루어지지 않은 채 제작되고 있어 HC 및 기타 오염 물질을 배출하고 있다. 이러한 문제들이 인식되기 시작하여 세계의 일부 지역(캘리포니아에서 시작)에서 잔디 깎는 기계와 선박 및 기타 소형 기관들에 대하여도 배출 법률과 기준을 적용하기 시작하였다. 비용 절감이 소형 기관의 주요 요구 조건이고, 연료 분사 방법은 구형 기관에서 사용하는 간단한 기화기 방식보다 더 비용이 많이 든다. 많은 소형 기관은 이제 더 청결한 4행정 사이클에서 작동되지만, 아직까지 연료 주입에 비용이 덜 드는 기화기 방식을 사용하고 있다.

1990년대 초반, 미국에는 자동차 350만 대에서 나오는 것과 맞먹는 오염 물질을 배출하는 8300만 대의 잔디 깎는 기계가 있었다. 미국 정부의 연구 결과, 소형 기관을 사용하는 설비에서 발생하는 오염을 자동차와 비교한 수치는 다음과 같다(수치는 1시간 동안 작동할 때 평균 자동차로 움직이는 거리로 나타낸 것이다).

승차하여 잔디 깎는 기계 —20마일
정원 경운기— 30마일
잔디 깎는 기계 —50마일

섬유 재단 기계 —70마일
체인톱 기계—200마일
포크 리프터 — 250마일
농업용 트랙터—500마일
외 모터—800마일

압축 착화 기관   총 연료 의존 당량비에 따라 동작되므로 압축 착화 기관의 HC 배출량은 전기 점화 기관의 1/5밖에 안 된다.

디젤 연료의 구성 분자는 가솔린 혼합물보다 평균 분자량이 더 크며, 비등점과 응축 온도가 더 높다. 이것은 일부 HC 입자가 연소 기간에 발생하는 고체 탄소 입자의 표면에 응축되도록 한다. 이것의 대부분은 혼합이 계속되며 연소 과정이 진행된다. 형성된 본래 매연의 몇 퍼센트 정도만이 실린더 밖으로 배출된다. HC 성분은 탄소 입자의 표면에 응축되며, 더구나 고체 탄소 입자는 그 자신에 더하여 기관의 HC 배출을 증가시킨다.

일반적으로 압축 착화 기관은 98%의 연소 효율을 가져, HC 연료의 2%만이 배출된다(그림 4-1참조). 연소실의 어떤 곳은 너무 희박하고 어떤 곳은 너무 농후하면 모든 연료를 소비하는 데 충분한 산소가 존재하지 못한다. 총연소량보다 적으면 과혼합이나 미혼합의 원인이 될 수 있다. 본질적으로 하나의 화염 전면을 가지고 있는 전기 점화 기관과 동질의 공기 연료 혼합물과 달리, 압축 착화 기관의 공기-연료 혼합물은 연소 기간에 첨가되는 연료로 인해 비동질성을 지닌다. 대단히 농후하거나 희박한 범위의 국부적인 곳과 많은 화염 전면이 동시에 존재한다. 혼합이 덜 된 연료가 많은 곳에서는 어떤 연료 입자들은 반응할 산소를 전혀 만나지 못한다. 과혼합 되면 어떤 연료 입자들은 이미 연소된 가스와 혼합될 것이며, 따라서 완전히 연소되지 않는다.

그래서 분사가 끝났을 때 노즐로부터 방울져 떨어지지 않도록 인젝터가 만들어지는 것이 중요하다. 액체 연료의 소량을 **액낭 체적**(sac volume)이라고 부르며, 그 크기는 노즐 설계에 따라서 달라진다. 이 액체 연료의 액낭 체적은 연료가 많은 곳에 둘러 싸여 있으므로 대단히 천천히 증발하며, 한번 인젝터가 닫히면 실린더 쪽으로 밀려들어오지 않는다. 어떤 연료들은 연소가 정지할 때까지는 증발하지 않으며, 이러한 결과로 배기에서 HC 입자가 증가한다.

압축 착화 기관은 전기 점화 기관과 같은 이유로 탄화수소를 방출한다(즉, 벽에서의 퇴적물 흡수, 유막 흡수, 간극 체적 등).

예제 9-1

화염 전면이 연소실 벽에 도달하면 반응이 벽에 가까워짐으로써 정지하고, 모든 유체 운동은 감소하며 열을 멀리 보낸다. 이러한 미연소 벽층은 완전히 연소실 벽을 따라 0.1mm의 체적을 가진다고 한다. 연소실 벽은 주로 피스톤의 오목한 부분으로 구성되어 있는데, 3cm의 반구와 가깝다. 연료는 본래 연소실을 통하여 똑같이 분배된다. 표면의 트랩에 의하여 미 연소된 연료의 분율을 계산하라.

풀이

연소실의 체적은,

$$V_{CC} = (\pi/12)d^3 = (\pi/12)(3.0 \text{ cm})^3 = 7.0686 \text{ cm}^3$$

오목한 곳의 경계층의 체적은,

$$V = (\pi/2)d^2(\text{thickness}) = (\pi/2)(3.0 \text{ cm})^2(0.01 \text{ cm}) = 0.1414 \text{ cm}^3$$

연소실 첨단의 경계층 체적은,

$$V = (\pi/4)d^2(\text{thickness}) = (\pi/4)(3.0 \text{ cm})^2(0.01 \text{ cm}) = 0.0707 \text{ cm}^3$$

경계층의 총체적은,

$$V_{BL} = 0.1414 + 0.0707 = 0.2121 \text{ cm}^3$$

연소되지 않은 총체적 비율은,

$$\% \text{ not burned} = (V_{BL}/V_{CC})(100) = (0.2121/7.0686)(10) = \underline{3.0\%}$$

9.3 일산화탄소(CO)

일산화탄소는 무색, 무취, 무향의 유독성 기체로서, 그림 9-1에서처럼 농후한 연공비에서 운전할 때 기관 내에서 발생한다. 모든 탄소를 이산화탄소로 변화시키기에 충분한 산소가 존재하지 않을 때, 약간의 연료는 연소되지 않고 탄소 중 일부는 일산화탄소로 남게 된다. 일반적으로, 전기 점화 기관의 배기는 0.2~5% 가량이 CO이다. CO는 바람직하지 못한 배기 물질일 뿐만 아니라 기관에서 완전히 사용되지 않은 손실된 화학 에너지를 나타낸다. CO는 열에너지를 더 공급할 수 있도록 연소될 수 있는 연료이다.

$$CO + \frac{1}{2}O_2 \rightarrow CO_2 + heat \tag{9-1}$$

최대 CO는 기관의 연료가 농후한 상태에서 운전될 때, 예컨대 시동시나 부하가 걸린 가속시 발생된다. 심지어 흡입 연료-공기 혼합비가 이론 혼합비이거나 희박 혼합기일 때에도 CO가 기관 내에서 발생한다. 혼합이 잘 안 되거나 국부적으로 농후한 혼합기이면 불완전한 연소에서 CO가 발생할 것이다.

이상적인 상태에서 운전되는 설계가 잘 된 전기 점화 기관은 CO의 배기 몰 비율이 10^{-3} 정도로 적다. 총체적으로 희박 혼합기에서 운전되는 압축 착화 기관은 일반적으로 CO의 배출이 매우 적다(그림 9-1).

9.4 질소 산화물(NOx)

기관의 배기가스에는 질소 산화물이 2,000ppm까지 포함되어 있다. 그 대부분은 NO이며, NO_2 가 약간 있고, 기타 질소 산화물이 미량으로 존재한다. 이것들은 모두 NOx의 그룹으로서 취급하고, x는 적당한 숫자를 나타낸다. NOx는 바람직하지 못한 배출 물질이기 때문에 허용치 규제가 점점 더 엄격해지고 있다. 방출된 NOx는 대기 중에서 오존을 형성하는 데 작용하고, 광화학 스모그의 주된 원인이 된다.

NOx는 대부분 공기 중의 질소로부터 생기고 질소는 연료 혼합물에서도 발견될 수 있는데, NH_3, NC, HCN을 약간 함유하고 있다. 그러나 이것은 아주 소량이다. NO를 형성할 수 있는 반응들이 많이 있다. 거의가 다 연소 과정 중이나 연소가 끝난 직후에 발생한다. 여기에는 다음과 같은 반응들이 포함된다.

$$O + N_2 \rightarrow NO + N \tag{9-2}$$
$$N + O_2 \rightarrow NO + O \tag{9-3}$$
$$N + OH \rightarrow NO + H \tag{9-4}$$

한편, NO는 여러 가지 반응을 통해 NO_2를 형성하는데, 여기에는 다음 반응이 포함된다.

$$NO + H_2O \rightarrow NO_2 + H_2 \tag{9-5}$$
$$NO + O_2 \rightarrow NO_2 + O \tag{9-6}$$

공기 중의 질소는 저온에서 안정된 2원자 분자로 존재한다. 그리고 아주 적은 질소 산화물이 발견된다. 그러나 기관의 연소실에서 생기는 고온 상태에서 어떤 2원자 질소(N_2)는 분해되어 단원자 질소(N)로 변한다.

$$N_2 \rightarrow 2\,N \tag{9-7}$$

부록에 있는 표 A-3은 식(9-7)에 대한 화학 평형 상수가 온도에 따라 아주 달라지는 것을 보여 주는데, 기관의 온도 범위인 2,500~3,000K에서 발생한 N이 상당히 많이 존재한다. 다른 가스들은 저온에서 안정한 상태로 존재하지만, 고온에서 반응하여 NOx를 생성시킨다. 이러한 가스에는 산소와 수증기가 포함되며, 이들은 다음과 같이 분해된다.

$$O_2 \rightarrow 2\,O \tag{9-8}$$
$$H_2O \rightarrow OH + \tfrac{1}{2}H_2 \tag{9-9}$$

표 A-3과 화학 핸드북에서 좀 더 자세히 볼 수 있는 화학 평형 상수를 조사해 보면, 화학식 (9-7) ~ (9-9) 모두는 연소실 온도가 고온에 도달하므로 오른쪽에서 더 많이 반응한다는 것을 알 수 있다. 연소 반응 온도가 높을수록 질소 N_2가 더욱 많이 단원자 질소 N으로 분해되며, 더 많은 NOx가 생성된다. 저온에서는 매우 적은 NOx가 만들어진다.

비록 최대 화염 온도는 **이론 공연비** ($\phi = 1$)에서 발생하지만, 그림 9-1은 최대 NOx가 ($\phi = 0.95$인 약간 희박한 곳에서 발생함을 보여 주고 있다. 이러한 조건에서 화염 온도는 아직 대단히 높고, 산소가 과다하게 존재하여 질소와 결합하여 산화물을 생성한다.

온도 외에도 NOx 생성은 압력과 공연비와 실린더 내의 연소 시간에 따라 달라지며, 화학 반응은 순간적으로 일어나지 않는다. 그림 9-4은 NOx와 시간의 관계를 나타내는데, 연소를 빨리 하는 연소실을 가진 현대의 기관에서는 NOx는 줄어든다.

발생하는 NOx의 양은 연소실 내의 위치에 따라서도 달라진다. 가장 농도가 큰 곳은 온도가 가장 높은 점화 플러그 주위이다. 일반적으로, 분리된 연소실과 간접 분사(IDI)를 가진 압축 착화 기관은 더 높은 압축비와 더 높은 압력과 온도를 가지므로 NOx를 더 많이 발생하는 경향이 있다.

그림 9-5는 NOx와 점화 시간과의 관계를 나타낸다. 만약 점화 스파크가 진행된다면 실린더 온도는 증가하고, NOx가 더 발생할 것이다.

광화학 스모그 NOx는 광화학 스모그를 일으키는 주된 요인이며, 세계의 많은 대도시에서 큰 문제가 되고 있다. 스모그는 햇빛의 존재 하에 주위 공기와 자동차 배기와의 반응에 의하여 생

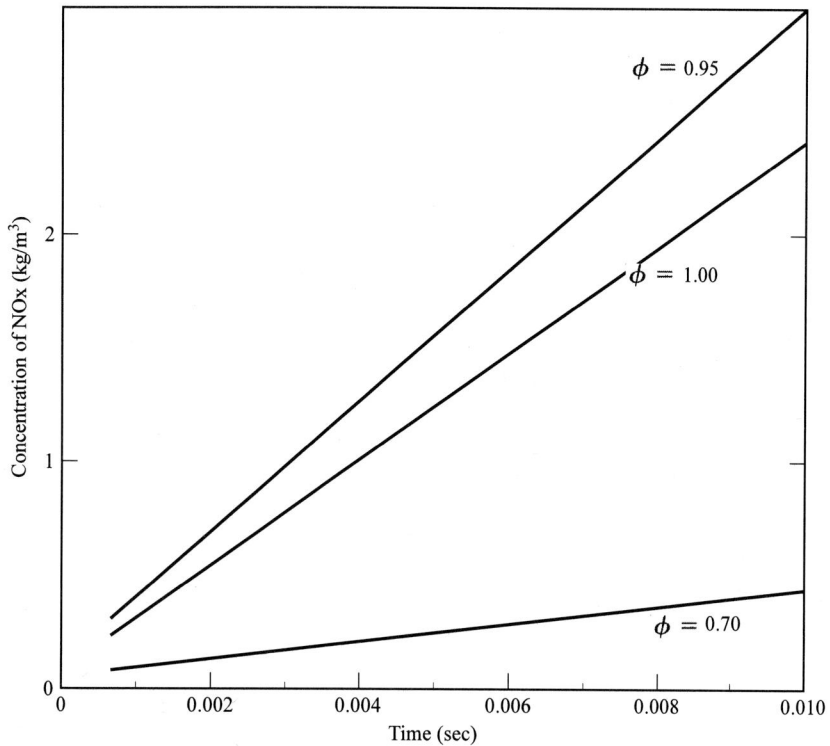

그림 9-4

기관에서 연소 시간에 따른 NOx의 생성. 현대의 많은 기관들은 연소를 빨리 일어나게 연소실을
설계하기 때문에 NOx가 적게 배출된다. 참고 문헌 [92]에서 인용.

성된다. NO_2는 NO와 단원자 산소로 분해된다.

$$NO_2 + 햇빛으로부터의\ 에너지 \rightarrow NO + O + 스모그 \qquad (9\text{-}10)$$

단원자 산소는 반응성이 매우 뛰어나 많은 다른 반응을 일으키는데, 그 중 하나가 오존의 형
성이다.

$$O + O_2 \rightarrow O_3 \qquad (9\text{-}11)$$

지표상의 오존은 폐 및 기타 생물 조직에 해를 끼치며, 매년 수십억 달러의 수확 손실을 초래
한다. 고무, 플라스틱 및 기타 물질들과의 반응을 통해서도 큰 해를 끼친다. 오존은 또한 HC나

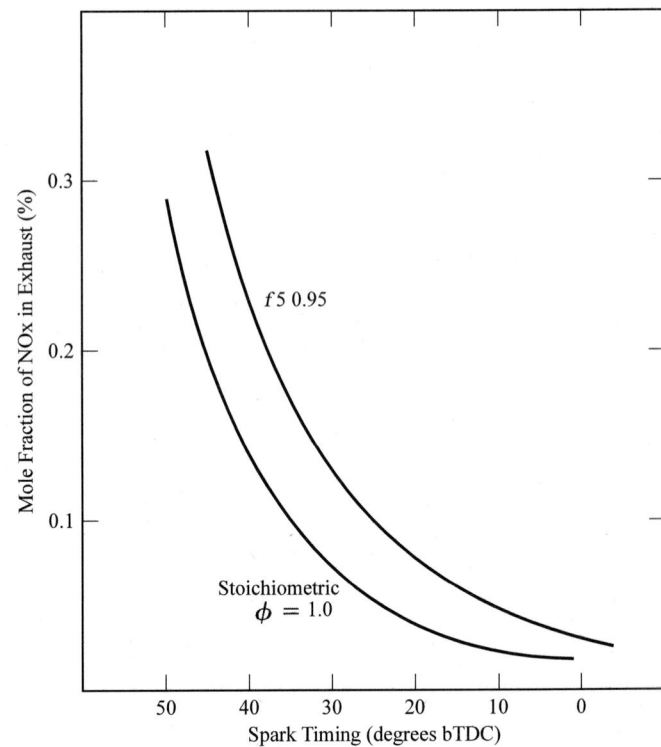

그림 9-5

전기 점화 기관에서 점화 시기에 따른 NOx의
생성. 조기 스파크 점화는 높은 연소실 온도를
야기시키고, 더 많은 양의 NOx를 생성한다. 참
고 문헌 [108]에서 인용.

알데히드 또는 질소 산화물과 같은 다른 기관의 배기 물질이 대기와 반응하여 생기기도 한다.

예제 9-2

예제 4-2의 엔진에서 일정한 양의 반응하는 1원자 질소를 줄이기 위하여, 연소의 끝에서 실린더 온도를
3,500K에서 2,500K로 떨어뜨리는 EGR이 엔진 작동에 부가되었다. 식(4-4)를 이용하여 발생하는 대략
적인 질소의 양의 감소 퍼센트를 계산하라. 이 때 압력은 같다고 가정한다. 화학적인 평형 상수 K_e는 부
록에서 $T = 2,500K$에서의 표 A-3으로부터 얻어진다:

$$\log_{10} K_e = -13.06 \qquad K_e = 8.710 \times 10^{-14}$$

식(4-4)는
$$K_e = 8.710 \times 10^{-14} = [(2x)^2(1-x)]/[(104)/(2x+(1-x))]^{2-1}$$

$$= 1.450 \times 10^{-8} = 0.00000145\%$$

예제 4-2로부터 원래 양의 퍼센트는,

$$(x_{2500}/x_{3500})(100) = [(1.450 \times 10^{-8})/(1.041 \times 10^{-5})](100) = 0.14\%$$

생성되는 일원자 질소의 감소 퍼센트 $= \underline{99.86\%}$

9.5 입자상 물질

압축 착화 기관의 배기 물질은 연소 기간에 실린더 내의 연료가 농후한 구역에서 발생하는 고체 탄소 **수트** 입자상 물질을 함유하고 있다. 이것들은 배기 매연으로 보이며, 바람직하지 않은 방향성 오염 물질이다. 입자상 물질 배기의 최고 밀도는 기관이 교축 밸브를 전개하여 부하가 걸려 있을 때 존재하고, 이러한 상태에서 최대 출력을 공급하기 위하여 최대 연료가 분사되며, 농후한 혼합기가 되어 연료의 경제적인 면은 약하다. 이것은 트럭이나 철로 기관차가 언덕을 올라가거나 내려올 때 방출되는 검은 배기 매연에서 볼 수 있다.

매연 입자는 둥그런 고체 탄소 덩어리이다. 지름은 10~80nm(1nm=10^{-9}m)로, 대부분 15~30nm 범위 내에 있다. 이들은 HC를 포함한 고체 탄소로, 다른 성분들이 표면에 붙어 있다. 하나의 매연입자는 최고 4,000개의 탄소 구를 포함한다 [58].

탄소 구는 산소가 연료 중의 모든 탄소를 CO_2로 변환할 만큼 충분히 존재하지 않는 연소실 내의 구역에서 발생한다. 즉,

$$C_xH_y + z\,O_2 \rightarrow a\,CO_2 + b\,H_2O + c\,CO + d\,C(s) \tag{9-12}$$

그런 다음, 난류와 질량 운동이 연소실 내에서 성분들을 계속적으로 혼합하므로 이들 탄소 입자들의 대부분은 더욱 반응하기에 충분한 산소를 함유하고 있음을 볼 수 있으며, CO_2로 되어 소모된다.

$$C(s) + O_2 \rightarrow CO_2 \tag{9-13}$$

따라서, 기관에서 발생한 90% 이상의 탄소 입자는 소모되고, 배출되지 않는다. 만약 압축 착화 기관이 희박한 혼합기 대신에 이론 공연비에서 운전된다면, 배기에서 매연의 배출은 허용치를 훨씬 초과할 것이다.

역사적 이야기 - 공기를 깨끗하게 하는 자동차

1990년대 중반에 포드 자동차 회사는 대기의 오존과 일산화탄소를 줄이는 촉매 장치를 시험하기 시작하였다. 특별히 만들어진 자동차 라디에이터와 에어컨 응축기의 공기 유동측에 백금을 주성분으로 하는 촉매를 코팅하였다. 공기가 이 표면을 통과함으로써 반응이 촉진되어 오존이 산소와 이산화탄소로 변환되는 것이다. 로스엔젤레스에서 매일 2억 6600만 마일을 달리는 약 9백만 대의 자동차에서 12%에 달하는 일산화탄소를 줄일 수 있을 것으로 추정되었다. 자동차가 운전되지 않더라도 주위 공기를 깨끗하게 하는 데 기여한다. 공기는 태양열에 의하여 구동되는 라디에이터를 통하여 순환되는데, 라디에이터는 오존 농도가 높을 때 켜지도록 프로그램되었다[30, 132].

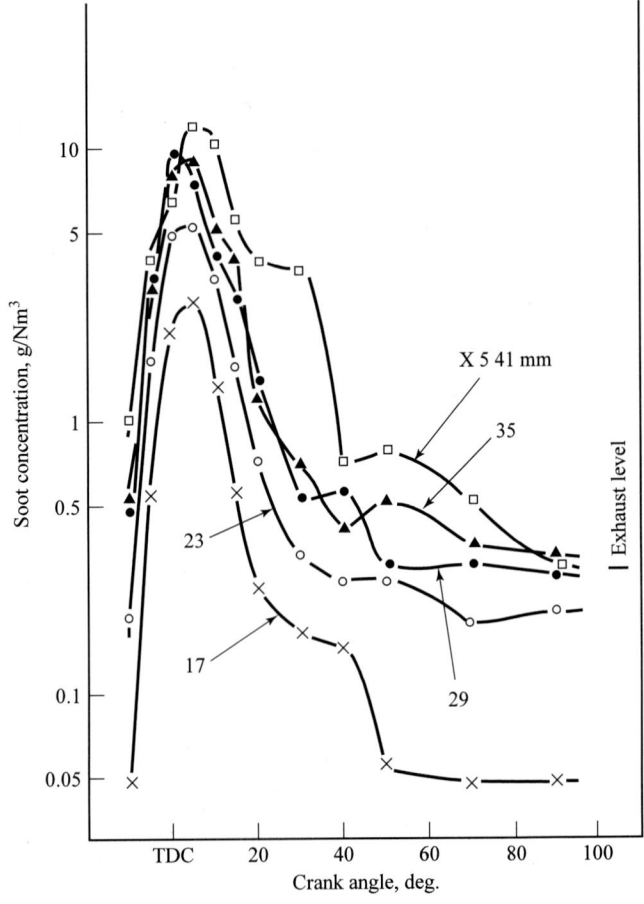

그림 9-6

연소와 대형 직접 분사식 디젤 기관의 폭발 행정 동안의 연소실의 여러 위치에서의 입자상 물질 농도. 연소 과정에서 일찍이 발생되는 입자상 물질의 높은 비율은 나중에 연소와 폭발 행정의 뒷부분에서 소비된다. 원래 입자상 물질의 아주 작은 비율만이 연소실로부터 배출된다. 오른쪽 그림은 그 정도를 보여 준다. 12.9의 압축비를 가지고 500RPM에서 운행되는 기관이다. 참고 문헌[202]에서 인용.

탄소 입자의 약 25%는 기화하여 윤활 성분에서 생긴다. 압축 착화 기관의 높은 **압축비** 때문에 폭발 행정 동안에 큰 팽창이 일어나며, 실린더 내의 가스는 팽창에 의하여 냉각되며 비교적 낮은 온도로 냉각된다. 이것은 연료와 윤활유에서 발견할 수 있는 고비등점 성분을 남기는 원인이 되며, 탄소 매연 입자의 표면에 응축된다. 이 흡수된 매연 입자의 비율을 **가용성 유기물 분율 (SOF)**이라고 부르며, 그 양은 실린더 온도에 따라 크게 달라진다. 부하가 작을 때 실린더 온도는 감소하며, 마지막 팽창 행정과 배기 블로다운 동안 200°C까지 낮아질 수 있다. 이러한 상태

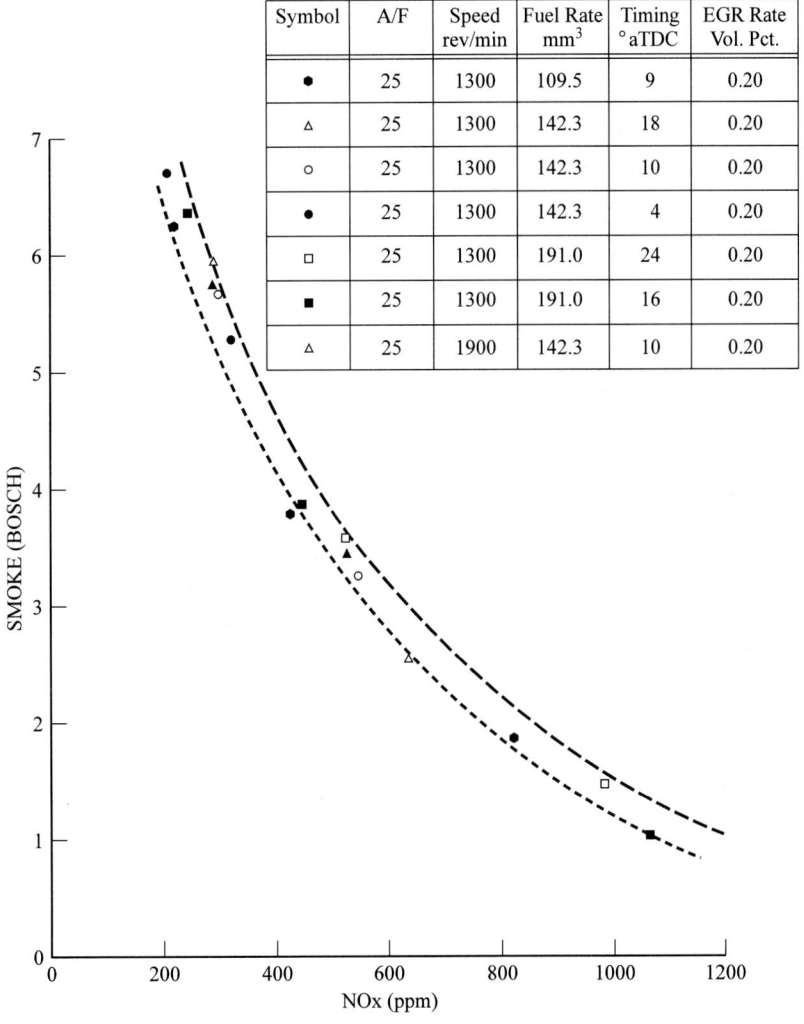

Symbol	A/F	Speed rev/min	Fuel Rate mm^3	Timing °aTDC	EGR Rate Vol. Pct.
●	25	1300	109.5	9	0.20
△	25	1300	142.3	18	0.20
○	25	1300	142.3	10	0.20
●	25	1300	142.3	4	0.20
□	25	1300	191.0	24	0.20
■	25	1300	191.0	16	0.20
△	25	1900	142.3	10	0.20

그림 9-7
질소산화물(NOx)-매연(입자상 물질)은 다양한 기관 운전 조건에서 서로 상반된 경향을 나타낸다.
참고 문헌[240]에서 인용.

에서 SOF는 매연 총질량의 50% 정도나 될 수 있다. 다른 운전 상태에서 온도가 낮지 않을 때 아주 적은 응축이 일어나며, SOF는 총 매연 질량의 3%로 낮아질 수 있다. SOF는 대부분이 약간의 수소를 포함한 탄화수소 성분으로, SO_2, NO, NO_2와 황, 아연, 인, 칼슘, 철, 규소, 크롬을 약간 함유하고 있다. 디젤 연료는 황, 칼슘, 철, 규소, 크롬을 함유하고 있으며, 윤활유 첨가제는 아연, 인, 칼슘을 함유하고 있다.

입자 발생은 기관 설계와 운전 조건을 제어함으로써 줄일 수 있지만, 이것은 흔히 반대의 결과를 가져올 수 있다. 만약 연소 시간이 연소실 설계와 시간 조절에 의하여 더 길어진다면 배기에서 매연량은 줄어들 수 있다. 원래 발생한 매연 입자는 상당한 시간이 지난 후에 산소와 결합하여 CO_2로 연소된다. 그렇지만 연소 시간이 길다는 것은 실린더 온도가 높고 더 많은 NOx가 발생된다는 것을 의미한다(Fig9-7). EGR로 희석하면 NOx의 배출을 낮출 수 있지만, 매연과 HC 배출을 증가시킨다. 분사 압력을 높이면 연료 분사 입자가 더 작아지고, HC와 매연 배출을 줄이지만 실린더 온도와 NOx 배출을 증가시킨다. 기관 관리 장치가 분사 압력과 분사 시간 또는 밸브 타이밍을 제어하여 프로그램되어 있다. 분명히 절충이 필요하다. 대부분의 기관에서 기관설계와 제어만으로는 배출 매연량을 허용될 정도로 줄일 수 없다.

9.6   다른 배기물

이산화탄소(CO_2)

보통의 농도 단계에서는, 이산화탄소는 대기 오염물질로 여겨지지 않는다. 그러나 좀 더 높은 단계의 농도를 가진 이산화탄소는 주된 **온실가스**(greenhouse gas)로 여겨지고, 지구 온난화의 주요인이다. CO_2는 탄화수소 연료의 연소에서 배기가스의 주요 구성요소이다. 더 많은 공장과 다른 요인들의 증가와 함께 자동차 수의 증가 때문에, 대기 중의 이산화탄소는 계속해서 증가한다. 대기 중에 고도가 높아질수록 다른 온실 가스들과 함께 이산화탄소의 더 높은 농도가 열복사 방어막을 만든다.

이 방어막은 지구의 온도를 약간 올리면서, 지구로부터 빠져나가는 열복사 에너지의 양을 줄인다. CO_2의 양을 줄이는 가장 효과적인 방법은 더 적은 연료를 태우는 것이다(즉, 더 높은 효율을 지닌 엔진을 사용하라).

알데히드

알코올 연료를 사용할 때 주된 배기 문제는 눈과 호흡 자극제인 알데히드의 발생이다. 알데히드는 다음과 같은 화학식을 가진다.

$$\begin{array}{c} \text{H} \\ | \\ \text{R}-\text{C}=\text{O} \end{array}$$

여기서, R은 여러 가지 화학적 기를 나타낸다.

알데히드는 불완전 연소 생성물이고, 현재 가솔린이 사용되듯이 알코올 연료가 많이 사용된다면 심각한 문제가 될 것이다.

황

압축 착화 기관에서 사용된 많은 연료들은 소량의 황을 함유하고 있는데, 배출되었을 때 산성비를 내리게 한다. 무연 가솔린은 무게로 150~600ppm의 황을 함유하고 있다. 어떤 디젤 연료는 무게로 5,000ppm까지 함유하고 있다. 그러나 미국을 비롯한 몇몇 나라에서는 이 값이 1/10 이하가 되도록 법률로 규제하고 있다.

고온에서 황은 수소와 결합하여 H_2S를 형성하며, 산소와 결합하여 SO_2가 된다.

$$H_2 + S \rightarrow H_2S \tag{9-14}$$
$$O_2 + S \rightarrow SO_2 \tag{9-15}$$

기관 배기물은 SO_2를 20ppm까지 함유할 수 있다. SO_2는 공기 중의 산소와 결합하여 SO_3를 생성한다.

$$2\,SO_2 + O_2 \rightarrow 2\,SO_3 \tag{9-16}$$

이것은 공기 중의 수증기와 결합하여 황산(H_2SO_4)과 아황산(H_2SO_3)을 생성하는데, 이들은 산성비의 성분이 된다.

$$SO_3 + H_2O \rightarrow H_2SO_4 \tag{9-17}$$
$$SO_2 + H_2O \rightarrow H_2SO_3 \tag{9-18}$$

많은 나라들에서는 연료 중 황의 양을 법으로 규제하고 있으며, 이것은 갈수록 엄격해지고 있다. 1990년대에 들어 미국은 디젤 연료 중 황의 허용치를 0.05%에서 0.01% 수준으로 낮췄다.

천연 가스에 포함된 황의 양은 많은 것에서 적은 것까지 다양하다. 압축 착화 기관이나 다른 연소 기관에 천연 가스를 사용할 때에는 심각한 배기 문제가 될 수 있다.

디젤 연료에서의 황의 허용치가 낮을 때, 압축 착화 기관에서는 새로운 문제에 직면한다. 매우 낮은 황을 함유하고 있는 연료는 연료 펌프와 인젝터[184]가 달라붙는 결과를 낳는, 즉 윤활 능력을 잃어버림이 발견되었기 때문이다. 게다가, 일부의 입자상 물질 트랩에서 실린더 표면의 이상적인 마모와 급속한 압력 강화가 있었다. 이러한 문제들을 해결하기 위하여 낮은 황을 함유한 연료에 첨가제를 넣는다. 이러한 첨가제들은 지방성의 에스테르 유도제와 카르복실기 산을 포함한다.

유해한 배기가스 외에도 유황의 더 심각한 영향은 그것이 대부분의 후처리 시스템에 악영향을 미치는 것이다. 촉매 변환기와 재생 입자상 물질 트랩에서의 촉매 재료들은 황, 납, 혹은 인과 만나면 악화된다.

납

납은 1923년부터 1980년까지 주된 가솔린 첨가물이었다. 첨가물인 **4에틸납**은 가솔린 **옥탄가**를 높이는 데 사용되었는데, 압축비를 올려 기관의 효율을 높였다. 그렇지만 기관 배기물의 납은 독성이 심하여 오염이 컸다. 1990년대 전반에는 자동차와 다른 기관들의 수가 적었기 때문에 납 배기물은 대기에 별 문제없이 흡수될 수 있었다. 인구와 자동차 수가 증가함에 따라 공기 오염과 위험 또한 증가하였다. 납 배기물의 위험이 알려졌고, 1970년대와 1980년대 점차 사용되지 않게 되었다.

납의 사용은 즉시 그치지 않았지만, 해를 거듭할수록 사용이 줄어들었다. 우선 납 성분이 적은 가솔린이 제조되었고, 수 년 후에 무연 가솔린이 제조되었다. 납은 여전히 가솔린의 옥탄가를 올리는 주요 첨가물이었다. 납이 사라짐으로써 옥탄가를 올릴 수 있는 대체 물질을 개발해야 했다. 수백만 대의 현대 고압축비 기관들은 저옥탄가 연료를 사용할 수 없다. 가솔린에서 납이 사라짐으로써 기관에 사용된 금속도 바꿔야 했다. 납을 함유한 연료가 연소되면 연소실 내와 밸브와 밸브 시트 위의 표면을 경화시킨다. 납이 든 연료를 사용하는 기관을 설계할 때에는 처음에 부드러운 금속 표면을 가진 것을 사용하고, 사용할 때 발생하는 표면 경화 효과를 계산한다. 만약 기관에 무연 연료가 사용되었다면, 표면 경화가 일어나지 않으며 곧 심각한 마모를 발견할 수 있다. 밸브 시트나 피스톤 표면에 파멸적인 파손이 빠른 시간(자동차의 경우 10,000~20,000 마일) 내에 일어나는 것이 보통이다. 무연 연료를 사용하도록 설계된 기관에는 단단한 금속과 표면 처리가 사용된다. 시간이 지남에 따라 오래 된 자동차가 닳아서 작동하지 않듯이, 유연 가솔린 역시 폐지시킬 필요가 있다.

유연 가솔린은 연료 가운데 리터당 0.15mg의 납을 함유하고 있다. 이 중 10~50%가 다른 연소 생성물과 함께 배출된다. 나머지 납은 기관의 벽과 배기 장치에 붙어 있다. 납을 함유한 가솔린이 연소함으로써 경화된 연소실 표면은 연료 증기와 같은 가스의 흡수를 잘 막아 준다. 또한, 이 기관에서는 HC 배출이 약간 줄어든다.

> **역사적 이야기 – 남극의 납**
>
> 자동차 배기 및 기타 원인에서 비롯되는 대기 오염이 전 세계적인 문제라는 사실은 남극에 발생한 매년 퇴적되는 눈층에서 발견된 납에서 알 수 있다. 자동차 배기로부터 발생한 납은 바람에 날려서 남극 근처에 내리는 등 세계 곳곳에 내렸다. 자동차 연료에서 납이 사라지자 남극에 내린 눈에서 납의 감소를 발견할 수 있었다.

인

소량의 인이 기관의 배기에서 방출된다. 이것들은 대기 중의 불순물에서 야기되고, 일부는 윤활유와 연료혼합물에서 발견된다. 인은 대기를 오염시키는 물질일 뿐만 아니라, 촉매 변환기에서 촉매 재료를 상하게 만든다.

9.7 후처리법

연소 과정이 끝난 후, 완전히 타지 않은 실린더 가스 혼합물 내의 성분은 팽창 행정과 배기 블로다운 기관과 배기 과정 중에 반응을 지속한다. HC 잔유물의 90%까지가 연소 후 이 기간 동안 실린더 내 배기 포트 근처나 배기 다기관의 윗부분에서 반응한다. CO와 소량의 탄화수소 성분은 산소와 결합하여 CO_2와 H_2O가 되어, 바람직하지 못한 배기물은 줄어든다. 배기 온도가 더 높을수록 더 많은 2차 반응이 일어나고, 기관 배기물은 더 줄어든다. 더 높은 배기 온도는 이론 공연비에 의한 연소와 더 빠른 기관 속도와 점화 지연과 또는 낮은 팽창비에 의해 생길 수 있다.

열변환기

2차 반응은 온도가 높다면 더 쉽게 완전히 발생한다. 그래서 어떤 기관들은 배기 물질을 줄이기 위하여 열변환기를 설치한다. 열변환기는 배기가스가 유입하는 고온 연소실이다. 열변환기는 배기에 남아 있는 HC와 CO의 산화를 촉진시킨다.

$$CO + \tfrac{1}{2}O_2 \rightarrow CO_2 \qquad\qquad (9\text{-}19)$$

이 반응이 유용한 비율로 발생하기 위해서는 700°C 이상이 되어야 한다[58].

$$C_xH_y + z\,O_2 \rightarrow x\,CO_2 + \tfrac{1}{2}y\,H_2O \qquad\qquad (9\text{-}20)$$

$$z = x + \tfrac{1}{4}y$$

여기서, $z = x + \tfrac{1}{4}y$이다. 반응이 HC를 줄이기 위해서는 최소한 50밀리초(50msec) 동안 $600°C$ 이상이 되어야 한다. 따라서 열변환기는 고온에서 운전해야 할 뿐만 아니라, 이들 2차 반응이 빨리 일어나도록 하기 위하여 일시 운전 정지 시간을 충분히 줄 필요가 있다. 대부분의 열변환기는 원래 배기 다기관을 크게 한 것이며, 기관 배기 포트 밖에 바로 연결할 수 있도록 되어 있다. 이것은 열손실을 줄이는 데 필요하고, 배기가스가 냉각되어 반응하지 않는 온도가 되지 않도록 한다. 그렇지만 이것은 자동차에서 기관 부실(engine compartment)에 두 가지 심각한 문제를 발생시킨다. 첫째, 현대의 형태가 작고 공기역학적인 자동차에서는 기관 부실의 공간은 매우 제한되어 있으며 대부분이 고정되어 있어서 보통 단열된 열변환기 설치는 거의 불가능하다. 둘째, 변환기가 효율적이려면 $700°C$ 이상에서 운전되어야 하므로, 그것이 단열되어 있다고 하더라도 열손실은 기관에 심각한 온도 문제를 초래한다.

어떤 열변환기 장치는 CO나 HC와 반응할 산소를 첨가해 주는 공기 흡입구가 달려 있다. 이것은 복잡하고 가격이 비싸며 장치가 크다. 공기의 유동률은 필요한 만큼 기관 제어 장치(EMS)에 의하여 조절된다. 공기를 더하는 것은 시동시와 같은 농후한 운전 조건에서 필요하다. 기관으로부터의 배기가 열변환기를 운전하기에 충분한 온도보다 더 낮기 때문에 이 장치 안에서 반응에 의하여 고온으로 유지시킬 필요가 있다. 저온인 바깥 공기를 첨가하면 필요한 운전 온도를 유지하는 문제를 고려해야 한다.

NOx의 배출을 열변환기 단독으로는 줄일 수 없다.

9.8 촉매 변환기

기관의 배기 물질을 줄이는 가장 효과적인 후처리법은 대부분의 자동차와 현대의 중형이나 그 이상의 기관에서 볼 수 있는 **촉매 변환기**이다. HC와 CO는 온도가 $600°C \sim 700°C$로 유지된다면, 배기 장치와 열변화기에서 H_2O와 CO_2로 산화될 수 있다. 만약 어떤 촉매가 있다면, 이 산화 과정을 계속하는 데 필요한 온도가 $250°C \sim 300°C$로 줄어들게 되어 더 매력 있는 장치가 된다. 촉매는 화학 반응에 필요한 에너지를 줄여서 화학 반응을 가속시키는 물질이다. 촉매는 반응 과정에서 소모되지 않으므로 시간이나 오염이나 다른 요인들에 의하여 품질이 저하되지 않는 한 그 기능이 무한대이다. 촉매 변환기는 배기가스가 흘러나가는 유동 장치에 장착된 방이다. 이들 방에는 촉매가 들어 있는데, 배기 유동에 함유된 배기물의 산화를 촉진시킨다.

일반적으로, 촉매 변환기는 CO, HC, NOx의 감소를 촉진시키므로 **세 방향 변환기**(three-way converters)라고 부른다. 대부분은 스테인리스강으로 이루어져 있으며, 기관의 배기관을 따라 장착된다. 용기의 안쪽은 가스가 통하여 흘러가는 다공성 세라믹 구조이다. 대부분의 변환기의 세라믹은 많은 유로를 가진 단일한 허니콤 구조로 되어 있다(그림 9-8참조). 일부 변환기는 **충진된**

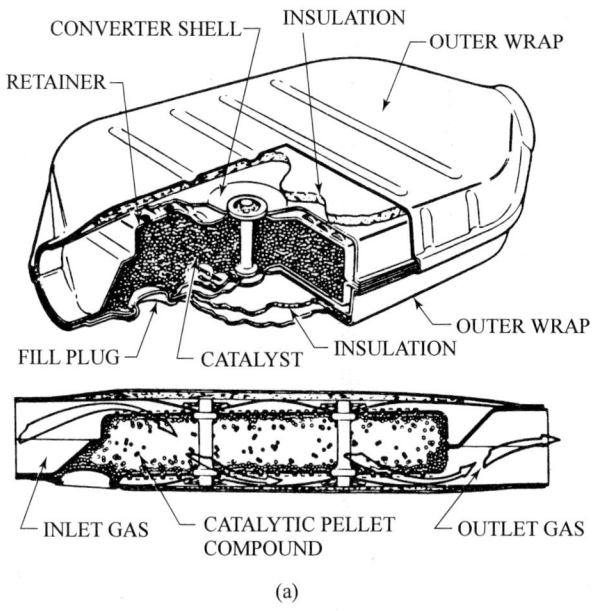

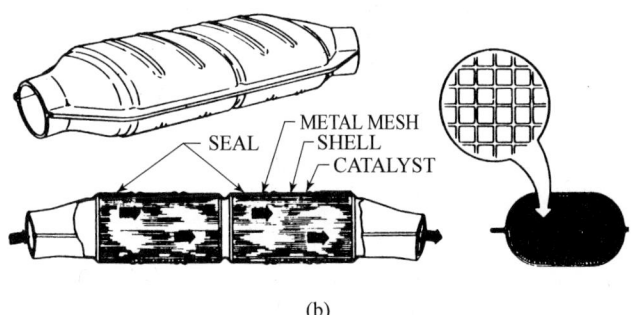

그림 9-8

전기 점화 기관의 촉매 변환기 : (a)충진된 구들 (b)
허니콤 구조. 참고 문헌[4]에서 인용.

구 사이에 가스가 흘러가도록 한 푸석푸석한 과립상의 세라믹을 사용한다. 변환기의 세라믹 구조 체적은 일반적으로 기관 배기량 체적의 반 정도이다. 이것은 변환기를 통하여 초당 5부터 30까지 전환되는 배기가스의 체적 유동률 때문이다. 압축 착화 기관에서 촉매 변환기는 배기가스의 매연 때문에 좀 더 큰 유체 통로가 필요하다.

세라믹 통로의 표면은 그것이 통과함으로써 배기에서 산화 반응을 증진시킬 조그만 촉매 물질이 박힌 입자가 포함되어 있다. 산화알루미늄(알루미나)은 촉매 변환기로 가장 많이 사용되는 기본 세라믹 물질이다. 알루미나는 고온에서 견딜 수 있다. 알루미나는 화학적으로 중성이며, 열 팽창률이 대단히 작고, 시간이 경과해도 열적으로 열화되지 않는다. 촉매 물질로 가장 일반적으로 사용되는 것이 백금과 팔라듐과 로듐이다. 팔라듐과 백금은 식(9-19)와 식(9-20)에서 보듯이,

탄화수소 반응에 특별히 잘 반응하는 백금과 함께 탄화수소와 일산화탄소의 산화를 촉진시킨다. 로듐은 다음과 같은 반응 중 하나 또는 그 이상에서 NOx의 반응을 촉진시킨다.

$$NO + CO \rightarrow \tfrac{1}{2}N_2 + CO_2 \tag{9-21}$$

$$2\,NO + 5\,CO + 3\,H_2O \rightarrow 2\,NH_3 + 5\,CO_2 \tag{9-22}$$

$$2\,NO + CO \rightarrow N_2O + CO_2 \tag{9-23}$$

$$NO + H_2 \rightarrow \tfrac{1}{2}N_2 + H_2O \tag{9-24}$$

$$2\,NO + 5\,H_2 \rightarrow 2\,NH_3 + 2\,H_2O \tag{9-25}$$

$$2\,NO + H_2 \rightarrow N_2O + H_2O \tag{9-26}$$

산화세륨도 자주 사용되는데, 이것은 수증기가 빨리 되게 한다.

$$CO + H_2O \rightarrow CO_2 + H_2 \tag{9-27}$$

이것은 산화제로 O_2 대신에 수증기를 사용함으로써 CO를 줄이는데, 기관이 농후한 혼합기로 운전될 때 매우 중요하다.

세라믹을 사용하는 대신에 일부 촉매 변환기의 내부 챔버는 단일체에 싸여 있는 매우 얇은 주

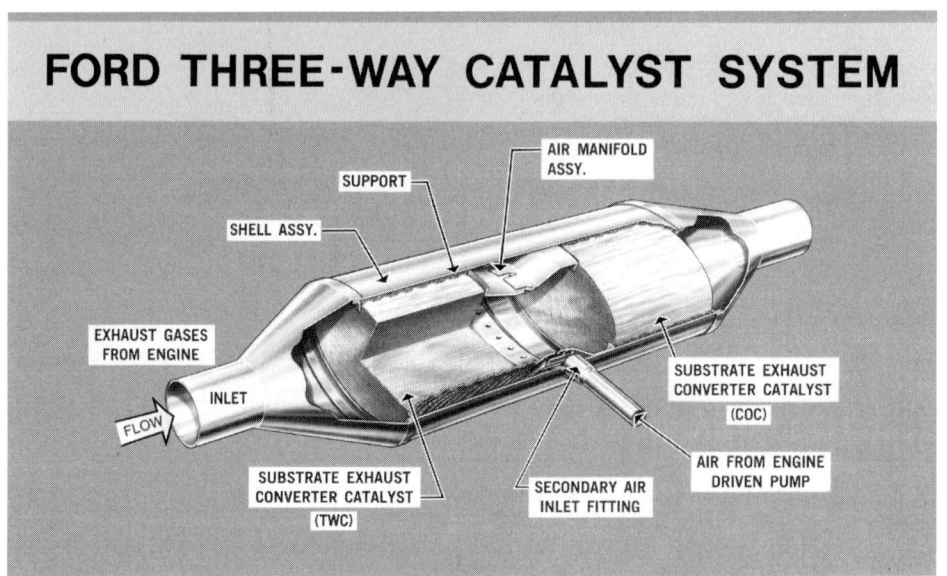

그림 9-9
삼원 촉매 변환 시스템의 단면도로 주요 부품을 보여 주고 있다. 이 시스템은 1990년대 포드 자동차에서 사용되었다. 포드 자동차 회사의 허가를 득함.

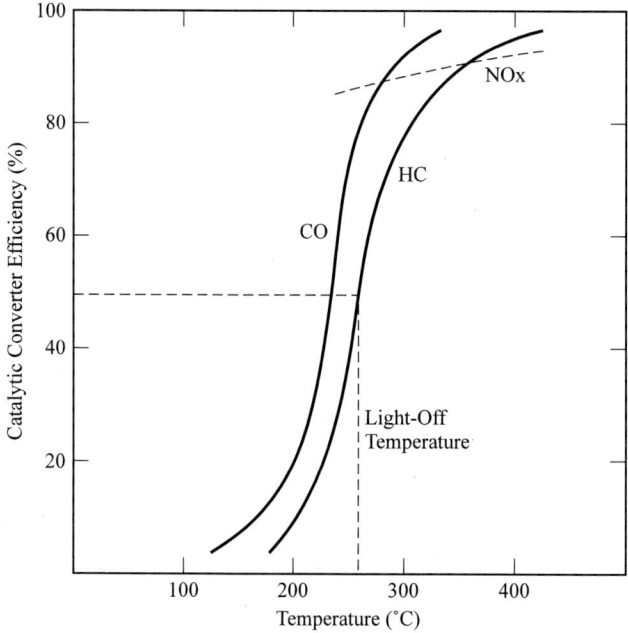

그림 9-10

변환기 온도에 따른 촉매 변환기의 변환 효율. 정상적인 상태에서 변환기가 일반적인 작동 온도에 있다면 배기물을 90% 이상 줄일 것이다. 변환기가 차가우면 비효율적이 된다. 변환기가 50%의 효율에 도달하는 온도를 활성 온도라 한다. 참고 문헌 [4]에서 인용.

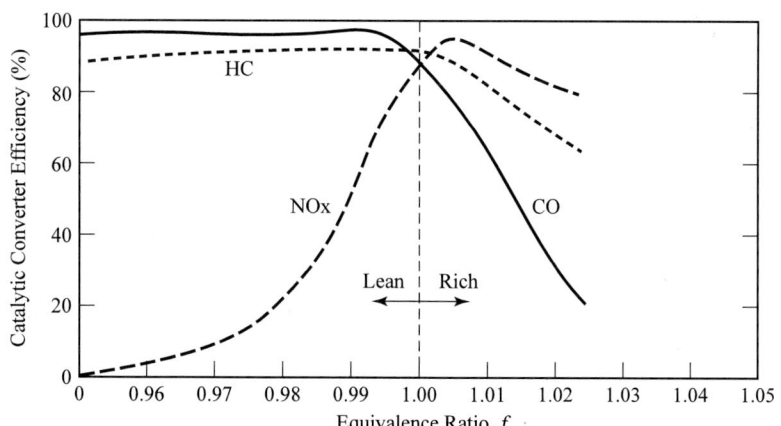

그림 9-11

연료 상당비의 함수로 나타낸 촉매 변환기의 변환 효율. 최대 효율은 이론적인 공기 연료 혼합비 근처에서 엔진이 작동할 때 발생한다. 엔진이 희박한 상태에서 작동하고 있을 때 NOx의 변환 효율은 낮다. 이것은 전체적으로 희박한 상태에서 작동하는 현대의 압축 착화 기관과 층상 급기 전기 점화 기관에 많은 문제를 야기한다. 참고 문헌 [76]에서 인용.

름 잡힌 금속 조각으로 가득 차 있다. 배기가스는 금속 조각 뭉치 사이를 지나는데, 그것의 표면은 촉매 재료로 박혀 있다. 이러한 유형의 더 큰 변환기들의 활성화 표면적은 70,000나 된다.

그림 9-10은 촉매 변환기의 효율이 온도에 따라 달라진다는 것을 보여 준다. 작동이 잘 되는 변환기가 400°C 이상의 완전히 따뜻한 상태에서 운전될 때, CO는 98~99%, NOx는 95%, 그리고 HC는 95% 이상을 배기 유동 배기물로부터 제거한다. 또한, 그림 9-7은 높은 변환기 효율을 얻기 위하여 적당한 당량비로 운전되어야 할 필요가 있음을 보여주고 있다. CO와 HC의 효과적인 제어는 이론 혼합비나 약간 희박한 혼합기에서 발생하며, 반면 NOx 를 제어하려면 이론 혼합비 근처에서 운전되어야 한다. 대단히 약한 NOx는 희박한 혼합기에서 제어할 수 있다.

기관이 많은 사이클 변화를 하기 때문에 공기와 연료를 포함하여 배기 유동 역시 변화를 보인다. 이 사이클 변화는 촉매 변환기의 최고 효율을 낮추지만, 주목할 만한 배기 물질이 감소하도록 운전되는 당량비의 폭을 넓혀 준다.

촉매 변환기는 고온에서 효율적으로 작동되지만, 더 뜨거워져서는 안 된다는 사실은 중요하다. 기관의 오작동은 비효율과 변환기 과열을 야기할 수 있다. 잘못 조정된 기관은 실화하기도 하며, 너무 희박하거나 농후한 상태가 될 수 있다. 이것은 배기가 아주 왕성하고 최대 변환기 효율일 필요할 시간에 쓸모가 없게 되는 원인이 된다. 터보 과급기는 에너지를 이동시키므로 배기 온도를 낮추며, 이것은 촉매 변환기의 효율을 떨어뜨릴 수 있다.

촉매 변환기는 자동차와 같거나 적어도 200,000km의 유효 수명을 가지는 것이 바람직하다. 변환기는 시간이 지남에 따라 열적으로 저하되며 촉매 물질의 작용이 약해지므로 효율이 떨어진다. 고온에서 금속 촉매 물질은 소결되거나 함께 이동하여, 전반적으로 비효율적인 활성 장소가 크게 확대된다. 심각한 열적 저하는 500~900°C 범위에서 일어난다. 연료, 윤활유, 공기에 함유되어 있는 다른 많은 불순물들은 기관 배기에 포함되어 촉매 물질의 작용을 약화시킨다. 이들은 연료에 포함된 납과 황, 그리고 오일 첨가물에 포함된 아연, 인, 안티몬, 칼슘, 마그네슘 등이다. 그림 9-12는 촉매가 작용하는 곳에 소량의 납이 존재하면 HC를 2~3배 줄어들게 하는 것을 보여준다. 일부 연료에서 소량의 납 불순물이 발견되며, 이 중 10~30%가 결국 촉매 변환기에 누적된다. 1990년대 초기까지는 유연 가솔린이 일반적으로 쓰였다. 촉매 변환기를 장착한 기관에 유연 가솔린을 사용해서는 안 되며, 사용은 법에 저촉된다. 유연 가솔린 탱크가 두 개 달려 있으면 변환기를 열화시켜 완전히 못 쓰게 만든다.

황

황은 촉매 변환기에 특별한 문제를 야기시킨다. 일부 촉매들은 SO_2가 SO_3로 변환되는 것을 촉진시키는데, SO_3는 결국 황산이 된다. 이것은 촉매 변환기의 성능을 저하시키고, 산성비의 원인이 된다. HC와 CO의 산화를 촉진시키는 새로운 촉매가 개발되었지만, SO_2를 SO_3로 변환시키지는 않는다. 만약 변환기의 온도가 400°C 이하로 유지하면, 이들 중 어떤 것은 SO_3를 거의 생

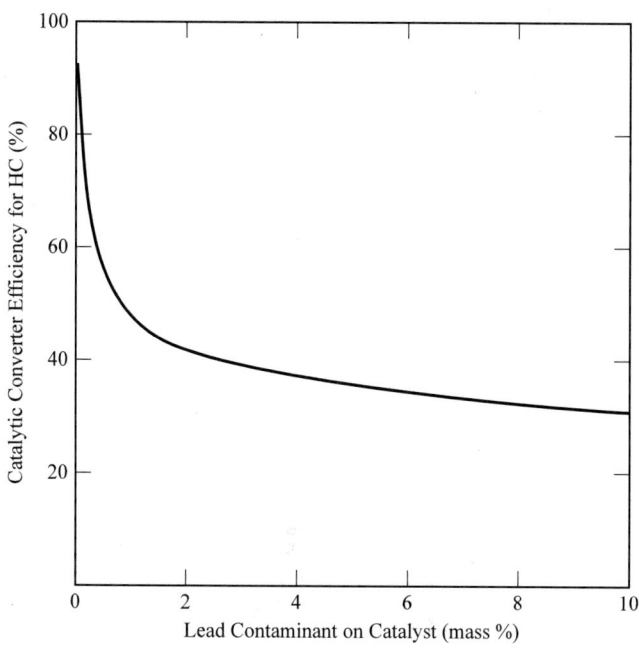

그림 9-12
납의 오염으로 인한 촉매 변환기 효율의 감소. 연료 속에 포함된 약간의 납 성분은 변환기 내의 촉매 물질에 침전되어 변환기 효율을 상당히 감소시킨다. 촉매 변환기를 장착한 자가용에는 유연 가솔린을 사용하지 말아야 한다. 유연 가솔린과 촉매 변환기를 실수로 함께 사용하는 것을 막기 위해 연료 펌프 노즐의 크기와 연료 탱크 입구의 직경이 무연 가솔린에 대한 것보다 작다. 참고 문헌 [76]에서 인용.

성하지 않는다.

냉 시동

그림 9-10은 촉매 변환기가 저온에서 비효율적임을 보여 준다. 몇 시간 동안 작동하지 않던 기관의 시동을 걸면, 변환기가 효율적인 작동 온도에 도달하는 데에는 수 분이 걸린다.

변환기의 효율이 50%가 될 때까지의 온도를 **활성온도**(light-off temperature)라고 정의하며, 250°C~300°C의 범위에 있다. 자동차를 타고 다니는 사람들 중 상당수가 단거리를 운행하기 때문에 촉매 변환기는 충분한 작동 온도에 도달하지 않아 배기 물질이 많다. 한 조사에 따르면, 미국에서 사용되는 연료의 절반은 10마일 이내의 거리를 운행하는 데 사용된다고 추정하고 있다. 불행히도 대부분의 단거리 주행은 시내에서 이루어져 배출물은 더 심각한 해를 끼친다. 게다가, 출발할 때 대부분의 기관은 농후한 혼합기를 사용하기 때문에 냉 시동이 주된 문제를 일으킨다. 모든 HC 배기물의 70~90%의 원인은 냉시동이라고 추정된다. 따라서 촉매 변환기가 기관이 출발하기 전에 적어도 활성 온도까지 예열될 수 있다면, 주된 배기 물질을 감소시킬 수 있다. 정상 운전 온도까지 완전히 예열하면 더 좋을 것이다. 여러 가지 예열 방법이 시도되었으며, 그 효과는 다양하게 나타났다. 시간적인 문제와 필요한 에너지량 때문에 대부분의 이러한 방법은 총 변환기 체적의 일부분만을 예열한다. 이러한 조그만 부분은 출발과 함께 그후에 뒤따라서 발생하는 낮은 배기 유동률에서 처리할 수 있을 만큼 충분히 크다. 시간이 경과함에 따라 기관은 고속 회전을 하게 되며, 촉매 변환기의 더 많은 부분이 뜨거운 배기가스에 의하여 가열되어 유동률이 높아지면 완전히 처리된다. 촉매 변환기의 예열 방법에는 다음과 같은 것이 있다.

기관 가까이에 변환기 설치   변환기를 빨리 가열할 수 있는 한 가지 방법은 배기 포트의 아주 가까운 기관 근처에 변환기를 설치하는 것이다. 이 방법은 실제로 변환기를 예열하는 것이 아니라, 기관이 시동된 후에 가능하면 빨리 가열하는 것이다. 기관과 변환기는 기관으로부터 멀리 떨어져 있는 것이 일반적인데, 장치 사이에서 발생하는 배기관으로부터의 열손실을 크게 줄인다. 이러한 변환기는 초기의 열손실을 줄이기 위하여 단열시키기도 한다. 이러한 방법은 변환기를 빨리 가열하므로 총체적인 배기물을 줄인다. 그러나 활성 온도에 도달하기 전의 시간이 짧다. 더구나 기관 부실에 장착된 열변환기에서 발생하는 것과 같은 문제가 이러한 변환기에서도 대두된다. 변환기에 의하여 생긴 공기의 제한된 유동률과 고온 때문에 기관 부실의 적당한 냉각이 심각한 문제가 된다. 만약 뜨거운 기관 부실 내에 설치된다면, 촉매 변환기는 더 높은 정상 온도가 될 것이며, 이것은 상당히 오랫동안 열적 저하에 대한 문제를 야기할 것이다.

어떤 자동차는 기관 옆의 기관 부실에 장착된 조그만 2차 촉매 변환기를 사용한다. 크기가 작고 위치가 좋아서 그것은 대단히 빨리 가열되고, 기관 시동시 낮은 유동률에서 발생하는 배기물을 산화시키기에는 충분하다. 또한 정상적으로 작동되는 유동률이 클 때 촉매 작용을 제공하는, 기관 부실로부터 멀리 떨어진 곳에 장착된 정상적인 완전한 크기의 촉매 변환기도 있다. 이 변환기는 기관의 속도가 증가하여 유동률이 커지기 전에 처음 배기 유동에 의하여 가열되고 이상적으로 효율적인 운전 온도에 도달하는 것을 볼 수 있다. 이러한 조그만 예열 변환기는 배기 다기관에서 유동을 제한하고 기관의 배압을 높게 한다. 이러한 결과는 기관의 출력을 약간 감소시킨다.

초단열   초단열 촉매 변환기를 가진 일부 실험 장치가 개발되어 왔다. 이것은 기관 시동 때 변환기를 가열하지 않고 정상 상태로의 온도 상승을 가속시킨다. 또한, 이것은 변환기를 기관이 커진 후 길게는 하루 이상 상승된 온도를 유지하도록 한다. 따라서 이 변환기는 다시 기관이 출발하는 동안 예열된다[131].

이 변환기는 벽 사이가 진공으로 된 이중벽을 가지고 있다. 이것의 우수한 단열 특성은 진공병과 흡사하다. 기관이 차갑거나 운전되지 않을 때에는 진공이 유지된다. 기관이 운전되고 변환기가 작동 온도에 있을 때에는 진공이 없어지고, 벽 사이 공간은 가스로 채워진다. 이것은 운전되는 동안 정상적인 열손실이 발생하며, 촉매 변환기가 과열되는 것을 방지한다.

전기적 가열   일부 장치들은 주로 저항열을 이용한 전기적인 예열방법을 사용한다. 가열 저항기는 변환기의 예열 구역에 묻혀 있어 기관이 시동되기 전에 전기 방전이 시작된다. 예열 구역은 분리될 수도 있고, 조그만 예열 변환기는 일반적인 촉매 변환기의 앞쪽 끝에 설치될 수 있다. 이 방법은 금속 조각의 내부구조를 가진 컨버터에서 가장 효과가 크다. 어떤 장치는 예열 구역에서 세라믹 허니컴 고체를 여러 개의 유동 통로를 가진 금속 구조로 교체한다. 이것은 열전도에 의하여 유동 통로 벽이 더 빨리 가열되도록 하는데, 금속은 세라믹보다 더 높은 열전도율을 가졌기 때문이다. 이러한 장치의 전기 에너지는 엔진이 운전될 때 재충전되는 배터리로부터 생긴다. 예열에 대한 대표값은 24볼트, 500~700암페어이다.

전기 부품을 가열해 활성 온도에 도달하는 데에는 시간이 약간 지연되는데, 전도에 시간이 걸리기 때문이다. 그렇지만 가장 심각한 문제는 그러한 장치에 대하여 필요한 에너지량을 전할 일반적인 크기의 배터리가 작동되지 않는 것이다.

화염 가열 촉매 변환기는 변환기의 구조 내에 장착된 버너 노즐의 화염으로 가열할 수 있다 [57]. 기관이 출발하기 전에(예를 들면, 점화키가 꽂혀 있을 때) 화염은 외부로부터 펌핑되는 공기와 연료를 사용하는 버너에서 시작된다. 이 화염에서 발생하는 배기가 전체 공기 오염 문제에 끼치는 영향에 관심을 기울여야 한다. 프로판 같은 연료는 적당한 양의 공기로 연소되며, 오염이 적다. 그렇지만 자동차에 보조 프로판 연료 탱크가 있어야 하는데, 이것은 자동차 기관이 프로판 연료를 사용하지 않는 한 불필요한 것이다. 가솔린 연료를 사용하는 기관에서 변환기 예열기에 가솔린을 사용하는 것은 타당하다. 그렇지만 가솔린을 깨끗하게 연소시키는 것은 더 어려운 일이다. 비용도 비싸며 복잡하고 시간이 걸리는 것이 이러한 장치의 단점이다.

적어도 한 군데의 주요 자동차 생산업체에서 사용된, 이러한 장치의 한 가지 변형은 촉매 변환기 바로 앞에 장착된 **애프터 버너**(afterburner)이다. 대단히 농후한 공기-연료 혼합기가 시동 때 사용되는데, 첫 번째 배기 유동에서 과잉된 연료가 나간다. 전기 펌프에 의하여 이러한 배기에 공기가 첨가되고, 결과적으로 혼합기가 애프터버너에서 연소되며, 촉매 변환기를 예열한다.

열 배터리 열저장 장치의 에너지는 기관이 마지막으로 사용된 지 3일 안에 시동된다면 촉매 변환기를 예열할 때 사용할 수 있다(10장 참조). 현재의 기술로는 60°C 근처의 부분 가열만이 가능하며, 이는 아직 활성 온도와 정상 운전 온도에 훨씬 못 미친다. 더욱이 열 배터리 안의 유용 에너지의 제한된 양으로 흔히 기관의 예가열, 차 실내의 예열, 촉매 변환기의 예열 등에 사용할 수 있다.

화학 반응 가열기. 촉매 변환기를 예열하는 방법으로 발열 화학 반응에서 생긴 열을 사용하는 방법이 제안되어 왔다. 점화키가 꽂혔을 때, 소량의 물이 변환기 측면을 통하여 장착된 인젝터로부터 변환기 내로 들어온다. 물 스프레이는 세라믹 허니콤의 표면에 묻힌 염과 반응한다. 이 발열 반응은 주위의 세라믹 구조를 활성 온도 이상의 온도로 가열하기에 충분한 에너지를 방출하고, 변환기는 몇 초 안에 충분히 사용할 수 있게 준비된다. 그러면 기관이 시동되었을 때, 뜨거운 배출 가스는 물을 증발시킴으로써 묻힌 염을 건조시킨다. 수증기는 배기가스와 함께 멀리 운반되어 다음 저온 시동에 대비한다. 이 방법의 주요 문제점은 시간이 경화함에 따른 염의 기능 저하이다. 또한, 추운 날씨에 물탱크와 함께 동결하는 문제가 있다. 이러한 방법을 사용하는 어떤 실제적인 장치도 시장에서 찾아볼 수 없다[98].

추울 때 HC의 흡수 일부 변환기 시스템들은 추울 때, 배기 유동에서 HC를 흡수하는 표면 재료들을 사용한다. 그리고 더 높은 정상 상태온도에 이르게 되면, HC는 유동 속에서 다시 제거되고 이러한 전형적인 방법으로 줄어들게 된다.

이중 연료 기관

일부 기관은 가솔린과 메탄올을 섞은 연료로 작동하도록 만들어지는데, 메탄올은 0~85%의 체적 비율을 차지할 수 있다. 이들 기관의 기관 제어 장치는 이들 연료의 어떤 조합에 대해서도 공기와 연료 유동을 최적의 연소가 이루어지고, 최소의 배기물을 내도록 조절할 수 있다. 그렇지만 촉매 변환기에 특별한 문제를 일으킨다. 즉, 각각의 연료에 대해 별개의 촉매가 필요하게 된다. 메탄올의 불완전한 연소는 포름알데히드를 배출하는데, 이것은 배기에서 제거해야 할 물질이다. 효과적으로 **포름알데히드**와 나머지 메탄올을 줄이기 위하여 촉매 변환기는 300°C 이상에서 운전되어야 한다. 이러한 장치에서 변환기의 예열은 대단히 중요하다.

희박 연소 기관

시장의 많은 자동차는 **희박 연소 기관**을 사용함으로써 고효율을 얻는다. 희박 연소는 연료 소비를 줄이는 기본 개념이 되고 있으나 촉매 변환기에서 NOx를 생성하는 특별한 문제를 만들었다. 층류 급기를 하여 이 기관은 총체 공연비가 20~21 ($\phi \approx 0.7$)로 좋은 연소가 이루어지며 일부는 (AF = 40 ($\phi \approx 0.4$)의 공연비를 가지고 운전한다. 그림 9-11은 일반적인 촉매 변환기가 희박 상태에서 HC와 CO를 줄이도록 작용하지만, NOx를 줄이는 데에는 효율적이지 않음을 보여주고 있다.

희박 연소 기관을 사용하는 일부 자동차들은 희박한 상태에서 운전시에 처리되지 않는 NOx를 흡수하기 위한 내부 표면을 가진 특수한 변환기들을 가지고 있다. 자동차가 가속하고, 부하 하에서 작동하거나 혹은 이론비의 연소를 필요로 하는 모드에서 운전할 때, 흡수된 NOx는 표면으로부터 제거되고 이러한 조건에서 일어나는 높은 변환기 효율로써 처리된다. 몇 분 동안 자동차가 가속하지 않을 때, EMS는 촉매 변환기를 제거하기 위하여 주기적으로 농후한 혼합기를 수 초에 걸쳐 분사하도록 프로그램되어 있다. 한 예로, 도요타사의 Opa는 60km/hr (37mph)로써 달

역사적 이야기 – 비행기 엔진 배기와 날씨

비행기 엔진 배기에 의하여 대기 위에서 배출되는 많은 양의 수증기가 날씨에 영향을 미친다는 것은 오래 전부터 알려져 왔던 일이다. 인공위성으로부터의 저속도 촬영 사진들은 얼마나 진한 농도의 수증기의 자취가 때때로 합쳐져서 비구름을 만드는지를 보여 준다. 2001년 9월11일의 테러 참사 다음날 이 주제에 관한 일부 특이한 데이터들이 제공되었다. 항공기와 대부분의 비행체들은 4일 동안 미국에서 묶여 있었다. 이 기간 동안 날씨에 대한 데이터가 체크되었을 때, 이상하리만큼 작은 양의 수증기가 대기 위에서 발견되었다. 과학자들은 이 기간 미국에서 낮에는 더 따뜻하고 밤에는 더 서늘해지는 대략 화씨 3도의 이상적인 표면 온도 변화에 대한 대기의 열복사 차단막 이론에 대하여 확신을 주었다.

릴 때, 1~2초의 농후한 분사가 매 2분마다 일어난다[239]. 이러한 희박 연소의 문제점을 제거하기 위한 또 다른 방법은 두 가지 방식으로 도움을 줄 수 있는 EGR의 높은 레벨을 사용하는 것이다. 그것은 공기-연료의 혼합기를 묽게 하고, 보통의 희박 연소가 하는 것처럼 연소 온도를 낮춘다. 더 낮은 온도는 더 낮은 NO_x를 생성한다. 게다가 그것은 촉매 변환기가 효율적으로 작동할 수 있게 하는 실제 공기와 연료가 이론적인 혼합비와 가깝게 첨가되도록 해 준다. 백금과 로듐, 팔라듐, 이리듐, 그리고 알카리토류와 조합된 다른 귀금속을 사용하는 촉매는 희박 연소 기관을 위하여 개발되어 왔다.

2행정 사이클 기관

현대의 연료 분사기를 사용하는 2행정 사이클 기관은 높은 효율과 희박 운전 때문에 배기 온도가 더 낮다. 낮은 배기 온도와 희박 운전은 전형적인 촉매 변환기의 효율을 떨어뜨리고, 이러한 기관들은 훨씬 까다로운 배기물 문제를 더 많이 발생시킨다.

9.9   압축 착화 기관

촉매 변환기는 압축 착화 기관에 사용되지만, 전반적으로 희박 운전을 하기 때문에 NO_x를 줄이는 데에는 효율적이 아니다. HC와 CO는 비록 압축 착화 기관의 작은 배기가스 때문에(팽창비가 크므로) 상당한 어려움이 있지만, 적당히 줄일 수 있다. 이것은 압축 착화 기관의 희박한 연소에서 더 적은 HC와 CO가 발생한다는 사실과는 정반대이다. NO_x는 압축 착화 기관에서 EGR을 사용하여 줄일 수 있는데, 최대 온도를 떨어뜨리도록 한다. 그러나, EGR과 낮은 연소 온도는 고체 입자를 많이 발생시킨다.

백금과 팔라듐은 압축 착화 기관의 변환기에 사용되는 중요한 두 가지 촉매 물질이다. 이것은 배기에서 가스 상태의 HC를 30~80%, CO를 40~90%가 제거되도록 도와준다. 촉매는 고체 탄소 매연의 배출을 줄이는 데에는 효과가 작지만, 탄소 입자에서 흡수된 HC의 대부분을 산화시켜 총 매연 질량의 30~60%를 제거한다. 디젤 연료는 황 불순물을 함유하며, 촉매 물질의 작용을 약화시킨다. 그렇지만 이러한 문제는 디젤 연료에서 황산의 법적 기준치를 낮춤으로써 줄어들고 있다.

매연 트랩

압축 착화 기관 장치는 대기 중으로 방출되는 매연의 양을 줄이기 위하여 배기 유동 내에 **매연 트랩**(particulate trap)을 설치하고 있다. 이것은 필터와 같은 장치로, 단일체의 형태나 매트 또는 금속 와이어 매시로 된 세라믹으로 만들어진 경우가 많다. 트랩은 정형적으로 60~90%의 매연을 배기에서 줄인다. 트랩은 탄소 입자를 모아 천천히 매연으로 채워진다. 이것은 배기가스의 유동을 제한하고, 기관의 배압을 높인다. 배압이 높을수록 기관 과열의 원인이 되고, 배기 온도가 증가하여 연료 소비가 증가한다. 이러한 유동의 제한을 줄이기 위하여 매연 트랩은 포화되기 시작할 때 재생된다. 재생은 희박하게 운전되는 압축 착화 기관의 배기에 함유된 과다 산소로 입자를 연소시키며 이루어진다.

탄소 입자는 550°C~650°C에서 점화되는데, 압축 착화 기관의 배기 온도는 보통 운전 조건에서는 150°C~350°C이다. 매연 트랩이 탄소 입자로 채워지고 유동을 제한하므로 배기 온도가 상승하지만, 매연을 태울 만큼 충분히 높지 않아 트랩을 재생시킨다. 어떤 장치에서는 트랩을 통과한 압력 강하가 미리 설정된 값보다 작을 때 탄소 연소를 시작하는데 자동 화염 점화기를 사용한다. 이러한 점화기는 전기 히터 또는 디젤 연료를 사용하는 화염 노즐이 될 수도 있다. 만약 촉매 물질이 트랩에 설치된다면, 탄소 검댕을 점화시키는 데 필요한 온도는 350°C~450°C로 줄어든다. 어떤 트랩은 배기 온도가 증가된 배압으로 인하여 상승되었을 때, 자발화에 의하여 자동적으로 재생된다. 다른 촉매 장치는 화염 점화기를 사용된다.

트랩에서 매연의 점화 온도를 낮추고 스스로 재생을 촉진시키는 다른 방법은 디젤 연료에서 촉매 첨가물을 사용하는 것이다. 이 첨가물은 일반적으로 구리 화합물이나 철 화합물로 이루어져 있으며, 정상 상태에서 1000L에 7g의 첨가물이 들어 있다.

촉매 장치에서 스스로 재생되기에 충분한 온도를 유지하기 위하여 트랩은 터보 과급기 앞이라도 기관에 최대한 가까이 설치할 수 있다. 일부 큰 정치 기관이나 건설 장비 또는 큰 트럭에서 매연 트랩은 거의 채워졌을 때 교체된다. 옮겨진 트랩은 외부적으로 재생되고, 탄소는 용광로에서 연소된다. 재생된 트랩은 다시 사용된다.

매연이 과다하게 쌓여 재생이 필요한 때를 결정하기 위해서는 여러 가지 방법이 사용된다. 가장 일반적인 방법은 배기가 트랩을 지날 때 배기 유동의 압력 강하를 측정하는 것이다. 미리 결정한 ΔP에 도달하였을 때 재생이 시작된다. 압력 강하는 또한 배기 유동률의 함수이고, 재생 제어에 대하여 프로그램되어야 한다. 매연이 쌓인 것을 감지하는 데 사용되는 또 다른 방법은 트랩을 통하여 전파 파장을 보내 흡수율을 결정하는 것이다. 세라믹 구조는 전파를 흡수하지 않는 반면, 탄소 입자는 전파를 흡수한다. 따라서 매연이 쌓인 양은 전파 신호가 줄어든 퍼센트로 결정할 수 있다. 이 방법으로 가용성 유기물 분율(SOF)을 알 수는 없다.

현대의 매연 트랩은 완전히 만족스럽지 못하며, 자동차에 대해서는 특히 그렇다. 재생하려고 설치할 때 값이 비싸고 복잡하며, 오래 쓸 수 없다. 이상적인 촉매 트랩은 간단하고, 경제적이며 신뢰성이 있어야 한다. 그것은 스스로 재생될 수 있으며, 연료 소비가 최소여야 한다.

현대의 디젤 기관

연료 인젝터와 연소실 구조 설계 기술의 발전으로 현대 압축 착화 기관에서는 탄소 입자의 발생이 크게 줄어들었다. 크게 증가된 혼합 효율과 속도의 증가로 연소가 시작될 때 농후한 혼합기가 존재하는 구역을 줄일 수 있게 되었다. 이러한 구역은 매연이 발생하는 구역으로, 그 체적을 줄임으로써 매연량을 훨씬 줄일 수 있다. 증가된 혼합속도는 간접 분사의 조합, 더 좋은 연소실 형태, 더 나은 인젝터 설계와 , 더 높은 압력, 가열된 분사 지점, 그리고 공기에 의한 인젝터의 조합에 의하여 얻어진다. 고난류와 와류를 촉진시키는 2차 연소실로의 간접 분사는 공기와 연료의 혼합 과정을 도와준다. 더 좋은 노즐 설계와 더 큰 분사 압력은 증발하여 빨리 혼합되는 연료 방울을 더 가늘게 만든다. 뜨거운 표면에 분사하면 공기가 도와주는 인젝터처럼 증발을 도와준다.

현대의 아주 좋은 어떤 압축 착화 기관(예를 들면, Mercedes)은 매연 트랩이 없이도 엄격한 표준에 합당하게 매연 발생을 줄인다.

9.10 배출물을 줄이는 화학적 방법

시안산을 사용하여 커다란 정치 기관 위에서 NOx을 줄이기 위한 개발 작업이 실시되었다. 시안산은 배기 유동에서 승화되는 값싼 고체 물질이다. 가스는 분해되어 이소시안화염이 생성되는데, 이것은 NOx와 반응하여 N_2, H_2O와 CO_2를 만든다. 작동 온도는 약 $500°C$이다. 기관의 성능을 감소시키지 않고 95%까지 NOx를 감소시킬 수 있다. 현재 이 방법은 크고 무겁고 복잡하기 때문에 운반용 기관으로서는 비실용적이다.

NOx 배기물을 줄이기 위하여 지올라이트를 분자 거름 장치로 사용한 연구가 행해지고 있다.

이것은 선택한 분자 화합물을 흡수하고 화학 반응을 촉매하는 물질이다. 전기 점화 기관과 압축 착화 기관을 사용하여 NOx의 감소 효율은 공연비, 온도, 유동 속도 그리고 지올라이트의 구조를 포함한 여러 변수의 범위에 따라 결정된다. 현재 내구성은 이러한 방법으로는 심각한 한계점에 있다.

여러 가지 화학적 흡수제와 분자 거름 장치와 트랩이 HC 배기물을 줄이기 위해 실험되고 있다. HC는 촉매 변환기가 차가운 기관 시동시에 모아져서 변환기가 뜨거울 때 배기 유동으로 배출된다. 이 변환기는 HC와 H_2O와 CO_2를 효율적으로 태운다. 저온 시동시 35%의 HC가 감소되었다. H_2S 배기물은 농후한 운전 조건에서 발생한다. 화학적인 방법으로 트랩이 개발되고 있으며, 기관이 농후하게 운전될 때 H_2S가 쌓이고, 희박하거나 과다한 산소가 존재할 때 SO_2로 전환된다.

이 반응식은 다음과 같다.

$$H_2S + O_2 \rightarrow SO_2 + H_2 \tag{9-28}$$

암모니아 분사 장치

일부 대형 선박 기관과 정치 기관은 NH_3를 배기 유동 안으로 뿌리는 분사 장치로 NOx를 줄인다. 촉매가 작용하면 다음과 같은 반응이 생긴다.

$$4\,NH_3 + 4\,NO + O_2 \rightarrow 4\,N_2 + 6\,H_2O \tag{9-29}$$
$$6\,NO_2 + 8\,NH_3 \rightarrow 7\,N_2 + 12\,H_2O \tag{9-30}$$

NH_3는 불필요한 배출물이므로, 조심스럽게 다루어야 한다.

다른 기관에 대해서는 엄격한 규제가 이루어졌는데도, 대형 선박의 배기물에 대해서는 오랫동안 규제가 이루어지지 않았다. 육지에서 멀리 떨어져 운항하는 선박은 대부분의 시간을 한 곳에 정박해 있지 않기 때문에 배기가스가 주거 환경에 영향을 미치지 않으며, 주위에 흡수될 수 있다는 이유에서였다. 그렇지만 대부분의 항구는 배기 문제가 심각한 큰 도시에 있고, 이제는 선박 엔진을 포함해 모든 기관의 오염이 규제되고 있다. 선박으로부터의 NOx에 대한 근심과 더불어 황산화물(SOx)의 배출에 대한 우려도 역시 가지고 있다. 이것은 대형 선박에 사용되는 연료가 때때로 더 높은 황을 함유하고 있기 때문이다. 새로운 규정은 선주에게 더 높은 가격의 저황 연료를 사용하게 할 것이다 [236].

암모니아 시스템들은 NH_3의 저장소가 필요하고, 아주 복잡한 분사와 제어 장치를 갖추어야 하기 때문에 자동차에서는 실용적이지 않다. 그러나 최근에 대형 트럭에 암모니아 분사 장치를 부착하는 작업이 개발 중이다 [233]. 암모니아는 트럭에 저장되는 요소$[CO(NH_2)_2]$로부터 얻어진다. 요소는 물과 혼합되고 이것은 $CO(NH_2)_2 + H_2O \rightarrow CO_2 + 2NH_2$에 의하여 필요한 암모니아를 생성한다. 장거리 테스트는 주행 조건에 따라 NOx의 60~68%의 감소를 보여 주었다. HC 배기가스는 0으로 감소되었다 [215].

9.11 배기가스 재순환 – EGR

NOx를 줄이는 가장 효과적인 방법은 연소실의 온도를 낮게 유지하는 것이다. 실용적이긴 하지만, 이것은 기관의 열효율을 낮추므로 좋은 방법은 아니다. 우리는 열역학을 처음 배울 때부터 최대 기관의 열효율 Q_{in}은 가증하면 고온이어야 한다고 배워 왔다.

최대 화염 온도를 줄이는 가장 간단한 실제적인 방법은 비반응성 기생 가스를 가진 공기와 희석 연료를 희석시키는 것으로 생각된다. 이 가스는 어떤 다른 에너지가 흡수되지 않도록 하며, 연소하는 동안 에너지를 흡수한다. 그 결과는 낮은 화염 온도로 나타난다. 약간의 비반응 가스가 그림 9-13에서 보여주는 것처럼 희석제로 작용한다. 큰 비열을 가진 가스는 단위 질량당 가

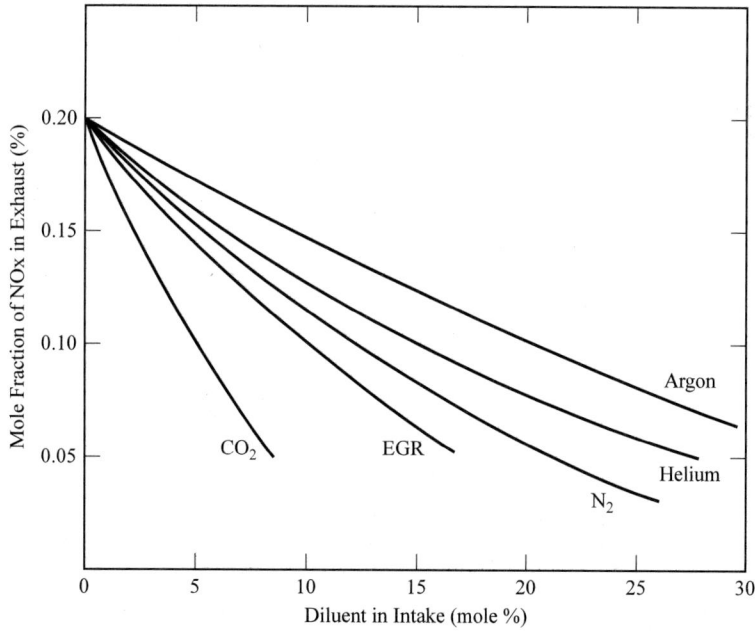

그림 9-13

비가연성 희석 가스를 혼합물에 첨가함으로써 NOx의 생성을 감소시킨다. 비반응 중성 가스를 흡입 연료-공기 혼합물에 첨가하면 화염 온도와 NOx의 생성을 줄일 수 있다. 배기 가스(EGR)는 기관에 쉽게 사용할 수 있다. 참고 문헌 [99]에서 인용.

장 큰 에너지를 흡수하므로 최소의 양이 필요하고, 따라서 같은 최대 온도에 대하여 아르곤보다 이산화탄소의 양이 덜 든다. 그렇지만 아르곤이나 이산화탄소도 기관에서 사용하는 데에는 유용하지 않다. 공기가 희석제로는 유용하지만 완전히 반응하지 않는 것은 아니다. 공기를 첨가하면 공연비와 연소 특성이 변한다. 기관사용에 유용한 비반응성 가스의 하나는 배기가스인데, 이것은 현대의 모든 자동차 기관과 중간 크기와 큰 기관에 사용된다.

배기가스 재순환(EGR)은 교축 후 일반적으로 배기가스를 빨리 덕트를 통해 흡입측에 넣어주어서 이루어진다. 유동의 양은 총 흡입량의 30% 정도이다. EGR 가스는 최대 연소 온도를 효과적으로 줄이기 위하여 전 사이클로부터 실린더에 남아 있는 배기 잔류분과 합한다. EGR의 유동률은 기관 제어 장치(EMS)에 의하여 제어된다. EGR은 총 흡입량의 질량 퍼센트로 정의된다.

$$EGR = [\dot{m}_{EGR}/\dot{m}_i](100) \tag{9-31}$$

여기서, m_i는 실린더 내의 총질량률이다.

EGR이 앞 사이클에서 남아 있는 배기 여분과 합쳐진 후 압축 행정 동안 실린더 내에서 차지하는 배기의 총 배기 분율은 다음과 같다.

$$x_{ex} = (EGR/100)(1 - x_r) + x_r \tag{9-32}$$

여기서, x_r은 전 사이클에서 남은 배기량이다.

EGR은 연소실에서 최대 온도를 낮출 뿐만 아니라 전체 연소 효율도 낮춘다. 그림 7-12는 EGR이 증가할수록 비효율적으로 천천히 연소하는 사이클 비율이 증가함을 보여주고 있다. EGR이 더욱 증가하면 **부분적인 연소**를 초래하며, 극단에 이르러서는 전체적으로 실화된다. 따라서, NOx 배출을 줄이기 위하여 EGR을 사용함으로써 HC 배기물의 증가와 낮은 열효율에 대한 대가를 지불하고 있는 것이다.

EGR의 양은 기관 제어 장치(EMS)에 의하여 제어된다. 들어오는 상태와 배기 상태를 감지하여 15~30%의 범위에서 제어된다. 상대적으로 좋은 연료 경제성을 지닌 가장 낮은 NOx 배기는 연소에 나쁜 영향을 미치지 않으면서 EGR이 최대가 되는 이론적인 연소 근처에서 일어날 때 발생한다. 어떤 EGR도 무부하 상태와 저속에서는 거의 사용되지 않는다. 이러한 상태에서는 이미 최대의 배기 잔유분이 있으며, 연소가 더 비효율적으로 일어나고 있다. 빠르게 연소하는 연소실을 가진 기관은 EGR을 더 많이 수용할 수 있다.

EGR을 사용하는 압축 착화 기관의 유일한 문제는 배기 중의 매연이다. 매연은 윤활유의 질을 저하시키고 마멸시킨다. 피스톤 링에 더 큰 마모를 일으키고, 밸브 트레인(valve train)을 일으킨다.

예제 9-3

예제 4-1과 4-5에서 0.833의 당량비로 이소옥탄을 태우는 기관에서 이론적 최대 온도가 2,419K였음을 알았다. NOx의 형성을 막기 위하여 이 최대 온도를 2,200K로 낮추려고 한다. 이것은 배기가스 재순환 (EGR)에 의하여 이루어졌다. 최대 연소 온도를 2,200K로 낮추는 데 필요한 EGR 양을 계산하라.

대부분이 N_2, CO_2, H_2O로 이루어진 배기가스는 1,000K에서 모두 질소로만 이루어진 것으로 근사할 수 있다. 그 엔탈피 값은 대부분의 열역학 책에서 찾아볼 수 있다. 여기에 사용된 값은 참고 문헌 [90]에 서 인용한 것이다.

풀 이

예제 4-5로부터 연소식은,

$$C_8H_{18} + 15\,O_2 + 15(3.76)\,N_2 \rightarrow 8\,CO_2 + 9\,H_2O + 2.5\,O_2 + 15(3.76)\,N_2$$

반응제에 미지의 EGR 몰수(1,000K에서 N_2의 x몰수)를 더하면,

$$C_8H_{18} + 15\,O_2 + 15(3.76)\,N_2 + x\,N_2 \rightarrow 8\,CO_2 + 9\,H_2O + 2.5\,O_2 + [15(3.76) + x]\,N_2$$

식(4-5)와 식(4-8)을 사용하여,

$$\sum_{\substack{\text{PROD at} \\ \text{2200 K}}} N_i(h_f^o + \Delta h)_i = \sum_{\text{REACT}} N_i(h_f^o + \Delta h)_i$$

$$
8[(-393,522) + (103,562)] + 9[(-241,826) + (83,153)]
$$
$$
+ 2.5[(0) + (66,770)] + [15(3.76) + x][(0) + (63,362)]
$$
$$
= [(-259,280) + (73,473)] + 15[(0) + (12,499)]
$$
$$
+ 15(3.76)[(0) + (11,937)] + x[(0) + (21,463)]
$$

x에 대하여 풀면,

$$x = 16.28 \text{ moles} = (16.28 \text{ kgmoles})(28 \text{ kg/kgmole}) = 455.8 \text{ kg}$$

공기의 질량은,

$$m_a = [15(4.76)\text{kgmoles}][29 \text{ kg/kgmole}] = 2070.6 \text{ kg}$$

연료 증기의 양은, $m_f = [1\,\text{kgmole}][114\,\text{kg/kgmole}] = 114\,\text{kg}$

총질량은, $m_i = m_a + m_f + m_{EGR} = (2070.6) + (114) + (455.8) = 2640.4\,\text{kg}$

식(9-31)에서 EGR의 퍼센트는 $EGR = [m_{EGR}/m_i](100) = [455.8/2640.4](100) = \underline{17.3\%}$

9.12 배기 배출물 이외의 것

기관과 연료 공급 장치는 배기 유동 이외의 배출물의 근원이 된다. 역사적으로 이들은 대수롭지 않다고 생각되어 왔고, 주위의 대기 중으로 배출되었다.

HC 배출물의 주요 원인은 구형 자동차에서 공기로 통하는 크랭크케이스의 공기 빼는 관이었다. 블로바이 유동은 피스톤을 지나서 결국 크랭크케이스에서 없어진다. 그것은 고압에 의해 생기며, 공기 배출관 밖으로 밀려 올라가게 된다. 블로바이 가스는 전기 점화 기관에서는 특히 HC가 아주 많다. 그리고 낡은 기관일수록 피스톤과 실린더 벽 사이에 틈이 더 커져 블로바이가 더 많아진다. 어떤 기관에서는 연료의 1% 정도가 크랭크케이스의 공기와 통하는 공기 구멍을 통하여 대기로 빠져나간다. 이것은 총배기량의 20%에 달하기도 한다. 이러한 문제에 대한 간단한 해결책은 모든 현대 기관에서 사용된 것인데, 크랭크케이스의 공기 구멍을 흡입측으로 돌리는 것이다. 이것은 배출물을 줄일 뿐만 아니라 연료 면에서 경제적이다.

연료 탱크 안과 기화기의 연료조에서 대기압을 유지시키기 위하여 이 장치들은 주위와 통해 있다. 역사적으로 이 공기 구멍은 이 연료가 연료 저장소로부터 증발되었을 때 HC 배출량이 더 나오도록 하는 근원이었다.

이러한 배출물을 줄이기 위해 이제는 이러한 연료 구멍은 HC 증발분이 빠져나가는 것을 정지시키는 필터의 형태나 흡수 장치를 포함하고 있다. 그러한 장치의 하나는 탄소 필터 소자의 표면에서 HC를 흡수한다. 그리고 기관이 작동될 때 그 탄소 필터 소자는 거꾸로 쏟아져 HC는 다시 나오게 된다. 따라서 되돌아온 HC는 다시 기관의 덕트로 들어가서 배출되지 않고 기관으로 흡수된다.

현대의 많은 가솔린 펌프와 다른 연료 분배 장치들은 연료를 보급하는 동안 공기로 잃어버린 HC 증발분을 줄이기 위해 증기 수집 노즐을 설치하고 있다.

9.13 소음 공해

1990년대 이후로, 엔진과 다른 장치들에 의하여 발생되는 소음은 공해로서 여겨지고 있다. 소음은 때때로 '바람직하지 못한 소리' 로서 정의되고, 높은 레벨의 소음은 인체에 영향을 줄 수 있다고 인식되어진다. 대형 엔진은 높은 레벨의 소음을 만들고, 많은 나라들은 선박의 밀폐된 엔진룸과 정적인 적용에 있어서 발생되는 소음의 허용치를 규정하는 법을 가지고 있다. 자동차로부터의 엔진 소음은 크게 문제되지 않고, 존재하는 기술은 그것을 통제하기에 충분하다.

엔진 구성 요소의 진동에 의하여 생성되는 탄성의 매개체 압력파에 의하여 소음은 발생된다. 이러한 진동들은 공기 중에서 압력 펄스를 야기시키고, 그러한 펄스들은 사람의 귀에 에너지를 전달시킨다. 에너지가 더 클수록 소음은 더 커진다. 다행스럽게도 사람의 귀는 매우 민감하지는 않으므로 양의 척도는 **데시벨**(dB) 단위로 하는 대수의 척도이다. 일상의 대화는 55dB의 소리 크기를 가지는 반면, 사람의 귀는 120dB부터 고통을 느끼기 시작한다. 많은 엔진룸 규정은 110dB 까지의 소리를 허용하고 있다. 사람의 귀의 민감성은 음파와 매우 관련이 깊고, 낮은 주파수에서는 덜 민감하다. 이러한 이유에서 국제 규정은 A, B, C 세 가지의 카테고리로 나누어져 있으며, 각각은 주파수의 영역과 관련이 있다. 미국에서 **EPA**는 74dB(A)의 자동차에 대한 운전 소음의 허용 규정을 가지고 있다. 때때로 자동차의 배기관, 소음기 변위와 같은 부분에 있어서의 설계에 있어서 이 규정이 고려되어져야만 한다.

소음은 작동하는 내연기관 엔진에서 여러 방법으로 발생된다. 많은 엔진 구성에 의한 흡기와 배기의 가스 유동에서의 압력 파동, 연료 분사기, 과급기, 체인과 벨트 구동, 그리고 진동. 만약 배기 시스템이 공진기와 소음기를 포함하지 않는다면 발생되는 소음은 심각한 공해가 될 것이다.

엔진과 배기단에서의 소음 감소는 다음 세 가지 중 하나의 방법으로 행해진다. **비활성, 반활성, 활성**. 소음 감소는 수정 설계와 적절한 재료의 사용에 의하여 비활성으로 이루어진다. 리브와 강화제, 합성 재료, 그리고 겹구조(sandwich construction)가 이제는 일상적이다. 이러한 유형의 구조는 다양한 엔진 구성품들에서 소음 진동을 줄인다. 배기 시스템의 소음기와 공진기는 배기 소음의 대부분을 잡아낸다. 차체와의 엔진에 연결되어 있는 엔진 마운트는 승객 칸에까지 전달되는 소음인 진동을 잡을 수 있도록 설계되어 있다.

유압은 종종 반활성 소음 감소 시스템에서 사용되어진다. (한 예로, 일부 엔진들은 유로를 가지고 있는 플라이휠을 장착하고 있다.) 플라이휠들은 특정 속도에 존재하는 주파수에서의 엔진 진동을 흡수할 수 있는 적절한 강도를 제공하게 해주는 다른 속도, 특정 부위에의 유체의 유동에 대하여 설계되어 있다. 일부 자동차들은 차체의 엔진과 연결되어 있는 유압력의 엔진 마운트를 가지고 있다. 이러한 마운트들에서 유체는 엔진 진동을 흡수하고, 줄이며, 진동을 승객 칸으로 부터 격리시킨다. 모든 주파수에서 진동을 더 잘 잡아주는 전기유변형적인 유체를 사용하는 엔진 마운트가 개발되고 있다. 이러한 유체들의 점성은 외부의 전압에 의해서 50:1 정도까지 변화될 수 있다. 엔진 관리 시스템(EMS)으로 이러한 정보를 제공하는 가속계에 의하여 엔진 소음(진동)은 측정된다. 여기에서, 진동 주파수는 분석되고, 주파수를 줄일 수 있는 가장 적절한 전압이 엔진 마운트에 적용된다[38]. 반응 시간은 0.005초 정도이다.

활성 소음 감소는 엔진 배기 소음을 상쇄시키는 **반소음(antinoise)**을 만듦으로써 해결할 수 있다. 이것은 소음의 주파수를 분석하면서, 리시버를 가지고 소음을 측정하고, 그 후에 원래의 소음과 위상은 다르지만 크기가 같은 주파수를 가진 소음을 생성시킴으로써 이루어진다. 만약 두 개의 소음이 위상은 다르면서 주파수가 같다면 파면(wave front)은 서로 상쇄되고, 소음은 제거된다. 이러한 방법은 정속 엔진과 다른 회전 장치에서 효과를 발휘하지만 가변 속도의 자동차 엔진들에서는 부분적으로만 효과를 보인다. 그것은 보통의 **EMS** 컴퓨터들을 사용할 때보다 부가적인 전자 장치(리시버, 주파수 분석기, 트랜스미터)를 필요로 한다. 일부 자동차들은 활성 엔진 소음 감소 시스템으로서 승객 칸의 좌석 아래에 설치되어 있는 리시버와 트랜스미터들을 가지고 있다. 비슷한 시스템들은 엔진과 관련된 소음의 주요 원인인 배기관의 끝부분 근처에서 사용된다.

엔진 압축 브레이크

압축 착화 기관을 가진 대형 트럭에서 가변 밸브 타이밍의 2차의(부수적인) 사용은 배기 밸브 타이밍과 리프트(**Jake Brakes**라고도 부름)를 변화시킴으로써 엔진을 자동차 브레이크로써 사용하는 것이다.

전기 점화 엔진은 자동차가 감속할 때 밀폐된 스로틀 밸브를 가진다. 이 때 엔진으로의 대부분의 공기 유동은 멈추고 흡입 행정은 진공으로 만들어진다. 이것은 자동차의 운동에너지의 일부를 흡수하는 사이클의 펌핑 루프에서 큰 음(negative)의 일을 만든다. 압축 착화 엔진은 스로틀 밸브를 가지고 있지 않고, 보통의 운전 조건에서 에너지 흡수와 자동차가 감속할 때 엔진으로부터의 제동 효과를 거의 가지지 않는다. 그러나 연료 공급을 차단하고 배기 밸브 타이밍을 바꿈으로써 엔진은 자동차 브레이크로써 사용될 수 있다.

배기 밸브는 정상적으로 배기 행정이 진행되는 동안 닫힌 채로 있다. 이것은 엔진을 입력 일로써 일부 자동차 운동 에너지를 흡수하는 압축기로 변화시킨다. 피스톤이 상사점 근처이고 실린더 공기가 배기될 때 배기 밸브는 열려 있다. 일부 엔진들은 블로다운 과정이 일어나는 것을 돕기 위해 그것들의 피스톤과 밸브의 접촉을 피하기 위하여 필요한 정도로만 제한되는 범위 내에서 배기 밸브 리프트를 상승시킬 수 있다.

불행하게도 엔진 압축 브레이크는 매우 소음이 심하고, 그것들의 사용은 일부 지역에서는 불법이다. 엔진을 자동차 브레이크로써 사용하는 좀 더 조용한 방법은 때때로 중형 트럭에서 사용되는 **배기 브레이크**이다[208]. 이것은 과급기와 배기관 사이에 있는 배기 시스템에 장착되어 있는 큰 나비 밸브(butterfly valve)로 이루어져 있다. 이것은 전기 점화 엔진은 가지고 있으나 압축 착화 엔진은 가지고 있지 않은 나비 스로틀 밸브를 가지고 있다. 자동차를 느리게 하기 위하여, 엔진을 통과하는 공기 유동을 제한하고 엔진이 브레이크로서 역할을 하는 나비 밸브는 닫힌다 (전기 점화 자동차에서 닫혀진 스로틀).

연습 문제

9.1 어떤 디젤 트럭이 1마일을 움직이는 데 100g의 경디젤 연료($C12H22$)를 사용한다. 연료 중의 0.5%의 탄소가 배기가스로 방출된다. 만약 트럭이 매년 15,000마일을 이동한다면, 얼마나 많은 탄소가 대기 중에 매연으로 배출되는가? [kg/year]

9.2 (a) 전기 점화 기관과 함께 사용된 일반적인 세 방향 촉매 변환기가 압축 착화 기관과 함께 사용했을 때처럼 유용하지 않은 이유는 무엇인가?

    (b) 현대의 디젤 트럭이나 자가용에서 NO_x 저감책으로 사용되고 있는 주된 방법은 무엇인가?

    (c) 이러한 방법을 사용할 때 불리한 점 세 가지를 열거하라.

9.3 (a) 자동차 배기가스 중에 HC가 생성되는 다섯 가지 원인을 나열하라.

    (b) 전기 점화 기관에서 배출물을 줄이려면 공연비를 농후, 희박 또는 이론비 중 어느 것으로 맞추는 것이 좋은가? 각각의 경우에 대하여 장단점을 설명하라.

    (c) 촉매 변환기를 가능하면 기관에 가깝게 위치시키는 것이 좋은가, 아니면 나쁜가? 그 이유는?

9.4 4기통, 배기량 4행정 사이클인 전기 점화 기관이 체적 효율이 88.5%일 때 2,300RPM으로 작동한다. 사용된 연료는 당량비 ϕ=1.25인 메틸알코올이다. 연소하는 동안 모든 수소가 물로 변했고, 모든 탄소는 CO_2나 CO로 변환되었다.
다음을 계산하라.

    (a) 배기 중 CO의 몰분율은 얼마인가? [%]

    (b) CO로 인해 발생한 배기 에너지 손실은? [kW]

9.5 V8기통 오토 사이클 기관의 연소실은 압축비가 7.8:1이고, 실린더 직경이 3.98in이며, 배기량이 410이고 우수식(right circulated) 실린더이다. 기관은 가솔린을 연료로 사용하고, AF=15.2, RPM은 3,000이다. 이 때, 체적 효율은 98%이다. 연소가 일어났을 때, 불꽃은 벽 근처에서는 활

발하지 않고, 공기와 연료의 경계층은 연소되지 않는다. TDC에서 연소는 일정한 체적을 유지하고, 미연소 경계층은 전체적인 연소실 표면에서 0.004in로 생각될 수 있다. 연료는 연소실에 고르게 분포되었다. 다음을 계산하라.

(a) 표면 경계층에 트랩됨으로써 미 연소된 연료의 퍼센트 [%]

(b) 이 경계층에 의하여 배기 중에 손실된 연료의 양 [lbm/hr]

9.6 유연 휘발유를 사용한 이전의 자동차는 55mph에서 16mpg의 연비를 갖는다. 휘발유 속에 들어 있는 납의 함유량은 0.15gm/L이다. 연료 속에 함유되어 있는 납의 45%가 대기로 방출된다. 만약 자동차가 계속해서 주행을 한다면, 대기 중에 방출된 납의 양을 계산하라.[lbm/mile], [lbm/day]

9.7 4기통, 배기량 2.2리터 압축 착화 기관을 장착한 소형 트럭이 경디젤 연료(평균AF = 21)를 사용하고 있는 공기-표준 복합 사이클로 작동되고 있다. 2,500RPM에서 체적 효율은 $\eta_v = 92\%$이다. 이와 같은 작동 조건에서 연료 속에 함유되어 있는 탄소의 0.4%가 배기가스 중에 매연이 된다. 게다가 윤활 오일로부터 부가적인 20%의 탄소 매연이 있다. 그 때, 매연의 양은 탄소를 응축하고 있는 다른 구성 요소로 인해 25%까지 증가한다. 탄소 밀도는 1,400kg/m³이다.
다음을 계산하라.

(a) 대기 중에 방출된 매연의 비율 [kg/hr]

(b) 매연으로 인해 손실된 화학적 마력(매연의 전체량을 탄소로 가정) [kW]

(c) 시간당 방출된 매연 클러스터의 수(하나의 평균 클러스터는 2,000개의 구형 탄소 입자를 포함하고 있고, 각 입자의 직경은 20nm라고 가정한다.)

9.8 2,500RPM으로 작동하고 있는 문제 9-7의 기관은 도시 열효율 61%, 연소 효율이 98%, 기계적 효율이 71%이다.
다음을 계산하라.

(a) 제동 비연료 소비량 [gm/kW-hr]

(b) 매연 미립자의 비배출량 [gm/kW-hr]

(c) 매연 미립자의 배출 지수 [gm/kg]

9.9 정적인 전기 점화 기관의 실린더에서 틈새 체적은 그림 6-16에서 보듯이 6cm의 직경과 2cm의 깊이를 가진 우순환 실린더로서 측정된다. 연소실 내의 가스 혼합기는 공연비 16에서 가솔린 증기와 공기의 동질성의 혼합물이다. 벽의 밀폐가 연소를 끝나게 하고 공기-연료 혼합기가 타지 않는 곳에서 모든 틈새 체적 표면에 0.1mm 두께의 얇은 경계 레이어를 제외하고 완전한 연소는 상사점에서 일어난다고 추정된다. 엔진으로의 연료 유량은 0.040kg/sec와 같다.

다음을 계산하라:

(a) 경계 레이어 내의 연료의 퍼센트와 타지 않은 퍼센트 [%]

(b) 경계 레이어로부터 타지 않은 연료로 인한 배기에서의 잃어버린 화학적 에너지 [kW]

(c) 타지 않은 연료로 인한 HC의 방출 지수 [gmHC/kgf]

9.10 과급되고 배기량이 6.4리터, 8기통 전기 점화 기관이 기관 속도 5,500RPM으로 WOT에서 공기-표준 오토 사이클로 작동되고 있다. 압축비 r_c = 10.4:1이고, 압축 시작시 실린더 안의 조건은 65°C, 120kPa이다. 틈새 체적은 2.8%의 간극 체적과 같고, 실린더와 같은 압력을 가지고 있다. 온도는 185°C이다.
다음을 계산하라.

(a) 전체적인 기관 틈새 체적 [cm3]

(b) TDC에서 연소 시작 시 틈새 체적에 트랩된 연료의 퍼센트 [%]

9.11 문제 9.10 기관의 체적 효율은 89%이고, 이소옥탄을 공연비 AF=14.2인 상태에서 연료로 사용한다. 연료 시작 시 틈새 체적에 트랩된 연료의 60%는 나중에 부가적인 실린더 운동으로 인해 연소된다.
다음을 계산하라.

(a) 40%의 연소되지 않은 틈새 체적 연료에 기인한 배기가스 중의 HC 배출량 [kg/hr]

(b) 배기가스 중의 이러한 HC 방출로 인한 화학적 동력 손실 [kW]

9.12 과급된 2행정 사이클, 배기량 196리터의 디젤 기관을 사용한 배가 220RPM으로 작동한다. 기관은 λ_{dr} = 0.95이고, 공연비 AF=22인 $C_{12}H_{22}$로 근사화될 수 있는 연료 오일을 사용한다. 배는 배기가스에서 NOx를 제거하기 위해 암모니아 분사 시스템을 장착하고 있다.
다음을 계산하라.

(a) 만약 공기 중의 0.1%의 질소가 NO로 변한다고 할 때, 배기 시스템에 들어가는 NO의 양(어떤 형태의 NOx도 생성되지 않는다고 가정하라)[kg/hr]

(b) 식(9-29)에 주어진 반응에 의해 배기가스 중에서 모든 NO를 제거하기 위해 주입된 암모니아의 양 [kg/hr]

9.13 이론 혼합비로 에탄올을 태우는 기관에서 최고 연소 온도를 낮추기 위해 EGR을 사용해서 NOx 발생을 줄이는 것이 바람직하다. 연소 시작 시 공기와 연료의 온도는 700K이고, 배기가스는 1,000K에서 N_2로 근사화할 수 있다. 700K에서 에탄올의 엔탈피는 -199,000kJ/kgmole이다.
다음을 계산하라.

(a) 이론 혼합비적 에탄올과 EGR이 없는 이론적인 최대 온도 [K]

(b) 최대 온도를 ,2400K까지 줄이기 위해 필요한 EGR 퍼센트 [%]

9.14 배기량 2.8리터, 4기통 전기 점화 기관에서 촉매 변환기를 예열하기 위해 전기를 사용할 필요가 있다. 변환기의 예열 구역은 전체 알루미나 체적의 20%를 이룬다. 세라믹의 비열은 795J/kg-K, 밀도 ρ_t = 3,970kg/m³이다. 에너지는 600암페어를 공급하는 24볼트 배터리로부터 얻는다.
다음을 계산하라.

(a) 25°C에서 활성 온도인 150°C까지 예열 구역을 가열하기 위해 필요한 전기 에너지 [kJ]

(b) 이러한 양의 에너지를 공급하기 위해 필요한 시간 [sec]

9.15 배기량 0.02리터, 2행정 사이클 전기 점화 기관을 사용하는 잔디 깎는 기계가 900RPM으로 작동되고 있다. 당량비 ϕ = 1.80, 연료 대 오일의 질량비가 60:1인 가솔린을 사용하고 있다. 기관은 압축된 크랭크실이고, 급기비 λ_{dr} = 0.88, 충전 효율 λ_{ce} = 0.72이다. 실린더 내에 트랩된 가솔린에 대한 연소 효율 $(\eta_c)_{gasoline}$ = 0.94이고, 실린더 내에 트랩된 $(\eta_c)_{oil}$은 겨우 0.72이다. 촉매 변환기는 없다.
다음을 계산하라.

(a) 소기하는 동안에 밸브 오버랩으로 인해 대기로 방출된 연료와 오일로부터의 HC [kg/hr]

(b) 효율이 나빠 미 연소된 연료와 오일로부터의 배기물 중의 HC [kg/hr]

(c) 배기물 중의 전체적인 HC [hg/hr]

9.16 배기량 3.2리터, 6기통, 4행정 사이클 압축 착화 기관의 트럭 엔진(체적 효율)이 3,600RPM에서 92kW의 제동 출력을 낸다. 이 때 공연비 AF=22에서 경디젤 연료를 사용하였다. 연료는 대기로 배출되는 질량당 450PPM의 황을 함유하고 있다. 이 때, 주위에서 황은 주어진 식(9-15)와 (9-18)에서처럼 대기 산소, 수증기와의 반응에 의하여 황산화물로 변환된다.
다음을 계산하라.

(a) 엔진에 사용된 연료의 비율 [kg/hr]

(b) 배기 유동에 황의 비율 [gm/hr]

(c) 배기 유동에의 황의 비방출 [gm/kW-hr]

(d) 환경에 더해지는 황산화물의 양 [kg/day]

9.17 배기량 5.2리터, 8기통, 4행정 사이클 압축 착화 기관(체적 효율)을 사용한 트럭이 AF=20:1인 경디젤 연료를 사용하면서 2,800RPM으로 운행한다. 연료는 550PPM의 황을 포함하고 있으며, 대기 중으로 방출된다. 대기 중에서 이 황은 산소, 수증기와 반응하여 식(9-15)와 식(9-18)에서 보는

바와 같이 황산으로 변한다.
다음을 계산하라.

(a) 기관 배출물 중의 황의 양 [gm/hr]
(b) 대기 중에 더해진 황산의 양 [kg/hr]

9.18 100km/hr로서 100km 당 이론적인 이소옥탄 평균 8kg을 사용하면서, 전기 점화 기관 엔진은 40kW의 제동 출력을 낸다. 촉매 변환기의 엔진으로부터의 평균 배출은 사용되는 연료의 1kg당 12g의 CO를 함유하고 있다. 촉매 변환기는 정상상태의 온도에서 배기 방출물의 95%를 제거한다. 그러나 시간의 10% 동안, 변환기는 시동 시에 냉각되어 있으며 방출물을 제거하지 못한다. 다음을 계산하라.

(a) 촉매 변환기 이전에 CO의 구체적인 비방출량 [gm/kW-hr]
(b) 촉매 변환기의 이후에 CO(차고 따뜻한)의 전체적인 평균 비방출량 [gm/kW-hr]
(c) 변환기가 차가울 때 발생하는 대기로의 전체적인 CO 방출의 퍼센트 [%]

9-19 현대의 6기통, 압축 착화 기관을 장착한 자동차는 세탄가가 52인 디젤 연료를 사용하여 적절하게 작동하게 돼 있다. 그 자동차가 부주의하게 세탄가가 42인 디젤 연료를 사용하였다. 더 많은 배출 매연이 생길까? 아니면, 그 반대 현상이 나타날까?
그 이유를 설명하라.

9.20 1972년에 미국에서 2.33×10^9 배럴의 가솔린을 내연 기관의 연료로 사용하였다. 보통의 자동차들은 15L/100km인 가솔린을 사용하여 16,000km를 주행하였다. 평균적으로 가솔린은 0.15gm/L의 납을 포함하고 있고, 이 중의 35%는 대기 중에 방출된다.
다음을 계산하라.(1배럴은 160리터)

(a) 평균적인 자동차에 의해 연간 대기 중에 방출된 납의 양 [kg]
(b) 1972년에 대기 중에 방출된 납의 총량 [kg]

9.21 겨울에 한 남자가 차고에서 자동차를 테스트하고자 한다. 차고에는 난방 시스템이 없어서 그는 차고를 따뜻하게 하기 위해 자동차 시동을 걸었다. 아이들(idle) 상태에서 기관은 시간당 5lbm의 가솔린을 태우고 이 때 배기가스의 0.6%가 일산화탄소이다. 차고의 크기는 20ft × 20ft × 8ft이고, 온도는 40°F이다. 공기 중에 인산화 탄소가 10PPM 포함돼 있으면 건강에 해롭다고 가정하자. 차고의 CO 농도가 위험 수위에 도달하는 시간을 계산하라.[min]

9.22 전기 점화 기관을 장착한 자동차가 평균적으로 100km당 6kg의 가솔린을 사용하여 100km/hr을 주

행하는 동안 32kW의 제동력을 만든다. 촉매 변환기의 흐름에 반대인 기관으로부터의 평균 배출량은 1.1gm/km의 NO_2, 12.0gm/km의 CO, 1.4gm/km의 HC이다. 촉매 변환기는 정상 상태 온도에서 95%의 배출물을 제거한다. 그러나 그 시간의 10% 동안 촉매 변환기는 시동시 차갑고, 어떤 배출물도 제거하지 않았다.

다음을 계산하라.

(a) 촉매 변환기의 이전의 HC의 비방출량 [gm/kW-hr]

(b) 변환기가 따뜻해짐과 동시에 촉매 변환기 이후에 CO의 비방출량 [gm/kW-hr]

(c) 촉매 변환기 이전의 배기물에서 NO_x의 농도 [ppm]

(d) 전체 평균 HC의 대기 방출량 [gm/km]

(e) 변환기가 차가울 때 일어나는 전체적인 HC 방출량의 비 [%]

설계 문제

9.1D 태양 에너지를 이용한 촉매 변환 예열기를 설계하라. 태양열 집진기가 자가용 또는 배터리 충전소에 있어야 하는지를 결정하라. 주요 구성 요소에 대해 필요한 크기를 계산하라. 그 시스템의 개략도를 그려 보아라.

9.2D 자동차 연료 탱크 벤트로부터 달아나는 연료 증기를 흡수하는 시스템을 설계하라. 이 시스템은 모든 연료가 실제적으로 기관 내 흡입되는 재생 방법을 사용해야 한다.

CHAPTER 10

기관 내의 열 전달

"유용한 일로 전환되는 총 열량의 비율로 엔진의 신뢰도는 기억되어야만 한다. 하지만 유용한 일로 전환되지 않는 총 열량의 비율과 문제를 일으키기 위해 남아 있는 열량의 비율이 이보다 오히려 더 중요하다."

Harry R. Ricardo(1923)저
\<The High-Speed Internal-Combustion Engine\> 중에서

이 장에서는 적절한 운전에 아주 중요한, 내연 기관 내에서 발생하는 열전달에 대하여 알아본다. 연료에서 기관으로 들어가는 화학 에너지의 35%가 배기 유동에서 기관으로부터 엔탈피와 화학 에너지의 형태로 빠져나간다. 이것은 열전달의 어떤 형태에 의하여 주위로 없어진 총 에너지의 1/3 가량 된다. 기관의 연소실 내에서 온도는 2,700K 정도 된다. 기관의 재료는 이러한 온도에 견딜 수 없고, 만약 적당한 열전달이 이루어지지 않는다면 지탱할 수 없다. 열을 이동시키는 것은 열적인 파손으로부터 기관을 보호하고 기관을 윤활하는 데 아주 중요하다. 반면에, 가능한 한 기관을 최대 열효율로 운전하는 것이 바람직하다.

기관의 연소실을 냉각하는 데에는 일반적으로 두 가지 방법이 사용된다. **수냉식 기관**의 기관 블록은 기관을 순환하는 냉각수가 채워진 **워터 재킷**으로 둘러싸여 있다. **공랭식 기관**은 블록 위의 바깥 표면에 공기 흐름이 향하도록 핀이 달려 있다.

10.1   에너지 분배

기관에서 사용되는 에너지량은 다음과 같다.

$$\dot{W} = \dot{m}_f Q_{HV} \tag{10-1}$$

여기서, $\dot{m}_f$ = 기관에서의 연료 유동률
                    Q_{HV} = 연료의 발열량

연료의 질량 유량은 연료를 반응시키는 데 필요한 공기의 질량 유동에 의하여 제한된다. 제동 열효율은 크랭크축에서 유용한 출력으로 변환되는 총 에너지의 비율을 말한다.

$$(\eta_t)_{brake} = \dot{W}_b / \dot{m}_f Q_{HV} \eta_c \tag{10-2}$$

여기서, η_t = 열효율
                    η_c = 연소 효율
                    $\dot{W}_b$ = 제동력

나머지 에너지는 열손실과 기생 하중과 배기 유동에서 잃어버린 것으로 나누어진다. 그림10-1은 압축착화 기관에서 사용된 전형적인 에너지 분배를 총 연료 에너지 분율로 나타내고 있다. 총합계가 100%를 넘는데, 이는 원래 손실과 결과로 생긴 열손실로 두 번 계산되었기 때문이다. 어떤 기관에 대하여,

$$발생된 동력 = \dot{W}_{shaft} + \dot{Q}_{exhaust} + \dot{Q}_{loss} + \dot{W}_{acc} \tag{10-3}$$

여기서, $\dot{W}_{shaft}$ = 크랭크축의 브레이크에 사용된 출력
                $\dot{Q}_{exhaust}$ = 배기 유동에서 손실된 에너지
                $\dot{Q}_{loss}$ = 열전달에 의하여 주위로 손실된 총 에너지
                $\dot{W}_{acc}$ = 기관 부속품을 구동시키는 데 소요되는 동력

기관의 크기와 형태에 따라서, 또 어떻게 작동되는가에 따라서 축출력은 다음과 같다.

$$\dot{W}_{shaft} \approx 25\text{--}40\%$$

압축 착화 기관은 일반적으로 이 영역의 높은 쪽 끝부분이며, 전기 점화 기관은 낮은 쪽 끝부

분이다. 배기유동에서 잃어버린 에너지는 다음과 같다.

$$\dot{Q}_{exhaust} \approx 20\text{--}45\%$$

　에너지의 더 큰 부분은 높은 배기 온도 때문에 압축 착화 기관의 배기에서 잃어버린다. 잃어버린 배기 에너지는 엔탈피(열)와 화학 에너지의 두 부분 즉, 엔탈피(열)와 화학적 에너지로 이루어진다. 기관이 전 부하로 농후하게 운전된 때 화학 에너지는 배기 손실의 절반 가량을 차지한다. 많은 운전 조건 아래서 잃어버린 배기 에너지는 기관의 제동 출력보다 많다. 다른 열손실들은 다음과 같다.

$$\dot{Q}_{loss} \approx 10\text{--}35\%$$

많은 기관들에 대하여 열손실은 다음과 같이 나눌 수 있다.

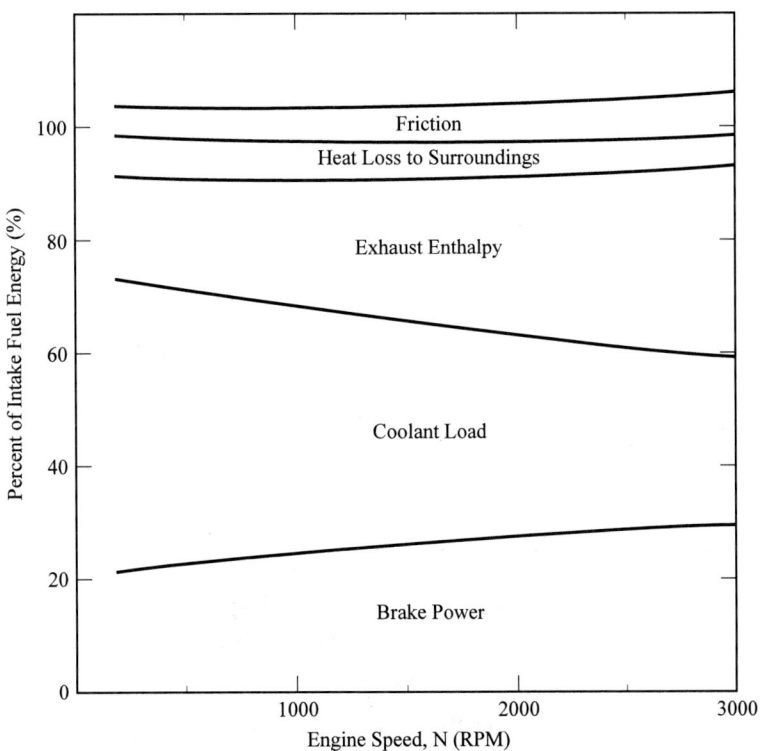

그림 10-1
전형적인 전기 점화 기관에서 기관 속도에 따른 에너지의 분포. 일반적으로 10% 정도인 마찰 손실은 다른 열손실에 더해져서 전체적인 에너지 분포를 100% 이상이 되게 한다.

$$\dot{Q}_{\text{loss}} = \dot{Q}_{\text{coolant}} + \dot{Q}_{\text{oil}} + \dot{Q}_{\text{ambient}}$$

고단의 압축 착화 기관으로 냉각수의 열 유동은 대략 다음과 같다.

$$\dot{Q}_{\text{coolant}} \approx 10\text{--}30\%$$

고부하에서 냉각수로의 열손실은 제동 출력의 약 절반 정도까지 될 수 있는데, 저부하에서 제동 출력의 두 배 가량이 된다. 오일과 기관 속도의 형태에 따라서,

$$\dot{Q}_{\text{oil}} \approx 5\text{--}15\%$$

직접 주위에는,

$$\dot{Q}_{\text{ambient}} \approx 2\text{--}10\%$$

마찰 손실은 대략 다음과 같다.

$$\dot{W}_{\text{friction}} \approx 10\%$$

10.2 기관 온도

그림 10-2는 정상 상태에서 운전되는 내연 기관에서 볼 수 있는 대표적인 온도 분포를 나타낸다. 가장 뜨거운 세 점은 점화 플러그, 배기 밸브 포트, 피스톤 면이다. 이들 장소는 고온 연소 가스에 노출되어 있을 뿐만 아니라 냉각도 어려운 곳이다.

7장에서 연소하는 동안 가장 높은 가스 온도가 점화 플러그 주위에서 발생한다는 것을 보았다. 이것은 열전달 분야에 중대한 문제를 발생시킨다. 연소실 벽을 통해 조여드는 점화 플러그는 국부적인 냉각 문제를 일으키며, 워터 재킷 주위에서 파열을 일으킨다. 공랭식 기관에서 점화 플러그는 냉각핀 형태를 붕괴시키지만, 문제가 그렇게 심각하지는 않다.

배기 밸브와 포트는 뜨거운 배기가스가 가상 정상 유동하는 곳에 위치하므로 뜨거운 상태에서 작동되며, 점화 플러그에서 발생하는 것과 비슷한 냉각에 어려움이 있다. 밸브 기구와 연결된 배기 다기관은 냉각수를 흘러가게 하거나 효과적인 냉각을 대단히 어렵게 만든다. 피스톤 면은 워터 재킷이나 외부에 핀이 달린 냉각 표면과 분리되어 있기 때문에 냉각이 어렵다.

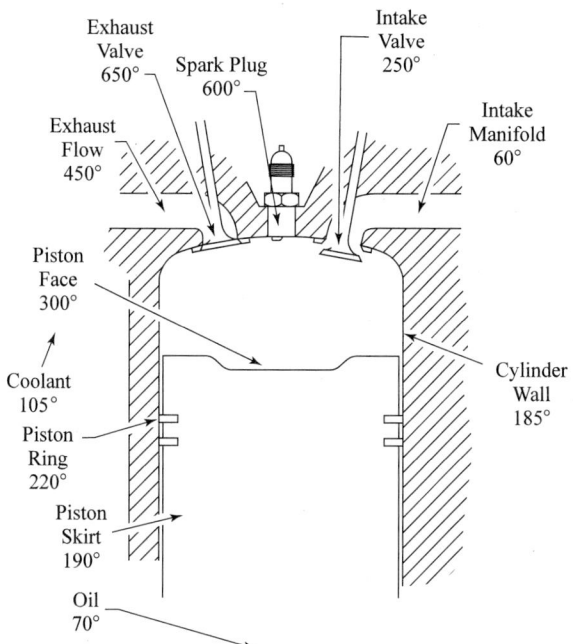

그림 10-2
정상 상태에서 작동 중인 전기 점화 기관의 전형적인. 온도값[°C].

기관의 예열

차가운 기관을 정상 상태 온도가 되도록 가열함으로써 모든 부분에서 열팽창이 발생한다. 이 팽창의 크기는 그 온도와 만들어진 재료에 따라서 결정되며, 각 부품에 따라서 다르다. 기관 직경은 피스톤의 열팽창을 제한시키고, 더 새로운 기관의 작동 온도에서 피스톤 링과 스커트와 실린더의 벽 사이에 더 큰 힘이 초래될 수 있다. 이것은 기관이 작동하는 동안 실린더 벽 위의 유막을 고점도가 되도록 가열하기 때문에 일어난다.

그림 10-5는 차가운 기관이 시동된 후 시간이 지남에 따라 여러 가지 자동차 부품의 온도가 어떻게 되는가를 보여 준다. 차가운 날씨에 정상 상태 조건에 도달하여 시동되도록 하는데 걸린 시간은 20~30분이다. 자동차의 어떤 부분은 이보다 더 빨리 정상 상태에 도달한다. 그러나 어떤 것은 그렇지 않다. 분명히 정상 운전 조건은 몇 분 안에 도달할 수 있다. 그러나 초적 연료 소비율에 이르는 데에는 적어도 1시간은 걸릴 수 있다. 기관은 정상 상태 조건에서 가장 잘 운전되도록 만들어졌다. 그리고 이렇게 되기 전까지는 완전한 동력과 최적 연료 조건을 모를 수도 있다. 기관에 충분한 동력이 필요한데 완전히 예열되기 전에 비행기를 이륙시키는 것은 무모한 짓이다. 이것은 자동차의 경우에 그렇게 심각한 것은 아니다. 모든 기관이 예열되기 전에 구동되면 약간의 동력이 손실되며, 연료가 손실된다. 그러나 만약 기관 파손이 있다면, 떨어진 거리는 비행기보다는 훨씬 적다. 상당히 많은 자동차들이 완전히 예열되지 않은 기관으로 짧은 여행을 한다. 9장에서는 이것이 공기 오염의 주요 원인이 된다는 것을 지적하였다.

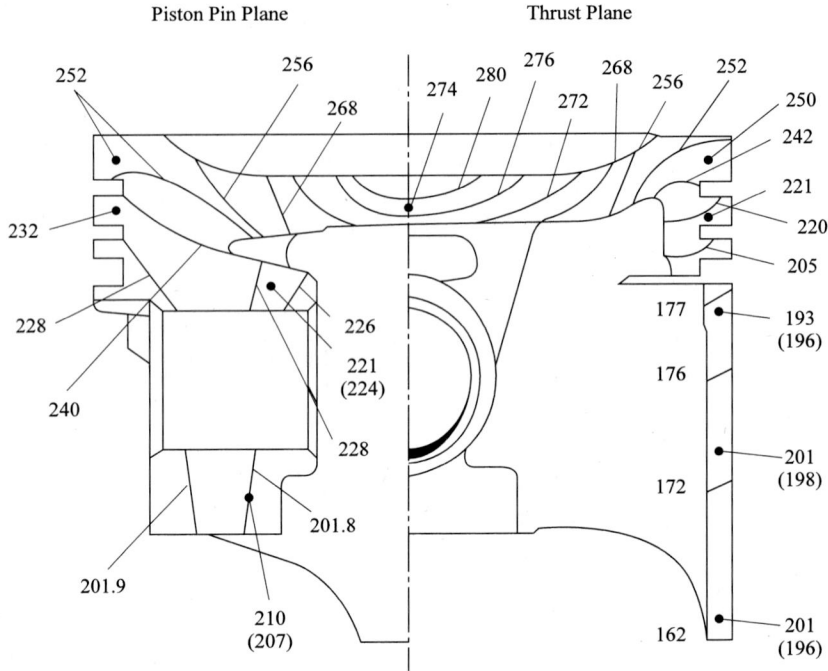

그림 10-3

피스톤 핀의 면과 스러스트 면에서의 피스톤의 정상 상태 온도. 이 기관은 4기통, 2.5리터, 전기 점화 기관으로 WOT(Wide Open Throttle)로 4,600RPM에서 운전되고 있다. 온도는 °C이다. 참고 문헌[194]에서 인용.

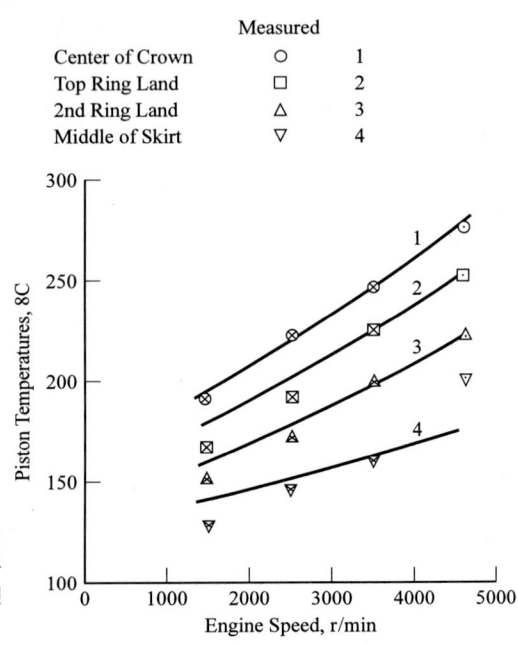

그림 10-4

전부하에서 기관 속도에 따른 피스톤 온도의 함수. 이 기관은 4기통, 2.5리터, 전기 점화 기관으로 WOT(Wide Open Throttle)로 4,600RPM에서 운전되고 있다. 참고 문헌[194]에서 인용.

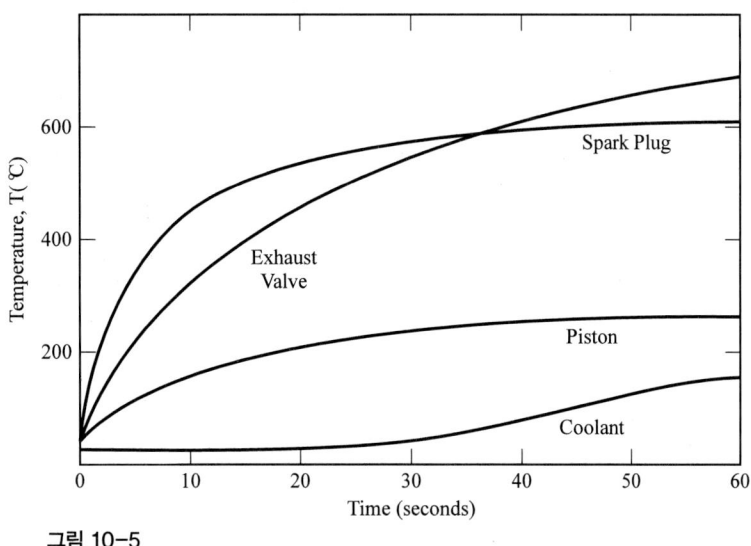

그림 10-5
전형적인 전기 점화 기관에서 기관 냉각이 시작된 후 시간에 따른 기관 부품의 온도.

10.3 흡입 장치에서의 열전달

공기나 공기-연료 혼합물이 흡입 장치를 통해 들어간다면, 그것의 온도는 주위의 온도로부터 $60°C$ 정도까지 증가한다. 이것은 흡입 공기가 받는 열역학적 과정이 많기 때문이다.
흡기 다기관의 벽은 흘러가는 가스보다 더 뜨거우며, 다음과 같은 대류에 의하여 가열된다.

$$\dot{Q} = hA(T_{\text{wall}} - T_{\text{gas}}) \tag{10-4}$$

여기서,　　　 T = 온도
　　　　　　　 h = 대류 열전달 계수
　　　　　　　 A = 흡기 다기관의 안쪽 면적

　다기관은 기관의 설계상 기관 구성 부분에서 뜨거운 부분과 가까운 위치에 있으므로 뜨겁다. 유동 과정에서 처음에 연료를 보내 교축하여 분사하는 기화기식 기관은 연료의 증발을 돕기 위하여 흡기 다기관을 의도적으로 가열한다. 어떤 작동 유체의 뜨거운 배기 다기관과 가까이 열적 접촉을 하도록 설계되어 있다. 다른 방법은 주위의 워터 재킷을 통하여 흐르는 뜨거운 냉각수를 사용한다. 흡입 장치를 가열하기 위하여 전기를 사용하기도 한다. 어떤 장치들은 특별히 뜨거운 표면 위의 최적 위치에 배치하여 **이를 열점**(hot spot)이라고 부르는데, 연료를 넣어 주는 바로 다음의 곳이나 최대 대류가 발생하는 곳의 **T**자로 교차된 곳에 위치한다(그림 10-6).

흡기 다기관 속을 대류를 통해 가열하는 것은 여러 가지 장단점이 있다. 좀 더 빨리 연료가 기화되고, 공기와 혼합되는 데 시간이 더 소요됨으로써 균질의 혼합기를 얻을 수 있다. 그렇지만 온도가 증가하여 두 가지 메카니즘에 의한 기관의 체적 효율이 감소한다. 온도가 높아질수록 공기 밀도는 낮아지고, 첨가하여 기화된 연료 증기는 공기의 장소를 차지하여 실린더에 도달하는 공기의 양을 줄인다. 그래서 흡입 장치에서 연료 중 일부를 기화시키고, 나머지는 압축 행정 동안이나 심지어는 연소 기간에 실린더 내에서 기화시키는 것이다. 구형 기화기 장치를 가진 기관으로는 연료의 60%가 흡기 다기관에서 기화되는 것이 바람직하였다. 그림 4-2와 같은 기화 곡선이 연료의 60%를 기화시키는 데 필요한 온도를 결정하는 데 사용되었다. 가끔 그림 4-2에서 결정된 것보다 높은 25°C 정도의 설계 온도가 흡기 다기관의 설계에 사용되었다. 이것은 유동이 다기관에 있는 시간이 짧기 때문에 정상 상태의 온도에 도달할 수 없기 때문이다. 연료가 흡기 다기관에서 기화하므로 대류 열전달을 방해하고, 기화로 인하여 유동 주위를 냉각시킨다. 흡입 공기와 연료가 실린더로 들어갔을 때, 뜨거운 실린더 벽에 의하여 더욱 가열된다. 이것은 또한 실린더 벽의 냉각과 과열의 방지를 도와준다.

흡입 공기의 가열을 제한하는 또 다른 이유는 압축 행정의 초기에 온도를 최소로 유지시키기 위한 것이다. 압축 개시 때 온도가 높을수록 나머지 사이클을 하고 난 후 모든 온도가 더 높아지

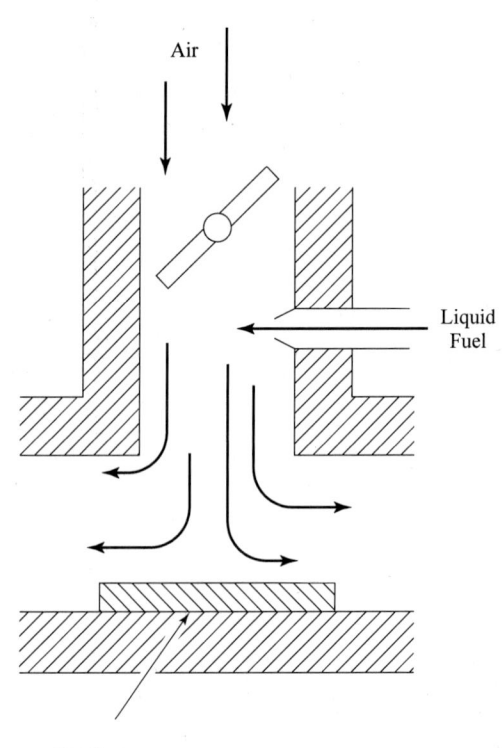

그림 10-6
연료 증발을 가속하기 위한 흡기 다기관 안의 열점. 벽 표면의 국부적인 부분은 엔진 냉각제, 배기 다기관으로부터의 전도 또는 전기에 의해 가열될 수 있다. 가열된 부분은 연료를 넣는 곳에 가깝게 또는 대류가 많이 일어나는 T자로 교차된 곳에 위치한다.

게 되고, 기관 노크의 잠재적인 원인도 더 크게 된다.

다점 포트 인젝터를 사용하는 기관 장치는 더 미세한 연료 방울과 흡기 밸브 근처의 높은 온도에 의존해 필요한 연료 증발을 얻으므로 흡기 다기관을 가열할 필요가 적다. 그 결과, 이들 기관은 높은 체적 효율을 갖게 된다. 흔히 연료는 흡입 밸브면의 뒤쪽에 곧바로 분사된다. 이것은 기화 속도를 빠르게 할 뿐만 아니라, 흡기 밸브를 냉각시켜 사이클 온도가 400°C까지 도달하도록 한다. 흡기 밸브의 정상 상태 온도는 일반적으로 200°C~300°C이다.

만약 기관이 과급된다면, 흡입 공기의 온도 또한 압축력이 있는 가열의 결과에 의하여 영향을 받는다. 이러한 것을 피하기 위하여 많은 장치들은 **후냉각 장치**를 가지고 있어 온도를 다시 낮춘다. 후냉각 장치는 냉각 유체로서, 외부 공기 유동이나 기관 냉각수를 사용하여 흡입 공기 유동을 압축하여 열교환시키는 장치이다.

10.4 연소실에서의 열전달

일단 공기-연료 혼합물이 기관의 실린더 내에 들어가면, 열전달의 세 가지 형태(전도, 대류, 복사)가 모두 순조로운 정상 운전을 위해 중요한 역할을 한다. 더구나 실린더 내의 온도는 남은 액체 연료가 기화되는 상변화에 의하여 영향을 받게 된다.

흡입 행정 동안 실린더로 들어가는 공기-연료 혼합물은 실린더 벽보다 더 뜨겁거나 차가울 수 있고, 그 결과 열전달은 어느 방향으로도 일어날 수 있다. 압축 행정 동안 가스의 온도는 상승하고, 연소가 시작될 무렵에는 이미 실린더 벽으로 대류 열전달이 일어난다. 압축에 의한 이 열은 나머지 액체 연료 방울이 기화할 때 일어나는 냉각에 의하여 약간 감소한다. 3,000K 정도의 연소 최고 가스 온도가 실린더 안에서 발생하는 동안 실린더 벽의 과열을 막기 위하여 효과적인 열전달이 필요하다. 대류와 전도는 연소실로부터 에너지를 이동시키기 위한 열전달의 주요 형태이다.

그림 10-7는 실린더 벽을 통한 열전달을 보여주고 있다. 단위 표면 당 열전달은 다음과 같다.

$$\dot{q} = \dot{Q}/A = (T_g - T_c)/[(1/h_g) + (\Delta x/k) + (1/h_c)] \tag{10-5}$$

여기서,
T_g = 연소실의 가스 온도
T_c = 냉각제 온도
h_g = 가스측의 대류 열전달
h_c = 냉각제측의 대류 열전달 계수
Δx = 연소실 벽의 두께
k = 실린더 벽의 열전도율

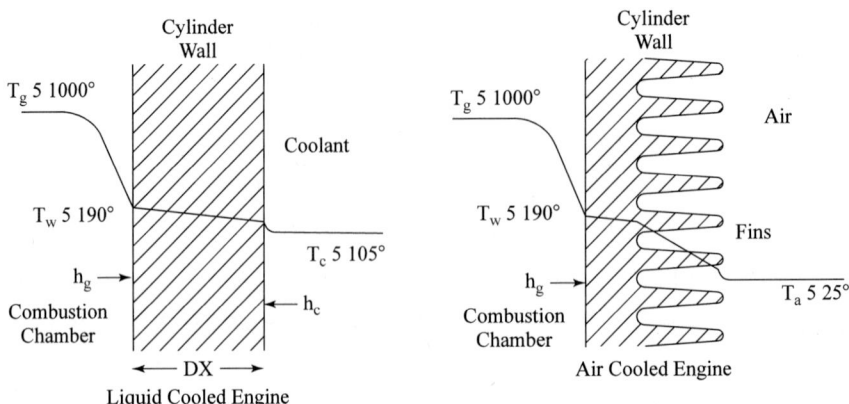

그림 10-7

내연 기관의 연소실 실린더 벽을 통한 열전달. 실린더 가스 온도 T_g와 대류 열전달 계수 h_g는 각각의 가스 사이클에 대하여 큰 범위에 걸쳐 변한다. 반면, 냉각제 온도 T_c와 열전달 계수 h_c는 일정하다. 이러한 결과로 실린더 벽 안으로의 조금의 깊이에 대해서 전도는 주기적이다. 온도는 °C이다.

식(10-5)에서 열전달은 주기적이다. 연소실에서 가스 온도 T_g는 연소할 때에는 최대이고, 흡입 동안에는 최소의 범위를 가지며, 기관 사이클에 대하여 크게 변한다. 그것은 흡입 행정 초기의 벽 온도보다 더 작으며, 순간적으로 열전달 방향이 반대이다. 더 많은 사이클 시간에 발생하는 어떤 변화와 더불어 냉각제 온도 T_c는 아주 일정하다. 공랭식 기관의 경우 냉각제는 공기이며, 수냉식 기관의 경우는 부동액이다. 실린더 벽의 가스측 대류 열전달 계수는 기관의 사이클이 변하는 동안 난류, 와류, 속도 등 가스 형태의 변화에 따라 크게 변한다. 이 계수 h_g는 같은 이유로 실린더 내의 공간에 따라 상당히 큰 변화를 한다. 벽 근처 냉각제측의 열전달 계수는 냉각 속도에 따라 달라지지만, 아주 일정하다. 실린더 벽의 열전달 계수 k는 벽 온도의 함수이고, 아주 일정하다.   실린더 측의 대류 열전달 계수는,

$$\dot{q} = \dot{Q}/A = h_g(T_g - T_w) \tag{10-6}$$

벽 온도 T_w는 윤활유와 벽의 구조적 강도의 열적인 안정을 위하여 $180°C \sim 200°C$를 넘지 않아야 한다. 크기, 속도, 형태가 다른 기관에서 유동 특성과 열전달을 구하는 데 사용되는 레이놀즈 수를 확인하는 방법이 여러 가지 있다. 어떤 때에는 가장 좋은 특성 길이와 속도를 선택하기가 어렵다[40,120]. 자료와 잘 일치하는 기관에 대하여 레이놀즈 수를 정의하는 한 가지 방법[120]은 다음과 같다.

$$\text{Re} = [(\dot{m}_a + \dot{m}_f)B]/(A_p\mu_g) \tag{10-7}$$

여기서, $\dot{m}_a$ = 실린더 내로 들어가는 공기의 질량 유동률
                 $\dot{m}_f$ = 실린더 내로 들어가는 연료의 질량 유동률
                 B = 구경
                 A_p = 피스톤 표면의 면적
                 μ_g = 실린더 내의 가스의 동점도

연소실 내에서의 누셀 수는 레이놀즈 수를 사용하여 다음과 같이 정의할 수 있다.

$$\text{Nu} = h_g B / k_g = C_1 (\text{Re})^{C_2} \tag{10-8}$$

여기서, C_1 과 C_2 = 상수
                 k_g = 실린더의 열전도율
                 h_g = 식(10-5)와 (10-6)에서 사용된 대류 열전달 계수의 평균치

실린더 벽의 냉각제측의 누셀 수와 대류 열전달 계수는 강제 대류 열전달의 간편한 방법으로 접근시킬 수 있다. 실린더 가스와 연소실 벽 사이의 복사 열전달은 다음과 같다.

$$\dot{q} = \dot{Q}/A = [\sigma(T_g^4 - T_w^4)]/\{[(1 - \epsilon_g)/\epsilon_g] + [1/F_{1-2}] + [(1 - \epsilon_w)/\epsilon_w]\} \tag{10-9}$$

여기서, T_g = 가스 온도
                 T_w = 벽 온도
                 σ = 슈테판 - 볼츠만 상수
                 ϵ_g = 가스의 복사율
                 ϵ_w = 벽의 복사율
                 F_{1-2} = 가스와 벽 사이의 형태 계수

비록 가스의 온도가 대단히 높아도, 벽으로의 복사는 전기 점화 기관에서 총 전달량의 10% 밖에 되지 않는다. 이것은 특정 파장에서만 복사하는 가스의 복사 성질이 좋지 않기 때문이다. 연소 전에 가스의 대부분을 차지하는 N_2와 O_2는 매우 적은 양이 복사되는 반면에, CO_2와 H_2O는 복사 열전달에 크게 기여한다.

압축 착화 기관의 연소 생성물에서 발생하는 고체 탄소 입자는 모든 파장에서 좋은 복사체이며, 기관에서 벽으로의 복사 열전달은 전체의 20~35% 범위이다. 벽으로 전해지는 복사 열전달의 대부분은 동력 행정의 초기에 일어난다. 이 점에서 연소 온도는 최대이고, 열복사량은 T^4과 같으며, 상당히 큰 열유속이 발생된다. 이것은 압축 행정기관에서 탄소 입자가 최대로 배출되는 때여서 복사 열유속이 더욱 증가한다. 순간적인 열유속은 $10MW/m^2$로 높으며, 압축 착

화 기관에서 이 사이클의 이 시점에서 볼 수 있다.

기관이 주기적으로 작동하므로, 그림 10-7과 식(10-5)에서 실린더 내에서 가스 온도 T_g는 가상 정상 상태이다. 이 주기적 온도는 실린더 벽에서 주기적인 열전달을 발생시킨다. 그러나 사이클 시간이 짧으므로, 이 주기적 열전달은 대단히 작은 표면 깊이에서만 일어남을 볼 수 있다. 정상 속도에서 이들 열전달 진동의 90%는 주철 실린더 벽을 가진 기관 표면의 1mm 정도의 깊이 내에서 진동을 멈춘다. 알루미늄 실린더를 가진 기관에서 진동이 90%까지 줄어드는 깊이는 2mm가 조금 넘는다. 그리고 세라믹 벽에서는 0.7mm 정도이다. 표면 깊이가 이보다 크면 열전달에서 진동은 감지할 수 없으며, 전도는 정상 상태로 취급된다[40].

실린더 벽으로의 열전달은 팽창 행정 동안 지속되지만 빨리 감소한다. 팽창 냉각과 열손실은 2,700K 정도의 최대 온도로부터 800K 정도의 배기 온도까지 내려가는 이 행정 동안 실린더 내의 가스 온도를 줄인다. 배기 행정 동안 실린더 벽으로의 열전달은 지속되지만, 크게 줄어든다. 이때에 실린더 가스 온도는 훨씬 낮아지는데, 대류 열전달 계수도 마찬가지이다. 이 때, 선회류나 와류와 같은 운동은 없고 난류는 크게 줄어들어서 더 낮은 대류 열전달 계수가 된다.

실린더 내에서 일어나는 연소의 사이클에서 사이클까지의 변화는 실린더 벽 온도(그림 10-8)

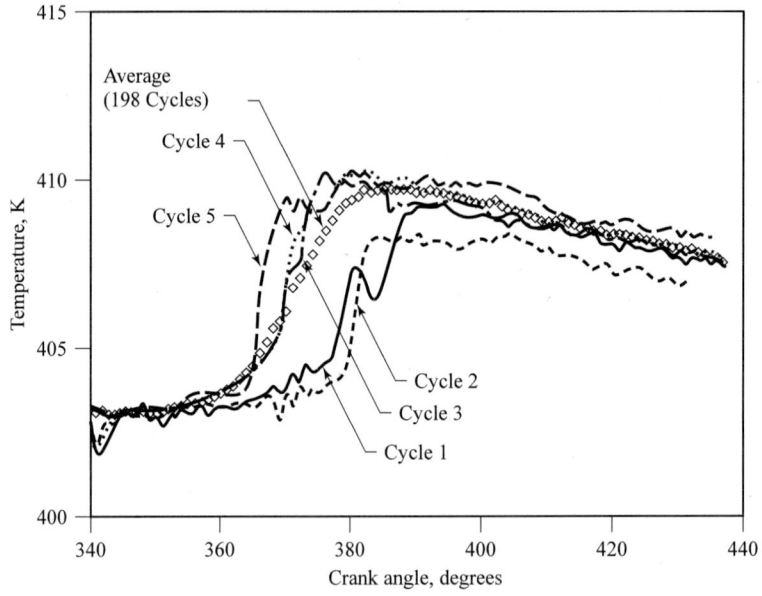

그림 10-8

전기 점화 기관의 연소실 벽에 장착되어 있는 센서에 의하여 기록된 다섯 연속 사이클의 온도 변화. 그림은 상사점인 360°, 크랭크 각도에 대한 198사이클의 평균온도를 보여 주고 있다. 기관은 10.47cm의 보어와 9.53cm의 행정, 그리고 당량비 0.87에서 1,500RPM으로 운전되고 있다. 참고 문헌[2]에서로부터 인용.

와 실린더 벽 열유동(그림 10-9)에서 사이클에서 사이클까지의 변화의 결과가 된다. 주어진 점에서의 시간 변화가 있을 뿐 아니라 연소실 벽에서 한 점에서 또 다른 점까지의 부분적인 변화도 있다.

열전달은 매우 높은 유동으로부터 낮은 유동, 그리고 반대편 방향에서 열유동(즉, 실린더 내 벽으로부터 가스 혼합물까지의 열유동)이 생기거나 없을 때에도 사이클의 모든 4행정에서 열전달이 생긴다. 자연적으로 흡입되는 기관에서 열유동은 흡입 행정 동안 주어진 실린더 위치에서 한 방향에 있을 수도 있다. 압축 행정 동안에 가스는 가열되고, 벽으로의 열유속이 생긴다. 최대 온도와 최대 열유속은 연소할 때 발생하고, 폭발 행정과 배기 행정 동안에는 감소한다. 과급기나 터보 과급기를 구비한 기관에 대하여 흡입 가스는 고온 상태에 있으며, 흡입할 때 이에 상응하는 열유속은 더 크며, 벽 쪽으로 흐른다.

냉각의 어려움은 실린더 벽을 통한 점화 플러그와 인젝터와 밸브가 튀어나왔기 때문에 생기는데, 이것은 이미 언급하였다. 다른 주요한 냉각 문제는 피스톤 면이다. 피스톤 표면은 뜨거운 연소 과정 동안 노출되어 있지만, 기관의 워터 재킷이나 외부 핀의 표면에 있는 냉각제에 의하여 냉각되지 않는다. 이러한 이유로 피스톤 크라운은 기관에서 뜨거운 지점 중 하나이다. 피스톤을 냉각시키기 위한 한 가지 방법은 피스톤 크라운의 뒤 표면에 윤활유를 뿌리거나 비산시키

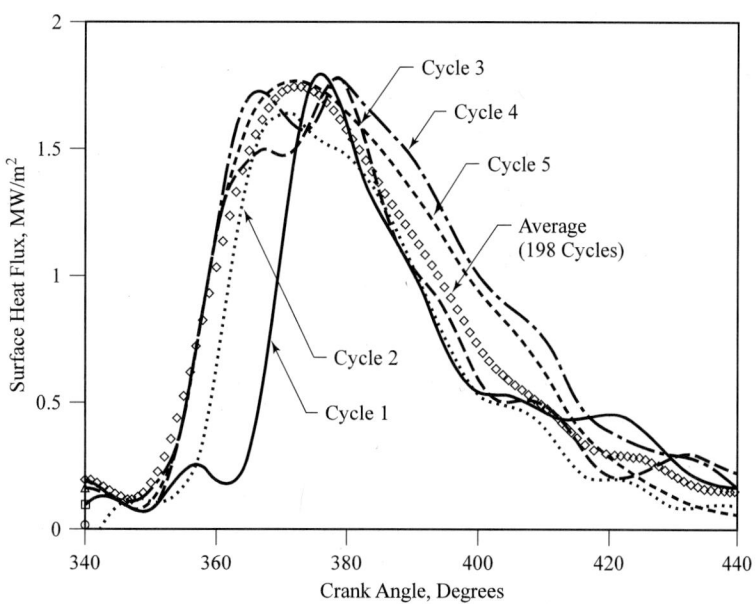

그림 10-9

당량비 0.87, 1,500RPM으로 운전되는 전기 점화 기관의 다섯 개의 연속 사이클에 대한 연소실에서의 측정된 열전달률의 변화. 그림은 또한 크랭크 각도에 대한 198의 평균값을 보여 주고 있다. 참고 문헌[2]에서 인용.

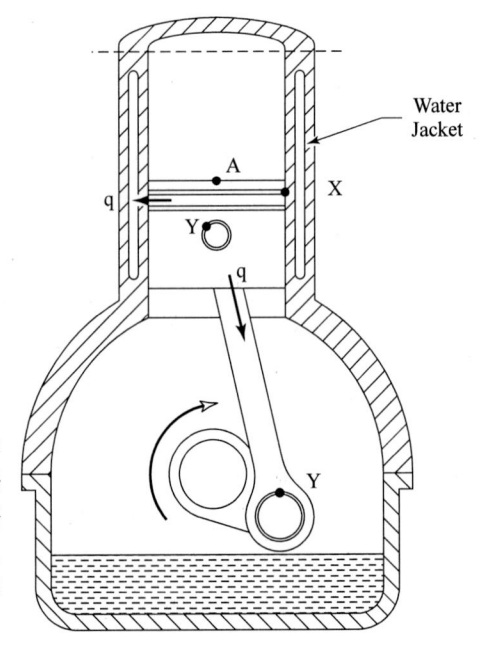

그림 10-10

피스톤의 냉각. 피스톤 면(A)은 연소실에서 가장 뜨거운 부
분 중 하나이다. 냉각은 주로 피스톤 면의 뒤쪽을 통해 순환
하는 윤활유의 대류에 의한 것과 실린더 벽과 피스톤 링 사
이에서의 전도와 커넥팅로드와의 전도에 의해서 이루어진다.
실린더 벽(X)과 로드 베어링(Y)에서 윤활면 때문에 높은 전
도 저항이 일어난다.

는 것이다. 윤활제로 사용되는 것 외에도 오일은 냉각제로도 사용된다. 피스톤으로부터 에너지
를 흡수한 다음, 오일은 크랭크케이스에 있는 오일 탱크로 돌아와 다시 냉각된다. 열은 또한 피
스톤 면으로부터 전도된다. 그러나 이것에 대한 열저항은 높다. 유용한 두 가지 열전달 통로는
(1) 커넥팅로드가 내려가서 오일 탱크에 전하는 것과, (2) 피스톤 링을 통하여 실린더 벽이나
주위 워터 재킷 내의 냉각제로 전해지는 것이다(그림 10-10). 피스톤 몸체와 커넥팅로드를 통
한 열저항은 낮다. 왜냐하면, 금속으로 만들어졌기 때문이다. 그렇지만 표면 사이의 유막 때문
에 피스톤 핀에서 함께 연결 되는 곳에서 높은 저항이 있다. 커넥팅로드가 윤활된 표면을 통하
여 크랭크축에 조이는 곳에서도 마찬가지이다. 윤활과 마모 방지를 위하여 필요한 표면 사이의
유막은 열저항이 크고, 전도 통로가 좋지 않다.

　알루미늄 피스톤은 높은 열전도율 때문에 보통 주철 피스톤보다 더 차가운 30°C~80°C에서
작동한다. 이것은 노크 문제를 줄이지만, 서로 다른 물질 사이의 큰 열팽창 문제를 일으킨다.
현대의 많은 피스톤은 세라믹 면을 가졌으며, 더 높은 정상 상태 온도에서 운전된다. 세라믹은
열전도성이 나쁘지만, 고온에서 견딘다. 어떤 큰 기관들은 수냉식 피스톤을 가졌다.

　윤활하는 오일의 열파손을 막기 위하여 실린더 벽 온도를 180°C~200°C를 넘지 않도록 유
지해야 한다. 윤활 기술의 발달로 인해 오일의 질이 향상되면서 이 최대 허용벽 온도는 올라가
고 있다. 시간이 지나면서 서서히 퇴적물이 실린더 벽에 쌓인다. 이것은 공기와 연료의 불순물,
불완전한 연소 그리고 연소실의 윤활유 때문이다. 이 퇴적물은 실린더의 간극 체적을 약간 감소

시키고 압축비를 높이는 원인이 된다.

요즘의 기관 일부는 전도나 냉각제 순환에 의한 일반적인 냉각이 되지 않는 내부 고온부의 냉각을 돕기 위하여 열 파이프를 사용한다. 열 파이프의 한쪽 끝은 기관의 고온부 안쪽에 있고, 다른 쪽 끝은 순환하는 냉각수와 접촉하거나 외부 유동에 노출된다.

예제 10-1

체적 효율 82%를 가지는 3.0리터, 5기통, 4행정 전기 점화 기관이 $\lambda = 0.9$인 가솔린을 사용해 3,000RPM으로 작동한다. 보어와 행정의 관계는 $S = 10.8B$이다. 특정 지점에서 연소실의 가스 온도 T_g = 2100°C이고, 실린더 벽 온도는 T_w = 190°C이다. 이 순간 실린더로의 대략적인 대류 열전달을 계산하라.

풀 이

보어를 구하는 데 식(2-8)을 사용하라.

$$V_d = (\pi/4)B^2S = [(3000 \text{ cm}^3)/(5 \text{ cylinders})] = (\pi/4)(B^2)(1.08\,B)$$
$$B = 8.91 \text{ cm} = 0.0891 \text{ m}$$

한 피스톤면의 넓이는,

$$A_p = (\pi/4)B^2 = (\pi/4)(0.0891 \text{ m})^2 = 0.006235 \text{ m}^2$$

기관의 한 실린더로 들어가는 공기의 유량은 식(2-71)에서 구한다.

$$\dot{m}_a = \eta_v \rho_a V_d N/n$$
$$= (0.82)(1.181 \text{ kg/m}^3)[(0.003 \text{ m}^3/\text{cycle})/(5 \text{ cylinders})](3000/60 \text{ rev/sec})/(2 \text{ rev/cycle})$$
$$= 0.01453 \text{ kg/sec}$$

기관의 한 실린더로 들어가는 연료의 유량은 식(2-55)와 식(2-58)에서 구한다.

$$\dot{m}_f = \dot{m}_a/(\text{AF})_{\text{act}} = \dot{m}_a/[\lambda(\text{AF})_{\text{stoich}}] = (0.01453 \text{ kg/sec})/[(0.91)(14.6)] = 0.00109 \text{ kg/sec}$$

레이놀즈 수를 구하기 위하여 식(10-7)을 사용하라.

1,145°C의 평균 온도에서 가스(공기)의 점성 μ_g와 열 전도 k_g는 참조로부터 구해진다[63].

$$\begin{aligned} \text{Re} &= [(\dot{m}_a + \dot{m}_f)B]/(A_p\mu_g) \\ &= \{[(0.01453) + (0.00109)\text{kg/sec}](0.0891\text{ m})\}/[(0.006235\text{ m}^2)(5.21 \times 10^{-5}\text{ kg/m-sec})] \\ &= 4284 \end{aligned}$$

누셀 수와 대류 열전달 계수(참조 [40]에서는 $C = 0.035$, $C_2 = 0.80$을 제안)는 식(10-8)에서 구한다.

$$\begin{aligned} \text{Nu} &= h_gB/k_g = C_1(\text{Re})^{C2} = h_g(0.0891\text{ m})/(0.090\text{ W/m-K}) = (0.035)(4284)^{0.80} \\ h_g &= 28.44\text{ W/m}^2\text{-K} \end{aligned}$$

그 순간의 연소실 벽에서 열전달 유량은 식(10-6)을 써서 구한다.

$$\dot{q} = h_g(T_g - T_w) = (28.44\text{ W/m}^2\text{-K})(2373 - 463)\text{K} = \underline{54,320\text{ W/m}^2 = 54.32\text{ kW/m}^2}$$

10.5   배기 장치에서의 열전달

배기관에서의 열손실을 계산하기 위해 일반적인 내부 대류 유동 모델을 사용할 수 있다. 단, 한 가지 변경 사항이 있는데, 주기 유동의 펄스에 의하여 누셀 수는 정상 상태 조건에서 같은 파이프 내의 같은 질량 유동에서 예상할 수 있는 것보다 2배 정도 더 높다는 것이다[82](그림 10-11 참조). 배기 장치의 열손실은 배기물과 터보 과급에 영향을 미친다.

압축 착화 기관의 가상 정상 상태에서 배기 온도는 일반적으로 400°C~600°C의 범위이며, 최대 300°C~900°C이다. 압축 착화 기관의 배기 온도는 큰 압축비 때문에 더 낮으며 일반적으로 200°C~500°C의 범위에 있다.

어떤 큰 기관은 배기 밸브의 빈 구멍에 나트륨이 들어 있다. 이것은 열 파이프로서 작용하고, 밸브 면으로부터 열을 제거하는 데 아주 효과적이다. 반면에, 고체 밸브봉은 전도에 의해서만 열을 제거하며, 열 파이프는 표면적의 4,000W/cm²에 이르는 더 많은 양의 에너지를 제거하기 위하여 상변화 사이클을 이용한다. 액체 나트륨은 빈 밸브봉의 뜨거운 끝에서 기화되고, 냉각기 끝에서 액체로 응축된다. 상변화 동안 많은 에너지가 전달되기 때문에 밸브봉에서 **효과적인 열전도**는 순수 열전도보다 훨씬 크다. 나트륨은 열적 성질과 대략 98°C (208°F)에서의 녹는 점 때문에 작동 유체로써 사용되기도 한다[223].

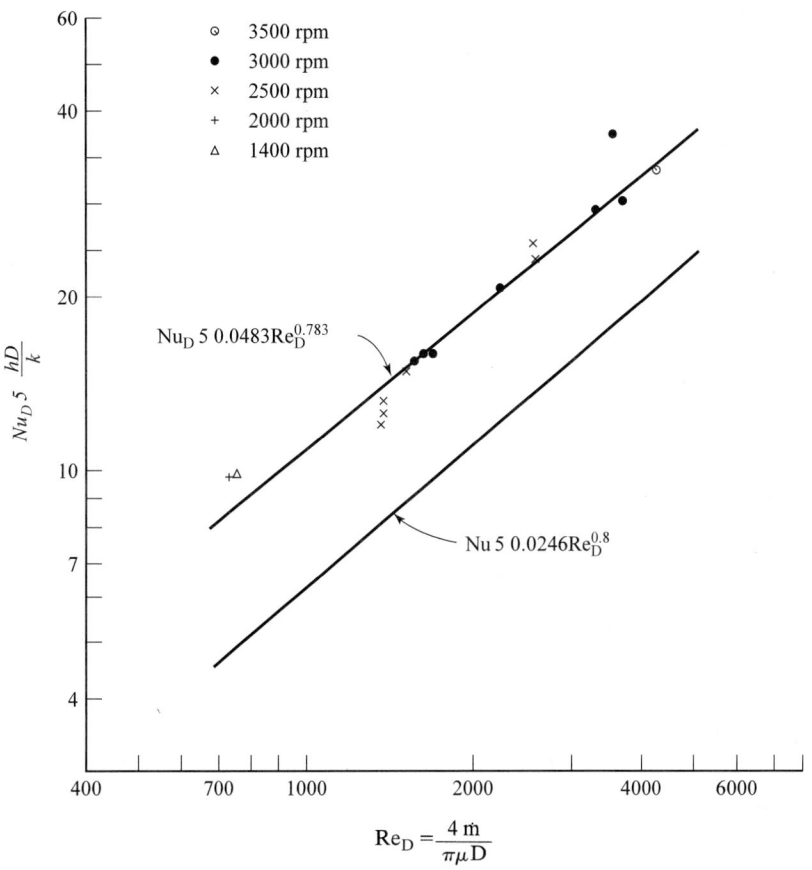

그림10-11

왕복 내연 기관(top curve)의 배기 유동에서 레이놀즈수에 대한 평균 누셀 수. 동일한 파이프에서 동일한 질량 유량의 2개의 정상 유동 조건에 대한 요소에 의하여 배기시 발생하는 주기 펄스는 배기 파이프에서의 누셀 수와 대류 열전달을 증가시킨다. 참고 문헌[199]에서 인용.

예제 10-2

예제 8-1의 기관에서 배기 다기관과 기관으로부터 촉매 변환기로 나온 파이프는 내경 6.0cm, 외경 6.5cm를 가진 긴 파이프이다. 3,600RPM에서 기관의 체적 효율은 $\eta_v = 93\%$, 공연비는 AF = 15.1이며, 배기 파이프의 평균 벽 온도는 200°C이다. 촉매 변환기로 들어가는 배기 가스의 근접 온도를 계산하라.

풀 이

어떤 표준 교과서의 열전달 방정식을 사용해도 되지만, 여기서는 참고 문헌 [63]의 것을 사용했다. 예제 8-1로부터 기관을 나가는 배기가스의 온도 T_1 = 756K = 483°C. 첫 번째 근사 계산은 배기 파이프에서 온도 손실 ΔT = 100K, 또는 T_2 = 656K=383°C이다. 공기 -표준 분석에서처럼 공기의 성질은 배기가스의 근사값으로 사용된다.

가스의 평균 체적 온도는,

$$T_{BULK} = (T_1 + T_2)/2 = (756 + 656)/2$$
$$= 706 \text{ K} = 433°C$$

참고 문헌[63]으로부터 평균 체적 온도에서 평균한 공기 성질은,

밀도 $\quad\rho = 0.499 \, kg/m^3$
동점도 $\quad\nu = 6.72 \times 10^{-5} \text{ m}^2/\text{sec}$
열전도율 $\quad k = 0.0526 \text{ W/m-K}$
비열 $\quad c_p = 1076 \text{ J/kg-K}$
Pr수 $\quad Pr = 0.684$

식(2-70)으로부터 공기의 질량 유동률을 알 수 있다. 배기의 질량 유동은 공기와 연료를 합한 것과 같다.

$$\dot{m}_{ex} = [\eta_v \rho_a V_d N/n](16/15)$$
$$= [(0.93)(1.181)(0.0064)(3600/60)/2](16/15) = 0.225 \text{ kg/sec}$$

평균 유동 속도는,

$$u = \dot{m}_{ex}/\rho A = (0.225 \text{ kg/sec})/(0.499 \text{ kg/m}^3)[(\pi/4)(0.06 \text{ m})^2]$$
$$= 159.5 \text{ m/sec}$$

파이프에서 유동에 대한 레이놀즈 수는,

$$\text{Re} = ud/\nu = (159.5 \text{ m/sec})(0.06 \text{ m})/(6.72 \times 10^{-5} \text{ m}^2/\text{sec}) = 142,411$$

파이프에서 내부 난류 유동의 Nu 수에 대한 Dittus-Boelter식을 사용하면,

$$\text{Nu} = 0.023 \, \text{Re}^{0.8} \, \text{Pr}^{0.3} = (0.023)(142,411)^{0.8}(0.684)^{0.3} = 272$$

펄스 배기 유동 때문에 2를 곱하면,

$$Nu = (2)(272) = 544$$

대류 열전달 계수는,

$$h = Nu(k/d) = (544)(0.0526 \text{ W/m-K})/(0.060 \text{ m}) = 477 \text{ W/m}^2\text{-K}$$

배기가스로부터 파이프 벽까지의 대류 열전달은,

$$\dot{Q} = hA(T_{\text{bulk}} - T_{\text{wall}}) = (477 \text{ W/m}^2\text{-K})[\pi(0.06 \text{ m})(1.8 \text{ m})](706 - 473)\text{K}$$
$$= 37{,}709 \text{ W.}$$

이것은 기관과 촉매 변환기 사이에 배기 유동에서 다음과 같은 온도 강하를 일으킨다.

$$\Delta T = \dot{Q}/\dot{m}_{\text{ex}}c_p = (37{,}709 \text{ W})/(0.225 \text{ kg/sec})(1076 \text{ J/kg-K}) = 156°$$

촉매 변환기로 들어가는 배기가스의 온도는,

$$T_2 = T_1 - \Delta T = 756 \text{ K} - 156 = 600 \text{ K} = 327°\text{C}$$

두 번째 반복은 T_2와 ΔT 에 대하여 이들 값을 사용하여 계산하였다. 이것으로 촉매 변환기로 들어가는 배기가스의 온도를 계산할 수 있다.

$$\underline{\Delta T = 138° \quad T_2 = 618 \text{ K} = 345°\text{C}}$$

10.6 열전달에 미치는 기관 작동 변수의 영향

기관 내에서 열전달은 너무나 많은 변수에 의존하고 있기 때문에 하나의 기관과 다른 기관을 서로 연관시키기는 상당히 어렵다. 이러한 변수는 공연비, 속도, 부하, 제동 평균 압력, 점화 시간, 압축비, 재료 그리고 크기를 포함하고 있다. 다음은 이들 변수의 일반적인 비교를 나타낸 것이다.

기관의 크기

만약 크기(변위)는 다르지만 기하학적으로 비슷한 기관이 같은 속도로 운전되고, 다른 모든 변수들(온도, 연공비, 연료 등)이 가능한 한 비슷하게 운전된다면, 더 큰 기관일수록 절대 열손실이 더 크지만 열효율은 더 좋다. 만약 두 기관의 온도와 재료가 같다면, 단위 면적당 주위로의 열손실은 거의 같을 것이다. 그러나 큰 기관의 절대 열손실은 표면적이 크므로 더 클 것이다.

더 큰 기관일수록 출력이 더 크며, 높은 열효율로 출력을 낼 것이다. 기관의 크기가 선형적으로 증가한다면, 체적은 세제곱에 비례하여 증가할 것이다. 기관이 선형적으로 50% 크다면, 그 배기량은 $(1.5)^3 = 3.375$배 정도 더 클 것이다. 다라서, 혼합의 성질이 비슷하다면, 큰 기관은 작은 기관에 비하여 3.375배 정도의 연료를 연소해 3.375배의 열에너지를 방출할 것이다. 반면, 표면적은 길이의 제곱에 비례해 증가한다. 만약 그 밖의 다른 조건들이 같다면, 더 큰 기관이 더 효율적이다.

이러한 논리는 기관을 설계할 때 단순히 절대 크기 이상으로 확장시킬 수 있다. 좋은 열효율을 위하여 필요한 것은 체적과 표면적비가 큰 연소실이다. 이것이 현재 오버헤드 밸브가 표면적이 큰 연소실을 가진 구형 L형 블록 밸브보다 더 효율적인 이유이다. 이것은 또한 하나의 단순한 단일 실린더와 개방 연소실을 가지고 있는 실린더가 큰 표면적을 가진 두 개로 분할된 연소실을 가진 실린더보다 열손실이 작다는 것을 뜻한다.

기관의 속도

기관의 속도가 증가하면 기관 밖으로 나가고 들어오는 가스 유동 속도는 상승하며, 난류와 대류 열전달 계수의 증가를 가져온다. 이것은 흡입과 배기 행정 동안에, 그리고 심지어는 압축 행정의 초기에 발생하는 열전달 속도를 증가시킨다.

연소와 팽창 행정 동안 실린더 내의 가스 속도는 와류와 선회류, 그리고 연소 운동에 의하여 제어받는 기관 속도와는 무관하다. 대류 열전달 계수, 즉 대류는 이때의 기관 속도와는 무관하다. 사이클의 이 부분 동안에만 중요한 복사도 또한 기관의 속도와는 무관하다. 사이클의 이 행정 동안에 열전달률(kW)은 일정하다. 그러나 고속에서 사이클 시간이 적기 때문에 사이클당 열전달(kJ/cycle)도 작다. 이것은 고속에서 기관의 열효율을 더 높게 한다. 고속에서는 단위 시간당 사이클이 더 많지만, 각 사이클은 더 짧은 시간 동안 지속된다. 기관으로부터 시간에 따른 열전달 손실(kW)은 약간 상승한다. 이것은 부분적으로 사이클의 일부분에 대한 열손실이 크기 때문이지만, 주로 기관이 고속에서 발생하는 높은 정상 상태(가상 정상 상태) 손실 때문에 생긴다. 기관을 통한 가스의 질량 유속은 속도와 단위 질량당 더 적은 열손실(kJ/kg)(즉, 높은 열효율)에 따라 증가한다.

기관 속도가 증가하면 기관 내의 모든 정상 상태 온도는 증가하며, 그림 10-12과 같다.

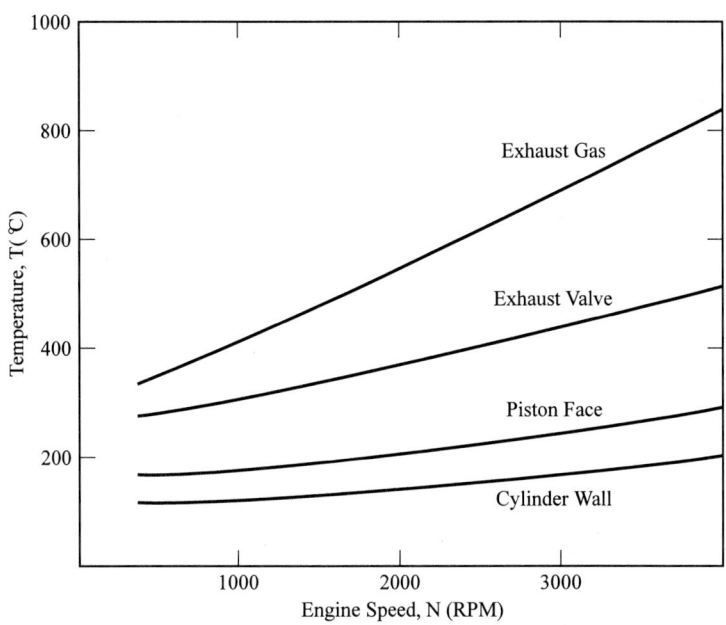

그림 10-12

전형적인 전기 점화 기관에 대해 기관 속도 함수로 나타낸 기관 온도.

속도가 증가하면 기관 냉각제의 열전달은 증가한다.

$$\dot{Q} = hA(T_w - T_c) \tag{10-10}$$

여기서,　　　　　　h = 거의 일정한 대류 열전달 계수

　　　　　　A = 거의 일정한 표면적

　　　　　　T_c = 거의 일정한 냉각제 온도

　　　　　　T_w = 속도에 따라 증가하는 벽 온도

　기관 속도가 증가하더라도 똑같은 정상 상태 온도를 유지하기 위하여 좀 더 많은 열이 자동차 라디에이터 열교환기 내의 냉각제로부터 주위에 전해져야 한다.

　기관 속도가 높아지면 사이클당 시간이 짧아진다. 연소는 어떤 속도에서도 거의 같은 기관의 회전(연소각)에서 발생한다. 따라서, 연소 시간은 고속에서 더 짧다(그림 7-6). 이것은 자발화와 노크 시간이 짧음을 의미한다. 그렇지만 사이클당 열전달 시간도 짧아지는데, 이것은 기관이 더 고온으로 운전되고, **노크**가 더 잘 일어날 수 있음을 뜻한다. 그 결과, 어떤 기관은 고속에서 노크에 대한 문제가 더 큰 반면, 또 어떤 기관은 고속에서 노크에 대한 문제가 더 적다.

배기 블로다운이 일어나면 배기 밸브를 통해 음속이 존재하게 될 것이고, 유동률이 억제되지만, 기관 속도에는 무관하다. 이것은 고속에서 블로다운을 일으켜 기관의 큰 회전각에 대하여 지속되게 하고, 배기 밸브와 포트를 뜨겁게 한다. 뜨거운 기관 온도는 음속을 약간 증가시키며, 교대로 유동률을 약간 증가시킨다. 배기장치에서 가스는 고속에서 더 뜨겁다.

부하

기관의 부하가 증가해도(언덕을 올라가거나 트레일러를 끌 때 등) 교축은 기관 속도를 일정하게 유지하도록 더 많이 열려야 한다. 이것은 교축을 통하여 압력 강하를 줄이고, 흡입 장치에서 밀도와 압력을 더 높게 한다. 공기와 연료의 질량 유동률은 주어진 기관 속도에서 부하에 따라 상승한다. 기관 내의 열전달은 또한 다음과 같이 증가한다.

$$\dot{Q} = hA\Delta T \tag{10-11}$$

여기서, h = 대류 열전달 계수
         A = 임의의 점에서의 표면적
       ΔT = 그 점에서의 온도차

열전달 계수는 레이놀즈 수와 다음과 같은 관계가 있다.

$$h \propto \mathrm{Re}^C \tag{10-12}$$

여기서, C는 일반적으로 0.8정도 되며, 레이놀즈 수는 질량 유동률 $\dot{m}$ 에 비례한다. 따라서, 시간에 따른 열전달률은 0.8배만큼 증가한다. 기관으로 들어가는 연료 밀도는 $\dot{m}$ 배만큼 증가하며, 기관으로 들어가는 에너지도 $\dot{m}$ 배만큼 증가한다.

열손실의 분율은 기관 부하가 증가하면 약간 감소한다(kJ/cycle). 이것은 부하를 받고 있는 기관에서 자주 발생하는 기관 노크에 의해 상쇄된다. 노크는 높은 온도와 높은 열전달을 발생시킨다. 기관 온도는 부하에 따라 증가한다. 그림 10-12는 일정 부하에서 속도의 축 X가 일정 속도에서 부하로 바뀐다면 비슷할 것이다.

압축 착화 기관은 교축되지 않고 운전되며, 총 질량 유동은 부하와는 무관하다. 속도나 부하가 증가하고 좀 더 많은 동력이 필요하다면, 분사된 연료의 양이 증가한다. 이것은 각 사이클 후반부의 5% 정도로 미소하게 총 질량 유동을 증가시킨다. 이것은 기관 내의 대류 열전달 계수가 기관의 부하와는 아주 무관함을 나타낸다.

부하가 작으면 분사되는 연료량이 적고, 연소가 적게 일어나며, 냉각기가 정상 상태 온도가 된다. 이것은 상응하는 열전달을 감소시킨다. 부하가 크면 연료가 더 많이 분사되고, 연소도 많이 일어난다. 따라서, 정상 상태 온도도 높다. 이것은 더 많은 대류 열전달을 일으킨다. 부하가 많이 걸릴 때 농후한 혼합기 상태에서 연소가 일어나 더 많은 매연이 나온다. 다시 말해 복사에 의한 열전달이 증가하고, 고체 탄소는 좋은 방열기가 된다. 결과적으로, 사이클당 연료량과 방열된 에너지량은 부하에 따라 증가한다. 따라서, 압축 착화 기관에서 열손실의 비율은 부하에 따라 아주 미미하게 변한다.

점화 시간

점화가 상사점 $5° \sim 10°$ 정도 이후에서 일어나 최대 압력과 최대 온도가 되도록 설정하면 좀 더 많은 동력과 온도를 얻을 수 있다. 이들 최고 온도가 더 높을수록 순간적으로 열손실은 크지만 짧은 시간에 발생한다. 점화 시간을 너무 빨리 하거나 늦게 하면 연소 효율과 평균 온도는 낮아질 것이다. 이렇게 낮은 온도에서 열손실은 작지만, 오랫동안 지속되기 때문에 총 에너지 손실은 크다. 높은 출력은 정확한 점화 시간에서 얻어진다. 점화 시간이 지연되면 팽창 행정에서 연소 과정의 시간이 길어지며, 배기 온도가 높고, 배기 포트와 밸브가 뜨거워진다.

연료 당량비

압축 착화 기관에서 최대 동력은 $\phi = 1.1$ 정도의 당량비에서 얻어진다. 이것은 또한 가장 큰 열손실이 발생할 때 생기며, 연료가 희박하거나 농후할 때에는 손실이 적다. $m_f Q_{HV}$로 나타내는 에너지의 비율이 가장 큰 열손실은 이론 혼합비 상태 $\phi = 1.0$일 때 발생한다. 기관은 이론 혼합비 상태에서 작동될 때 최대 옥탄가를 필요로 한다. 옥탄가가 낮으면 기관이 농후한 혼합비에서 운전될 수 있다.

기화 냉각 – 물 분사

연료가 압축의 초기와 흡입 기간에 기화되므로, 기화 냉각은 흡입 온도를 낮추고 흡입 밀도를 증가시킨다. 이것은 기관의 체적 효율을 증가시킨다. 높은 잠열을 가진 알코올과 같은 연료는 큰 기화 냉각 능력을 가지므로 기관에서 작동하고 있는 냉각기에 기여한다. 만약 기관에 농후한 상태에서 운전된다면, 과다한 연료의 기화는 사이클 온도를 낮춘다.

물 분사기가 기화에 의한 냉각을 증진시키기 위하여 고성능 기관의 흡입 장치에 설치된다. 이것은 제2차 세계 대전 중에 항공기 기관에 사용되어 큰 성공을 거두었다. 물이 증발되면서 그것은 높은 체적 효율 때문에 힘을 증가시키는 증발 냉각을 높인다. 최근에는 기관의 흡입장치에 물을 첨가하는 기술이 다시 사용되고 있다. 체적 효율과 힘을 얻을 뿐만 아니라, 이것은 사이클 온도를 낮춤으로써 NOx의 발생을 감소시킨다[200, 211]. 물은 다음 세 가지 방법 중 하나를 사용해 첨가된다. (1)들어오는 공기에 물을 분사, 흡입장치뿐만 아니라 연소실에 직접, (2)연료와 함께 물을 유화, 혹은 (3)높은 습도의 흡입 공기를 사용. 이러한 방법 중에서 물의 직접 분사가 가장 실용적으로 여겨지며, 많은 현존하는 장치에서 사용된다. 물 저장과 물이 어는 것에 대한 우려가 특히 자동차에는 문제가 될 수 있다. 유화에 연료와 함께 물을 섞은 것은 혼합, 저장 그리고 분사 문제를 야기시킬 수도 있다. 높은 습도 공기의 큰 체적은 공급되기 힘들고 흡입 장치에서 부식 문제를 일으킬 수도 있다.

Saab 자동차 회사는 고속에서의 연료 절약과 빠른 가속을 증가시키기 위해 물 분사법을 실험하였다. 부가적인 물의 필요를 피하기 위해 액체는 유리닦이 수통으로부터 취하였다. 부동액과 첨가물은 기관에 해가 되지 않는 것 같았다. 고속에서 연료 소비가 20~30% 줄었다[70].

예제 10-3

큰 과급기를 가진 항공기 기관이 당량비 $\phi = 1.05$에서 가솔린과 공기로 운전될 때, 3,600RPM에서 900kW가 발생하였다. 과급이 이루어진 후에 연료를 첨가하고 공기는 65°C로 기관으로 들어간다. 가솔린은 이소옥탄과 거의 같다. 연료가 기화되었을 때 얼마나 많은 공기가 기화 냉각되었는지 계산하라.

풀 이

이론적 연소,

$$C_8H_{18} + 12.5\,O_2 + 12.5(3.76)\,N_2 \rightarrow 8\,CO_2 + 9\,H_2O + 12.5(3.76)\,N_2$$

당량비 1.05에서,

$$C_8H_{18} + (12.5/1.05)\,O_2 + (12.5/1.05)(3.76)\,N_2 \rightarrow$$
$$(8/1.05)\,CO_2 + (9/1.05)\,H_2O + 0.05\,C_8H_{18} + (12.5/1.05)(3.76)\,N_2$$

연료 1kgmole에 대하여,

$$Q_{\text{evap}} = \Delta H_{\text{air}} = N_a M_a c_p \Delta T$$
$$Q_{\text{evap}} = N_f M_f h_{fg} = N_a M_a c_p \Delta T$$

여기서,
$$N_a = \text{공기의 몰수}$$
$$N_f = \text{연료의 몰수}$$
$$M_a = \text{공기의 분자 질량}$$
$$M_f = \text{연료의 분자 질량}$$
$$h_{fg} = \text{연료의 기화열}$$
$$c_p = \text{기화열}$$
$$T = \text{온도}$$

$$(1 \text{ kgmole})(114 \text{ kg/kgmole})(290 \text{ kJ/kg}) =$$
$$[(12.5/1.05)(4.76) \text{ kgmoles}](29 \text{ kg/kgmole})(1.005 \text{ kJ/kg-K})\Delta T$$
$$\underline{\Delta T = 20°C}$$

예제 10-4

예제10-3에서 사용된 기관에 연료 1kg당 0.25의 물을 분사하였다. 물의 기화열은 h_{fg} = 2350kJ/kg이라고 한다. 다음을 계산하여라.

1. 물 분사가 사용되었을 때 입구의 공기 온도
2. 물 분사에 사용된 동력

풀 이

(1) 연료 1몰에 대한 연료의 질량은,

$$m_f = N_f M_f = (1 \text{ kgmole}) (114 \text{ kg/kgmole}) = 114 \text{ kg}$$

물의 질량은, $m_w = (0.25)(114) = 28.5 \text{ kg}$

물로부터 기화 냉각은, $m_w h_{fg} = N_a M_a c_p \Delta T$
$$(28.5 \text{ kg})(2350 \text{ kJ/kg}) = [(12.5/1.05)(4.76) \text{ kgmoles}]$$
$$\times (29 \text{ kg/kgmole})(1.005 \text{ kJ/kg-K})\Delta T$$
$$\Delta T = 41°C$$

연료 분사 후에 기관으로 들어가는 공기 온도는,

$$T_a = 65 - 41 = \underline{24°C}$$

(2) 근사적으로 기관에서 발생한 동력은 입구 공기 밀도에 비례한다. 연료는 입구 공기 질량에 비례하고, 이 연료 에너지의 비율은 출력으로 전환된다. 입구 공기 밀도는 입구 공기 온도와 비례한다. 물 분사로 생긴 동력은,

$$(\dot{W})_{\text{with}} = (\dot{W})_{\text{without}}(T_{\text{without}}/T_{\text{with}}) = (900 \text{ kW})[(338 \text{ K})/(297 \text{ K})]$$
$$= \underline{1024 \text{ kW}}$$

그렇지만 이 값은 입구 공기 중 일부가 수증기로 옮겨갔을 때 줄어든다. 입구 연료의 각 몰에 대하여 (12.5/1.05)(4.76)=56.67몰이 입구 공기에 있다. 물 분사를 하면 (0.25)(114)/(18) = 1.583몰이 물 분사에 들어갔다. 그러면 기관 출력은,

$$(\dot{W})_{\text{output}} = (\dot{W})_{\text{with}}[(N_a)/(N_a + N_{\text{vapor}})]$$
$$= (1024 \text{ kW})[(56.67)/(56.67 + 1.583)] = \underline{996 \text{ kW}}$$

물 분사할 때 동력의 증가는,

$$\%\Delta\dot{W} = [(996 - 900)/(900)](100) = \underline{10.7\%}$$

입구 공기 온도

기관의 입구 공기 온도를 올리면 기관 사이클의 온도가 증가하고, 결과적으로 열손실을 증가시킨다. 입구 온도에서 100°C를 증가시키면 열손실은 10~15% 증가한다. 사이클 온도를 증가시키면 노크의 기회가 많아진다. 터보 과급이나 과급된 기관은 일반적으로 압축열 때문에 입구 온도가 높다. 많은 장치들은 기관의 실린더에 들어가기 전에 공기 온도를 줄이기 위하여 후냉각을 한다.

냉각제 온도

기관(더 높은 온도조절장치)의 냉각제 온도를 올리면 모든 냉각 부분의 온도가 올라간다. 그렇지만 점화 플러그와 배기 밸브의 온도 변화는 그리 크지 않다. 지시 열효율은 더 높지 않으나, 노크는 뜨거운 기관에서 상당히 큰 문제이다.

기관 재료

실린더와 피스톤 부품을 다른 재료로 제작하면 운전 온도가 다르게 된다. 높은 열전도율을 가진 알루미늄 피스톤은 일반적으로 주철 피스톤보다 30°C~80°C 더 차가운 온도에서 작동한다. 세라믹 면을 가진 피스톤은 열전도율이 낮아서 매우 높은 온도를 야기시킨다. 이것은 설계상 고온에서 견딜 수 있도록 세라믹으로 만들어졌다. 세라믹 배기 밸브는 낮은 질량과 관성율과 고온에서 견딜 수 있으므로 가끔 사용된다.

압축비

기관의 압축비를 변화시키면 냉각제로의 열전달이 아주 조금 변한다. 압축비를 올리면 r_c는 10 정도로 약간 감소한다. 이 이상으로 압축비를 증가시키면 열전달은 약간 증가한다[58]. 압축비를 7에서 10으로 올리면 열전달은 약 10% 감소한다. 열전달에서 이러한 변화는 주로 압축비가 상승함으로써 변하는 연소 특성 때문이다(즉, 화염 속도 가스 운동 등). 압축비가 높으면 폭발 행정 동안 더 많은 팽창 냉각이 일어나 더 낮은 온도에서 배기하게 된다. 고압축비를 가진 압축 착화 기관은 일반적으로 전기 점화 기관보다 배기 온도가 더 낮다. 피스톤 온도는 일반적으로 압축비가 증가함에 따라 약간 증가한다.

노크

노크가 발생할 때 온도와 압력은 연소실 내의 어느 한 부분에서 상승한다. 국부 온도에서 이러한 상승은 대단히 심각하고, 극단의 경우에 피스톤과 밸브의 표면 손상을 일으킬 수 있다.

와류와 선회류

와류와 선회류의 속도가 크면, 실린더 내의 대류 열전달 계수가 더 크게 된다. 이러한 결과로 벽으로의 열전달이 더 좋게 된다.

10.7 공랭식 기관

많은 소형 기관과 약간의 중형 기관은 공기로 냉각된다. 잔디 깎는 기계나 체인톱, 모형 비행기 등과 같은 대부분의 소형 기관이 거기에 포함된다. 이들 기관은 가격이 싸고 가볍다. 일부 오토바이나 자동차 그리고 항공기는 공랭식 기관을 가지고 있어 가벼운 장점을 이용하고 있다.

　공랭식 기관은 과열을 방지하기 위해 외부 표면을 지나는 공기의 유동에 의하여 열을 옮겨 냉각시키는 방법이다. 오토바이나 항공기와 같은 운반 기구에서 전진 방향의 운동은 표면을 흐르는 공기를 공급해 준다. 종종 디플렉터나 덕트를 통하여 공기의 흐름을 중요한 부분까지 도달하게 해 준다. 기관의 외부 표면은 열전도율이 높은 금속으로 만들어졌으며, 열전달을 최대로 일어나게 하기 위하여 핀을 사용한다. 자동차 기관은 일반적으로 공기 유동률을 증진시키기 위하여 팬이 부착되어 있으며, 원하는 방향으로 유도도 한다. 잔디 깎는 기계나 체인 톱은 핀이 달린 표면에서의 자연 대류에 의해 냉각된다. 기관이 작동될 때, 이 디플렉터는 핀의 표면에 열전달을 증가시키는 공기에 유동을 일으킨다.

수냉식 기관보다 공랭식 기관이 실린더를 일정하게 냉각시키기가 더욱 어렵다. 액체 냉각제의 유동은 최고로 냉각이 필요할 때 뜨거운 곳에 덕트를 달아 제어할 수 있다. 액체 냉각제는 공기보다 열적 성질이 좋다(높은 대류, 비열 등). 그림 10-13은 냉각의 필요성이 기관 표면의 각 위치에 따라서 어떻게 달라지는가를 보여준다. 배기 밸브나 배기 다기관과 같은 뜨거운 곳에서는 더 많은 냉각이 필요하고, 핀 표면이 더 커야 한다. 전진 운동을 하는 공랭식 운반 기계의 전면을 냉각하는 것이 후면을 냉각하는 것보다 훨씬 쉽고 효율적이다. 이것은 열팽창 문제와 온도차 때문이다.

수냉식과 비교하여 공랭식은 다음과 같은 장점이 있다. (1)가볍다. (2)값이 싸다. (3)냉각제에 대한 염려가 없다. (4)기관에 동결이 없다. (5)예열이 빨리 된다.
공랭식의 단점은 다음과 같다. (1)효율이 떨어진다. (2)소음이 크고 소음을 줄이는 워터 재킷이 없어 공기의 유동에 필요한 설비가 더 크다. (3)공기가 잘 통하게 해야 하고, 표면에 핀을 달아야 한다.

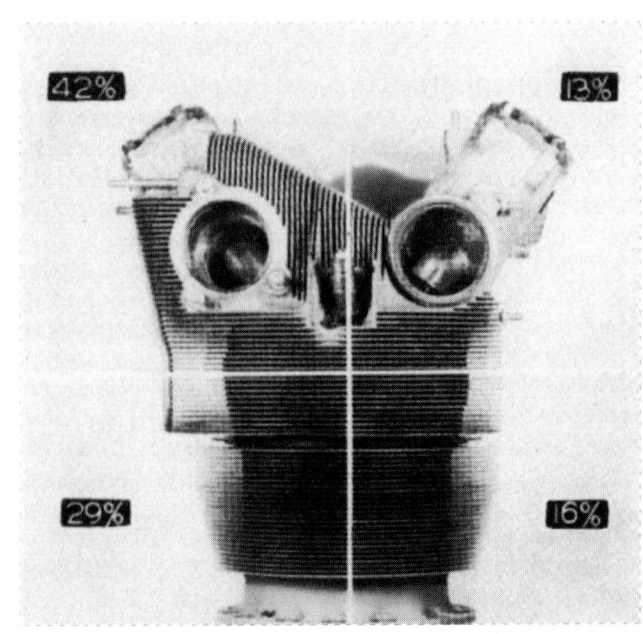

그림 10-13
공랭식 항공기 엔진의 핀에서 발생하는 열손실의 분포. 열손실의 71%는 배기 밸브를 포함한 실린더의 고온 측에서 발생한다. 그림은 6기통 B-36 폭격기를 포함해 많은 항공기용 엔진으로 사용하고 있는 것이다. 참고 문헌 [106]에서 인용.

이러한 기관 표면으로부터 방출되는 열을 계산하는 데 핀 달린 표면에 대한 표준 열전달 방정식을 사용할 수 있다.

10.8   수냉식 기관

수냉식 기관의 기관 블록은 냉각수가 흐르는 **워터 재킷**으로 둘러싸여 있다(그림 10-14). 이것 때문에 비록 무게가 무거워지고 워터 펌프가 필요하게 되지만, 열을 제거하는 데 보다 나은 제어를 할 수 있다. 소형 기관과 저가의 기관에서는 비용과 무게와 냉각제의 복잡성 때문에 이러한 형태의 냉각 장치를 찾아보기 힘들다.

아주 소수의 수냉식 기관에서만 물을 워터 재킷 내의 냉각제로 사용한다. 물리적 성질에서 물은 매우 좋은 열전달 유체이지만 단점이 있다. 순수 유체로만 사용하면 $0°C$가 빙점이므로 고위도 지방의 겨울 날씨에는 사용할 수 없다. 심지어 압력을 받는 냉각 장치도 첨가물을 넣지 않으면 비등점이 기대치보다 낮으며, 다른 재료들의 녹과 부식을 일으킨다. 대부분의 기관들은 물과 에틸렌글리콜의 혼합물을 사용하며, 이는 물의 열전달 장점을 가졌지만 물리적 성질을 증진시킨다. 에틸렌글리콜($C_2H_6O_2$)은 흔히 **부동액**이라고 부르며, 녹을 방지하고 물펌프에 대하여

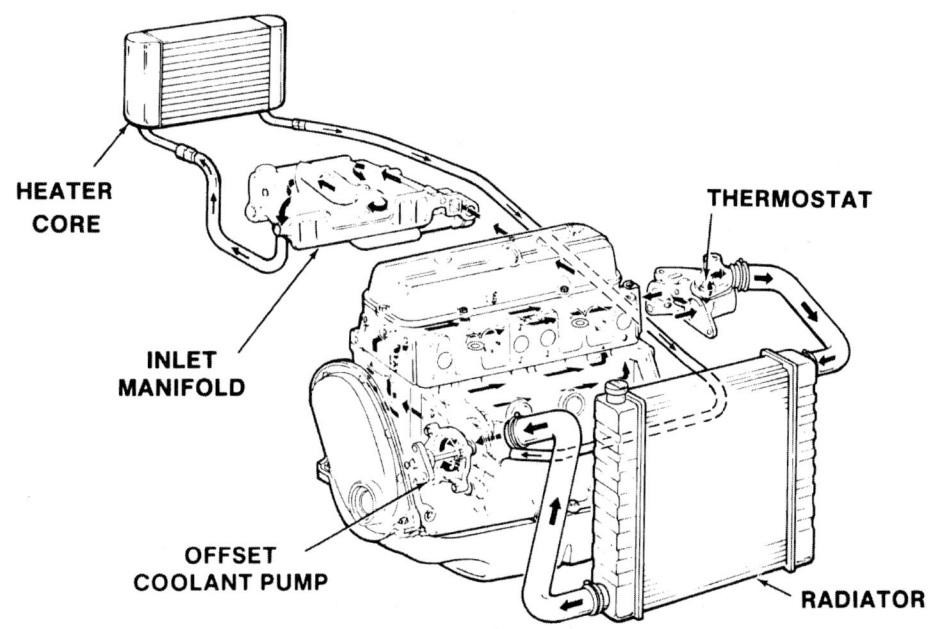

그림 10-14

1982, 1.8리터 Chevrolet 기관으로 수냉식 기관의 냉각 시스템 개략도. 참고 문헌[135]에서 인용.

윤활제의 역할을 하는데, 물만 사용하면 이러한 두 가지 성질이 나타나지 않는다. 물에 첨가하면 이것은 빙점을 낮추고 비등점을 올리는데, 두 가지가 다 중요하게 요구된다. 이것은 소량에서부터 70% 정도의 에틸렌글리콜 농도를 가진 혼합물에서도 같은 성질을 가진다. 독특한 온도-농도-상의 관계에 의하여 동결 온도는 다시 고농도에서 상승한다. 요구되는 물의 열전달 성질은 고농도에서는 상실된다. 순수한 에틸렌글리콜을 기관 냉각제로 사용해서는 안 된다.

에틸렌글리콜은 수용성이며, 비등점이 197°C이고, 빙점은 대기압에서 순수 상태로 −11°C이다. 표 10-1은 에틸렌클리콜과 물에 대한 혼합물의 성질을 나타내고 있다. 에틸렌글리콜이

표 10-1 Properties of Antifreeze Solution

Ethylene Glycol–Water Mixtures					
% Ethylene Glycol by Volume	Specific Gravity at 101 kPa and 15°C	Freezing Point at 101 kPa		Boiling Point at 101 kPa	
		°C	°F	°C	°F
0	1.000	0	32	100	212
10	1.014	−4	24		
20	1.029	−9	15		
30	1.043	−16	3		
40	1.056	−25	−14		
50	1.070	−38	−37	111	231
60	1.081	−53	−64		
100	1.119	−11	12	197	386

Propylene Glycol–Water Mixtures					
% Propylene Glycol by Volume	Specific Gravity at 101 kPa and 15°C	Freezing Point at 101 kPa		Boiling Point at 101 kPa	
		°C	°F	°C	°F
0	1.000	0	32	100	212
10	1.006	−2	28		
20	1.017	−7	19		
30	1.024	−13	8		
40	1.032	−21	−6		
50	1.040	−33	−28	108	225
60	1.048	−48	−55		
100	1.080	−14	6	188	370

	Enthalpy of Vaporization (kJ/kg)	Specific Heat (kJ/kg-K)	Thermal Conductivity (W/m-K)
Water	2202	4.25	0.69
Ethylene Glycol	848	2.38	0.30
Ethylene Glycol–Water Mixture (50/50)	1885	3.74	0.47
Propylene Glycol	1823	3.10	0.15
Propylene Glycol–Water Mixture (50/50)		3.74	0.37

기관의 냉각제로서 사용될 때, 물과의 농도는 일반적으로 지금까지의 날씨 중 가장 추웠을 때의 온도로 결정된다.

　기관의 냉각제는 얼어서는 안 된다. 만약 동결된다면 냉각 장치의 라디에이터를 통하여 순환되지 않아 기관이 과열될 것이다. 냉각제의 물이 얼 때에는 더욱 심각한 결과를 초래하며, 얼면서 팽창하여 워터 재킷의 벽이나 워터 펌프를 파손시킨다. 이것은 기관을 파손시킨다. 물이 동결되는 위험이 없는 곳에서도 훌륭한 열적 성질 및 윤활 성질을 지녔기 때문에 에틸렌글리콜을 사용해야 한다. 좋은 열적 성질 이외에도 냉각제는 다음과 같은 요구 조건을 만족해야 한다.

1. 사용 조건에서 화학적으로 안정해야 한다.
2. 거품이 없어야 한다.
3. 부식성이 없어야 한다.
4. 내연성 있어야 한다.
5. 가격이 저렴해야 한다.

대부분의 화학적 부동액은 이러한 조건을 만족한다. 대부분은 소량의 첨가물을 넣은 에틸렌글리콜이다.

　액체 비중계는 에틸렌글리콜이 물과 섞였을 때 에틸렌글리콜의 농도를 결정하는 데 사용된다. 혼합물의 비중은 보정된 액체 비중계가 뜬 곳에서 계산한 높이에 의하여 결정된다. 표 10-1은 필요한 농도를 결정하는 데 사용된다. 이들 대부분의 액체 비중계는 기술적으로 훈련받지 않은 주유소 직원들도 사용할 수 있다. 이러한 이유 때문에 액체 비중계는 농도 눈금이 없고, 단지 물-에틸렌글리콜의 총 혼합물의 동결 온도 눈금만 표시되어 있다. 대부분의 상업용 부동액은 기본적으로 에틸렌글리콜이기 때문에, 똑같은 눈금이 매겨진 액체 비중계를 사용할 수 있다.

역사적 이야기 - 부동액

　기본 성분이 에틸렌글리콜이 아닌 부동액이 시장에서 약간 사용되었을 때 심각한 문제를 야기하였다. 그러한 부동액은 비중이 에틸렌글리콜과 다르기 때문에 이러한 부동액의 농도를 시험하기 위하여 달리 보정을 한 액체 비중계를 사용해야 했다. 대부분의 주유소에서는 에틸렌글리콜에 대하여 보정된 액체 비중계가 사용된다. 만약 다른 물질로 만들어진 부동액을 시험하기 위하여 실수로 이러한 비중계를 사용한다면 잘못된 동결 온도가 구해진다. 이것은 냉각제 혼합물의 예기치 않은 동결을 야기할 수 있다. 깨어진 블록 때문에 기관을 파손시킬 수 있는데, 이러한 일은 실제로 여러 번 발생하였다.

어떤 상업용 기관 냉각제(Sierra 등)는 기본 성분으로 프로필렌글리콜(C_4H_8O)을 사용한다. 이러한 제품들은 냉각 장치가 새거나 냉각제가 오래 되어 폐기할 때 에틸렌글리콜보다 환경에 덜 해롭다고 한다. 이 제품들은 미국에서는 에틸렌글리콜을 사용하는 제품보다 판매가 훨씬 부진하다.

그림 10-15는 대표적인 자동차 기관의 냉각 장치를 보여 준다. 유체는 일반적으로 기관의 하부에 있는 워터 재킷으로 들어간다. 유체가 기관 블록으로 들어가서 뜨거운 실린더 벽으로부터 에너지를 흡수한다. 워터 재킷에 있는 유로는 유동을 실린더 벽 표면의 바깥 주위로 흘러들어가 냉각이 필요한 다른 표면을 통과하도록 설계되어 있다. 유동은 또한 가열이나 냉각이 필요한 다른 부분(즉, 흡기 다기관이나 오일 탱크의 냉각이나 가열)으로 흘러가도록 유도된다. 유동은 기관 냉각시에 흡수한 에너지 때문에 높은 비엔탈피를 함유한 상태로 기관 블록을 떠난다. 출구는 일반적으로 기관 블록의 윗부분에 있다.

이제 순환 루프를 끝내도록 냉각제 유동으로부터 엔탈피를 제거해야 한다. 그리고 냉각제는 다시 기관을 냉각시키기 위하여 사용된다. 유동 계통에서 이유는 확실치 않지만 **라디에이터**라

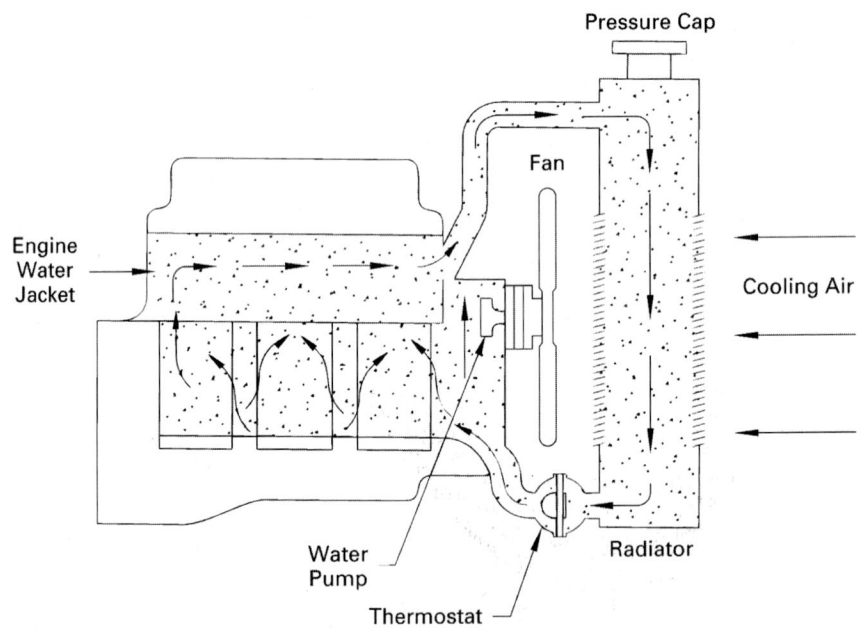

그림 10-15
액체 냉각 기관의 라디에이터는 기관의 냉각제 루프로부터의 열을 제거시키기 위해 사용된다. 액체-공기 열교환기인 라디에이터는 일반적으로 자동차 엔진 앞에 장착된다. 액체 유동은 워터 펌프를 사용하고, 공기의 유동은 팬(한 개 혹은 그 이상)의 도움을 받아 자동차의 전진 운동에 의하여 사용된다. 참고 문헌 [81]에서 인용.

고 부르는 열교환기를 사용하여 이러한 작용이 행하여진다. 이 라디에이터는 그림 10-15에서 보는 것처럼, 뜨거운 냉각제는 위에서 아래로 흐르고, 공기는 앞에서 뒤로 흐르게 하여 냉각하는 허니콤형 열교환기이다. 공기 유동은 자동차의 전진 운동 때문에 발생하며, 라디에이터 뒤에 달려 있는 팬에 의해서도 행하여지는데, 팬은 전기적으로 구동되거나 기관 크랭크축에 의해 구동된다. 냉각된 기관의 냉각제는 라디에이터 바닥에 있으며, 기관의 워터 재킷으로 다시 들어가서 순환을 완성한다. 냉각 계동의 유동을 순환시키는 워터 펌프는 일반적으로 라디에이터 출구와 기관 블록 입구 사이에 있다. 이 펌프는 전기적 또는 기계적 방법으로 기관에 의하여 구동된다. 초기의 자동차는 워터 펌프가 없었으며, 열유동 계통은 단지 자연 대류에 의존하였다.

자동차 라디에이터를 나온 공기는 기관 부품을 통하여 기관의 바깥 표면을 지나면서 기관을 좀더 냉각시키는 데 사용된다. 현대에는 자동차의 공기역학적인 형태와 미적인 면 때문에 라디에이터와 기관 부품을 통하여 공기를 냉각시키는 덕트를 설치하는 것이 좀 더 어렵게 되었다. 현대의 라디에이터 열교환기로 에너지를 제거하는 데에는 더 큰 효율이 필요하다. 현대 기관은 더 고온에서 운전되도록 설계되어 더 낮은 공기 유동률에도 견딘다. 현대 자동차의 기관 부품 내의 공기의 정상 상태 온도는 125°C 정도이다.

냉각제의 유체 온도가 최소치 이하로 떨어지는 것을 방지하고, 기관의 작동을 고온과 고효율로 유지하기 위하여 냉각 계통에 **자동 온도 조절 장치**를 설치하는데, 일반적으로 기관의 유동 입구에 설치한다. 자동 온도 조절 장치는 열적으로 계폐하는 밸브이다. 자동 온도 조절 장치는 차가울 때 닫히며, 주요 순환 유로에 유체가 흐르지 않게 한다. 기관이 예열되면 자동 온도 조절 장치도 예열되며, 열팽창은 유체의 통로를 열어 냉각제를 순환시킨다. 온도가 높을수록 유로의 열림이 크고, 냉각제의 유동도 더 많다. 따라서, 냉각제 온도는 자동 온도 조절 장치의 열림과 닫힘에 의하여 정확하게 제어된다. 자동 온도 조절 장치는 다른 냉각제 온도에 대하여 기관 사용과 기후 조건에 맞도록 제조된다. 자동 온도 조절 장치는 일반적으로 차가운 온도(140°F)에서 뜨거운 온도(240°F)까지 넓은 범위에서 작동한다.

구형 자동차의 냉각제 계통은 주로 물을 사용하며, 대기압에서 작동한다. 이것은 비등을 막기 위하여 안전 한계인 180°F(83°C) 정도까지의 온도로 냉각제 온도를 올릴 필요가 있는데, 이것은 냉각 계통의 압력을 올리고 에틸렌글리콜을 물에 첨가하면 된다. 에틸렌글리콜은 표 10-1에서 보는 것처럼 끓는 점을 올린다. 장치에 압력을 가하면 에틸렌글리콜의 농도에 관계없이 유체의 끓는 점을 더 높인다. 일반적인 냉각제 압력은 약 200kPa이다.

유동 루프를 통하여 냉각제의 대부분의 액체 상태로 존재하는 것이 바람직하다. 비등이 발생하면 소량의 액체도 기화되고 부피가 커지며, 정상 상태 질량 유동을 유지하기 어렵다. 가압 장치에 에틸렌글리콜을 사용함으로써 큰 비등이 일어남이 없이 고온을 얻을 수 있다. 기관 내 워터 재킷의 뜨거운 열점에서 국부적인 비등이 발생하는데, 이것은 괜찮다. 기관(순간적이거나 거의 정상 상태) 내의 아주 뜨거운 부분은 많은 열을 제거하거나 냉각이 필요하다. 이러한 뜨거운 점에서 비등이 발생할 때 흔히 나타나는 상변화는 많은 양의 에너지를 흡수하고, 이 점에서 필요한 많은 냉각을 공급한다. 순환 대류 유동은 뜨거운 지점으로부터 냉각제의 주요 유로로 기포를 발생하여 열을 이동시킨다. 여기서 냉각기 유체 온도 때문에 기포는 액체로 다시 응축이 되고, 전체의 흐름은 방해받지 않는다.

고온 기관 냉각제는 기관 블록을 떠나 필요하다면 승객이 있는 자동차 실내 온도를 높이는 데 사용될 수 있다. 이것은 액체와 공기의 소형 열교환기에서 뜨거운 쪽에 공급하는 보조 장치를 통하여 냉각제가 유동하도록 하면 된다. 바깥 공기나 재순환하는 공기는 열교환기의 다른 쪽 절반 부분을 통과할 때 가열되어 서리가 끼는 유리창이나 승객이 있는 자동차 안으로 덕트를 통하여 들어간다. 여러 가지 수동 또는 자동 제어를 통하여 공기의 유동률이나 요구되는 열을 공급하기 위한 냉각제를 통제한다.

일부 자동차의 소형엔진은 효율이 좋아서 특정한 작동 조건하에서 적절하게 승객 칸을 난방

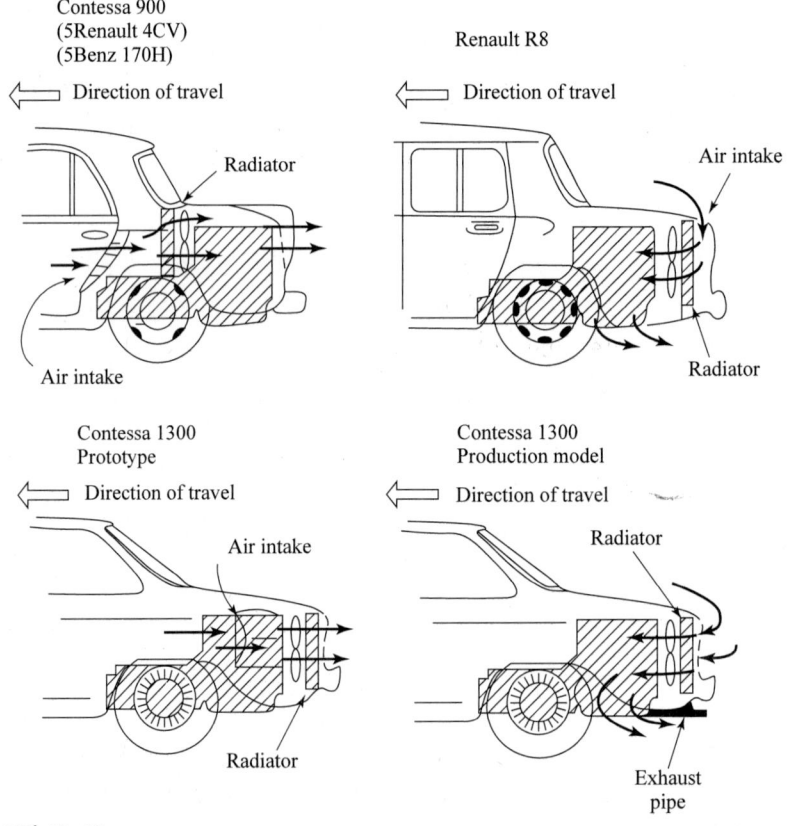

그림 10-16
자동차의 후미에 장착된 수냉 기관을 식히는 여러 가지 방법. 허가하에 The Romance of Engines by T.Suzuki, ⓒ 1997 SAE International[227]로부터 인용.

하기 위해 버리는 열을 공급하지 않는다(즉, 정지신호에서 idling). 이러한 자동차들은 때때로 이러한 시기에 사용할 수 있는 전기 저항 보조 히터를 가지고 있다. 이러한 히터들은 42볼트의 전기 시스템과 함께 훨씬 실용적일 것이다. 이러한 자동차의 일부에서 사용하는 또 다른 보조 방법은 점성 히터이다. 점성 히터는 마찰을 통하여 열을 발생시키기 위하여 유체를 휘젓는 펌프가 있으며, 그러한 시스템은 실리콘 젤[161]을 사용한다. 펌프는 전기적으로 혹은 크랭크축과 연결된 벨트에 의하여 구동되어지고, EMS에 의하여 on-off가 통제된다.

역사적 이야기 – 기관 냉각제

초기의 자동차 기관은 공랭식이나 수냉식이었다. 처음에는 추운 날씨에 수냉식 기관으로부터 물을 빼내어 겨울 동안 차를 보관하는 것이 일반적이었다. 최초로 액체 부동액으로 사용된 것은 알코올과 석유였다. 이것들은 사용해 추운 날씨에 자동차를 작동할 수 있었지만, 큰 차는 냉각 장치가 새는 것을 방지할 필요가 있었다. 이들 액체들은 가연성이었기 때문에 누설된 부동액이 뜨거운 엔진과 배기 장치와 접촉하여 많은 자동차들이 불에 타게 되었다.

10.9 냉각제로서의 오일

작동 중인 기관을 윤활하기 위해 사용된 오일은 또한 기관을 냉각시키는 데 도움이 된다. 피스톤은 그 위치 때문에 워터 재킷 내에 있는 냉각제나 기관의 핀 달린 외부 표면으로부터 냉각 효과가 떨어진다. 기관의 가장 뜨거운 표면의 하나인 피스톤 면의 냉각을 돕기 위하여 피스톤 크라운의 뒷 표면이 오일의 유동에 닿기 쉽도록 되어 있다. 이것은 가압 장치에서 오일을 뿌리거나 압력을 받지 않는 장치에서는 비산시켜 행한다. 많은 기관의 크랭크케이스는 오일 탱크로서 이용되며, 크랭크축과 커넥팅로드는 모든 노출된 표면에 오일을 비산한다. 오일은 에너지를 흡수하고 더 큰 탱크로 귀환하며, 피스톤 크라운의 뒷 표면에 대해 냉각제로서 작용한다. 여기서 그것은 더 차가운 오일과 혼합되어 이 에너지를 기관의 다른 부분으로 소산시킨다. 피스톤을 냉각시키는 이 비산된 오일은 소형 공랭 기관뿐만 아니라 자동차 기관에서도 대단히 중요하다.

다른 구성 부분들은 오일 순환에 의하여 냉각되며, 오일 펌프로부터 비산이나 가압 유동에 의해 냉각이 된다. 캠축이나 커넥팅로드와 같은 내부 구성 요소들을 통하는 오일 통로는 주된 냉각 수단이다. 오일은 여러 부분들을 냉각시키며 에너지를 흡수하면서 온도가 상승한다. 이 에너지는 순환에 의하여 다른 부분으로 확산되고, 마침내는 기관의 냉각제에 의하여 유동하며 흡수된다.

어떤 고성능 기관은 윤활 순환 계통에 오일 냉각기를 가지고 있다. 기관의 부품을 냉각하여 오일에 흡수된 에너지는 오일 냉각기에서 발산되는데, 이것이 기관냉각제의 유동이나 외부 공기 유동에 의하여 냉각되는 열교환기이다.

10.10 단열 기관

제동 출력을 약간 증가시키려면 기관 실린더로부터의 열손실을 감소시키면 된다. 유용 에너지의 30% 정도가 유용한 일(열효율)로 변한다. 이것은 연소와 팽창 행정을 하는 동안 상사점 근처에서 이루어지며, 기관 사이클의 1/4 정도를 차지한다. 반면, 열전달은 720°의 전 사이클 각도에 걸쳐 일어난다. 따라서, 외부로 일을 할 때 저장된 에너지의 1/4 가량이 유용하며, 단지 30%만이 사용된다. 만약 10%의 열손실 에너지를 사이클에 대하여 감소시키면, 이것의 아주 일부분만이 크랭크축의 출력을 돕는 것으로 나타난다.

$$얻어진 \ 출력 \ \% \ = \ (10\% \ / \ 4)(0.30) \ = \ 0.75\%$$

감소된 열손실 에너지의 대부분은 배기 엔탈피가 된다. 또한, 내연 기관 구성 부품에 더 높은 정상 상태 온도가 유지된 것이다.

최근에 이른바 **단열 기관**이 시장에 선보이고 있다. 이 기관은 열손실이 없이 단열되는 것이 아니라, 연소실로부터 열손실을 크게 줄인 것이다. 대부분이 냉각제 재킷이 없거나 표면에 핀이 달려 있지 않다. 그리고 열손실은 단지 외부 표면의 자연 대류에 의해서만 일어난다. 이것은 기관을 훨씬 고온으로 유지하고, 제동 출력을 더 얻을 수 있다.

재료 기술이 발달하여 기계적 또는 열적 고장이 없이 기관 부품들이 좀 더 높은 온도에서 작동하게 되었다. 이것은 재료의 열처리 기술 발전과 합금, 세라믹, 복합 재료의 발전에 의한 것이다. 다양한 세라믹 재료의 발전으로 기관 내에서 발생하는 열적인 충격과 기계적인 충격에 견디게 되었는데, 이것은 1980년대에 비약적으로 발전하였다. 이러한 재료들은 이제 현대 기관에서 일반화되었고, 특히 피스톤 면이나 재기 포트와 같은 아주 높은 고온의 부위에서 찾아볼 수 있다. 단열 기관에서 일반적으로 찾아볼 수 있는 재료는 실리콘 질화물(Si_3N_4)이다. 단열 기관은 냉각 장치(워터 펌프, 워터 재킷, 핀 달린 표면 등)가 없으므로 작고 종래의 기관보다 가볍다. 이것은 기관의 체적 효율을 줄이므로 적은 열손실로부터 얻어지는 약간의 제동력 증가가 없어진다. 압축 행정 동안 더 높은 실린더 온도 또한 압력을 상승시키고, 입력되는 압축일을 증가시켜서 사이클의 출력을 감소시킨다.

단열 기관은 모두 압축 착화 기관이다. 전기 점화 기관은 사용될 수가 없다. 왜냐하면, 고온의 실린더 벽은 공기 연료 혼합물을 너무 빨리 가열하여 노크의 주된 문제가 되기 때문이다. 800K 정도 되는 고온 실린더 벽에 의해 발생하는 문제는 윤활유의 열적 특성을 상실시킨다. 좀 더 좋은 오일이 개발되어서 오늘날과 같은 기관의 조건에서도 견딜 수 있어야 한다. 윤활 기술은 증가하는 기관의 수요에 부응하여 발전을 계속할 필요가 있다. 연구되어야 하고 개발되어야 할 한 가지 방법은 고체 윤활유를 사용하는 것이다.

10.11 현대 기관 냉각의 동향

기관을 냉각하는 많은 방법들이 시험되어 개발되었다. 그 중에는 두 가지의 다른 냉각제 온도에서 작동하는 두 개의 워터 재킷을 가진 기관도 있다. 유연성에 의하여 더 높은 열효율을 얻을 수 있으며, 기관 온도도 조절될 수 있다. 기관 블록 주위의 냉각제는 더 뜨겁게 작동되어 피스톤과 실린더 벽 사이의 마찰을 줄이고, 오일의 점도를 낮춘다. 기관 헤드 주위의 냉각제는 노크를 줄이기 위하여 더 차갑게 유지되며, 압축비를 더 높인다. 이러한 다른 형태는 이중 유동의 **워터재킷**에서 기체 냉각제와 액체 냉각제를 함께 사용하는 냉각 장치이다. 여러 가지 다른 냉각 장치는 포화 상태에서 두 개의 상으로서 작동하여 상변화하는 동안 발생하는 열전달이 크다는 장점이 있다.

적어도 한 군데 이상의 회사에서 소형 기관의 경우 냉각핀이나 워터재킷이 없는 기관을 제작함으로써 실린더의 크기와 무게를 줄이기 위해 연구하고 있다. 실린더 벽 안에 만들어진 원주 내의 통로를 통해 윤활 오일을 배관함으로써 실린더를 냉각시키는 데 사용한다. 이것은 실험 기관에서 적당한 냉각이 일어나도록 하였을 뿐만 아니라, 좀 더 일정한 온도 분배를 형성한다. 오일 냉각 장치는 이러한 형상의 기관을 요한다.

General Motors 사의 어떤 자동차 기관은 냉각 장치가 새어도 안전한 특성을 제공한다. 그 자동차는 냉각 장치에 냉각제가 없이 정상적인 속도로 장거리를 주행하여도 안전하다. 이것은 주어진 시간에 8개의 실린더 가운데 단지 4개를 점화함으로써 가능하다. 연료가 없어서 점화하지 않은 4개의 실린더는 공기를 펌핑하여 과열을 방지할 수 있도록 엔진을 충분히 냉각한다. 각각 4개씩으로 된 실린더 세트는 차가운 공기를 펌핑하는 시간과 주기적으로 점화하는 사이에 회귀한다.

10.12 열 저장소

어떤 자동차에는 기관과 자동차를 예열하기 위하여 사용할 수 있는 **열 배터리**가 설치되어 있다. 열 배터리는 운전되는 기관 냉각제의 폐열을 사용하며, 3일 이상 사용할 수 있는 500~1,000Whr(1,800~3,600kJ) 정도를 저장한다. 이렇게 하기 위하여 여러 가지 방법이 시도되고 사용되었다. 가장 일반적인 장치는 물과 염 결정 혼합물에서 발생하는 고액 상변화를 이용하여 에너지를 저장하는 것이다. 저장된 에너지는 추운 날씨에 기관과 촉매 변환기를 예열하며 차 안을 덥히고 유리의 서리를 제거하는 데 사용될 수 있다. 예열은 몇 초 안에 시작된다.

많은 재료와 장치들이 여러 가지 방법으로 시도되었다. 초기에는 기본 물질로서 $B_a(OH)_{28}H_2O$ 10kg 정도가 사용되었고, 이것은 고체에서 액체로 상변화할 때 89W-hr/kg의 잠열을 내고, 78°C에서 녹는다. 이 장치에서 염과 물의 혼합물은 기관 냉각제가 통하는 실린더 안쪽 수실의 중공핀 내에 들어 있다. 실린더의 외벽은 주위 온도가 −20°C 이하에서 열손실이 3W 이하가 되도록 고진공 단열되어 있다[79].

기관이 정상 상태에서 운전될 때, 뜨거운 냉각제는 열 배터리를 통해 송수되고, 염과 물의 혼합물을 액화시킨다. 이것은 자동차 라디에이터에서 방출되는 에너지를 이용하므로 장치를 운전하는 데 비용은 들지 않는다. 기관에 정지하고 냉각제의 유동도 정지되었을 때, 액염 용액은 냉각되며 서서히 고체로 상변화한다. 이 상변화는 용기가 단열이 잘 되었으므로 3일 정도 걸린다. 염 용액이 상변화를 함으로써 용기 내의 온도는 78°C를 유지한다. 후에 예열에 에너지를 다시 회수하려면 열 배터리를 통해 이제는 차가워진 새 냉각제를 전기 펌프로 순환시킨다. 여기서 물과 염의 혼합물에서 액체가 고체로 상변화를 시작한다. 잠열은 냉각제에 흡수되고, 78°C에서 배터리를 떠난다. 냉각제는 예열을 위한 촉매 변환기나 차 안을 따뜻하게 하기 위해 기관으로 송수된다. 이러한 것의 일부나 전체가 적당한 파이핑이나 제어로서 가능하다.

예열된 기관은 마모가 덜 되고, 연료를 소비하지 않으며, 빨리 출발한다. 따뜻해진 실린더와 흡기 다기관은 연료의 기화를 촉진시키고, 연소가 더 빨리 되도록 한다. 또한, 차가운 기관을 출발시키려고 사용된 과농의 혼합기는 줄어들 수 있으며, 연료를 절약하고 배출물을 줄일 수 있다. 기관 윤활 오일은 예열되어 크게 점도가 줄어든다. 이것은 시동 모터를 가진 기관을 더 빨리 전환시킬 수 있도록 하여 기관이 더 빨리 출발할 수 있도록 한다. 또한, 이것은 오일의 분배를 더 빨리 더 좋게 하고, 기관의 마모를 줄인다. 알코올 연료를 사용하는 기관의 예열은 특히 중요하다. 잠열이 높기 때문에 차가운 기관을 출발시키기 위하여 알코올을 충분히 기화시키기가 어렵다. 이것은 알코올 연료가 지닌 심각한 단점의 하나이며, 기관을 예열하면 이 문제는 줄어든다.

9장에서 촉매 변환기가 운전 온도에 도달하기 전에 차가운 기관이 출발할 때에 배출물의 몇 % 정도가 발생하는가를 설명했다. 따라서, 촉매 변환기를 예열하는 것은 배출물을 줄이는 매우 효과적인 방법이다. 이것은 열 배터리로 어느 정도까지 할 수 있다.

열 배터리의 저장 에너지를 사용할 수 있는 또 하나의 방법은 차 안의 온방 장치에 열교환기를 통하여 가열된 냉각제를 파이프로 연결하는 것이다. 히터는 즉시 작동되며, 공기가 차 안으로 유동되어 들어가도록 하며, 성에를 녹이도록 창문으로 유동시킨다.

작동된 지 10초 동안 열 배터리는 50~100kW를 공급한다. 이 장치는 점화키가 삽입되었을 때, 심지어는 차문이 열렸을 때에도 공급된다. 효과적인 예열은 20~30초 내에 발생한다. 이것은 예열되지 않은 자동차에서 기관과 촉매 변환기와 차 안을 효과적으로 예열하는 데 수 분이 걸리는 것과는 대조적이다.

저장된 에너지는 다양한 장치에 따라 다른 비율로 공급되고, 다른 용도로 사용된다. 어떤 장치들은 다른 것보다 융통성과 가변성이 더 크다.

만약 저장된 모든 에너지가 차 안으로 전달된다면, 기관은 더 빨리 따뜻해질 것이다. 왜냐하면, 기관의 어떤 열도 차 안의 히터 장치로 전환되지 않기 때문이다. 법률적으로 고려되고 있는 것처럼 운전사가 차 안으로 들어가기 전에 운전사 자리를 따뜻하게 해야 할 필요가 있는 큰 트럭에서는 중요한 문제가 될 수도 있다. 열 배터리가 기관이 가열된 후 재충전되고 있을 때, 기관은 양쪽의 목적 이상의 충분한 에너지를 공급하기 때문에 히터 효율에는 손실이 없다.

대부분의 열 배터리 장치는 무게가 약 10kg이며, 온도가 78°C에서 50°C로 낮아지면서 500~1,000W-hr를 공급할 수 있다. 총에너지가 소모되는 데에는 일반적으로 기관과 주위 온도에 따라서 20~30분이 걸린다. 배터리는 기관 본체나 자동차의 트렁크와 같은 다른 곳에 설치될 수 있다. 기관 본체에 설치하면 배관이 쉽고 효율이 가장 크지만, 공간적인 제약이 이를 허락하지 않을 수도 있다.

열 배터리의 가장 큰 이점은 시내 주행에 사용되는 자동차에 있을 것이다. 많은 시내 운행은 촉매 변환기가 작동 온도에 충분히 도달되지 않을 만큼 짧고, 매연 배출량이 많기 때문이다. 인구가 조밀한 지역에서 출발할 때 배출물을 줄이는 것이 특히 중요하다. 많은 사람들이 영향을 받을 뿐만 아니라, 자동차와 오염원들이 매우 많기 때문이다. 도시 소통을 위하여 개발되고 있는, 제한된 범위의 두 개의 동력이 달린 자동차에서 발생하는 배출물은 열 저장소를 크게 줄일 것이다. 이들 자동차는 대부분의 시간을 전기 모터로 움직이며, 특별한 동력이나 힘이 필요할 때에만 소형 내연 기관을 사용하고, 기관을 on-off 모드로 작동한다. 기관은 필요할 때에만 시동되므로, 대개는 출발시 잠시 동안만 작동된다. 기관이 작동하는 동안 에너지는 열 배터리로 저장되고, 다음 출발을 하기 전에 기관을 예열한다.

열 배터리를 충전하는 데 직접적으로 운전 비용이 드는 것은 아니지만, 배터리 때문에 무게가 무거워져 연료 소비가 다소 증가한다. 10kg의 배터리 하나는 1,000kg 자동차 무게의 1%에 불과하다. 그렇지만 이것은 배터리로부터 얻는 것은 없고, 장거리 주행의 경우에는 야간 연료 소비를 아주 조금씩 증가시키는 원인이 된다.

열 배터리는 자동차의 수명을 연장시키기 위하여 설계된 것이다.

예제 10-5

자동차에 있는 열 배터리 시스템의 유체는 175°F에서 액체-고체상을 변화시키는 6.2lbm의 소금 용해를 포함하고 있다. 자동차 엔진이 작동할 때, 정상 상태의 엔진 냉각수 온도는 215°F이고, 열 배터리를 통과하는 냉각수 유량은 0.025lbm/sec이다. 그것은 초단열이기 때문에 열 배터리로부터 오직 11BTU/hr의 정상 열손실이 있다. 자동차가 잠시 쉬는 동안 엔진 냉각수는 75°F이고, 질량당 열배터리에서 소금 용해는 60% 액체와 40% 고체이다. 엔진이 시동된 직후에 냉각수는 75°F의 온도로 열배터리로 들어가서 165°F로 나온다. 물의 특징에 대한 수치는 엔진 냉각수를 위하여 사용되었다.

소금 용해의 특징 값은 다음과 같다.

$$\text{고체-액체 상 변화의 잠열 } h_{if} = 125 \text{ BTU/lbm}$$
$$\text{액체상에서 소금의 비열 } c_p = 0.220 \text{ BTU/lbm-°F}$$
$$\text{고체상에서 소금의 비열 } c_p = 0.084 \text{ BTU/lbm-°F}$$

다음을 계산하라.

1. 엔진이 시동을 건 이후에 열 배터리는 얼마나 오래 165°F로 냉각수를 공급할 수 있나?
2. 엔진이 정지한 이후에 215°F로부터 75°F로 열배터리를 냉각시키는 시간?

풀 이

(1) 배터리는 모든 액체 소금이 고체로 변할 때까지 165°F로 냉각수를 공급한다.

상변화 $Q_{cp} = [(6.2 \text{ lbm})(0.60)](125 \text{ BTU/lbm}) = 465.0 \text{ BTU}$

냉각수 유동을 가열하는 데 에너지 전달률은,

$$\dot{Q} = \dot{m}c_p\Delta T = (0.025 \text{ lbm/sec})(1 \text{ BTU/lbm-°F})(165 - 75)\text{°F} = 2.25 \text{ BTU/sec}$$

열 배터리가 15°F로 냉각수를 공급할 수 있는 시간은,

$$t = (465.0 \text{ BTU})/(2.25 \text{ BTU/sec}) = \underline{207 \text{ sec} = 3 \text{ min } 27 \text{ sec}}$$

(2) 215°F에서 175°F로 액체를 식히는 데 열손실은,

$$Q_{liq} = mc_p\Delta T = (6.2 \text{ lbm})(0.220 \text{ BTU/lbm-°F})(215 - 175)\text{°F} = 54.56 \text{ BTU}$$

상변화 동안의 열손실은,

$$Q_{pc} = mh_{if} = (6.2 \text{ lbm})(125 \text{ BTU/lbm}) = 775 \text{ BTU}$$

175°F에서 75°F로 고체를 냉각하는 데 열손실은,

$$Q_{solid} = mc_p \Delta T = (6.2 \text{ lbm})(0.084 \text{ BTU/lbm-°F})(175 - 75)\text{°F} = 52.08 \text{ BTU}$$

215°F에서 75°F로 냉각하는 데 총 열손실은,

$$Q_{total} = (54.56) + (775) + (52.08) = 881.64 \text{ BTU}$$

215°F에서 75°F로 냉각하는 데 걸리는 시간은,

$$t = (881.64 \text{ BTU})/(11 \text{ BTU/hr}) = \underline{80.15 \text{ hr}} = \underline{3 \text{ days 8 hr}}$$

10.13 요 약

내연 기관의 실린더 내의 연소 온도는 2,700K 이상이다. 적당한 냉각이 없으면 이 정도의 온도는 기관 부품과 윤활유를 쉽게 파손시킨다. 실린더 벽이 200°C 이상이 되면 재료의 파손이 일어나고, 많은 윤활유가 파괴될 것이다. 과열로부터 실린더를 보호하기 위하여 수냉식 기관에서는 실린더가 워터 재킷으로 둘러싸여 있고, 공랭식 기관에서는 핀 달린 표면이 있다. 반면에, 기관으로부터 최대의 효율을 얻기 위하여 가능하면 고온에서 운전하는 것이 바람직하다. 재료와 윤활 기술의 발달로 현대의 기관은 몇 년 전의 기관보다 더 뜨거운 온도에서 작동될 수 있다.

기관 실린더로부터 제거된 열은 결국에는 주위로 내보내진다. 불행히도 기관 주위로 열전달을 통해 기관을 과열로부터 보호하기 때문에 기관 내에서 발생한 상당량의 에너지가 소비되며, 대부분 기관의 제동 열효율은 30~40% 정도가 된다.

요즘의 자동차는 형태가 작으므로 차가운 공기 유동은 훨씬 더 제한되어 있고, 더 큰 열효율이 필요하다.

혁신적인 냉각 장치가 개발되고 있으나, 현재 대부분의 자동차 기관은 물과 에틸렌글리콜 용액을 사용하는 수냉식 기관이다. 대부분의 소형 기관은 무게와 비용과 단순성 때문에 공기로 냉각된다.

연습 문제

10.1 다점 연료 분사를 하는 직렬 6기통, 배기량 6.6리터, 4사이클 전기 점화 기관이 3,000RPM으로 작동되는데, 이 기관의 체적 효율 $\eta_v = 89\%$ 이다. 흡기 다기관의 러너는 내경이 4.0cm인 원형 파이프이고, 다기관의 입구 온도는 27°C이다.
다음 물음에 답하라.

  (a) 상태량을 산정하기 위해 흡기 온도를 사용하여 각 실린더에 대한 공기의 평균 속도와 질량 유량을 구하라. [m/sec, kg/sec]

  (b) 실린더 #1의 러너 내 레이놀즈 수를 구하라(단, 표준 내부 파이프 유량식을 사용할 것).

  (c) 러너 벽 온도가 67°C로 일정한 경우, 실린더 #1로 흡입되는 공기의 온도를 구하라.

  (d) 실린더 #3의 러너에 대해 필요한 벽 온도를 구하라. 실린더 공기 입구 온도는 실린더 #1과 같다. 실린더 #3의 러너 길이는 15cm이다. [°C]

10.2 문제 10.1의 기관을 다기관의 입구 끝에서 연료를 분사시키는 스로틀 바디 연료 분사 장치로 바꾸어 달았다. 연료의 40%가 흡기 다기관의 러너에서 증발하게 되는데, 이 증발 냉각으로 인해 공기의 온도를 냉각시키게 된다. 벽의 온도는 종전과 다름없이 동일하다. 다음 물음에 답하라.

  (a) 연료가 이론적인 가솔린이라면, 실린더 #1에 흡입하는 공기의 온도는 몇 °C인가?

  (b) 연료가 이론적인 에탄올이라면, 실린더 #1에 흡입되는 공기의 온도는 몇 °C인가?

10.3 문제 10.2b의 기관은 직경과 행정에 대한 관계식 $S = 0.90B$가 성립한다. 상태량을 산정하기 위해 입구 조건을 사용하고 식(10-7)의 정의를 이용하여 레이놀즈 수를 계산하라.

10.4 문제 10.3의 기관은 기관과 촉매 변환기 사이에 거의 원형이라고 말할 수 있는 배기 파이프를 사용했다. 이 파이프의 길이는 1.5m이고, 내경은 6.5cm이다. 기관에서 배출되는 배기의 온도는 477°C이고, 배기 파이프의 평균 벽 온도는 227°C이다. 촉매 변환기로 흡입되는 배기가스의 온도는 몇 °C인가?

10.5 자동차가 20kW의 제동 마력을 사용하여 55mph로 정속 주행을 하고 있다. 그림 10-1에 도시된 이 기관은 2,000RPM으로 주행한다. 다음 물음에 대한 근사해를 구하라.

  (a) 배기 유동에서의 동력 손실은 몇 kW인가?

  (b) 마찰 동력 손실은 몇 kW인가?

  (c) 냉각 장치에서 발산된 동력은 몇 kW인가?

10.6 그림 10-1에 나타나 있는 기관은 기관으로 들어가는 냉각수의 온도를 220°F로 조절하기 위해 자동 온도 조절 장치를 사용하였고, 유량은 25gal/min이었다. 자동차가 30MPH로 주행할 때, 이 기관은 2,500RPM에 제동마력이 30bhp였다. 방열기의 전면부 면적은 4.5ft²이고, 팬으로 방열기에 공기를 흘려보내는데, 이 공기의 유동 속도는 계수 1.1로 하였다. 다음 물음에 답하라.

(a) 기관에서 유출되는 냉각수의 온도는 몇 °F인가?
(b) 대기 온도가 75°F라면, 방열기를 지나 나오는 공기의 온도는 몇 °F인가?

10..7 어떤 자동차 모델에 기관 2개가 장착된다. 이들 기관은 각기 다른 배기량 즉 하나는 320in³, 다른 하나는 290in³이지만, 기관 형식은 V8기통으로 동일하다. 이들 기관은 속도, 온도, 운전 조건 등이 모두 동일하다. 다음 물음에 답하라.

(a) 큰 기관의 도시 열효율은 작은 기관에 비해 몇 퍼센트 더 큰가? 혹은, 더 작은가? [%]
(b) 큰 기관의 냉각수로의 열전달은 작은 기관에 비하여 몇 퍼센트 더 큰가? 혹은, 더 작은가?

10.8 정비공이 물과 부동액을 섞어서 그 혼합물의 빙점이 −30°C가 되게 하였다. 사용된 부동액은 에틸렌글리콜이지만, 정비공의 실수로 프로필렌글리콜에 대해 보장된 액체 비중계를 사용하였다. 실제 혼합물의 동결 온도를 측정하라. [°C]

10.9 열을 저장하는 배터리가 80°C에서 상변화하고, 다음과 같은 물성치를 가지고 있는 10kg의 소금 용액으로 이루어져 있다.

상변화시 잠열 = 80W-hr/kg
액체 상태에서의 비열 = 900J/kg-K
고체 상태에서의 비열 = 350J/kg-K

배터리 컨테이너는 3W(일정하다고 가정)의 열손실률을 가지고 단열되어 있다. 기관 냉각제는 0.09kg/sec의 비율로 배터리를 통하여 흐르고, 기관의 작동시에 온도가 110°C가 된다. 냉각제는 물이라고 가정된다. 다음을 계산하여라.

(a) 기관이 정지한 후 배터리 용액이 80°C에 이르기까지 몇 시간이 걸리겠는가?
(b) 배터리 용액이 상변화시 얼마나 오랫동안 80°C에 머무르는가?
(c) 배터리가 주위의 온도 10°C에 이르기까지 몇 시간이 걸리겠는가? [hr]
(d) 기관이 20°C에서 시동되었을 때, 배터리는 80°C의 냉각제를 얼마나 오랫동안 공급할 수 있는가? 배터리 용액은 80°C에서 모두 액체로서 시작하고, 기관 냉각제는 20°C로 들어가서 80°C가 되어 나온다고 가정하라. [min]

10.10. 서술된 조건(즉, 열 배터리에서 소금 용해는 60% 액체와 40% 고체이다)에 도달하기 위하여 작동하지 않은 예제 10-5에서 자동차의 시간의 길이를 계산하라. 주위는 75°F이다.[hr]

10.11 자동차 엔진을 통과하는 냉각수(물) 유동은 분당 20 갤런의 유량을 가지고 엔진으로부터 분당 1000BTU가 제거된다. 물은 200°F의 온도로 엔진으로 들어간다. 자동차의 라디에이터는 4ft²의 전면과 그것을 관통하는 50ft/sec의 공기 유속을 가지고 있다(물 1gal=8.4lbm).
다음을 계산하라.

(a) 엔진에서 빠져나올 때 물의 온도 [°F]

(b) 그것이 라디에이터를 통과했을 때 공기 온도의 변화 [°F]

10.12 4행정 사이클 정치 V12 디젤 기관이 증기를 가열하는 데 배기가스를 사용함으로써 폐열 발전 시스템의 일부분으로 사용되고 있다. 체적 효율, $\eta_v = 96\%$, 보어 14.2cm, 행정 24.5cm를 가지고 있는 그 기관이 980RPM의 속도로 작동된다. 공연비 AF = 21:1이고, 증기는 가스-증기 열교환기의 한 면을 통하여 배기가스에 의해 가열된다.
다음을 계산하라.

(a) 배기가스가 열교환기를 통과할 때 배기 온도가 577°C에서 227°C로 감소한다면, 이 때 증기를 가열하기 위해 사용할 수 있는 에너지 [kW]

(b) 증기가 101kPa에서 포화 액체 상태로 열교환기에 들어갔다면 가열될 수 있는 포화 수증기량은? 열교환기 효율은 98%, 101kPa에서 물에 대한 h_{fg}= 2257kJ/kg [kg/hr]

10.13 연소시 어떤 점에서 연소실 벽을 통해 67,000BTU/hr-ft²에 상당하는 순간적인 열흐름이 있다. 이 때, 실린더 안에서 가스 온도는 3,800°R이고, 대류 열전달 계수는 22BTU/hr--°R이다. 냉각제 온도는 185°F이고, 0.4inch 두께의 주철 실린더의 열전도율은 34BTU/hr--ft-°R이다.
다음을 계산하라.

(a) 실린더 내부벽의 온도 [F]

(b) 실린더 벽의 냉각제 면에 대한 표면 온도 [F]

(c) 실린더 벽의 냉각제 면에 대한 대류 열전달 계수 [BTU/hr--°R]

10.14 기하학적으로 크기와 모양이 같은 두 개의 기관이 있다. A기관의 실린더는 물과 에틸렌글리콜 용액으로 채워진 워터 재킷으로 둘러싸여 있다. B기관은 단열이 되어 있다. 온도 이외에는 두 기관이 똑같은 상태로 작동되고 있다.

(a) 어떤 기관의 체적 효율이 높은가? 이유는?

(b) 어떤 기관의 열효율이 높은가? 이유는?

(c) 어떤 기관의 배기가스 온도가 높은가? 이유는?

(d) 어떤 기관을 윤활시키기가 어려운가? 이유는?

(e) 어떤 기관이 더 좋은 전기 점화 기관인가? 이유는?

설계 문제

10.1D 자동차를 위한 열 저장 시스템을 설계하라. 이 시스템은 오일과 촉매 변환기를 예열하고 자동차 실내를 따뜻하게 하는 데 사용된다. 크기와 열 배터리의 재료를 결정하라. 시간에 대한 유량을 계산하고, 계획에 대한 흐름도를 그려라. 대략적인 에너지 흐름과 온도를 사용하여 자동차가 시동되었을 경우 일어나는 결과에 관한 순서를 설명하라.

10.2D 두 개로 분리된 워터 재킷을 사용하는 기관 냉각 장치를 설계하라. 사용된 유체와 유량, 온도, 압력을 산정하라. 기관의 계획도에 대한 흐름도와 펌프에 대해 설명하라.

CHAPTER 11

마찰과 윤활

"모터와 냉각수는 앞부분, 대개 위, 혹은 거의 전면축 위, 기어들과 연료는 뒷부분에, 그리고 승객의 무게는 중간에 위치해 있다. 이러한 변화를 통한 모든 결과들은 긴 바퀴 기반, 저중심, 앵글 프레임, 플레인 스프링, 연결봉이 없는 구동기어, 편안한 뒷 차체, 진동 제거, 좋은 견인력, 좋은 등반성, 미끄러짐 방지, 그리고 모든 부분에의 쉬운 연관성, 분리할 수 있는 금속 후드 혹은 본넷에 의해서만 사용되는 모터들이다."

The Automobile Magazine (January 1902)의
<Resume of the New York Automobile Show> 중에서

이 장에서는 기관에서 일어나는 마찰과, 마찰을 최소화하는 데 필요한 윤활에 대하여 알아본다. **마찰**은 기계 부품들의 상대적인 운동에 의해 이들 사이에 작용하는 힘과 기계 부품들이 기관을 통하여 움직일 때 유체에 의하여 그리고 유체에 대하여 작용하는 힘이다. 기관 실린더 내에서 발생된 동력의 약간은 마찰로 잃고, 크랭크축으로부터 얻어진 제동력을 감소시킨다. 기관을 움직이는 부속 장치도 또한 크랭크축의 힘을 감소시키고, 기관 마찰 부하의 일부분으로 취급된다.

11.1 기계적인 마찰과 윤활

두 고체 표면이 기관 내에서 접촉하고 있을 때, 그림 11-1에 확대하여 나타낸 것처럼 높은 표면의 거친 면에서 서로 접촉한다. 거시적인 관점에서 기계로 표면을 매끄럽게 하면(미시적 관점에

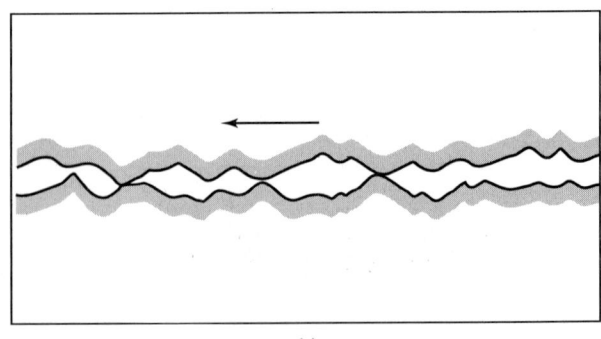

(a)

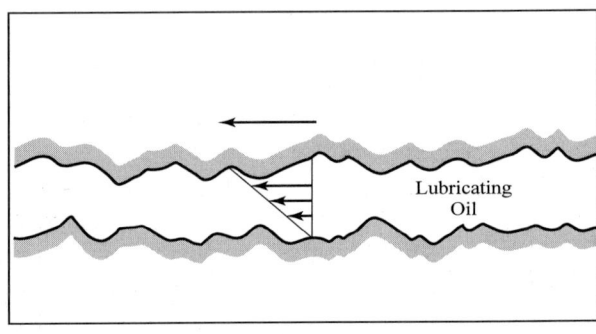

Lubricating
Oil

(b)

그림 11-1

표면 거칠기를 보여 주기 위해 고배율로 확대시킨 기
관 부품 사이의 운동. (a)마른 혹은 비윤활 표면은 높은
점에 의해서 마찰이 일어난다. (b)윤활 표면은 유압 부
유에 의해 마찰이 감소한다.

서) 높은 표면이 낮아지고, 높은 표면들 사이의 평균거리도 짧아진다. 한 표면의 다른 표면에
대하여 상대적으로 움직이면 높은 점들이 접촉하게 되고, 마찰에 의해 운동에 저항이 생긴다
(그림 11-1a). 접촉점은 온도가 높아지고, 어떤 때에는 이 점들이 함께 녹게 된다. 표면과 표면
운동의 저항을 줄이기 위하여 공간 사이에 윤활유가 첨가된다. 윤활유는 고체 표면에 부착되며,
양 표면 사이에서 상대 운동을 할 때 오일은 끌려서 표면을 따라 밀려다니게 된다. 이 오일은 표
면에 붙어 있는 상태로 유지되며, 다른 한쪽 표면은 이 표면 위에 수력학적으로 떠 있는 상태이
다. 상대 운동에 미치는 유일한 저항력은 표면 사이 유체층의 전단력이고, 이 전단력은 건표면
운동의 저항력보다 더 적다. 윤활 유체는 다음과 같은 세 가지 중요한 특성을 갖추어야 한다. :

1. 고체 표면에 부착되어야 한다.
2. 기관의 어떤 부품들 사이에서 극단의 힘을 받을 때에도 이들 표면 사이의 압착에 견뎌
   야 한다.
3. 인접한 액체층을 전단하기 위하여 과도한 힘을 요구해서는 안 된다. 이것을 결정하는
   성질을 **점성**이라고 부르는데, 이 장의 마지막에서 언급한다.

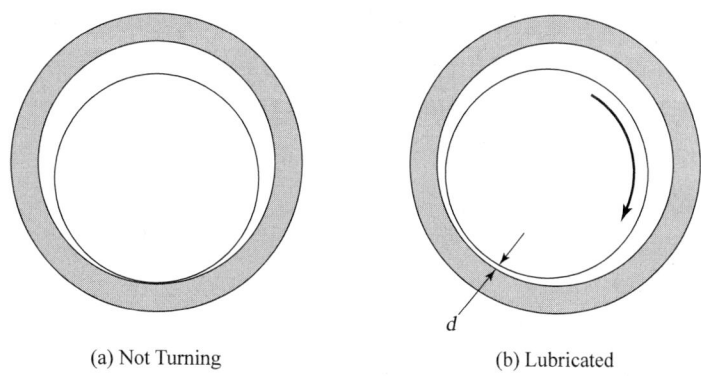

(a) Not Turning (b) Lubricated

그림 11-2

베어링의 윤활. (a)비회전 상태의 윤활유는 표면 사이에서 압착된다. (b)회전 상태의 유막은 움직이는 표면에 의해 끌려다니게 되어 표면은 얇은 유체층에 의해 분리된다.

  베어링은 한 표면(race)이 다른 표면(shaft)을 둘러싸기 때문에 특별한 윤활 문제를 야기시킨다. 기관이 작동되지 않으면 중력으로 인해 축은 베어링 아래쪽으로 내려가게 되어 두 표면 사이의 유막은 압착된다(그림 11-2a 참조). 기관이 작동되면 회전축, 점성 효과, 그리고 여러 방향에서의 동적인 힘 등의 조합력이 발생하고, 이로 인해 중심으로부터 약간 아래 옆쪽으로 축을 부유시키게 된다(그림 11-2b). 베어링에서 최소 유막의 두께와 위치는 허용 한도와 부하, 속도 그리고 점도에 따라 달라진다. 기관에서 메인 베어링에 대해서는 $2\mu(1\mu = 10^{-6}$m 정도 된다. 좀 더 자세한 것은 베어링의 동적 윤활에 대한 많은 책들을 참조하기 바란다.

11.2 기관 마찰

마찰력을 손실 동력 항으로 나타내면 다음과 같이 분류된다.

$$\dot{W}_f = (\dot{W}_i)_{\text{net}} - \dot{W}_b \tag{11-1}$$

여기서, $(\dot{W}_i)_{\text{net}} = (\dot{W}_i)_{\text{gross}} - (\dot{W}_i)_{\text{pump}}$

첨자 f = 마찰
             i = 지시
             b = 제동

마찰은 또한 일의 관점에서 다음과 같이 분류된다.

$$w_f = (w_i)_{\text{net}} - w_b \qquad (11\text{-}2)$$

기계 효율로 정의하면,

$$\eta_m = \dot{W}_b/\dot{W}_i = w_b/w_i \qquad (11\text{-}3)$$

서로 다른 속도로 운전되는 여러 종류의 기관은 크기가 다르므로, 마찰과 기계 손실을 구분하는 가장 의미 있는 방법은 **평균 유효 합력**(mean effective pressure)의 항으로 나타내는 것이다. 평균 유효 합력은 일이나 동력의 항과 관련이 있음에 틀림없다.

$$\text{일 } W = (\text{mep})V_d \qquad (11\text{-}4)$$
$$\text{동력 } \dot{W} = (\text{mep})V_d(N/n) \qquad (11\text{-}5)$$

여기서, V_d = 배기량
N = 기관 속도
n = 사이클당 회전 수

마찰일이나 마찰 동력을 사용하여 다시 정리하면,

$$\text{fmep} = W_f/V_d \qquad (11\text{-}6)$$
$$\text{fmep} = \dot{W}_f/[V_d(N/n)] \qquad (11\text{-}7)$$
$$\text{fmep} = \text{imep} - \text{bmep} \qquad (11\text{-}8)$$

어떤 분석(예컨대, 참고 문헌 [40])에서는 mep란 모든 일과 입력되는 동력과 기관의 출력까지 포함하고 있다. 다양한 mep 항과 일은 다음과 같다.

amep : 동력 조향 펌프와 같은 보조 장치를 구동하기 위한 일

bmep : 기관의 크랭크축의 행한 일

cmep : 과급기나 터보 과급기를 구동하는 일

fmep : 내부 마찰 및 오일 펌프와 같은 기관 설비를 운전하는 데 손실된 일

gmep : (총일) : 압축 행정과 팽창 행정의 지시일

imep : 연소실에서 발생한 정미일

mmep : 기관을 움직이는 데 필요한 일

pmep : (펌프일) : 배기 행정과 흡기 행정의 지시일

tmep :　터보 과급기 터빈에서 배기가스로부터 회복된 일

이들의 관계식은 다음과 같다.

$$\text{fmep} = \text{imep} - \text{bmep} - \text{amep} - \text{cmep} + \text{tmep} \tag{11-9}$$
$$\text{imep} = \text{gmep} - \text{pmep} \tag{11-10}$$

amep = 0이고,　cmep = tmep 라고 하면,

$$\text{fmep} = \text{imep} - \text{bmep} \tag{11-11}$$

마찰 mep는 다음과 같은 경험식으로 꽤 정확하게 표현할 수 있는데, 기관 속도와 연관지어 표현된다.

$$\text{fmep} = A + BN + CN^2 \tag{11-12}$$

여기서,　　　A = 기관 속도

　　　　　　$A,\ B,\ C$ = 비기관과 관계되는 경험적 상수

식(11-12)의 오른쪽 첫 번째 항(A = 상수)을 경계 마찰이라고 부른다. 그런데 이 경계 마찰은 한 면과 다른 면의 운동을 수력학적으로 완전히 분리할 수 있는 윤활이 충분하지 못할 때 기관의 부품 사이에서 발생한다. 금속과 금속의 접촉은 상사점과 하사점에서 크랭크축에 과다한 하중이 걸릴 때 피스톤 링과 실린더 벽 사이에서 발생한다. 무거운 하중이 저속으로 움직일 때나 갑자기 가속을 하거나 방향을 바꿀 때, 주기적인 금속과 금속의 접촉이 발생하면 윤활이 압착되어 순간적으로 수력학적인 부유가 일어나지 않는다. 이러한 것이 일어나는 장소에는 축의 베어링과 커넥팅로드, 상사점과 하사점에서 접촉하는 실린더 벽 표면과 피스톤 링이 포함되며, 대부분이 출발할 때 일어난다.

식(11-12)의 우변 두 번째 항은 기관 속도에 비례하고, 여러 기관 부품 사이에 윤활하여 발생하는 수력 전단과 관계된다. 단위 표면적당 전단력은 다음과 같다.

$$\tau_s = \mu(dU/dy) = \mu(\Delta U/\Delta y) \tag{11-13}$$

여기서,　　　　μ = 윤활유의 동점도

　　　　(dU/dy) = 표면 사이의 속도 구배

$$\Delta U = \text{인접 표면과의 속도차}$$
$$\Delta y = \text{인접 표면과의 거리}$$

주어진 점도(온도)와 기하학적 형태에 대하여 속도항 ΔU는 속도 N에 비례한다.

식(11-12)의 세 번째 항은 기관 속도의 제곱과 관계되며, 이 항은 흡입과 배기 유동에서 난류 확산으로 인한 손실을 고려한 것이다. 확산은 질량 속도의 제곱과 같음을 나타내는데, 이것은 기관 속도와 관계된다. 상수 $\overline{U}_p$ 는 주어진 기관의 운전 조건에 따라서 결정된다. 식(11-12)와 비슷한 경험식은 평균 피스톤 속도 대신에 기관 속도로 바꿔서 쓰면 다음과 같다.

$$\text{fmep} = A' + B'\overline{U}_p + C'\overline{U}_p^2 \tag{11-14}$$

두 식에 대한 상수는 다음과 같은 관계를 가진다.

$$A' = A$$
$$B' = B/2S$$
$$C' = C/4S^2 \tag{11-15}$$

여기서, S는 피스톤의 행정이다.

마찰 평균 유효 압력의 크기는 교축 밸브를 전개한 상태(또는 정미 지시일이나 정미 지시 비 일)에서 지시 평균 유효 압력의 10% 정도이다. 마찰 평균 유효 압력은 제동력이 없고 무부하 상태에서 100%까지 증가한다. 터보 과급 기관은 일반적으로 마찰 손실 퍼센트가 다른 기관에 비해 적다. 이것은 절대 마찰이 거의 같이 유지되는 동안 더 큰 제동 출력이 걸리기 때문이다. 마찰로 손실된 동력의 대부분은 결국 기관 오일과 냉각제를 가열한다. 총 기관 마찰은 식(11-1)을 사용하여 지시 동력과 제동력을 측정하여 쉽게 산출할 수 있다. 지시 동력은 연소실 내에 압력 센서를 설치하여 얻어진 지시 선도를 이용하여 사이클상의 압력-체적의 면적을 적분함으로써 구할 수 있다. 제동력은 크랭크축의 출력부를 동력계에 직접 연결하여 측정한다.

여러 가지 기관 부품으로 총 분배되는 분율을 얻기 위하여 총 마찰력을 부분적으로 나누기는 매우 어렵고 정확하지 못하다. 이렇게 하는 가장 좋은 방법 중의 하나는 기관을 **모터**로 구동하는 것이다(즉, 외부 모터를 크랭크축에 연결하여 점화되지 않은 기관을 구동시키는 것이다). 많은 전기 동력계는 이렇게 할 수 있는데, 이는 동력계가 갖는 매력적인 형태이다. 기관 출력은 발전기를 기관의 크랭크축으로 구동하게 하여 이 발전기에서 생긴 전기 부하를 측정하는 전기 동력계도 측정된다. 발전기는 2중 장치로 구성되어 있는데, 내연 기관과 연결하여 구동될 수 있는 전기 모터를 사용할 수 있도록 설계되어 있다. 기관이 모터로 구동될 때 기관에서는 점화되지 않으며, 따라서 연소는 발생하지 않는다. 연결된 전기 모터에 의하여 기관은 제어되어 회전하며, 그 결과의 사이클은 그림 11-3에서 보는 것과 같다. 기관이 점화하여 구동될 때와는 달리 이 사이클의 압축-팽창 루프와 배기와 흡기의 루프는 실린더 가스에 대하여 마이너스 일을 나타낸다. 이 일은 전기 모터로부터 크랭크축으로 공급된다.

기관을 회전하기 위하여 전기 모터가 공급해야 할 소요 동력은,

$$\dot{W}_m = \dot{W}_f + \dot{W}_g + \dot{W}_p \tag{11-16}$$

여기서, $\dot{W}_m$ = 기관을 모터로 구동시키는 데 필요한 동력
$\dot{W}_f$ = 마찰 동력
$\dot{W}_g$ = 총 지시 동력(압축과 팽창)
$\dot{W}_p$ = 펌핑 지시 동력(배기와 흡입)

평균 유효 압력 항으로 나타내면, 이것은 다음과 같다.

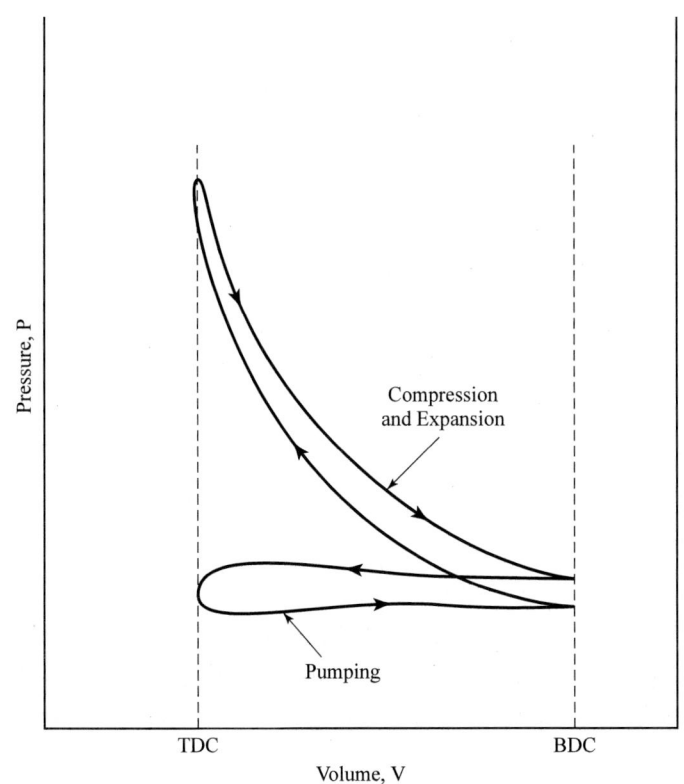

그림 11-3
모터로 구동되는 기관의 P-V선도. 흡입 행정과 압축 행정은 연소 기관의 사이클과 비슷하다. 연소 없이 압력을 상승시키면 팽창 행정은 흡입 행정과 반대가 되어 아주 미소한 블로다운이 생긴다.

$$(\text{mmep}) = (\text{fmep})_m + (\text{gmep})_m + (\text{pmep})_m \tag{11-17}$$

여기서, 첨자 m은 모터 구동 조건을 나타낸다.

모터로 구동하는 기관에서 연소 발생은 없으므로 정상 연소 압력 상승은 발생하지 않으며, 팽창 행정과 압축 행정이 서로 바뀐다. 본래 총지시일이나 동력은 없으므로 다음과 같다.

$$(\text{gmep})_m = 0 \tag{11-18}$$

만약 모터로 구동되는 기관이 교축 밸브를 전개하고 운전된다면, 펌프일은 거의 없다.

$$(\text{pmep})_m = 0 \tag{11-19}$$

식(11-17)로부터 다음 식을 얻을 수 있다.

$$\text{mmep} \approx (\text{fmep})_m \tag{11-20}$$

만약 모터로 구동되는 기관에서 온도와 속도와 같은 모든 매개 변수가 점화 기관에서와 같이 일정하다면,

$$(\text{fmep})_m \approx (\text{fmep})_{\text{fired}} \tag{11-21}$$

그리고,
$$\text{mmep} \approx (\text{fmep})_{\text{fired}} \tag{11-22}$$

그리고,
$$\dot{W}_m \approx \dot{W}_f \tag{11-23}$$

가 된다.

따라서, 모터로 구동하는 기관의 전기 동력 입력 값을 측정함으로써 표준 기관의 마찰 동력 손실을 구하는 좋은 근사해를 만들 수 있다.

모터로 구동되는 기관의 모든 조건이나 연소를 이용하는 기관의 모든 조건이 서로 비슷하게 유지하는 것은 필수적이다. 특히, 온도가 그러하다. 온도는 기관 유체(윤활유, 냉각제 그리고 공기)의 점도와 여러 기관 부품의 열팽창과 접촉에 큰 영향을 미치는데 모두 기관 마찰에 주된 영향을 미친다. 오일은 같은 비율로 순환되어야 하고, 온도(점도)도 점화된 기관에서와 마찬가

지로 일정하게 유지되어야 한다. 공기와 기관 냉각제의 유동은 가능하면 일정하게 유지되어야 한다(즉, 교축 밸브의 세팅을 일정하게 하고, 펌핑률도 일정하게 한다).

기관을 모터로 구동시켜 기관의 마찰을 측정하는 표준 방법으로 처음에는 정상적인 점화모드로 운전시킨다. 기관이 모든 온도에서 정상 상태 조건에 도달했을 때, 기관을 끔과 동시에 전기 모터를 사용하여 즉시 시험한다. 아주 짧은 시간 동안 기관의 온도는 점화하여 운전되는 기관과 거의 같은 온도가 된다. 이 조건은 빠르게 변하는데, 이는 더 이상의 연소도 일어나지 않으며, 기관의 냉각이 시작되기 때문이다. 그렇지만 즉시 약간의 차이가 생길 것이다. 모든 온도가 보정된다 해도 배기 유동은 아주 다르게 된다. 점화 기관에서 배기 유동을 형성시켜 주는 고온의 연소 생성물은 모터로 구동되는 기관에서 훨씬 더 차가운 공기에 가깝다. 모터로 구동되는 기관 시험 결과는 기껏해야 기관 마찰의 근사해에 가까울 뿐이다.

기관을 모터로 구동하는 방법을 사용하여 마찰 실험을 하므로, 기관 부품이 개별적으로 총마찰에 얼마 만큼의 영향을 미치는가를 결정하는 데 기관 부품은 제외할 수 있다. 예를 들면, 기관은 밸브가 연결되거나 연결되지 않고도 모터로 구동된다. 따라서 필요한 동력의 차이는 밸브 마찰에 근접하게 된다. 여기에 따르는 한 가지 문제는, 기관이 부분적으로 분해되면 기관 온도를 정상적인 운전 온도 근처에서 유지하기 어렵다는 것이다. 그림 11-4는 여러 기관 부품에 분배되는 마찰비에 대한 전형적인 선도를 나타낸다.

총마찰의 주요 부분을 차지하는 부분은 피스톤과 피스톤 링이다. 그림 11-5는 1사이클을 이루는 동안 피스톤부에서 일어나는 전형적인 마찰력을 나타낸다. 이들 힘은 상사점과 하사점 근처에서 가장 크며, 여기서 피스톤은 순간적으로 멈추게 된다. 피스톤과 실린더 벽 사이에 상대 운동이 없을 때, 이들 표면 사이의 유막은 양 표면 사이의 고압에 의하여 압착된다. 그러므로 피스톤이 새로운 행정을 시작할 때, 표면 사이에 윤활유는 거의 존재하지 않게 되어 어떤 부위에서는 금속과 금속의 접촉이 생기게 되는데, 이로 인해 상당히 큰 마찰력이 생긴다. 피스톤이 윤활된 실린더 벽 위에서 속도가 증가하면, 유막과 같이 움직여 수력학적으로 부유하게 된다. 이런 상태는 움직이는 표면 사이의 윤활 중 가장 효율적인 형태이고, 마찰력은 최소가 된다.

피스톤 속도가 0인 상사점과 하사점에서는 미소 마찰력이 있다는 것을 그림 11-5는 보여 주고 있다. 질량 관성력과 높은 가속률 때문에 부품의 연결부와 피스톤에는 인장과 압축이 생겨 처짐이 발생한다. 이것이 최대 평균 허용 피스톤 속도가 크기에 관계없이 모든 기관에 대하여 5~20인 이유이다. 이보다 더 높은 속도에서는 대부분 기관의 피스톤 부 재료(예컨대, 철과 알루미늄)는 안전성이 작고, 구조적으로 부서지가 쉬운 위험이 있다.

마찰력의 크기는 흡입과 압축, 배기 행정에서 거의 같다. 팽창 행정 때에는 높은 압력과 힘이 발생하기 때문에 마찰력이 훨씬 더 크다.

대부분 기관의 피스톤부에는 총마찰력의 1/2 정도가 미치며, 가벼운 부하에서는 75% 정도가 미친다. 피스톤 링만의 마찰력은 총마찰력의 20% 정도이다. 대부분의 피스톤에는 두 개의

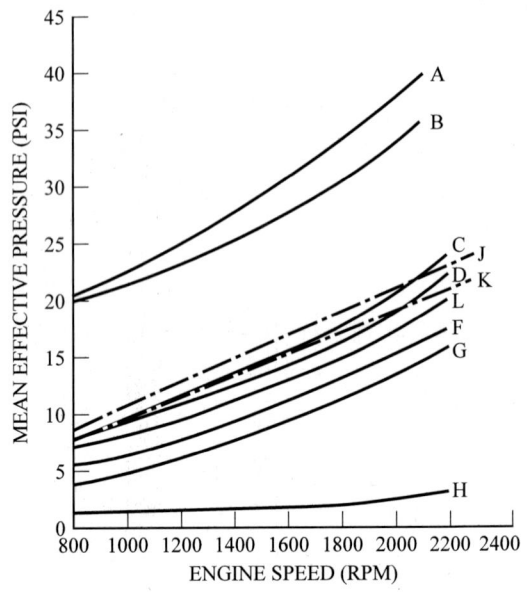

ENGINE SETUP
  A- COMPLETE ENGINE□
  B- COMPLETE ENGINE MINUS INTAKE
     AND EXHAUST MANIFOLDS
  C- SETUP B MINUS ALL VALVES,
     CAMSHAFT, AND MEASURED
     PUMPING LOSS
  D- SETUP C MINUS WATER PUMP
  E- SETUP D MINUS OIL PUMP
  F- SETUP E MINUS ALL TOP AND
     INTERMEDIATE PISTON RINGS
  G- SETUP E MINUS ALL PISTON RINGS
  H- CRANKSHAFT ONLY
  J- MOTORED ENGINE FRICTION PER
     IMEP METER MEASUREMENTS ON
     COMPLETE ENGINE [ENG.
     (MECHANICAL) FRICTION]
  K- IDLE AND LOADED ENGINE
     FRICTION PER IMEP METER
     MEASUREMENTS ON COMPLETE
     ENGINE [ENG.(MECHANICAL)
     FRICTION]
  NOTE-NO MEASURABLE LOSS IN
     FUEL PUMP AND GOVERNOR GROUP

그림 11-4
기관을 모터로 운전하여 측정한 여러 기관의 손실 마찰. fmep(psia)항으로 주어진 모든 손실은 기관 속도와 함께 증가한다. 참고 문헌[194]에서[20]에서 인용.

압축링과 하나 또는 두 개의 오일링이 달려 있다. 두 번째 압축링은 연소와 동력 행정에서 첫 번째 압축링을 지나 발생하는 압력차를 줄인다. 마찰을 줄이기 위하여 압축링을 얇게 만드는 관행이 이어져 왔는데. 어떤 기관의 링은 1mm 정도인 것도 있다. 오일링은 실린더 벽 위의 유막을 분배하여 옮기는 역할을 하며, 압력차를 지탱하지는 않는다. 모든 링은 하중을 받으면 벽 쪽으로 밀리는 스프링 역할을 하여 높은 마찰력을 일으킨다.

압축링을 추가로 달면 기관의 총마찰일은 10kPa 정도가 된다. 압축비를 한 단계 올리면 10kPa의 총마찰일이 증가한다. 따라서, 압축비를 증가시키면 크랭크축과 커넥팅로드에 더 큰 하중에 견디는 베어링이 필요하며, 부가적인 피스톤 압축링이 필요하다.

기관의 밸브 동력계(valve train)는 총마찰력의 25% 정도를 차지하고, 크랭크축 베어링은 총마찰력의 10% 정도, 기관 구동 부속품은 15% 정도 차지한다.

그림 11-6과 그림 11-7에 모터로 구동하는 평균 유효 압력(≈mmep)을 평균 피스톤 속도의 함수로 표시하였다. 축의 피스톤 속도는 곡선 형태를 바꾸지 않고 기관 속도로 대치할 수 있다. 데이터가 이 같은 곡선을 만들 때 레이놀즈 수는 평균 피스톤 속도의 항로 정의된다. 그러므로

$$\mathrm{Re} = \overline{U}_p B / \nu \tag{11-24}$$

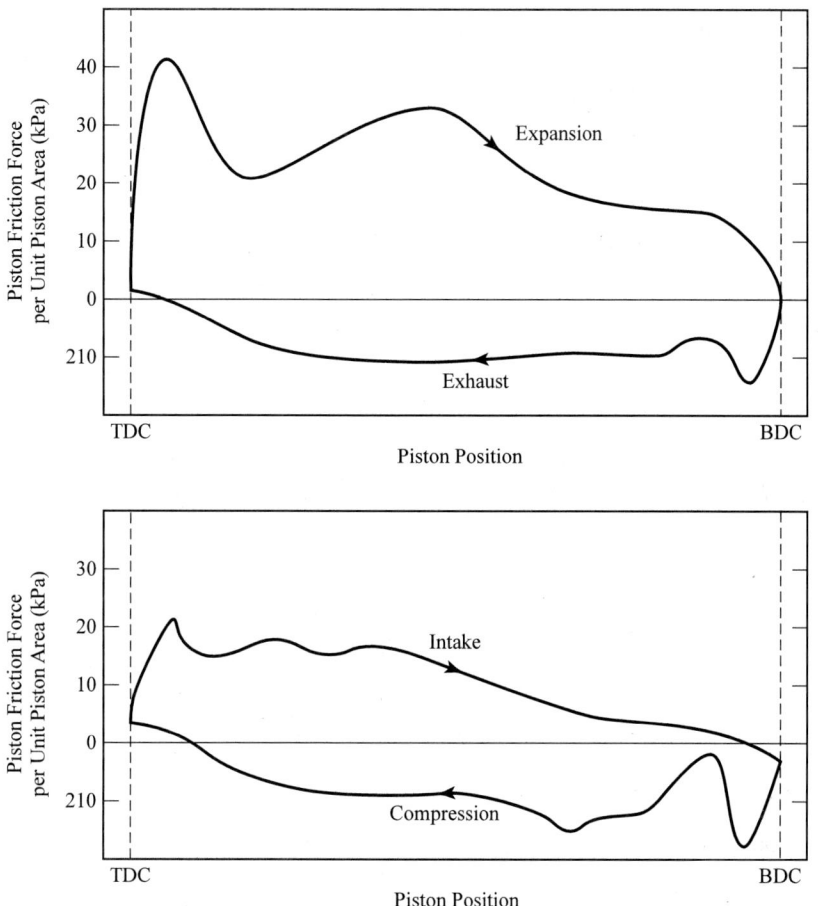

그림 11-5
기관이 1사이클을 할 때 피스톤과 피스톤 링의 마찰력. 팽창 행정 동안에 마찰이 더 큰 이유는
이 사이클 중 팽창 행정에서 압력과 힘이 더 크기 때문이다. 참고 문헌[80]에서[20]에서 인용.

여기서,　　　　B = 　실린더 내경(bore)

　　　　　　　　v = 　윤활유의 동점도

크기가 다른 기관으로부터 얻은 데이터는 만약 윤활유의 동점도를 실린더 내경 B에 비례하게
하여 보정한다면, 즉 B/v가 일정하다면 동일 피스톤 속도와 동일 온도에서 비교할 수 있을 것
이다. 이렇게 하면 피스톤 속도의 종좌표 변수는 레이놀즈 수로 대치될 수 있으므로 같은 곡선
이 될 것이다. 이것은 오일이 기관의 윤활에 영향을 미치지 않고 동점도를 얼마나 조절할 수 있
느냐에 따라 한계가 있다.

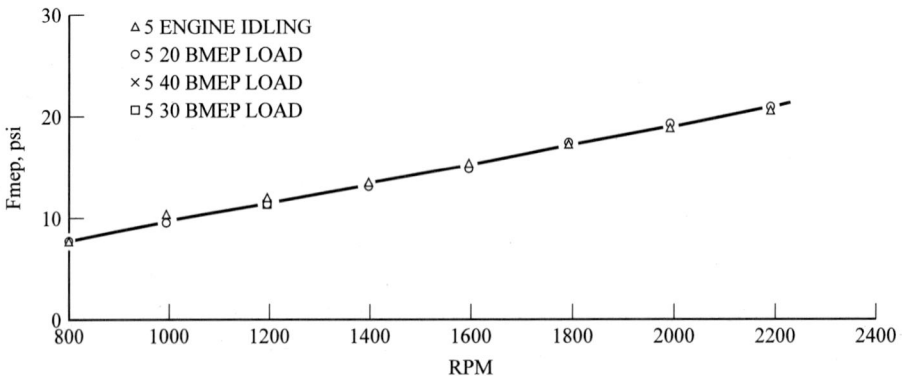

그림 11-6
6기통 압축착화 기관에서 기관 속도와 부하의 함수로 나타낸 마찰 평균 유효 압력. 압력은 psia. ckarh
참고 문헌[158]에서 인용.

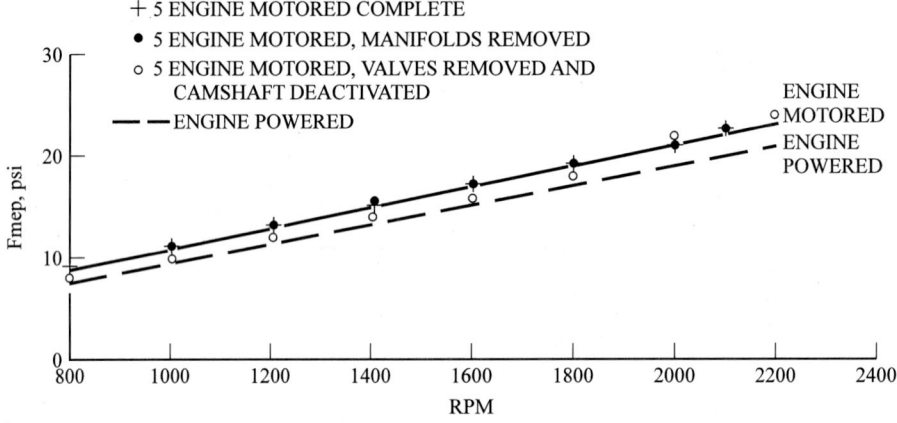

그림 11-7
구동 기관과 연소된 기관의 마찰 평균 유효 압력의 비교. 기관은 6기통의 압축 착화 기관. 압력은 psia.
참고 문헌[158]에서 인용.

예제 11-1

직경 8.15cm, 행정 길이 7.82cm, 커넥팅로드 길이 15.4cm를 가진 5기통 기관이 피스톤 스커트 부분의
길이가 6.5cm이고, 질량이 0.32kg이다. 어떤 크랭크각과 기관 속도에서 순간적인 피스톤 속도가 8.25이

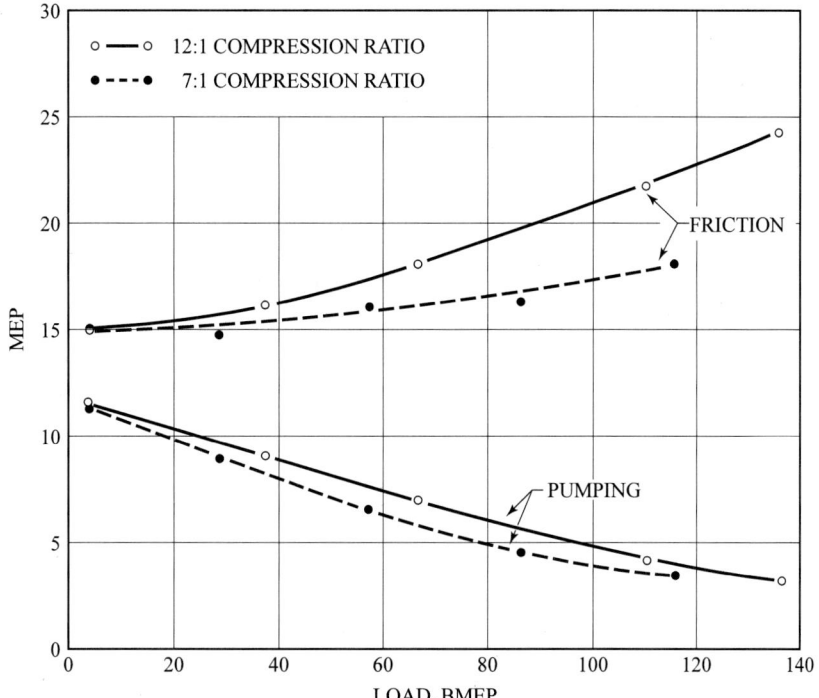

Friction and pumping work versus load at two compression ratios

그림 11-8

그림 11-8 2개의 압축비에 대하여 제동 평균 유효 압력(bmep)의 함수로써 나타낸 마찰 평균 유효 압력(fmep)과 펌핑 평균 유효 압력(pmep). 기관은 4기통, 3.25리터, 전기 점화 기관으로 9.53cm 보어, 11.40cm 행정을 가지며 1,600RPM으로 구동된다. 압력은 psia. 참고 문헌[194]에서[177]에서 인용.

다. 피스톤과 실린더 벽 사이의 틈새 거리는 0.004mm이다. SAE 10W-30 모터 오일이 기관에 사용되었다. 실린더와 피스톤 접촉면의 온도에서 오일의 동점도는 0.006N-/m^{2}이다. 이 상태에서 피스톤 상의 마찰력을 계산하라.

풀 이

식(11-13)을 사용하여,

$$\tau_s = \mu(dU/dy) = \mu(\Delta U/\Delta y)$$
$$= (0.006 \text{ N-sec/m}^2)[(8.25 \text{ m/sec})/(0.000004 \text{ m})] = 12,375 \text{ N/m}^2$$

피스톤과 실린더 사이의 접촉 면적은,

$$A = \pi B (\text{height}) = \pi(0.0815\,\text{m})(0.065\,\text{m}) = 0.0166\,\text{m}^2$$

피스톤 위의 마찰력은,

$$F_f = \tau_s A = (12{,}375\,\text{N/m}^2)(0.0166\,\text{m}^2) = \underline{205\,\text{N}}$$

예제 11-2

5기통 실린더의 동력계 데이터, 4행정 사이클, 260-in.³의 체적, 압축점화기관은 아래의 결과를 준다.

N = 1000 RPM ↑ 토크 τ =	230 lbf-ft	기계효율 η_m =	88%
3000 RPM	257 lbf-ft		78%
5000 RPM	224 lbf-ft		62%

다음을 계산하라.

1. 3,000RPM에서 지시 마력
2. 1,500RPM에서 평균 마찰 압력
3. 400RPM에서 마찰 마력 손실

풀 이

(1) 식(2-82)로 3,000RPM에서의 제동 마력을 아래와 같이 구한다.

$$\dot{W}_b = [(3000)(257)]/(5252) = 146.8\,\text{hp}$$

지시마력을 구하기 위하여 식(2-47)을 사용하라.

$$\dot{W}_i = \dot{W}_b/\eta_m = (146.8\,\text{hp})/(0.78) = \underline{188.2\,\text{hp} = 140.3\,\text{kW}}$$

$$\dot{W}_f = \dot{W}_i - \dot{W}_b = (188.2 \text{ hp}) - (146.8 \text{ hp}) = 41.4 \text{ hp}$$

(2) 3,000RPM에서 마찰마력을 구하기 위하여 식(2-49)를 사용하라.
식(2-90)으로 3,000RPM에서 평균 제동 압력을 구한다.

$$\text{fmep} = [(396,000)(41.4)(2)]/[(260)(3000)] = 42.0 \text{ psia}$$

1,000RPM에서 평균 제동 압력을 구하기 위해 식(2-82), 식(2-47), 식(2-49), 식(2-90)을 사용하라.

$$\dot{W}_b = [(1000)(230)]/(5252) = 43.8 \text{ hp}$$
$$\dot{W}_i = (43.8)/(0.88) = 49.8 \text{ hp}$$
$$\dot{W}_f = (49.8) - (43.8) = 6.0 \text{ hp}$$
$$\text{fmep} = [(396,000)(6.0)(2)]/[(260)(1000)] = 18.3 \text{ psia}$$

5,000RPM에서 평균 제동 압력을 구하기 위하여 식(2-82), 식(2-47), 식(2-49), 식(2-90)를 사용하라.

$$\dot{W}_b = [(5000)(224)]/(5252) = 213.3 \text{ hp}$$
$$\dot{W}_i = (213.3)/(0.62) = 344.0 \text{ hp}$$
$$\dot{W}_f = (344.0) - (213.3) = 130.7 \text{ hp}$$
$$\text{fmep} = [(396,000)(130.7)(2)]/[(260)(5000)] = 79.6 \text{ psia}$$

1,000RPM, 3,000RPM, 5,000RPM에서 평균제동압력을 구하기 위해 식(11-12)를 사용하라.

$$\text{fmep} = A + BN + CN^2$$
$$\text{At 1000 RPM:} \quad 18.3 = A + B(1000) + C(1000)^2$$
$$\text{At 3000 RPM} \quad 42.0 = A + B(3000) + C(3000)^2$$
$$\text{At 5000 RPM} \quad 79.6 = A + B(5000) + C(5000)^2$$

A, B, C를 풀어라. $\quad A = 11.656 \quad B = 0.0049 \quad C = 1.738 \times 10^{-6}$

이제 1,500RPM에서 평균 제동 압력을 구하기 위하여 이 식을 사용하라.

$$\text{fmep} = (11.656) + (0.0049)(1500) + (1.738 \times 10^{-6})(1500)^2 \underline{= 22.9 \text{ psia} = 158 \text{ kPa}}$$

(3) 4,000RPM에서 평균 제동 압력을 구하기 위해 A, B, C의 구한 값으로 식(11-12)를 사용하라.

$$fmep = (11.656) + (0.0049)(4000) + (1.738 \times 10^{-6})(4000)^2 = 59.1 \text{ psia}$$

4,000RPM에서 제동 마력 손실을 구하기 위하여 식(2-90)을 사용하라.

$$\dot{W}_f = [(59.1)(260)(4000)]/[(396,000)(2)] = 77.6 \text{ hp} = 57.9 \text{ kW}$$

기관 부속품

크랭크축에 연결되어 구동하여 기관의 제동 출력을 감소시키는 여러 기관 부속 장치와 자동차 부속이 있다. 이런 것들 중 일부는 연속적으로 작동하고(연료 펌프, 오일 펌프, 과급기, 기관 팬), 어떤 것은 단지 필요한 경우에만 작동한다 (제동 펌프, 에어컨, 압축기, 배출 제어 공기 펌프, 동력 조향 펌프). 기관의 마찰력을 측정하기 위하여 모터로 구동했을 때 세 개의 필수 부속품(워터 펌프, 연료 펌프, 교류 발전기)이 총마찰력의 20% 정도에 해당한다. 구형 기관에서 워터 펌프, 연료 펌프는 기계적으로 크랭크축에 의해 구동되었다. 대부분의 현대 기관에는 전기 연료 펌프가 탑재되어 있고, 전기 워터 펌프를 구비하고 있는 것도 있다. 이러한 것들을 구동시키기 위한 동력은 교류 발전기로부터 얻는데, 이 교류 발전기는 번갈아 기관의 크랭크축에서 동력을 얻는다. 대부분의 기관에는 외부 공기를 끌어들여 라디에이터를 통과시켜 기관 부품에 송풍시키는 냉각팬이 있다. 대부분의 냉각 팬은 크랭크축에 직접 연결되어 있어 기계적인 동력을 얻는다. 기관 속도가 증가하면 팬의 속도 또한 증가한다. 공기팬을 구동하는 데 필요한 동력은 팬 속도의 세제곱에 비례하여 상승하기 때문에 필요한 동력은 고속에서 보다 많이 얻을 수 있다. 기관 속도가 높을수록 자동차 속도로 빨라져 팬 냉각은 필요하지 않다. 자동차의 속도가 빨라지면 차의 전진 운동으로 인해 기관을 적당히 냉각할 수 있을 만큼 충분한 공기가 라디에이터와 기관 부품을 통과하게 되므로 팬은 필요하지 않다. 동력을 절약하기 위하여 어떤 팬들은 냉각 효과가 필요할 때에만 구동되기도 한다. 이것은 기계적이나 수력학적으로 연결되어 있어 고속이나 차가운 온도에서는 연결이 차단되어 작동하지 않는다(즉, 원심 펌프나 열 클러치). 대부분의 팬은 전기적으로 구동되며, 필요할 때 열 스위치로 작동될 수 있다. 에어컨이 장착된 자동차에는 AC 콘덴서에 많은 양의 냉각이 필요하므로 흔히 더 큰 팬이 필요하다.

11.3 피스톤의 힘

그림 11-9는 피스톤에 작용하는 힘을 나타낸다. 실린더의 중심선을 축으로 사용하였고, 동력

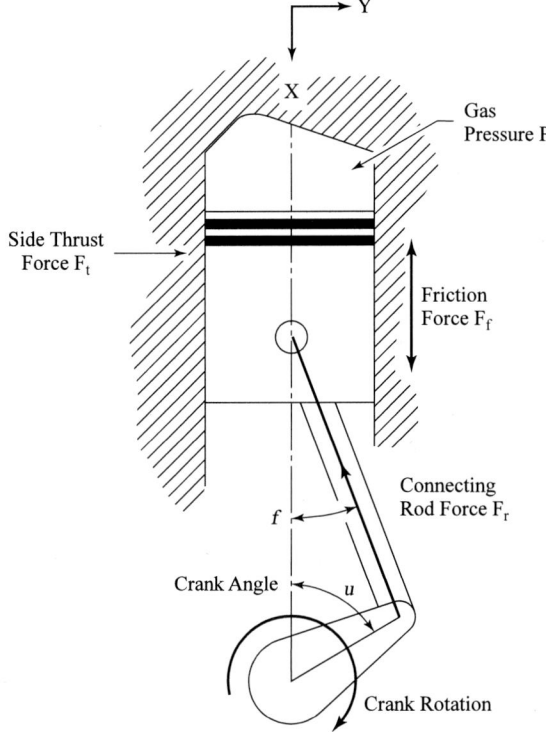

그림 11-9
피스톤에 대한 힘 평형. 측추력은 커넥팅로드에 대한 반동력이며, 커넥팅로드의 평면상에 있다. 피스톤이 하사점을 지나면 측추력은 실린더 반대쪽으로 바뀌게 된다. 커넥팅로드력과 측추력은 동력 행정에서 가장 큰 힘이며, 이것은 주추력부라고 부른다. 배기 행정에서는 부추력부에 이보다 더 작은 힘이 걸리게 된다. 마찰력은 피스톤의 방향과 반대 방향으로 작용하고, 상사점과 하사점에서 그 방향이 바뀐다.

행정 중 피스톤의 운동 방향인 아래 방향을 양(+)으로 잡았다. 축은 중심선에서 0이며, 반경 방향이다. 방향의 힘 평형식은,

$$\sum F_x = m(dU_p/dt) = -F_r \cos \phi + P(\pi/4)B^2 \pm F_f \tag{11-25}$$

여기서,
ϕ = 실린더의 중심선과 커넥팅로드 사이의 각
m = 피스톤 질량
(dU_p/dt) = 피스톤의 가속도
F_r = 커넥팅로드의 힘
P = 연소실의 압력
B = 실린더의 내경
F_f = 피스톤의 실린더 사이의 마찰력

마찰력 항에서 부호는 크랭크각에 따라 달라진다.

－ 일 때 $0° < \theta < 180°$
＋ 일 때 $180° < \theta < 360°$

504   내연 기관 공학

Y방향의 운동은 없다. 따라서 힘 평형식은,

$$\sum F_y = 0 = F_r \sin \phi - F_t \tag{11-26}$$

식(11-25)와 식(11-26)을 합하면 피스톤에 작용하는 측추력을 계산할 수 있다.

$$F_t = [-m(dU_p/dt) + P(\pi/4)B^2 \pm F_f]\tan \phi \tag{11-27}$$

측추력은 커넥팅로드의 힘에 대한 방향의 반작용력이고, 커넥팅로드의 평면에 놓여 있다. 식(11-27)을 보면 F_t는 일정한 힘이 아니며, 기관이 사이클을 이루는 동안 변하는 피스톤 위치(각 ϕ, 가속도(dU_p/dt), 압력(P)과 마찰력(F_f)에 따라 변한다는 것을 알 수 있다. 동력 행정과 흡입 행정을 하는 동안 측추력은 커넥팅로드의 평면상에 있는 실린더의 한쪽 면(그림 11-9에서 보는 것처럼 기관 회전에 대하여 왼쪽)에 있게 된다. 동력 행정 중 고압이 발생하기 때문에 이 힘을 실린더의 **주스러스트면**이라고 부른다. 이렇게 생성된 높은 압력은 커넥팅로드에 강한 반동력을 일으켜 차례로 큰 측추력 반동력을 일으킨다. 배기 행정과 압축 행정을 하는 동안에 커넥팅로드는 크랭크축의 반대쪽에 있게 되어 측추력 반동력은 실린더의 반대쪽(그림 11-9의 오른쪽)에 놓이게 된다. 이 면은 압력이 낮고 작용하는 힘이 적으므로 **부스러스트면**이라고 부르며, 역시 커넥팅로드의 평면에 위치한다. 피스톤에 걸리는 측추력은 커넥팅로드의 평면으로부터 원주상으로 멀어지는 평면에 대해서는 더 작게 되고, 커넥팅로드 평면과 직각인 평면에서 최소가 된다. 피스톤 링에 걸리는 하중에 대한 반동력은 여전히 작다.

측추력은 피스톤이 실린더의 전후로 움직이는 데 따른 크랭크 각의 변화에 따라 변한다. 따라서, 반경 방향과 상사점으로부터 하사점에 이르는 실린더의 길이 방향에 따라 계속 변하게 된다. 이러한 힘의 변화로 인해 실린더 벽에는 마모가 발생한다. 이 마모 중 가장 큰 마모는 실린더의 주스러스트면에 의해 커넥팅로드의 평면에 발생한다. 부스러스트면에서 발생하는 마모가 작다 할지라도, 이 마모 또한 무시하지 못한다. 이 마모는 실린더 양 벽의 길이에 따라 변한다. 다양한 각도에 따른 부가적인 마모가 기타 다른 회전 평면과 실린더 길이 방향의 거리에 따라 발생한다. 기관이 낡을수록 이 마모는 어떤 부위에서는 중요한 마모의 원인이 된다. 새 기관이기 때문에 기관 실린더의 단면이 완전히 둥글다고 할지라도, 시간이 지남에 따라 마모되어 둥근 부분이 훼손된다[125].

마찰을 줄이기 위한 방편으로 현대 기관에는 질량이 작고 스커트부가 짧은 피스톤을 사용한다. 질량이 작으면 피스톤 관성을 줄일 수 있고, 식(12-27)의 가속도 항을 줄일 수 있다. 피스톤의 스커트부가 짧으면 접촉 표면이 작아져 문지름 마찰을 줄이게 된다. 그렇지만 피스톤이 실린더로부터 위로 올라가는 것을 방지하기 위해 피스톤과 실린더 벽 사이의 공차를 작게 해야 한

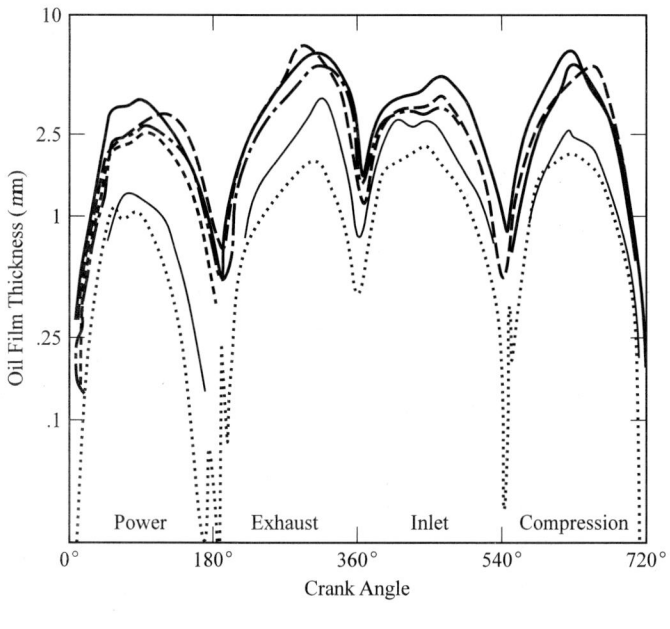

그림 11-10
속도와 부하(bmep)의 함수로 나타낸 피스톤 압축링과 실린더 벽사이의 오일막 두께. 상사점과 하사점에서 피스톤이 멈출 때, 오일은 압착되어 오일막 두께는 최소가 된다. 피스톤이 반대 방향으로 움직이면 오일막은 양 표면 사이에서 끌리게 되어 피스톤 속도가 최대가 되는 점에서 오일막 두께가 최대인 점에 이르고, 피스톤 속도가 감소함에 따라 다시 오일막 두께는 감소하게 된다. 데이터들은 Perkins AT6-354 디젤 기관에서 실린더의 주 스러스트면에 대한 것이다. 참고 문헌[3]에서 인용.

다. 초기 기관에 비해 작고 가는 피스톤 링은 비교적 일반화되어 있지만, 이 또한 공차를 작게 만들어야 한다. 어떤 기관의 피스톤 핀은 피스톤의 중심으로부터 부스러스트면으로 1~2mm 정도 치우쳐 있다. 이렇게 하면 측추력을 감소시켜 주스러스트면의 마모를 줄일 수 있다.

가공하는 사람들 중 행정을 줄여 마모를 줄이면 좋다고 생각하는 사람이 있다. 그러나 그렇게 하면 주어진 배기량에 대하여 실린더 직경은 커져야 하고, 따라서 실린더 표면이 넓어지므로 열손실이 커지게 된다. 또한, 화염 전파 거리가 길어지면 노킹 현상이 증가한다. 대부분의 중간 크기의 기관이 B≈S인 정사각형에 가깝게 되는 이유는 이 때문이다.

그림 11-10은 기관이 사이클을 이루는 동안 피스톤의 주위의 한 위치에서 피스톤과 실린더 벽 사이의 유막의 두께가 속도에 따라 어떻게 변하는가를 보여 준다. 피스톤 마찰력은 오일의 점성, 엔진 속도, 그리고 도시 평균압력에 비례할 것이다.

일부 대형 압축 점화 기관에서 피스톤 추력(trust force)은 **크로스헤드**(그림 11-11)라고 불리는 2차 미끄러짐 원리가 가해짐으로써 소멸될 것이다. 크로스헤드는 실린더의 팽창에 포함되어 있고, 커넥팅로드에 의하여 크랭크축과 연결되어 있다. 피스톤은 실린더 벽과 평행하게 놓여

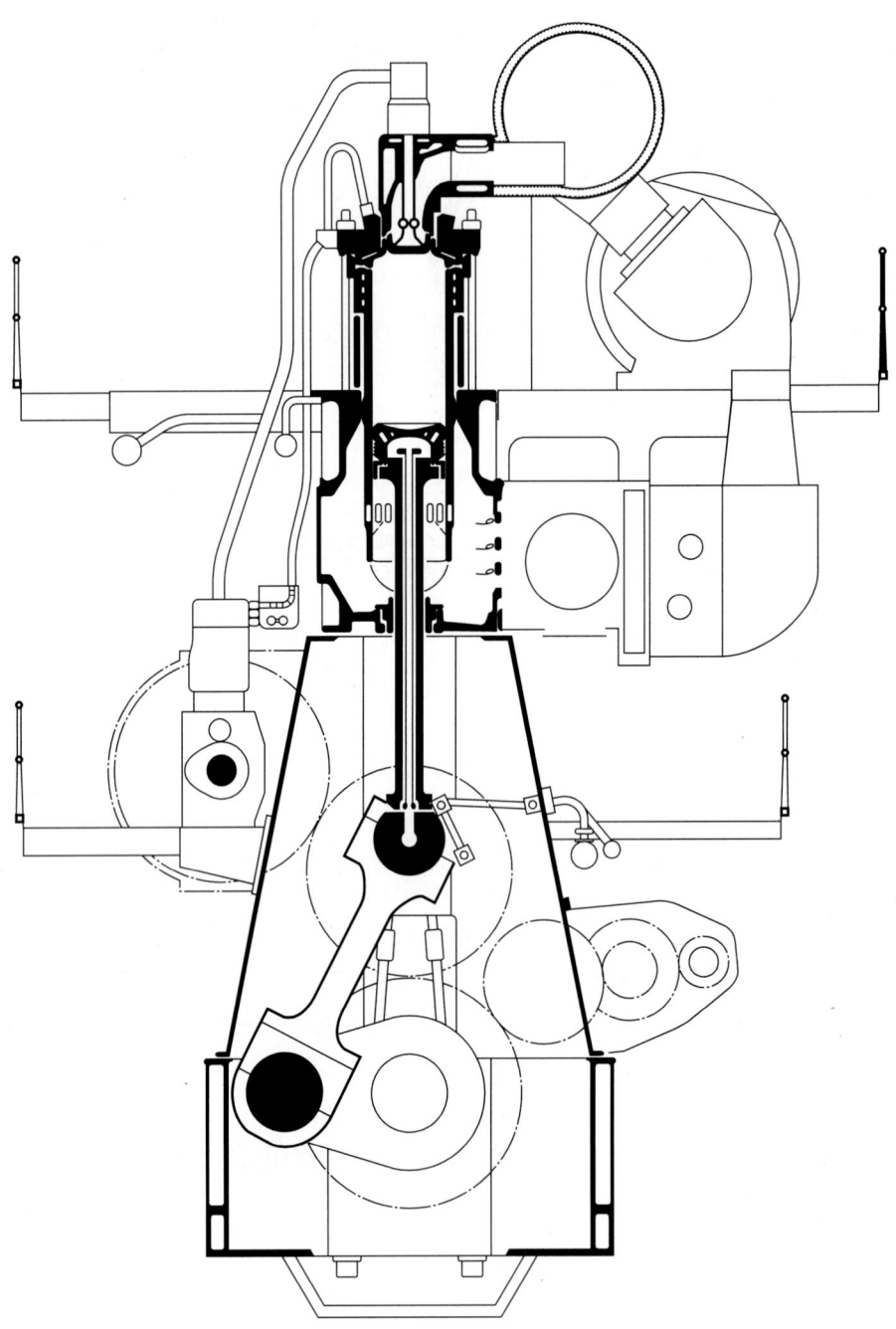

그림 11-11

대형 Sulzer RTA62 2행정 사이클 압축 착화 기관의 단면. 이 기관의 피스톤들은 피스톤의 측추력을 제거하는 부수적인 크로스헤드 매카니즘을 통하여 크랭크축에 연결되어 있다. 크로스헤드는 커넥팅로드에 의하여 크랭크축과 연결되어 있고, 측추력을 발생한다. 참고 문헌[198]에서[198]에서 인용.

있는 2차의 커넥팅로드에 의하여 크로스헤드와 연결되어 있다. 이것은 피스톤에서 측력을 제거하고, 측력들을 크로스헤드까지 전달하며 주 실린더 벽에 마모를 줄인다. 이 시스템은 질량, 높이, 그리고 엔진에서의 더 많은 기계장치를 만들고, 더 작은 혹은 자동차 엔진에서는 거의 발견되지 않는다[150].

예제 11-3

예제 11-1에 주어진 조건에서 그림 11-12에 표시된 실린더와 크랭크각에서 기관이 동력 행정을 한다. 이 점에서 실린더의 압력이 3,200kPa이고, 커넥팅로드의 압축력이 8.1kN이다. 이 때, 실린더 벽에 작용하는 추력을 계산하라.

풀 이

크랭크가 치우친 길이는 행정 길이의 반 = 3.91cm
커넥팅로드와 실린더 중심선 사이의 각은,

$$\tan \phi = 3.91/15.4 = 0.2539$$
$$\phi = 14.25°$$

식(11-25)를 사용하면 가속도는,

$$
\begin{aligned}
m(dU_p/dt) &= -F_r \cos \phi + P(\pi/4)B^2 - F_f \\
&= -(8.1 \text{ kN}) \cos(14.25°) + (3200 \text{ kPa})(\pi/4)(0.0815 \text{ m})^2 - (205N) \\
&= 8638 \ N
\end{aligned}
$$

식(11-27)을 사용하여 추력을 계산하면,

$$
\begin{aligned}
F_t &= [-m(dU_p/dt) + P(\pi/4)B^2 - F_f]\tan\phi \\
&= [-(8638 \text{ N}) + (3200 \text{ kPa})(\pi/4)(0.0815 \text{ m})^2 - (205 \text{ N})]\tan(14.25°) \\
&= \underline{1994N}
\end{aligned}
$$

이 힘은 실린더의 주스러스트면에 대하여 커넥팅로드의 평면에 있을 것이다.

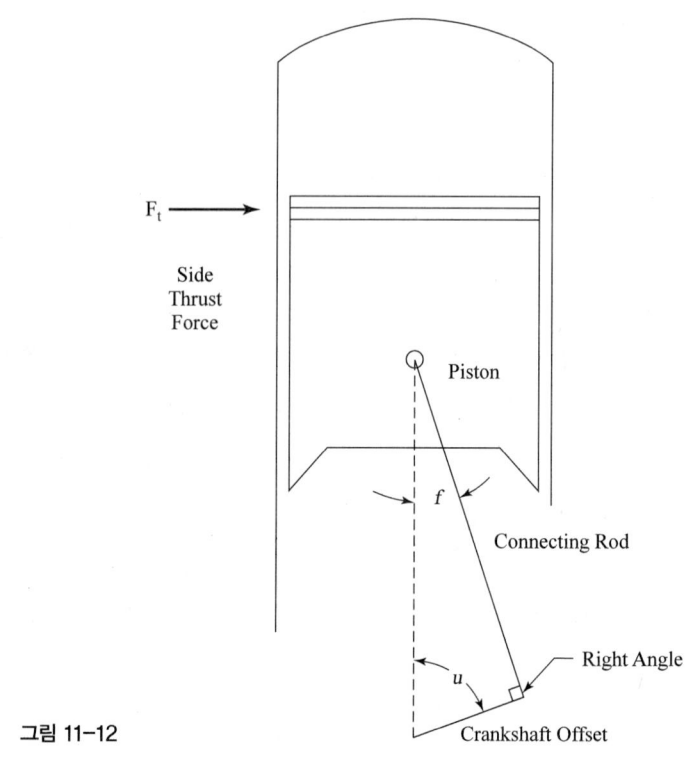

F_t

Side
Thrust
Force

Piston

f

Connecting Rod

Right Angle

u

Crankshaft Offset

그림 11-12

11.4   기관 윤활 장치

기관에 사용되는 오일 분배 장치는 비산식, 가압식 그리고 두 방식을 혼합한 세 가지 기본 형태
가 있다.

비산식 방법에서 크랭크케이스는 오일 저장소로 쓰이며, 크랭크축은 오일 속에서 고속 회전
하여 여러 구동 부분에 오일을 비산시켜 분배한다. 따라서, 오일 펌프는 사용되지 않는다. 밸브
작동 기구 및 캠축을 포함하여 모든 구성 부품은 크랭크케이스에 노출되어 있다. 오일은 피스톤
후면에서 비산되어 피스톤 상단의 후반부에 이르게 되어 윤활과 냉각 기능을 한다. 소형 4행정
기관의 대부분(잔디 깎는 기계, 골프 카트 등)은 오일 비산식을 사용한다.

가압식 오일 분배 장치를 가진 기관은 부품 내에 만들어진 오일 통로를 통하여 움직이는 부분
에 윤활유를 공급하기 위해 오일 펌프를 사용한다(그림 11-13). 전형적인 자동차 기관에는 커
넥팅로드, 밸브 시스템, 푸시 로드, 로커암, 밸브 시크, 엔진 블록 그리고 움직이는 많은 부분
에 오일 통로가 있다. 그것들에는 오일 펌프에 의하여 분배되는 오일 순환로가 만들어져 있다.
그 외에 오일은 실린더 벽과 피스톤 상부의 후면에 압력이 가해져 비산하게 된다. 대부분의 자
동차에는 실제로 오일 펌프로 압력을 가하여 유동시키는 방식 외에 크랭크케이스로 비산시키는

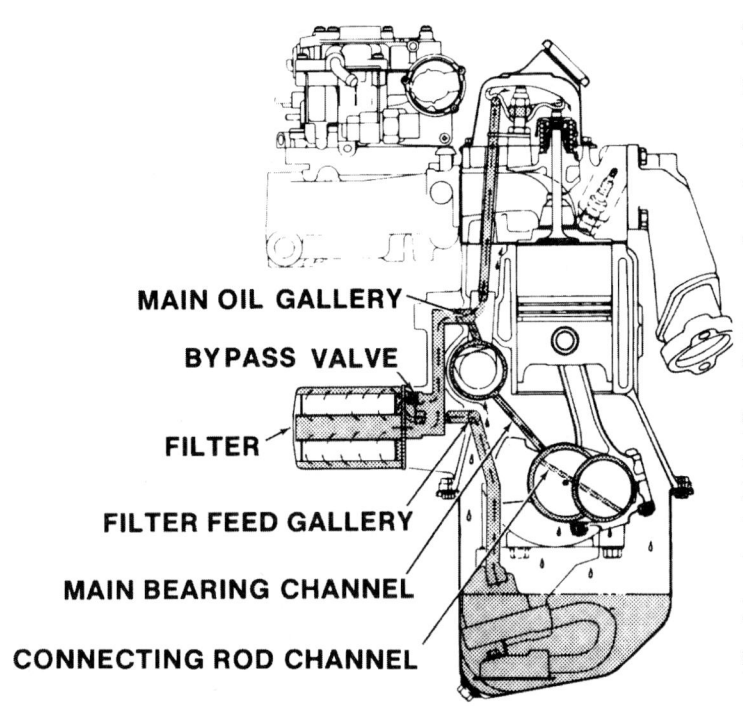

그림 11-13
가압식과 비산식을 조합한 장치를 가진 1980년대 자동차 엔진의 윤활. 오일 펌프로 가압된 상태의 오일을 각 부품에 분배시킨다. 이 장치에는 여과기와 오일 냉각기가 있다. 참고 문헌[194]에서[135]에서 인용.

방식을 함께 사용하는 2중 분배 장치를 가지고 있다. 대부분의 거대한 정치 기관은 이런 종류의 장치를 사용한다. 대부분의 항공기 기관과 일부의 자동차 기관에서는 크랭크케이스와는 분리된 위치에 별도의 오일 탱크를 갖고 있는 전 가압 장치를 사용한다. 이것을 **드라이섬프**(dry sump)라고 부른다. 항공기는 항상 할공 상태에 있는 것이 아니며, 경사지게 비행하거나 회전할 때 오일을 제어하지 못하여 적절하게 윤활유를 공급하지 못할 수도 있다. 격막으로 드라이섬프 장치의 저장소의 오일 높이를 제어하여 오일 펌프 속으로 오일이 연속적으로 들어가게 하여 기관 전체를 윤활시킨다.

오일 펌프의 구동은 기계적 방법 또는 전기적 방법으로 할 수 있다. 펌프 출구의 압력은 일반적으로 300~400kPa이다. 만약 오일 펌프가 기관에 의하여 직접적으로 구동된다면, 기관의 속도가 고속일 경우 오일의 유량과 출구 압력을 일정하게 유지하기 위하여 어떤 장치를 만들어야 한다. 과도한 마모가 일어나는 때는 오일 펌프로 적당하게 윤활유를 분해하기 전인 기관 시동 때이다. 오일의 유동이 완전히 원활한 상태에 이르기까지는 몇 사이클이 걸리는데, 이 때 많은 부분들이 적절한 윤활을 받게 된다. 여기에 기관 시동 시 종종 오일이 차가운 문제가 있을 수 있다. 차가운 오일은 점성이 커서 적절히 순환하는 데에는 상당한 시간이 걸린다. 몇몇 기관에는 시동시키기 전에 오일을 가열하여 순환시키는 오일 예열기가 장착되어 있다. 전기 펌프는 전 기관에 오일을 분배시켜 모든 부품을 윤활시킨다.

터보 과급기가 장착된 기관의 시동을 정지시키기 전 몇 초 동안은 무부하 상태로 놓아두는 것이 좋다고 한다. 왜냐하면, 터보 과급기의 작동은 고속에서 이루어지기 때문에 기관의 시동을 꺼버릴 경우, 오일 순환이 정지되어 윤활된 표면의 오일 손실을 초래하기 때문이다. 고속으로 운전 중인 터보 과급기의 오일 공급을 멈추면 손실을 초래하기 때문이다. 고속으로 운전 중인 터보 과급기에 오일 공급을 멈추면 빈약한 윤활에 의한 큰 마모가 생기게 된다. 이 문제를 최소화하기 위하여 기관과 터보 과급기는 윤활 공급이 중지되기 전에 저속(idle)으로 전환해야 한다.

일부 대형 자동차 엔진에서의 오일 시스템은 매우 느리게 순환 시스템으로부터 오일을 제거하고, 연소실 내에서 타도록 설계되어 있다. 보충되는 오일은 새로운 오일로 가득 차 있는 개개의 오일 저장소로부터 자동적으로 1대 1비율로 더해진다. 오래된 오일을 사용하지 않은 새로운 오일로 교체하는 것은 오일 순환 시스템을 깨끗하게 유지해 주고, 50,000마일까지 오일의 교환 필요를 연기시켜 준다[166]. 일부 선박 회사들은 오일 교환에 의하여 사용한 오일을 버리는 대신에 이 오일을 연료와 섞어서 대형의 압축 착화 기관을 가진 선박 엔진에서 태우기도 한다. 하지만 이러한 것은 먼지와 마모의 증가에 대한 염려가 뒤따른다.

11.5   2행정 사이클 기관

많은 소형 기관과 실험용 2행정 자동차 기관은 흡입 공기에 대한 압축기로 크랭크케이스를 사용한다. 일반적으로 이러한 자동차 기관은 크랭크케이스가 몇 개의 부분으로 나뉘어 있고, 각 실린더는 가각의 분리된 압축기를 가지고 있다. 이 기관은 크랭크케이스를 오일 섬프로 사용할 수 없다. 따라서, 크랭크케이스 안에 다른 부품과 크랭크축을 윤활시키기 위해 대체 방법을 사용해야만 한다. 이러한 기관에서 오일은 연료와 마찬가지로 흡입 공기가 함께 기관으로 들어오게 된다. 일반적으로 기화기를 통해 연료가 흡입 공기와 섞이면, 연료 입자뿐만 아니라 오일 입자도 이 유동에 분배된다. 공기 유동은 크랭크케이스로 들어가 압축된다. 오일 입자도 이 유동에 분배된다. 공기 유동은 크랭크케이스로 들어가 압축된다. 오일 입자는 공기와 함께 운반되어 접촉하는 표면에 윤활 작용을 하는데. 처음에는 크랭크케이스 내에서, 그 다음에는 흡입 통로와 실린더에서 윤활 작용을 한다.

어떤 장치(모형 비행기 기관, 선회 발동기 보트 등)에서는 오일은 연료 탱크의 연료와 미리 혼합된다. 다른 기관(자동차 기관이나 골프 카트 등)에는 일정량의 오일을 연료 공급선이나 공기 유동 입구에서 직접 공급하는 오일 탱크가 따라 설치되어 있다. 연료와 오일의 비율은 30:1

내지 400:1이며, 기관에 따라 각각 다르다. 현대의 고성능 기관 중 어떤 것은 연료와 오일비를 기관 속도와 부하에 따라 조절할 수 있는 것도 있다. 오일이 많이 들어오는 조건에서 오일은 때때로 크랭크케이스에서 응축되기도 한다. 어떤 기관에서는 오일의 30%까지 올라가 크랭크케이스로부터 재순환된다. 오일 1리터를 사용하여 적어도 3,000마일 정도 주행할 수 있어야 한다. 대부분의 값싼 소형 기관에서는 단지 들어오는 오일을 평균값으로 계산하여 세팅한다. 만약 너무 많은 오일이 공급된다면, 연소실 벽에 퇴적물이 생성되어 밸브가 달라붙게 될 것이다. 너무 적은 오일이 공급된다면 과다한 마모가 일어날 것이며, 피스톤은 실린더에서 움직이지 않을 것이다. 흡입 연료에 오일을 섞는 방식을 사용하는 기관은 운전하는 동안 오일을 다 사용하도록 설계된다. 또한, 이 오일은 밸브 오버랩과 실린더 내 오일 증기의 미연소로 인해 발생하는 배기가스 중 HC를 방출하게 한다. 연료처럼 잘 타도록 만든 새로운 연료가 2행정 사이클 기관을 위해 개발되고 있다.

2행정 사이클 자동차 기관과 중 · 대형 기관에 들어오는 공기를 압축하기 위하여 외부 과급기를 사용하는 것도 있다. 이들 기관은 오일 섬프 역할을 하는 크랭크케이스를 가지고 있으며, 또한 4사이클 기관에서처럼 가압 /비산식 윤활 장치를 장착하고 있다.

예제 11-3

4실린더, 2행정 기관이 배기량 2.65 리터, 크랭크케이스 압축식이고, 2,400 RPM으로 움직이며, 공연비는 16.2:1이다. 이러한 상태에서 충진 효율은 72%, 상대적 충진은 87%이며, 각 실린더당 이전 사이클로부터의 잔류 배기가스는 7%이다. 흡입 공기 유동에 첨가되어 들어오는 연료 대 오일비는 50:1이다.

1. 오일 사용률
2. 배기 유동에 첨가된 미연소 오일 비

풀 이

(1) 식(5-26)의 시간율은 기관에서 시간에 따른 총 충진량이다.

$$\dot{m}_{tc} = V_d \rho_a \lambda_{rc} N/n$$
$$= (0.00265 \text{ m}^3/\text{cycle})(1.181 \text{ kg/m}^3)(0.87)(2400/60 \text{ rev/sec})/(1 \text{ rev/cycle})$$
$$= 0.1089 \text{ kg/sec}$$

잔류 배기가스가 7%이면, 충진량의 93%가 공기와 연료이다.

$$\dot{m}_{mt} = (0.1089 \text{ kg/sec})(0.93) = 0.1013 \text{ kg/sec}$$

식(5-24)을 사용하여 흡입된 연료 공기의 질량을 구하면,

$$\dot{m}_{mi} = \dot{m}_{mt}/\lambda_{te} = (0.1013 \text{ kg/sec})/(0.72) = 0.1407 \text{ kg/sec}$$

공연비가 16.2이면 유입되는 연료의 양은,

$$\dot{m}_f = (0.1407 \text{ kg/sec})/(17.2) = 0.00818 \text{ kg/sec}$$

유입되는 오일의 양은,

$$\dot{m}_{oil} = (0.00818 \text{ kg/sec})/(50)$$
$$= 0.000164 \text{ kg/sec} = 0.59 \text{ kg/hr} \approx 0.67 \text{ L/hr}$$

(2) 유입되는 오일의 72%가 실린더 내에 충진되고 연소되며, 나머지 28%가 밸브 오버랩 동안 배기로 들어간다.
배기에서 미연소 오일의 질량은,

$$\dot{m}_{oil} = (0.59 \text{ kg/hr})(0.28) = 0.17 \text{ kg/hr}$$

11.6   윤활유

기관에 사용되는 오일은 윤활유와 냉각제 그리고 불순물을 옮겨주는 운반 도구로서 사용된다. 오일은 수명이 길어야 하고, 높은 온도에도 유막이 깨어지지 않고 견뎌야 한다. 보다 높은 운전 온도와 고속, 작은 공차, 작은 오일 섬프 용량을 가진 기관을 개발하려는 것이 현재의 추세이다. 이러한 모든 것을 충족시키려면 불과 몇 년 전에 사용되던 것과 비교해 훨씬 개선된 오일이 요구된다. 오일 산업의 기술은 기관과 오일의 기술적 성장과 더불어 개선되어 왔다.

초기의 기관과 다른 기계적 장치들은 흔히 새로운 오일을 계속 보충하며 사용했던 오일을 사용하도록 설계되었다. 사용된 오일은 연소실에서 연소되든지 또는 바닥으로 빼낼 수 있었다. 20년 전만 해도 피스톤과 실린더 벽 사이의 공차가 있어서 크랭크케이스로부터 피스톤을 통과

하여 스며 나온 오일을 기관이 태우도록 되어 있었다. 따라서, 정기적으로 오일을 첨가해야 했고, 블로바이에 의하여 자주 오일 교환을 해야 했으며, 남아 있는 오일을 오염시켰으며, 배기 시 연소실의 오일 때문에 HC의 양이 많았다. 1950년대와 1960년대에는 매 1,000마일마다 오일 교환을 하도록 되어 있었다.

현대 기관은 고온에서 운전되고, 오일 소비를 줄이도록 공차가 작으며, 공간의 제한 때문에 오일 섬프가 작다. 또, 소형 기관으로 압축비가 더 높고 더 빨리 달리며 더 큰 동력을 낸다. 이것은 힘이 클수록 윤활이 더 좋아야 한다는 것을 의미한다. 동시에 많은 제조업자들은 오일 교환이 매 6,000마일마다 이루어져야 한다고 주장한다.

좀 더 극심한 조건에서도 견딜 수 있어야 하고, 오일 교환 사이에 새로운 오일을 보충하지 않아야 한다. 약간의 오일을 소모하는 과거의 기관은 주기적으로 오일을 보충해야 했다. 이렇게 보충된 오일은 나머지 사용된 오일과 섞여 기관 내의 모든 윤활 성질을 개선하였다. 일부 현대의 최고 성능 자동차들(Mercedes, Corvette)은 오일 통 안에 오일 레벨, 수명, 온도 등을 감지할 수 있는 센서들을 가지고 있다[191]. 이러한 시스템들은 오일이 교체되어야 하는 시점으로 포인트를 떨어트리면서 알려준다. 이러한 자동차들은 때때로 40,000km (25,000mile), 혹은 2년을 주기로 교체한다.

현대 기관에서 오일은 극심한 온도 범위에서도 작동해야 한다. 오일은 차가운 기관의 출발 시 온도로부터 기관 실린더 내에서 발생하는 극단적인 정상 상태 온도를 넘어서 적당하게 윤활되어야 한다. 연소실 벽 또는 첫 번째 위쪽 피스톤 링이나 피스톤 크라운 중앙과 같은 고온에서도 산화되어서는 안 된다. 항상 윤활 작용을 하고 부식에 보호막 역할을 하도록 오일은 극심한 부하에서도 금속과 금속이 직접 접촉되지 않도록 높은 유막 강도를 가지고 있어야 한다. 오일은 유독성이 없어야 하고, 폭발성도 없어야 한다. 윤활유는 다음과 같은 조건을 만족하여야 한다.

1. 윤활
   기관 내의 마찰과 마모를 줄여야 한다. 움직이는 부분에 마찰력을 줄여서 기관 효율을 증진시켜야 한다.
2. 냉각제
3. 오염 물질 운반
4. 블로바이를 줄이고 링의 실(seal)을 증진
5. 느린 부식
6. 큰 온도 범위에 대한 안정성
7. 오랜 수명
8. 저렴한 가격

대부분의 윤활유의 기본 성분은 원유로부터 만들어진 탄화수소 성분이다. 이들은 희석 과정에서 얻어진 큰 분자 무게에 따라 종류가 다르다(표 11-1 참조). 최대 성능을 얻고 이관이 수명을 오래 가게 하기 위하여 다음과 같은 여러 성분이 윤활유에 첨가된다.

1. 소포제
   이것은 크랭크축과 다른 부품이 크랭크케이스 오일 섬프에서 고속으로 회전할 때 생기는 거품을 줄인다.
2. 산화 방지제
   기포가 발생했을 때, 오일 내에 산소가 들어가면 기관 부품이 산화될 수 있다. 그러한 경우의 첨가제로 디티오인산 아연이 있다.
3. 유동점 강하제
4. 녹 방지제
5. 청정제
   유기염이나 금속염으로 만들어졌고, 부유물 속의 불순물과 퇴적물이 생기지 않도록 하고, 광택면 및 다른 표면에 퇴적물을 형성하는 반응을 정지시킨다. 연료의 황에서 형성되는 산을 제거해 준다.
6. 마모 방지제
7. 마찰력 감소제
8. 점도 지수 향상제

점 도

윤활유는 자동차 공학회(SAE)에서 만든 점도 스케일을 사용하여 나타낸다. 동점도는 다음 식으로 정의된다.

$$\tau_s = \mu(dU/dy) \tag{11-13}$$

표 11-1 윤활유의 탄화수소 성분

	성분의 탄소 범위	원자 수 평균 수
SAE 10	25–35	28
SAE 20	30–80	38
SAE 30	40–100	41

*참고 문헌 [56]에서 인용

여기서, τ_s = 단위 면적당 전단력

μ = 동점도

(dU/dy) = 속도 구배

점도가 높을수록 인접한 표면을 움직이거나 유로를 통하여 오일을 펌핑할 때 힘이 더 필요하다. 점도는 온도에 따라 달라지며, 온도가 내려가면 점도가 증가한다(그림 11-14 참조). 기관 운전 범위의 온도에서 오일의 동점도는 등급보다 더 변할 수 있다. 오일 점도는 전단력(du/dy)에 따라서 변하며, 전단력이 증가하면 감소한다. 전단력은 피스톤과 실린더 벽 사이 그리고 베어링에서 아주 낮은 값으로부터 아주 높은 값의 기관 범위 내에서 등급이 정해진다. 이러한 극단적인 부분을 제외한 점도의 변화는 몇 등급으로 나타낼 수 있다. 기관에서 사용되는 일반적인 점도 **등급**은 다음과 같다.

SAE 5

SAE 10

SAE 20

SAE 30

SAE 40

SAE 45

SAE 50

번호가 낮은 오일은 점도가 낮고, 추운 날씨에 사용된다. 번호가 높을수록 점도가 높고, 현대의 고온, 고속, 공차가 작은 기관에 사용된다. 더 낮은 분자 무게를 가진 요소들은 오일은 더 빨리 증발되기 때문에 더욱 시간이 지남에 따라 더욱 점도가 높아진다.

만약 점도가 너무 높으면, 움직이는 부품들 사이에서 오일을 펌핑하고 전단 변형을 생기게 하는 데 더 많은 일이 필요하다. 이 경우, 마찰일과 제동일과 동력 소모율이 더 커져 연료 소비는 15%만큼 증가할 수 있다. 고점도를 가진 오일로 차가운 기관을 시동하기는 매우 어렵다(예컨대, −20℃에서 자동차나 10℃에서 잔디 깎는 기계를).

다등급 오일이 개발되어 기관의 운전 온도 범위에서 점도가 더 일정하게 유지된다. 어떤 중합체를 오일에 첨가할 때, 오일 점도의 온도 의존성은 그림 11-15에서 보는 것처럼 줄어든다. 이러한 오일은 추울 때 점도 수치가 낮으며, 더울 때 그 수치가 더 높다. SAE 10W-30은 추울 때 (W=winter) 10의 점도를 가지며, 뜨거울 때 30의 점도를 갖는다는 것을 뜻한다. 이것은 운전 온도 범위에서 더 일정한 점도를 제공한다(그림 11-15). 이것은 차가운 기관을 움직일 때 극히 중요하다. 기관과 오일이 차가울 때 쉽게 시동이 되려면 점도가 낮아야 한다. 오일은 저항을 적게 받으며 유동하고, 기관은 적당히 윤활된다. 고점도의 오일로는 차가운 기관을 시동하기가

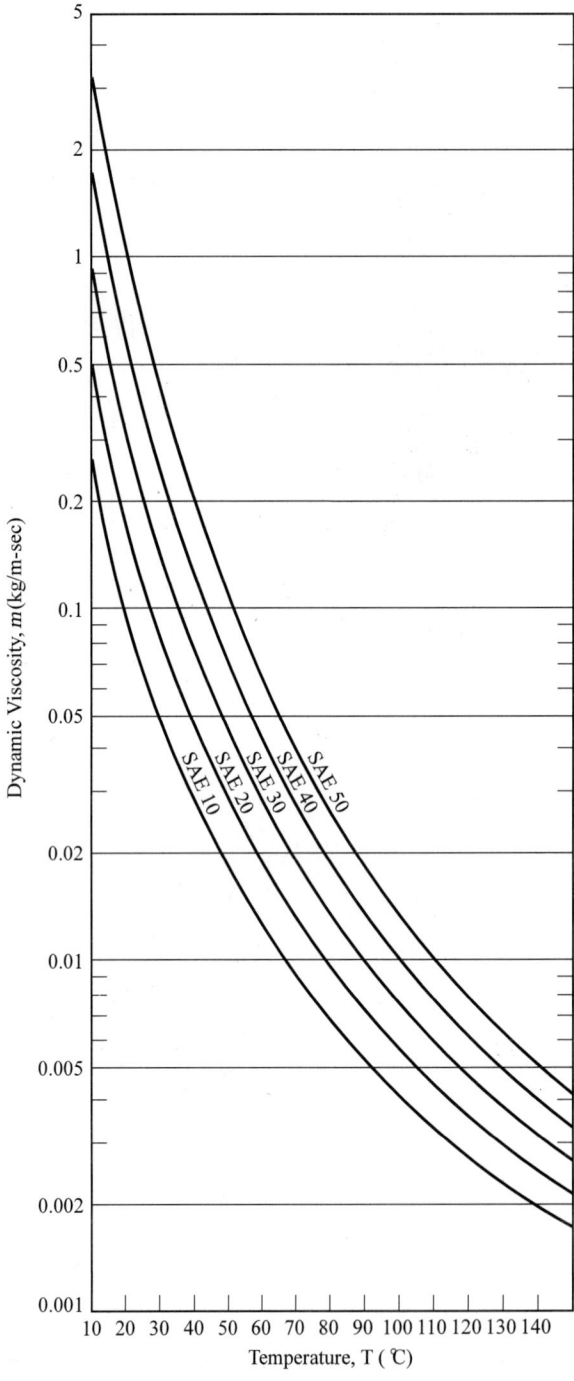

그림 11-14

일반적인 엔진 오일의 온도 함수로 나타낸 동점도. 참고 문헌 [113]에서 인용.

대단히 어렵다. 오일은 기관 회전에 저항을 주고, 윤활이 잘 안 되어 오일을 펌핑하는 데 어려움이 있기 때문이다. 반면에, 기관이 운전 온도에 도달하면 고점도의 오일이 좋다. 고온은 점도를 감소시키기 때문에 낮은 점도를 가진 오일은 적당한 윤활을 하지 못하기 때문이다.

몇 가지 연구 결과는 점도를 개선하기 위해 첨가한 중합체가 기본 탄화수소 오일만큼 잘 윤활을 하지 못함을 보여 준다. 차가운 온도에서 SAE 5는 SAE 5W-30보다 윤활을 더 잘하며, 고온에서는 SAE 30이 더 윤활을 잘 한다. 그렇지만 만약 SAE 30 오일을 사용한다면 차가운 기관을 시동하기가 매우 어려울 것이며, 윤활이 잘 안 되고, 기관이 예열되기 전에 상당히 많은 마모가 발생할 것이다.

공통적으로 유용한 오일은 다음과 같다.

SAE 5W-20	SAE 10W-40
SAE 5W-30	SAE 10W-50
SAE 5W-40	SAE 15W-40
SAE 5W-50	SAE 15W-50
SAE 10W-30	SAE 20W-50

윤활유 기준

미국에서 윤활유에 대한 자체적인 기준은 석유 산업체와 자동차 회사들과의 협의를 거쳐 미국 석유 협회(API)에 의하여 정해진다. 이러한 기준들은 윤활유의 특성을 포함하고 있다. 고장 온도, 입자 부유, 윤활 능력 등. 첫 기준은 SA로 명칭되었고, 매번 기준이 업그레이드될 때마다 새로운 등급이 할당되었다. 예를 들어, SB, SC 등(S=전기 점화)이다. 2002년에는 SL까지 기호가 할당되었다. 디젤엔진에서의 사용을 목적으로 한 윤활유에 대한 기준들은 이와 비슷한 기호로 할당되어 있다. 예를 들어, CA, CB 등(C=압축 점화)이다. 2002년에는 CH-4까지 기호가 할당되었다.

합성유

많은 합성유는 원유에서 만들어진 오일보다 성능이 더 좋다. 마찰과 마모를 줄이는 데 더 좋고, 기관을 깨끗하게 하는 청정성을 가지고 있으며, 움직이는 부분에 대해 저항이 작고, 급유하는 데 펌프 동력이 적게 든다. 열적 성질이 좋아 기관 냉각이 잘 되고 점성 변화도 작다. 이 때문에 추운 날씨에 시동하기가 쉽고, 연료 소비를 15%만큼 줄일 수 있다. 이들 오일의 가격은 원유로 만든 것보다 몇 배 비싸다. 그렇지만 대부분의 제조업자들이 권고하듯이, 기관의 정기적인 오일 교환 시기가 24,000km(1,500마일)로 더 오랫동안 사용할 수 있다.

시장에는 유용한 여러 가지 오일 첨가물이 있다. 기관의 표준 오일에 소량을 첨가할 수 있는

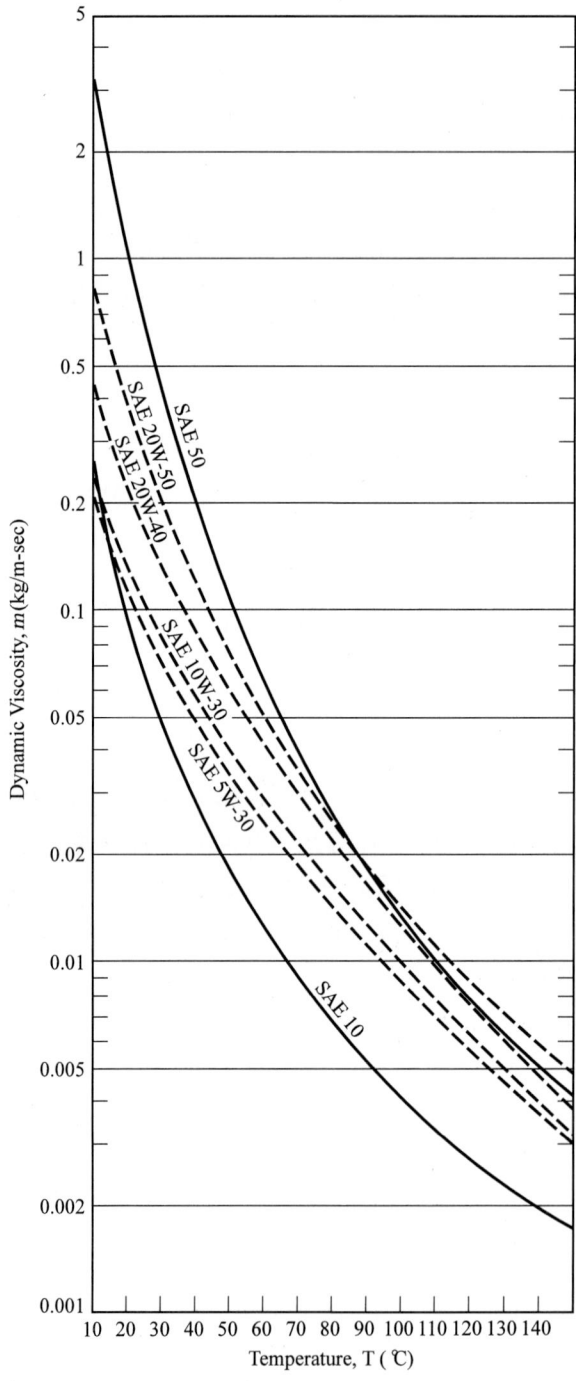

그림 11-15

일반적인 다등급 엔진 오일의 온도 함수로
나타낸 동점도. 참고 문헌 [113]에서 인용.

특별한 오일이 있다. 이것을 첨가하면 일반 오일의 내마모성과 점성을 증진시킨다. 이러한 오일은 금속 표면에 붙어 있어 기관이 정지하더라도 대부분의 표준 오일처럼 빠져나가지 않는 장점이 있다. 따라서, 기관이 다음에 시동할 때 즉시 윤활이 된다. 표준 오일을 사용하면 기관이 몇 번 회전한 후에야 적절한 윤활이 이루어지므로 마모의 주된 원인이 된다.

분말로 된 흑연과 같은 고체 윤활제가 개발되어 일부 기관에서 시험되고 있다. 더 높은 온도에서 작동되는 단열 기관이나 세라믹을 사용하는 기관에 유리하다. 고체 윤활제는 일반적인 오일이 파괴되는 고온에서도 기능을 발휘한다.

11.7 오일 필터

기관 오일의 불순물을 이동시키는 필터 장치가 대부분의 강제 급유 방식에 포함되어 있다. 기관 오일의 주된 역할의 하나는 오일이 순환할 때 부유물 내에 불순물을 옮김으로써 기관을 깨끗하게 하는 것이다. 유동 통로 장치의 일부분인 필터를 오일이 통과함으로써 이들 불순물이 옮겨져서 오일을 깨끗하게 하고 더 오랫동안 사용할 수 있게 한다. 오염 물질은 연료나 공기와 함께 들어오거나 이상적인 당량비로서 연소하지 않을 때 발생할 수 있다. 먼지나 기타 불순물은 흡입 공기와 함께 들어온다. 그 중 일부는 공기 필터에 걸러진다. 연료에는 황과 같은 불순물이 극소량 포함되어 있는데, 이들은 연소 과정에서 오염물질을 생성한다. 순수한 연료 성분도 어떤 조건하에서 어떤 기관에서는 고체 탄소와 같은 오염 물질을 생성한다. 기관에서는 생성된 많은 불순물은 배기와 함께 배출된다. 그러나 어떤 불순물은 주로 블로바이 과정에서 기관 내에 들어오고, 블로바이 동안 연료와 공기와 연소 생성물은 피스톤을 지나 크랭크케이스로 들어가 기관과 섞인다. 배기 생성물 중 약간의 수증기는 크랭크케이스에서 응축되고, 액체인 물은 더 오염된다. 블로바이의 가스는 크랭크케이스를 지나서 공기 흡입구로 다시 돌아간다. 이상적으로 대부분의 오염 물질은 오일에 섞이고, 먼지와 탄소, 연료 입자, 황, 물방울과 많은 불순물들을 함유한다. 오일이 걸러지지 않는다면 오일 급유 장치에 의하여 기관 내에 퍼질 것이다. 또한, 오일은 빨리 더러워지고 그 윤활성을 잃어서 기관 마모가 더 잘 일어나게 될 것이다. 오일 필터 대신에, 커민 디젤(Cummins Diesel)은 큰 엔진들의 일부에 원심분리기를 사용한다[166]. 오일 불순물은 그것들이 제거되는 원심분리기의 바깥 끝부분으로 내 몰리게 될 것이다.

필터의 유동 통로는 모두 같은 크기는 아니지만, 일반적으로 종(bell)과 같은 형태이다(그림 11-16). 이것은 대부분의 큰 입자들은 오일 통로의 필터를 통과할 때 걸러진다는 것을 뜻한다. 그렇지만 가장 큰 입자도 일부는 통로를 통과한다.

필터 구경 크기를 선택할 때에는 여러 가지를 고려해야 한다. 좋은 필터 작용을 위해서는 구경이 작을수록 좋지만, 필터를 통해 오일이 통과하려면 더 큰 압력이 필요하다. 또 필터 구멍이 빨리 막혀 카트리지 교환 시기도 더 빨라진다. 필터 재료의 구멍이 더 작으면 오일 첨가물도 거

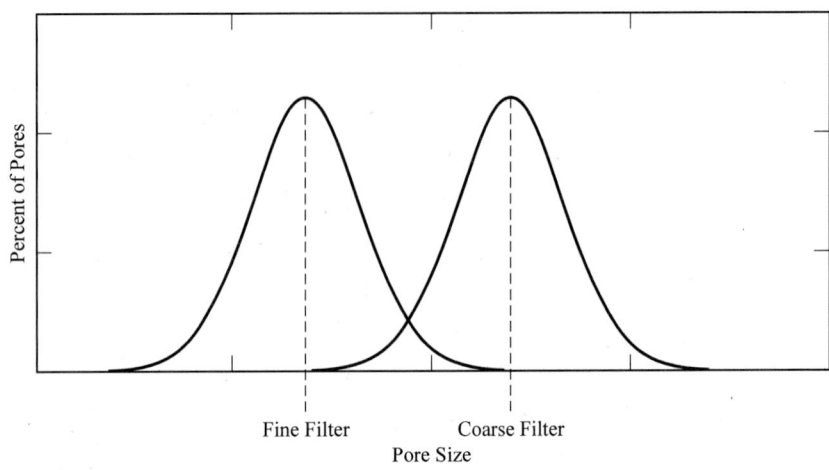

그림 11-16
일반적인 필터의 구멍 크기 분포.

를 수가 있다. 필터는 면이나 종이, 셀룰로오스를 비롯해 많은 복합 재료도 만들어진다. 일반적으로, 필터는 펌프 출구로부터 아래쪽에 위치한다.

필터는 사용하면 서서히 불순물로 채워지며, 여러 종류의 불순물이 필터 구멍을 메우므로 같은 유동률을 유지하려면 더 큰 압력차가 필요하다. 압력차가 너무 크면 오일 펌프는 한계에 도달하여 기관을 통한 오일 유동이 느려진다. 필터 카트리지는 이렇게 되기 전에 교환해야 한다. 어떤 경우에는 필터를 통한 압력차가 클 때 카트리지 구조가 깨져서 카트리지 벽에 구멍이 생긴다. 필터를 통하여 펌핑된 오일의 대부분은 저항이 최소인 통로를 지나 구멍을 통과한다. 이 지름길은 필터를 통한 압력 강하를 줄이지만, 오일은 걸러지지 않는다.
오일 순환 장치가 여과되는 방법에는 몇 가지가 있다.

1. **전환식** 모든 오일이 필터를 통하여 흐른다. 필터 구멍 크기는 고압에 견뎌야 하므로 매우 커서 유동률은 커진다. 이것은 오일에 많은 불순물을 초래한다.
2. **바이패스식** 펌프를 떠난 오일의 일부만이 필터를 통하여 흐르고, 나머지는 걸러지지 않고 지나친다. 이 장치는 훨씬 가느다란 필터가 사용되지만, 순환하는 동안 오일의 몇 퍼센트만이 걸러진다.
3. **조합형** 어떤 장치들은 전류식과 바이패스식을 조합하여 사용한다. 모든 오일은 처음에는 큰 구멍을 가진 필터를 통하여 흐르고, 어떤 것들은 조그만 구멍을 가진 필터를 통하여 흐르며, 어떤 것들은 조그만 구멍을 가진 두 번째 필터를 통하여 흐른다.
4. **전환식** 이 장치는 전류 필터와 바이패스 밸브를 사용하는 방식이다. 모든 오일은 처음

에 필터를 통과하여 흐른다. 필터 카트리지가 더러워짐에 따라 필터를 가로지르는 압력 차가 커지게 되므로 오일 유동이 증가될 수 있도록 유지시켜 주어야 한다. 이 압력차가 설정값 이상이 되면 바이패스 밸브가 열려 오일은 필터 주위로 흐른다. 필터 카트리지 는 다시 걸러지기 전에 교환해야 한다.

역사적 이야기 – 필터 카트리지

1950년대에 어느 제조업자는 자동차 기관에 부착할 수 있는 오일 필터 부속 장치를 팔았 다. 그 장치는 오일 배분 장치에 볼트로 연결할 수 있는 필터 카트리지 깡통으로 이루어졌다. 이 깡통에 사용된 필터 카트리지는 보통의 화장지였다.

11.8 크랭크케이스 폭발

왕복 운동하는 엔진의 크랭크케이스에서 폭발할 가능성은 희박하지만 있다[152]. 크랭크케이 스는 블로바이로부터 산소(공기)와 오일 증기, 또는 연료 증기를 함유하고 있다. 그러므로, 만 약 점화원이 열을 낸다면 폭발의 가능성이 희박하나마 있다. 이것은 과열점(상태가 나쁜 베어 링, 마모된 부품 등)일 수도 있고, 화염은 피스톤(부서진 피스톤링), 혹은 부서진 부품으로부 터 스파크를 지나친다. 심지어 산소, 연료, 그리고 점화가 함께 존재한다 해도 폭발의 가능성 은 매우 희박하다. 왜냐하면 매우 농후한 연료-공기 혼합기는 점화하는 데 실패할 것이다. 만약 폭발이 대형 엔진에서 발견된다면, 엔진의 기름통은 위험하고 해로운 결과와 함께 파열될 것이 다. 작은 엔진에서 폭발은 위험하게 여겨지지 않는다. 크랭크케이스의 매우 작은 체적 때문에, 연소성의 혼합물의 폭발 가능성은 매우 희박하고, 만약 폭발이 일어난다 해도 그것은 엔진에 피해를 주지 않을 것이다. 기계 장치 구조와 크랭크케이스와 연관된 작은 엔진의 강도는 폭발이 그다지 위험하지 않게 하고, 그 엔진은 계속해서 돌아갈 것이다. 국제 안전 기준은 6.1 이하의 크랭크케이스 체적, 혹은 0.2m 이하의 직경 이하에서는 안전하다고 고려하고 있다. 이것보다 더 큰 엔진들은 폭발 릴리프 밸브를 필요로 한다.

폭발 릴리프 밸브는 엔진에 피해를 주지 않고 혹은 엔진 주위의 사람에게 부상을 입히지 않는 크랭크케이스 폭발에 의한 압력 증가를 경감시키도록 설계되어 있다[164]. 잘 설계된 밸브는 열릴 것이고, 작업자 없이도 뜨거운 가스의 유동을 관리하고, 화염을 잡고, 공기의 크랭크케이 스로의 되돌아옴이 없이 즉시 닫힐 것이다. 대부분의 밸브는 5~20kPa(0.7~3psia)의 영역에서 압력 펄스가 감지될 때 열릴 것이다. 엔진은 주로 계속해서 작동할 것이나, 폭발의 원인을 결정하기 위하여 정지되어야만 한다. 엔진은 그것들이 열리기 전에 차가워져야만 한다. 뜨거운 크랭크케이스로의 공기의 분류는 매우 위험하다.

11.9 요약과 결론

기관의 제동 출력은 기관 마찰 때문에 연소실에서 발생된 동력보다 작다. 두 가지 형태의 마찰이 일어나 유용한 동력의 손실과 분산을 초래한다. 움직이는 부분 사이의 기계적인 마찰은 주된 기관 손실인데, 이것의 상당 부분은 실린더 내의 피스톤 운동에서 발생한다. 유체 마찰은 실린더 내의 운동 때문에 밸브를 통하여 흐르는 흡입과 배기 장치에서 발생한다. 기관 부속 장치의 운전은 정상적인 면에서는 마찰이 아닐지라도 종종 기관 마찰 부하에 포함된다. 이것은 부속 장치가 직접적으로나 간접적으로 기관 크랭크축으로부터 동력을 얻고 크랭크축 동력을 감소시키기 때문이다.

마찰과 기관 마모를 최소로 하기 위하여 윤활 장치가 기관에 극히 필요하다. 오일 분배는 자동차 기관에 사용되는 펌프에 의하여 공급되는 강제 급유 방식과 소형 기관에서 많이 사용되는 비산 급유 방식이 있다. 윤활 외에도 기관 오일은 기관을 냉각하고, 기관의 오염 물질을 운반하는 매개 역할을 한다.

연습 문제

11.1 그림 11-12는 4기통, 4행정 사이클의 전기 점화 기관이 2,000RPM으로 운전할 경우, 동력 행정을 하는 지점에서 커넥팅로드에 걸리는 힘이 1,000N 가해진다는 것을 나타낸다. 크랭크축의 오프셋은 3.0㎝이고, 커넥팅로드의 길이는 9.10cm이다.
다음을 계산하라.

(a) 이 순간에 실린더 벽에 가해지는 측추력은 얼마인가? [N]

(b) 피스톤이 상사점에서부터 이동하는 거리는 얼마인가? [cm]

(c) 이 기관은 배기량은 얼마인가? 단, [L]

(d) 피스톤이 상사점에 있을 경우, 실린더 벽에 작용하는 측추력은 얼마인가? [N]

11.2 내연 기관에서 기관을 장시간 동안 운전할 때 실린더는 진원이 되지 않는데, 그 이유는 무엇인가? 실린더 벽의 마모량은 실린더의 길이 방향으로 모두 같지 않다. 그 이유는 무엇인가? 이론적으로

상사점과 하사점에서 피스톤의 마찰력이 0이 되지 않는 이유를 설명하라.

11.3 6기통 내연 기관이 직경 6.00cm, 행정 5.78cm, 커넥팅로드 길이 11.56cm를 가지고 있다. 크랭크 각이 90°인 상사점에 있다면, 한 개의 실린더는 동력 행정에 있다. 이 때, 실린더의 압력은 4,500kPa이며, 피스톤의 미끄럼 마찰력은 0.85kN이었다. 이 지점에서 피스톤의 가속력은 0이라고 가정할 수 있다.

다음 물음에 답하라.

   (a) 이 지점에서 커넥팅로드에 가해지는 힘은 얼마인가? [kN] 또한, 이 지점에서 가압 상태에 있는가, 아니면 인장 상태에 있는가?

   (b) 이 지점에서 피스톤에 가해진 측추력은 얼마인가? [kN] 이 힘은 주스러스트면인가, 아니면 부스러스트면인가?

   (c) 이 지점에서 측추력을 경감시키기 위해 피스톤 핀의 오프셋이 2mm라면, 피스톤에 미치는 측추력은 얼마인가? [kN] (단, 커넥팅로드력과 마찰력을 모두 같다고 가정한다.)

11.4 V6기통, 2행정 사이클 전기 점화 기관을 갖는 자동차 기관의 직경과 행정은 각각 3.1203인치, 3.45인치이다. 피스톤의 높이는 2.95인치, 직경은 3.12인치이다. 압축 행정 중 어느 지점에서 한 실린더의 피스톤 속도는 30.78ft/sec이다. 실린더 벽 윤활유의 동점도는 0.000042lbf-sec/ft²이다. 이 조건에서 피스톤에 미치는 마찰력을 계산하라. [lbf]

11.5 4기통, 4행정 사이클, 배기량 2.8L, 대향형 실린더를 가진 전기 점화 기관의 제동 평균 유효 압력과 기계 효율이 다음과 같다.

다음을 계산하여라.

   (a) 2,000RPM일 때 제동 마력 [kW]

   (b) 2,500RPM일 때 마찰 평균 유효 압력 [kPa]

   (c) 2,500RPM일 때 마찰 제동 손실 [kW]

11.6 배기량이 110in³, 6기통 전기 점화 자동차 기관은 크랭크케이스 압축과 스로틀바디 연료 분사의 2행정 사이클로 작동된다. AF = 17.8이고, 기관은 1,850RPM으로 운전하는 동안 이 자동차는 65mph의 속도로 정속 주행하는데, 연비는 가솔린 1갤런당 21마일을 갖는다고 한다. 오일은 흡입 상태의 연료 대 오일 비가 40:1로 흡기에 가해진다. 상대 충진 효율은 64%이고, 이전 사이클에서 생긴 잔류 배기 가스량은 6%이다. 연소 효율은 η_c = 100%이고, 가솔린의 밀도 ρ_g = 46.8Ibm/ft³이다.

다음을 계산하라.

1000 RPM	bmep $= 828\,kPa$	$\eta_m = 90\%$
2000 RPM	bmep $= 828\,kPa$	$\eta_m = 88\%$
3000 RPM	bmep $= 646\,kPa$	$\eta_m = 82\%$

(a) 오일 소비율은 얼마인가? [gal/hr]

(b) 이 기관의 트래핑 효율은 얼마인가? [%]

(c) 배기가스 유출에 포함된 미연소 오일비는 얼마인가? [gal/hr]

11.7 압축비 $r_c = 9.2{:}1$인 4행정 사이클의 전기 점화 기관에 과급기를 장착하였을 경우, WTO에서 도시 열효율은 6% 감소한다. 2,400RPM으로 동일한 속도로 운전하면 실린더 내 공기 질량은 22% 상승한다. 과급기를 구동하기 위해 제동 크랭크축 출력의 4%가 더 필요하다는 것을 제외하고, 이 기관의 기계적 효율은 동일하다.

다음을 계산하라.

(a) 과급기가 없을 경우, 도시 열효율은 얼마인가? [%]

(b) 과급기를 장착한 경우, 도시 열효율은 얼마인가? [%]

(c) 과급기가 장착한 경우, 도시 동력 상승률은 얼마인가? [%]

(b) 과급기를 장착한 경우, 제동 동력 상승률은 얼마인가? [%}

설계 문제

11.1D 기존의 오일 분배 시스템을 사용해 크랭크케이스 압축을 하는 2행정 사이클 전기 점화 기관을 설계하라(한 예로, 크랭크케이스 내에 오일 펌프와 오일 탱크를 갖는 가압 장치).

APPENDIX A

부 록

TABLE A-1 Thermodynamic Properties of Air

Temperature		c_p	c_v	$k = c_p/c_v$	Gas Constant $R = c_p - c_v$
K	°C	(kJ/kg-K)	(kJ/kg-K)		(kJ/kg-K)
273	0	1.004	0.717	1.40	0.287
298	25	1.005	0.718	1.40	0.287
300	27	1.005	0.718	1.40	0.287
500	227	1.029	0.742	1.39	0.287
850	577	1.108	0.821	1.35	0.287
1000	727	1.140	0.853	1.34	0.287
1500	1227	1.210	0.923	1.31	0.287
2000	1727	1.249	0.962	1.30	0.287
2500	2227	1.274	0.987	1.29	0.287
3000	2727	1.291	1.004	1.29	0.287

Temperature		c_p	c_v	$k = c_p/c_v$	Gas Constant $R = c_p - c_v$	
°R	°F	(BTU/lbm-°R)	(BTU/lbm-°R)		(BTU/lbm-°R)	(ft-Ibf/lbm-°R)
492	32	0.240	0.171	1.40	0.069	53.33
537	77	0.240	0.171	1.40	0.069	53.33
1000	540	0.249	0.180	1.38	0.069	53.33
1500	1040	0.264	0.195	1.35	0.069	53.33
2000	1540	0.277	0.208	1.33	0.069	53.33
2500	2040	0.287	0.218	1.32	0.069	53.33
3000	2540	0.293	0.224	1.31	0.069	53.33
3500	3040	0.298	0.229	1.30	0.069	53.33
4000	3540	0.302	0.233	1.30	0.069	53.33
4500	4040	0.305	0.236	1.29	0.069	53.33
5000	4540	0.307	0.238	1.29	0.069	53.33
5500	5040	0.309	0.240	1.29	0.069	53.33

TABLE A-2   Properties of Fuels

Fuel	Molecular Weight	Heating Value		Stoichiometric		Octane Number		Heat of Vaporization (kJ/kg)	Cetane Number
		HHV (kJ/kg)	LHV (kJ/kg)	$(AF)_s$	$(FA)_s$	MON	RON		
gasoline	C_8H_{15}	47300	43000	14.6	0.068	80–91	92–99	307	
light diesel	$C_{12.3}H_{22.2}$	44800	42500	14.5	0.069			270	40–55
heavy diesel	$C_{14.6}H_{24.8}$	43800	41400	14.5	0.069			230	35–50
isooctane	C_8H_{18}	47810	44300	15.1	0.066	100	100	290	
methanol	CH_3OH	22540	20050	6.5	0.155	92	106	1147	
ethanol	C_2H_5OH	29710	26950	9.0	0.111	89	107	873	
methane	CH_4	55260	49770	17.2	0.058	120	120	509	
propane	C_3H_8	50180	46190	15.7	0.064	97	112	426	
nitromethane	CH_3NO_2	12000	10920	1.7	0.588			623	
heptane	C_7H_{16}	48070	44560	15.2	0.066	0	0	316	
cetane	$C_{16}H_{34}$	47280	43980	15.0	0.066			292	100
heptamethylnonane	$C_{12}H_{34}$			15.9	0.063				15
α-methylnaphthalene	$C_{11}H_{10}$			13.1	0.076				0
carbon monoxide	CO	10100	10100	2.5	0.405				
coal (carbon)	C	33800	33800	11.5	0.087				
butene-1	C_4H_8	48210	45040	14.8	0.068	80	99	390	
triptane	C_7H_{16}	47950	44440	15.2	0.066	101	112	288	
isodecane	$C_{10}H_{22}$	47590	44220	15.1	0.066	92	113		
toluene	C_7H_8	42500	40600	13.5	0.074	109	120	412	
hydrogen	H_2	141800	120000	34.5	0.029		90		

TABLE A-3   Chemical Equilibrium Constants

$Log_{10} K_e$ for equilibrium constants as defined by Eq. (4-4) for the following reactions:

(A) $H_2 \rightarrow 2H$
(B) $N_2 \rightarrow 2N$
(C) $O_2 \rightarrow 2O$
(D) $CO_2 \rightarrow CO + \frac{1}{2}O_2$
(E) $H_2O \rightarrow OH + \frac{1}{2}H_2$
(F) $\frac{1}{2}N_2 + \frac{1}{2}O_2 \rightarrow NO$
(G) $CO_2 + H_2 \rightarrow CO + H_2O$

T(K)	(A)	(B)	(C)	(D)	(E)	(F)	(G)	T(K)
298.15	−71.30	−159.7	−81.28	−45.05	−46.10	−15.15	−4.950	298.15
300	−70.83	−158.7	−80.73	−44.74	−45.80	−15.07	−4.905	300
400	−51.73	−117.4	−58.91	−32.43	−33.48	−11.14	−3.215	400
500	−40.26	−92.63	−45.82	−25.03	−26.09	−8.784	−2.193	500
600	−32.62	−76.12	−37.10	−20.10	−21.16	−7.210	−1.506	600
700	−27.16	−64.33	−30.86	−16.57	−17.64	−6.086	−1.014	700
800	−23.06	−55.48	−26.19	−13.92	−15.00	−5.243	−0.642	800
900	−19.88	−48.60	−22.55	−11.86	−12.95	−4.587	−0.352	900
1000	−17.33	−43.10	−19.64	−10.21	−11.31	−4.063	−0.120	1000
1100	−15.18	−38.54	−17.21	−8.843	−9.922	−3.633	0.040	1100
1200	−13.40	−34.75	−15.20	−7.739	−8.784	−3.275	0.152	1200
1300	−11.89	−31.54	−13.49	−6.802	−7.821	−2.972	0.251	1300
1400	−10.60	−28.79	−12.03	−6.004	−6.996	−2.712	0.330	1400
1500	−9.474	−26.41	−10.76	−5.315	−6.280	−2.487	0.397	1500
1600	−8.492	−24.32	−9.657	−4.711	−5.654	−2.290	0.456	1600
1700	−7.626	−22.48	−8.680	−4.175	−5.102	−2.116	0.510	1700
1800	−6.856	−20.85	−7.811	−3.697	−4.611	−1.962	0.560	1800
1900	−6.168	−19.39	−7.033	−3.268	−4.172	−1.824	0.608	1900
2000	−5.548	−18.07	−6.334	−2.879	−3.777	−1.699	0.652	2000
2100	−4.987	−16.88	−5.701	−2.527	−3.419	−1.587	0.692	2100
2200	−4.477	−15.79	−5.125	−2.207	−3.094	−1.484	0.729	2200
2300	−4.012	−14.81	−4.600	−1.917	−2.797	−1.391	0.761	2300
2400	−3.585	−13.90	−4.118	−1.652	−2.525	−1.306	0.788	2400
2500	−3.192	−13.06	−3.675	−1.412	−2.274	−1.227	0.810	2500
2600	−2.830	−12.29	−3.266	−1.194	−2.043	−1.154	0.828	2600
2700	−2.495	−11.58	−2.887	−0.995	−1.829	−1.087	0.840	2700
2800	−2.183	−10.92	−2.536	−0.813	−1.631	−1.025	0.849	2800
2900	−1.893	−10.30	−2.208	−0.646	−1.446	−0.967	0.855	2900
3000	−1.622	−9.729	−1.903	−0.491	−1.273	−0.913	0.859	3000
3100	−1.369	−9.191	−1.617	−0.347	−1.111	−0.863	0.863	3100
3200	−1.131	−8.686	−1.349	−0.208	−0.960	−0.815	0.869	3200
3300	−0.908	−8.213	−1.097	−0.073	−0.818	−0.771	0.881	3300
3400	−0.698	−7.767	−0.860	0.062	−0.684	−0.729	0.900	3400
3500	−0.501	−7.346	−0.637	0.202	−0.558	−0.690	0.929	3500

Adapted from [69].

TABLE A-4 Conversion Factors for Engine Parameters

Length	1 cm = 0.01 m = 10 mm = 0.394 in. = 0.0328 ft 1 m = 100 cm = 1000 mm = 3.281 ft = 39.37 in. 1 km = 0.6214 mile = 3281 ft 1 in. = 0.0833 ft = 0.0254 m = 2.54 cm 1 ft = 0.3048 m 1 mile = 5280 ft = 1609 m = 1.609 km
Area	$1 \text{ cm}^2 = 0.0001 \text{ m}^2 = 0.155 \text{ in.}^2$ $1 \text{ m}^2 = 10000 \text{ cm}^2 = 10.76 \text{ ft}^2 = 1550 \text{ in.}^2$ $1 \text{ in.}^2 = 0.00694 \text{ ft}^2 = 6.45 \text{ cm}^2$ $1 \text{ ft}^2 = 144 \text{ in.}^2 = 0.00929 \text{ m}^2 = 92.9 \text{ cm}^2$
Volume	$1 \text{ cm}^3 = 0.001 \text{ L} = 0.061 \text{ in.}^3$ $1 \text{ L} = 0.001 \text{ m}^3 = 1000 \text{ cm}^3 = 61.2 \text{ in.}^3 = 0.264 \text{ gal}$ $1 \text{ m}^3 = 1000 \text{ L} = 35.32 \text{ ft}^3 = 10^6 \text{ cm}^3$ $1 \text{ in.}^3 = 0.000574 \text{ ft}^3 = 16.39 \text{ cm}^3 = 0.01639 \text{ L}$ $1 \text{ ft}^3 = 1728 \text{ in.}^3 = 7.481 \text{ gal} = 28.32 \text{ L} = 0.02832 \text{ m}^3$ $1 \text{ gal} = 0.1337 \text{ ft}^3 = 231 \text{ in.}^3 = 3.785 \text{ L}$
Specific Volume	$1 \text{ m}^3/\text{kg} = 16.018 \text{ ft}^3/\text{lbm}$ $1 \text{ ft}^3/\text{lbm} = 0.0624 \text{ m}^3/\text{kg}$
Density	$1 \text{ kg/m}^3 = 0.0624 \text{ lbm/ft}^3$ $1 \text{ lbm/ft}^3 = 16.02 \text{ kg/m}^3$
Mass	1 kg = 2.205 lbm 1 lbm = 0.4536 kg
Force	1 N = 0.225 lbf 1 lbf = 4.448 N
Energy or Work	1 kJ = 0.948 BTU = 737.6 ft-lbf 1 BTU = 778.2 ft-lbf = 1.055 kJ 1 ft-lbf = 0.00129 BTU = 0.00136 kJ
Power	1 kW = 1.341 hp = 3412 BTU/hr 1 hp = 2545 BTU/hr = 550 ft-lbf/sec = 0.7457 kW
Torque	1 N-m = 0.738 lbf-ft 1 lbf-ft = 1.355 N-m
Pressure	1 kPa = 0.145 psia 1 psia = 6.895 kPa 1 atm = 101.35 kPa = 14.7 psia
Velocity	1 m/sec = 3.60 km/hr = 3.281 ft/sec = 2.237 MPH 1 km/hr = 0.2778 m/sec = 0.6214 MPH 1 ft/sec = 0.682 MPH = 0.3048 m/sec = 1.097 km/hr 1 MPH = 1.467 ft/sec = 1.609 km/hr

TABLE A-4 *(cont.)* Conversion Factors for Engine Parameters

Acceleration	$1 \text{ m/sec}^2 = 3.281 \text{ ft/sec}^2$
	$1 \text{ ft/sec}^2 = 0.305 \text{ m/sec}^2$
Rotational Speed	$1 \text{ RPM} = 0.0167 \text{ rev/sec} = 0.1047 \text{ radians/sec}$
	$1 \text{ rev/sec} = 60 \text{ RPM} = 2\pi \text{ radians/sec}$
Mass Flow Rate	$1 \text{ kg/sec} = 2.205 \text{ lbm/sec}$
	$1 \text{ lbm/sec} = 0.4536 \text{ kg/sec}$
Specific Energy or Heating Value	$1 \text{ kJ/kg} = 0.4299 \text{ BTU/lbm}$
	$1 \text{ BTU/lbm} = 2.326 \text{ kJ/kg}$
Specific Heat or Gas Constant	$1 \text{ kJ/kg-K} = 0.2388 \text{ BTU/lbm-}°\text{R} = 185.8 \text{ ft-lbf/lbm-}°\text{R}$
	$1 \text{ BTU/lbm-}°\text{R} = 778.2 \text{ ft-lbf/lbm-}°\text{R} = 4.1868 \text{ kJ/kg-K}$
	$1 \text{ ft-lbf/lbm-}°\text{R} = 0.001285 \text{ BTU/lbm-}°\text{R} = 0.005382 \text{ kJ/kg-K}$
Heat Transfer Coefficient	$1 \text{ W/m}^2\text{-K} = 0.1761 \text{ BTU/hr-ft}^2\text{-}°\text{R}$
	$1 \text{ BTU/hr-ft}^2\text{-}°\text{R} = 5.678 \text{ W/m}^2\text{-K}$
Thermal Conductivity	$1 \text{ W/m-K} = 0.5778 \text{ BTU/hr-ft}°\text{-R}$
	$1 \text{ BTU/hr-ft-}°\text{R} = 1.731 \text{ W/m-K}$
Dynamic Viscosity	$1 \text{ kg/m-sec} = 0.672 \text{ lbm/ft-sec}$
	$1 \text{ lbm/ft-sec} = 1.488 \text{ kg/m-sec}$
Shear Force	$1 \text{ N/m}^2 = 0.0209 \text{ lbf/ft}^2$
	$1 \text{ lbf/ft}^2 = 47.84 \text{ N/m}^2$
Mass Moment of Inertia	$1 \text{ kg-m}^2 = 23.74 \text{ lbm-ft}^2$
	$1 \text{ lbm-ft}^2 = 0.0421 \text{ kg-m}^2$
Angular Momentum	$1 \text{ kg-m}^2\text{/sec} = 23.74 \text{ lbm-ft}^2\text{/sec}$
	$1 \text{ lbm-ft}^2\text{/sec} = 0.0421 \text{ kg-m}^2\text{/sec}$

APPENDIX B

참고 문헌

[1] Abthoff, J., H. Schuster, H. Langer, and G. Loose, "The Regenerable Trap Oxidizer—An Emission Control Technique for Diesel Engines," SAE paper 850015, 1985.

[2] Alkidas, A. C. and J. P. Myers, "Transient Heat–Flux Measurements in the Combustion Chamber of a Spark Ignition Engine," *Journal of Heat Transfer*, ASME Trans., vol. 104, pp. 62–67, 1982.

[3] Allen, D. G., B. R. Dudley, J. Middletown, and D. A. Panka, "Prediction of Piston Ring–Cylinder Bore Oil Film Thickness in Two Particular Engines and Correlation with Experimental Evidences," *Piston Ring Scuffing*, p. 107, London: Mechanical Engineering Pub. Ltd., 1976.

[4] Amann, C. A., "Control of the Homogeneous-Charge Passenger Car Engine—Defining the Problem," SAE paper 801440, 1980.

[5] Amann, C. A., "Power to Burn," *Mechanical Engineering*, ASME, vol. 112, no. 4, pp. 46–54, 1990.

[6] Amsden, A. A., T. D. Butler, P. J. O'Rourke, and J. D. Ramshaw, "KIVA—A Comprehensive Model for 2-D and 3-D Engine Simulations," SAE paper 850554, 1985.

[7] Amsden, A. A., J. D. Ramshaw, P. J. O'Rourke, and J. K. Dukowicz, "KIVA—A Computer Program for Two- and Three-Dimensional Fluid Flows with Chemical Reactions and Fuel Sprays," report LA-10245-MS, Los Alamos National Laboratory, 1985.

[8] "A Stirling Briefing," NASA, Cleveland: Lewis Research Center, March 1987.

[9] "A Survey of Variable Valve Actuation," Automotive Engineering, vol. 98, no. 1, pp. 29–33, 1990, SAE International.

[10] Austen, A. E. W. and W. T. Lyn, "Relation Between Fuel Injection and Heat Release in a Direct-Injection Engine and the Nature of the Combustion Processes," *Proc. Institute of Mechanical Engineers*, pp. 47–62, 1960.

[11] *Automotive Engineering*, a monthly publication by SAE International.

[12] Birch, S., "NGVs in the U.K.," *Automotive Engineering*, vol. 102, no. 3, pp. 26–27, 1994, SAE International.

[13] Birch, S., "Thermo Accumulator," *Automotive Engineering*, vol. 100, no. 2, pp. 85–86, 1992, SAE International.

[14] Birch, S., "Two-Stroke Power," *Automotive Engineering*, vol. 100, no. 8, pp. 45–47, 1992, SAE International.

[15] Birch, S., J. Yamaguchi, A. Demmler, and K. Jost, "Honda's Oval-Piston Mega-Bike," *Automotive Engineering*, vol. 100, no. 6, pp. 46–47, 1992, SAE International.

[16] Borgnake, C., V. S. Arpaci, and R. J. Tabaczynski, "A Model for the Instantaneous Heat Transfer and Turbulence in a Spark Ignition Engine," SAE paper 800287, 1980.

[17] Bracco, F. V., "Modeling of Engine Sprays," SAE paper 850394, 1985.

[18] Brandstatter, W., R. J. R. Johns, and G. Wigley, "The Effect of Inlet Port Geometry on In-Cylinder Flow Structure," SAE paper 850499, 1985.

[19] Brooks, D., "Development of Reference Fuel Scales for Knock Rating," *SAE Journal*, vol. 54, no. 8, August 1946.

[20] Brown, W. L., "The Caterpillar imep Meter and Engine Friction," SAE paper 730150, 1973.

[21] Butler, T. D., L. D. Cloutman, J. K. Dukowicz, and J. D. Ramshaw, "Multidimensional Numerical Simulation of Reactive Flow in Internal Combustion Engines," *Proc. Energy Combustion Science*, vol. 7, pp. 293–315, 1981.

[22] Cameron, K., "NR750," *Cycle World*, pp. 30–35, Jan. 1992.

[23] Catania, A. E., C. Dongiovanni, and A. Mittica, "Further Investigation into the Statistical Properties of Reciprocating Engine Turbulence," *JSME International Journal*, vol. 35, pp. 255–265, 1992.

[24] Catania, A. E. and A. Mittica, "Autocorrelation and Autospectra Estimation of Reciprocating Engine Turbulence," *Trans. ASME, J. Eng. Gas Turbines Power*, vol. 112, 1990.

[25] Catania, A. E. and A. Mittica, "Extraction Techniques and Analysis of Turbulence Quantities from In-Cylinder Velocity Data," *Trans. ASME, J. Eng. Gas Turbines Power*, vol. 111, 1989.

[26] Catania, A. E. and A. Mittica, "Induction System Effects on Small-Scale Turbulence in a High-Speed Diesel Engine," *Trans. ASME, J. Eng. Gas Turbines Power*, vol. 109, 1987.

[27] Caton, J., "A Brief Review of Coal-Fueled Engines," *Internal Combustion Engine Division Newsletter*, ASME, Summer 1995.

[28] Chapman, M., J. M. Novak, and R. A. Stein, "Numerical Modeling of Inlet and Exhaust Flows in Multi-Cylinder Internal Combustion Engines," *Flows in Internal Combustion Engines*, ASME, 1982.

[29] Cummins, C. L. Jr, *Internal Fire*, SAE International Inc., 1989.

[30] Demmler, A., "Smog-Treating Catalyst," *Automotive Engineering*, vol. 103, no. 8, p. 32, 1995, SAE International.

[31] *Diesel and Gas Turbine Worldwide*, a monthly publication by Diesel and Gas Turbine Publications.

[32] Dinsdale, S., A. Roughton, and N. Collings, "Length Scale and Turbulence Intensity Measurements in a Motored Internal Combustion Engine," SAE paper 880380, 1988.

[33] Douard, A. and P. Eyzat, "DIGITAP—An On-Line Acquisition and Processing System for Instantaneous Engine Data—Applications," SAE paper 770218, 1977.

[34] Duck, G. E., H. Beyer, and A. Mierbach, *Piston Ring Manual*, GOETZE-AG, Germany, 1977.

[35] "Eddy Current Dynamometer Series W," paper L3220/3e, Schenck Company, 1995.

[36] "Electronic Valve Timing," *Automotive Engineering*, vol. 99, no. 4, pp. 19–24, 1991, SAE International.

[37] "Engine Mounts and NVH," *Automotive Engineering*, vol. 102, no. 7, pp. 19–23, 1994, SAE International.

[38] "ER Fluid Engine Mounts," *Automotive Engineering*, vol. 101, no. 2, pp. 52–55, 1993, SAE International.

[39] "Evolution of the Automobile Engine Development," The Civic Report, Honda Motor Company, Inc., 1978.

[40] Ferguson, C. R., *Internal Combustion Engines*. New York: Wiley, 1986.

[41] Fiedler, R. A., "General Motors Internal Combustion Engine Simulation Program," Geode, vol. 67, pp. 7–8, 1991, University of Wisconsin—Platteville.

[42] Gatowski, J. A., E. N. Balles, K. M. Chun, F. E. Nelson, J. A. Ehchian, and J. B. Heywood, "Heat Release Analysis of Engine Pressure Data," SAE paper 841359, *SAE Trans.*, vol. 93, 1984.

[43] Gatowski, J. A., J. B. Heywood, and C. Deleplace, "Flame Photographs in a Spark-Ignition Engine," *Combustion and Flame*, vol. 56, pp. 71–81, 1984.

[44] "Generator Gas," SERI, U. S. Department of Energy, EG-77-C-01-4042, 1979.

[45] Givens, L., "A Technical History of the Automobile," *Automotive Engineering*, vol. 98, nos. 6–8, SAE International Inc.

[46] "Global Warming, Fuels, and Passenger Cars," *Automotive Engineering*, vol. 99, no. 2, pp. 15–18, 1991, SAE International.

[47] Glover, A. R., G. E. Hundleby, and O. Hadded, "An Investigation into Turbulence in Engines Using Scanning LDA," SAE paper 880378, 1988.

[48] Goodsell, D. L., *Dictionary of Automotive Engineering*. SAE International Inc., 1995, 2nd ed.

[49] Gordon, S. and B. J. McBride, "Computer Program for the Calculation of Complex Chemical Equilibrium Composition, Rocket Performance, Incident and Reflected Shocks, and Chapman–Jouquet Detonations," NASA publication SP-273, 1971.

[50] Gorr, E. and H. S. Hilbert, "The Future of Two-Stroke Engines in Street Bikes," *Motorcyclist*, pp. 32–34, Nov. 1992.

[51] Gosman, A. D., "Computer Modeling of Flow and Heat Transfer in Engines, Progress and Prospects," COMODIA '85, Tokyo, Japan, 1985, pp. 15–26.

[52] Gosman, A. D., "Multidimensional Modeling of Cold Flows and Turbulence in Reciprocating Engines," SAE paper 850344, 1985.

[53] Gosman, A. D. and R. J. R. Johns, "Computer Analysis of Fuel–Air Mixing in Direct-Injection Engines," SAE paper 800091, 1980.

[54] Gosman, A. D., Y. Y. Tsui, and A. P. Watkins, "Calculation of Three Dimensional Air Motion in Model Engines," SAE paper 840229, 1984.

[55] Gosman, A. D., Y. Y. Tsui, and A. P. Watkins, "Calculation of Unsteady Three-Dimensional Flow in a Model Motored Reciprocating Engine and Comparison with Experiment," Fifth International Turbulent Shear Flow Meeting, Cornell Univ., 1985.

[56] Gruse, W. A., *Motor Oils: Performance and Evaluation*. New York: Van Nostrand Reinhold, 1967.

[57] "Heated Catalytic Converter," *Automotive Engineering*, vol. 102, no. 9, 1994, SAE International.

[58] Heywood, J. B., *Internal Combustion Engine Fundamentals*. New York: McGraw-Hill, 1988.

[59] Hinze, J. O., *Turbulence*. New York: McGraw-Hill, 1975.

[60] Hires, S. D., A. Ekchian, J. B. Heywood, R. J. Tabaczynski, and J. C. Wall, "Performance and NOx Emissions Modeling of a Jet Ignition Pre-Chamber Stratified Charge Engine," SAE paper 760161, 1976.

[61] Hires, S. D., R. J. Tabaczynski, and J. M. Novak, "The Prediction of Ignition Delay and Combustion Intervals for a Homogeneous Charge, Spark Ignition Engine," SAE paper 780232, *SAE Trans.*, vol. 87, 1978.

[62] Hoffman, H., "Development Work on the Mercedes-Benz Commercial Diesel Engine, Model Series 400," SAE paper 710558, 1971.

[63] Holman, J. P., *Heat Transfer*. New York: McGraw-Hill, 2002.

[64] "Hydrogen as an Alternative Automotive Fuel," *Automotive Engineering*, vol. 102, no. 10, pp. 25–30, 1994, SAE International.

[65] Ikegami, M., M. Shioji, and K. Nishimoto, "Turbulence Intensity and Spatial Integral Scale During Compression and Expansion Strokes in a Four-Cycle Reciprocating Engine," SAE paper 870372, 1987.

[66] Isshiki, Y., Y. Shimamoto, and T. Wakisaka, "Numerical Prediction of Effect of Intake Port Configurations on the Induction Swirl Intensity by Three-Dimensional Gas Flow Analysis," COMODIA 85, Tokyo, Japan 1985.

[67] JANAF Thermochemical Tables, 2nd ed., NSRDS-NBS37, U. S. National Bureau of Standards, 1971.

[68] "Japanese 'Miller-Cycle' Engine Development Accelerates," *Automotive Engineering*, vol. 101, no. 7, 1993, SAE International.

[69] Jones, J. B., and R. E. Dugan, *Engineering Thermodynamics*. Upper Saddle River, NJ: Prentice Hall, 1996.

[70] Jost, K., "Future Saab Engine Technology," *Automotive Engineering*, vol. 103, no. 12, 1995, SAE International.

[71] Jost, K., "NGV User's Guide," Parker Hannifin Corporation, 1994.

[72] Kajiyama, K., K. Nishida, A. Murakami, M. Arai, and H. Hiroyasu, "An Analysis of Swirling Flow in Cylinder for Predicting D. I. Diesel Engine Performance," SAE paper 840518, 1984.

[73] Keenan, J. H., J. Chao, and J. Kaye, *Gas Tables—International Version*, 2nd ed., Malabar, FL: Krieger, 1992.

[74] Kramer, A. S., "The Electric Motor that Killed the Electric Car," *Old Cars Weekly News and Marketplace*, Oct. 1994.

[75] Krieger, R. B. and G. L. Borman, "The Computation of Apparent Heat Release for Internal Combustion Engines," ASME paper 66-WA/DGP-4, 1966.

[76] Kummer, J. T., "Catalysts for Automobile Emission Control," *Prog. Energy Combustion Science*, vol. 6, pp. 177–199, 1981.

[77] Kuroda, H., Y. Nakajima, K. Sugihara, Y. Takagi, and S. Muranaka, "The Fast Burn with Heavy EGR, New Approach for Low NOx and Improved Fuel Economy," SAE paper 780006, 1978.

[78] Langworth, R. M., *The Complete Book of the Corvette*. Beckman House, 1987.

[79] "Latent Heat Storage," *Automotive Engineering*, vol. 100, no. 2, pp. 58–61, 1992, SAE International.

[80] Leary, W. A. and J. U. Jovellanos, "A Study of Piston and Piston–Ring Friction," NACA ARR-4J06, 1944.

[81] Liljedahl, J. B., W. M. Carleton, P. K. Turnquist, and D. W. Smith, *Tractors and Their Power Units*. New York: Wiley, 1979.

[82] Malchow, G. L., S. C. Sorenson, and R. O. Buckius, "Heat Transfer in the Straight Section of an Exhaust Port of a Spark Ignition Engine," SAE paper 790309, 1979.

[83] Maly, R., and M. Vogel, "Initiation and Propagation of Flame Fronts in Lean CH_4—Air Mixtures by the Three Modes of the Ignition Spark," in *Proc. Seventeenth International Symposium on Combustion*, The Combustion Institute, 1976, pp. 821–831.

[84] Matsui, K., T. Tanaka, and S. Ohigashi, "Measurement of Local Mixture Strength of Spark Gap of S. I. Engines," SAE paper 790483, *SAE Trans.*, vol. 88, 1979.

[85] Mattavi, J. N. and C. A. Amann, *Combustion Modeling in Reciprocating Engines*, Plenum Press, 1980, pp. 41–68.

[86] "Mazda Hydrogen-Fueled Rotary Development," *Automotive Engineering*, vol. 101, no. 6, pp. 61–65, 1993, SAE International.

[87] Meintjes, K., "A User's Guide for the General Motors Engine Simulation Program," GMR-5758, General Motors Research Laboratories, Warren, MI, 1987.

[88] "Methanol/Gasoline Blends and Emissions," *Automotive Engineering*, vol. 100, no. 5, pp. 17–19, 1992, SAE International.

[89] "Mitsubishi Variable Displacement and Valve Timing/Lift," *Automotive Engineering*, vol. 101, no. 1, pp. 99–100, 1993, SAE International.

[90] Moran, M. J., and H. N. Shapiro, *Fundamentals of Engineering Thermodynamics*. New York: Wiley, 2000.

[91] Morel, T. and N. N. Mansour, "Modeling of Turbulence in Internal Combustion Engines," SAE paper 820040, 1982.

[92] Newhall, H. K. and S. M. Shahed, "Kinetics of Nitric Oxide Formation in High-Pressure Flames," in *Proc. Thirteenth International Symposium on Combustion*, The Combustion Institute, 1971, pp. 381–390.

[93] Obert, E. F., *Internal Combustion Engines and Air Pollution*. New York: Harper and Row, 1973.

[94] O'Connor, L., "Clearing the Air with Natural Gas Engines," *Mechanical Engineering*, vol. 115, no. 10, pp. 53–56, 1993, ASME.

[95] O'Donnell, J., "Gasoline Allies," *Autoweek*, pp. 16–18, Feb. 1994.

[96] Olikara, C. and G. L. Borman, "A Computer Program for Calculating Properties of Equilibrium Combustion Products with Some Applications to I. C. Engines," SAE paper 750468, 1975.

[97] Oppel, F., *Motoring in America*. Castle Books, 1989.

[98] Pulkrabek, W. W. and R. A. Shaver, "Catalytic Converter Preheating by Using a Chemical Reaction," SAE paper 931086, 1993.

[99] Quader, A. A., "Why Intake Charge Dilution Decreases Nitric Oxide Emission From Spark Ignition Engines," SAE paper 710009, *SAE Trans.*, vol. 80, 1971.

[100] Ramos, J. I., *Internal Combustion Engine Modeling*. Hemisphere, 1989.

[101] Reed, D., "Compressed-Natural-Gas Vehicles," *Automotive Engineering*, vol. 103, no. 2, p. 269, 1995, SAE International.

[102] Rinschler, G. L. and T. Asmus, "Powerplant Perspectives," *Automotive Engineering*, vol. 103, nos. 4–6, 1995, SAE International.

[103] Rogowski, S. M., *Elements of Internal-Combustion Engines*. New York: McGraw-Hill, 1953.

[104] "*Rotary Engine Design: Analysis and Development*," SP-768, SAE International, 1989.

[105] Ruddy, B., "Calculated Inter-Ring Gas Pressures and Their Effect Upon Ring Pack Lubrication," *DAROS Information*, vol. 6, pp. 2–6, Sweden, 1979.

[106] Ryder, E. A., "Recent Developments in the R-4360 Engine," *SAE Quart. Trans.*, vol. 4, p. 559, 1950.

[107] *SAE Fuels and Lubricants Standards Manual*, SAE HS-23, 1993.

[108] Sakai, Y., H. Miyazaki, and K. Mukai, "The Effect of Combustion Chamber Shape on Nitrogen Oxides," SAE paper 730154, 1973.

[109] Schapertons, H. and F. Thiele, "Three-Dimensional Computations for Flowfields in DI Piston Bowls," SAE paper 860463, 1986.

[110] "Sensors and the Intelligent Engine," *Automotive Engineering*, vol. 99, no. 4, pp. 33–36, 1991, SAE International.

[111] Shampine, L. F. and Gordon, M. K., *Computer Solution of Ordinary Differential Equations*. Freeman, 1975.

[112] Shapiro, A. H., *The Dynamics and Thermodynamics of Compressible Fluid Flow*. New York: Ronald Press, 1953.

[113] Shigley, J. E. and L. D. Mitchell, *Mechanical Engineering Design*. New York: McGraw-Hill, 1983.

[114] Smith, J. R., R. M. Green, C. K. Westbrook, and W. J. Pitz, "An Experimental and Modeling Study of Engine Knock," Twentieth Symposium on Combustion, The Combustion Institute, Pittsburgh, PA, 1984.

[115] "Southern California Alternative-Fuel Projects," *Automotive Engineering*, vol. 103, no. 3, pp. 63–66, 1995, SAE International.

[116] Stone, R., *Introduction to Internal Combustion Engines*. SAE International Inc., 1992.

[117] Svehla, R. A. and B. J. McBride, "Fortran IV Computer Program for Calculation of Thermodynamic and Transport Properties of Complex Chemical Systems," NASA technical note, TND-7056, 1973.

[96] Olikara, C. and G. L. Borman, "A Computer Program for Calculating Properties of Equilibrium Combustion Products with Some Applications to I. C. Engines," SAE paper 750468, 1975.

[97] Oppel, F., *Motoring in America*. Castle Books, 1989.

[98] Pulkrabek, W. W. and R. A. Shaver, "Catalytic Converter Preheating by Using a Chemical Reaction," SAE paper 931086, 1993.

[99] Quader, A. A., "Why Intake Charge Dilution Decreases Nitric Oxide Emission From Spark Ignition Engines," SAE paper 710009, *SAE Trans.*, vol. 80, 1971.

[100] Ramos, J. I., *Internal Combustion Engine Modeling*. Hemisphere, 1989.

[101] Reed, D., "Compressed-Natural-Gas Vehicles," *Automotive Engineering*, vol. 103, no. 2, p. 269, 1995, SAE International.

[102] Rinschler, G. L. and T. Asmus, "Powerplant Perspectives," *Automotive Engineering*, vol. 103, nos. 4–6, 1995, SAE International.

[103] Rogowski, S. M., *Elements of Internal-Combustion Engines*. New York: McGraw-Hill, 1953.

[104] "*Rotary Engine Design: Analysis and Development*," SP-768, SAE International, 1989.

[105] Ruddy, B., "Calculated Inter-Ring Gas Pressures and Their Effect Upon Ring Pack Lubrication," *DAROS Information*, vol. 6, pp. 2–6, Sweden, 1979.

[106] Ryder, E. A., "Recent Developments in the R-4360 Engine," *SAE Quart. Trans.*, vol. 4, p. 559, 1950.

[107] *SAE Fuels and Lubricants Standards Manual*, SAE HS-23, 1993.

[108] Sakai, Y., H. Miyazaki, and K. Mukai, "The Effect of Combustion Chamber Shape on Nitrogen Oxides," SAE paper 730154, 1973.

[109] Schapertons, H. and F. Thiele, "Three-Dimensional Computations for Flowfields in DI Piston Bowls," SAE paper 860463, 1986.

[110] "Sensors and the Intelligent Engine," *Automotive Engineering*, vol. 99, no. 4, pp. 33–36, 1991, SAE International.

[111] Shampine, L. F. and Gordon, M. K., *Computer Solution of Ordinary Differential Equations*. Freeman, 1975.

[112] Shapiro, A. H., *The Dynamics and Thermodynamics of Compressible Fluid Flow*. New York: Ronald Press, 1953.

[113] Shigley, J. E. and L. D. Mitchell, *Mechanical Engineering Design*. New York: McGraw-Hill, 1983.

[114] Smith, J. R., R. M. Green, C. K. Westbrook, and W. J. Pitz, "An Experimental and Modeling Study of Engine Knock," Twentieth Symposium on Combustion, The Combustion Institute, Pittsburgh, PA, 1984.

[115] "Southern California Alternative-Fuel Projects," *Automotive Engineering*, vol. 103, no. 3, pp. 63–66, 1995, SAE International.

[116] Stone, R., *Introduction to Internal Combustion Engines*. SAE International Inc., 1992.

[117] Svehla, R. A. and B. J. McBride, "Fortran IV Computer Program for Calculation of Thermodynamic and Transport Properties of Complex Chemical Systems," NASA technical note, TND-7056, 1973.

[159] Buchholz, K., "Chevy Revs for 2002 IRL Season," *Automotive Engineering International*, vol. 110, no. 3, pp. 33–34, 2002, SAE International.

[160] "Butane/Propane Mixtures as Fleet Fuel," *Automotive Engineering International*, vol. 107, no. 12, pp. 41–44, 1999, SAE International.

[161] Carney, D., "Denso Heats Up Diesels," *Automotive Engineering International*, vol. 109, no. 7, pp. 47–48, 2001, SAE International.

[162] Carney, D., "Developments in Fuel Cells," *Automotive Engineering International*, vol. 110, no. 3, pp. 47–52, 2002, SAE International.

[163] Catania, A. E., C. Dongiovanni, and A. Mittica, "Further Investigation into the Statistical Properties of Reciprocating Engine Turbulence," *JSME International Journal*, series II, vol. 35, no. 2, pp. 255–265, 1992, JSME.

[164] Chellini, R., "Improved Design Explosion Relief Valves," *Diesel & Gas Turbine Worldwide*, p.46, March 2002, Diesel and Gas Turbine Publications.

[165] Clymer, F., and L. R. Henry, *Ford Model A Album*, Polyprints, 1960.

[166] Cummins Diesel, private communication, 2002.

[167] Czadzeck, G. H., "Ford's 1980 Central Fuel Injection System," SAE paper 790742, 1979.

[168] Date, T., S. Yagi, A. Ishizuya, and I. Fuji, "Research and Development of the Honda CVCC Engine," SAE paper 740605, 1974.

[169] DeAngelis, G., E. P. Francis, and L. R. Henry, *The Ford Model A*, Motor Cities Publishing Company, 1983.

[170] Dent, J. C., and P. S. Mehta, "Phenomenological Combustion Model for a Quiescent Chamber Diesel Engine," SAE paper 811235, 1981.

[171] "Emission Standards," DieselNet Website, 2002.

[172] "Emissions with Butane/Propane Blends," *Automotive Engineering International*, vol. 104, no. 11, pp. 49–54, 1996, SAE International.

[173] "Engine Tech 2001," *Diesel & Gas Turbine Worldwide*, pp. 45–48, Dec 2001, Diesel and Gas Turbine Publications.

[174] "EPA Approves Clean Diesel Measure," *Automotive Engineering International*, vol. 109, no. 2, p. 240, 2001, SAE International.

[175] "Federal and California Exhaust and Evaporative Emission Standards for Light-Duty Vehicles and Light-Duty Trucks," EPA Website, 2002.

[176] "Ford Invention Will Promote Natural Gas Vehicles," *Automotive Engineering International*, vol. 106, no. 6, p. 120, 1998, SAE International.

[177] Gish, R. E., J. D. McCullough, J. B. Retzloff, and H. T. Mueller, "Determination of True Engine Friction," SAE Trans., vol. 66, pp. 649–661, 1958, SAE International.

[178] Glockler, O., H. Knapp, and H. Manger, "Present Status and Future Development of Gasoline Fuel Injection Systems for Passenger Cars," SAE paper 800467, 1980.

[179] Greiner, M., P. Romann, and U. Steinbrenner, "BOSCH Fuel Injectors—New Developments," SAE paper 870124, 1987.

[180] Hamburg, D. R., and J. E. Hyland, "A Vaporized Gasoline Metering System for Internal Combustion Engines," SAE paper 760288, 1976.

[159] Buchholz, K., "Chevy Revs for 2002 IRL Season," *Automotive Engineering International*, vol. 110, no. 3, pp. 33–34, 2002, SAE International.

[160] "Butane/Propane Mixtures as Fleet Fuel," *Automotive Engineering International*, vol. 107, no. 12, pp. 41–44, 1999, SAE International.

[161] Carney, D., "Denso Heats Up Diesels," *Automotive Engineering International*, vol. 109, no. 7, pp. 47–48, 2001, SAE International.

[162] Carney, D., "Developments in Fuel Cells," *Automotive Engineering International*, vol. 110, no. 3, pp. 47–52, 2002, SAE International.

[163] Catania, A. E., C. Dongiovanni, and A. Mittica, "Further Investigation into the Statistical Properties of Reciprocating Engine Turbulence," *JSME International Journal*, series II, vol. 35, no. 2, pp. 255–265, 1992, JSME.

[164] Chellini, R., "Improved Design Explosion Relief Valves," *Diesel & Gas Turbine Worldwide*, p.46, March 2002, Diesel and Gas Turbine Publications.

[165] Clymer, F., and L. R. Henry, *Ford Model A Album*, Polyprints, 1960.

[166] Cummins Diesel, private communication, 2002.

[167] Czadzeck, G. H., "Ford's 1980 Central Fuel Injection System," SAE paper 790742, 1979.

[168] Date, T., S. Yagi, A. Ishizuya, and I. Fuji, "Research and Development of the Honda CVCC Engine," SAE paper 740605, 1974.

[169] DeAngelis, G., E. P. Francis, and L. R. Henry, *The Ford Model A*, Motor Cities Publishing Company, 1983.

[170] Dent, J. C., and P. S. Mehta, "Phenomenological Combustion Model for a Quiescent Chamber Diesel Engine," SAE paper 811235, 1981.

[171] "Emission Standards," DieselNet Website, 2002.

[172] "Emissions with Butane/Propane Blends," *Automotive Engineering International*, vol. 104, no. 11, pp. 49–54, 1996, SAE International.

[173] "Engine Tech 2001," *Diesel & Gas Turbine Worldwide*, pp. 45–48, Dec 2001, Diesel and Gas Turbine Publications.

[174] "EPA Approves Clean Diesel Measure," *Automotive Engineering International*, vol. 109, no. 2, p. 240, 2001, SAE International.

[175] "Federal and California Exhaust and Evaporative Emission Standards for Light-Duty Vehicles and Light-Duty Trucks," EPA Website, 2002.

[176] "Ford Invention Will Promote Natural Gas Vehicles," *Automotive Engineering International*, vol. 106, no. 6, p. 120, 1998, SAE International.

[177] Gish, R. E., J. D. McCullough, J. B. Retzloff, and H. T. Mueller, "Determination of True Engine Friction," SAE Trans., vol. 66, pp. 649–661, 1958, SAE International.

[178] Glockler, O., H. Knapp, and H. Manger, "Present Status and Future Development of Gasoline Fuel Injection Systems for Passenger Cars," SAE paper 800467, 1980.

[179] Greiner, M., P. Romann, and U. Steinbrenner, "BOSCH Fuel Injectors—New Developments," SAE paper 870124, 1987.

[180] Hamburg, D. R., and J. E. Hyland, "A Vaporized Gasoline Metering System for Internal Combustion Engines," SAE paper 760288, 1976.

81] Hames, R. J., R. D. Straub, and R. W. Amann, "DDEC Detroit Diesel Electronic Control," SAE paper 850542, 1985.

82] Hara, S., A. Hidaka, N. Tomisawa, M. Nakamura, and T. Todo, "Application of a Variable Valve Event and Timing System to Automotive Engines," SAE paper 2000-10-1224, 2000.

83] Hardenberg, H. O., and F. W. Hase, "An Empirical Formula for Computing the Pressure Rise Delay of a Fuel from its Cetane Number and from the Relevant Parameters of Direct-Injection Diesel Engines," SAE paper 790493, 1979.

84] "Harm Free Use of Diesel Additives," *Automotive Engineering International*, vol. 107, no. 7, pp. 84–88, 1999, SAE International.

85] "Holley's Nitrous Oxide Systems (NOS) Brand," Holley Website, 2002.

86] "Hydrogen as an Alternative Automobile Fuel," *Automotive Engineering International*, vol. 102, no. 10, 1994, SAE International.

87] Jost, K., K. Buchholz, and R. Gehm, "Advances in Fuel-Cell Development," *Automotive Engineering International*, vol. 110, no. 6, pp. 67–71, 2002, SAE International.

88] Jost, K., "Fuel Cell Autonomy," *Automotive Engineering International*, vol. 110, no. 2, pp. 35–37, 2002, SAE International.

89] Jost, K., "Fuel-Stratified Injection from VW," *Automotive Engineering International*, vol. 109, no. 1, pp.63–65, 2001, SAE International.

90] Jost, K., "Mercedes-Benz Launches Cylinder Cutout," *Automotive Engineering International*, vol. 107, no. 1, pp. 38–39, 1999, SAE International.

91] Jost, K., "New Diesel V8 for S-Class," *Automotive Engineering International*, vol. 109, no. 1, pp. 78–80, 2001, SAE International.

92] Kates, E. J., *Diesel and High Compression Gas Engines*, American Technical Society, 1954.

93] Khan, I. M., G. Greeves, and C. H. T. Wang, "Factors Affecting Smoke and Gaseous Emissions from Direct Injection Engines and a Method of Calculation," SAE paper 730169, 1973.

94] Li, C. H., "Piston Thermal Deformation and Friction Considerations," SAE paper 820086, 1982.

95] Liou, T. M., M. Hall, D. A. Santavicca, and F. N. Bracco, "Laser Doppler Velocimetry Measurements in Valved and Ported Engines," SAE paper 840375, 1984.

96] "Lotus Active-Valve Control," *Automotive Engineering International*, vol. 101, no. 1, pp. 97–98, 1993, SAE International.

97] Lumley, John L., *Engines, An Introduction*, Cambridge University Press, 1999.

98] Lustgarten, G. A., and S. Winterthur, "The Latest Sulzer Marine Diesel Engine Technology," SAE Technical Paper 851219, 1985.

99] Malchow, G. L., S. C. Sorenson, and R. O. Buckius, "Heat Transfer in the Straight Section of an Exhaust Port of a Spark Ignition Engine," SAE paper 790309, 1979.

00] "MAN B & W Announces IS Diesels," *Diesel & Gas Turbine Worldwide*, p.54, April 1999, Diesel and Gas Turbine Publications.

01] Matekunas, F. A., "Modes and Measures of Cyclic Combustion Variability," SAE paper 830337, 1983.

[202] Matsui, Y., T. Kamimoto, and S. Matsuoka, "Formation and Oxidation Processes of Soot Particles in a D.I. Diesel Engine—An Experimental Study Via the Two-Color Method," SAE paper 820464, 1982.

[203] Matsumura, R., K. Higashiyama, and K. Kojima, "The Turbocharged 2.8L Engine for the Datsun 280ZX," SAE paper 820442, 1982.

[204] Matsuo, I., S. Nakazawa, H. Maeda, and E. Inada, "Development of a High-Performance Hybrid Propulsion System Incorporating a CVT," SAE paper 2000-01-0992, 2000.

[205] "Mayflower's Variable Engine Technology," *Automotive Engineering International*, vol. 110, no. 1, pp. 43–44, 2002, SAE International.

[206] "Mitsubishi Variable Displacement and Valve Timing/Lift," *Automotive Engineering International*, vol. 101, no. 1, pp. 99–100, 1993, SAE International.

[207] Moklegaard, L., A. G. Stefanopolulou, and J. Schmidt, "Transition from Combustion to Variable Compression Braking," SAE paper 011228, 2001, SAE International.

[208] "More than One Way to Stop a Truck," *Mechanical Engineering*, vol. 121, no. 11, pp. 34–36, 1999, ASME International.

[209] Mullins, P., "Future Emissions Control at Wartsila," *Diesel & Gas Turbine Worldwide*, pp. 32–35, May 2001, Diesel and Gas Turbine Publications.

[210] Mullins, P., "Lubricating Landfill Gas Engines," *Diesel & Gas Turbine Worldwide*, pp. 40–42, March 2000, Diesel and Gas Turbine Publications.

[211] Mullins, P., "Ro-Ro Vessels Will have Water Injection," *Diesel & Gas Turbine Worldwide*, pp. 28–32, Sept 1999, Diesel and Gas Turbine Publications.

[212] Mullins, P., "Shipbuilding in Asia," *Diesel & Gas Turbine Worldwide*, pp. 22–26, March 2001, Diesel and Gas Turbine Publications.

[213] "Natural Gas Fueling of Diesel Engines," *Automotive Engineering International*, vol. 104, no. 11, pp. 87–90, 1996, SAE International.

[214] "Next-Generation Power Sources," *Automotive Engineering International*, vol. 107, no. 9, p. 57, 1999, SAE International.

[215] "NOx Reduction at a Vermont Ski Resort," *Diesel & Gas Turbine Worldwide*, pp.14–16, July 2002, Diesel and Gas Turbine Publications.

[216] Pierik, R. J., and J. F. Burkhard, "Design and Development of a Mechanical Variable Valve Actuation System," SAE paper 2000-01-1221, 2000.

[217] Pischinger, M., W. Salber, F. van der Staay, H. Baumgarten, and H. Kemper, "Benefits of the Electromechanical Valve Train in Vehicle Operation," SAE paper 2000-01-1223, 2000.

[218] Ponticel, P., "High Time for Hybrids," *Automotive Engineering International*, vol. 110, no. 2, pp. 77–80, 2002, SAE International.

[219] "Saab Variable," www.saabnet.com, 2000.

[220] Seinosuke, H., A. Hidaka, N. Tomisawa, M. Nakamura, T. Todo, S. Takemura, and T. Nohara, "Application of a Variable Valve Event and Timing System to Automotive Engines," SAE paper 011224, 2001, SAE International.

[221] Sharke, P., "Power of 42," *Mechanical Engineering*, vol. 124, no. 4, pp. 40–42, 2002, ASME International.

[222] Shimizu, R., T. Tadokoro, T. Nakanishi, and J. Funamoto, "Mazda 4-Rotor Rotary Engine for the LeMans 24-Hour Endurance Race," SAE paper 920309, 1992.

[223] Silverstein, C. C., "Staying Cool," *Mechanical Engineering*, vol. 121, no. 7, pp. 64–65, 1999, ASME International.

[224] Smith, J., "Nitrous vs. Blowers," *Hot Rod*, pp. 60–62, Nov 1996.

[225] Stone, Richard, *Introduction to Internal Combustion Engines*, 2nd ed., 1992, SAE International.

[226] "The Stretch for Better Passenger Car Fuel Economy: A Critical Look, Part 1," *Automotive Engineering International*, vol. 106, no. 2, pp. 305–313, 1998, SAE International.

[227] Suzuki, T., *The Romance of Engines*, 1997, SAE International.

[228] "Toyota Prius: Best Engineered Car of 2001," *Automotive Engineering International*, vol. 109, no. 3, pp. 27–28, 2001, SAE International.

[229] Tsuchiya, K, and S. Hirano, "Characteristics of 2-Stroke Motorcycle Exhaust HC Emission and Effects of Air–Fuel Ratio and Ignition Timing," SAE paper 750908, 1975.

[230] "Two-Stroke Engine Technology," *Automotive Engineering International*, vol. 99, no. 7, pp. 11–14, 1991, SAE International.

[231] Uchiyama, H., T. Chiku, and S. Sayo, "Emission Control of Two-Stroke Automobile Engine," SAE paper 770766, 1977.

[232] Urciuoli, V., B. R. Mason, and M. Marcacci, "Simulation Techniques Applied to the Development of a 125cc 4-Stroke Scooter Engine," SAE paper 951819, 1995.

[233] "Urea Selective Catalytic Reduction," *Automotive Engineering International*, vol. 108, no. 11, pp.125–128, 2000, SAE International.

[234] "Valeo and Ricardo Team for 42-V Diesel Engine," *Automotive Engineering International*, vol. 109, no. 11, pp. 56–59, 2001, SAE International.

[235] "Variable Valve Actuation," *Automotive Engineering International*, vol. 89, no. 10, pp. 12–16, 1991, SAE International.

[236] Wilson, K., "Reducing Emissions: The Effects on Shipowners," *Diesel & Gas Turbine Worldwide*, pp.28–30, Sept 1996, Diesel and Gas Turbine Publications.

[237] Wong, C. L., and D. E. Steere, "The Effects of Diesel Fuel Properties and Engine Operating Conditions on Ignition Delay," SAE paper 821231, 1982.

[238] Wong, V. W., M. Stewart, G. Lundholm, and A. Hoglund, "Increased Power Density via Variable Compression/Displacement and Turbocharging Using the Alvar-Cycle Engine," SAE technical paper 981027, 1998, SAE International.

[239] Yamaguchi, J., "Opa - Toyota's New-Age Vehicle," *Automotive Engineering International*, vol. 108, no. 9, pp. 23–34, 2000, SAE International.

[240] Yu, R. C., and S. M. Shahed, "Effects of Injection Timing and Exhaust Gas Recirculation on Emissions from a D.I. Diesel Engine," SAE paper 811234, 1981.

[241] Zhao, F. Q., M. C. Lai, and D. L. Harrington, "A Review of Mixture Preparation and Combustion Control Strategies for Spark-Ignition Direct-Injection Gasoline Engines," SAE paper 970627, 1997.

A P P E N D I X C

연습 문제 해답

CHAPTER 1

5. **(a)** 6062, **(b)** 11,462
6. **(a)** 7991, **(b)** 4.22, **(c)** 38.41
8. **(a)** 80, **(b)** 4.5, **(c)** 67.5

CHAPTER 2

1. **(a)** 4.36×10^8, **(b)** 1.74×10^9, **(c)** 2.18×10^8
2. **(a)** 4703, 4.703, **(b)** 561, **(c)** 420, **(d)** 69.2
6. **(a)** 1429, **(b)** 886, **(c)** 543, **(d)** 64.6, 86.6, **(e)** 247
7. **(a)** 0.178, **(b)** 0.0185, **(c)** 54.1, **(d)** 39.6, 53.1
10. **(a)** 0.0407, **(b)** 145.5, **(c)** 153.5, **(d)** 32
12. **(a)** 27.8, **(b)** 8.47, **(c)** 1.32
13. **(a)** 11.56, **(b)** 429.8, **(c)** 964
15. **(a)** 5.33, **(b)** 0.00084, **(c)** 5.63×10^{-5}, **(d)** 4.22×10^{-7}
19. **(a)** 95.0, **(b)** 0.337, **(c)** 5.35, **(d)** 21.6

CHAPTER 3

1. **(c)** 1689, **(d)** 2502, **(e)** 1362, **(f)** 54.5
2. **(a)** 78.6, **(b)** 313, **(c)** 1311, **(d)** 15.0, **(e)** 192.4, **(f)** 91.1, **(g)** 26.2
3. **(a)** 856, **(b)** 3.2, **(c)** 34
4. **(a)** 58, **(b)** 455
7. **(a)** 60.3, **(b)** 2777, **(c)** 53.3, **(d)** 2580
10. **(a)** 599, **(b)** 3.6, **(c)** 708, **(d)** 825
13. **(c)** 1317, **(d)** −301, **(e)** 7.0, **(f)** 56.8
15. **(a)** 74.5, **(b)** 0, **(c)** 400.0
18. **(a)** 1339, **(b)** 16.33, **(c)** 12.3, **(d)** 0.59

CHAPTER 4

1. **(a)** 12.325, **(b)** 1.20, **(c)** 43.8, **(d)** 42.9
5. **(a)** 18.16, **(b)** 20, **(c)** 100, 0
7. **(a)** 8.63, **(b)** 58, **(c)** 59, **(d)** 99
10. **(a)** 1, **(b)** 0.596, **(c)** −39.2
13. **(a)** 102.5, **(b)** 96, **(c)** 9.22
16. **(a)** 0.1222, **(b)** 0.058, **(c)** 0.471, **(d)** 0.058, **(e)** 0.058
18. **(a)** 11.76, **(b)** 93.0
22. **(a)** 34.6, **(b)** −4.9
25. **(a)** 16.08, **(b)** 0.525
27. **(a)** 3507, 3507, **(b)** 0.856, **(c)** no dew point

CHAPTER 5

1. **(a)** 778, 2342, **(b)** 8.28, **(c)** 704, 1596
2. **(a)** 485, **(b)** 8.88, **(c)** 17
3. **(a)** 40, **(b)** +5.0, **(c)** 60
7. **(a)** 0.00242, **(b)** 8.49, **(c)** 6.01
9. **(a)** 2.224, **(b)** 1.016
14. **(a)** 1.535×10^6, **(b)** 0.360
16. **(a)** 52, **(b)** 5.6
17. **(a)** 1.642, **(b)** 0.2324, **(c)** 0.0130
18. **(a)** 0.936, **(b)** 0.711, **(c)** 0.955, **(d)** 0.745

CHAPTER 6

2. **(a)** 281, **(b)** 291, **(c)** 4.85
3. **(a)** 5.36, **(b)** 9.15, **(c)** 732.8
5. **(a)** 4.74, **(b)** 0.1075, **(c)** 1.28
6. **(a)** 4.04, **(b)** 18.3
8. **(a)** 0.0024, **(b)** 0.012, **(c)** 5

CHAPTER 7

1. **(a)** 0.0036, **(b)** 12.4° aTDC
2. **(a)** 24.23, **(b)** 26.6° bTDC, **(c)** 15.8° bTDC
7. **(a)** 17.2, **(b)** 0.849
8. **(a)** 70.15, **(b)** 1203, **(c)** 0.133, **(d)** 189

CHAPTER 8

2. **(a)** 1685, **(b)** 3.5, **(c)** 180, 8.8
3. **(a)** 565, **(b)** 774
6. **(a)** 0.0021, **(b)** 62.0, **(c)** 703

8. **(a)** 566, **(b)** 4.4, **(c)** 133, **(d)** 0.82
10. **(a)** 1003, **(b)** 0.000242, **(c)** 39.7
12. **(a)** 0.0361, **(b)** 0.0386, **(c)** 53, **(d)** 467

CHAPTER 9

4. **(a)** 7.99, **(b)** 57.7
5. **(a)** 1.72, **(b)** 1.61, **(c)** 11.7
7. **(a)** 0.0445, **(b)** 0.42, **(c)** 3.79×10^{15}
8. **(a)** 199, **(b)** 1.04, **(c)** 5.2
12. **(a)** 4.54, **(b)** 2.57
13. **(a)** 2652, **(b)** 17.9
15. **(a)** 0.014, **(b)** 0.0040, **(c)** 0.018
18. **(a)** 2.40, **(b)** 0.348, **(c)** 69.0
20. **(a)** 0.126, **(b)** 1.96×10^7
21. **(a)** 0.315

CHAPTER 10

1. **(a)** 19.47, 0.0289, **(b)** 49,825, **(c)** 32.2, **(d)** 134
2. **(a)** 24.4, **(b)** −2.5
6. **(a)** 227, **(b)** 81
8. **(a)** −13.5
9. **(a)** 25, **(b)** 267, **(c)** 314.7, **(d)** 2.12
10. 47.23
12. **(a)** 175.3, **(b)** 274

CHAPTER 11

3. **(a)** 12.27 comp., **(b)** 3.06 major, **(c)** 2.84
4. **(a)** 20.8
5. **(a)** 38.64, **(b)** 126.5, **(c)** 7.38
6. **(a)** 0.0774, **(b)** 86.3, **(c)** 0.0106

찾아보기

ENGINEERING FUNDAMENTALS OF THE INTERNAL COMBUSTION ENGINE, 2nd Edition

Authorized translation from the English language edition, entitled ENGINEERING FUNDAMENTALS OF THE INTERNAL COMBUSTION ENGINE, 2nd Edition, ISBN: 0131405705 by PULKRABEK, WILLARD W., published by Pearson Education, Inc, Copyright © 2004 KYOBO BOOK CENTRE CO. LTD.

KOREAN language edition published by KYOBO BOOK CENTRE CO. LTD, Copyright © 2017.

내연기관공학 2판

발 행 일   2005. 02. 21 초판 1쇄
          2022. 01. 31 초판 21쇄
지 은 이   Eillard W. Pulkrabek
옮 긴 이   김덕줄·김병철·김세웅·장영준·전충환
발 행 인   안병현
발 행 처   (주)교보문고
총   괄   김형면
출판등록   제1-0040호(1981. 11. 12)
주   소   경기도 파주시 문발로 249
대표전화   1544-1900
주문전화   02-3156-3681
팩스주문   0502-987-5725
홈페이지   www.kyobobook.co.kr

ISBN 978-89-7085-554-7 93550